中国国家标准汇编

2009年修订-3

中国标准出版社　编

中国标准出版社
北京

图书在版编目（CIP）数据

中国国家标准汇编：2009 年修订.3/中国标准出版社编.—北京：中国标准出版社，2010

ISBN 978-7-5066-6040-2

Ⅰ.①中…　Ⅱ.①中…　Ⅲ.①国家标准-汇编-中国-2009　Ⅳ.①T-652.1

中国版本图书馆 CIP 数据核字（2010）第 170299 号

中国标准出版社出版发行
北京复兴门外三里河北街 16 号
邮政编码:100045
网址 www.spc.net.cn
电话:68523946　68517548
中国标准出版社秦皇岛印刷厂印刷
各地新华书店经销
*
开本 880×1230　1/16　印张 38.75　字数 1 133 千字
2010 年 9 月第一版　2010 年 9 月第一次印刷
*
定价 220.00 元

ISBN 978-7-5066-6040-2

9 787506 660402 >

出 版 说 明

1.《中国国家标准汇编》是一部大型综合性国家标准全集。自1983年起，按国家标准顺序号以精装本、平装本两种装帧形式陆续分册汇编出版。它在一定程度上反映了我国建国以来标准化事业发展的基本情况和主要成就，是各级标准化管理机构，工矿企事业单位，农林牧副渔系统，科研、设计、教学等部门必不可少的工具书。

2.《中国国家标准汇编》收入我国每年正式发布的全部国家标准，分为"制定"卷和"修订"卷两种编辑版本。

"制定"卷收入上一年度我国发布的、新制定的国家标准，顺延前年度标准编号分成若干分册，封面和书脊上注明"20××年制定"字样及分册号，分册号一直连续。各分册中的标准是按照标准编号顺序连续排列的，如有标准顺序号缺号的，除特殊情况注明外，暂为空号。

"修订"卷收入上一年度我国发布的、修订的国家标准，视篇幅分设若干分册，但与"制定"卷分册号无关联，仅在封面和书脊上注明"20××年修订-1，-2，-3，……"字样。"修订"卷各分册中的标准，仍按标准编号顺序排列(但不连续)；如有遗漏的，均在当年最后一分册中补齐。需提请读者注意的是，个别非顺延前年度标准编号的新制定的国家标准没有收入在"制定"卷中，而是收入在"修订"卷中。

读者配套购买《中国国家标准汇编》"制定"卷和"修订"卷则可收齐上一年度我国制定和修订的全部国家标准。

3. 由于读者需求的变化，自1996年起，《中国国家标准汇编》仅出版精装本。

4. 2009年我国制修订国家标准共3158项。本分册为"2009年修订-3"，收入新制修订的国家标准54项。

中国标准出版社

2010年8月

目　录

ICS 17.040.10
J 04

中华人民共和国国家标准

GB/T 1801—2009
代替 GB/T 1801—1999

产品几何技术规范(GPS)
极限与配合
公差带和配合的选择

Geometrical Product Specifications (GPS)—Limits and fits—
Selection of tolerance zones and fits

(ISO 1829:1975,Selection of tolerance zones for general purposes,MOD)

2009-03-16 发布　　　　2009-11-01 实施

中华人民共和国国家质量监督检验检疫总局
中国国家标准化管理委员会　发布

前言

本标准修改采用ISO 1829:1975《一般用途公差带的选择》,在技术内容上与国际标准一致。考虑到我国国情,从实施本标准的经验与习惯,以及与ISO GPS标准体系协调一致的角度出发,进行了如下一些修改:

——标准名称增加引导要素:产品几何技术规范(GPS);

——增加了配合的规定;

——增加了附录A“公称尺寸至500 mm的优先、常用配合　极限间隙或极限过盈”;

——增加了附录B“公称尺寸大于500 mm配制配合”;

——增加了附录C“公称尺寸大于3 150 mm～10 000 mm标准公差和基本偏差”;

——增加了附录D“在GPS矩阵模型中的位置”。

本标准代替GB/T 1801—1999《极限与配合　公差带和配合的选择》。与1999版相比,主要变化如下:

——标准名称增加引导要素:产品几何技术规范(GPS);

——删掉了引言;

——增加了第3章术语和定义;

——“基本尺寸”改为“公称尺寸”;上偏差、下偏差、最大极限尺寸和最小极限尺寸分别修改为上极限偏差、下极限偏差、上极限尺寸和下极限尺寸;

——增加附录D“在GPS矩阵模型中的位置”。

本标准的附录A、附录B、附录C和附录D均为资料性附录。本标准在GPS体系中的位置在附录D中说明。

本标准由全国产品尺寸和几何技术规范标准化技术委员会提出并归口。

本标准起草单位:中机生产力促进中心、浙江亚太机电股份有限公司、中原工学院、西安交通大学、郑州大学。

本标准主要起草人:李晓沛、赵则祥、施瑞康、赵卓贤、张琳娜、乔雪涛。

本标准所代替标准的历次版本发布情况为:

——GB 1801—1979、GB 1802—1979;

——GB/T 1801—1999。

产品几何技术规范(GPS)
极限与配合
公差带和配合的选择

1 范围

本标准规定了公称尺寸至 3 150 mm 的孔、轴公差带和配合的选择。关于极限与配合的基本规定见 GB/T 1800.1—2009。

本标准适用于具有圆柱型和两平行平面型的线性尺寸要素。

2 规范性引用文件

下列文件中的条款通过本标准的引用而成为本标准的条款。凡是注日期的引用文件，其随后所有的修改单(不包括勘误的内容)或修订版均不适用于本标准，然而，鼓励根据本标准达成协议的各方研究是否可使用这些文件的最新版本。凡是不注日期的引用文件，其最新版本适用于本标准。

GB/T 1800.1—2009 产品几何技术规范(GPS) 极限与配合 第1部分：公差、偏差和配合的基础(ISO 286-1:1988，MOD)

GB/T 1800.2—2009 产品几何技术规范(GPS) 极限与配合 第2部分：标准公差等级和孔、轴极限偏差表(ISO 286-2:1988，MOD)

GB/Z 20308—2006 产品几何技术规范(GPS)总体规划(ISO/TR 14638:1995，MOD)

3 术语和定义

GB/T 1800.1—2009 确立的术语和定义适用于本标准。

4 公差带的选择

4.1 孔公差带

4.1.1 公称尺寸至 500 mm 的孔公差带

公称尺寸至 500 mm 的孔公差带规定如图1，相应的极限偏差见 GB/T 1800.2—2009 中的表2～表15。选择时，应优先选用圆圈中的公差带，其次选用方框中的公差带，最后选用其他的公差带。

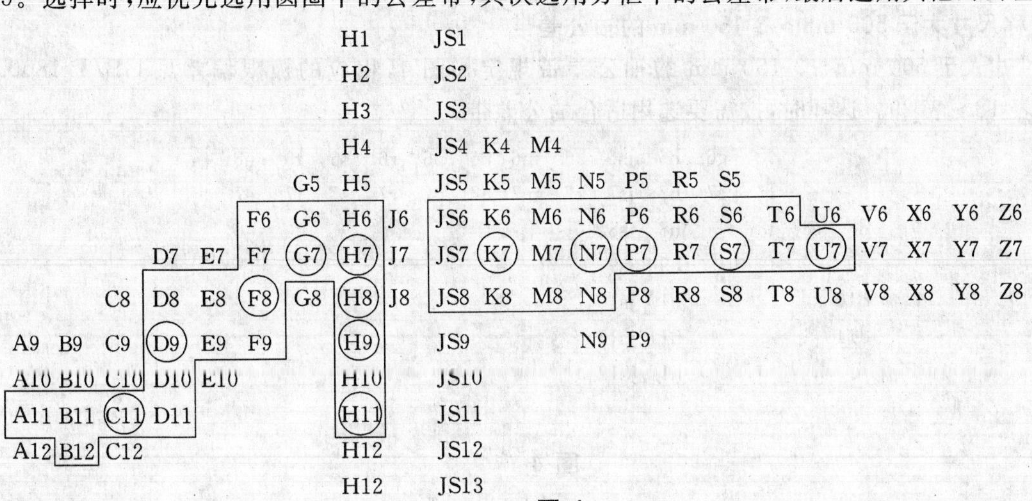

图 1

4.1.2 公称尺寸大于 500 mm～3 150 mm 的孔公差带

公称尺寸大于 500 mm～3 150 mm 的孔公差带规定如图 2，相应的极限偏差见 GB/T 1800.2—2009 中的表 3～表 9。选择时，按需要选用适合的公差带。

			G6	H6	JS6	K6	M6	N6
		F7	G7	H7	JS7	K7	M7	N7
D8	E8	F8		H8	JS8			
D9	E9	F9		H9	JS9			
D10				H10	JS10			
D11				H11	JS11			
				H12	JS12			

图 2

4.2 轴公差带

4.2.1 公称尺寸至 500 mm 的轴公差带

公称尺寸至 500 mm 的轴公差带规定如图 3，相应的极限偏差见 GB/T 1800.2—2009 中的表 17～表 31。选择时，应优先选用圆圈中的公差带，其次选用方框中的公差带，最后选用其他的公差带。

							h1		js1												
							h2		js2												
							h3		js3												
						g4	h4		js4	k4	m4	n4	p4	r4	s4						
					f5	g5	h5	j5	js5	k5	m5	n5	p5	r5	s5	t5	u5	v5	x5		
				e6	f6	g6	h6	j6	js6	k6	m6	n6	p6	r6	s6	t6	u6	v6	x6	y6	z6
			d7	e7	f7	g7	h7	j7	js7	k7	m7	n7	p7	r7	s7	t7	u7	v7	x7	y7	z7
		c8	d8	e8	f8	g8	h8		js8	k8	m8	n8	p8	r8	s8	t8	u8	v8	x8	y8	z8
a9	b9	c9	d9	e9	f9		h9		js9												
a10	b10	c10	d10	e10			h10		js10												
a11	b11	c11	d11				h11		js11												
a12	b12	c12					h12		js12												
a13	b13						h13		js13												

图 3

4.2.2 公称尺寸大于 500 mm～3 150 mm 的轴公差带

公称尺寸大于 500 mm～3 150 mm 的轴公差带规定如图 4，相应的极限偏差见 GB/T 1800.2—2009 中的表 18～表 29。选择时，按需要选用适合的公差带。

			g6	h6	js6	k6	m6	n6	p6	r6	s6	t6	u6
		f7	g7	h7	js7	k7	m7	n7	p7	r7	s7	t7	u7
d8	e8	f8		h8	js8								
d9	e9	f9		h9	js9								
d10				h10	js10								
d11				h11	js11								
				h12	js12								

图 4

5 配合的选择

5.1 公称尺寸至 500 mm 的配合

公称尺寸至 500 mm 的基孔制优先和常用配合规定于表 1，基轴制的优先和常用配合规定于表 2，其极限间隙或极限过盈的数值参见附录 A。选择时，首先选用表中的优先配合，其次选用常用配合。

5.2 公称尺寸大于 500 mm～3 150 mm 的配合

公称尺寸大于 500 mm～3 150 mm 的配合一般采用基孔制的同级配合。根据零件制造特点，如采用配制配合，可参考附录 B 的规定。

表 1 基孔制优先、常用配合

基准孔	轴																				
	a	b	c	d	e	f	g	h	js	k	m	n	p	r	s	t	u	v	x	y	z
	间隙配合								过渡配合				过盈配合								
H6						H6/f5	H6/g5	H6/h5	H6/js5	H6/k5	H6/m5	H6/n5	H6/p5	H6/r5	H6/s5	H6/t5					
H7						H7/f6	▼H7/g6	▼H7/h6	H7/js6	H7/k6	H7/m6	▼H7/n6	▼H7/p6	H7/r6	▼H7/s6	H7/t6	▼H7/u6	H7/v6	H7/x6	H7/y6	H7/z6
H8					H8/e7	▼H8/f7	H8/g7	▼H8/h7	H8/js7	H8/k7	H8/m7	H8/n7	H8/p7	H8/r7	H8/s7	H8/t7	H8/u7				
				H8/d8	H8/e8	H8/f8		H8/h8													
H9			H9/c9	▼H9/d9	H9/e9	H9/f9		▼H9/h9													
H10			H10/c10	H10/d10				H10/h10													
H11	H11/a11	H11/b11	▼H11/c11	H11/d11				▼H11/h11													
H12		H12/b12						H12/h12													

注 1：$\frac{H6}{n5}$、$\frac{H7}{p6}$在公称尺寸小于或等于 3 mm 和$\frac{H8}{r7}$在小于或等于 100 mm 时，为过渡配合。

注 2：标注▼的配合为优先配合。

表 2　基轴制优先、常用配合

基准轴	孔																				
	A	B	C	D	E	F	G	H	JS	K	M	N	P	R	S	T	U	V	X	Y	Z
	间隙配合								过渡配合				过盈配合								
h5						$\frac{F6}{h5}$	$\frac{G6}{h5}$	$\frac{H6}{h5}$	$\frac{JS6}{h5}$	$\frac{K6}{h5}$	$\frac{M6}{h5}$	$\frac{N6}{h5}$	$\frac{P6}{h5}$	$\frac{R6}{h5}$	$\frac{S6}{h5}$	$\frac{T6}{h5}$					
h6						$\frac{F7}{h6}$	◤$\frac{G7}{h6}$	◤$\frac{H7}{h6}$	$\frac{JS7}{h6}$	◤$\frac{K7}{h6}$	$\frac{M7}{h6}$	◤$\frac{N7}{h6}$	◤$\frac{P7}{h6}$	$\frac{R7}{h6}$	◤$\frac{S7}{h6}$	$\frac{T7}{h6}$	◤$\frac{U7}{h6}$				
h7					$\frac{E8}{h7}$	◤$\frac{F8}{h7}$		◤$\frac{H8}{h7}$	$\frac{JS8}{h7}$	$\frac{K8}{h7}$	$\frac{M8}{h7}$	$\frac{N8}{h7}$									
h8				$\frac{D8}{h8}$	$\frac{E8}{h8}$	$\frac{F8}{h8}$		$\frac{H8}{h8}$													
h9				◤$\frac{D9}{h9}$	$\frac{E9}{h9}$	$\frac{F9}{h9}$		◤$\frac{H9}{h9}$													
h10				$\frac{D10}{h10}$				$\frac{H10}{h10}$													
h11	$\frac{A11}{h11}$	$\frac{B11}{h11}$	◤$\frac{C11}{h11}$	$\frac{D11}{h11}$				◤$\frac{H11}{h11}$													
h12		$\frac{B12}{h12}$						$\frac{H12}{h12}$													

注：标注◤的配合为优先配合。

附 录 A
(资料性附录)
公称尺寸至 500 mm 的优先、常用配合极限间隙或极限过盈

本附录给出了公称尺寸至500 mm的优先、常用配合极限间隙或极限过盈数值表(见表A.1),用于指导配合的选用。

表 A.1 极限间隙或极限过盈 单位为微米

基孔制		H6/f5	H6/g5	H6/h5	H7/f6	◤H7/g6	◤H7/h6	H8/e7	◤H8/f7	H8/g7	◤H8/h7	H8/d8	H8/e8	H8/f8	H8/h8	H9/c9	◤H9/d9
基轴制		F6/h5	G6/h5	H6/h5	F7/h6	◤G7/h6	◤H7/h6	E8/h7	◤F8/h7		◤H8/h7	D8/h8	E8/h8	F8/h8	H8/h8		◤D9/h9
公称尺寸/mm		间隙配合															
大于	至																
—	3	+16 +6	+12 +2	+10 0	+22 +6	+18 +2	+16 0	+38 +14	+30 +6	+26 +2	+24 0	+48 +20	+42 +14	+34 +6	+28 0	+110 +60	+70 +20
3	6	+23 +10	+17 +4	+13 0	+30 +10	+24 +4	+20 0	+50 +20	+40 +10	+34 +4	+30 0	+66 +30	+56 +20	+46 +10	+36 0	+130 +70	+90 +30
6	10	+28 +13	+20 +5	+15 0	+37 +13	+29 +5	+24 0	+62 +25	+50 +13	+42 +5	+37 0	+84 +40	+69 +25	+57 +13	+44 0	+152 +80	+112 +40
10	14	+35 +16	+25 +6	+19 0	+45 +16	+35 +6	+29 0	+77 +32	+61 +16	+51 +6	+45 0	+104 +50	+86 +32	+70 +16	+54 0	+181 +95	+136 +50
14	18																
18	24	+42 +20	+29 +7	+22 0	+54 +20	+41 +7	+34 0	+94 +40	+74 +20	+61 +7	+54 0	+131 +65	+106 +40	+86 +20	+66 0	+214 +110	+169 +65
24	30																
30	40	+52 +25	+36 +9	+27 0	+66 +25	+50 +9	+41 0	+114 +50	+89 +25	+73 +9	+64 0	+158 +80	+128 +50	+103 +25	+78 0	+244 +120	+204 +80
40	50															+254 +130	
50	65	+62 +30	+42 +10	+32 0	+79 +30	+59 +10	+49 0	+136 +60	+106 +30	+86 +10	+76 0	+192 +100	+152 +60	+122 +30	+92 0	+288 +140	+248 +100
65	80															+298 +150	
80	100	+73 +36	+49 +12	+37 0	+93 +36	+69 +12	+57 0	+161 +72	+125 +36	+101 +12	+89 0	+228 +120	+180 +72	+144 +36	+108 0	+344 +170	+294 +120
100	120															+354 +180	
120	140															+400 +200	
140	160	+86 +43	+57 +14	+43 0	+108 +43	+79 +14	+65 0	+188 +85	+146 +43	+117 +14	+103 0	+271 +145	+211 +85	+169 +43	+126 0	+410 +210	+345 +145
160	180															+430 +230	
180	200															+470 +240	
200	225	+99 +50	+64 +15	+49 0	+125 +50	+90 +15	+75 0	+218 +100	+168 +50	+133 +15	+118 0	+314 +170	+244 +100	+194 +50	+144 0	+490 +260	+400 +170
225	250															+510 +280	
250	280	+111 +56	+72 +17	+55 0	+140 +56	+101 +17	+84 0	+243 +110	+189 +56	+150 +17	+133 0	+352 +190	+272 +110	+218 +56	+162 0	+560 +300	+450 +190
280	315															+590 +330	
315	355	+123 +62	+79 +18	+61 0	+155 +62	+111 +18	+93 0	+271 +125	+208 +62	+164 +18	+146 0	+388 +210	+303 +125	+240 +62	+178 0	+640 +360	+490 +210
355	400															+680 +400	
400	450	+135 +68	+87 +20	+67 0	+171 +68	+123 +20	+103 0	+295 +135	+228 +68	+180 +20	+160 0	+424 +230	+329 +135	+262 +68	+194 0	+750 +440	+540 +230
450	500															+790 +480	

注 1:表中"+"值为间隙量,"−"值为过盈量。
注 2:标注◤的配合为优先配合。

表 A.1（续）

单位为微米

基孔制		$\frac{H9}{e9}$	$\frac{H9}{f9}$	$\frac{H9}{h9}$	$\frac{H10}{c10}$	$\frac{H10}{d10}$	$\frac{H10}{h10}$	$\frac{H11}{a11}$	$\frac{H11}{b11}$	$\frac{H11}{c11}$	$\frac{H11}{d11}$	$\frac{H11}{h11}$	$\frac{H12}{b12}$	$\frac{H12}{h12}$	$\frac{H6}{js5}$	
基轴制		$\frac{E9}{h9}$	$\frac{F9}{h9}$	$\frac{H9}{h9}$		$\frac{D10}{h10}$	$\frac{H10}{h10}$	$\frac{A11}{h11}$	$\frac{B11}{h11}$	$\frac{C11}{h11}$	$\frac{D11}{h11}$	$\frac{H11}{h11}$	$\frac{B12}{h12}$	$\frac{H12}{h12}$		$\frac{JS6}{h5}$
公称尺寸/mm		间隙配合													过渡配合	
大于	至															
—	3	+64 +14	+56 +6	+50 0	+140 +60	+100 +20	+80 0	+390 +270	+260 +140	+180 +60	+140 +20	+120 0	+340 +140	+200 0	+8 −2	+7 −3
3	6	+80 +20	+70 +10	+60 0	+166 +70	+126 +30	+96 0	+420 +270	+290 +140	+220 +70	+180 +30	+150 0	+380 +140	+240 0	+10.5 −2.5	+9 −4
6	10	+97 +25	+85 +13	+72 0	+196 +80	+156 +40	+116 0	+460 +280	+330 +150	+260 +80	+220 +40	+180 0	+450 +150	+300 0	+12 −3	+10.5 −4.5
10	14	+118 +32	+102 +16	+86 0	+235 +95	+190 +50	+140 0	+510 +290	+370 +150	+315 +95	+270 +50	+220 0	+510 +150	+360 0	+15 −4	+13.5 −5.5
14	18															
18	24	+144 +40	+124 +20	+104 0	+278 +110	+233 +65	+168 0	+560 +300	+420 +160	+370 +110	+325 +65	+260 0	+580 +160	+420 0	+17.5 −4.5	+15.5 −6.5
24	30															
30	40	+174 +50	+149 +25	+124 0	+320 +120	+280 +80	+200 0	+630 +310	+490 +170	+440 +120	+400 +80	+320 0	+670 +170	+500 0	+21.5 −5.5	+19 −8
40	50				+330 +130			+640 +320	+500 +180	+450 +130			+680 +180			
50	65	+208 +60	+178 +30	+148 0	+380 +140	+340 +100	+240 0	+720 +340	+570 +190	+520 +140	+480 +100	+380 0	+790 +190	+600 0	+25.5 −6.5	+22.5 −9.5
65	80				+390 +150			+740 +360	+580 +200	+530 +150			+800 +200			
80	100	+246 +72	+210 +36	+174 0	+450 +170	+400 +120	+280 0	+820 +380	+660 +220	+610 +170	+560 +120	+440 0	+920 +220	+700 0	+29.5 −7.5	+26 −11
100	120				+460 +180			+850 +410	+680 +240	+620 +180			+940 +240			
120	140	+285 +85	+243 +43	+200 0	+520 +200	+465 +145	+320 0	+960 +460	+760 +260	+700 +200	+645 +145	+500 0	+1060 +260	+800 0	+34 −9	+30.5 −12.5
140	160				+530 +210			+1020 +520	+780 +280	+710 +210			+1080 +280			
160	180				+550 +230			+1080 +580	+810 +310	+730 +230			+1110 +310			
180	200	+330 +100	+280 +50	+230 0	+610 +240	+540 +170	+370 0	+1240 +660	+920 +340	+820 +240	+750 +170	+580 0	+1260 +340	+920 0	+39 −10	+34.5 −14.5
200	225				+630 +260			+1320 +740	+960 +380	+840 +260			+1300 +380			
225	250				+650 +280			+1400 +820	+1000 +420	+860 +280			+1340 +420			
250	280	+370 +110	+316 +56	+260 0	+720 +300	+610 +190	+420 0	+1560 +920	+1120 +480	+940 +300	+830 +190	+640 0	+1520 +480	+1040 0	+43.5 −11.5	+39 −16
280	315				+750 +330			+1690 +1050	+1180 +540	+970 +330			+1580 +540			
315	355	+405 +125	+342 +62	+280 0	+820 +360	+670 +210	+460 0	+1920 +1200	+1320 +600	+1080 +360	+930 +210	+720 0	+1740 +600	+1140 0	+48.5 12.5	+43 −18
355	400				+860 +400			+2070 +1350	+1400 +680	+1120 +400			+1820 +680			
400	450	+445 +135	+378 +68	+310 0	+940 +440	+730 +230	+500 0	+2300 +1500	+1560 +760	+1240 +440	+1030 +230	+800 0	+2020 +760	+1260 0	+53.5 −13.5	+47 −20
450	500				+980 +480			+2450 +1650	+1640 +840	+1280 +480			+2100 +840			

表 A.1（续） 单位为微米

基孔制		H6/k5		H6/m5		H7/js6		H7/k6		H7/m6		H7/n6		H8/js7		H8/k7	
基轴制			K6/h5		M6/h5		JS7/h6		K7/h6		M7/h6		N7/h6		JS8/h7		K8/h7
公称尺寸/mm		过渡配合															
大于	至																
—	3	+6 -4	+4 -6	+4 -6	+2 -8	+13 -3	+11 -5	+10 -6	+6 -10	±8	+4 -12	+6 -10	+2 -14	+19 -5	+17 -7	+14 -10	+10 -14
3	6	+7 -6		+4 -9		+16 -4	+14 -6	+11 -9		+8 -12		+4 -16		+24 -6	+21 -9	+17 -13	
6	10	+8 -7		+3 -12		+19.5 -4.5	+16 -7	+14 -10		+9 -15		+5 -19		+29 -7	+26 -11	+21 -16	
10	14	+10 -9		+4 -15		+23.5 -5.5	+20 -9	+17 -12		+11 -18		+6 -23		+36 -9	+31 -13	+26 -19	
14	18																
18	24	±11		+5 -17		+27.5 -6.5	+23 -10	+19 -15		+13 -21		+6 -28		+43 -10	+37 -16	+31 -23	
24	30																
30	40	+14 -13		+7 -20		+33 -8	+28 -12	+23 -18		+16 -25		+8 -33		+51 -12	+44 -19	+37 -27	
40	50																
50	65	+17 -15		+8 -24		+39.5 -9.5	+34 -15	+28 -21		+19 -30		+10 -39		+61 -15	+53 -23	+44 -32	
65	80																
80	100	+19 -18		+9 -28		+46 -11	+39 -17	+32 -25		+22 -35		+12 -45		+71 -17	+62 -27	+51 -38	
100	120																
120	140	+22 -21		+10 -33		+52.5 -12.5	+45 -20	+37 -28		+25 -40		+13 -52		+83 -20	+71 -31	+60 -43	
140	160																
160	180																
180	200	+25 -24		+12 -37		+60.5 -14.5	+52 -23	+42 -33		+29 -46		+15 -60		+95 -23	+82 -36	+68 -50	
200	225																
225	250																
250	280	+28 -27		+12 -43	+14 -41	+68 -16	+58 -26	+48 -36		+32 -52		+18 -66		+107 -26	+92 -40	+77 -56	
280	315																
315	355	+32 -29		+15 -46		+75 -18	+64 -28	+53 -40		+36 -57		+20 -73		+117 -28	+101 -44	+85 -61	
355	400																
400	450	+35 -32		+17 -50		+83 -20	+71 -31	+58 -45		+40 -63		+23 -80		+128 -31	+111 -48	+92 -68	
450	500																

表 A.1（续） 单位为微米

基孔制		$\frac{H8}{m7}$		$\frac{H8}{n7}$		$\frac{H8}{p7}$	$\frac{H6}{n5}$		$\frac{H6}{p5}$		$\frac{H6}{r5}$		$\frac{H6}{s5}$		$\frac{H6}{t5}$	$\frac{H7}{p6}$	
基轴制			$\frac{M8}{h7}$		$\frac{N8}{h7}$			$\frac{N6}{h5}$		$\frac{P6}{h5}$		$\frac{R6}{h5}$		$\frac{S6}{h5}$	$\frac{T6}{h5}$		$\frac{P7}{h6}$
公称尺寸/mm		过渡配合					过盈配合										
大于	至																
—	3	+12 −12	+8 −16	+10 −14	+6 −18	+8 −16	+2 −8	0 −10	0 −10	−2 −12	−4 −14	−6 −16	−8 −18	−10 −20	—	+4 −12	0 −16
3	6	+14 −16		+10 −20		+6 −24	0 −13		−4 −17		−7 −20		−11 −24		—	0 −20	
6	10	+16 −21		+12 −25		+7 −30	−1 −16		−6 −21		−10 −25		−14 −29		—	0 −24	
10	14	+20 −25		+15 −30		+9 −36	−1 −20		−7 −26		−12 −31		−17 −36		—	0 −29	
14	18																
18	24	+25 −29		+18 −36		+11 −43	−2 −24		−9 −31		−15 −37		−22 −44		—	−1 −35	
24	30														−28 −50		
30	40	+30 −34		+22 −42		+13 −51	−1 −28		−10 −37		−18 −45		−27 −54		−32 −59	−1 −42	
45	50														−38 −65		
50	65	+35 −41		+26 −50		+14 −62	−1 −33		−13 −45		−22 −54		−34 −66		−47 −79	−2 −51	
65	80										−24 −56		−40 −72		−56 −88		
80	100	+41 −48		+31 −58		+17 −72	−1 −38		−15 −52		−29 −66		−49 −86		−69 −106	−2 −59	
100	120										−32 −69		−57 −94		−82 −119		
120	140	+48 −55		+36 −67		+20 −83	−2 −45		−18 −61		−38 −81		−67 −110		−97 −140	−3 −68	
140	160										−40 −83		−75 −118		−109 −152		
160	180										−43 −86		−83 −126		−121 −164		
180	200	+55 −63		+41 −77		+22 −96	−2 −51		−21 −70		−48 −97		−93 −142		−137 −186	−4 −79	
200	225										−51 −100		−101 −150		−151 −200		
225	250										−55 −104		−111 −160		−167 −216		
250	280	+61 −72		+47 −86		+25 −108	−2 −57		−24 −79		−62 −117		−126 −181		−186 −241	−4 −88	
280	315										−66 −121		−138 −193		−208 −263		
315	355	+68 −78		+52 −94		+27 −119	−1 −62		−26 −87		−72 −133		−154 −215		−232 −293	−5 −98	
355	400										−78 −139		−172 −233		−258 −319		
400	450	+74 −86		+57 −103		+29 −131	0 −67		−28 −95		−86 −153		−192 −259		−290 −357	−5 −108	
450	500										−92 −159		−212 −279		−320 −387		

注：$\frac{H6}{n5}$、$\frac{H7}{p6}$在公称尺寸小于或等于 3 mm 时，为过渡配合。

表 A.1（续）　　　　单位为微米

基孔制		$\frac{H7}{r6}$		$\frac{H7}{s6}$		$\frac{H7}{t6}$	$\frac{H7}{u6}$		$\frac{H7}{v6}$	$\frac{H7}{x6}$	$\frac{H7}{y6}$	$\frac{H7}{z6}$	$\frac{H8}{r7}$	$\frac{H8}{s7}$	$\frac{H8}{t7}$	$\frac{H8}{u7}$
基轴制			$\frac{R7}{h6}$		$\frac{S7}{h6}$	$\frac{T7}{h6}$		$\frac{U7}{h6}$								
公称尺寸/mm		过盈配合														
大于	至															
—	3	0 −16	−4 −20	−4 −20	−8 −24	—	−8 −24	−12 −28	—	−10 −26	—	−16 −32	+4 −20	0 −24	—	−4 −28
3	6	−3 −23		−7 −27		—	−11 −31		—	−16 −36	—	−23 −43	+3 −27	−1 −31	—	−5 −35
6	10	−4 −28		−8 −32		—	−13 −37		—	−19 −43	—	−27 −51	+3 −34	−1 −38	—	−6 −43
10	14	−5 −34		−10 −39		—	−15 −44		—	−22 −51	—	−32 −61	+4 −41	−1 −46	—	−6 −51
14	18								−21 −50	−27 −56	—	−42 −71				
18	24	−7 −41		−14 −48		—	−20 −54		−26 −60	−33 −67	−42 −76	−52 −86	+5 −49	−2 −56	—	−8 −62
24	30					−20 −54	−27 −61		−34 −68	−43 −77	−54 −88	−67 −101			−8 −62	−15 −69
30	40	−9 −50		−18 −59		−23 −64	−35 −76		−43 −84	−55 −96	−69 −110	−87 −128	+5 −59	−4 −68	−9 −73	−21 −85
40	50					−29 −70	−45 −86		−56 −97	−72 −113	−89 −130	−111 −152			−15 −79	−31 −95
50	65	−11 −60		−23 −72		−36 −85	−57 −106		−72 −121	−92 −141	−114 −163	−142 −191	+5 −71	−7 −83	−20 −96	−41 −117
65	80	−13 −62		−29 −78		−45 −94	−72 −121		−90 −139	−116 −165	−144 −193	−180 −229	+3 −73	−13 −89	−29 −105	−56 −132
80	100	−16 −73		−36 −93		−56 −113	−89 −146		−111 −168	−143 −200	−179 −236	−223 −280	+3 −86	−17 −106	−37 −126	−70 −159
100	120	−19 −76		−44 −101		−69 −126	−109 −166		−137 −194	−175 −232	−219 −276	−275 −332	0 −89	−25 −114	−50 −139	−90 −179
120	140	−23 −88		−52 −117		−82 −147	−130 −195		−162 −227	−208 −273	−260 −325	−325 −390	0 −103	−29 −132	−59 −162	−107 −210
140	160	−25 −90		−60 −125		−94 −159	−150 −215		−188 −253	−240 −305	−300 −365	−375 −440	−2 −105	−37 −110	−71 −174	−127 −230
160	180	−28 −93		−68 −133		−106 −171	−170 −235		−212 −277	−270 −335	−340 −405	−425 −490	−5 −108	−45 −148	−83 −186	−147 −250
180	200	−31 −106		−76 −151		−120 −195	−190 −265		−238 −313	−304 −379	−379 −454	−474 −549	−5 −123	−50 −168	−94 −212	−164 −282
200	225	−34 −109		−84 −159		−134 −209	−212 −287		−264 −339	−339 −414	−424 −499	−529 −604	−8 −126	−58 −176	−108 −226	−186 −304
225	250	−38 −113		−94 −169		−150 −225	−238 −313		−294 −369	−379 −454	−474 −549	−594 −669	−12 −130	−68 −186	−124 −242	−212 −330
250	280	−42 −126		−106 −190		−166 −250	−263 −347		−333 −417	−423 −507	−528 −612	−658 −742	−13 −146	−77 −210	−137 −270	−234 −367
280	315	−46 −130		−118 −202		−188 −272	−298 −382		−373 −457	−473 −557	−598 −682	−738 −822	−17 −150	−89 −222	−159 −292	−269 −402
315	355	−51 −144		−133 −226		−211 −304	−333 −426		−418 −511	−533 −626	−673 −766	−843 −936	−19 −165	−101 −247	−179 −325	−301 −447
355	400	−57 −150		−151 −244		−237 −330	−378 −471		−473 −566	−603 −696	−763 −856	−943 −1 036	−25 −171	−119 −265	−205 −351	−346 −492
400	450	−63 −166		−169 −272		−267 −370	−427 −530		−532 −635	−677 −780	−857 −960	−1 037 −1 140	−29 −189	−135 −295	−233 −393	−393 −553
450	500	−69 −172		−189 −292		−297 −400	−477 −580		−597 −700	−757 −860	−937 −1 040	−1 187 −1 290	−35 −195	−155 −315	−263 −423	−443 −603

注：$\frac{H8}{r7}$在小于或等于 100 mm 时，为过渡配合。

附　录　B
（资料性附录）
公称尺寸大于500 mm配制配合

公称尺寸大于500 mm的零件除采用互换性生产外，根据其制造特点可采用配制配合。本附录用于指导有关配制配合的正确理解和使用。

B.1　总则

配制配合是以一个零件的实际尺寸为基数，来配制另一个零件的一种工艺措施。一般用于公差等级较高，单件小批生产的配合零件。

是否采用配制配合由设计人员根据零件的生产和使用情况决定。

B.2　对配制配合零件的一般要求

a)　先按互换性生产选取配合。配制的结果应满足此配合公差。

b)　一般选择较难加工，但能得到较高测量精度的那个零件（在多数情况下是孔）作为先加工件，给它一个比较容易达到的公差或按"线性尺寸的未注公差"加工。

c)　配制件（多数情况下是轴）的公差可按所定的配合公差来选取。所以，配制件的公差比采用互换性生产时单个零件的公差要宽。配制件的偏差和极限尺寸以先加工件的实际尺寸为基数来确定。

d)　配制配合是关于尺寸极限方面的技术规定，不涉及其他技术要求，如零件的形状和位置公差、表面粗糙度等，不因采用配制配合而降低。

e)　测量对保证配合性质有很大关系，要注意温度、形状和位置误差对测量结果的影响。配制配合应采用尺寸相互比较的测量方法。在同样条件下测量，使用同一基准装置或校对量具，由同一组计量人员进行测量，以提高测量精度。

B.3　在图样上的标注方法

用代号MF(Matched Fit)表示配制配合，借用基准孔的代号H或基准轴的代号h表示先加工件。在装配图和零件图的相应部位均应标出。装配图上还要标明按互换性生产时的配合要求。

举例：公称尺寸为ϕ3000 mm的孔和轴，要求配合的最大间隙为0.45 mm，最小间隙为0.14 mm，按互换性生产可选用ϕ3000 H6/f6或3000 F6/h6。其最大间隙为0.415 mm，最小间隙为0.145 mm，现确定采用配制配合。

a)　在装配图上标注为：

ϕ3000 H6/f6 MF（先加工件为孔）

或ϕ3000 F6/h6 MF（先加工件为轴）

b)　若先加工件为孔，给一个较容易达到的公差，例如H8在零件图上标注为：

ϕ3000 H8 MF

若按"线性尺寸的未注公差"加工，则标注为：

ϕ3000 MF

c)　配制件为轴，根据已确定的配合公差选取合适的公差带，例如f7，此时其最大间隙为0.355 mm，最小间隙为0.145 mm，图上标注为：

ϕ3000 f7 MF　或　$\phi 3000^{-0.145}_{-0.355}$ MF

B.4　配制件极限尺寸的计算

以B.3中的举例，用尽可能准确的测量方法测出先加工件(孔)的实际尺寸，例如为 ϕ3000.195 mm，则配制件(轴)的极限尺寸计算如下：

上极限尺寸＝3000.195－0.145＝3000.05 mm；

下极限尺寸＝3000.195－0.355＝2999.84 mm。

附 录 C
(资料性附录)
公称尺寸大于 3 150 mm～10 000 mm 标准公差和基本偏差

本附录提供的标准公差(见表 C.1)和孔、轴的基本偏差(见表 C.2)的数值,供参考使用。

表 C.1 标准公差数值

公称尺寸/mm		公差等级												
		IT6	IT7	IT8	IT9	IT10	IT11	IT12	IT13	IT14	IT15	IT16	IT17	IT18
大于	至	μm						mm						
3 150	4 000	165	260	410	660	1 050	1 650	2.60	4.10	6.6	10.5	16.5	26.0	41.0
4 000	5 000	200	320	500	800	1 300	2 000	3.20	5.00	8.0	13.0	20.0	32.0	50.0
5 000	6 300	250	400	620	980	1 550	2 500	4.00	6.20	9.8	15.5	25.0	40.0	62.0
6 300	8 000	310	490	760	1 200	1 950	3 100	4.90	7.60	12.0	19.5	31.0	49.0	76.0
8 000	10 000	380	600	940	1 500	2 400	3 800	6.00	9.40	15.0	24.0	38.0	60.0	94.0

表 C.2 孔、轴的基本偏差数值

单位为微米

轴的基本偏差		上极限偏差(es)						下极限偏差(ei)							
		d	e	f	g	h	js	k	m	n	p	r	s	t	u
公差等级		6～18													
公称尺寸/mm		符号													
大于	至	−	−	−	−				+	+	+	+	+	+	+
3 150	3 550	580	320	160		0	偏差$=\pm\frac{IT}{2}$				290	680	1 600	2 400	3 600
3 550	4 000											720	1 750	2 600	4 000
4 000	4 500	640	350	175		0					360	840	2 000	3 000	4 600
4 500	5 000											900	2 200	3 300	5 000
5 000	5 600	720	380	190		0					440	1 050	2 500	3 700	5 600
5 600	6 300											1 100	2 800	4 100	6 400
6 300	7 100	800	420	210		0					540	1 300	3 200	4 700	7 200
7 100	8 000											1 400	3 500	5 200	8 000
8 000	9 000	880	460	230		0					680	1 650	4 000	6 000	9 000
9 000	10 000											1 750	4 400	6 600	10 000
大于	至	+	+	+	+				−	−	−	−	−	−	−
公称尺寸/mm		符号													
公差等级		6～18													
孔的基本偏差		D	E	F	G	H	JS	K	M	N	P	R	S	T	U
		下极限偏差(EI)						上极限偏差(ES)							

附 录 D
（资料性附录）
在 GPS 矩阵模型中的位置

GPS 矩阵的全部详情参见 GB/Z 20308—2006。

D.1 本标准的信息及其应用

本标准给出公称尺寸至 500 mm 孔、轴公差带及配合的选择。

D.2 在 GPS 矩阵模型中的位置

本标准是 GPS 通用标准，它影响 GPS 矩阵中尺寸标准链的链环 1 和链环 2，如图 D.1 所述。

	GPS综合标准						
	GPS通用标准						
	链环号	1	2	3	4	5	6
GPS 基础标准	尺寸						
	距离						
	半径						
	角度						
	与基准无关的线形状						
	与基准相关的线形状						
	与基准无关的面形状						
	与基准相关的面形状						
	方向						
	位置						
	圆跳动						
	全跳动						
	基准						
	粗糙度轮廓						
	波纹度轮廓						
	原始轮廓						
	表面缺陷						
	棱边						

图 D.1 在 GPS 矩阵模型中的位置

D.3 相关的标准

相关的标准为图 D.1 所示标准链涉及的标准。

ICS 87.040
G 50

中华人民共和国国家标准

GB/T 1865—2009/ISO 11341:2004
代替 GB/T 1865—1997

色漆和清漆 人工气候老化和人工辐射曝露 滤过的氙弧辐射

Paints and varnishes—Artificial weathering and exposure to artificial radiation—Exposure to filtered xenon-arc radiation

(ISO 11341:2004,IDT)

2009-06-02 发布 2010-02-01 实施

中华人民共和国国家质量监督检验检疫总局
中国国家标准化管理委员会 发布

前　言

本标准等同采用国际标准 ISO 11341:2004《色漆和清漆——人工气候老化和人工辐射曝露(滤过的氙弧辐射)》(英文版)。

本标准等同翻译 ISO 11341:2004。

为了便于使用,本标准编辑性修改内容如下:

——用“本标准”代替“本国际标准”;

——删除国际标准的前言;

——对 ISO 11341:2004 引用的其他国际标准,有被等同采用为我国标准的,用我国标准代替对应的国际标准,未被等同采用为我国标准的直接引用国际标准;

——由于目前国内涂料老化结果的评定大多数根据 GB/T 1766 进行评定,因此在 10 章中增加了注 2 的内容。

本标准代替 GB/T 1865—1997《色漆和清漆 人工气候老化和人工辐射曝露(滤过的氙弧辐射)》。

本标准与前版 GB/T 1865—1997 的主要技术差异为:

——前版系等效采用 ISO 11341:1994,本次修订为等同采用 ISO 11341:2004;

——前版只规定了样板平面在 290 nm～800 nm 波长之间的平均辐照度为 550 W/m^2;本标准中方法 1 规定了 300 nm～400 nm 波长之间的平均辐照度为 60 W/m^2,340 nm 处的辐照度为 0.51 W/m^2;方法 2 规定了 300 nm～400 nm 波长之间的平均辐照度为 50 W/m^2,420 nm 处的辐照度为 1.1 W/m^2;

——本标准增加了高辐照度试验:方法 1 在 300 nm～400 nm 波长之间的平均辐照度可以为 60 W/m^2～180 W/m^2,340 nm 处的辐照度可以为 0.51 W/m^2～1.5 W/m^2;方法 2 在 300 nm～400 nm 波长之间的平均辐照度可以为 50 W/m^2～162 W/m^2,420 nm 处的平均辐照度可以为 1.1 W/m^2～3.6 W/m^2;

——本标准增加了箱体内空气温度为(38±3)℃;

——前版规定人工气候老化过程中相对湿度为 60%～80%,本标准规定人工气候老化过程中相对湿度为 40%～60%。

本标准的附录 A 为规范性附录。

本标准的附录 B 为资料性附录。

本标准由中国石油和化学工业协会提出。

本标准由全国涂料和颜料标准化技术委员会归口。

本标准起草单位:中海油常州涂料化工研究院、亚太拉斯材料测试技术有限公司、昆山市世名科技开发有限公司、奇瑞汽车股份有限公司。

本标准主要起草人:季小沛、张平、程舸、杜长森、陈拯。

本标准所代替标准的历次版本发布情况为:

——GB/T 1865—1980、GB/T 1865—1997。

色漆和清漆 人工气候老化和人工辐射曝露 滤过的氙弧辐射

1 范围

本标准规定了色漆和清漆曝露在氙灯装置及水、水蒸气下的人工气候老化试验程序。老化的结果可以通过比较涂层在老化前、老化过程中以及老化后所选定的参数来单独评定。

本标准描述了一些最重要的参数，详细说明了曝露装置的使用条件。

2 规范性引用文件

下列文件中的条款通过本标准的引用而成为本标准的条款。凡是注日期的引用文件，其随后所有的修改单(不包括勘误的内容)或修订版均不适用于本标准，然而，鼓励根据本标准达成协议的各方研究是否可使用这些文件的最新版本。凡是不注日期的引用文件，其最新版本适用于本标准。

GB/T 3186 色漆、清漆和色漆与清漆用原材料 取样(GB/T 3186—2006,ISO 15528:2000,IDT)

GB/T 9271 色漆和清漆 标准试板(GB/T 9271—2008,ISO 1514:2004,MOD)

GB/T 9278 涂料试样状态调节和试验的温湿度(GB/T 9278—2008,ISO 3270:1984,Paints and varnishes and their raw materials—Temperatures and humidities for conditioning and testing,IDT)

GB/T 13452.2 色漆和清漆 漆膜厚度的测定(GB/T 13452.2—2008,ISO 2808:2007,IDT)

GB/T 20777 色漆和清漆 试样的检查和制备(GB/T 20777—2006,ISO 1513:1992,IDT)

CIE 出版物 No.85:1989 太阳光辐照度

3 术语和定义

下列术语和定义适用于本标准。

3.1

老化状况 ageing behaviour

涂层经人工气候老化或人工辐射曝露过程中性能的改变。

注：老化的一种度量是用低于 400 nm 波长范围或在规定的波长如 340 nm 处的曝露辐射能 H 表示。经过人工气候老化或人工辐射曝露的涂层的老化状况取决于涂料的类型、涂层的曝露条件、所选择的用于监控老化过程进展的性能及这种性能变化的程度。

3.2

曝露辐射能 radiant exposure

试板已经受曝露辐射能的一种量度，可由下式计算得到：

$$H = \int E \mathrm{d}t \qquad \cdots\cdots(1)$$

式中：

E——辐照度，单位为瓦每平方米(W/m^2)；

t——曝露时间，单位为秒(s)。

注 1：H 以焦耳每平方米(J/m^2)表示。

注 2：如果辐照度在整个曝露过程中是恒定的，曝露辐射能 H 可以简单用 E 和 t 的乘积得到。

3.3

老化指标 ageing criterion

给定程度的老化,受试涂层某种选定性能的变化程度。

注:老化指标是规定或商定的。

4 原理

用经滤光器滤过的氙弧灯光对涂层进行人工气候老化或人工曝露辐射,其目的是为了使涂层在经受一定的曝露辐射能后,使选定的性能产生一定程度的变化,或者使涂层达到一定程度的老化所需要的曝露辐射能。被选中进行监控的性能应该是涂层在实际应用中重要的性能。可将曝露涂层的性能与同样制得的未经曝露的涂层(对比试样)性能相比较,或者与同时曝露的性能已知的涂层(参比样)相比较。

自然气候中,太阳光辐射被认为是涂层老化的主要原因,窗玻璃下的曝露辐射原理是相同的。因此对于人工气候老化和人工曝露辐射而言,模拟太阳光辐射是至关重要的。氙弧辐射源经过两种不同的光过滤系统之一来改变其产生的辐射光谱分布,分别模拟太阳辐射的紫外和可见光的光谱分布(方法 1),模拟 3 mm 厚的窗玻璃滤过后太阳辐射的紫外和可见光的光谱分布(方法 2)。

两种光谱的能量分布是描述滤光器滤过的光辐射在低于 400 nm 波长紫外光范围的辐照度值和允许的偏差。此外 CIE No. 85 中有波长至 800 nm 的辐照度标准(见附录 B),因为只在该范围内,氙弧辐射能更好地模拟太阳辐射。

曝露设备在测试过程中,由于氙弧和滤光系统的老化,辐照度可能会变化。这种变化尤其发生在对聚合物材料光化学影响最大的紫外光范围。因此不仅要计量曝露的时间,而且要测量 400 nm 以下的波长范围或在规定波长例如 340 nm 处的曝露辐射能,并将这些值作为涂层老化的参照值。

精确的模拟气候条件的各个方面对涂层的作用是不可能的。因此,在本标准中用人工气候老化的术语来区别自然气候老化。本标准中提到的模拟窗玻璃滤过的太阳辐射试验称为人工辐射曝露。

5 需要的补充资料

对于任何特定应用来说,本标准规定的试验方法需要通过补充资料加以完善,补充资料列于附录 A 中。

6 仪器设备

6.1 试验箱

试验箱体应由耐腐蚀材料制成,其内装置包括有滤光系统的辐射源、样板架等。

6.2 辐射源和过滤系统

辐射源由一个或多个氙灯组成,它们产生的辐射经过滤光系统过滤,使辐照度在样板架平面的相对光谱能量分布与太阳的紫外光和可见光辐射近似(方法 1)或与通过 3 mm 窗玻璃滤过的太阳紫外光和可见光辐射近似(方法 2)。

表 1 和表 2 给出了要求的辐射光谱能量分布,用百分数的形式表示占 290 nm～400 nm 范围内总辐射能的多少,表 1 为用日光滤光器的氙灯,表 2 为用窗玻璃滤光器的氙灯。

表 1 使用日光滤光器的氙灯要求的光谱辐照度分布[方法 1(人工气候老化)]

波长 λ/ nm	最小值[a,b]/ %	CIE No. 85:1989 表 4[c,d]/ %	最大值[a,b]/ %
$\lambda \leqslant 290$	—	—	0.15
$290 < \lambda \leqslant 320$	2.6	5.4	7.9
$320 < \lambda \leqslant 360$	28.2	38.2	38.6

表 1(续)

波长 λ/ nm	最小值[a,b]/ %	CIE No. 85:1989 表 4[c,d]/ %	最大值[a,b]/ %
360<λ≤400	55.8	56.4	67.5

[a] 最小值限、最大值限是根据厂商的推荐使用条件，测量不同批号及不同使用时间后的 113 个装有日光滤光器的水冷氙灯和气冷氙灯的光谱后得到的。最小值限、最大值限距所有测量值的平均值至少 3 倍标准差。

[b] 最小值、最大值的和不一定为 100%，是因为它们代表的是测量值的最小值和最大值。对任何一个光谱的辐照度，在此表中的各波段百分值加起来为 100%。任何一个带有日光滤光器的氙灯，每一个波段的百分值均在表中给出的最小值和最大值之间。如果使用辐照度超出允许偏差的氙灯装置，测试结果将有所不同，可与氙灯设备制造商联系索取详细的氙灯和滤光器光谱辐照度数据。

[c] 附录 B 给出了 CIE 刊物 No. 85:1989 表 4 中日光谱数据，这些数据作为装有日光滤光器的氙灯的标准值。

[d] CIE 刊物 No. 85:1989 表 4(见附录 B)给出的日光光谱数据，其中(290 nm～400 nm)的紫外光辐照度在(290 nm～800 nm)范围内占总辐照度 11%，可见光辐照度(400 nm～800 nm)在(290 nm～800 nm)范围内占总辐照度的 91%。实际当中样板在氙灯装置中曝露时，由于曝露样板的数量以及它们的反射性能，紫外光和可见光辐照度的百分比可能变化。

表 2　使用窗玻璃滤光器的氙灯要求的光谱辐照度分布(方法 2)

波长 λ/ nm	最小值[a,b]/ %	CIE No. 85:1989 表 4[c,d]/ %	最大值[a,b]/ %
λ≤300			0.29
300<λ≤320	0.1	≤1	2.8
320<λ≤360	23.8	33.1	35.5
360<λ≤400	62.4	66.0	76.2

[a] 最小值限、最大值限是根据厂商的推荐使用条件，测量不同批号及不同使用时间后的 35 个装有窗玻璃滤光器的水冷氙灯和气冷氙灯的光谱后得到的。最小值限、最大值限距所有测量值的平均值至少 3 倍标准差。

[b] 最小值、最大值的和不一定为 100%，是因为它们代表的是测量值的最小值和最大值。对任何一个光谱的辐照度，在此表中的各波段百分值加起来为 100%。任何一个带有日光滤光器的氙灯，每一个波段的百分值均在表中给出的最小值和最大值之间。如果使用辐照度超出允许偏差的氙灯装置，测试结果将有所不同，可与氙灯设备制造商联系索取详细的氙灯和滤光器光谱辐照度数据。

[c] 本表中的数据来自于 CIE 刊物 No. 85:1989 表 4，透过 3 mm 厚的窗玻璃(附录 B)光谱数据。这些数据作为装有窗玻璃滤光器的氙灯的标准值。

[d] CIE 刊物 No. 85:1989 表 4(见附录 B)给出透过窗玻璃的光谱数据，其中(300 nm～400 nm)的紫外光辐照度在(300 nm～800 nm)范围内占总辐照度 9%，可见光辐照度(400 nm～800 nm)在(300 nm～800 nm)范围内占总辐照度的 91%。实际当中样板在氙灯装置中曝露时，由于曝露样板的数量以及它们的反射性能，紫外光和可见光辐照度的百分比可能变化。

一般而言，辐射通量的选择是为了使试验样板表面的平均辐照度 E 为

——300 nm～400 nm 之间的平均辐照度为 60 W/m²，或在 340 nm 处为 0.51 W/m²(方法 1)；

——300 nm～400 nm 之间的平均辐照度为 50 W/m²，或在 420 nm 处为 1.1 W/m²(方法 2)。

双方可以商定使用高辐照度的试验，可以选择使试验样板表面的平均辐照度 E 达到：

——300 nm～400 nm 之间的平均辐照度为 60 W/m²～180 W/m，或在 340 nm 处为 0.51 W/m²～1.5 W/m²(方法 1)；

——300 nm～400 nm之间的平均辐照度为50 W/m^2～162 W/m，或在340 nm处为1.1 W/m^2～3.6 W/m^2(方法2)。

注1：高辐照度试验已被证实对几种材料是有效的，例如：汽车内饰件。当进行高辐照度试验时，需仔细检查性能是否随辐照度的线性变化。在其他测试参数(黑标准温度、黑板温度、箱体温度、相对湿度)不变时，可以比较不同辐照度下得到的结果。

注2：推荐测量并报告在300 nm～800 nm之间的实际辐照度E。在非连续运行的例子中(见9.4)，这个值包括箱体内壁反射到测试样板表面的辐射。

注3：上面所用的用于根据宽频带(300 nm～400 nm)的辐照度来计算窄频带(340 nm或420 nm)辐照度的转换因子是取不同滤光体系的平均值。这种转换因子的具体值通常由生产商提供。

到达试样表面任何一点的辐照度E的变化应不超过到达整个面上辐照度算术平均值的±10%。氙灯运行过程中产生的臭氧不允许进入测试箱体，应单独排出。如果做不到这一点，试板应每隔一段时间换一次位置，使在每个位置得到同样的曝露。

为了进一步加速老化，如果对于特定受试涂层的性能与自然气候老化的相关性是已知的，则可由相关方商定使用各种不同于上述相关光谱能量分布和辐照度条件。这样可以通过增加辐照度或通过规定的方法移向短波终端光谱能量分布的波段，缩短波长来实现进一步加速老化。有关不同于此方法说明的，均要在报告中注明。

氙灯和滤光器的老化会导致运行过程中相对光谱能量分布的变化和辐照度的降低，更新滤光器使光谱能量分布及辐照度保持恒定。也可以参考设备制造商的说明书来调整设备使辐照度保持恒定。

6.3 试验箱体调节系统

为了保持9.2中规定试验箱体的黑标或黑板温度，箱体中应流通着除尘空气，其湿度和温度是受控制的。试验箱体内空气的温度和相对湿度由温度、湿度传感器来控制，传感器不直接受到辐射。相对湿度的调节用水必须为9.5中规定的蒸馏水或软化水。

注：当给试验箱体连续供应新鲜空气时，设备的操作条件可以不一样。例如夏天和冬天不一样是因为夏天的空气湿度一般高于冬天的空气湿度，这将会影响到试验结果。在严格密闭的环路中流通空气，可以提高结果的再现性。

6.4 润湿样板的装置(方法1用)

注1：方法1包括样板的润湿，这是为了模拟户外环境中的降雨和凝露。

润湿装置的设计详见9.5，在整个润湿过程中所用试验样板应按下列两种方法之一进行润湿：

a) 表面用水喷淋；

b) 样板在测试箱体浸入水中。

注2：样板的喷淋和浸入水中，得到的试验结果不一定相似。

如果样板围绕辐射源旋转，喷水的喷嘴应能使每一块样板均满足9.5中的要求那样排布。

用于润湿的蒸馏水或软化水的电导率应低于2 μS/cm且蒸馏残余物小于1 mg/kg。

循环水不能再使用，除非它经过过滤达到要求的纯度，否则会在样板的表面形成沉积而导致错误的结果。

供水的储罐、管子和喷嘴应由耐腐蚀的材料制成。

6.5 样板架

样板架应由惰性材料制成。

6.6 黑标准/黑板温度计

在干燥片段，使用黑标准温度计或者黑板温度计来测量样板表面的温度。

如果使用黑标准温度计，它应由厚度约为0.5 mm的不锈钢平板构成，其典型的长宽尺寸为70 mm×40 mm。正对着辐射源的板面应涂有能吸收波长高达2 500 nm以内90%～95%的入射辐射能的涂层，该涂层具有良好的耐老化性能。在远离辐射源板的中央处，连有一个铂金温度电阻传感器，它与板有着良好的热接触。在背对着辐射源的板面连有5 mm厚，没有填充物的聚偏氟乙烯(PVDF)

衬板，在PVDF衬板里设置一个足够放置铂金温度电阻传感器的小空间。传感器和PVDF板的凹槽的边缘距离约1 mm。PVDF板的长度和宽度应足够大以保证黑标准温度计的金属板和安装它的支架之间没有金属与金属间的热接触。支架的金属部份与黑标准温度计的金属板的边缘相距至少4 mm。可以允许使用不同结构的黑标准温度计，只要做到在曝露装置能够达到的所有稳定态温度和辐照度设定条件下，更改结构的温度计与规定结构的温度计指示的温度相差在±1 ℃以内即可。此外，更改了结构的黑标准温度计达到稳定状态所需的时间必须在规定结构的黑标准温度计达到稳定态需要时间的10%偏差内。

如果用的是黑板温度计，它也应是由耐腐蚀的金属板组成。典型的尺寸是长150 mm，宽70 mm，厚1 mm。正对着光源的面板涂有黑色抗老化的涂层。涂层应能吸收2 500 nm内至少90%～95%的辐射。对着辐射源的板面中央固定着一个杆状铂金热电偶。金属板的背面应曝露在箱体内的空气中。

如果黑色的表面出现任何变化，应参照设备制造商的说明。

注1：黑标准温度计与黑板温度计的不同在于前者是固定在一个绝热的支架上。所测量的温度与在低热传导率底材上涂有黑色或深色涂层的曝露样板表面的温度相当，浅色涂层样板的曝露面温度一般较低。

注2：测试样板表的温度取决于多方面的因素，包括吸收辐射的总量、散发的辐射总量、样板的热导性、样板与空气之间的热传导、样板与样板架之间的热传导等因素。因此样板表面的温度不能精确预计。

注3：在典型的曝露测试条件下(非高辐照度试验)，黑标准温度计测量的温度比黑板温度计所测的高大约5 ℃。高辐照度试验条件下，两者之间的温度差会增大(见6.2)。

注4：黑标准温度计也叫做绝热黑板温度计。黑板温度计也称为非绝热黑板温度计。

为了能在曝露过程中测量样板表面的温度范围，更好的控制设备的曝露条件，除黑标准温度计或黑板温度计之外，类似于黑标或黑板温度计设计的一种白标准温度计或白板温度计也被推荐使用。为此，使用了一种耐老化的白色涂层，其对300 nm～1 000 nm波长辐射的反射至少达90%，对1 000 nm～2 000 nm波长辐射的反射至少达60%。

6.7 辐射量测定仪

试验箱中试板表面的辐照度E和曝露辐射能H应采用具有2π球面视场和良好余弦对应曲线的光电接受器的辐射量测定仪进行测量。辐射量测定仪应根据附表B1中列出的光谱分布进行校准，应按制造商的自备说明书检查校准值。

注：如果每种情况下使用的都是同一种类型的辐射量测定仪，就能够直接比较曝露设备中所测得的辐射曝露与自然气候老化过程中测得的辐射曝露。

6.8 设备的校准

设备应按制造商的说明进行校准。

7 采样

按GB/T 3186的规定，取受试产品(或复合涂层中的每个产品)代表性的样品。

按GB/T 20777的规定，检查和制备试验样品。

8 试板的制备

试板制备所用的底材通常为实际使用中用的底材(例如：水泥板、木板、金属板、塑料板)。涂料的施涂与干燥方式应与实际应用中的制备方法一致，得到通常的膜厚。

除非另有规定或商定，应采用符合GB/T 9271规定的底材，作为试验涂料的底材。

注：最好采用适合于试验箱试板架尺寸的平整试板。

除非另有商定，应在板的正面涂上受试材料或涂料体系．必要时，试板的背面和四边应涂漆保护试验过程中基材不受腐蚀。

烘烤漆应按实际使用中的条件干燥。气干漆的试板应水平放置，按GB 9278中的要求，在温度为(23±2)℃，相对湿度为(50±5)%的条件下干燥。干燥时间和放置时间按规定。

所有的试板应以一种合适的方法做上永久性的标记。涂层的厚度应按 GB/T 13452.2 规定测定。

试验在按一系列不同时期进行测试的情况下,每种涂料应制备足够的试板。

如有要求,每种试样应至少多制备一块板存放在 18℃～28℃下的黑暗中,作为标准板。

注:有些样板在储存期间,性能会发生改变。对于存放在暗处依然敏感的类似醇酸漆类,应按商定条件存放。

9 步骤

9.1 样板的放置

将试板放置在试板架上(6.5),使试板周围的空气可以流通。

注:使试板在试板架上排列位置以有规律的间隔时间改变,例如上排与下排交换。

9.2 黑标准/黑板温度

正常试验中,将黑标准温度(BST)设置在(65±2)℃或黑板温度(BPT)(63±2)℃。如果曝露过程中,样板被周期性的润湿,BST/BPT 应在每一干燥过程的最后阶段测定。即使非连续光照运行的模式下(见 9.4)黑标准温度计或黑板温度计的使用也不间断。

当测定颜色变化时,将 BST 设置为(55±2)℃或将 BPT 设置为(50±2)℃,在高温下,漆基可能会大量降解导致粉化、失光,难以对变色作精确评定。

注:BST 为 65 ℃与 BPT 为 63 ℃时,两者之间没有关系。通常 BPT 为 63 ℃或 50 ℃意味着表面温度相应要比 BST 65 ℃或 55 ℃高。这四种温度代表着四种不同的测试条件,每一种情况的结果会不相同。

如果使用黑板温度计,它的类型以及固定在样板架上的方式应在报告中注明。

经各方商定,也可以使用其他测试温度,但要在报告中注明。

注:BST 或 BPT 与实际测试中的试板温度是不一样的(见 6.6 中注 2)。

9.3 试验箱体内空气的温度

正常试验下,试验箱内的空气温度为(38±3)℃。

9.4 样板的曝露

对样板及辐射量测定仪的曝露采用连续(连续运行)或周期性改变辐照度(非连续运行)的方式,无论哪种方式都连续使用黑标温度计或黑板温度计。

非连续方式运行时,通过样板架翻转 180°使样板转向或转离辐射源来产生周期性的变化。

注:为了保证辐照度达到 6.2 中平均的值,非连续运行的方式是需要的。

9.5 样板的润湿及试验箱体中的相对湿度

除非另有商定,按循环 A 和 B 的规定周期性的润湿样板,或按循环 C 和 D 的规定使试验箱中的相对湿度保持恒定(见表 3)。

表 3 样板润湿循环

循环	A	B	C	D
运行模式	连续运行	非连续运行	连续运行	非连续运行
润湿时间/min	18	18	—	—
干燥时间/min	102	102	持续光照	持续光照
干燥期间的相对湿度/%	40～60	40～60	40～60	40～60

注:箱体中所测得的空气湿度不一定要与板面附近的空气湿度完全相同,因为样板颜色不同导致样板的温度不同。

循环 A 和循环 B 用于人工气候老化(方法 1),循环 C 和循环 D 用于模拟窗玻璃下的曝露辐射(方法 2)。

润湿过程中,辐射曝露不应中断。

对于特殊用漆,如砖石用漆或汽车漆,可用不同的润湿/干燥循环。如:3 min 润湿/17 min 干燥或 12 min 润湿/48 min 干燥。已证实这两种循环方式是比较有效的。如果使用它们中的任一种,应在报告中注明。

9.6 将试验样板同参照板同时曝露

简单的认为老化只是辐射曝露的一个结果，而不考虑试验仪器设备之间的差异，不考虑表1、表2给出的相对光谱能量分布范围内辐照度的光谱分布的变化，以及样板表面的温度的差异是不可取的，因为这些因素对涂层的老化及老化的速度有着明显的影响。

在测试过程中，能够将各种相关因素考虑在内的一种方法就是：将参照板在同样设备同样的条件下与试验样板同时曝露。参照板的化学结构及老化特性应尽量与测试板相似。

9.7 试验时间

试验一直进行到：

a) 试板表面已经受到商定的辐射曝露；或

b) 达到商定或规定的老化指标。

后一种情况应在试验期间的不同阶段取出样板进行检查，并绘制老化曲线决定终点。

不能规定出适合所有类型涂层的试验时间或试验程序。每个试验的总次数及在每个试验中包含的步骤都要根据要求来选择，而对每一种特殊情况，应由相关方商定。除非另有规定，一般每次评定取两块样板。

试验应连续运行，除非清洗或更换氙灯或滤光器系统及试验到各阶段取出样板时，可以中断试验。

如果是评定样板的失光或变色，应在干燥阶段的最后取出样板。

10 老化结果的评定

有关方应商定涂层在曝露前、曝露过程中和曝露后应检验的性能以及采用哪些适当的标准。

注1：适宜的评定方法参见GB/T 9754、GB/T 9761、GB/T 11186.1～11186.3、ISO 4628-1～4628-8和ISO 4628-10。

注2：如无特别商定，按GB/T 1766进行评定。

除非另有商定，中间各次检查时，样板不应清洗或抛光。对于涂层的最终检查，由有关双方商定表面是否抛光或清洗。

测定性能的每一个值应能清楚的表示各种性能的中间结果和渐进的变化情况。如有需要，结果可以以与未曝露的对比样板或同时曝露的参比样板的各性能相比较的形式给出。多阶段测试，中间检查的结果和最终检查的结果应以表格形式或辐射曝露函数的图解形式给出。

11 试验报告

试验报告应至少包括以下内容：

a) 识别受试产品所需的全部细节；

b) 注明本标准批号；

c) 参照附录A中提及的补充信息的条款；

d) 参照上述c)中提及的补充资料而提供的标准、产品规格或其他文件；

e) 所用的试验方法(方法1或方法2)，如：所选的光谱分布；

f) 试验结果，如第10章给出的；

g) 所用曝露设备的类型；

h) 以连续方式还是非连续方式运行(非连续运行时要说明频率)；

i) 所用辐射测量仪的类型；

j) 黑标准温度的平均值和偏差值；

k) 试验箱中空气湿度的平均值和偏差值；

l) 试验箱中空气温度的平均值和偏差值；

m) 所用的润湿周期(见9.5)；

n) 曝露时间或老化指标；

o) 样板在 300 nm～400 nm 之间或在规定波长例如 340 nm 处的辐照度 E 及样板的曝露辐射能 H；

p) 如果测量了，标明 300 nm～800 nm 之间的辐照度 E；

q) 曝露完的参照试样所有细节情况；

r) 试验是否分阶段进行；

s) 与规定试验方法的任何不同之处；

t) 试验中观察到的异常现象；

u) 试验日期。

附 录 A
（规范性附录）
需要补充的信息

应适当地提供此附录所列出的补充项目的资料，以使此方法得以执行。

所需要的补充资料最好由有关各方商定，也可部分或全部来自受试产品的有关标准或其他文件。

a) 底材的材料、底材的厚度和底材表面处理。

b) 将试验涂层施涂于底材上的方法。

c) 涂层的放置和干燥条件（或烘烤）及样板试验前的老化。

d) 在开始试验前样板的状态调节时间（或事先在同一样板上已进行了其他试验）。

e) 注明涂层的干膜厚度（μm）按 GB/T 13452.2 规定的测量方法，以及它是单一涂层还是多层体系。

f) 任何商定的不同于本试验方法的地方。

g) 任何特定的试验要求以及为评定耐光性而商定的颜色变化限度。

附 录 B
（资料性附录）
日光光谱辐照度和窗玻璃光透过率

表 B.1 海平面的日光光谱辐照度

（摘自 CIE 出版物 No.85:1989，表 4）

参数：

相对空气质量＝1；

水蒸气含量＝1.42 cm 沉积水（PW）；

臭氧含量＝0.34 cmSTP（标准温度与压力）；

空气溶胶消光的光谱学深度（在 λ＝500 nm 处）＝0.1；

地表反射率＝0.2；

λ——以 nm 计的波长；

$E_{G(0\sim\lambda)}$——从 0～λ 积分得到的辐照度，以 W/m^2 计；

$E_{G(0\sim\infty)}$——从 0～∞积分得到的辐照度，以 W/m^2 计。

λ/nm	$E_{G(0\sim\lambda)}$/(W/m^2)	$\frac{E_{G(0\sim\lambda)}}{E_{G(0\sim\infty)}}$	λ/nm	$E_{G(0\sim\lambda)}$/(W/m^2)	$\frac{E_{G(0\sim\lambda)}}{E_{G(0\sim\infty)}}$
305	0,24	0,000 2	530	296,60	0,272 0
310	0,90	0,000 8	540	314,00	0,288 0
315	2,19	0,002 0	550	340,21	0,312 0
320	4,06	0,003 7	570	373,30	0,342
325	6,39	0,005,9	590	404,20	0,370 7
330	9,69	0,008 9	610	436,17	0,400 0
335	12,83	0,011 8	630	467,07	0,428 3
340	16,23	0,014 9	650	497,39	0,456 2
345	19,57	0,017 9	670	526,68	0,483 0
350	24,99	0,022 9	690	550,98	0,505 3
360	32,51	0,029 8	710	570,17	0,522 9
370	41,86	0,038 4	718	578,35	0,530 4
380	51,62	0,047 3	724,4	591,01	0,542 0
390	61,27	0,056 2	740	608,92	0,558 4
400	74,56	0,068 4	752,5	619,96	0,568 6
410	89,48	0,082 1	757,5	626,16	0,574 2
420	104,47	0,095 8	762,5	629,87	0,577 7
430	117,85	0,1081	767,5	639,46	0,586 4
440	133,89	0,122 8	780	658,53	0,603 9
450	152,45	1,139 8	800	678,78	0,622 5
460	171,34	0,157 1	816	689,81	0,632 6
470	198,82	0,174 1	823,7	696,60	0,638 9
480	208,69	0,191 4	831,5	704,52	0,646 1
490	226,39	0,207 6	840	718,81	0,659 2
500	244,08	0,223 8	860	738,91	0,677 3
510	262,10	0,240 4	880	760,35	0,697 3
520	278,88	0,255 8	905	774,29	0,710 1

表 B.1（续）

λ/nm	$E_{G(0\sim\lambda)}$/(W/m²)	$\frac{E_{G(0\sim\lambda)}}{E_{G(0\sim\infty)}}$	λ/nm	$E_{G(0\sim\lambda)}$/(W/m²)	$\frac{E_{G(0\sim\lambda)}}{E_{G(0\sim\infty)}}$
915	781,63	0,716 8	1 497	993,77	0,911 4
925	787,23	0,722 0	1 520	999,49	0,916 6
930	790,11	0,724 6	1 539	1 004,62	0,921 3
937	793,00	0,727 3	1 558	1 009,88	0,926 2
948	798,36	0,732 2	1 578	1 014,16	0,930 1
965	807,64	0,740 7	1 592	1 018,06	0,933 7
980	817,18	0,749 4	1 610	1 022,41	0,937 6
993,5	839,65	0,770 0	1 630	1 026,75	0,941 6
1 040	865,89	0,794 1	1 646	1 032,32	0,946 7
1 070	884,94	0,811 6	1 678	1 042,63	0,956 2
1 100	896,19	0,821 9	1 740	1 053,24	0,965 9
1 120	898,43	0,823 9	1 800	1 055,74	0,968 2
1 130	900,46	0,825 8	1 860	1 055,99	0,968 4
1 137	903,07	0,828 2	1 920	1 056,14	0,968 6
1 161	911,15	0,835 6	1 960	1 057,11	0,969 5
1 180	920,41	0,844 1	1 985	1 059,27	0,971 4
1 200	932,64	0,855 3	2 005	1 060,11	0,972 2
1 235	954,24	0,875 1	2 035	1 063,13	0,975 0
1 290	971,98	0,891 4	2 065	1 065,29	0,977 0
1 320	980,26	0,899 0	2 100	1 068,90	0,980 3
1 350	982,20	0,900 8	2 148	1 072,80	0,983 9
1 395	982,40	0,901 0	2 198	1 077,11	0,987 8
1 442.5	985,07	0,903 4	2 270	1 082,67	0,992 9
1 462.5	987,28	0,905 4	2 360	1 088,21	0,998 0
1 477	989,47	0,907 4	2 450	1 090,40	1,000 0

表 B.2　厚度 3 mm 窗玻璃的光透过率[a]

范围	波长 λ/nm	透过率/%
UV-C（紫外光 C）	λ≤280	0
UV-B（紫外光 B）	280<λ≤3 20[2)]	0.10
UV-A（紫外光 A）	320<λ≤360	0.65
UV-A（紫外光 A）	360<λ≤400	0.88
VIS[b]（可见光）	400<λ≤440	0.88
	440<λ≤480	0.90
	480<λ≤520	0.90
	520<λ≤560	0.90
	560<λ≤600	0.90
	600<λ≤640	0.88
	640<λ≤680	0.86
	680<λ≤720	0.84
	720<λ≤760	0.82
	760<λ≤800	0.80
SUM	280～3 000	0.85

a　来源：Zentralabteilung Forschung der VEGLA-Vereinigte Glaswe GmbH，Aachen. Germany，1983。

b　低于 300 nm 的辐射不能到达地球表面；高于 3 000 nm 波长辐射也可忽略不计。

参 考 文 献

［1］ GB/T 1766 色漆和清漆 涂层老化的评级方法

［2］ GB/T 9754 色漆和清漆 不含金属颜料的漆膜 20°、60°与 85°镜面光泽的测定(GB/T 9754—2007,ISO 2813:1994,IDT)

［3］ GB/T 9761 色漆和清漆 色漆的目视比色(GB/T 9761—2008,ISO 3668:1998,IDT)

［4］ GB/T 11186.1 涂膜颜色的测量方法 第1部分 原理(GB/T 1186.1—1989,eqv ISO 7724-1:1984,Paints and varnishes—Colorimetry—Part 1:Principles)

［5］ GB/T 11186.2 涂膜颜色的测量方法 第2部分 颜色测量(GB/T 1186.2—1989,eqv ISO 7724-2:1984,Paints and varnishes—Colorimetry—Part 2:Colour measurement)

［6］ GB/T 11186.3 涂膜颜色的测量方法 第3部分 色差计算(GB/T 1186.3—1989,eqv ISO 7724-3:1984,Paints and varnishes—Colorimetry—Part 3:Calculation of colour differences)

［7］ ISO 4628-1 色漆和清漆——涂层老化的评价 一般类型破坏的数量和大小以及外观均匀变化的强度的评定 第1部分:通则和评级方法

［8］ ISO 4628-2 色漆和清漆——涂层老化的评价 一般类型破坏的数量和大小以及外观均匀变化的强度的评定 第2部分:起泡程度的评定

［9］ ISO 4628-3 色漆和清漆——涂层老化的评价 一般类型破坏的数量和大小以及外观均匀变化的强度的评定 第3部分:锈蚀程度的评定

［10］ ISO 4628-4 色漆和清漆——涂层老化的评价 一般类型破坏的数量和大小以及外观均匀变化的强度的评定 第4部分:开裂程度的评定

［11］ ISO 4628-5 色漆和清漆——涂层老化的评价 一般类型破坏的数量和大小以及外观均匀变化的强度的评定 第5部分:剥落程度的评定

［12］ ISO 4628-6 色漆和清漆——涂层老化的评价 一般类型破坏的数量和大小以及外观均匀变化的强度的评定 第6部分:粉化程度的评定(胶带纸法)

［13］ ISO 4628-7 色漆和清漆——涂层老化的评价 一般类型破坏的数量和大小以及外观均匀变化的强度的评定 第7部分:粉化程度的评定(天鹅绒法)

［14］ ISO 4628-8 色漆和清漆——涂层老化的评价 一般类型破坏的数量和大小以及外观均匀变化的强度的评定 第8部分:划痕附近脱落及腐蚀的评定

［15］ ISO 4628-10 色漆和清漆——涂层老化的评价 一般类型破坏的数量和大小以及外观均匀变化的强度的评定 第10部分:丝状腐蚀的评定

ICS 71.100.99
B 72

中华人民共和国国家标准

GB/T 1926.1—2009
代替 GB/T 1926.1—1988

工 业 糠 醛

Technical furfural

2009-05-12 发布 2009-11-01 实施

中华人民共和国国家质量监督检验检疫总局
中国国家标准化管理委员会 发布

前言

GB/T 1926 分为 2 部分：

——第 1 部分：工业糠醛；

——第 2 部分：工业糠醛试验方法。

本部分为 GB/T 1926 的第 1 部分。

本部分代替 GB/T 1926.1—1988《工业糠醛》。

本部分与 GB/T 1926.1—1988 相比主要变化如下：

——修改了原第 1 章内容，增加了工业糠醛的“术语和定义”一章(第 3 章)；

——修改了部分规范性引用文件(第 2 章)；

——修改表 1 部分内容，取消原表 1 加注内容；

——试验方法(第 5 章)按表 1 技术要求分条列出；

——第 6 章“检验规则”作了调整和补充；

——第 7 章“包装、标志、运输和贮存”作了调整和补充；

——将原第 7 章改为 7.2.4。

本部分由国家林业局提出。

本部分由中国林业科学研究院林产化学工业研究所归口。

本部分由中国林业科学研究院林产化学工业研究所负责起草。

本部分主要起草人：卫民、陈玉平、杨德琴。

本部分所代替标准的历次版本发布情况为：

——GB/T 1926—1980；

——GB/T 1926.1—1988。

工 业 糠 醛

1 范围

GB/T 1926 的本部分规定了工业糠醛的技术要求、试验方法、检验规则以及包装、标志、运输和贮存。

本部分适用于以农林原料通过水解法制取的工业糠醛。

2 规范性引用文件

下列文件中的条款通过 GB/T 1926 的本部分的引用而成为本部分的条款。凡是注日期的引用文件，其随后所有的修改单(不包括勘误的内容)或修订版均不适用于本部分，然而，鼓励根据本部分达成协议的各方研究是否可使用这些文件的最新版本。凡是不注日期的引用文件，其最新版本适用于本部分。

GB 190 危险货物包装标志

GB/T 191 包装储运图示标志

GB/T 325 包装容器 钢桶

GB/T 1926.2 工业糠醛试验方法

GB/T 6678 化工产品采样总则

GB/T 6680 液体化工产品采样通则

GB 6944 危险货物分类和品名编号

3 术语和定义

下列术语和定义适用于 GB/T 1926 的本部分。

3.1

糠醛 furfural

又名呋喃甲醛。

结构式：

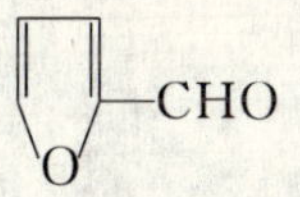

分子式：$C_5H_4O_2$。

相对分子质量：96.08(按 1987 年国际相对原子质量)。

4 技术要求

工业糠醛应符合表 1 要求。

表 1 工业糠醛技术要求

项目	优级	一级	二级
外观	浅黄色至琥珀色透明液体，无悬浮物及机械杂质		
密度(ρ_{20})/(g/cm^3)	1.158～1.161		
折光率(n_D^{20})	1.524～1.527		
水分/% ≤	0.05	0.10	0.20

表 1（续）

项目		优级	一级	二级
酸度/(mol/L)	≤	0.008	0.016	0.016
糠醛含量/%	≥	99.0	98.5	98.5
初馏点/℃	≥	155	150	—
158 ℃前馏分/%	≤	2	—	—
总馏出物/%	≥	99.0	98.5	—
终馏点/℃	≤	170	170	—
残留物/%	≤	1.0	—	—

5 试验方法

本部分所规定的技术要求应分别按 GB/T 1926.2 中相应的试验方法进行检验。

5.1 密度的测定

按照 GB/T 1926.2 的规定进行。比重瓶法为仲裁方法。

5.2 折光率的测定

按照 GB/T 1926.2 的规定进行。

5.3 水分的测定

按照 GB/T 1926.2 的规定进行。

5.4 酸度的测定

按照 GB/T 1926.2 的规定进行。

5.5 糠醛含量的测定

按照 GB/T 1926.2 的规定进行。盐酸羟胺肟化法为仲裁方法。

5.6 初馏点、158 ℃前馏分、总馏出物、终馏点、残留物的测定

按照 GB/T 1926.2 的规定进行。

6 检验规则

6.1 检验分类

产品检验分出厂检验和型式检验。

6.1.1 出厂检验

检验项目为：外观、酸度、水分、糠醛含量。

6.1.2 型式检验

型式检验项目为表 1 所列的全部项目。

有下列情况之一时，应进行型式检验：

a) 当原辅材料及生产工艺发生较大变动时；

b) 长期停产恢复生产时；

c) 正常生产时，每 6 个月检验不少于一次；

d) 质量技术监督机构提出型式检验要求时。

6.2 取样方法

6.2.1 从槽车或贮罐中采样时，应按 GB/T 6680 的规定。

6.2.2 从桶装产品采样时，应按 GB/T 6680 的规定。

6.2.3 采样单元数按 GB/T 6678 的规定。

6.2.4 样品总量不得少于1 L。

6.2.5 所采样品均匀混合后，等量分装于两个清洁干燥、具有磨口塞的棕色玻璃瓶中，瓶中稍留空隙，一瓶作检验分析用，另一瓶保存以备仲裁分析用。并按GB/T 6678的规定随即贴上标签。标签内容包括：样品名称和样品编号、批号、生产单位、采样日期、采样者等。

6.3 检测结果的判定

各级工业糠醛检验结果如有一项指标不符合本标准要求时，桶装产品应重新自两倍量包装单元中采样进行检验，罐装产品应重新多点采样进行检验。重新检验的结果即使有一项不符合本标准要求时，则判该级别整批产品为不合格产品。

7 包装、标志、运输和贮存

7.1 包装

7.1.1 工业糠醛可用钢桶包装。钢桶壁厚不得小于1.2 mm，质量应符合GB/T 325的要求。也可散装于专用槽车、贮罐中。

7.1.2 包装容器应清洁干燥，应不含任何酸性物质。其盛载程度应考虑温度差所造成的产品体积膨胀所需的空隙。

7.1.3 包装桶应严密结实，桶口盖垫应用耐糠醛材料制造。

7.2 标志

7.2.1 出厂产品都应附有一定格式的质量证明书，其内容包括：生产厂名称或代号、产品名称、批号、数量、出厂日期、试验结果、试验日期。

7.2.2 包装容器上应有明显而牢固的标志。其内容为：产品名称、本标准编号、批号、毛重、净重、级别、厂名、厂址、出厂日期。

批号的表示方法：用“×××××××××”九位数字表示，前六位分别代表年、月、日，末三位数代表收集工业糠醛的流水编号(001～999)。

示例：070518001表示07年5月18日生产的第一桶工业糠醛。

7.2.3 工业糠醛为毒性、易燃物质，按GB 190和GB/T 191中的规定标志。

7.2.4 用于出口的工业糠醛按照出口要求进行标志。

7.3 运输

工业糠醛装卸及运输应按照GB 6944规定中第6类危险化学品(有毒品)执行。要避免猛烈撞击，确保安全。

7.4 贮存

7.4.1 工业糠醛应贮存于阴凉通风、干燥处，应远离火源并防止日晒雨淋。

7.4.2 工业糠醛的质量保证期为出厂日起30 d。

ICS 79.020
B 60

中华人民共和国国家标准

GB/T 1927—2009
代替 GB/T 1927—1991

木材物理力学试材采集方法

Method of sample tree collection for physical and mechanical tests of wood

(ISO 4471:1982, Wood—Sampling trees and logs for determination of physical and mechanical properties of wood in homogeneous stands, NEQ)

2009-02-23 发布　　2009-08-01 实施

中华人民共和国国家质量监督检验检疫总局
中国国家标准化管理委员会　发布

前　言

本标准与国际标准 ISO 4471:1982《木材　在同型林分内测定木材物理力学性质的样木和原木取样方法》的一致性程度为非等效。

本标准代替 GB/T 1927—1991《木材物理力学试材采集方法》。

本标准与 GB/T 1927—1991 相比，主要技术内容变化如下：

——3.2 采集地条件中增加了样木胸径的要求；

——3.3.4 对不能满足 3.2 采集地设置条件要求的树种的采样方法作了具体规定；

——4.3 对在伐倒的样木上截取原木的方法作了修改。

本标准的附录 A 和附录 B 为规范性附录。

本标准由国家林业局提出。

本标准由全国木材标准化技术委员会归口。

本标准负责起草单位：中国林业科学研究院木材工业研究所。

本标准参加起草单位：东北林业大学。

本标准主要起草人：殷亚方、任海青、骆秀琴、于海鹏、王朝晖、江京辉、周海宾。

本标准于 1980 年首次发布，1991 年第一次修订，本次为第二次修订。

木材物理力学试材采集方法

1 范围

本标准规定了木材物理力学试材采集地的设置和样木选择、样木采伐、试材截取和记载以及试材编号和运输。

本标准适用于研究评价各树种立木的木材物理力学性质所需试材采集。

2 规范性引用文件

下列文件中的条款通过本标准的引用而成为本标准的条款。凡是注日期的引用文件，其随后所有的修改单(不包括勘误的内容)或修订版均不适用于本标准，然而，鼓励根据本标准达成协议的各方研究是否可使用这些文件的最新版本。凡是不注日期的引用文件，其最新版本适用于本标准。

GB/T 1931　木材含水率测定方法

3 采集地的设置和样木选择

3.1 采集林分的选择

研究评价某一产区某树种木材物理力学性质用的试材，应根据林分组成、林龄、地位级、郁闭度等，选出具有代表性的林区进行采集。对于分布较广的重要树种，应事先了解各产区的情况，按不同气候、地理位置、土壤等自然条件，划分林区采集，使试材具有代表性。

3.2 采集地条件

在采集林区中，找出立地条件具有代表性的林分设置采集地，其大小应使所采树种中胸径不小于14 cm的林木不少于100株。

3.3 样木选择

3.3.1　采集地中需要试验的林木，平均胸径为22 cm及以上时，样木采集应从胸径不小于18 cm的林木中选择；当平均胸径小于22 cm时，应从胸径14 cm以上选取。按上述条件采集的林木，依胸径大小均匀划分为5个以上的组，从每组中抽取一株平均木作为样木。所采样木的总数不少于5株。

3.3.2　样木应选择生长正常，树干较圆满通直而无明显缺陷的树株。

3.3.3　同一树种的样木，应从采集地中分散抽取，不得从相邻生长的立木中选取两株。

3.3.4　对于不能满足3.2采集地设置条件要求的树种，应尽可能在同一立地条件内采集，所采样木数量应大于5株。

4 样木采伐、试材截取和记载

4.1　采伐样木前，应按附录A填写采集记录表，并在树干北侧标明北向记号(N)。伐倒时应避免撞伤。伐倒后，应在伐根处查出生长轮数，量出树高及枝下高，填写入附录B样木记录表中。

4.2　每株样木至少采制三份具有花或果的蜡叶标本，供鉴定树种用。

4.3　在伐倒的样木上截取三段长度为2.0 m～2.5 m的原木作为试材。第一段自伐根至1.3 m处以上部位截取，第二段在伐根至枝下高全长二分之一处为中心截取，第三段自枝下高以下部位截取，并量出各段的小头直径。如树干长度不足，只截取两段时，应按上述规定，只取第一和第三两段；如树干长仍不足截取两段，则只取第一段作为试材。

如受运输条件限制，允许在原木试材的小头截面上，通过髓心划出南北方向线，平行于南北两侧锯解成厚度为8 cm～20 cm的中心板试材。

4.4 如需测定生材含水率，可在样木伐倒后，立即于树干 1.3 m 处向下截取厚度约 30 mm 的圆盘，沿南北两个半径方向，分别在心、边材位置截取约 30 mm×20 mm 的木块，清除木屑及易脱落部分，并立即称重，然后妥善包装，带回实验室按 GB/T 1931 测定含水率。

5 试材编号和运输

5.1 每一树种的样木和试材都应分别编号。试材截取后，立即用不易脱色的笔，将上述编号转写在每段试材的小头截面上。蜡叶标本应注明树种和样本号。

5.2 应采取适当的方法防止试材发生端部开裂，但不应妨碍辨别出试材的编号。

5.3 试材应及时交运，以防变色、腐朽或虫蛀。

附　录　A
（规范性附录）
采集记录表

表 A.1　采集记录表

产地________省(区)________县(森工局)________

区(林场)________乡/镇(作业区)________采集地________

一、林分

面积(hm^2)________海拔(m)________

地形________坡向________坡度________

土壤种类________pH________深度(m)________

林分积水状况________

林分组成________

郁闭度________平均林龄(年)________

平均胸径(cm)________平均树高(m)________

地位级________优势树种生长情况________

幼林树种________灌木________

地被物________主要病虫害________

二、树种

科名________拉丁名________

标准名________地方名________形态________

平均树龄(年)________平均胸径(cm)________平均树高(m)________

生长情况________繁殖方式________

木材在当地的主要用途________

蜡叶标本鉴定：　　　　　　采集：

附　录　B
（规范性附录）
样木记录表

表 B.1　样木记录表

树种：　　　　　　　　采集地：　　　　　　　　采集人：　　　　　　　　采集日期：　　　　年　　月　　日

<table>
<tr><th rowspan="3">样木编号</th><th colspan="2">胸高直径/cm</th><th rowspan="3">伐根处生长轮数/个</th><th rowspan="3">树龄/年</th><th colspan="2">树高/m</th><th colspan="6">试材</th><th rowspan="3">备注</th></tr>
<tr><th rowspan="2">最大</th><th rowspan="2">最小</th><th rowspan="2">全高</th><th rowspan="2">枝下高</th><th rowspan="2">编号</th><th rowspan="2">截取高度/m</th><th rowspan="2">长度/m</th><th colspan="2">小头去皮直径/cm</th><th rowspan="2">体积/m³</th></tr>
<tr><th>最大</th><th>最小</th></tr>
<tr><td rowspan="3"></td><td rowspan="3"></td><td rowspan="3"></td><td rowspan="3"></td><td rowspan="3"></td><td rowspan="3"></td><td rowspan="3"></td><td></td><td></td><td></td><td></td><td></td><td></td><td rowspan="3"></td></tr>
<tr><td></td><td></td><td></td><td></td><td></td><td></td></tr>
<tr><td></td><td></td><td></td><td></td><td></td><td></td></tr>
<tr><td rowspan="3"></td><td rowspan="3"></td><td rowspan="3"></td><td rowspan="3"></td><td rowspan="3"></td><td rowspan="3"></td><td rowspan="3"></td><td></td><td></td><td></td><td></td><td></td><td></td><td rowspan="3"></td></tr>
<tr><td></td><td></td><td></td><td></td><td></td><td></td></tr>
<tr><td></td><td></td><td></td><td></td><td></td><td></td></tr>
<tr><td rowspan="3"></td><td rowspan="3"></td><td rowspan="3"></td><td rowspan="3"></td><td rowspan="3"></td><td rowspan="3"></td><td rowspan="3"></td><td></td><td></td><td></td><td></td><td></td><td></td><td rowspan="3"></td></tr>
<tr><td></td><td></td><td></td><td></td><td></td><td></td></tr>
<tr><td></td><td></td><td></td><td></td><td></td><td></td></tr>
</table>

ICS 79.020
B 60

中华人民共和国国家标准

GB/T 1928—2009
代替 GB/T 1928—1991

木材物理力学试验方法总则

General requirements for physical and mechanical tests of wood

(ISO 3129:1975, Wood—Sampling methods and general requirements for physical and mechanical tests, NEQ)

2009-02-23 发布　　2009-08-01 实施

中华人民共和国国家质量监督检验检疫总局
中国国家标准化管理委员会　发布

前　言

本标准与国际标准 ISO 3129:1975《木材　物理力学试验的取样方法和一般要求》的一致性程度为非等效。

本标准代替 GB/T 1928—1991《木材物理力学试验方法总则》。

本标准与 GB/T 1928—1991 相比主要变化如下：

——3.2 中提高了试样的制作精度；

——第 4 章和第 5 章中提高了试样含水率调整时相对湿度的控制精度。

本标准由国家林业局提出。

本标准由全国木材标准化技术委员会归口。

本标准负责起草单位：中国林业科学研究院木材工业研究所。

本标准参加起草单位：上海市建筑科学研究院。

本标准主要起草人：殷亚方、任海青、骆秀琴、张治宇、王朝晖、江京辉、周海宾。

本标准于 1980 年首次发布，1991 年第一次修订，本次为第二次修订。

木材物理力学试验方法总则

1 范围

本标准规定了木材物理力学试验的试样制作要求和检查、试样含水率的调整、实验室要求、试验设备的校正，以及试验结果的计算和试验报告的编写。

本标准适用于木材无疵小试样各项物理力学性质的试验。

2 规范性引用文件

下列文件中的条款通过本标准的引用而成为本标准的条款。凡是注日期的引用文件，其随后所有的修改单(不包括勘误的内容)或修订版均不适用于本标准，然而，鼓励根据本标准达成协议的各方研究是否可使用这些文件的最新版本。凡是不注日期的引用文件，其最新版本适用于本标准。

GB/T 8170 数值修约规则与极限数值的表示和判定

3 试样制作精度和检验

3.1 试样各面均应平整，端部上其中两个相对的边棱应与试样端面的生长轮大致平行，并与其他两个边棱垂直，试样上不允许有明显的可见缺陷，每个试样应清楚地写上编号。

3.2 试样制作精度，除在各项试验方法中有具体的要求外，试样各相邻面均应成准确的直角。试样长度、宽度和厚度的允许误差为±0.5 mm。在整个试样上各尺寸的相对偏差，应不大于0.1 mm。

3.3 试样相邻面直角的准确性，用钢直角尺检验。

4 试样含水率的调整

经气干或干燥室(低于60 ℃的温度条件下)处理后的试条或试样毛坯所制成的试样，应置于相当于木材平衡含水率为12%的环境条件中，调整试样含水率到平衡，为满足木材平衡含水率12%环境条件的要求，当室温为(20±2)℃时，相对湿度应保持在(65±3)%；当室温低于或高于(20±2)℃时，需相应降低或升高相对湿度，以保证达到木材平衡含水率12%的环境条件。

5 实验室温湿度条件

实验室应保持温度(20±2)℃和相对湿度(65±3)%。如实验室不能保持这种条件时，经调整含水率后的试样送实验室时应先放入密闭容器中，试验时才取出。

6 试验设备的校正

试验机、其他精密计量仪器和测试量具，应按照国家计量部门的检定规程定期检定，试验机的载荷示值精度为±1.0%。

7 试验结果的计算和试验报告的编写

7.1 各项木材物理力学性质的试验结果，均应按各标准方法中规定的公式计算。

7.2 处理试验结果时，应计算出下列各统计量。

a) 按式(1)求出算术平均值 $\overline{x}$：

$$\overline{x}=\frac{\sum x_i}{n} \qquad \cdots\cdots(1)$$

式中：

x_i——各个试样得出的试验结果；

n——试验试样的个数。

b) 按式(2)求出标准差 S：

$$S=\sqrt{\frac{\sum(x_i-\bar{x})^2}{n-1}} \qquad \cdots\cdots(2)$$

c) 按式(3)求出平均值的标准误差 S_t：

$$S_t=\pm\frac{S}{\sqrt{n}} \qquad \cdots\cdots(3)$$

d) 按式(4)求出变异系数 V：

$$V=\frac{S}{\bar{x}}\times 100\% \qquad \cdots\cdots(4)$$

e) 当置信水平为 0.95 时，按式(5)求出试验准确指数 P：

$$P=\frac{1.96S_t}{\bar{x}}\times 100\% \qquad \cdots\cdots(5)$$

7.3 各项物理力学试验结果计算的修约应符合 GB/T 8170 的规定。

7.4 试验报告应说明树种、试材来源、取样方法、试验项目及采用的标准试验方法、试样尺寸及数量、主要设备性能、加荷速度及方向、实验室的温度和相对湿度、试验结果的计算和各统计量。

ICS 79.020
B 60

中华人民共和国国家标准

GB/T 1929—2009
代替 GB/T 1929—1991

木材物理力学试材锯解及试样截取方法

Method of sample logs sawing and test specimens selection for physical and mechanical tests of wood

(ISO 3129:1975,Wood—Sampling methods and general requirements for physical and mechanical tests,MOD)

2009-02-23 发布 2009-08-01 实施

中华人民共和国国家质量监督检验检疫总局
中国国家标准化管理委员会 发布

前　言

本标准修改采用ISO 3129:1975《木材　物理力学试验的取样方法和一般要求》。

本标准与ISO 3129:1975相比，主要技术内容差异如下：

——改变了试样毛坯截取方案；

——调整硬度变异系数为20%。

本标准代替GB/T 1929—1991《木材物理力学试材锯解及试样截取方法》。

本标准与GB/T 1929—1991相比，主要技术内容变化如下：

——在3.1、3.2和3.5中提出了新的锯截方案；

——在3.1中增加了木材握钉力试验方法和木材横纹抗拉强度试验方法试材的锯截方案；

——删除了1991年版的3.4；

——在5.2中增加了冲击韧性、硬度、干缩变异系数。

本标准由国家林业局提出。

本标准由全国木材标准化技术委员会归口。

本标准负责起草单位：中国林业科学研究院木材工业研究所。

本标准参加起草单位：中国林业科学研究院林业新技术研究所。

本标准主要起草人：任海青、骆秀琴、殷亚方、王朝晖、江京辉、周海宾。

本标准于1980年首次发布，1991年第一次修订，本次为第一次修订。

本标准由全国木材标准化技术委员会负责解释。

木材物理力学试材锯解及试样截取方法

1 范围

本标准规定了采集到的试材分配、试材含水率的调整和试样数量。

本标准适用于试材的锯解和试样的截取。

2 规范性引用文件

下列文件中的条款通过本标准的引用而成为本标准的条款。凡是注日期的引用文件，其随后所有的修改单(不包括勘误的内容)或修订版均不适用于本标准，然而，鼓励根据本标准达成协议的各方研究是否可使用这些文件的最新版本。凡是不注日期的引用文件，其最新版本适用于本标准。

GB/T 1927—2009 木材物理力学试材采集方法(ISO 4471:1982,Wood—Sampling trees and logs for determination of physical and mechanical properties of wood in homogeneous stands,NEQ)

GB/T 1931 木材含水率测定方法(ISO 3130:1975,Wood—Determination of moisture content for physical and mechanical tests,MOD)

GB/T 8170 数值修约规则与极限数值的表示和判定

3 试材分配

3.1 按照 GB/T 1927—2009 中 4.3 的规定，采集的原木试材运至试验场所后，应尽快锯解。首先锯去试材端部的涂头和开裂部分，然后由每段原木试材下端，依次截取 300 mm 的木段三个。一个木段按图 1截取 300 mm×70 mm×70 mm 的木条，从每个木条上截取硬度和握钉力试样毛坯各一个；一个木段按图 2 截取 300 mm×35 mm×170 mm 的径向木条，从每个木条上截取径向抗拉、径向抗压弹性模量和径向抗剪试样毛坯各一个。一个木段按照图 3 截取 300 mm×35 mm×170 mm 的弦向木条，从每个木条上截取弦向抗拉、弦向抗压弹性模量和弦向抗剪试样毛坯各一个。以上木条不含髓心。

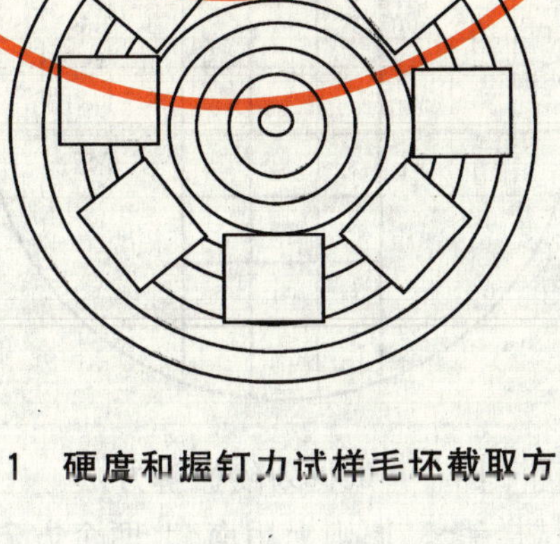

图 1 硬度和握钉力试样毛坯截取方法

图 2　径向抗拉、径向抗压弹性模量和径向抗剪试样毛坯截取方法

图 3　弦向抗拉、弦向抗压弹性模量和弦向抗剪试样毛坯截取方法

3.2　截取上述木段后余下的原木试材，均按图 4 在小头断面沿南北、东西方向划线，并分别编组，锯成截面约 40 mm×40 mm 的试条。对不能按图 4 锯解的小径木，试条可在髓心以外部分均匀分布截取。从编号相同的每组试条上，截取下列试样毛坯各一个：抗弯强度试样、抗弯弹性模量试样、顺纹抗压强度试样、抗劈力试样(弦面和径面)、密度试样、干缩性试样、吸水性试样、湿胀性试样、冲击韧性试样、全部抗压试样(弦向和径向)、局部抗压试样(弦向和径向)和顺纹抗拉强度试样。需分别弦、径向(面)试验的，应在同一试条上，截取弦、径向(面)试样毛坯各一个。

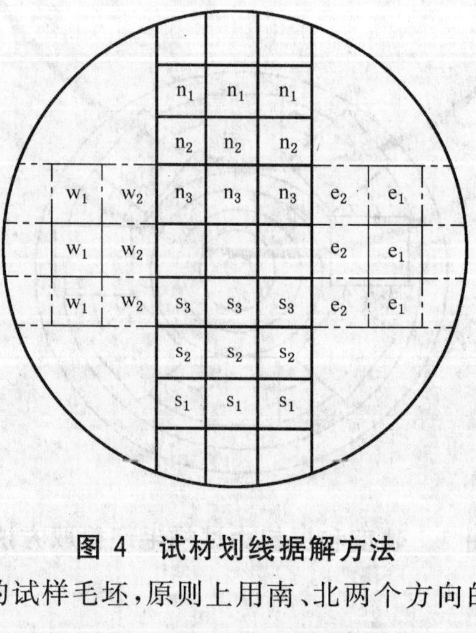

图 4　试材划线据解方法

3.3　从原木试材及试条上截取的试样毛坯，原则上用南、北两个方向的制作试样，东、西两个方向截取的试样毛坯，留作后备用。

3.4　按 GB/T 1927—2009 中 4.3 制成中心板的试材，其锯解和截取方法，与本标准 3.1～3.2 的锯解和试样截取方法相同。

3.5 只进行单项或部分物理力学性质测试时，采用“大尺寸试样先锯截”的原则，根据试样毛坯的顺纹尺寸从每段原木试材下端依次往上截取相应长度的木段。每个物理力学性质试样毛坯按照上述对应的图1、图2、图3或图4进行试条截取。

3.6 试样毛坯的尺寸，应按各试验方法的规定，并留足干缩和加工余量。

3.7 当从试材上截取试条、试样毛坯以及在制作试样时，应随即编号，编号包括树种号、树株号、试材段号、试条号及试样号。

4 试材含水率的调整

4.1 从试材锯解出的试条或试样毛坯，应在室内堆积成通风良好的木垛，进行气干。对于易裂木材，应在试条或试样毛坯的两端，涂以石蜡或其他防裂材料。易变色或腐朽的木材，应适当地作防腐处理。

4.2 为了检查同批试条或试样毛坯的含水率，在堆垛10天后，应从木垛的上、中、下部分，选定试条或试样毛坯3～5根，测定其质量，往后每隔10天试称一次，待最后两次试称的结果相差不超过最后一次质量的百分之一时，在距试条端部约50 mm处，切取长20 mm的木块一个，按照GB/T 1931测定含水率，至所得结果达到当地平衡含水率时，即可制作试样。

4.3 试条或试样毛坯，允许用干燥室处理，但温度不得超过50 ℃，并定期检查含水率变化，烘至近当地平衡含水率时为止。

5 试样数量

5.1 按0.95的置信水平，$P=5\%$时所需的最少试样数量应按式(1)计算：

$$n_{\min}=\frac{V^2t^2}{P^2} \quad \cdots\cdots(1)$$

式中：

$n_{\min}$——所需最少试样数；

V——待测定性质的变异系数，%；

t——结果可靠性指标，按0.95的置信水平取1.96；

P——试验准确指数，取5%。

结果数值应按GB/T 8170规定，修约到个位数。

5.2 为近似估计试样最少数量，可利用表1木材各主要性质的变异系数平均值。

表1 木材性质变异系数

木材性质		变异系数/%
密度		10
干缩	线性	28
	体积	16
顺纹抗压强度		13
抗弯强度		15
抗弯弹性模量		20
抗拉强度	顺纹	20
	横纹	20
顺纹抗剪强度		20
横纹抗压比例极限应力		20
冲击韧性		32
硬度		20

ICS 79.020
B 60

GB

中华人民共和国国家标准

GB/T 1930—2009
代替 GB/T 1930—1991

木材年轮宽度和晚材率测定方法

Method for determination of the annual rings width and latewood rate of wood

2009-02-23 发布　　　　2009-08-01 实施

中华人民共和国国家质量监督检验检疫总局
中国国家标准化管理委员会　发布

前　言

本标准代替 GB/T 1930—1991《木材年轮宽度和晚材率测定方法》。

本标准与 GB/T 1930—1991 相比主要变化如下：

——范围中将“……木材横截面上各整年轮的平均宽度及早晚材区别明显木材的各整年轮中晚材所占的百分数”修改为“……木材横切面上各完整年轮的平均宽度及早晚材区别明显木材的各完整年轮中晚材所占的百分数”；

——引用标准由“GB 1941　木材硬度试验方法”修改为“GB/T 1928—2009　木材物理力学试验方法总则”和“GB/T 1929—2009　木材物理力学试材锯解及试样截取方法”；

——将第 5 章“试样”要求修改为“5.1　采用硬度试样或采用专门制作的试样。5.2　试样制作要求和检查按 GB/T 1928—2009 第 3 章的规定进行”；

——将 6.1“在试样端面上，按径向划一直线”修改为“在试样横切面上，按径向垂直年轮划一直线”，删除了“将测量结果填写入附录 A”的要求；

——增加了试验报告编写的详细要求，并相应地对附录 A 作了部分修改。

本标准的附录 A 为规范性附录。

本标准由国家林业局提出。

本标准由全国木材标准化技术委员会归口。

本标准起草单位：中国林业科学研究院木材工业研究所。

本标准参加起草单位：中国林业科学研究院林业新技术研究所。

本标准主要起草人：费本华、黄安民、赵荣军、虞华强、吕建雄、黄荣凤、赵有科。

本标准于 1980 年首次发布，1991 年第一次修订，本次为第二次修订。

本标准由全国木材标准化技术委员会负责解释。

木材年轮宽度和晚材率测定方法

1 范围

本标准规定了测定木材年轮宽度和晚材率的试验设备、试样、试验步骤和结果计算。

本标准适用于测定木材横切面上各完整年轮的平均宽度及早晚材区别明显木材的各完整年轮中晚材所占的百分数。

2 规范性引用文件

下列文件中的条款通过本标准的引用而成为本标准的条款。凡是注日期的引用文件，其随后所有的修改单(不包括勘误的内容)或修订版均不适用于本标准，然而，鼓励根据本标准达成协议的各方研究是否可使用这些文件的最新版本。凡是不注日期的引用文件，其最新版本适用于本标准。

GB/T 1928—2009 木材物理力学试验方法总则

GB/T 1929—2009 木材物理力学试材锯解及试样截取方法

3 原理

测定试样所有整年轮的宽度、个数及晚材总宽度，确定其年轮平均宽度及晚材率。

4 试验设备

测试量具，测量尺寸应精确至 0.01 mm。

5 试样

5.1 采用硬度试样或采用专门制作的试样。

5.2 试样制作要求和检查按 GB/T 1928—2009 第 3 章的规定进行。

6 试验步骤

6.1 在试样横切面上，按径向垂直年轮划一直线，沿直线测出整年轮部分的总宽度，精确至 0.01 mm，并数出测量范围内的年轮数。

6.2 在试样整年轮总宽度的范围内，测出每个年轮的晚材宽度，精确至 0.01 mm。

7 结果计算

7.1 试样年轮的平均宽度应按式(1)计算，精确至 0.1 mm。

$$R_b = \frac{b}{n} \qquad \cdots\cdots\cdots\cdots(1)$$

式中：

R_b——试样年轮的平均宽度，单位为毫米(mm)；

b——试样测定范围内的整年轮总宽度，单位为毫米(mm)；

n——试样测定范围内的整年轮数，单位为个。

7.2 晚材率应按式(2)计算，精确至 1%。

$$L_{\mathrm{w}} = \frac{\sum L_b}{b} \times 100 \qquad \cdots\cdots\cdots\cdots(2)$$

式中：

L_w——试样的晚材率，%；

$\sum L_b$——测定范围内的晚材总宽度，单位为毫米(mm)。

8 试验结果记录与报告

8.1 试验记录按附录 A 填写。

8.2 试验报告按 GB/T 1928—2009 中 7.4 规定的内容编写。

附 录 A
（规范性附录）
木材年轮宽度和晚材率测定记录表

表 A.1

树种：　　　　　　　　　　产地：

试样编号	完整年轮数/个	完整年轮总宽度/mm	晚材总宽度/mm	年轮平均宽度/mm	晚材率/%	备　注

试验日期：　　年　　月　　日　　　测定地点：　　　　测定人：　　　　审核人：

ICS 79.020
B 60

中华人民共和国国家标准

GB/T 1931—2009
代替 GB/T 1931—1991

木材含水率测定方法

Method for determination of the moisture content of wood

(ISO 3130:1975,Wood—Determination of moisture content for physical and mechanical tests,MOD)

2009-02-23 发布　　2009-08-01 实施

中华人民共和国国家质量监督检验检疫总局
中国国家标准化管理委员会　发布

前　言

本标准修改采用国际标准 ISO 3130:1975《木材　物理力学试验含水率的测定》。

本标准与 ISO 3130:1975 相比主要技术差异为:

——将含水率试样尺寸 20 mm×20 mm×25 mm 修改为 20 mm×20 mm×20 mm。

本标准代替 GB/T 1931—1991《木材含水率测定方法》。

本标准与 GB/T 1931—1991 相比,主要变化如下:

——修改了烘干过程中,最后两次试样称量之差的数值,将不超过 0.002 g 改为不超过试样质量的 0.5%;

——对附录 A 和附录 B 中一些描述作了相应的修改。

本标准的附录 A 和附录 B 为规范性附录。

本标准由国家林业局提出。

本标准由全国木材标准化技术委员会归口。

本标准负责起草单位:中国林业科学研究院木材工业研究所。

本标准参加起草单位:东北林业大学。

本标准主要起草人:赵荣军、费本华、吕建雄、虞华强、黄荣凤、赵有科、黄安民、崔永志。

本标准于 1980 年首次发布,1991 年第一次修订,本次为第二次修订。

本标准由全国木材标准化技术委员会负责解释。

木材含水率测定方法

1 范围

本标准规定了测定木材含水率的试验设备、试样、试验步骤和结果计算。

本标准适用于木材物理力学试验时含水率的测定。

2 原理

木材试样中所包含水分的质量与全干试样的质量之比，表示试样中水分的含量。

3 试验设备

3.1 天平精度应达到 0.001 g。

3.2 烘箱，应能保持在(103 ±2)℃。

3.3 玻璃干燥器和称量瓶。

4 试样

4.1 试样通常在需要测定含水率的试材、试条上，或在物理力学试验后试样上，按照所对应标准试验方法规定的部位截取。试样尺寸约为 20 mm×20 mm×20 mm。

4.2 附在试样上的木屑、碎片应清除干净。

5 试验步骤

5.1 取到的试样应先编号，尽快称量，并将结果填入附录 A 记录表中，精确至 0.001 g。

5.2 将同批试验取得的含水率试样，一并放入烘箱内，在(103±2)℃的温度下烘 8 h 后，从中选定 2 个～3 个试样进行一次试称，以后每隔 2 h 称量所选试样一次，至最后两次称量之差不超过试样质量的0.5% 时，即认为试样达到全干。

5.3 用干燥的镊子将试件从烘箱中取出，放入装有干燥剂的玻璃干燥器内的称量瓶中，盖好称量瓶和干燥器盖。

5.4 试样冷却至室温后，用干燥的镊子自称量瓶中取出称量。

5.5 如试样为含有较多挥发物质(树脂、树胶等)的木材等时，为避免用烘干法测定的含水率产生过大误差，宜改用真空干燥法测定(见附录 B)。

6 结果计算

试样的含水率按式(1)计算，精确至 0.1%。

$$W=\frac{m_1-m_0}{m_0}\times 100 \qquad (1)$$

式中：

W——试样含水率，%；

m_1——试样试验时的质量，单位为克(g)；

m_0——试样全干时的质量，单位为克(g)。

附 录 A
（规范性附录）
木材含水率测定记录表

表 A.1 木材含水率测定记录表

树种： 产地：

试样编号	试验时试样质量/g	全干试样质量/g	含水率/%	备 注

年 月 日 测定： 计算： 审核：

附 录 B
（规范性附录）
真空干燥测定木材含水率方法

B.1 试验设备

B.1.1 天平精度应达到0.001 g。

B.1.2 真空干燥箱，真空度范围0～101.325 kPa，漏气量小于等于1.333 kPa/h，升温范围室温至200 ℃，恒温误差小于等于2 ℃。

B.2 试样

应将尺寸约为20 mm×20 mm×20 mm的试样沿纹理制备成约2 mm厚的薄片。

B.3 试验步骤

B.3.1 将取自同一个试样的薄片，全部放入同一个称量瓶称量，精确至0.001 g。结果填入附录A记录表中。

B.3.2 称量后，将放试样的称量瓶置于真空干燥箱内，在加温低于50 ℃和抽真空的条件下，使试样达全干后称量，精确至0.001 g。检查试样是否达到全干，按本标准5.2规定的方法确定。

B.4 结果计算

试样含水率应按式(B.1)计算，准确至0.1%。

$$W=\frac{m_2-m_3}{m_3-m}\times 100 \qquad \cdots\cdots(B.1)$$

式中：

W——试样含水率，%；

m_2——试样和称量瓶试验时的质量，单位为克(g)；

m_3——试样全干时和称量瓶的质量，单位为克(g)；

m——称量瓶的质量，单位为克(g)。

ICS 79.020
B 60

中华人民共和国国家标准

GB/T 1932—2009
代替 GB/T 1932—1991

木材干缩性测定方法

Method for determination of the shrinkage of wood

(ISO 4469:1981, Wood—Determination of radial and tangential shrinkage;
ISO 4858:1982, Wood—Determination of volumetric shrinkage, MOD)

2009-02-23 发布 2009-08-01 实施

中华人民共和国国家质量监督检验检疫总局
中国国家标准化管理委员会 发布

前言

本标准修改采用国际标准 ISO 4469:1981《木材　径向和弦向干缩性测定》和 ISO 4858:1982《木材　体积干缩性测定》。

本标准与 ISO 4469:1981 和 ISO 4858:1982 相比主要技术差异如下:

——ISO 是将径向、弦向干缩性的测定与体积干缩性的测定分别列为 ISO 4469:1981 和 ISO 4858:1982 两个独立的标准;

——ISO 4858:1982 在第 5 章规定了求积法和排水银测体积的方法,而本标准只规定了求积法;

——ISO 4469:1981 和 ISO 4858:1982 中规定的试样顺纹方向的尺寸为 10 mm～30 mm,而本标准中规定试样顺纹方向的尺寸为 20 mm。

本标准代替 GB/T 1932—1991《木材干缩性测定方法》。

本标准与 GB/T 1932—1991 相比主要变化如下:

——删除 5.1.1 中"试样用饱和水分的湿材制作";

——增加"5.1.3　试样个数,按 GB/T 1929—2009 中第 5 章的规定确定。";

——在 6.2 中增加了"在计算体积干缩率时,对于纵向干缩率很小的木材也可不考虑纹理方向尺寸的变化,在试验报告中应加以说明。";

——将"7　试验报告"改为"7　试验结果记录与报告",并分为两条:"7.1　试验结果记录按附录 A 填写。""7.2　试验报告按 GB/T 1928—2009 中 7.4 规定的内容编写。";

——删除了附录 A 中"试样体积"、"气干含水率"和"干缩率"等项目。

本标准的附录 A 为规范性附录。

本标准由国家林业局提出。

本标准由全国木材标准化技术委员会归口。

本标准负责起草单位:中国林业科学研究院木材工业研究所。

本标准参加起草单位:中国林业科学研究院林业新技术研究所、北京林业机械研究所、安徽农业大学。

本标准主要起草人:虞华强、费本华、吕建雄、刘盛全、赵荣军、赵有科、黄荣凤、黄安民。

本标准于 1980 年首次发布,1991 年第一次修订,本次为第二次修订。

本标准由全国木材标准化技术委员会负责解释。

木材干缩性测定方法

1 范围

本标准规定了测定木材线干缩性和体积干缩性的试验设备、试样、试验步骤和结果计算。

本标准适用于无疵木材小试样从湿材干燥到气干和全干时线干缩性及体积干缩性的测定。

2 规范性引用文件

下列文件中的条款通过本标准的引用而成为本标准的条款。凡是注日期的引用文件，其随后所有的修改单（不包括勘误的内容）或修订版均不适用于本标准，然而，鼓励根据本标准达成协议的各方研究是否可使用这些文件的最新版本。凡是不注日期的引用文件，其最新版本适用于本标准。

GB/T 1928—2009　木材物理力学试验方法总则

GB/T 1929—2009　木材物理力学试材锯解及试样截取方法

GB/T 1931—2009　木材含水率测定方法

3 原理

当木材的含水率低于纤维饱和点时，其尺寸和体积随含水率的降低而缩小。测量木材在含水率高于纤维饱和点状态下，在木材平衡含水率为12%的环境条件中达到平衡的状态下，以及全干状态下的径向、弦向和纵向的尺寸，根据公式分别计算木材气干或全干时的线干缩率（包括径向和弦向干缩率）及体积干缩率，以表示木材的线干缩性及体积干缩性。

4 试验设备

4.1 长度测量工具，测量尺寸应精确至0.001 mm。

4.2 GB/T 1931—2009中第3章规定的试验设备。

5 线干缩性的测定

5.1 试样

5.1.1 试材锯解及试样截取按GB/T 1929—2009中第3章规定进行。

5.1.2 试样尺寸为20 mm×20 mm×20 mm，试样制作要求和检验按GB/T 1928—2009中第3章规定。

5.1.3 试样个数，按GB/T 1929—2009中第5章的规定确定。

5.2 试验步骤

5.2.1 测定时，试样的含水率应高于纤维饱和点，否则应将试样浸泡于温度（20±2）℃的蒸馏水中，至尺寸稳定后再测定。为检查尺寸是否达到稳定，以浸水的2个～3个试样每隔3昼夜试测一次弦向尺寸，待连续两次试测结果之差不超过0.02 mm，即可认为试样尺寸达到稳定。然后在每试样各相对面的中心位置，分别测量试样的径向和弦向尺寸，精确至0.01 mm，在测定过程中应使试样保持湿材状态。

5.2.2 将测量后的各试样，放置在GB/T 1928—2009中第4章规定的条件下气干。在气干过程中，用2个～3个试样每隔6 h试测一次弦向尺寸，至连续两次试测结果的差值不超过0.02 mm，即可认为达到气干。然后按5.2.1规定的精确度，分别测出各试样径向和弦向尺寸，并称出试样的质量，精确至0.001 g。

5.2.3 将测定后的试样放在烘箱中,开始温度 60 ℃保持 6 h,然后按 GB/T 1931—2009 中 5.2～5.4 的规定烘干,并测出各试样全干时的质量和径向、弦向尺寸。

5.2.4 在测定过程中,凡发生开裂或形状畸变的试样应予舍弃。在测试过程中,由于舍弃试样导致数量不足时需要补充试样并测试。

5.3 结果计算

5.3.1 试样从湿材至全干时,径向和弦向的全干缩率应按式(1)分别计算,精确至 0.1%。

$$\beta_{max}=\frac{L_{max}-L_0}{L_{max}}\times 100 \qquad \cdots\cdots(1)$$

式中:

β_{max}——试样径向或弦向的全干缩率,%;

L_{max}——试样含水率高于纤维饱和点(即湿材)时径向或弦向的尺寸,单位为毫米(mm);

L_0——试样全干时径向或弦向的尺寸,单位为毫米(mm)。

5.3.2 试样从湿材至气干,径向或弦向的气干干缩率应分别按式(2)计算,精确至 0.1%。

$$\beta_{w}=\frac{L_{max}-L_w}{L_{max}}\times 100 \qquad \cdots\cdots(2)$$

式中:

β_w——试样径向或弦向的气干干缩率,%;

L_{max}——试样含水率高于纤维饱和点(即湿材)时径向或弦向的尺寸,单位为毫米(mm);

L_w——试样气干时径向或弦向的尺寸,单位为毫米(mm)。

5.3.3 根据试样气干和全干时的质量,按 GB/T 1931—2009 中第 6 章的规定,计算出试样气干时的含水率。

6 体积干缩性的测定

6.1 试样

试样按本标准 5.1 规定制备。

6.2 试验步骤

试验按本标准 5.2 规定进行,但应增测试样顺纹方向的尺寸,并计算出湿材、气干材和全干时试样的体积。在计算体积干缩率时,对于纵向干缩率很小的木材也可不考虑纹理方向尺寸的变化,在试验报告中应加以说明。

6.3 结果计算

6.3.1 试样从湿材到全干的体积干缩率应按式(3)计算,精确至 0.1%。

$$\beta_{Vmax}=\frac{V_{max}-V_0}{V_{max}}\times 100 \qquad \cdots\cdots(3)$$

式中:

β_{Vmax}——试样体积的全干干缩率,%;

V_{max}——试样湿材时的体积,单位为立方毫米(mm^3);

V_0——试样全干时的体积,单位为立方毫米(mm^3)。

6.3.2 试样从湿材到气干时体积的干缩率应按式(4)计算,精确至 0.1%。

$$\beta_{Vw}=\frac{V_{max}-V_w}{V_{max}}\times 100 \qquad \cdots\cdots(4)$$

式中:

β_{Vw}——试样体积的气干干缩率,%;

V_w——试样气干时的体积,单位为立方毫米(mm^3)。

7 试验结果记录与报告

7.1 试验结果的记录按附录 A 填写。

7.2 试验报告按 GB/T 1928—2009 中 7.4 规定的内容编写。

附 录 A
（规范性附录）
木材干缩性测定记录表

表 A.1 木材干缩性测定记录表

树种： 产地： 实验室温度： ℃ 实验室相对湿度： %

试样编号	试样尺寸/mm									试样质量/g			备注
	湿材时			气干时			全干时						
	径向	弦向	顺纹方向	径向	弦向	顺纹方向	径向	弦向	顺纹方向	湿材	气干	全干	

试验日期： 年 月 日 试验地点： 测定： 审核：

ICS 79.020
B 60

中华人民共和国国家标准

GB/T 1933—2009
代替 GB/T 1933—1991

木材密度测定方法

Method for determination of the density of wood

(ISO 3131:1975,Wood—Determination of density for physical and mechanical tests,MOD)

2009-02-23 发布 2009-08-01 实施

中华人民共和国国家质量监督检验检疫总局
中国国家标准化管理委员会 发布

前　言

本标准修改采用 ISO 3131:1975《木材　物理力学试验时密度的测定》。

本标准与 ISO 3131:1975 相比主要技术差异如下:

——增加了排水法测量体积的内容。

本标准代替 GB/T 1933—1991《木材密度测定方法》。

本标准与 GB/T 1933—1991 相比主要技术内容变化如下:

——增加了 4.3 内容;

——删除了原 5.1.3 中的所有内容,条款号顺延;

——在 7.1.2 中增加了排水法测量体积的试样制作方法;

——增加了“排水法测定试样体积”内容;原条款号 7.2.2 顺延为 7.2.3,并对基本密度测定部分的内容作了相应的修改;

——增加了附录 C“排水法测定试样体积”的试验结果记录表;

——增加了试验结果记录说明,并对附录 A 和附录 B 作了相应的修改。

本标准的附录 A、附录 B、附录 C 均为规范性附录。

本标准由国家林业局提出。

本标准由全国木材标准化技术委员会归口。

本标准负责起草单位:中国林业科学研究院木材工业研究所。

本标准参加起草单位:中国林业科学研究院林业新技术研究所。

本标准主要起草人:吕建雄、黄荣凤、赵有科、费本华、赵荣军、虞华强、黄安民。

本标准于 1980 年首次发布,1991 年第一次修订,本次为第二次修订。

本标准由全国木材标准化技术委员会负责解释。

木材密度测定方法

1 范围

本标准规定了测定木材密度的试验设备、试样、试验步骤和结果计算。

本标准适用于木材无疵小试样的气干密度、全干密度和基本密度的测定。

2 规范性引用文件

下列文件中的条款通过本标准的引用而成为本标准的条款。凡是注日期的引用文件，其随后所有的修改单(不包括勘误的内容)或修订版均不适用于本标准，然而，鼓励根据本标准达成协议的各方研究是否可使用这些文件的最新版本。凡是不注日期的引用文件，其最新版本适用于本标准。

GB/T 1928—2009 木材物理力学试验方法总则

GB/T 1929—2009 木材物理力学试材锯解及试样截取方法

GB/T 1931—2009 木材含水率测定方法

3 原理

测定试样的质量、体积，以求出木材的密度。

4 试验设备

4.1 长度测量工具，测量尺寸应精确至 0.001 mm。

4.2 GB/T 1931—2009 第 3 章规定的试验设备。

4.3 采用排水法测量体积时，需要烧杯、支架、金属针和天平。

5 气干密度的测定

5.1 试样

5.1.1 试材锯解和试样截取按 GB/T 1929—2009 第 3 章的规定进行。

5.1.2 试样尺寸为 20 mm×20 mm×20 mm。试样制作精度与检验、试样含水率的调整，分别按 GB/T 1928—2009 第 3 章和第 4 章的规定进行。

5.1.3 当一树种试样的年轮平均宽度在 4 mm 以上时，试样尺寸应增大至 50 mm×50 mm×50 mm。供制作试样的试块，从试样髓心以外南北方向连续截取，并留足干缩和加工余量。

5.2 试验步骤

5.2.1 在试样各相对面的中心位置，分别测出弦向、径向和顺纹方向尺寸，精确至 0.001 mm。可以使用排水法测量试样体积，结果准确至 0.001 cm^3。称出试样质量，精确至 0.001 g。

5.2.2 将试样放入烘箱内，开始温度 60 ℃保持 4 h，再按 GB/T 1931—2009 中 5.2～5.4 规定进行烘干和称量。

5.2.3 试样全干质量称出后，立即于试样各相对面的中心位置，分别测出弦向、径向和顺纹方向尺寸，精确至 0.00 1 mm。

5.3 结果计算

5.3.1 试样含水率为 W 时的气干密度应按式(1)计算，精确至 0.001 g/cm^3。

$$\rho_W = \frac{m_W}{V_W} \qquad (1)$$

式中：

ρ_W——试样含水率为 W 时的气干密度，单位为克每立方厘米(g/cm³)；

m_W——试样含水率为 W 时的质量，单位为克(g)；

V_W——试样含水率为 W 时体积，单位为立方厘米(cm³)。

5.3.2 试样的体积干缩系数(含水率变化 1%时的体积干缩率)应按式(2)计算，精确至 0.001%。

$$K = \frac{V_W - V_0}{V_0 W} \times 100 \quad \cdots\cdots(2)$$

式中：

K——试样的体积干缩系数，%；

V_0——试样全干时的体积，单位为立方厘米(cm³)；

W——试样含水率，%。

5.3.3 试样含水率为 12%时的气干密度应按式(3)计算，结果精确至 0.001 g/cm³。

$$\rho_{12} = \rho_W[1 - 0.01(1 - K)(W - 12)] \quad \cdots\cdots(3)$$

式中：

ρ_{12}——试样含水率为 12%时的气干密度，单位为克每立方厘米(g/cm³)；

K——试样含水率变化 1%时的体积干缩系数；

W——试样含水率，%；

ρ_W——试样含水率为 W 时的气干密度，单位为克每立方厘米(g/cm³)。

试样含水率在 9%～15%范围内按式(2)计算有效。

6 全干密度的测定

6.1 试样

按 5.1.1～5.1.3 规定。

6.2 试验步骤

按 5.2.2～5.2.3 规定对试样进行烘干和测定。

6.3 结果计算

试样全干时的密度应按式(4)计算，精确至 0.001 g/cm³。

$$\rho_0 = \frac{m_0}{V_0} \quad \cdots\cdots(4)$$

式中：

ρ_0——试样全干时的密度，单位为克每立方厘米(g/cm³)；

m_0——试样全干时的质量，单位为克(g)。

7 基本密度的测定

7.1 试样

7.1.1 试材锯解和试样截取按 GB/T 1929—2009 第 3 章规定进行。

7.1.2 试样用饱和水的湿材制作，标准试样尺寸为 20 mm×20 mm×20 mm。试样制作要求和检查按 GB/T 1928—2009 第 3 章规定进行。采用排水法测量体积时，试样可以是任意形状，但试样应处于饱水状态。试样测定过程中应始终保持表面湿润。

7.1.3 当一树种试材的年轮平均宽度在 4 mm 以上时，试样尺寸应增大至 50 mm×50 mm×50 mm。供制作试样的试块，从试材髓心以外南北方向连续截取，并留足加工余量。

7.2 试验步骤

7.2.1 标准试样体积测量时，在试样各相对面的中心位置，分别测出弦向、径向和顺纹方向尺寸，精确至 0.01 mm。

7.2.2 对不规则试样，可以使用排水法测量体积。排水法测定试样体积装置如图 1 所示。测定时，在烧杯中盛入足够浸没试样的水，放置于天平的左侧托盘上，把金属针浸入水下 1 cm～2 cm 后，在天平的右侧托盘上放置砝码使之平衡。然后在金属针尖上插固已称量的试样并浸于水中，再加砝码使之重新平衡(注意试样不得与烧杯壁接触，金属针在两次平衡时的浸水深度相同)。由于以克为单位的排水质量与以立方厘米为单位的排水体积在数量上是相等的，所以托盘上前、后两次砝码质量之差(g)，即为试样的体积(cm^3)。若使用电子天平，可以加快测量速度。

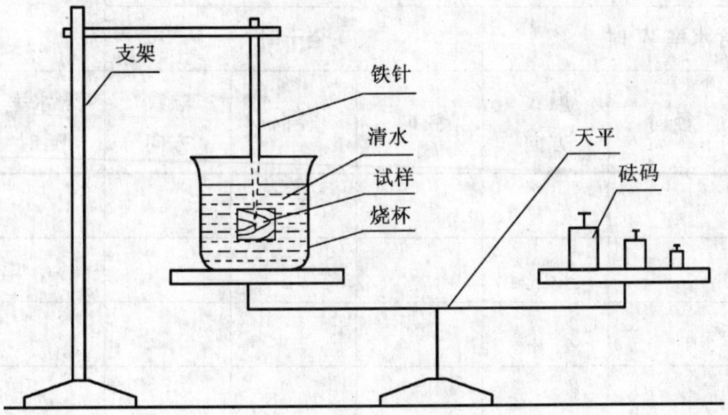

图 1　排水法测定体积装置示意图

7.2.3 试样的烘干和称量，按 GB/T 1931—2009 中 5.2～5.4 的规定进行。

7.3 结果计算

试样的基本密度应按式(5)计算，精确至 0.001 g/cm^3。

$$\rho_y = \frac{m_0}{V_{max}} \qquad (5)$$

式中：

ρ_y——试样的基本密度，单位为克每立方厘米(g/cm^3)；

V_{max}——试样水分饱和时的体积，单位为立方厘米(cm^3)。

8 试验结果记录与报告

8.1 木材气干密度、全干密度的试验结果记录按附录 A 填写，标准试样基本密度的试验结果记录按附录 B 填写，对不规则试样采用排水法测定基本密度的试验结果记录按附录 C 填写。

8.2 试验报告按 GB/T 1928—2009 中 7.4 规定的内容编写。

附 录 A
（规范性附录）
木材气干密度、全干密度测定记录表

表 A.1

树种： 产地： 实验室温度： ℃ 实验室相对湿度： %

试样编号	试样尺寸/mm						试样质量/g		备注
	含水率 W 时			全干时					
	弦向	径向	顺纹方向	弦向	径向	顺纹方向	含水率 W 时	全干时	

试验日期： 年 月 日 试验地点： 测定人： 审核：

附 录 B
（规范性附录）
木材基本密度测定记录表（适用于标准试样）

表 B.1

树种： 产地： 实验室温度： ℃ 实验室相对湿度： %

试样编号	水分饱和时试样尺寸/mm			试样全干质量/g	备注
	弦向	径向	顺纹方向		

试验日期： 年 月 日 试验地点： 测定人： 审核：

附 录 C
（规范性附录）
木材基本密度测定记录表（适用于任意形状试样）

表 C.1

树种： 产地： 实验室温度： ℃ 实验室相对湿度： %

试样编号	排水法测定体积时称量/g		试样全干质量/g	备 注
	加载试样前质量	加载试样后质量		

试验日期： 年 月 日 试验地点： 测定人： 审核：

ICS 79.020
B 60

中华人民共和国国家标准

GB/T 1934.1—2009
代替 GB/T 1934.1—1991

木材吸水性测定方法

Method for determination of the water absorption of wood

2009-02-23 发布　　2009-08-01 实施

中华人民共和国国家质量监督检验检疫总局
中国国家标准化管理委员会　发布

前　言

GB/T 1934 分为以下两个部分：

——木材吸水性测定方法；

——木材湿胀性测定方法。

本部分为 GB/T 1934.1《木材吸水性测定方法》。

本部分代替 GB/T 1934.1—1991《木材吸水性测定方法》。

本部分与 GB/T 1934.1—1991 相比主要变化如下：

——原理修改为："……木材的吸水性是用木材吸水至饱和或在规定时间内所吸水分的质量，与全干木材质量的比率来表示"；

——删除 5.3"允许使用全干密度测定后的试样"；

——增加了试样浸水时的要求，将 6.2 修改为："……将试样压入水面下至少 50 mm，……"；

——对 6.3 中浸水时间进行了修改。

本部分的附录 A 是规范性附录。

本部分由国家林业局提出。

本部分由全国木材标准化技术委员会归口。

本部分负责起草单位：中国林业科学研究院木材工业研究所。

本部分参加起草单位：中国林业科学研究院林业新技术研究所、东北林业大学。

本部分主要起草人：赵有科、黄荣凤、吕建雄、赵荣军、费本华、虞华强、黄安民、刘迎涛。

本部分于 1980 年首次发布，1991 年第一次修订，本次为第二次修订。

本部分由全国木材标准化技术委员会负责解释。

木材吸水性测定方法

1 范围

GB/T 1934 的本部分规定了测定木材吸水性的试验设备、试样、试验步骤和结果计算。

本部分适用于木材无疵小试样的吸水性测定。

2 规范性引用文件

下列文件中的条款通过 GB/T 1934 的本部分的引用而成为本部分的条款。凡是注日期的引用文件，其随后所有的修改单(不包括勘误的内容)或修订版均不适用于本部分，然而，鼓励根据本部分达成协议的各方研究是否可使用这些文件的最新版本。凡是不注日期的引用文件，其最新版本适用于本部分。

GB/T 1928—2009 木材物理力学试验方法总则

GB/T 1929—2009 木材物理力学试材锯解及试样截取方法

GB/T 1931—2009 木材含水率测定方法

3 原理

木材是多孔性的有机材料，具吸收其周围水分的能力。木材的吸水性是用木材吸水至饱和或在规定时间内所吸水分质量，与全干木材质量的比率来表示。

4 试验设备

4.1 浸渍试样的容器。

4.2 GB/T 1931—2009 中第 3 章规定的试验设备。

5 试样

5.1 试材锯解及试样截取按 GB/T 1929—2009 中第 3 章规定进行。

5.2 试样尺寸为 20 mm×20 mm×20 mm。试样制作要求与检验按 GB/T 1928—2009 中第 3 章规定进行。

6 试验步骤

6.1 将试样放入烘箱内，开始温度 60 ℃保持约 4 h，然后按 GB/T 1931—2009 中 5.2～5.4 进行烘干和称量(m_0)。

6.2 试样称量后，随即放入盛有蒸馏水的容器内，用不锈金属网，将试样压入水面以下至少 50 mm，盖好容器。水的温度应保持在(20±2)℃的范围内。

6.3 试样放入水中经 6 h 进行第一次称量(m)，以后经 1、2、4、8 昼夜各称量一次，至最后两次的含水率之差小于 5%时，即可认为达到最大吸水率。对于浸水 8 昼夜后含水率还没有达到要求的试样，根据第 7 章结果计算中的吸水性曲线的变化趋势，确定适当的时间间隔进行测量。

每次称量时，试样从容器中取出应用吸水纸吸去表面水分后再进行称量。容器内的蒸馏水应保持清洁，一般每隔 4～5 昼夜更换一次。

7 结果计算

7.1 试样的吸水率应按式(1)计算，精确至 1%。

$$A = \frac{m - m_0}{m_0} \times 100 \quad \cdots\cdots (1)$$

式中：

A——试样的吸水率，%；

m——试样吸水后的质量，单位为克(g)；

m_0——试样全干时的质量，单位为克(g)。

7.2 根据测定的吸水率绘制每个试样的吸水性曲线，横坐标表示时间，纵坐标表示吸水率。

8 试验记录与报告

8.1 测定结果填入附录A木材吸水性测定记录表。

8.2 试验报告按GB/T 1928—2009中7.4规定的内容编写。

附　录　A
（规范性附录）
木材吸水性测定记录表

表 A.1　木材吸水性测定记录表

树种：　　　产地：　　　实验地点：　　　　　实验室温度：　　℃　实验室相对湿度：　　　%

试样编号	试样全干后的质量/g	试样浸水后的质量/g						备　注
		6 h	1 昼夜	2 昼夜	4 昼夜	8 昼夜	昼夜	

年　　月　　日　　　测定：　　　　　　计算：　　　　　　审核：

ICS 79.020
B 60

中华人民共和国国家标准

GB/T 1934.2—2009
代替 GB/T 1934.2—1991

木材湿胀性测定方法

Method for determination of the swelling of wood

(ISO 4859:1982, Wood—Determination of radial and tangential swelling;
ISO 4860:1982, Wood—Determination of volumetric swelling, MOD)

2009-02-23 发布　　2009-08-01 实施

中华人民共和国国家质量监督检验检疫总局
中国国家标准化管理委员会　发布

前　言

GB/T 1934 分为如下两部分：

——木材吸水性测定方法；

——木材湿胀性测定方法。

本部分为 GB/T 1934.2《木材湿胀性测定方法》。

本部分修改采用 ISO 4859:1982《木材　径向和弦向湿胀的测定》和 ISO 4860:1982《木材　体积湿胀的测定》。

本部分与 ISO 4859:1982 和 ISO 4860:1982 相比主要技术差异如下：

——将上述两个国际标准合并为一个标准。

本部分代替 GB/T 1934.2—1991《木材湿胀性测定方法》。

本部分与 GB/T 1934.2—1991 相比，主要变化如下：

——修改了原理；

——合并了体积湿胀性和线湿胀性的测定中的"试样"和"试验步骤"，并对标题编号作了相应的修改；

——在第 6 章试验步骤中增加了"需要计算体积湿胀率时，测量试样顺纹方向的长度，精确至 0.001 mm"的要求；

——对附录 A 作了部分修改。

本部分的附录 A 是规范性附录。

本部分由国家林业局提出。

本部分由全国木材标准化技术委员会归口。

本部分负责起草单位：中国林业科学研究院木材工业研究所。

本部分参加起草单位：中国林业科学研究院林业新技术研究所、中国林业科学研究院北京林机所。

本部分主要起草人：黄荣凤、赵有科、吕建雄、费本华、赵荣军、虞华强、黄安民。

本部分于 1980 年首次发布，1991 年第一次修订，本次为第二次修订。

本部分由全国木材标准化技术委员会负责解释。

木材湿胀性测定方法

1 范围

GB/T 1934 的本部分规定了测定木材湿胀性的试验设备、试样、试验步骤和结果计算。

本部分适用于木材无疵小试样的径向、弦向湿胀性和体积湿胀性的测定。

2 规范性引用文件

下列文件中的条款通过 GB/T 1934 的本部分的引用而成为本部分的条款。凡是注日期的引用文件，其随后所有的修改单(不包括勘误的内容)或修订版均不适用于本部分，然而，鼓励根据本部分达成协议的各方研究是否可使用这些文件的最新版本。凡是不注日期的引用文件，其最新版本适用于本部分。

GB/T 1928—2009 木材物理力学试验方法总则

GB/T 1929—2009 木材物理力学试材锯解及试样截取方法

GB/T 1931—2009 木材含水率测定方法

3 原理

干木材吸湿或吸水后，其尺寸和体积随含水率的增加而膨胀。从木材全干到吸湿至与大气相对湿度平衡或吸水至饱和时的尺寸或体积变化与全干时尺寸或体积之比，表示木材的湿胀性。

4 试验设备

4.1 长度测量工具，测量尺寸应精确至 0.001 mm。

4.2 浸渍试样的容器。

4.3 GB/T 1931—2009 第 3 章规定的试验设备。

5 试样

5.1 试材锯解和试样截取按 GB/T 1929—2009 第 3 章的规定进行。

5.2 试样尺寸为 20 mm×20 mm×20 mm。试样制作精度与检验按 GB/T 1928—2009 第 3 章的规定进行。

6 试验步骤

6.1 将试样放入烘箱内，开始温度 60 ℃保持约 4 h，然后按 GB/T 1931—2009 中 5.2 的规定，将试样烘至全干，冷却后，在试样各相对面的中心位置分别测出径向和弦向尺寸(l_0)，需要计算体积湿胀率时，测量试样顺纹方向的长度(l_0)，精确至 0.001 mm。

6.2 将试样放置于温度(20±2)℃，相对湿度(65±3)%的条件下吸湿至尺寸稳定。在吸湿过程，用 2 个～3 个试样，每隔 6 h 试测一次弦向尺寸的变化，至两次测量结果之差不超过 0.2 mm 时，即认为尺寸达到稳定，然后测定所有试样的径向和弦向尺寸(l_w)。需要计算体积湿胀率时，测量试样顺纹方向的长度，精确至 0.001 mm。

6.3 测量尺寸后的试样，浸入盛蒸馏水的容器中，待吸收水分尺寸达稳定为止。为检验试样的尺寸是否达到稳定，可在浸水 20 昼夜后，选定 2 个～3 个试样，测量弦向尺寸(l_{max})，以后每隔 3 昼夜测量一次，如两次测量结果相差不大于 0.02 mm 时，即认为尺寸达到稳定，然后测量全部试样的径向和弦向尺寸。

需要计算体积湿胀率时，测量试样顺纹方向的长度，精确至 0.001 mm。容器中的蒸馏水应保持清洁，一般每隔 4～5 昼夜应更换一次。

7 结果计算

7.1 线湿胀率

7.1.1 试样从全干到气干时，径向和弦向的线湿胀率应按式(1)计算，精确至 0.1%。

$$\alpha_w = \frac{l_w - l_0}{l_0} \times 100 \qquad \cdots\cdots(1)$$

式中：

α_w——试样从全干到气干时径向和弦向的线湿胀率，%；

l_w——试样气干时径向或弦向的长度，单位为毫米(mm)；

l_0——试样全干时径向和弦向的长度，单位为毫米(mm)。

7.1.2 试样从全干到吸水至尺寸稳定时，径向或弦向的线湿胀率应按式(2)计算，精确至 0.1%。

$$\alpha_{max} = \frac{l_{max} - l_0}{l_0} \times 100 \qquad \cdots\cdots(2)$$

式中：

α_{max}——试样吸水至尺寸稳定时径向和弦向的线湿胀率，%；

l_{max}——试样吸水至尺寸稳定时径向和弦向的长度，单位为毫米(mm)。

7.2 体积湿胀率

7.2.1 试样从全干至气干时的体积湿胀率应按式(3)计算，精确至 0.1%。

$$\alpha_{Vw} = \frac{V_w - V_0}{V_0} \times 100 \qquad \cdots\cdots(3)$$

式中：

α_{Vw}——试样从全干到气干时的体积湿胀率，%；

V_w——试样气干时的体积，单位为立方毫米(mm^3)；

V_0——试样全干时的体积，单位为立方毫米(mm^3)。

7.2.2 试样全干到吸水至尺寸稳定时的体积湿胀率应按式(4)计算，精确至 0.1%。

$$\alpha_{V\,max} = \frac{V_{max} - V_0}{V_0} \times 100 \qquad \cdots\cdots(4)$$

式中：

$\alpha_{V\,max}$——试样全干到吸水至尺寸稳定时的体积湿胀率，%；

V_{max}——试样吸水至尺寸稳定时的体积，单位为立方毫米(mm^3)。

8 试验结果记录和试验报告

8.1 测定结果按附录 A 填写。

8.2 试验报告按 GB/T 1928—2009 中 7.4 规定的内容编写。

附 录 A
（规范性附录）
木材湿胀性测定记录表

表 A.1 木材湿胀性测定记录表

树种：　　产地：　　实验室温度：　　℃　　实验室相对湿度：　　%

试样编号	试样尺寸/mm									备　注
	全干时			气干时			吸水后			

试验日期：　　年　　月　　日　　试验地点：　　测定人：　　审核：

ICS 79.020
B 60

中华人民共和国国家标准

GB/T 1935—2009
代替 GB/T 1935—1991

木材顺纹抗压强度试验方法

Method of testing in compressive strength parallel to grain of wood

(ISO 3787:1976, Wood—Test methods—
Determination of ultimate stress in compression parallel to grain, NEQ)

2009-02-23 发布　　　　2009-08-01 实施

中华人民共和国国家质量监督检验检疫总局
中国国家标准化管理委员会　发布

前言

本标准与国际标准 ISO 3787:1976《木材　试验方法　顺纹抗压极限应力的测定》的一致性程度为非等效。

本标准代替 GB/T 1935—1991《木材顺纹抗压强度试验方法》。

本标准与 GB/T 1935—1991 相比主要变化如下：

——删除 5.3 第一句，将 5.3 改为："供制作试样的试条，从试材树皮向内南北方向连续截取，并按试样尺寸留足干缩和加工余量。"

——将 6.2 中"即试验机的指针明显地退回为止……准确至 100 N"，改为："即试验机的指针明显退回或数字显示的荷载有明显减少。将破坏荷载记录，荷载允许测得的精度为 100 N。"

——删除附录 A。

——将 6.3 改为："试样破坏后，对整个试样参照 GB/T 1931—2009 测定试样含水率。"

本标准由国家林业局提出。

本标准由全国木材标准化技术委员会归口。

本标准负责起草单位：中国林业科学研究院木材工业研究所。

本标准参加起草单位：东北林业大学。

本标准主要起草人：江京辉、骆秀琴、殷亚方、任海青、王朝晖、周海宾、于海鹏。

本标准于 1980 年首次发布，1991 年 5 月第一次修订。

木材顺纹抗压强度试验方法

1 范围

本标准规定了测定木材顺纹抗压强度的试验设备、试样、试验步骤、结果计算及试验报告。

本标准适用于木材无疵小试样的顺纹抗压强度试验。

2 规范性引用文件

下列文件中的条款通过本标准的引用而成为本标准的条款。凡是注日期的引用文件，其随后所有的修改单(不包括勘误的内容)或修改版均不适用于本标准，然而，鼓励根据本标准达成协议的各方研究是否可使用这些文件的最新版本。凡是不注日期的引用文件，其最新版本适用于本标准。

GB/T 1928—2009 木材物理力学试验方法总则

GB/T 1929—2009 木材物理力学试材锯解及试样截取方法

GB/T 1931—2009 木材含水率测定方法

3 原理

沿木材顺纹方向以均匀速度施加压力至破坏，以确定木材的顺纹抗压强度。

4 试验设备

4.1 试验机，测定荷载的精度，应符合 GB/T 1928—2009 第6章的要求，并具有球面滑动支座。

4.2 测试量具测量尺寸应精确至 0.1 mm。

4.3 GB/T 1931—2009 第3章规定的试验设备。

5 试样

5.1 试材锯解及试样截取按 GB/T 1929—2009 中的第3章规定进行。

5.2 试样尺寸为 30 mm×20 mm×20 mm，长度为顺纹方向。试样制作要求和检查、试样含水率的调整，分别参照 GB/T 1928—2009 第3章和第4章规定。

5.3 供制作试样的试条，从试材树皮向内南北方向连续截取，并按试样尺寸留足干缩和加工余量。

6 试验步骤

6.1 在试样长度中央，测量宽度及厚度，精确至 0.1 mm。

6.2 将试样放在试验机球面活动支座的中心位置，以均匀速度加荷，在 1.5 min～2.0 min 内使试样破坏，即试验机的指针明显退回或数字显示的荷载有明显减少。将破坏荷载记录，荷载允许测得的精度为 100 N。

6.3 试样破坏后，对整个试样参照 GB/T 1931—2009 测定试样含水率。

7 结果计算

7.1 试样含水率为 W 时的顺纹抗压强度，应按式(1)计算，精确至 0.1 MPa。

$$\sigma_W = \frac{P_{max}}{bt} \qquad \cdots\cdots (1)$$

式中：

σ_W——试样含水率为 W 时的顺纹抗压强度，单位为兆帕(MPa)；

P_{max}——破坏荷载，单位为牛(N)；

b——试样宽度，单位为毫米(mm)；

t——试样厚度，单位为毫米(mm)；

W——试样含水率，%。

7.2 试样含水率为12%时的顺纹抗压强度，应按式(2)计算，精确至0.1 MPa。

$$\sigma_{12} = \sigma_W[1 + 0.05(W - 12)] \quad \cdots\cdots(2)$$

式中：

σ_{12}——试样含水率为12%时的顺纹抗压强度，单位为兆帕(MPa)；

试样含水率在9%～15%范围内，按式(2)计算有效。

8 试验报告

试验报告，按 GB/T 1928—2009 中 7.4 规定的内容编写。

ICS 79.020
B 60

中华人民共和国国家标准

GB/T 1936.1—2009
代替 GB/T 1936.1—1991

木材抗弯强度试验方法

Method of testing in bending strength of wood

(ISO 3133:1975,Wood—Determination of ultimate strength in static bending,MOD)

2009-02-23 发布　　2009-08-01 实施

中华人民共和国国家质量监督检验检疫总局
中国国家标准化管理委员会　发布

前言

GB/T 1936 分为如下两个部分：

——GB/T 1936.1 木材抗弯强度试验方法；

——GB/T 1936.2 木材抗弯弹性模量测定方法。

本部分为 GB 1936.1《木材抗弯强度试验方法》。

本部分修改采用国际标准 ISO 3133:1975《木材　静力弯曲极限强度的测定》。

本部分与 ISO 3133:1975 相比，主要技术内容差异如下：

——将试样的长度为 300 mm～380 mm 改为 300 mm；

——将按附件两支座间中心距离和试样的高度之比为 12 至 16 倍进行试验，改为两支座间距离应 240 mm。

本部分代替 GB/T 1936.1—1991《木材抗弯强度试验方法》。

本部分与 GB/T 1936.1—1991 相比主要变化如下：

——将原标准中 4.1 的“测定荷载的精度应符合 GB/T 1928—1991 的第 6 章要求”，改为“能测定荷载的精度到 1 %”；

——将原标准中 4.3 的“GB/T 1931 第 3 章规定的试验设备”，改为“GB/T 1931—2009 第 3 章规定的测定含水率的试验设备”；

——将 6.2 的“沿年轮切线方向(弦向)以均匀速度加荷”，改为“在支座间试样中部的径面以均匀速度加荷”，增加了“或将加荷速度定为 5 mm/min～10 mm/min”；

——将原标准中所有“准确至”改为“精确至”；

——将试验记录表中的“抗弯强度”和“含水率” 两个项目去掉。

本部分的附录 A 是规范性附录。

本部分由国家林业局提出。

本部分由全国木材标准化技术委员会归口。

本部分起草单位：中国林业科学研究院木材工业研究所。

本部分主要起草人：骆秀琴、任海青、殷亚方、王朝晖、江京辉、周海宾。

本部分于 1980 年首次发布，1991 年 5 月第一次修订。

木材抗弯强度试验方法

1 范围

GB/T 1936 的本部分规定了测定木材抗弯强度的试验设备、试样、试验步骤、结果计算和试验报告。

本部分适用于木材无疵小试样的抗弯强度试验。

2 规范性引用文件

下列文件中的条款通过 GB/T 1936 的本部分的引用而成为本部分的条款。凡是注日期的引用文件，其随后所有的修改单(不包括勘误的内容)或修订版均不适用于本部分，然而，鼓励根据本部分达成协议的各方研究是否可使用这些文件的最新版本。凡是不注日期的引用文件，其最新版本适用于本部分。

GB/T 1928—2009 木材物理力学试验方法总则(ISO 3129:1975, Wood—Sampling methods and general requirements for physical and mechanical tests, NEQ)

GB/T 1929—2009 木材物理力学试材锯解及试样截取方法(ISO 3129:1975, Wood—Sampling methods and general requirements for physical and mechanical tests, MOD)

GB/T 1931—2009 木材含水率测定方法(ISO 3130:1975, Wood—Determination of moisture content for physical and mechanical tests, MOD)

3 原理

在试样长度中央以均匀速度加荷至破坏，以求出木材的抗弯强度。

4 试验设备

4.1 试验机能测定荷载的精度到 1 %，试验装置的支座及压头端部的曲率半径为 30 mm，两支座间距离应为 240 mm。

4.2 测试量具应能精确至 0.1 mm。

4.3 GB/T 1931—2009 第 3 章规定的测定含水率的试验设备。

5 试样

5.1 试材锯解及试样截取按 GB/T 1929—2009 第 3 章规定。

5.2 试样尺寸为 300 mm×20 mm×20 mm，长度为顺纹方向。试样制作要求和检查、试样含水率的调整分别按 GB/T 1928—2009 第 3 章和第 4 章规定。允许与抗弯弹性模量的测定用同一试样，先测定弹性模量后进行抗弯强度试验。

6 试验步骤

6.1 抗弯强度只做弦向试验，在试样长度中央测量径向尺寸为宽度，弦向为高度，精确至 0.1 mm。

6.2 采用中央加荷，将试样放在试验装置的两支座上，在支座间试样中部的径面以均匀速度加荷，在 1 min～2 min 内使试样破坏(或将加荷速度设定为 5 mm/min～10 mm/min)，将破坏荷载填写入附录 A 中的记录表中，精确至 10 N。

6.3 试验后立即在试样靠近破坏处截取约 20 mm 长的木块一个，按 GB/T 1931—2009 测定试样含水率。

7 结果计算

7.1 试样含水率为 W 时的抗弯强度按式(1)计算,精确至 0.1 MPa。

$$\sigma_{bW}=\frac{3P_{\max}l}{2bh^2} \qquad (1)$$

式中:

σ_{bW}——试样含水率为 W 时的抗弯强度,单位为兆帕(MPa);

$P_{\max}$——破坏荷载,单位为牛(N);

l——两支座间跨距,单位为毫米(mm);

b——试样宽度,单位为毫米(mm);

h——试样高度,单位为毫米(mm)。

7.2 试样含水率为 12%时的抗弯强度按式(2)计算,精确至 0.1 MPa。

$$\sigma_{b12}=\sigma_{bW}[1+0.04(W-12)] \qquad (2)$$

式中:

σ_{b12}——试样含水率为 12%时的抗弯强度,单位为兆帕(MPa);

W——试样含水率,%。

试样含水率在 9%～15%范围内按式(2)计算有效。

8 试验报告

试验报告按 GB/T 1928—2009 中 7.4 规定的内容编写。

附 录 A
（规范性附录）
木材抗弯强度试验记录表

树种： 产地： 实验室温度： ℃ 实验室相对湿度： %

试样编号	试样尺寸/mm		破坏荷载/N	试样质量/g		备注
	宽度	高度		试验时	全干时	

年 月 日 测定： 计算： 审核：

ICS 79.020
B 60

中华人民共和国国家标准

GB/T 1936.2—2009
代替 GB/T 1936.2—1991

木材抗弯弹性模量测定方法

Method for determination of the modulus of elasticity in static bending of wood

(ISO 3349:1975,Wood—Determination of modulus of elasticity in static bending,NEQ)

2009-02-23 发布　　　　2009-08-01 实施

中华人民共和国国家质量监督检验检疫总局
中国国家标准化管理委员会　发布

前　言

GB/T 1936 分为如下两部分：

——GB/T 1936.1 木材抗弯强度试验方法；

——GB/T 1936.2 木材抗弯弹性模量测定方法。

本部分为 GB/T 1936.2《木材抗弯弹性模量测定方法》。

本部分与国际标准 ISO 3349:1975《木材　静力弯曲弹性模量的测定》的一致性程度为非等效。

本部分代替 GB/T 1936.2—1991《木材抗弯弹性模量测定方法》。

本部分与 GB/T 1936.2—1991 相比，主要变化如下：

——将原标准中 4.1 的“测定荷载的精度应符合 GB/T 1928—1991 的第 6 章要求”，改为“能测定荷载的精度到 1%”；

——将原标准中 4.3 的“GB 1931 第 3 章规定的试验设备”，改为“GB/T 1931—2009 第 3 章规定的测定含水率的试验设备”；

——在 6.2 中增加了“用百分表或其他能测量线性位移的仪表测量试样变形”；

——将 6.3 中测量变形的次数由“反复四次”改为“反复三次”，增加了“对于数显电控试验机，可将加荷速度设定为 1 mm/min～3 mm/min”；

——将 7.1 中“根据后三次测得的试样变形值”改为“根据后两次测得的试样变形值”；

——将原标准中所有“准确至”改为“精确至”；

——将试验记录表中的“抗弯强度”和“含水率” 两个项目去掉。

本部分的附录 A 是规范性附录。

本部分由国家林业局提出。

本部分由全国木材标准化技术委员会归口。

本部分起草单位：中国林业科学研究院木材工业研究所。

本部分主要起草人：骆秀琴、任海青、殷亚方、王朝晖、江京辉、周海宾。

本部分于 1980 年首次发布，1991 年 5 月第一次修订。

木材抗弯弹性模量测定方法

1 范围

GB/T 1936 的本部分规定了测定木材抗弯弹性模量的试验设备、试样、试验步骤、结果计算和试验报告。

本部分适用于木材无疵小试样的抗弯弹性模量测定。

2 规范性引用文件

下列文件中的条款通过 GB/T 1936 的本部分的引用而成为本部分的条款。凡是注日期的引用文件,其随后所有的修改单(不包括勘误的内容)或修订版均不适用于本部分,然而,鼓励根据本部分达成协议的各方研究是否可使用这些文件的最新版本。凡是不注日期的引用文件,其最新版本适用于本部分。

GB/T 1928—2009 木材物理力学试验方法总则

GB/T 1929—2009 木材物理力学试材锯解及试样截取方法

GB/T 1931—2009 木材含水率测定方法

3 原理

木材受力弯曲时在比例极限应力内,按荷载与变形的关系确定木材抗弯弹性模量。

4 试验设备

4.1 试验机能测定荷载的精度到 1%。试验装置的支座及压头端部的曲率半径为 30 mm,两支座间距离应为 240 mm。

4.2 测试量具应能精确至 0.1 mm。

4.3 百分表的量程为 0 mm～10 mm,精确至 0.01 mm。

4.4 GB/T 1931—2009 第 3 章规定的测定含水率的试验设备。

5 试样

5.1 试材锯解及试样截取应符合 GB/T 1929—2009 第 3 章规定。

5.2 试样尺寸为 300 mm×20 mm×20 mm,长度为顺纹方向。试样制作要求和检查、试样含水率的调整应分别符合 GB/T 1928—2009 第 3 章和第 4 章的规定。允许与抗弯强度试验用同一试样,先测定弹性模量,后进行抗弯强度试验。

6 试验步骤

6.1 采用弦向加荷,在试样长度中央测量径向尺寸为宽度,弦向为高度,精确至 0.1 mm。

6.2 两点加荷,用百分表或其他能测量线性位移的仪表测量试样变形,试验装置如图 1。

单位为毫米

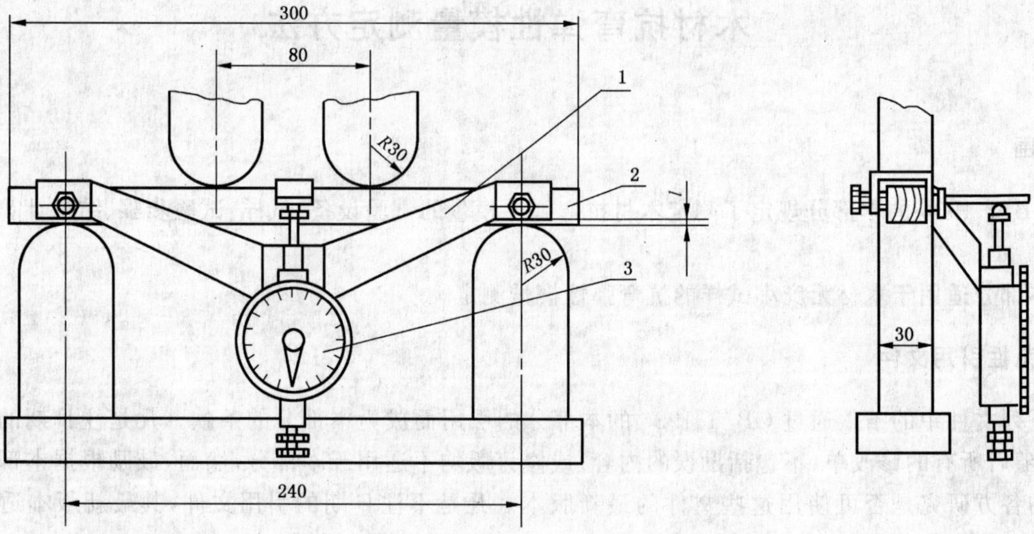

1——百分表架；

2——试样；

3——百分表。

图 1 抗弯弹性模量试验装置

6.3 测量试样变形的下、上限荷载一般取 300 N～700 N，试验机以均匀速度先加荷至下限荷载，立即读百分表指示值，读至 0.005 mm，并填写在附录 A 记录表中，然后经 15 s～20 s 加荷至上限荷载，随即卸荷，如此反复三次，每次卸荷应稍低于下限，然后再加荷至下限荷载。对于数显电控试验机，可将加荷速度设定为 1 mm/min～3 mm/min。

6.4 对于甚软木材的下、上限荷载可取 200 N～400 N。为保证加荷范围不超过试样的比例极限应力，试验前可在每批试样中选 2 个～3 个试样进行观察试验，绘制荷载-变形图，在其直线范围内确定上、下限荷载。

6.5 抗弯弹性模量测定后，如不进行抗弯强度试验，应立即于试样中部截取约 20 mm 长的木块一个，按 GB/T 1931—2009 测定试样含水率。

7 结果计算

7.1 根据后两次测得的试样变形值，分别计算出上、下限变形平均值，上、下限荷载的变形平均值之差，即为上、下限荷载间的变形值。

7.2 试样含水率为 W 时的抗弯弹性模量按式(1)计算，精确至 10 MPa。

$$E_W = \frac{23Pl^3}{108bh^3f} \quad \cdots\cdots(1)$$

式中：

E_W——试样含水率为 W 时的抗弯弹性模量，单位为兆帕(MPa)；

P——上、下限荷载之差，单位为牛(N)；

l——两支座间跨距，单位为毫米(mm)；

b——试样宽度，单位为毫米(mm)；

h——试样高度，单位为毫米(mm)；

f——上、下限荷载间的试样变形值，单位为毫米(mm)。

7.3 试样含水率为 12% 时的抗弯弹性模量按式(2)计算，精确至 10 MPa。

$$E_{12} = E_W[1 + 0.015(W - 12)] \quad \cdots\cdots(2)$$

式中：

E_{12}——试样含水率为12%时的抗弯弹性模量，单位为兆帕(MPa)；

W——试样含水率，%。

试样含水率在9%～15%范围内按式(2)计算有效。

8 试验报告

试验报告按GB/T 1928—2009中7.4规定的内容编写。

附　录　A
（规范性附录）
木材抗弯弹性模量试验记录表

表 A.1　木材抗弯弹性模量试验记录表

树种：　　　　　　　产地：　　　　　　　　　　实验室温度：　　℃　　实验室相对湿度：　　%

试样编号	试样尺寸/mm		变　形 0.01 mm				试样质量/g		备注
	宽度	高度	下限荷载/N		上限荷载/N		试验时	全干时	
			第 2 次	第 3 次	第 2 次	第 3 次			

年　　月　　日　　　　　　测定：　　　　　计算：　　　　　审核：

ICS 79.020
B 60

中华人民共和国国家标准

GB/T 1937—2009
代替 GB/T 1937—1991

木材顺纹抗剪强度试验方法

Method of testing in shearing strength parallel to grain of wood

(ISO 3347:1976,Wood—Determination of ultimate shearing stress parallel to grain,MOD)

2009-02-23 发布 2009-08-01 实施

中华人民共和国国家质量监督检验检疫总局
中国国家标准化管理委员会
发布

前言

本标准修改采用国际标准 ISO 3347:1976《木材　顺纹抗剪极限应力的测定》。

本标准与 ISO 3347:1976 相比主要技术内容差异如下：

——增加“5.4　试样缺角部分的角度应为 106°40′，应采用角规检查，允许误差为±20′”（1976 年和本版的 5.4）；

——修改 7.2，试样含水率为 12%时的弦面或径面的顺纹抗剪强度，应按 $\tau_{12}=\tau_W[1+0.03(W-12)]$计算（1976 年和本版的 7.2）。

本标准代替 GB/T 1937—1991《木材顺纹抗剪强度试验方法》。

本标准与 GB/T 1937—1991 相比，有如下变化：

——修改 4.3，测量工具为游标卡尺或其他测量工具（1991 年和本版的 4.3）；

——修改 4.4，木材含水率测定设备，应符合 GB/T 1931—2009 第 3 章规定（1991 年和本版的 4.4）；

——删除 6.4 中“将荷载读数填写入附录 A（补充件）记录表中”（1991 年和本版的 6.4）；

——修改 6.5，试样破坏后的小块部分，立即参照 GB/T 1931 测定含水率（1991 年和本版的 6.5）；

——修改“8　试验结果记录与报告”，试验结果记录均按附录 A 填写；试验报告按 GB/T 1928—2009 中 7.4 规定的内容编写（1991 年和本版的第 8 章）；

——附录 A 增加试验地点，修改含水率试样质量，删除受剪面积、含水率、弦面抗剪强度和径面抗剪强度（1991 年和本版的附录 A）。

本标准的附录 A 为规范性附录。

本标准由国家林业局提出。

本标准由全国木材标准化技术委员会归口。

本标准负责起草单位：安徽农业大学。

本标准参加起草单位：国际竹藤网络中心、中国林业科学研究院、东北林业大学。

本标准主要起草人：王传贵、江泽慧、费本华、汪佑宏、刘镇波。

本标准于 1980 年首次发布，1991 年 5 月第一次修订。

本标准由全国木材标准化技术委员会负责解释。

木材顺纹抗剪强度试验方法

1 范围

本标准规定了测定木材顺纹抗剪强度的试验设备、试样、试验步骤和结果计算。

本标准适用于木材无疵小试样的顺纹抗剪强度试验。

2 规范性引用文件

下列文件中的条款通过本标准的引用而成为本标准的条款。凡是注日期的引用文件,其随后所有的修改单(不包括勘误的内容)或修订版均不适用于本标准,然而,鼓励根据本标准达成协议的各方研究是否可使用这些文件的最新版本。凡是不注日期的引用文件,其最新版本适用于本标准。

GB/T 1928—2009 木材物理力学试验方法总则(ISO 3129:1975,Wood—Sampling methods and general requirements for physical and mechanical tests,NEQ)

GB/T 1929—2009 木材物理力学试材锯解及试样截取方法(ISO 3129:1975,Wood—Sampling methods and general requirements for physical and mechanical tests,MOD)

GB/T 1931—2009 木材含水率测定方法(ISO 3130:1975,Wood—Determination of moisture content for physical and mechanical tests,MOD)

3 原理

由加压方式形成的剪切力,使试样一表面对另一表面顺纹滑移,以测定木材顺纹抗剪强度。

4 试验设备

4.1 试验机,测定荷载的精度,应符合 GB/T 1928—2009 第 6 章要求,并具有球面滑动压头。

4.2 木材顺纹抗剪试验装置,见图 1。

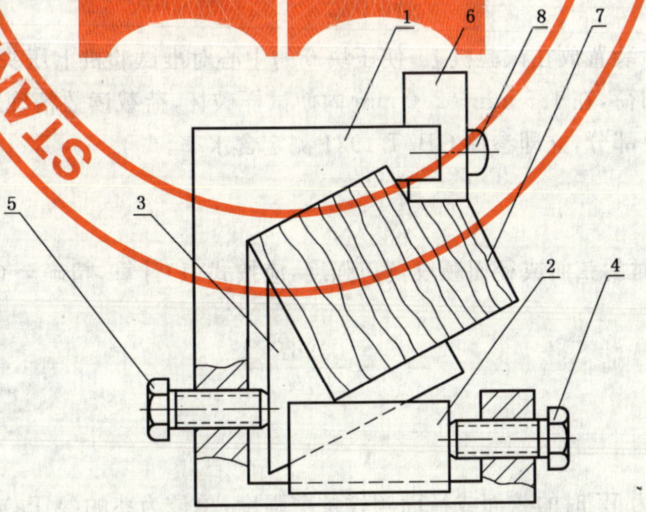

1——附件主杆;
2——楔块;
3——L 形垫块;
4、5——螺杆;
6——压块;
7——试样;
8——圆头螺钉。

图 1 顺纹抗剪试验装置

4.3 测量工具为游标卡尺或其他测量工具，测量尺寸应精确至 0.1 mm。

4.4 木材含水率测定设备，应符合 GB/T 1931—2009 第 3 章规定。

5 试样

5.1 试材锯解和试样截取，应符合 GB/T 1929—2009 第 3 章规定。

5.2 试样形状、尺寸见图 2，试样受剪面应为径面或弦面，长度为顺纹方向。

单位为毫米

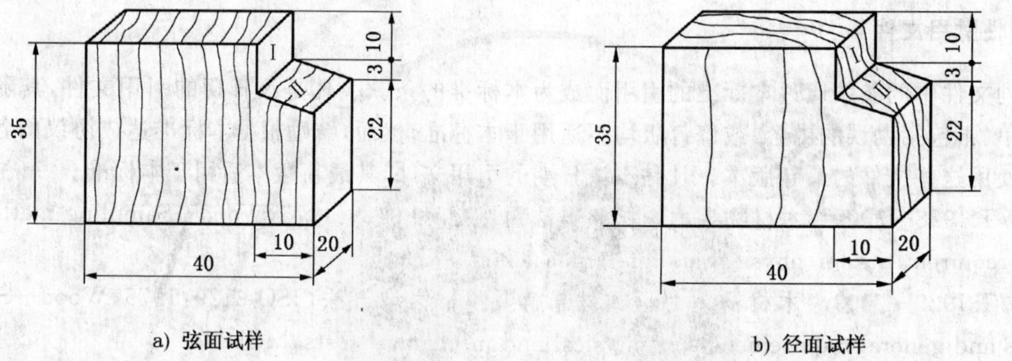

图 2 顺纹抗剪试样

5.3 试样制作要求和检查、试样含水率的调整，应分别符合 GB/T 1928—2009 第 3 章和第 4 章规定。

5.4 试样缺角部分的角度应为 106°40′，应采用角规检查，允许误差为±20′。

6 试验步骤

6.1 测量试样受剪面的宽度和长度，精确至 0.1 mm。

6.2 将试样装于试验装置的垫块 3 上(见图 1)，调整螺杆 4 和 5，使试样的顶端和Ⅰ面(见图 2)上部贴紧试验装置上部凹角的相邻两侧面，至试样不动为止。再将压块 6 置于试样斜面Ⅱ上，并使其侧面紧靠试验装置的主体。

6.3 将装好试样的试验装置放在试验机上，使压块 6 的中心对准试验机上压头的中心位置。

6.4 试验以均匀速度加荷，在 1.5 min～2.0 min 内使试样破坏，荷载读数精确至 10 N。

6.5 试样破坏后的小块部分，立即参照 GB/T 1931 测定含水率。

7 结果计算

7.1 试样含水率为 W 时的弦面或径面顺纹抗剪强度，应按式(1)计算，精确至 0.1 MPa。

$$\tau_W = \frac{0.96 P_{\max}}{bl} \qquad \cdots\cdots (1)$$

式中：

τ_W——试样含水率为 W 时的弦面或径面顺纹抗剪强度，单位为兆帕(MPa)；

$P_{\max}$——破坏荷载，单位为牛(N)；

b——试样受剪面宽度，单位为毫米(mm)；

l——试样受剪面长度，单位为毫米(mm)。

7.2 试样含水率为 12% 时的弦面或径面的顺纹抗剪强度，应按式(2)计算，精确至 0.1 MPa。

$$\tau_{12} = \tau_W[1 + 0.03(W - 12)] \quad \cdots\cdots\cdots\cdots(2)$$

式中：

τ_{12}——试样含水率为12%时的弦面或径面顺纹抗剪强度，单位为兆帕(MPa)；

W——试样含水率，%。

试样含水率在9%～15%范围内，按式(2)计算有效。

8 试验结果记录与报告

试验结果记录均按附录A填写；试验报告按GB/T 1928—2009中7.4规定的内容编写。

附 录 A
（规范性附录）
木材顺纹抗剪强度试验记录表

树种：　　产地：　　试验地点：　　实验室温度：　　℃　　实验室相对湿度：　　%

试样编号	试样受剪面尺寸/mm		含水率试样质量/g		破坏荷载/N		备注
	宽度	长度	试验时	全干时	弦面	径面	

年　月　日　　　试验：　　　计算：　　　审核：

ICS 79.020
B 60

中华人民共和国国家标准

GB/T 1938—2009
代替 GB/T 1938—1991

木材顺纹抗拉强度试验方法

Method of testing in tensile strength parallel to grain of wood

(ISO 3345:1975, Wood—Determination of ultimate tensile stress parallel to grain, MOD)

2009-02-23 发布　　2009-08-01 实施

中华人民共和国国家质量监督检验检疫总局
中国国家标准化管理委员会　发布

前　言

本标准修改采用国际标准 ISO 3345:1975《木材　顺纹抗拉极限应力的测定》。

本标准与 ISO 3345:1975 相比，主要技术差异如下：

——修改 4.1，试验机的十字头、卡头或其他夹具行程不小于 400 mm(1975 年和本版的 4.1)；

——修改 4.2，测量工具为游标卡尺或其他测量工具(1975 年和本版的 4.2)；

——修改 7.2，试样含水率为 12%时的顺纹抗拉强度，应按式(2)$\sigma_{12}=\sigma_W[1+0.015(W-12)]$计算(1975 年和本版的 7.2)。

本标准代替 GB/T 1938—1991《木材顺纹抗拉强度试验方法》。

本标准与 GB/T 1938—1991 相比，主要技术内容变化如下：

——修改 4.1，试验机的十字头、卡头或其他夹具行程不小于 400 mm(1991 年和本版的 4.1)；

——修改 4.2，测量工具为游标卡尺或其他测量工具(1991 年和本版的 4.2)；

——修改 4.3，木材含水率测定设备，应符合 GB/T 1931—2009 第 3 章规定(1991 年和本版的 4.3)；

——删除 6.3 中"将破坏荷载填写入附录 A(补充件)记录表中"(1991 年和本版的 6.3)；

——修改"8　试验结果记录与报告"，试验结果记录按附录 A 填写；试验报告按 GB/T 1928—2009 中 7.4 规定的内容编写(1991 年和本版的 8)；

——附录 A 增加试验地点，删除含水率和抗拉强度(1991 年和本版的附录 A)。

本标准的附录 A 为规范性附录。

本标准由国家林业局提出。

本标准由全国木材标准化技术委员会归口。

本标准负责起草单位：安徽农业大学。

本标准参加起草单位：国际竹藤网络中心、中国林业科学研究院、东北林业大学。

本标准主要起草人：徐斌、江泽慧、费本华、崔永志、汪佑宏。

本标准于 1980 年首次发布，1991 年 5 月第一次修订。

本标准由全国木材标准化技术委员会负责解释。

木材顺纹抗拉强度试验方法

1 范围

本标准规定了测定木材顺纹抗拉强度的试验设备、试样、试验步骤、结果计算以及试验结果记录与报告。

本标准适用于木材无疵小试样的顺纹抗拉强度试验。

2 规范性引用文件

下列文件中的条款通过本标准的引用而成为本标准的条款。凡是注日期的引用文件，其随后所有的修改单(不包括勘误的内容)或修订版均不适用于本标准，然而，鼓励根据本标准达成协议的各方研究是否可使用这些文件的最新版本。凡是不注日期的引用文件，其最新版本适用于本标准。

GB/T 1928—2009　木材物理力学试验方法总则(ISO 3129:1975，Wood—Sampling methods and general requirements for physical and mechanical tests，NEQ)

GB/T 1929—2009　木材物理力学试材锯解及试样截取方法(ISO 3129:1975，Wood—Sampling methods and general requirements for physical and mechanical tests，MOD)

GB/T 1931—2009　木材含水率测定方法(ISO 3130:1975，Wood—Determination of moisture content for physical and mechanical tests，MOD)

3 原理

沿试样顺纹方向，以均匀速度施加拉力至破坏，以求出木材的顺纹抗拉强度。

4 试验设备

4.1　试验机，测定荷载的精度，应符合 GB/T 1928—2009 第 6 章要求。试验机的十字头、卡头或其他夹具行程不小于 400 mm，夹钳的钳口尺寸为 10 mm～20 mm，并具有球面活动接头，以保证试样沿纵轴受拉，防止纵向扭曲。

4.2　测量工具为游标卡尺或其他测量工具，测量尺寸应精确至 0.1 mm。

4.3　木材含水率测定设备，应符合 GB/T 1931—2009 第 3 章规定。

5 试样

5.1　试材锯解及试样截取，应符合 GB/T 1929—2009 第 3 章规定。

5.2　试样的形状和尺寸，如图 1。

5.3　试样制作要求和检查、试样含水率的调整，应分别符合 GB/T 1928—2009 第 3 章和第 4 章规定。

5.4　试样纹理应通直，生长轮的切线方向应垂直于试样有效部分(指中部 60 mm 一段)的宽面。试样有效部分与两端夹持部分之间的过渡弧表面应平滑，并与试样中心线相对称。

5.5　软质木材试样，应在夹持部分的窄面，附以 90 mm×14 mm×8 mm 的硬木夹垫，用胶粘剂固定在试样上。硬质木材试样可不用木夹垫。

单位为毫米

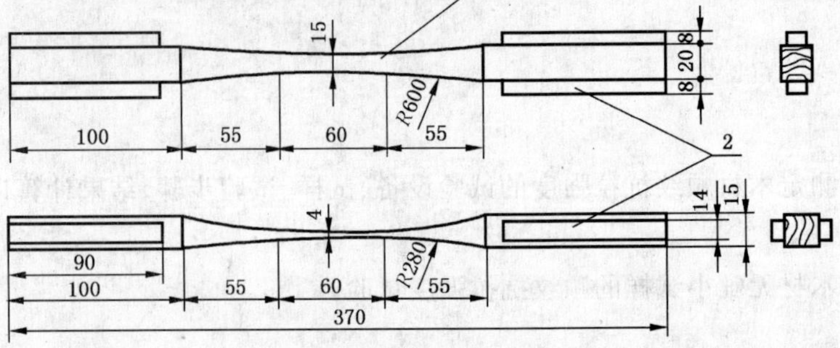

1——试样；

2——木夹垫。

图 1　顺纹抗拉试样

6　试验步骤

6.1　在试样有效部分中央，测量厚度和宽度，精确至 0.1 mm。

6.2　将试样两端夹紧在试验机的钳口中，使试样宽面与钳口相接触，两端靠近弧形部分露出 20 mm～25 mm，竖直地安装在试验机上。

6.3　试验以均匀速度加荷，在 1.5 min～2.0 min 内使试样破坏，破坏荷载精确至 100 N。

6.4　如拉断处不在试样有效部分，试验结果应予舍弃。

6.5　试样试验后，立即在有效部分选取一段，参照 GB/T 1931—2009 测定试样含水率。

7　结果计算

7.1　试样含水率为 W 时的顺纹抗拉强度，应按式(1)计算，精确至 0.1 MPa。

$$\sigma_W = \frac{P_{\max}}{bt} \qquad \cdots\cdots(1)$$

式中：

σ_W——试样含水率为 W 时的顺纹抗拉强度，单位为兆帕(MPa)；

$P_{\max}$——破坏荷载，单位为牛(N)；

b——试样宽度，单位为毫米(mm)；

t——试样厚度，单位为毫米(mm)。

7.2　试样含水率为 12%时的阔叶树材的顺纹抗拉强度，应按式(2)计算，精确至 0.1 MPa。

$$\sigma_{12} = \sigma_W[1 + 0.015(W - 12)] \qquad \cdots\cdots(2)$$

式中：

σ_{12}——试样含水率为 12%时的顺纹抗拉强度，单位为兆帕(MPa)；

W——试样含水率，%。

试样含水率在 9%～15%范围内，按式(2)计算有效。

当试样含水率在 9%～15%范围内时，对针叶树材可取 $\sigma_{12} = \sigma_W$。

8　试验结果记录与报告

试验结果记录按附录 A 填写；试验报告按 GB/T 1928—2009 中 7.4 规定的内容编写。

附 录 A
（规范性附录）
木材顺纹抗拉强度试验记录表

树种：　　产地：　　试验地点：　　实验室温度：　℃　实验室相对湿度：　%

试样编号	试样有效部分尺寸/mm		含水率试样质量/g		破坏荷载/N	备注
	宽度	厚度	试验时	全干时		

年　月　日　试验：　计算：　审核：

ICS 79.020
B 60

中华人民共和国国家标准

GB/T 1939—2009
代替 GB/T 1939—1991

木材横纹抗压试验方法

Method of testing in compression perpendicular to grain of wood

(ISO 3132:1975,Wood—Testing in compression perpendicular to grain,MOD)

2009-02-23 发布 2009-08-01 实施

中华人民共和国国家质量监督检验检疫总局
中国国家标准化管理委员会 发布

前　言

本标准修改采用国际标准 ISO 3132:1975《木材　横纹抗压试验》。

本标准与 ISO 3132:1975 相比，主要技术内容差异如下：

——增加“5.2.5　对具有自动记录荷载变形且具有自动计算比例极限荷载的装置，可直接使用其比例极限荷载数值，该数值精确至 50 N”(1975 年和本版的 5.2.5)；

——修改 5.3.2，试样含水率为 12%时径向或弦向的横纹全部抗压比例极限应力，应按 $\sigma_{y12}=\sigma_{yW}[1+0.045(W-12)]$ 计算(1975 年和本版的 5.3.2)；

——增加“6　木材横纹局部抗压试验”(1975 年和本版的第 6 章)。

本标准代替 GB/T 1939—1991《木材横纹抗压试验方法》。

本标准与 GB/T 1939—1991 相比，主要变化如下：

——修改 4.1，记录荷载的荷载步距，应不大于 50 N/mm(1991 年和本版的 4.1)；

——修改 4.3，测量工具为游标卡尺或其他测量工具(1991 年和本版的 4.3)；

——修改 4.4，木材含水率测定设备，应符合 GB/T 1931—2009 第 3 章规定(1991 年和本版的 4.4)；

——修改 5.1.3 和 6.1.3，从试材髓心以外由外向内均匀截取(1991 年和本版的 5.1.3、6.1.3)；

——删除 5.2.4 中“将上述测试结果填写入附录 A(补充件)记录表中”(1991 年和本版的 5.2.4)；

——增加“5.2.5　对具有自动记录荷载变形且具有自动计算比例极限荷载的装置，可直接使用其比例极限荷载数值，该数值精确至 50 N”(1991 年和本版的 5.2.5)；

——修改 5.2.5 为 5.2.6(1991 年和本版的 5.2.6)；

——增加“6.1 试样”(1991 年和本版的 6.1)；

——修改“7　试验结果记录与报告”，试验结果记录均按附录 A 填写；试验报告按 GB/T 1928—2009 中 7.4 规定的内容编写；

——附录 A 增加试验地点，修改含水率试样质量，删除受压面积、含水率和比例极限应力(1991 年和本版的附录 A)。

本标准的附录 A 为规范性附录。

本标准由国家林业局提出。

本标准由全国木材标准化技术委员会归口。

本标准负责起草单位：国际竹藤网络中心。

本标准参加起草单位：安徽农业大学、东北林业大学。

本标准主要起草人：江泽慧、汪佑宏、刘一星、郭明辉、徐斌。

本标准于 1980 年首次发布，1991 年 5 月第一次修订。

本标准由全国木材标准化技术委员会负责解释。

木材横纹抗压试验方法

1 范围

本标准规定了测定木材横纹抗压的试验设备、试样、试验步骤、结果计算以及试验结果记录与报告。

本标准适用于木材无疵小试样的横纹全部抗压试验及横纹局部抗压试验。

2 规范性引用文件

下列文件中的条款通过本标准的引用而成为本标准的条款。凡是注日期的引用文件，其随后所有的修改单(不包括勘误的内容)或修订版均不适用于本标准，然而，鼓励根据本标准达成协议的各方研究是否可使用这些文件的最新版本。凡是不注日期的引用文件，其最新版本适用于本标准。

GB/T 1928—2009 木材物理力学试验方法总则(ISO 3129:1975，Wood—Sampling methods and general requirements for physical and mechanical tests，NEQ)

GB/T 1929—2009 木材物理力学试材锯解及试样截取方法(ISO 3129:1975，Wood—Sampling methods and general requirements for physical and mechanical tests，MOD)

GB/T 1931—2009 木材含水率测定方法(ISO 3130:1975，Wood—Determination of moisture content for physical and mechanical tests，MOD)

3 原理

从横纹抗压试验的荷载-变形图上，确定比例极限荷载，计算出木材横纹抗压比例极限应力。

4 试验设备

4.1 试验机，测定荷载的精度，应符合 GB/T 1928—2009 第 6 章要求，并具有球面滑动支座。试验机应有记录装置，记录荷载的荷载步距，应不大于 50 N/mm；记录试样变形的刻度间隔，应不大于0.01 mm/mm。

4.2 试验机的记录装置不能利用时，应用精确至 0.01 mm 的试验装置测量试样变形，见图 1。

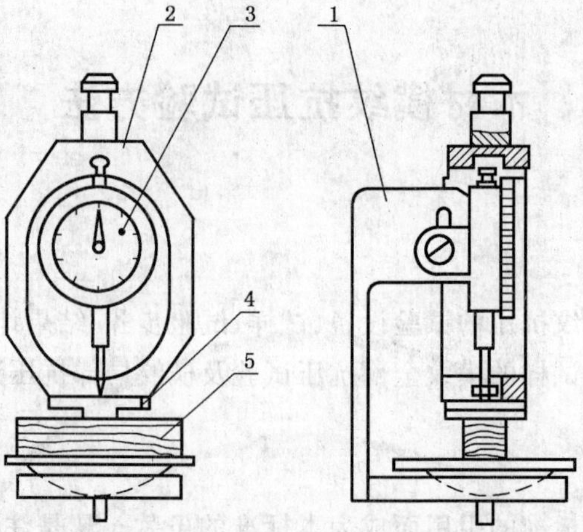

1——支座；

2——框架；

3——百分表；

4——压头(可拆装)；

5——试样。

图1　横纹抗压试验装置

4.3　测量工具为游标卡尺或其他测量工具，测量尺寸应精确至0.1 mm。

4.4　木材含水率测定设备，应符合GB/T 1931—2009第3章规定。

5　木材横纹全部抗压试验

5.1　试样

5.1.1　试材锯解及试样截取，应符合GB/T 1929—2009第3章规定。

5.1.2　试样尺寸为30 mm×20 mm×20 mm，长度为顺纹方向。试样制作要求和检查、试样含水率的调整，应分别符合GB/T 1928—2009第3章和第4章规定。

5.1.3　供制作试样的试条，从试材外部向内部均匀截取，并按试样尺寸留足干缩和加工余量。

5.2　试验步骤

5.2.1　分别用径向和弦向试样进行试验。测量试样的长度和长度中央的宽度，精确至0.1 mm。弦向试验时，试样的宽度为径向；径向试验时，试样的宽度为弦向。

5.2.2　将试样放在试验机的球面滑动支座中心处。弦向试验时，在试样径面加荷；径向试验时，在试样弦面加荷。

5.2.3　试验以均匀速度加荷，在1 min～2 min内达到比例极限荷载。

5.2.4　使用4.2规定的试验装置时，应在正式试验之前，用3个～5个试样进行观察试验，使在比例极限内能取得不少于8个点的荷载间隔。在不停止加荷情况下，每间隔相等的规定荷载，记录一次变形，读至0.005 mm，直至变形明显地超出比例极限荷载时为止。根据试验取得的每组荷载和变形值，以纵坐标表示荷载(坐标比例每毫米应不大于50 N)、以横坐标表示变形(坐标比例每毫米应不大于0.01 mm)绘制荷载-变形曲线，取荷载-变形图上开始偏离直线的一点确定为比例极限荷载。

5.2.5　对具有自动记录荷载变形且具有自动计算比例极限荷载的装置，可直接使用其比例极限荷载数值，该数值精确至50 N。

5.2.6　试验后，用整个试样，参照GB/T 1931测定试样含水率。

5.3　结果计算

5.3.1　试样含水率为W时径向或弦向的横纹全部抗压比例极限应力，应按式(1)计算，精确至0.1 MPa。

$$\sigma_{yW} = \frac{P}{bl} \qquad \cdots\cdots(1)$$

式中：

σ_{yW}——试样含水率为 W 时径向或弦向的横纹全部抗压比例极限应力，单位为兆帕(MPa)；

P——比例极限荷载，单位为牛(N)；

b——试样宽度，单位为毫米(mm)；

l——试样长度，单位为毫米(mm)。

5.3.2 试样含水率为 12% 时径向或弦向的横纹全部抗压比例极限应力，应按式(2)计算，精确至 0.1 MPa。

$$\sigma_{y12} = \sigma_{yW}[1 + 0.045(W - 12)] \qquad \cdots\cdots(2)$$

式中：

σ_{y12}——试样含水率为 12% 时径向或弦向的横纹全部抗压比例极限应力，单位为兆帕(MPa)；

W——试样含水率，%。

试样含水率在 9%～15% 范围内，按式(2)计算有效。

6 木材横纹局部抗压试验

6.1 试样

6.1.1 试材锯解和试样截取，应符合 GB/T 1929—2009 第 3 章规定。

6.1.2 试样尺寸为 60 mm×20 mm×20 mm，长度为顺纹方向。试样制作要求和检查、试样含水率的调整，应分别符合 GB/T 1928—2009 第 3 章和第 4 章规定。

6.1.3 供制作试样的试条，从试材外部向内部均匀截取，并按试样尺寸留足干缩和加工余量。

6.2 试验步骤

6.2.1 分别用弦向、径向试样进行试验。在试样长度中央测量宽度，精确至 0.1 mm；弦向试验时，试样的宽度为径向；径向试验时，试样的宽度为弦向。

6.2.2 在 60 mm×20 mm×20 mm 试样的受压面上，距两端 20 mm 处划两条垂直于长轴的平行线；对 150 mm×50 mm×50 mm 的试样，在受压面上距两端 50 mm 处划线。

6.2.3 将试样放在试验机的球面滑动支座上，使试样中心位于支座中心。加压钢块的长、宽、厚尺寸，对 6.1.2 规定的试样用 30 mm×20 mm×10 mm；对 6.1.3 规定的试样用 70 mm×50 mm×10 mm。弦向试验时，在试样径面上加荷；径向试验时，在试样弦面上加荷。然后按 5.2.3～5.2.6 进行试验。

6.3 结果计算

6.3.1 试样含水率为 W 时径向或弦向的横纹局部抗压比例极限应力，应按式(3)计算，精确至 0.1 MPa。

$$\sigma_{yW} = \frac{P}{ab} \qquad \cdots\cdots(3)$$

式中：

σ_{yW}——试样含水率为 W 时径向或弦向的横纹局部抗压比例极限应力，单位为兆帕(MPa)；

P——比例极限荷载，单位为牛(N)；

a——加压钢块宽度，单位为毫米(mm)；

b——试样宽度，单位为毫米(mm)。

6.3.2 试样含水率为 12% 时径向或弦向的横纹局部抗压比例极限应力，应按式(4)计算，精确至 0.1 MPa。

$$\sigma_{y12} = \sigma_{yW}[1 + 0.045(W - 12)] \qquad \cdots\cdots(4)$$

式中：

σ_{y12}——试样含水率为12%时径向或弦向的横纹局部抗压比例极限应力，单位为兆帕(MPa)；

W——试样含水率，%。

试样含水率在9%～15%范围内，按式(4)计算有效。

7 试验结果记录与报告

试验结果记录均按附录A填写；试验报告按GB/T 1928—2009中7.4规定的内容编写。

附　录　A
（规范性附录）
木材横纹全(局)部抗压试验记录表

表 A.1　木材横纹全(局)部抗压试验记录表

树种：　　　　产地：　　　　试验地点：　　　　　　实验室温度：　　　℃　实验室相对湿度：　　　　%

试样编号	试样尺寸/mm		比例极限载荷/N	含水率试样质量/g		荷载下的变形值/mm								
	宽度	长度		试验时	全干时	_N	_N	_N	_N	_N	_N	_N	_N	_N

年　　　月　　　日　　　　试验：　　　　计算：　　　　审核：

ICS 79.020
B 60

中华人民共和国国家标准

GB/T 1940—2009
代替 GB/T 1940—1991

木材冲击韧性试验方法

Method of testing in toughness of wood

(ISO 3348:1975, Wood—
Determination of impact bending strength, MOD)

2009-02-23 发布　　2009-08-01 实施

中华人民共和国国家质量监督检验检疫总局
中国国家标准化管理委员会　发布

前言

本标准修改采用国际标准 ISO 3348:1975《木材　冲击弯曲强度的测定》。

本标准与 ISO 3348:1975 相比,主要技术内容差异如下:

——修改 4.2,测量工具为游标卡尺或其他测量工具(1975 年和本版的 4.2);

——修改 7.2,试样含水率为 12%时的冲击韧性,应按式(2) $A_{12}=A_W[1+0.02(W-12)]$ 计算(1975 年和本版的 7.2)。

本标准代替 GB/T 1940—1991《木材冲击韧性试验方法》。

本标准与 GB/T 1940—1991 相比,主要变化如下:

——第 2 章增加 GB/T 1931—2009《木材含水率测定方法》(1991 年和本版的第 2 章)。

——修改 4.2,测量工具为游标卡尺或其他测量工具(1991 年和本版的 4.2)。

——增加"4.3　木材含水率测定设备,应符合 GB/T 1931—2009 第 3 章规定"(1991 年和本版的 4.3)。

——修改 6.1,冲击韧性只做弦向试验。在试样长度中央,分别测量高度、宽度(或弦向、径向尺寸),精确至 0.1 mm。如需要,可增加径向试验(1991 年和本版的 6.1)。

——删除 6.2 中"将试样吸收能量填写入附录 A(补充件)记录表中"(1991 年和本版的 6.2)。

——增加"6.3　试样试验后,立即在试样靠近破坏处,截取约 20 mm 长的木块一个,参照 GB/T 1931 测定试样含水率"(1991 年和本版的 6.3)。

——修改 7.1,试样含水率为 W 时的冲击韧性,用 A_W 表示(1991 年和本版的 7.1)。

——增加 7.2,试样含水率为 12%时的冲击韧性,应按式(2) $A_{12}=A_W[1+0.02(W-12)]$ 计算,精确至 1 kJ/m^2。式中:A_{12}——试样含水率为 12%时的冲击韧性,单位为千焦每平方米(kJ/m^2);W——试样含水率,%。试样含水率在 9%～15%范围内按式(2)计算有效(1991 年和本版的 7.2)。

——修改"8　试验结果记录与报告",试验结果记录均按附录 A 填写;试验报告按 GB/T 1928—2009 中 7.4 规定的内容编写(1991 年和本版的 8)。

——附录 A 增加试验地点和含水率试样质量,删除冲击韧性(1991 年和本版的附录 A)。

本标准的附录 A 为规范性附录。

本标准由国家林业局提出。

本标准由全国木材标准化技术委员会归口。

本标准负责起草单位:安徽农业大学。

本标准参加起草单位:国际竹藤网络中心、东北林业大学。

本标准主要起草人:汪佑宏、江泽慧、刘一星、王传贵、刘杏娥。

本标准于 1980 年首次发布,1991 年 5 月第一次修订。

本标准由全国木材标准化技术委员会负责解释。

木材冲击韧性试验方法

1 范围

本标准规定了测定木材冲击韧性的试验设备、试样、试验步骤、结果计算以及试验结果记录与报告。

本标准适用于使用摆锤式冲击试验机测定木材无疵小试样的冲击韧性。

2 规范性引用文件

下列文件中的条款通过本标准的引用而成为本标准的条款。凡是注日期的引用文件，其随后所有的修改单（不包括勘误的内容）或修订版均不适用于本标准，然而，鼓励根据本标准达成协议的各方研究是否可使用这些文件的最新版本。凡是不注日期的引用文件，其最新版本适用于本标准。

GB/T 1928—2009 木材物理力学试验方法总则（ISO 3129:1975，Wood—Sampling methods and general requirements for physical and mechanical tests，NEQ）

GB/T 1929—2009 木材物理力学试材锯解及试样截取方法（ISO 3129:1975，Wood—Sampling methods and general requirements for physical and mechanical tests，MOD）

GB/T 1931—2009 木材含水率测定方法（ISO 3130:1975，Wood—Determination of moisture content for physical and mechanical tests，MOD）

3 原理

于试样中央施加冲击荷载，使试样产生弯曲破坏，以确定木材的冲击韧性。

4 试验设备

4.1 摆锤式冲击试验机，测量精度，应符合 GB/T 1928—2009 第 6 章要求。试样支座和摆锤冲头端部的曲率半径为 15 mm，两支座间的距离为 240 mm，支座高应大于 20 mm。

4.2 测量工具为游标卡尺或其他测量工具，测量尺寸应精确至 0.1 mm。

4.3 木材含水率测定设备，应符合 GB/T 1931—2009 第 3 章规定。

5 试样

5.1 试材锯解及试样截取，应符合 GB/T 1929—2009 第 3 章规定。

5.2 试样尺寸为 300 mm×20 mm×20 mm，长度为顺纹方向；试样制作要求和检查、试样含水率的调整，应分别符合 GB/T 1928—2009 第 3 章和第 4 章规定。

6 试验步骤

6.1 冲击韧性只做弦向试验。在试样长度中央，分别测量高度、宽度（或弦向、径向尺寸），精确至 0.1 mm。如需要，可增加径向试验。

6.2 将试样对称地放在试验机支座上，使试验机摆锤冲击于试样长度中央的径面上，应一次冲断，试样吸收能量精确至 1 J。

6.3 试样试验后，立即在试样靠近破坏处，截取约 20 mm 长的木块一个，参照 GB/T 1931 测定试样含水率。

7 结果计算

7.1 试样含水率为 W 时的冲击韧性，应按式(1)计算，精确至 1 kJ/m^2。

$$A_W = \frac{1\,000Q}{bh} \qquad \cdots\cdots(1)$$

式中：

A_W——试样含水率为 W 时的冲击韧性，单位为千焦每平方米(kJ/m^2)；

Q——试样吸收能量，单位为焦(J)；

b——试样宽度，单位为毫米(mm)；

h——试样高度，单位为毫米(mm)。

7.2 试样含水率为 12%时的冲击韧性，应按式(2)计算，精确至 1 kJ/m^2。

$$A_{12} = A_W[1 + 0.02(W - 12)] \qquad \cdots\cdots(2)$$

式中：

A_{12}——试样含水率为 12%时的冲击韧性，单位为千焦每平方米(kJ/m^2)；

W——试样含水率，%。

试样含水率在 9%～15%范围内按式(2)计算有效。

8 试验结果记录与报告

试验结果记录均按附录 A 填写；试验报告按 GB/T 1928—2009 中 7.4 规定的内容编写。

附 录 A
（规范性附录）
木材冲击韧性试验记录表

表 A.1 木材冲击韧性试验记录表

树种：　产地：　试验地点：　实验室温度：　℃　实验室相对湿度：　%

试样编号	试样尺寸/mm		试样吸收能量/J	含水率试样质量/g		备注
	宽度	高度		试验时	全干时	

年　月　日　试验：　计算：　审核：

ICS 79.020
B 60

中华人民共和国国家标准

GB/T 1941—2009
代替 GB/T 1941—1991

木材硬度试验方法

Method of testing in hardness of wood

(ISO 3350:1975,Wood—Determination of static hardness,MOD)

2009-02-23 发布 2009-08-01 实施

中华人民共和国国家质量监督检验检疫总局
中国国家标准化管理委员会 发布

前　言

本标准修改采用国际标准 ISO 3350:1975《木材　静力硬度的测定》。

本标准与 ISO 3350:1975 相比，主要技术内容差异如下：

——修改 6.2，每一试样应分别在两个弦面、两个径面和两个端面上各试验一次（1975 年和本版的 6.2）；

——修改 7.3，试样含水率为 12%时的硬度，应按式 $H_{12}=H_W[1+0.03(W-12)]$ 计算（1975 年和本版的 7.3）。

本标准代替 GB/T 1941—1991《木材硬度试验方法》。

本标准与 GB/T 1941—1991 相比，主要变化如下：

——修改第 3 章、4.2 及图 1、6.3、7.1 中的半球型钢压头（1991 年和本版的 3、4.2 及图 1、6.3 和 7.1）；

——修改 4.3，木材含水率测定设备，应符合 GB/T 1931—2009 第 3 章规定（1991 年和本版的 4.3）；

——修改 6.2，每一试样应分别在两个弦面、两个径面和两个端面上各试验一次（1991 年和本版的 6.2）；

——删除 6.3 中"将荷载读数填写入附录 A（补充件）记录表中"（1991 年和本版的 6.3）；

——修改 7.2，对试样两个弦面、两个径面和两个端面的试验结果各取平均值，作为该试样各面的硬度（1991 年和本版的 7.2）；

——修改"8　试验结果记录与报告"，试验结果记录按附录 A 填写；试验报告按 GB/T 1928—2009 中 7.4 规定的内容编写（1991 年和本版的第 8 章）；

——附录 A 增加试验地点、端面荷载、弦面荷载和径面荷载，删除含水率、端面硬度、弦面硬度和径面硬度（1991 年和本版的附录 A）。

本标准的附录 A 为规范性附录。

本标准由国家林业局提出。

本标准由全国木材标准化技术委员会归口。

本标准负责起草单位：安徽农业大学。

本标准参加起草单位：国际竹藤网络中心、东北林业大学。

本标准主要起草人：汪佑宏、江泽慧、刘一星、王传贵、刘杏娥。

本标准于 1980 年首次发布，1991 年 5 月第一次修订。

本标准由全国木材标准化技术委员会负责解释。

木材硬度试验方法

1 范围

本标准规定了测定木材硬度的试验设备、试样、试验步骤、结果计算以及试验结果记录与报告。

本标准适用于木材无疵小试样径面、弦面、端面硬度的测定。

2 规范性引用文件

下列文件中的条款通过本标准的引用而成为本标准的条款。凡是注日期的引用文件，其随后所有的修改单(不包括勘误的内容)或修订版均不适用于本标准，然而，鼓励根据本标准达成协议的各方研究是否可使用这些文件的最新版本。凡是不注日期的引用文件，其最新版本适用于本标准。

GB/T 1928—2009 木材物理力学试验方法总则(ISO 3129:1975，Wood—Sampling methods and general requirements for physical and mechanical tests，NEQ)

GB/T 1929—2009 木材物理力学试材锯解及试样截取方法(ISO 3129:1975，Wood—Sampling methods and general requirements for physical and mechanical tests，MOD)

GB/T 1931—2009 木材含水率测定方法(ISO 3130:1975，Wood—Determination of moisture content for physical and mechanical tests，MOD)

3 原理

木材具有抵抗其他刚体压入的能力，用规定半径的半球型钢压头，在静荷载下压入木材以表示其硬度。

4 试验设备

4.1 试验机，测定荷载的精度，应符合 GB/T 1928—2009 第 6 章要求。

4.2 电触型硬度试验设备，包括一个半径为(5.64±0.01)mm 的半球型钢压头。允许使用具相同半径的半球型钢压头的其他类型试验设备，见图 1。

单位为毫米

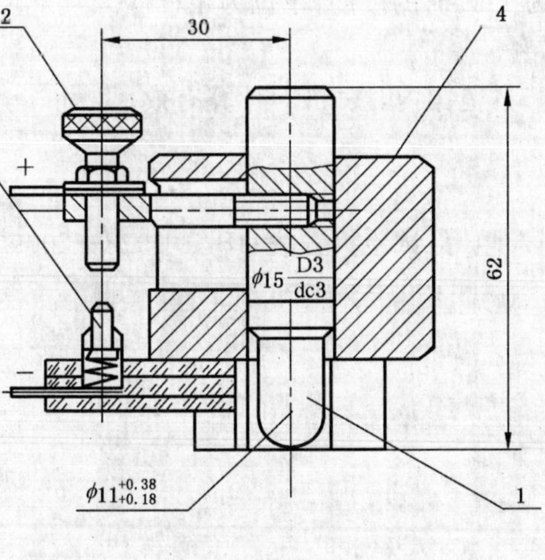

1——半球型钢压头；
2——调整螺丝(上触点)；
3——具有弹簧装置的下触点；
4——套筒。

图 1 电触型硬度试验设备

4.3 木材含水率测定设备，应符合 GB/T 1931—2009 第 3 章规定。

5 试样

5.1 试材锯解和试样截取，应符合 GB/T 1929—2009 第 3 章规定。

5.2 试样尺寸为 70 mm×50 mm×50 mm，长度为顺纹方向，试样制作要求和检查、试样含水率的调整，应分别符合 GB/T 1928—2009 第 3 章和第 4 章规定。

6 试验步骤

6.1 试验前，应严格检查试验设备指示深度的准确性。

6.2 每一试样应分别在两个弦面、两个径面和两个端面上各试验一次。

6.3 将试样放于试验机支座上，并使试验设备的半球型钢压头正对试样试验面的中心位置，以 3 mm/min～6 mm/min 的均匀速度将半球型钢压头压入试样的试验面，直至压入 5.64 mm 深为止，荷载读数精确至 10 N。对于加压过程中易裂的试样，半球型钢压头压入的深度，允许减至 2.82 mm。

6.4 试验后，应立即在试样端面的压痕处，截取约 20 mm×20 mm×20 mm 的木块一个，参照 GB/T 1931 测定试样含水率。

7 结果计算

7.1 试样含水率为 W 时的硬度，应按式(1)计算，精确至 10 N。

$$H_W = KP \tag{1}$$

式中：

H_W——试样含水率为 W 时的硬度，单位为牛(N)；

K——压入试样深度为 5.64 mm 和 2.82 mm 时的系数，分别等于 1 和 4/3；

P——半球型钢压头压入试样的荷载，单位为牛(N)。

7.2 对试样两个弦面、两个径面和两个端面的试验结果各取平均值，作为该试样各面的硬度。

7.3 试样含水率为 12%时的硬度，应按式(2)计算，精确至 10 N。

$$H_{12} = H_W[1 + 0.03(W - 12)] \tag{2}$$

式中：

H_{12}——试样含水率为 12%时的硬度，单位为牛(N)；

W——试样含水率，%。

试样含水率在 9%～15%范围内，按式(2)计算有效。

8 试验结果记录与报告

试验结果记录按附录 A 填写；试验报告按 GB/T 1928—2009 中 7.4 规定的内容编写。

附 录 A
（规范性附录）
木材硬度试验记录表

表 A.1 木材硬度试验记录表

树种： 产地： 试验地点： 实验室温度： ℃ 实验室相对湿度： %

试样编号	含水率试样质量/g		端面荷载/N		弦面荷载/N		径面荷载/N		备注
	试验时	全干时	面 1	面 2	面 1	面 2	面 1	面 2	

年 月 日 试验： 计算： 审核：

ICS 79.020
B 60

中华人民共和国国家标准

GB/T 1942—2009
代替 GB/T 1942—1991

木材抗劈力试验方法

Method of testing in cleavage strength of wood

2009-02-23 发布　　2009-08-01 实施

中华人民共和国国家质量监督检验检疫总局
中国国家标准化管理委员会　发布

前　言

本标准代替 GB/T 1942—1991《木材抗劈力试验方法》。

本标准与 GB/T 1942—1991 相比主要变化如下：

——修改第 3 章，于试样一端垂直于木材纹理方向施加拉力，使试样沿纹理劈裂(1991 年和本版的 3)；

——修改 4.2，测量工具为游标卡尺或其他测量工具(1991 年和本版的 4.2)；

——修改 6.1，在中心孔处测量试样抗劈面的宽度(1991 年和本版的 6.1)；

——删除 6.2 中“将破坏荷载填写入附录 A(补充件)记录表中”(1991 年和本版的 6.2)；

——修改第 7 章中 q_c 为试样的抗劈力(1991 年和本版的 7)；

——修改“8　试验结果记录与报告”，试验结果记录均按附录 A 填写；试验报告按 GB/T 1928—2009 中 7.4 规定的内容编写(1991 年和本版的 8)；

——附录 A 增加试验地点，删除抗劈力(1991 年和本版的附录 A)。

本标准的附录 A 为规范性附录。

本标准由国家林业局提出。

本标准由全国木材标准化技术委员会归口。

本标准负责起草单位：安徽农业大学。

本标准参加起草单位：国际竹藤网络中心、中国林业科学研究院、东北林业大学。

本标准主要起草人：王传贵、江泽慧、费本华、汪佑宏、刘镇波。

本标准于 1980 年首次发布，1991 年 5 月第一次修订。

本标准由全国木材标准化技术委员会负责解释。

木材抗劈力试验方法

1 范围

本标准规定了测定木材抗劈力的试验设备、试样、试验步骤、结果计算以及试验结果记录与报告。

本标准适用于木材无疵小试样的抗劈力试验。

2 规范性引用文件

下列文件中的条款通过本标准的引用而成为本标准的条款。凡是注日期的引用文件，其随后所有的修改单(不包括勘误的内容)或修订版均不适用于本标准，然而，鼓励根据本标准达成协议的各方研究是否可使用这些文件的最新版本。凡是不注日期的引用文件，其最新版本适用于本标准。

GB/T 1928—2009　木材物理力学试验方法总则

GB/T 1929—2009　木材物理力学试材锯解及试样截取方法

3 原理

模拟斧劈木材施力状态，于试样一端垂直于木材纹理方向施加拉力，使试样沿纹理劈裂，以测定木材的抗劈能力。

4 试验设备

4.1　试验机，测定荷载的精度，应符合 GB/T 1928—2009 第 6 章要求，并具有适合于试样楔形切口的试验附件。

4.2　测量工具为游标卡尺或其他测量工具，测量尺寸应精确至 0.1 mm。

5 试样

5.1　试材锯解及试样截取，应符合 GB/T 1929—2009 第 3 章规定。试样的形状和尺寸，按图 1 的规定制作。

5.2　在制作楔形切口时，先按图示在试样上钻孔。径面抗劈试样，钻孔方向沿生长轮径向；弦面抗劈试样，钻孔方向沿生长轮切线方向，然后沿试样长度方向两个钻孔的中心连线锯开，如图 1。

单位为毫米

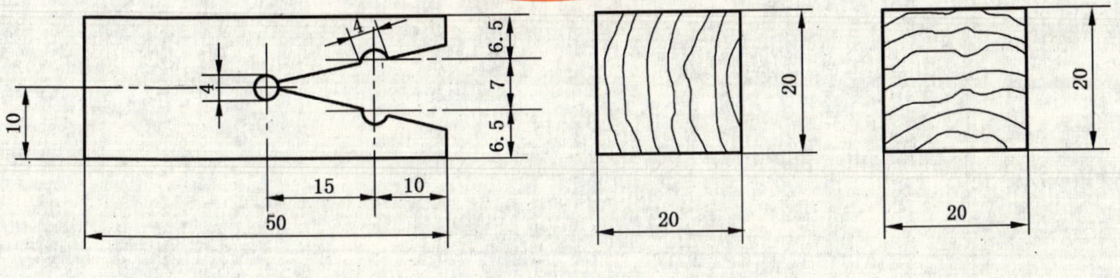

径面试样　　弦面试样

图 1　抗劈力试样

5.3 试样制作要求和检查、试样含水率的调整，应分别符合 GB/T 1928—2009 第 3 章和第 4 章规定。

6 试验步骤

6.1 在中心孔处测量试样抗劈面的宽度，精确至 0.1 mm。

6.2 将试样正确装于试验机附件上，以均匀速度加荷，在 0.2 min～0.5 min 内使试样破坏，破坏荷载精确至 10 N。

6.3 凡破坏不在试样中心线两侧各 2 mm 范围内的，试验结果应予舍弃。

7 结果计算

试样弦面或径面的抗劈力应按式(1)计算，精确至 1 N/mm，

$$q_c = \frac{P_{max}}{b} \qquad \cdots\cdots(1)$$

式中：

q_c——试样的抗劈力，单位为牛每毫米(N/mm)；

P_{max}——破坏荷载，单位为牛(N)；

b——试样抗劈面的宽度，单位为毫米(mm)。

8 试验结果记录与报告

试验结果记录按附录 A 填写；试验报告按 GB/T 1928—2009 中 7.4 规定的内容编写。

附　录　A
（规范性附录）
木材抗劈力试验记录表

树种：　　产地：　　试验地点：　　实验室温度：　　℃　实验室相对湿度：　　%

试样编号	试样抗劈面宽度/mm	径面最大荷载/N	弦面最大荷载/N	备注

年　　月　　日　　　试验：　　　计算：　　　审核：

ICS 79.020
B 60

中华人民共和国国家标准

GB/T 1943—2009
代替 GB/T 1943—1991

木材横纹抗压弹性模量测定方法

Method for determination of the modulus of elasticity in compression perpendicular to grain of wood

2009-02-23 发布　　2009-08-01 实施

中华人民共和国国家质量监督检验检疫总局
中国国家标准化管理委员会　发布

前　言

本标准代替 GB/T 1943—1991《木材横纹抗压弹性模量测定方法》。

本标准与 GB/T 1943—1991 相比主要变化如下：

——4.2 修改为：杠杆式应变仪，放大倍数约为 1 000，基距为 20 mm。应变片要求基距为 20 mm，灵敏系数(2±0.5)%。或其他精度相当的测量变形装置。

——对 6.2～6.5 的内容进行修改，并调整相应的序号：本次修订拟采用 1 次加载方式作为可选测试方法，以提高测试效率；加载头移动速度以 0.20 mm/min 为宜，加载速度允许变化范围为 ±25%。

本标准的附录 A 是规范性附录。

本标准由国家林业局提出。

本标准由全国木材标准化技术委员会归口。

本标准负责起草单位：中国林业科学研究院木材工业研究所。

本标准参加起草单位：中国林业科学研究院林业新技术研究所。

本标准主要起草人：王朝晖、任海青、骆秀琴、殷亚方。

本标准于 1980 年首次发布，1991 年 5 月第一次修订。

木材横纹抗压弹性模量测定方法

1 范围

本标准规定了测定木材横纹抗压弹性模量的试验设备、试样、试验步骤、结果计算和试验报告。

本标准适用于木材无疵小试样的横纹抗压弹性模量测定。

2 规范性引用文件

下列文件中的条款通过本标准的引用而成为本标准的条款。凡是注日期的引用文件，其随后所有的修改单(不包括勘误的内容)或修订版均不适用于本标准，然而，鼓励根据本标准达成协议的各方研究是否可使用这些文件的最新版本。凡是不注日期的引用文件，其最新版本适用于本标准。

GB/T 1928—2009　木材物理力学试验方法总则

GB/T 1929—2009　木材物理力学试材锯解及试样截取方法

GB/T 1931—2009　木材含水率测定方法

3 原理

木材横纹受压时，在比例极限应力内，以应力与应变之比求出木材横纹抗压弹性模量。

4 试验设备

4.1　试验机，应按照国家计量部门的标准程序定期校准，试验机示值误差不得超过±1%，并至少具有一个球面滑动压盘(或支座)。

4.2　杠杆式应变仪，放大倍数约为 1 000，基距为 20 mm。应变片要求基距为 20 mm，灵敏系数(2±0.5)%。或其他精度相当的测量变形装置。

4.3　测试量具，测量尺寸应精确至 0.1 mm。

4.4　GB/T 1931—2009 中第 3 章规定的试验设备。

5 试样

5.1　试材锯解及试样截取，按 GB/T 1929—2009 中 3.1 规定进行。

5.2　试样尺寸为 60 mm (h)×20 mm(b)×20 mm(t)；分别按弦向及径向制作。弦向试样的高度为木材弦向，径向试样的高度为木材径向，试样的上下两端面要求平滑，互相平行并与高度方向保持垂直，见图 1。

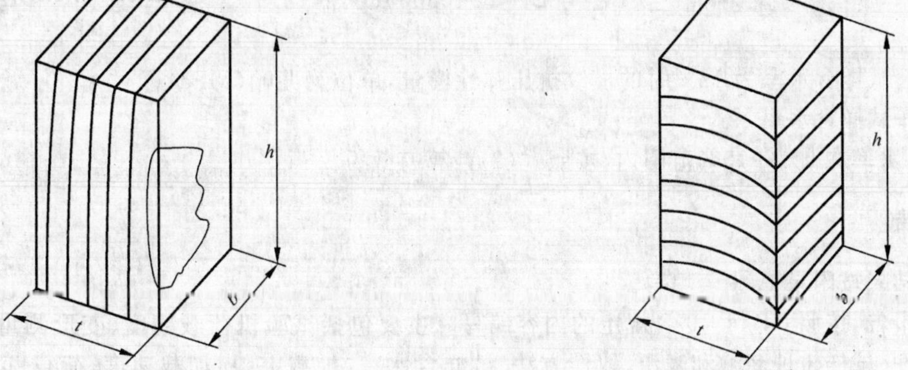

a) 弦向　　　　b) 径向

图 1　木材横纹抗压弹性模量试样示意图

5.3 试样制作要求和检查、试样含水率的调整，分别按 GB/T 1928—2009 中第 3 章和第 4 章规定进行。

6 试验步骤

6.1 在试样高度中央，测量宽度及厚度，精确至 0.1 mm。

6.2 在弦向试样的两弦面上，在径向试样的两径面上，距高度两端 20 mm 处各划两条标距线。使用引伸计、应变片或其他测量变形装置附着在距高度两端 20 mm 处两弦面或两径面中心相对两侧，使得测量变形装置能够准确标定试样因荷载变化而产生的变形，取两侧变形测量值的平均值作为试样变形值。

6.3 将试样放在试验机的支座中心位置，沿试样纵轴方向以均匀速度施加荷载。加载下、上限为 100 N～400 N。先加荷至下限，立即读出引伸仪指示的变形值，读至 0.5 刻度，并填写入附录 A 中的记录表中，再在 4 s～5 s 以内均匀加荷至上限，并记录变形。如此反复六次。每次卸载时应稍低于下限，然后再加荷至下限荷载。

6.4 对于数显电控试验机，将试样放在试验机的支座中心位置，沿试样纵轴方向以均匀速度连续施加荷载，加载头移动速度以 0.20 mm/min 为宜，加载速度允许变化范围为±25%，加载至试样比例极限荷载以内，使用应变片在距高度两端 20 mm 处两弦面或两径面中心相对两侧测量变形值，一次加载完成试样测试，记录荷载与变形关系曲线，得到 100 N 和 400 N 荷载相应的变形值，通过式(1)、式(2)计算得到横纹抗压弹性模量。

6.5 对于很软或很硬(木材横纹压缩比例极限很低或很高)的木材，在正式试验之前，选取 3 个～5 个试样进行荷载与变形的观察试验，从荷载-变形图上比例极限以内选取合理的上限荷载值。

6.6 试验后，立即从试样中部截取约 20 mm 长的木块 1 个，参照 GB/T 1931 测定试样含水率。

7 结果计算

7.1 试样含水率为 W 时的横纹抗压弹性模量，应按式(1)计算，精确至 1 MPa。

$$E_W = \frac{\Delta P \times l}{b \times t \times \Delta l} \qquad \cdots\cdots(1)$$

式中：

E_W——试样含水率为 W 时的横纹抗压弹性模量，单位为兆帕(MPa)；

ΔP——木材横纹压缩比例极限以内上限与下限荷载之间两点荷载之差，单位为牛(N)；

l——标定变形的基距，单位为毫米(mm)；

b——试样宽度，单位为毫米(mm)；

t——试样厚度，单位为毫米(mm)；

Δl——ΔP 相对应的压缩变形值，单位为毫米(mm)。

7.2 试样含水率为 12%时的径向或弦向的横纹抗压弹性模量，应按式(2)计算，精确至 1 MPa。

$$E_{12} = E_W[1 + 0.055(W - 12)] \qquad \cdots\cdots(2)$$

式中：

E_{12}——试样含水率为 12%时的横纹抗压弹性模量，单位为兆帕(MPa)；

W——试样含水率，%。

试样含水率在 9%～15%范围内，按照式(2)计算有效。

8 试验报告

8.1 测定结果按附录 A 中表填写。

8.2 试验报告，按照 GB/T 1928 规定的内容编写。主要包括试验机荷载精度、变形测量装置精度、实验室温、湿度、试样树种名称和来源、取样方法、试样含水率、加载上限、加载速度、荷载-变形曲线、计算横纹抗压弹性模量的上限与下限荷载之间两点荷载值、横纹抗压弹性模量值等。

附 录 A
（规范性附录）
木材横纹抗压弹性模量试验记录表

树种：　　　　　产地：　　　　　实验室温度：　℃　　　　　实验室相对湿度：　%

试样编号									
试样尺寸/mm	宽度								
	厚度								
试样质量/g	试验时								
	全干时								
含水率/%									
引伸计	编号								
	放大倍数								
荷载/N									
引伸仪读数格	四								
	五								
	六								
	平均值								
变形值 1/1 000 mm	校正值								
	上、下限荷载间变形值								
弹性模量	试验时								
	含水率 12%时								

年　月　日　　　　　试验：　　　　　计算：　　　　　审核：

ICS 29.035.99
K 15

中华人民共和国国家标准

GB/T 1981.2—2009
代替 GB/T 1981.2—2003

电气绝缘用漆 第2部分:试验方法

Varnishes used for electrical insulation—Part 2:Methods of test

(IEC 60464-2:2001,MOD)

2009-06-10 发布　　2009-12-01 实施

中华人民共和国国家质量监督检验检疫总局
中国国家标准化管理委员会　发布

前　言

GB/T 1981《电气绝缘用漆》分为以下几个部分：

——第1部分：定义和一般要求；

——第2部分：试验方法；

——第3部分：热固化浸渍漆通用规范；

——第4部分：聚酯亚胺浸渍漆；

——第5部分：快固化节能型三聚氰胺醇酸浸渍漆；

……

本部分为GB/T 1981的第2部分。

本部分修改采用IEC 60464-2：2001《电气绝缘用漆　第2部分：试验方法》及第1次修正(2006)(英文版)。

本部分根据IEC 60464-2：2001及2006第1次修正重新起草。在附录A中列出了本部分章条编号与IEC 60462-2：2001及2006第1次修正章条编号的对照一览表。

考虑到我国国情，在采用IEC 60464-2：2001及2006第1次修正时，本部分作了一些修改。有关技术差异在它们所涉及的条款页边空白处用垂直单线标识。在附录B中给出了这些技术差异及其原因的一览表，以供参考。

为便于使用，本部分与IEC 60464-2：2001及2006第1次修正相比做了下列编辑性修改：

a) 删除了IEC 60464-2：2001的前言和引言；

b) 删除了第5章、第6章中的悬置段，即对干燥前和/或固化前及干燥后和/或固化后的材料状态的文字说明。

本部分代替GB/T 1981.2—2003《电气绝缘用漆　第2部分：试验方法》。

本部分与GB/T 1981.2—2003相比较主要差异如下：

a) 增加了5.1"外观"、5.5"酸值"、5.12"漆和铜的反应"章条；

b) 将6.1中"……底材种类由具体的试验方法以及单项材料规范规定，或由供需双方协定。……"修改为"……底材种类由具体的试验方法以及单项材料规范规定，若具体的试验方法以及单项材料规范未对底材种类做规定时，可选用厚度为(0.10±0.01)mm的薄铜板。……"；

c) 将6.4.3.5中"……，报告每块涂漆钢板的粘性、……"修改为"……，应报告每块板的涂层厚度、……"；

d) 将6.5.2.3中"……试验应在(23±2)℃进行，使用频率为1 kHz的正弦试验电压。……"修改为"……，试验应在(23±2)℃、1 kHz或50 Hz或供需双方商定的其他频率的正弦试验电压下进行。……"；

e) 增加了资料性附录A和附录B。

本部分的附录A、附录B为资料性附录。

本部分由中国电器工业协会提出。

本部分由全国绝缘材料标准化技术委员会(SAC/TC 51)归口。

本部分主要起草单位：桂林电器科学研究所。

本部分起草人：马林泉。

本部分所代替标准的历次版本发布情况为：

——GB/T 1981—1980、GB/T 1981—1989、GB/T 1981.1—2003。

电气绝缘用漆
第2部分:试验方法

1 范围

GB/T 1981的本部分规定了电气绝缘用漆的试验方法。

本部分适用于电气绝缘用漆在干燥和/或固化前以及干燥和/或固化后的性能试验。

2 规范性引用文件

下列文件中的条款通过GB/T 1981的本部分的引用而成为本部分的条款。凡是注日期的引用文件,其随后所有的修改单(不包括勘误的内容)或修订版均不适用于本部分,然而,鼓励根据本部分达成协议的各方研究是否可使用这些文件的最新版本。凡是不注日期的引用文件,其最新版本适用于本部分。

GB/T 1408.1—2006 绝缘材料电气强度试验方法 第1部分:工频下试验(IEC 60243-1:1998,IDT)

GB/T 1409—2006 测定电气绝缘材料在工频、音频、高频(包括米波波长在内)下介电常数和介质损耗因数的推荐方法(IEC 60250:1969,MOD)

GB/T 1410—2006 固体绝缘材料体积电阻率和表面电阻率试验方法(IEC 60093:1980,IDT)

GB/T 1981.1—2007 电气绝缘用漆 第1部分:定义和一般要求(IEC 60464-1:1998,IDT)

GB/T 2423.16—2008 电工电子产品环境试验 第2部分:试验方法 试验J及导则:长霉(IEC 60068-2-10:2005,IDT)

GB/T 2900.5—2002 电工术语 绝缘固体、液体和气体(eqv IEC 60050-212:1990)

GB/T 2918—1998 塑料试样状态调节和试验的标准环境(idt ISO 291:1997)

GB/T 4074.4—2008 绕组线试验方法 第4部分:化学性能(IEC 60851-4:2005,IDT)

GB/T 5208—2008 闪点的测定 快速平衡闭杯法(ISO 3679:2004,IDT)

GB/T 6753.4—1998 色漆和清漆 用流出杯测定流出时间(eqv ISO 2431:1993)

GB/T 11026.1—2003 电气绝缘材料耐热性 第1部分:老化程序和试验结果的评定(IEC 60216-1:2001,IDT)

GB/T 11026.2—2000 确定电气绝缘材料耐热性的导则 第2部分:试验判断标准的选择(idt IEC 60216-2:1990)

GB/T 11026.3—2006 电气绝缘材料耐热性 第3部分:计算耐热性特征参数的规程(IEC 60216-3:2002,IDT)

GB/T 11026.4—1999 确定电气绝缘材料耐热性的导则 第4部分:老化烘箱 单室烘箱(IEC 60216-4-1:1990,IDT)

GB/T 11028—1999 测定浸渍剂对漆包线基材粘结强度的试验方法(eqv IEC 61033:1991)

GB/T 19264.3—2003 电工用压纸板和薄纸板规范 第3部分:单项材料规范 第1篇:对B.0.1,B.2.1,B.2.3,B.3.1,B.3.3,B.4.1,B.4.3,B.5.1,B.6.1及B.7.1型纸板的要求(IEC 60641-3-1:1992,IDT)

ISO 558:1980 条件处理和试验 标准大气 定义

ISO 760:1978 水份的测定 卡尔·费休法(通用方法)

ISO 1144:1973 纺织品 表示线密度的通用制(Tex 制)

ISO 1513:1992 色漆和清漆 试验样品的检查和制备

ISO 1514:1993 色漆和清漆 试验用标准试板

ISO 1519:1973 色漆和清漆 弯曲试验(圆柱芯轴)

ISO 1520:1999 色漆和清漆 杯突试验

ISO 2078:1993 纺织玻璃纤维 纱 命名

ISO 2113:1996 增强纤维 机织物 基本规范

ISO 2555:1989 塑料 液态或乳液或分散状的树脂 用布洛克菲尔德(Brookfield)试验方法 测定表观黏度

ISO 2578:1993 塑料 长期热暴露作用后的时间和温度极限的测定

ISO 2592:2000 闪点和燃点的测定 克利夫兰(Cleveland)开口杯法

ISO 2807:1997 色漆和清漆 漆膜厚度的测定

ISO 2811 色漆和清漆 密度的测定

ISO 2812-1:1993 色漆和清漆 耐液体性的测定 第1部分:通用方法

ISO 3219:1993 塑料 液态或乳液或分散状的聚合物/树脂 用规定剪切速率的旋转黏度计黏度

ISO 3251:1993 色漆和清漆 色漆、清漆和色漆-清漆漆基中非挥发物的测定

ISO 11890-1:2000 色漆和清漆 挥发性有机化合物(VOC)的测定 第1部分:各种方法

ISO 11890-2:2000 色漆和清漆 挥发性有机化合物(VOC)的测定 第2部分:气相色谱法

ISO 15528:2000 色漆、清漆和相应的原材料 取样

IEC 60296:2003 变压器和开关用的未使用过的矿物绝缘油规范

IEC 61099:1992 电气用未使用过的合成有机酯规范

3 定义

GB/T 2900.5—2002 和 GB/T 1981.1—2007 中以及下列定义适用于 GB/T 1981 的本部分。

3.1

体积电阻 volume resistance

排除表面电流后由体积导电所决定的绝缘电阻部分。

3.2

体积电阻率 volume resistivity

折算成立方单位体积的体积电阻。

3.3

介质损耗因数 dielectric dissipation factor

$\tan\delta$

复介电常数的虚部与实部的绝对值之比值。

3.4

相对电容率 relative permittivity

ε_r

绝对电容率与电常数之比值。

注:在实际工程中,当提到相对电容率时,通常采用“电容率”这个术语。

4 对试验方法的总说明

除在有关单项材料规范或试验方法中另有规定外,所有试验应在温度(25±4)℃和相对湿度45%至70%的大气条件下进行。试验之前,样品或试样应在以上大气条件下预处理足够时间,以使样品或

试样达到稳定。以液体或胶的形式取样时，应按 ISO 15528：2000。制备这种试验样品应按ISO 1513：1992。

注：有关标准大气的术语定义见 ISO 558：1980。上述规定的试验大气与 GB/T 2918—1998 规定的两个标准大气中的任何一个都不一致，但它采用了两个标准大气所包括的偏差范围。

通常，以文字说明对某一试验方法的强制性要求，而图示仅仅是为了说明进行试验时一种可能的配置。当本部分与单项材料规范之间发生矛盾时，应以单项材料规范规定为准。

当某一试验方法引用了其他标准时，应在报告中说明所引用的标准。

5 干燥前和/或固化前漆的试验方法

5.1 外观

5.1.1 试管法

将漆倒入直径 15 mm 的干燥洁净无色透明玻璃试管中，在(23±2)℃下静置至气泡消失后，在白昼散射光下对光观察漆的颜色是否透明、有无机械杂质和不溶解的粒子。

5.1.2 涂片法

取测定电性能前的漆膜试样两片，观察漆膜的颜色、是否平滑、有无光泽、有无机械杂质和颗粒等。

5.2 闪点

对闪点为 79 ℃和以上者，应按 ISO 2592：2000 中规定的方法进行测定。对闪点低于 79 ℃者，应按 GB/T 5208—2008 中规定的方法进行测定，采用该标准规定的闭口杯仪器，GB/T 5208—2008 应与 ISO 3679：2000 一起使用。

应做两次测定，试样为两个单独的试样。并报告闪点的平均值。

5.3 密度

应按 ISO 2811 中规定的方法进行测定。做两次测定并报告密度的平均值。

5.4 黏度

应用一种适当的仪器在(23±1)℃下测定黏度。如果用旋转型黏度计，则应符合 ISO 2555：1989(Brookfield 型)或 ISO 3219：1993(在规定的剪切速率下工作的类型)。如果用某一种流出型仪器，则试验方法和流出杯应符合 GB/T 6753.4—1998。

应做两次测定并报告黏度的平均值。

5.5 酸值

5.5.1 仪器及试剂

a) 碱式滴定管，25 mL；

b) 三角烧瓶，150 或 200 mL；

c) 量筒，50 mL；

d) 天平，200 g，感量 0.001 g；

e) 0.05 mol/L 或 0.1 mol/L 氢氧化钾乙醇标准溶液；

f) 0.1%酚酞指示剂；

g) 甲苯-乙醇混合液(容积比 1：1)。

5.5.2 试验步骤

在三角烧瓶中称取 1 g～2 g 试样，加入 30 mL 预先中和至中性的甲苯—乙醇混合液溶解。试样完全溶解后加入三滴酚酞指示剂，用 0.05 mol/L 或 0.1 mol/L 氢氧化钾乙醇标准溶液滴定至溶液呈浅红色并维持 30 s 不消失为止。

当漆的酸值预计在 30 mgKOH/g(漆)以上时，应使用 0.1 mol/L 氢氧化钾乙醇溶液。

当漆的颜色较暗而使滴定终点难以判别时，可按下述方法测定，在试样中加入 50 mL 甲苯溶解均匀(必要时可加热)，然后加入 50 mL 中性乙醇和 20 mL 氯化钠饱和水溶液，加入酚酞指示剂，在用力摇动下用 0.05 mol/L 或 0.1 mol/L 氢氧化钾乙醇标准溶液滴定至底层呈现的浅红色维持 2 min 不消失为止。

滴定试验也可用氢氧化钠代替氢氧化钾。

5.5.3 酸值计算

漆的酸值以中和 1 g 漆中的游离酸所需的氢氧化钾的毫克数表示，按下式计算：

$$X=\frac{56.1NV}{G}$$

式中：

X——漆的酸值，单位为毫克氢氧化钾每克(mgKOH/g)；

V——滴定所用氢氧化钾乙醇标准溶液容积，单位为毫升(mL)；

N——氢氧化钾乙醇标准溶液之物质的量浓度，单位为摩尔每升(mol/L)；

56.1——氢氧化钾的摩尔质量，单位为克每摩尔(g/mol)；

G——试样的质量，单位为克(g)。

5.6 非挥发物含量

应按 ISO 3251:1993 中规定的方法进行测定。做两次测定并报告非挥发物含量的平均值。

5.7 稀释能力

稀释能力是以能够添加于漆中直至观察到混浊或分层时的溶剂量和/或稀释剂量来表示。

5.7.1 程序

应将(50±1)mL 的漆样倾入约 250 mL 的玻璃量筒中，加入供需双方协定的溶剂和/或稀释剂，每次添加(10±0.2)mL，直至观察到混浊或分层。每次加入后，应搅拌玻璃量筒中的液体，以得到均匀的混合液体，并静置至少 5 min，但不要超过 10 min。

5.7.2 结果

测定一次，报告溶剂和/或稀释剂的种类和添加后未出现混浊和分层的体积百分数。

5.8 漆在敞口容器中的稳定性

敞口容器中的稳定性是将漆置于(50±2)℃下贮存(96±1)h(4 d)后的黏度变化来表示。

5.8.1 设备

如无其他规定，应使用下述设备：

——直径 7 cm～8 cm，高 9 cm～10 cm 的玻璃瓶；

——非强制空气循环且换气速率为每小时 6 次～10 次的烘箱。

5.8.2 程序

按 5.4 在(23±0.5)℃下测定漆样的黏度。然后在玻璃瓶中称取(150±1)g 的漆样，并将其置于保持在(50±2)℃的烘箱内。为补充溶剂挥发损耗，每 24 h 应添加一定量的由供需双方协定的溶剂和/或稀释剂，并与漆搅拌均匀。当 96 h 后完成相同程序时，应按 5.3 在(23±0.5)℃下测定漆的黏度。

5.8.3 结果

测定一次，报告溶剂和/或稀释剂的种类以及温度暴露前后的黏度。

5.9 厚层干燥和/或固化性

厚层干燥和/或固化性是以固化后试样的上面、下面和内部的状况来表示。

5.9.1 设备

应使用下述设备：

——平整而光滑的方形铝箔，厚 0.1 mm～0.15 mm，边长(95±1)mm；

——由金属或任何合适的固体材料制成的方形模子，高(25±1)mm，边长(45±1)mm；

——烘箱，具有强制空气循环且最小新鲜空气变化速率为每小时八次。这种烘箱的种类和结构应与用于干燥和/或固化试样的烘箱相同。

5.9.2 **试样**

应采用适当的方法清洗铝箔片，然后将铝箔片沿模子弯折成边长约 45 mm 的方形盒子。在盒子内称量漆样(准确到 0.1 g)，漆样质量为

$$m = 810\rho / X$$

式中：

m——试样质量，单位为克(g)；

ρ——密度，单位为克每立方厘米(g/cm^3)；

X——非挥发物，以百分数表示(%)。

在供需双方商定的温度下干燥和/或固化一定的时间后，应去掉铝箔。

注：在以上公式中用系数 810 cm^3 以保证去掉铝箔后试样的厚度约为 4 mm。

5.9.3 **程序**

应用试样的上面、下面和内部的状况来评定试样，根据目测外观和黏性的状况用表 1、表 2 和表 3 给出的符号来表示。黏性按 6.4.1 判断。

表 1 上面状况

状 况	符 号
光滑	S1
起皱	S2

表 2 下面状况

状 况	符 号
不黏	U1
黏	U2

表 3 内部状况

状 况	符 号	X
坚硬	I1. X	
硬如角质、可机加工	I2. X	
皮革状	I3. X	
橡胶状	I4. X	
凝胶状	I5. X	
液体	I6. X	
试样含有		
——无孔隙		1
——不多于五个孔隙		2
——多于五个孔隙		3

对于内部状况，应增加内部是否均匀的说明。

注：为了说明机械性能，可能需要用手指弯曲试样或用小刀把试样切开。

5.9.4 **结果**

应试验两个试样，并报告这两个厚层干燥和/或固化性的结果。

示例：试样上面光滑、下面不粘、内部硬如皮革且均匀，含有三个孔隙，其结果表示为 S1 U1 I3.2 均匀。

5.10 **漆对漆包线的作用**

漆对漆包线的作用是用符合 GB/T 4074.4—2008 的一根直的漆包线经浸渍漆后以漆包线漆膜的铅笔硬度来表示。

应试验三根直的漆包线，并报告这三个铅笔硬度的结果。

5.11 水基或乳胶漆的 pH 值

5.11.1 设备

应使用下列设备：

a) 实验室用 pH 计辅助玻璃器皿；

b) 与漆预定的 pH 值极限范围偏差在±0.5 之内的缓冲溶液；

c) 温度计；

d) 去离子水。

5.11.2 程序

按仪器制造商的说明书操作 pH 计，在测定过程中应保证被测试样的温度控制在(23±2)℃。

在缓冲溶液的 pH 值范围内校正 pH 计，在每两次测量中应用去离子水冲洗电极和玻璃器皿。对每个溶液两次测量值相差应小于 0.1。

仔细冲洗玻璃电极，根据仪器制造商的说明书将其浸入到温度保持在 23 ℃±2 ℃的漆中并进行测量。两次测量值相差应小于 0.1。

5.11.3 结果

将最后两次测量值的平均值作为试验结果。

5.12 漆和铜的反应

5.12.1 仪器和材料

a) 铜线，直径 0.5 mm，长 120 mm，36 根；

b) 自动控温实验室烘箱。

5.12.2 试验步骤

所有铜线用棉布带包扎三处使其成一捆。

将此线束在 105 ℃烘箱中干燥 1 h，然后在干燥器中冷却至室温，在被试漆中浸 10 min，滴漆 5 min 后按产品标准或供方的规定进行干燥。冷却后，线束再次浸漆，重复前述操作。

冷却后拆去棉布带，检查铜线，记录铜的颜色的任何变化。

6 干燥后和/或固化后漆的试验方法

6.1 试样

试样数量和所要求的底材种类由具体的试验方法以及单项材料规范规定，若具体的试验方法以及单项材料规范未对底材种类做规定时，可选用厚度为(0.10±0.01)mm 的薄铜板，或由供需双方另行协定。术语“试验试样”指的是带有干燥和/或固化后漆的底材，底材按试验方法要求涂覆或浸渍。在下文中把“试验试样”称之为“试样”。

如果要求用钢板和/或玻璃布做底材，则这些材料应分别符合 6.1.1 和 6.1.2。

6.1.1 钢板

除非另有规定，应使用符合 ISO 1514:1993 要求的钢板，其厚度为(0.125±0.010)mm，长度为(100±5)mm，宽度至少为 80 mm。制备和清洁钢板应按照 ISO 1514:1993 推荐的方法进行，钢板应按 6.1.3 涂覆。

注：在 ISO 1514:1993 中，作为示例推荐钢板、马口铁板、铝板或玻璃板作为色漆和清漆的底材，过去曾推荐用铜板，但普遍认为钢板适用且方便处理。为了标准化，绝缘漆和(无溶剂)浸渍树脂所用的金属板的种类应相同。对于不饱和聚酯为基的浸渍树脂，铜板可能会起抑制剂或促进剂的作用，因此应慎用。

6.1.2 纺织玻璃布

除非另有规定，应使用符合 ISO 2113:1996 的平纹编织纺织玻璃布，其经纱和纬纱分别为(21±3)根纱，质量为 40 g/m² 至 60 g/m²。玻璃布经纱和纬纱所使用的纱应是相同的，且应符合 ISO 2078:

1993 规定的 EC5、EC6 或 EC7 型。

示例 1:EC5 5.5×2S150 型。单根纱的线密度是 5.5tex。"E"代表"良好的电气性能","C"代表"连续纤维"。字母"S"和"Z"代表捻合的方向相反。"Tex"是 tex 系统单根纤维纱的线密度(mg/m)的量度单位(见 ISO 1144:1973)。

示例 2:EC5 11 型纱是一种符合 ISO 2078 的单根连续纤维纱。这种型号的纱是由粗 5 μm 的连续纤维做成的。单根纱的线密度为 11 tex。

玻璃布应通过高温脱蜡热处理,使织物中含有机物残留量少于 0.1%。玻璃布应采用无碱玻璃纤维制成,其碱金属含量小于 0.5%($Na_2O+K_2O<0.5\%$)。将玻璃布裁成约 180 mm×280 mm 的方片。

为了便于操作,应在每块玻璃布的较短边缘钉上纸板条(例如用符合 GB/T 19264.3—2003 的 B.2.1 型纸板)。这些纸板条的尺寸约为 250 mm×15 mm×0.7 mm。玻璃布应按 6.1.3 浸漆和/或涂覆,干燥和/或固化后应把块裁成尺寸为(100±1)mm×(100±1)mm 的试样两个。

6.1.3 试样制备

底材的浸渍和/或涂覆应按具体的试验方法和单项材料规范规定,或由供需双方协定。这包括浸渍和/或涂覆的温度和时间、滴干周期和固化条件(温度和时间)或温度-时间程序表以及热处理和冷却。

除非另有规定,应将底材以尽量慢的速度垂直浸入漆中,以防止气泡附着在底材的表面。底材应在漆中至少保持 5 min,之后以不大于 2 mm/s 的均匀速度从漆中取出。

然后将试样滴干 10 min 至 15min,按确定的程序表干燥和/或固化。应以垂直状态滴干并干燥和/或固化。用于干燥和/或固化的烘箱应是专门为干燥涂覆件和浸渍件而设计的,这种试件可能有大的表面和相当大量的溶剂挥发。在涂覆或浸渍过程中,应以相反的方向重复浸渍、滴干、干燥和/或固化。

如果漆膜的厚度小于规定值,则样品要多次浸渍,每次浸渍时试样浸入方向应与上次相反。如果漆膜或试样厚度超过规定值,则应按供方给出的说明书将漆稀释。

注:提高试样从漆中取出的速度则增加漆膜的厚度,降低速度则减小漆膜的厚度。

6.1.4 漆膜厚度

干燥和/或固化后的漆膜厚度应按 ISO 2807:1997 中规定的方法之一测定。金属板上每面的漆膜厚度至少应为 0.050 mm,但不超过 0.080 mm。

6.2 力学性能

6.2.1 弯曲试验(圆柱芯轴)

应按 ISO 1519:1973 中规定的方法,采用 1 型设备进行测定。应测定两块按 6.1 制备的涂漆金属板。按有关单项材料规范的规定或供需双方的协定,绕着一根芯轴弯曲后,应通过正常的目视检查试样是否开裂,试验结果以观察到的开裂程度表示。同时报告漆膜厚度和弯曲所用芯轴的直径以及两个结果。

6.2.2 杯突试验

应按 ISO 1520:1999 中规定的方法进行测定。应测定两块按 6.1 制备的涂漆金属板,试验结果以开裂的程度和压痕深度表示。同时报告漆膜厚度和两个结果。

6.2.3 室温下的黏结强度

应按 GB/T 11028—1999 中规定的方法 A(扭绞线圈试验)或方法 B(螺旋线圈试验)进行测定。应测定 5 个试样,并报告试验方法、所用漆包线的型号和 5 个结果的中值。

6.3 热性能

6.3.1 高温下的黏结强度

应按 GB/T 11028—1999 中规定的方法 A(扭绞线圈试验)或方法 B(螺旋线圈试验)进行测定。测定温度应按单项材料规范规定或供需双方协定。测定 5 个试样,并报告试验方法、所用漆包线的型号和 5 个结果的中值。

6.3.2 温度指数

注:就温度指数本身而言,它不是电气绝缘材料一种典型的特性,它取决于所选择的试验和终点判断标准。因此,对于完全相同的材料,温度指数结果的变化可能高达 80。

6.3.2.1 试样

对选用质量损失和/或击穿电压作为试验判断标准的场合，应使用按 6.1.2 制备的试样。

6.3.2.2 程序

应按 GB/T 11026.1—2003、GB/T 11026.2—2000、GB/T 11026.3—2006、GB/T 11026.4—1999 中规定的方法。试验和终点判断标准应按单项材料规范规定或供需双方协定。应采用两种试验判断标准，对每种试验判断标准应至少采用三个暴露温度，两个相邻暴露温度之间的差应不超过 20 ℃。如果相关系数小于 0.95，则应在不同于原来所选择温度的某个暴露温度下试验一组以上试样。

注：ISO 2578:1993 是基于 GB/T 11026.1—2003、GB/T 11026.2—2000 中所述的原理。由于 ISO 2578:1993 删除了所有对设计和进行温度指数试验及结果计算来说不需要的信息，因此，它已成为一个实验室实用的简明版本。

对选择质量损失作为试验判断标准的场合，每一暴露温度应试验三个试样。对选择击穿电压作为试验判断标准的场合，在每一个热暴露周期后应试验一个试样。

热暴露周期可以是 1 周、2 周、4 周、8 周、16 周和 32 周，这要决定于所选择的暴露温度下试样达到终点的时间。因此，推荐每一暴露温度至少要提供四个试样。

应按 6.5.3 测定击穿电压，每个试样允许做 5 次～8 次测定。

6.3.2.3 结果

对每一试验判断标准，应报告试样制备的方法、试样的型式和尺寸、每一试验的试样数目、暴露温度和结果以及所用的(引用)相关标准。结果应包含每一暴露温度下的失效时间、性能值与对数失效时间的关系图、耐热图纸上的耐热图(一级回归线)、温度指数和相关系数。

6.4 化学性能

6.4.1 黏性(表面干燥性)

黏性(表面干燥性)是以一片滤纸或其一部分附着到干燥和/或固化后的漆膜表面的状态来表示。

6.4.1.1 器具

应使用下述器具：

——质量为(500±10)g 的圆柱形砝码，其底部接触面直径为(20±0.5)mm；

——软橡胶片，厚度为(5±0.5)mm，直径为(20±0.5)mm；

——由漂白棉花制成的滤纸，质量为(92±9)g/m^2，厚度为(205±30)μm，标称密度为 0.45 g/cm^3，孔隙度为 11 s/300 mL。

6.4.1.2 试样

按 6.1 制备的涂漆金属板。

6.4.1.3 程序

把一片滤纸置于试样上，用软橡胶片作为隔离层，把圆柱形砝码施加于滤纸上 1 min。取下砝码后应按下列情况检查判断：

——由于重力和/或轻微的振动，滤纸与试样分离，这样的试样表面称为不粘；

——滤纸不因重力和轻微振动与试样分离，而因触及它而分离，滤纸纤维没有粘附到试样表面，这样的试样表面称为不粘；

——滤纸粘附试样，并且取下滤纸后，有相当数量的滤纸纤维留在试样上，这样的试样表面称为粘。

6.4.1.4 结果

应试验两块涂漆金属板并报告粘性(即表面干燥性)的两个结果。

6.4.2 耐液体(包括水)性

应按 ISO 2812-1:1993 规定的方法 1 中程序 A 进行测定。除非另有规定，试验液体温度应是(23±2)℃，浸入时间应是(168±1)h。应试验两块按 6.1 制备的涂漆金属板。应报告每块金属片的漆膜厚度、试验液体种类和两个结果。结果应包括任何外观变化、起泡、黏性或其他变坏的现象。

6.4.3 耐溶剂蒸气性

耐溶剂蒸气性是以试样暴露在溶剂蒸气后的状况来表示。

6.4.3.1 设备

应使用下述器具:

——玻璃容器,其尺寸约 300 mm 高×300 mm 宽×500 mm 长,并带有磨面顶部边缘以及一个足够尺寸的玻璃平板的盖;

——圆柱形玻璃皿,其高约 40 mm,底面积约为上述玻璃容器底面积的三分之一;

——将试样悬挂在溶剂水平面上方的合适的装置。

6.4.3.2 试验溶剂

除非另有规定,试验应使用下述溶剂:丙酮、二甲苯、正己烷、甲醇和二硫化碳。

6.4.3.3 试样

按 6.1 制备的涂漆金属板。

6.4.3.4 程序

在圆柱形玻璃皿中加入水约至其高度的 1/2,把此玻璃皿置于玻璃容器的底部,在玻璃容器中加入试验溶剂至其高度为 20 mm 至 25 mm。

用丙酮和甲醇作为试验溶剂时,为避免显著的等温蒸发,圆柱形玻璃皿应加入比例为 1∶1 的水和相应溶剂的混合物。

试样应垂直悬挂,其长边与水平线平行,下边缘在试验溶剂液面上方约 150 mm 处。然后用玻璃板盖上玻璃容器。在暴露期间,液体应不完全蒸发,如有必要,应补充溶剂。试验溶剂的温度应是(23±2)℃,暴露时间应是(168±1)h。试样从容器中取出后,应检查试样外观的任何变化、对底材附着力的下降、剥落、流挂、起泡、黏性或其他变坏的现象。

6.4.3.5 结果

每种试验溶剂应试验两个试样,应报告每块板的涂层厚度、试验溶剂种类和两个结果。结果应包括任何外观变化、对底材附着力的下降、剥落、流挂、起泡、黏性或其他变坏的现象。

6.4.4 耐霉菌生长性

应按 GB/T 2423.16—2008 中规定的方法进行测定。应试验三块按 6.1 制备的涂漆金属板,并报告耐霉菌生长性的三个结果。

6.5 电气性能

6.5.1 浸水对体积电阻率的影响

应按 GB/T 1410—2006 规定的方法进行测定。如果其不适用于被试材料,则可采用下述方法。

6.5.1.1 设备

应使用下述设备:

——任何市场购置的高阻计,准确度为±10%;

——用作电压电极(上电极)的金属圆柱体,直径至少为 60 mm,具有能对试样产生约 0.015 MPa 压力的质量;

——一块导电橡胶圆片,其直径与上电极相同,厚度为 3 mm～5 mm,最大电阻为 1 000 Ω,邵氏(Shore)A 硬度为 65～85;

——直径与上电极相同,高约 70 mm 的金属圆柱体(下电极)。

6.5.1.2 试样

按 6.1 制备的涂漆金属板。

6.5.1.3 程序

试验组合应由置于两金属电极之间并用导电橡胶圆片作为接触层的试样构成。一整套试验组合的例子如图 1 所示。调整直流电压以提供 1 000 V/mm 的电场强度。应测定浸泡软水前后的试样电阻。

除非另有规定，水温应是(23±2)℃，浸水时间应是(168±1)h。在试样从水中取出并用滤纸从两面吸干以除去多余的水之后，立即安装试验装置，电阻测量应在安装试验装置后的(15±1)min 内完成。应在电化(60±5)s 后读取读数。

示例：上电极直径为 60 mm，体积电阻率应按下式计算：

$$\rho=(2.83\times R)/(d_1+d_2)$$

式中：

ρ——体积电阻率，单位为欧姆米(Ω·m)；

R——测得的电阻，单位为欧姆(Ω)；

d_1——金属板上面漆膜厚度，单位为毫米(mm)；

d_2——金属板下面漆膜厚度，单位为毫米(mm)。

对上电极直径不是 60 mm 而是 D 时，用带 D[单位为毫米(mm)]的 $2.83D^2/3\,600$ 代替系数 2.83。

6.5.1.4 结果

应试验三个试样。应报告每块金属板两面漆膜的厚度、两个电极的直径、所用的试验电压以及浸水前后三个结果的中值，并同时报告所采用的相关标准。结果包括体积电阻和体积电阻率。

6.5.2 介质损耗因数(tanδ)和相对电容率(ε_r)

应按 GB/T 1409—2006 中规定的方法进行测定，如果其不适用于被试材料，则可采用下述方法。

6.5.2.1 设备

可使用任何市场购置的介质损耗因数测量电桥，其准确度为±10%。

6.5.2.2 试样

按 6.1 制备的涂漆金属板。

6.5.2.3 程序

应使用涂漆板的金属板作为下电极。上电极直径至少应是 40 mm，可不用保护电极包围。上电极与下电极中心相对，并距下电极边缘至少 10 mm。上电极可通过涂刷导电分散体(例如石墨粉或银粉)，或用一滴油粘贴厚度不大于 0.005 mm 的金属箔，或用其他任何等效合适的办法。

除非另有规定，试验应在(23±2)℃、1 kHz 或 50 Hz 频率或供需双方商定的其他频率的正弦试验电压下进行。连接试样的方法应按试验装置的说明书。

6.5.2.4 结果

应试验两个试样。应报告每块金属板的漆膜厚度、试验温度、所使用的电极、所用的试验电压和频率以及两个结果的平均值，并同时报告所采用的相关标准。结果包括介质损耗因数和相对介电常数。

6.5.3 击穿电压和电气强度

应按 GB/T 1408.1—2006 规定的方法进行测定。如果其不适用于被试材料，则可按下述对其中的第 5 章和第 7 章进行修改。

6.5.3.1 电极

电极系统应是球对板型的。高压电极应由抛光钢球构成，其半径为(10.00±0.05)mm，表面粗糙度 Ra 小于 0.001 mm。可采用滚珠轴承(Ⅲ级)的抛光钢球。

以涂漆板的金属板作为接地电极，并将其置于平板上，平板也接地，平板直径为(75±1)mm，倒角半径为(3±0.1)mm，一个完整试验装配的例子如图 2 所示。

与板对板电极系统相比，球对板电极系统稍微提高了电场强度，电场强度与球电极半径和试样厚度有关。例如，对球电极半径为 10 mm 及试样厚度为 0.1 mm 而言，与板对板电极系统相比，能提高电场强度约 10%。

6.5.3.2 试样

按 6.1 制备的涂漆金属板。

6.5.3.3 程序

升压速度应不大于 200 V/s。除非另有规定，试验温度应是(23±2)℃。试验应将试样和电极置于某种液体电介质中进行，使液体电介质循环并保持在规定的试验温度下。除非另有规定，应使用符合 IEC 60296:2003 未使用过的矿物绝缘油或符合 IEC 61099:1992 未使用过的合成有机酯作为液体电介质。

注：如果使用足够尺寸的圆柱形玻璃容器来容纳试验装置和液体，且接地电极在该容器底部，则容器可以目视整个施加电压过程。另外，该容器便于通过底部接地和供给液体，在容器的顶部留有液体溢出口(见图 2)。

6.5.3.4 结果

应试验 5 个试样。报告试验温度、所用液体电介质的种类和五个结果的中值，同时报告所采用的相关标准。结果包括击穿点的试样厚度、击穿电压和电气强度。

6.6 涂水基或乳胶漆钢板的瞬锈(W 或 E 型)

按 6.1 选择金属板，按 6.1.3 将金属板涂漆，固化或干燥后立即检查金属板表面出现的锈或污点情况，报告是否有锈"存在"或"不存在"。

6.7 水基或乳胶漆的挥发性有机物含量(W 或 E 型)

应根据挥发性有机物是否大于或小于 15%，分别按 ISO 11890-1:2000 和 ISO 11890-2:2000 规定的方法进行测定。

6.8 水基或乳胶漆的水含量(W 或 E 型)

应按 ISO 760:1978 规定的方法进行测定。

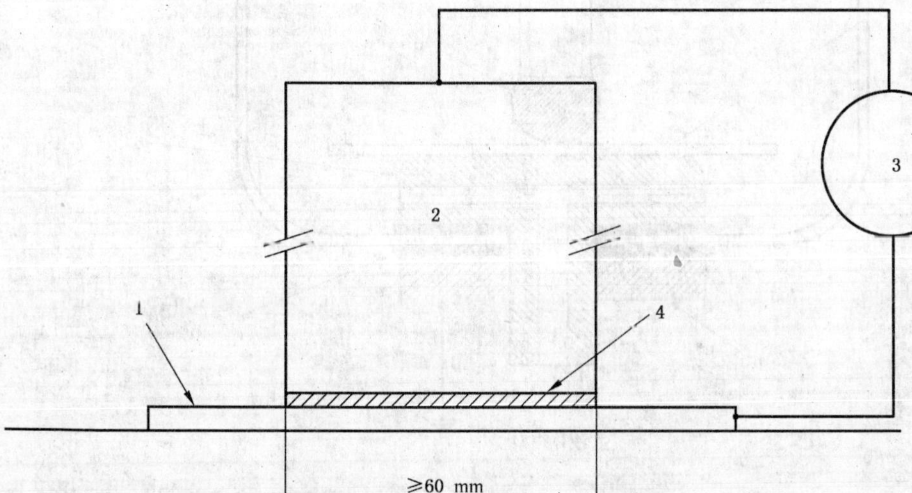

1——试样(双面涂漆金属板)；

2——上圆柱体；

3——高阻计；

4——导电橡胶层。

注：完整的试验组合是在涂漆板下表面配置一个与上圆柱相对称的下圆柱。此图为简化配置图。

图 1 体积电阻率试验装配

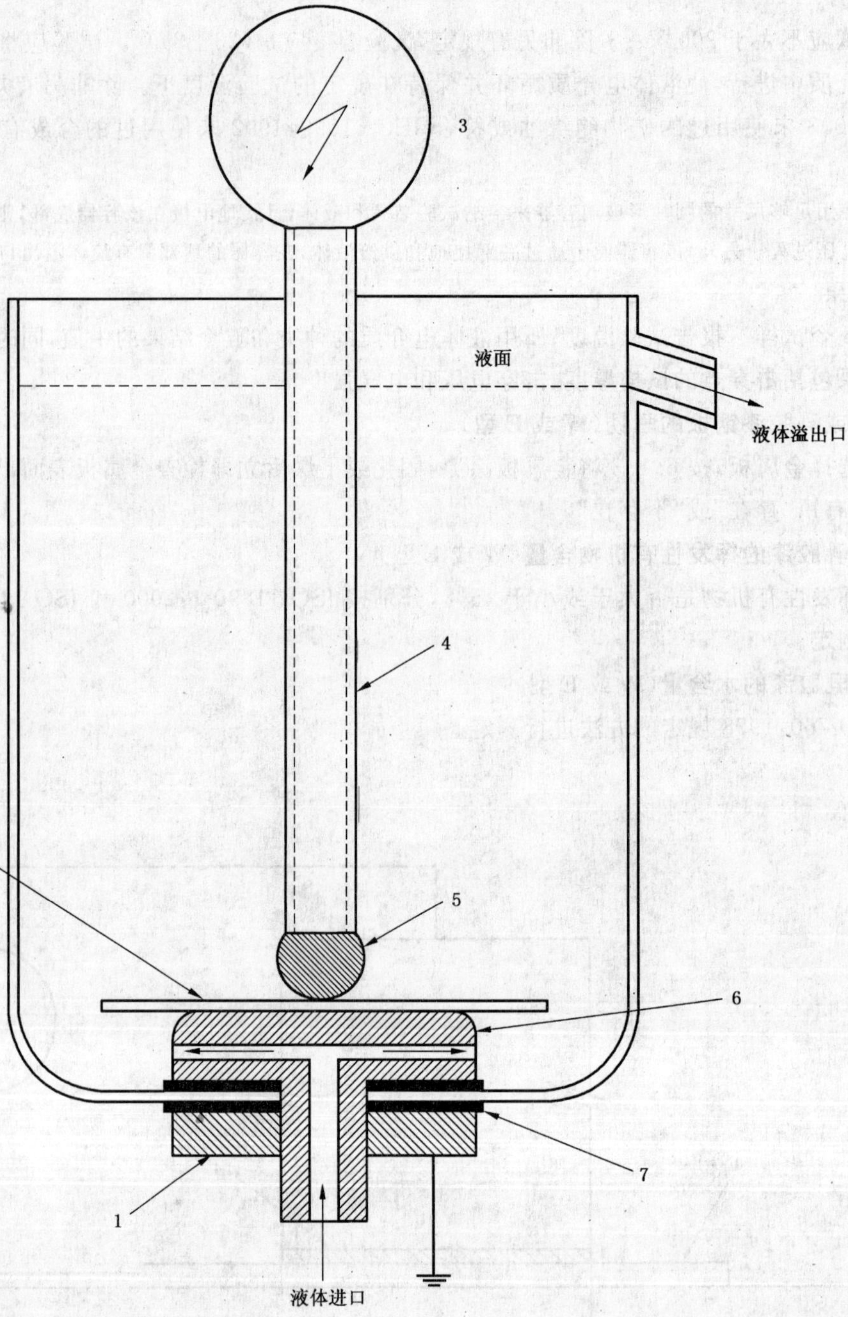

1——螺母；

2——试样(涂漆金属板，与电极相连接)；

3——用于高压连接的球顶；

4——金属管；

5——球电极；

6——板电极；

7——垫圈。

图 2 电极装配的例子

附 录 A
（资料性附录）
本部分章条编号与 IEC 60464-2:2001 章条编号的对照

表 A.1 给出了本部分章条编号与 IEC 60464-2:2001 章条编号的对照一览表。

表 A.1 本部分章条编号与 IEC 60464-2:2001 章条编号的对照

本部分章条编号	IEC 60464:2001 章条编号
1	1
2	2
3	3
3.1～3.4	3.1～3.4
4	4
4.1～4.2	4.1～4.2
5	5
5.1	—
5.2～5.4	5.1～5.3
5.5	—
5.6～5.10	5.4～5.8
5.11	—
6	6
6.1～6.5	6.1～6.5
附录 A	—
附录 B	—

附 录 B
（资料性附录）
本部分与 IEC 60464-2:2001 技术性差异及其原因

表 B.1 给出了本部分与 IEC 60464-2:2001 技术性差异及其原因一览表。

表 B.1 本部分与 IEC 60464-2:2001 技术性差异及其原因

本部分章条编号	技术性差异	原 因
2	引用了部分采用国际标准的我国标准，而非国际标准	以适合我国国情并方便使用
5.1	增加了条款“外观”	GB/T 1981—1989 中有这一条款内容，修订时 GB/T 1981.1—2003 将其删除，但国内用户对此仍有持续性需求
5.5	增加了条款“酸值”	
5.12	增加了条款“漆和铜的反应”	
5.4	将“…(23±0.5)℃…”修改为“…(23±1.0)℃…”	考虑到国内用户大多习惯于用涂 4 杯测定黏度，(23±0.5)℃的测定条件过于严格，没有必要，故做如此修改
6.1	将 IEC 60464-2:2001 中 6.1“……底材种类由具体的试验方法以及单项材料规范规定，或由供需双方商定。……”修改为“……底材种类由具体的试验方法以及单项材料规范规定，若具体的试验方法以及单项材料规范未做规定时，可选用厚度为(0.10±0.01)mm 的铜板。……”	由于 IEC 60464-2:2001 中 6.1 规定的符合 ISO 1514 要求的钢板目前国内不易买到，故做如此修改以适合我国国情
6.5.2.3	将 IEC 60464-2:2001 中 6.5.2.3“……，试验应在(23±2)℃、1 kHz 频率的正弦试验电压下进行。……”修改为“……，试验应在(23±2)℃、1 kHz 或 50 Hz 或供需双方商定的其他频率的正弦试验电压下进行。……”	考虑到国内用户大多需求绝缘漆在工频(50 Hz)正弦试验电压下测定的结果，而不是 1 kHz 正弦试验电压下测定的结果，故做如此修改以适合我国国情

ICS 29.035.99
K 15

中华人民共和国国家标准

GB/T 1981.3—2009/IEC 60464-3-2:2001
代替 GB/T 11027—1999

电气绝缘用漆 第3部分:热固化浸渍漆通用规范

Varnishes used for electrical insulation—Part 3:Specifications for hot curing impregnating varnishes

(IEC 60464-3-2:2001,Varnishes used for electrical insulation—Part 3:Specifications for individual materials—Sheet 2:Hot curing impregnating varnishes,IDT)

2009-06-01 发布 2009-12-01 实施

中华人民共和国国家质量监督检验检疫总局
中国国家标准化管理委员会 发布

前言

GB/T 1981《电气绝缘用漆》分为以下几个部分:

——第1部分:定义和一般要求

——第2部分:试验方法

——第3部分:热固化浸渍漆通用规范

——第4部分:聚酯亚胺浸渍漆

——第5部分:快固化节能型三聚氰胺醇酸浸渍漆

……

本部分为GB/T 1981的第3部分。

本部分等同采用IEC 60464-3-2:2001《电气绝缘用漆　第3部分:单项材料规范　第2篇:热固化浸渍漆》及第1次修正(2006)(英文版)。

本部分与IEC 60464-3-2:2001(含2006第1次修正)相比较,编辑性差异如下:

a) 删除了IEC 60464-3-2:2001第3章中"订购合同应包括材料名称"的规定;

b) 根据需要,在编辑格式上按GB/T 1.1稍作修改,即将第5章开头的悬置段列为5.1"总则",其余章条号顺延;

c) 删除了IEC 60464-3-2:2001的"参考文献"一章,将其中所列出的标准归入"规范性引用文件"一章中。

本部分代替GB/T 11027—1999《有溶剂绝缘漆规范　单项材料规范　对热固化浸渍漆的要求》。

本部分与GB/T 11027—1999相比较,主要差异如下:

a) 分类命名不同,每个类型不再进一步区分软型和硬型;

b) 编辑格式不同,技术要求不再以表格型式出现,而是以章条型式列出。

本部分由中国电器工业协会提出。

本部分由全国绝缘材料标准化技术委员会(SAC/TC 51)归口。

本部分起草单位:桂林电器科学研究所。

本部分主要起草人:马林泉。

电气绝缘用漆
第3部分:热固化浸渍漆通用规范

1 范围

GB/T 1981的本部分规定了热固化浸渍漆的通用要求,包括某些高温下性能要求。

本部分适用于热固化浸渍漆。

2 规范性引用文件

下列文件中的条款通过GB/T 1981的本部分的引用而成为本部分的条款。凡是注日期的引用文件,其随后所有的修改单(不包括勘误的内容)或修订版均不适用于本部分,然而,鼓励根据本部分达成协议的各方研究是否可使用这些文件的最新版本。凡是不注日期的引用文件,其最新版本适用于本部分。

GB/T 1981.1—2007 电气绝缘用漆 第1部分:定义和一般要求(IEC 60464-1:1998,IDT)

GB/T 1981.2—2009 电气绝缘用漆 第2部分:试验方法(IEC 60464-2:2001,MOD)

GB 3836.3—2000 爆炸性气体环境用电气设备 第3部分:增安型"e"(eqv IEC 60079-7:1990)

GB/T 6109.5—2008 漆包圆绕组线 第5部分:温度指数180级的聚酯亚胺漆包铜圆线(IEC 60317-8:1997,IDT)

GB/T 6109.20—2008 漆包圆绕组线 第20部分:200级聚酰胺酰亚胺复合聚酯或聚酯亚胺漆包铜圆线(IEC 60317-12:1990,IDT)

GB/T 11028—1999 测定浸渍剂对漆包线基材粘结强度的试验方法(eqv IEC 61033:1991)

IEC 60172:1987 测定漆包绕组线温度指数的试验方法

3 分类

本部分按表1对漆进行分类。

表1 漆的分类

类　型	规定性能水平所针对的温度/℃
130	130
155	155
180	180
200	200
220	220

4 定义和一般要求

定义和一般要求,见GB/T 1981.1—2007的第4章和第5章。

5 性能要求

5.1 总则

一次交货的所有材料,除了应符合GB/T 1981.1—2007规定的要求外,还应符合本部分规定的要求。

本部分不包括列入表2中的特殊性能要求。在对这些性能有要求时，可由供需双方商定。如果无其他规定，所有试验均应按GB/T 1981.2—2009进行。

表2　有要求时，由供需双方商定的性能

干燥和固化前的性能	固化后的性能
密度	粘性(干燥性)
可稀释能力	粘结强度
pH值(W和E型漆)	杯突试验
挥发性有机物含量(W和E型漆)	耐液体(包括水)性
水分含量(W和E型漆)	介质损耗因数和相对介电常数
	击穿电压和电气强度
	耐霉菌生长性
	钢板的瞬锈(W和E型漆)

5.2　闪点

按GB/T 1981.2—2009的5.2测定，漆的闪点应不低于供需双方商定值。如果国家对使用某一种材料的安全规定了一个最低闪点，则该材料应符合这种要求。

5.3　黏度

按GB/T 1981.2—2009的5.4测定，漆的黏度应在标称值的±10%以内。应在订购合同中规定该标称值。

5.4　非挥发物含量

按GB/T 1981.2—2009的5.6测定，漆的非挥发物含量应在标称值的±2%以内。应在订购合同中规定该标称值。

5.5　漆在敞口容器中的稳定性

按GB/T 1981.2—2009的5.8测定，漆在敞口容器中的稳定性，其漆的黏度增长应不大于标称值的4倍。应在订购合同中规定该标称值。

5.6　厚层干燥和/或固化

按GB/T 1981.2—2009的5.9测定，漆的厚层干燥和/或固化的结果应是S1，U1且不差于I4.2，试样应均匀一致。

5.7　漆对漆包线的影响

按GB/T 1981.2—2009的5.10测定，漆对漆包线的影响应不低于铅笔硬度H。

5.8　弯曲试验(圆柱形芯轴)

按GB/T 1981.2—2009的6.2.1测定，绕3 mm直径芯轴弯曲之后，在正常视力下观测应无裂纹产生。某些产品，由于其放热焓高，试样可能会开裂。对这种产品，对厚层固化的要求是不适用的。

5.9　温度指数

按GB/T 1981.2—2009的6.3.2测定，漆的温度指数应根据供需双方商定的下述四个判断标准中的任何两个：

——粘结强度，按GB/T 11028—1999中方法B，终点判断标准为22 N；

——耐电压，按IEC 60172，用符合GB/T 6109.5—2008或GB/T 6109.20—2008、耐热等级不低于180级的漆包绕组线作底材；

——击穿电压，按GB/T 1981.2—2009的6.5.3，试样是用符合GB/T 1981.2—2009的6.1.2的玻璃织物作底材，终点判断标准为3 kV；

——质量损失,试样是用符合 GB/T 1981.2—2009 的 6.1.2 的玻璃织物作底材,终点判断标准为 30%。

对所选取的任何试验判断标准,温度指数应不低于表 3 所规定的值。

表 3 最小温度指数

类　型	温度指数
130	130
155	155
180	180
200	200
220	220

本试验是一种定期性试验,除非制造厂在材料生产的组分或方法发生显著变化,不需要重复进行本试验。

5.10 耐溶剂蒸气性

按 GB/T 1981.2—2009 的 6.4.3 进行漆的耐溶剂蒸气试验,材料应不发生附着、剥落、起泡、滴流等改变以及不发粘。

注:本试验仅适用于那些法定要求在 GB 3836.3—2000 所定义的"e"型设备中使用的材料。

5.11 浸水对体积电阻率的影响

按 GB/T 1981.2—2009 的 6.5.1 测定的漆的体积电阻率,其浸水前应不低于 $1.0\times10^{10}\ \Omega\cdot m$,浸水后应不低于 $1.0\times10^{6}\ \Omega\cdot m$。

ICS 29.035.99
K 15

中华人民共和国国家标准

GB/T 1981.4—2009

电气绝缘用漆 第 4 部分：聚酯亚胺浸渍漆

Varnishes used for electrical insulation—Part 4: Polyester-imide varnishes

2009-06-10 发布

2009-12-01 实施

中华人民共和国国家质量监督检验检疫总局
中国国家标准化管理委员会
发布

前 言

GB/T 1981《电气绝缘用漆》分为以下几个部分：

——第1部分：定义和一般要求

——第2部分：试验方法

——第3部分：热固化浸渍漆通用规范

——第4部分：聚酯亚胺浸渍漆

——第5部分：快固化节能型三聚氰胺醇酸浸渍漆

……

本部分为GB/T 1981的第4部分。

本部分由中国电器工业协会提出。

本部分由全国绝缘材料标准化技术委员会(SAC/TC 51)归口。

本部分起草单位：东阳市富顺绝缘材料有限公司、哈尔滨庆缘电工材料股份有限公司、桂林电器科学研究所。

本部分主要起人：金卫虎、周长民、张秀丽、马林泉。

电气绝缘用漆
第4部分:聚酯亚胺浸渍漆

1 范围

GB/T 1981的本部分规定了聚酯亚胺浸渍漆的型号、要求、试验方法、检验规则、包装、标志、贮存和运输。

本部分适用于电气绝缘用H级聚酯亚胺浸渍漆。

2 规范性引用文件

下列文件中的条款通过GB/T 1981的本部分的引用而成为本部分的条款。凡是注日期的引用文件,其随后所有的修改单(不包括勘误的内容)或修订版均不适用于本部分,然而,鼓励根据本部分达成协议的各方研究是否可使用这些文件的最新版本。凡是不注日期的引用文件,其最新版本适用于本部分。

GB/T 1981.1—2007 电气绝缘用漆 第1部分:定义和一般要求(IEC 60464-1:1998,IDT)

GB/T 1981.2—2009 电气绝缘用漆 第2部分:试验方法(IEC 60464-2:2001,MOD)

GB/T 6109.5—2008 漆包圆绕组线 第5部分:180级聚酯亚胺漆包铜圆线(IEC 60317-8:1997,IDT)

3 型号

H级聚酯亚胺浸渍漆的型号为:1056。

4 要求

一次交货的所有材料,除了应符合GB/T 1981.1—2007中规定的要求外,还应符合本部分表1中规定的要求。

表1 聚酯亚胺浸渍漆的性能要求

序号	性能	单位	要求
1	外观	—	漆液应为透明、无机械杂质和不溶解的粒子;漆膜应平整、有光泽。
2	黏度(4号杯,23 ℃±1 ℃)	s	70±7
3	非挥发物含量(130 ℃±2 ℃/2 h)	%	50±2
4	厚层固化(120 ℃±2 ℃/4 h+150 ℃±2 ℃/8 h)	—	不次于S1-U1-I4.2均匀
5	漆对漆包线的影响	—	铅笔硬度不低于2H
6	体积电阻率 常态(23 ℃±2 ℃) 浸水(常温,168 h)后	Ω·m	 $\geqslant 1.0\times10^{12}$ $\geqslant 1.0\times10^{10}$
7	介质损耗因数(180 ℃±2 ℃)	—	供需双方商定

表 1（续）

序号	性　能	单位	要　求
8	电气强度 常态(23 ℃±2 ℃) 热态(180 ℃±2 ℃)	MV/m	 ≥100 ≥80
9	耐变压器油(105 ℃±2 ℃/168 h)	—	不变色、不起泡、不发粘
10	粘结强度(螺旋线圈法) 23 ℃±2 ℃ 180 ℃±2 ℃	N	 ≥120 ≥6.0
11	温度指数	—	≥180

5　试验方法

5.1　外观

应按 GB/T 1981.2—2009 的 5.1 测定。

5.2　黏度

应按 GB/T 1981.2—2009 的 5.4 测定。

5.3　非挥发物含量

应按 GB/T 1981.2—2009 的 5.6 测定。试样烘焙条件:130 ℃±2 ℃/2 h。

5.4　厚层固化

应按 GB/T 1981.2—2009 的 5.9 测定。试样固化条件:120 ℃±2 ℃/4 h+150 ℃±2 ℃/8 h。

5.5　漆对漆包线的影响

应按 GB/T 1981.2—2009 的 5.10 测定。选用 Φ(0.8～1.0)mm 的符合 GB/T 6109.5—2008 的 180 级漆包圆绕组线。

5.6　体积电阻率

应按 GB/T 1981.2—2009 的 6.5.1 测定。试样制备条件:选用厚度为(0.10±0.01)mm 的薄铜板,第一遍浸漆后滴干 10 min,于 120 ℃±2 ℃烘焙 2 h 后升至 150 ℃±2 ℃烘焙 5 h;第二遍浸漆后滴干 10 min,于 120 ℃±2 ℃烘焙 2 h 后升至 150 ℃±2 ℃烘焙 8 h。必要时,可用乙二醇乙醚∶二甲苯=75∶25(重量比)的混合溶剂调节黏度。

5.7　介质损耗因数

应按 GB/T 1981.2—2009 的 6.5.2,在 180 ℃±2 ℃/1 h、50 Hz 频率的正弦试验电压下进行测定。试样制备条件:同 5.6。

5.8　电气强度

应按 GB/T 1981.2—2009 的 6.5.3 测定。试样制备条件:同 5.6。

5.9　耐变压器油

应按 GB/T 1981.2—2009 的 6.4.2 测定。试样制备条件:同 5.6。

5.10　粘结强度(螺旋线圈法)

应按 GB/T 1981.2　2009 的 6.3.1 测定,使用符合 GB/T 6109.5 的 180 级漆包圆绕组线制作螺旋线圈。螺旋线圈试样制备条件:第一遍浸漆后滴干 10 min,于 120 ℃±2 ℃烘焙 2 h 后升至 150 ℃±2 ℃烘焙 5 h;第二遍浸漆后滴干 10 min,于 120 ℃±2 ℃烘焙 2 h 后升至 150 ℃±2 ℃烘焙 8 h。必要时,可用乙二醇乙醚∶二甲苯=75∶25(重量比)的混合溶剂调节黏度。

5.11　温度指数

应按 GB/T 1981.2—2009 的 6.3.2 测定。

6 检验规则

6.1 每批漆均应进行出厂检验或型式检验。

6.2 用相同的原材料、工艺和设备系统连续生产的经一次混合的漆为一批。每批漆应进行出厂检验，出厂检验项目为表1中第1项、第2项、第3项、第6项(常态)。

6.3 型式检验项目为表1中第1项～第10项，每六个月至少进行一次，第11项为产品鉴定试验项目。当原材料、工艺或设备系统改变时，亦须进行型式检验和产品检定试验。

6.4 试样应由一批漆中不少于包装桶总数的5%中抽取。若批量小时，亦不得少于三桶。将漆充分搅拌均匀，从桶中各取500 g，仔细混合均匀后，从中取出所需数量装在洁净干燥磨口瓶中作为试样，在室温下保持4 h后方可进行试验。

6.5 试验结果中的任何一项不符合技术要求时，则应从该批量的另外5%桶中按6.4重新取样重复该项试验，若结果仍不符合要求，则该批漆为不合格品。

6.6 每批产品均应附有产品检验合格证。在用户要求时，制造厂应提供型式检验报告。

7 包装、标志、贮存和运输

7.1 漆应装在洁净而干燥的铁桶中，并密封好。铁桶的优选容积是2.5 L，5 L，25 L和200 L。

7.2 桶上应标明：制造厂名称，产品型号及名称，制造日期或批号，毛重及净重，以及"小心轻放"、"危险品"字样和图示标志。

7.3 漆应存放在清洁、干燥、通风良好、温度为－20 ℃～35 ℃的库房或遮棚中。

7.4 漆贮存在原来的密封容器中时，从出厂之日算起的贮存期：25 ℃下六个月。超过贮存期，按产品标准检验，合格者仍可用。

7.5 在运输过程中应装载在有蓬的车船中，不得靠近火源、暖气和受日光直射。

ICS 29.035.99
K 15

中华人民共和国国家标准

GB/T 1981.5—2009

电气绝缘用漆 第5部分:快固化节能型三聚氰胺醇酸浸渍漆

Varnishes used for electrical insulation—Part 5:Energy-saving fast curing melamine alkyd impregnating varnishes

2009-06-10 发布　　2009-12-01 实施

中华人民共和国国家质量监督检验检疫总局
中国国家标准化管理委员会　发布

前　言

GB/T 1981《电气绝缘用漆》分为以下几个部分：

——第1部分：定义和一般要求；

——第2部分：试验方法；

——第3部分：热固化浸渍漆通用规范；

——第4部分：聚酯亚胺浸渍漆；

——第5部分：快固化节能型三聚氰胺醇酸浸渍漆；

……

本部分为GB/T 1981的第5部分。

本部分由中国电器工业协会提出。

本部分由全国绝缘材料标准化技术委员会(SAC/TC 51)归口。

本部分负责起草单位：桂林电器科学研究所。

本部分参加起草单位：苏州巨峰绝缘材料有限公司、四川东材科技集团股份有限公司、浙江荣泰科技企业有限公司、广州市宝力达电气材料有限公司、吴江市太湖绝缘材料厂、国家绝缘材料工程技术研究中心。

本部分主要起人：马林泉、汝国兴、赵平、曹万荣、周树东、张春琪。

电气绝缘用漆 第5部分:快固化节能型三聚氰胺醇酸浸渍漆

1 范围

GB/T 1981的本部分规定了快固化节能型三聚氰胺醇酸浸渍漆的型号、要求、试验方法、检验规则、包装、标志、贮存和运输。

本部分适用于B级快固化节能型三聚氰胺醇酸浸渍漆。

2 规范性引用文件

下列文件中的条款通过GB/T 1981的本部分的引用而成为本部分的条款。凡是注日期的引用文件,其随后所有的修改单(不包括勘误的内容)或修订版均不适用于本部分,然而,鼓励根据本部分达成协议的各方研究是否可使用这些文件的最新版本。凡是不注日期的引用文件,其最新版本适用于本部分。

GB/T 1981.1—2007 电气绝缘用漆 第1部分:定义和一般要求(IEC 60464-1:1998,IDT)

GB/T 1981.2—2009 电气绝缘用漆 第2部分:试验方法(IEC 60464-2:2001,MOD)

3 型号

B级快固化节能型三聚氰胺醇酸浸渍漆的型号为:1038。

4 要求

一次交货的所有材料,除了应符合GB/T 1981.1—2007中规定的要求外,还应符合本部分表1中规定的性能要求。

5 试验方法

5.1 外观

应按GB/T 1981.2—2009的5.1测定。

5.2 闪点

应按GB/T 1981.2—2009的5.2测定。

5.3 黏度

应按GB/T 1981.2—2009的5.4测定。

5.4 酸值

应按GB/T 1981.2—2009的5.5测定。

5.5 非挥发物含量

应按GB/T 1981.2—2009的5.6测定,烘焙条件:105 ℃±2 ℃/2 h。

5.6 漆在敞口容器中的稳定性

应按GB/T 1981.2—2009的5.8测定。

5.7 厚层固化

应按GB/T 1981.2—2009的5.9测定。升温程序:大约以10 ℃/20 min的速度升温,升至80 ℃保温2 h,升至100 ℃保温2 h,再升至120 ℃保温6 h。

表 1 性能要求

序号	性能	单位	要求
1	外观	—	漆液应透明、无机械杂质和不溶解的粒子；漆膜应平滑、有光泽、无机械杂质和颗粒等
2	闪点	℃	≥21
3	黏度(4 号杯，23 ℃±1 ℃)	s	30～50
4	酸值	mgKOH/g	≤10
5	非挥发物含量(105 ℃±2 ℃/2 h)	%	40±2
6	漆在敞口容器中的稳定性(50 ℃±2 ℃/96 h)	—	黏度增长不超过起始值的 4 倍
7	厚层固化	—	不次于 S1-U1-I4.2 均匀
8	漆对漆包线的影响	—	铅笔硬度不低于 H
9	弯曲试验(Φ3 mm 圆柱芯轴)	—	漆膜不开裂
10	表面干燥性(105 ℃±2 ℃)	h	≤1
11	体积电阻率 常态(23 ℃±2 ℃) 浸水(常温，168 h)后	Ω·m	 $\geqslant 1.0\times10^{12}$ $\geqslant 1.0\times10^{8}$
12	电气强度 常态(23 ℃±2 ℃) 热态(130 ℃±2 ℃)	MV/m	 ≥80 ≥40
13	耐溶剂蒸气性 (二甲苯、丙酮、甲醇、正己烷、二硫化碳)	—	附着情况无变化，不剥落，不起泡，不流挂，不发粘(仅允许稍有发粘)，五种溶剂试验至少有两种通过
14	温度指数	—	≥130

5.8 漆对漆包线的影响

应按 GB/T 1981.2—2009 的 5.10 测定。选用 Φ(0.8～1.0)mm 的 QZ-2/130 级的漆包线。

5.9 弯曲试验(Φ3 mm 圆柱芯轴)

应按 GB/T 1981.2—2009 的 6.2.1 测定。试样制备条件：选用厚度为(0.10±0.01)mm 的薄铜板，第一遍浸漆后滴干 10 min，于 120 ℃±2 ℃烘焙 1 h；第二遍浸漆后滴干 10 min，于 120 ℃±2 ℃烘焙 2 h。

漆膜烘焙处理条件：150 ℃±2 ℃/30 h。

5.10 表面干燥性

应按 GB/T 1981.2—2009 的 6.4.1 测定。试样制备条件，选用厚度为(0.10±0.01)mm 的薄铜板，浸漆后滴干 10 min，然后于 105 ℃±2 ℃下烘焙一定时间，取出试样放入干燥器内冷却至室温。

5.11 体积电阻率

应按 GB/T 1981.2—2009 的 6.5.1 测定。试样制备条件：选用厚度为(0.10±0.01)mm 的薄铜板，第一遍浸漆后滴干 10 min，于 120 ℃±2 ℃烘焙 1 h；第二遍浸漆后滴干 10 min，于 120 ℃±2 ℃烘焙 2 h。

5.12 电气强度

应按 GB/T 1981.2—2009 的 6.5.3 测定。试样制备条件:选用厚度为(0.10±0.01)mm 的薄铜板,第一遍浸漆后滴干 10 min,于 120 ℃±2 ℃烘焙 1 h;第二遍浸漆后滴干 10 min,于 120 ℃±2 ℃烘焙 2 h。

5.13 耐溶剂蒸气性

应按 GB/T 1981.2—2009 的 6.4.3 测定。试样制备条件:选用厚度为(0.10±0.01)mm 的薄铜板,第一遍浸漆后滴干 10 min,于 120 ℃±2 ℃烘焙 1h;第二遍浸漆后滴干 10 min,于 120 ℃±2 ℃烘焙 2 h。

5.14 温度指数

应按 GB/T 1981.2—2009 的 6.3.2 测定。

6 检验规则

6.1 每批漆均应进行出厂检验或型式检验。

6.2 用相同的原材料、工艺和设备系统连续生产的经一次混合的漆为一批。每批漆应进行出厂检验。出厂检验项目为表 1 中第 1 项、第 3 项、第 4 项、第 5 项、第 10 项、第 11 项(常态)、第 12 项(常态)。

6.3 型式检验项目为表 1 中第 1 项～第 13 项,每六个月至少进行一次,第 14 项为产品鉴定试验项目。当原材料、工艺或设备系统改变时,亦须进行型式检验和产品检定试验。

6.4 试样应由一批漆中不少于包装桶总数的 5%中抽取。若批量小时,亦不得少于三桶。将漆充分搅拌均匀,从桶中各取 500 g,仔细混合均匀后,从中取出所需数量装在洁净干燥磨口瓶中作为试样,在室温下保持 4 h 后方可进行试验。

6.5 试验结果中的任何一项不符合技术要求时,则应从该批量的另外 5%桶中按 6.4 重新取样重复该项试验,若结果仍不符合要求,则该批漆为不合格品。

6.6 每批产品均应附有产品检验合格证。在用户要求时,制造厂应提供型式检验报告。

7 包装、标志、贮存和运输

7.1 漆应装在洁净而干燥的铁桶中,并密封好。铁桶的优选容积是 2.5 L,5 L,25 L 和 200 L。

7.2 桶上应标明:制造厂名称,产品型号及名称,制造日期或批号,毛重及净重,以及"小心轻放"、"危险品"字样和图示标志。

7.3 漆应存放在清洁、干燥、通风良好、温度为－20 ℃～35 ℃的库房或遮棚中。

7.4 漆贮存在原来的密封容器中时,从出厂之日算起的贮存期:25 ℃下六个月。超过贮存期,按产品标准检验,合格者仍可用。

7.5 在运输过程中应装载在有蓬的车船中,不得靠近火源、暖气和受日光直射。

ICS 77.160
H 71

中华人民共和国国家标准

GB/T 2085.3—2009

铝粉 第3部分:粉碎铝粉

Aluminum powder—Part 3:Comminuted aluminum powder

2009-04-15 发布 2010-02-01 实施

中华人民共和国国家质量监督检验检疫总局
中国国家标准化管理委员会 发布

前　言

GB/T 2085《铝粉》分为三个部分：

——第1部分：空气雾化铝粉；

——第2部分：球磨铝粉；

——第3部分：粉碎铝粉。

本部分为GB/T 2085的第3部分。

本部分由中国有色金属工业协会提出。

本部分由全国有色金属标准化技术委员会归口。

本部分由中国铝业股份有限公司西北铝加工分公司负责起草。

本部分主要起草人：张继光、张渭林、邵镇坤。

铝粉　第3部分:粉碎铝粉

1　范围

本部分规定了粉碎铝粉的要求、试验方法、检验规则和包装、标志、运输、贮存及合同(或订货单)内容。

本部分适用于机械粉碎固态铝金属的铝粉。

2　规范性引用文件

下列文件中的条款通过本部分的引用而成为本部分的条款。凡是注日期的引用文件,其随后所有的修改单(不包括勘误的内容)或修订版均不适用于本部分,然而,鼓励根据本部分达成协议的各方研究是否可使用这些文件的最新版本。凡是不注日期的引用文件,其最新版本适用于本部分。

GB 190　危险货物包装标志

GB/T 3199　铝及铝合金加工产品包装、标志、运输、贮存

GB/T 5314　粉末冶金用粉末的取样方法

GB/T 20975.4　铝及铝合金化学分析方法　第4部分:铁含量的测定　邻二氮杂菲分光光度法

GB/T 20975.5　铝及铝合金化学分析方法　第5部分:硅含量的测定

YS/T 617.1　铝镁及其合金粉理化性能测定方法　第1部分　活性铝、活性镁、活性铝镁量的测定　气体容量法

YS/T 617.3　铝镁及其合金粉理化性能测定方法　第3部分　水分的测定　干燥失重法

YS/T 617.6　铝镁及其合金粉理化性能测定方法　第6部分　粒度分布的测定　筛分法

YS/T 617.8　铝镁及其合金粉理化性能测定方法　第8部分　松装密度的测定

3　术语和定义

下列术语和定义适用于本部分。

3.1

粒状　granular

粉末颗粒接近等轴呈不规则的颗粒形状。

3.2

结团　cake

金属粉末未经成形而粘结在一起的块状物。

4　要求

4.1　牌号

粉碎铝粉牌号采用“FLS”加二至四位数字的形式表示(如表1),牌号中的“FLS”为粉碎铝粉的标识代号,牌号中的数字代表铝粉筛分试验选择的筛网的最大孔径。

4.2　外观

4.2.1　粉碎铝粉呈银白色或银灰色粒状。

4.2.2　粉碎铝粉内应无异物或结团。

4.3　粒度分布及典型用途

粉碎铝粉的粒度分布如表1所示。需方对粒度分布有特殊要求时,可与供方另行协商。

表 1

牌　　号	粒度分布		典型用途
	筛网孔径/μm	质量分数/%	
FLS2500	≥2 500	≤5	用于钼铁生产
	≤500	≤15	
FLS2000	≥2 000	≤5	用于钛铁生产
	≤180	≤10	
FLS1500	≥1 500	≤10	用于钨铁生产
	≤500	≤10	
FLS630	≥630	≤5	用于铝热焊接
	≤280	≤15	

4.4　化学成分

粉碎铝粉的化学成分应符合表 2 的规定。

表 2

牌　　号	质量分数/%			
	活性铝	杂质		
		Fe	Si	H_2O
FLS2500	≥98	≤0.5	≤0.2	≤0.1
FLS2000				
FLS1500				
FLS630				

4.5　松装密度

需方对松装密度有要求时，由供需双方协商决定，并在合同(或订货单)中注明。

5　试验方法

5.1　外观质量

粉碎铝粉的外观质量以目视检查。

5.2　粒度分布

粉碎铝粉的粒度分布按照 YS/T 617.6 的规定，采用机械振动筛分法测定。

5.3　活性铝

粉碎铝粉的活性铝按照 YS/T 617.1 的规定测定。

5.4　杂质

粉碎铝粉杂质中的 Fe 和 Si 元素质量分数按照 GB/T 20975.4 和 GB/T 20975.5 的规定测定。水分按照 YS/T 617.3 的规定测定。

5.5　松装密度

粉碎铝粉的松装密度按 YS/T 617.8 的规定测定。

6　检验规则

6.1　检查和验收

6.1.1　粉碎铝粉由供方进行检验，保证产品质量符合本部分(或订货合同)的规定，并填写质量证明书。

6.1.2 需方应对收到的产品按本部分的规定进行检验，如检验结果与本部分及订货合同的规定不符时，应以书面形式向供方提出，由供需双方协商解决。属于外观质量的异议，应在收到产品之日起十日内提出；属于粒度分布及化学成分的异议，应在收到产品之日起30日内提出。如需仲裁，供需双方在需方共同进行仲裁取样。

6.2 **组批**

粉碎铝粉应成批提交检验，每批应由同一牌号的铝粉组成，批重应不超过3 000 kg。

6.3 **检验项目**

每批粉碎铝粉均应进行外观质量、粒度分布、化学成分的检验。如需方要求对松装密度按批进行检验，应在合同中注明。

6.4 **取样**

6.4.1 每批粉碎铝粉应按照GB/T 5314的规定取样和分样，将所取样品混匀，用四分法缩分至不少于250 g的平均试样。

6.4.2 将平均试样分成两等分，一份供检验分析用，另一份封装于密闭的容器中，交实验室封存6个月供备查。

6.5 **检验结果的判定**

6.5.1 外观质量不符合本部分规定时，判该批粉末不合格。但允许供方对粉末进行重新处理，检验合格后交货。

6.5.2 化学成分分析结果不合格时，判该批不合格。

6.5.3 当粒度分布或松装密度检验结果不符合本部分规定时，从该批中重取双倍件数，对不符合本部分规定的项目进行重复试验。如果重复试验结果仍不符合本部分规定，则判该批粉末不合格。

7 包装、标志、运输、贮存

7.1 **包装**

7.1.1 粉碎铝粉采用铁桶、铝桶或编制袋内衬塑料复合包装。内外包装应封闭严密，完整无损。每件重不超过60kg。

7.1.2 需方对产品包装有特殊要求时，由供需双方在合同中注明。

7.2 **标志**

在每个包装上应注明：

a) 生产单位名称、商标；
b) 牌号；
c) 批号；
d) 净重；
e) 部分编号；
f) 生产日期；
g) 危险货物标志，标志的尺寸、颜色和使用方法执行GB 190的规定。

7.3 **运输**

7.3.1 粉碎铝粉应轻装轻卸，严禁摔、撞、拖拉、滚动。不允许与火种接近。

7.3.2 粉碎铝粉应用棚车或集装箱运输。车辆应做好防静电措施。

7.4 **贮存**

粉碎铝粉应贮存在通风、干燥的库房内，严禁与氧化剂、酸类、碱类混合贮存，并避免阳光直晒。

7.5 **质量证明书**

每批产品应附有产品质量证明书，注明：

a) 生产厂名称、地址、电话；

b） 产品名称；

c） 牌号；

d） 批号；

e） 件数和净重；

f） 检验结果和生产单位质量监督检验部门印记；

g） 本部分编号；

h） 出厂日期。

7.6 其他

其他要求按照 GB/T 3199。

8 合同(或订货单)内容

订购本部分所列材料的合同(或订货单)内应包括下列内容：

a） 产品名称；

b） 牌号；

c） 重量；

d） 本部分编号；

e） 本部分规定的应在合同中注明的事项；

f） 增加本部分以外内容时的协商结果。

ICS 21.160
J 26

中华人民共和国国家标准

GB/T 2088—2009
代替 GB/T 2087—2001, GB/T 2088—1997, GB/T 4142—2001

普通圆柱螺旋拉伸弹簧尺寸及参数

Cylindrical coiled tension spring dimensions and parameters

2009-03-16 发布　　2009-11-01 实施

中华人民共和国国家质量监督检验检疫总局
中国国家标准化管理委员会　发布

前言

本标准是对GB/T 2087—2001《普通圆柱螺旋拉伸弹簧尺寸及参数(半圆钩环型)》、GB/T 2088—1997《圆柱螺旋拉伸弹簧(圆钩环压中心型)尺寸及参数》、GB/T 4142—2001《普通圆柱螺旋拉伸弹簧尺寸及参数(圆钩环型)》进行整合修订。修订时保留其有效部分,对已不适应的内容进行修订,本标准与被修订标准的主要技术差异如下:

——对原标准按GB/T 1.1进行了编辑性修改。

——对引用标准进行了全面查新,使用已修订过的最新版本代替原标准所引用的旧版本,并进行了增减。

——术语、代号等符号按GB/T 1805《弹簧术语》进行了调整。

——为提高其标准的实用性,对原标准的标记方法和弹簧尺寸及参数进行了精简。

——直接应用GB/T 1239.6《圆柱螺旋弹簧设计计算》的计算公式对表3中的数值作了重新计算。

本标准的附录A、附录B是资料性附录。

本标准由中国机械工业联合会提出。

本标准由全国弹簧标准化技术委员会(SAC/TC 235)归口。

本标准负责起草单位:浙江美力弹簧有限公司、中机生产力促进中心。

本标准参加起草单位:常州铭锦弹簧有限公司、浙江金昌弹簧有限公司、杭州钱江弹簧有限公司、立洲集团控股有限公司、杭州富春弹簧有限公司、无锡丰力弹簧有限公司、张家港迪尔弹簧制造有限公司。

本标准主要起草人:屠世润、梁泉、姜膺、赵春伟、余方、陆培根、王卫、张桂军、严世平、邵文武、尤伟明、张英会。

本标准所代替标准的历次版本发布情况为:

——GB/T 2087—1980、GB/T 2087—2001;

——GB 2088—1980、GB/T 2088—1997;

——GB/T 4142—1984、GB/T 4142—2001。

普通圆柱螺旋拉伸弹簧尺寸及参数

1 范围

本标准规定了普通圆柱螺旋拉伸弹簧结构型式中最常用的 LⅠ(半圆钩环型)、LⅢ(圆钩环扭中心型)及 LⅥ(圆钩环压中心型)的尺寸及参数。

本标准适用于受静负荷及循环次数在 $N \leqslant 10^5$ 的动负荷、有初拉力的圆截面圆柱螺旋拉伸弹簧(以下简称弹簧),弹簧材料直径为 0.5 mm~8.0 mm。

2 规范性引用文件

下列文件中的条款通过本标准的引用而成为本标准的条款。凡是注日期的引用文件,其随后所有的修改单(不包括勘误的内容)或修订版均不适用于本标准,然而,鼓励根据本标准达成协议的各方研究是否可使用这些文件的最新版本。凡是不注日期的引用文件,其最新版本适用于本标准。

GB/T 1239.1 冷卷圆柱螺旋弹簧技术条件 第1部分:拉伸弹簧

GB/T 1805 弹簧术语

GB/T 4357—1989 碳素弹簧钢丝

GB/T 23935 圆柱螺旋弹簧设计计算

3 术语和代号

本标准使用的术语和符号应符合 GB/T 1805 和表1的规定。

表1

参数名称	代号	单位
材料直径	d	mm
弹簧中径	D	mm
弹簧内径	D_1	mm
弹簧外径	D_2	mm
有效圈数	n	圈
自由长度	H_0	mm
有效圈长度	H_{Lb}	mm
弹簧刚度	F'	N/mm
旋绕比	C	
试验负荷	F_s	N
试验负荷下变形量	f_s	mm
试验切应力	τ_s	MPa

表 1（续）

参数名称	代号	单位
初切应力	τ_0	MPa
许用切应力	$[\tau]$	MPa
工作负荷	$F_1,F_2,\cdots,F_n$	N
工作负荷下变形量	$f_1,f_2,\cdots,f_n$	mm
初拉力	F_0	N
展开长度	L	mm
弹簧单件重量	m	kg
钩环开口宽度	h_2	mm

4 弹簧类型

4.1 弹簧类型

弹簧类型分 LⅠ半圆钩环；LⅢ圆钩环扭中心和 LⅥ圆钩环压中心三种，见表 2。

4.2 有效圈数尾数

三种类型的弹簧，每一种又按有效圈数尾数分 A 型和 B 型。A 型有效圈数尾数为 0.5，B 型有效圈数尾数为 0.25，见图 1。

表 2

LⅠ	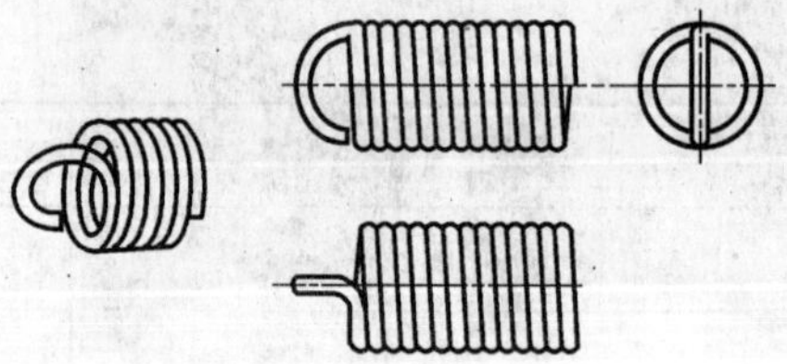	半圆钩环
LⅢ	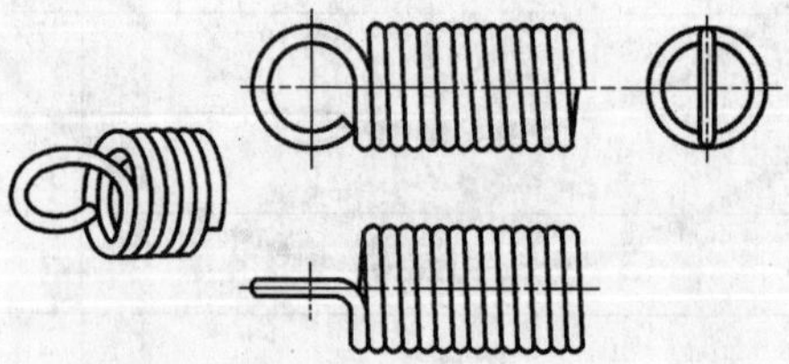	圆钩环扭中心 （圆钩环）
LⅥ	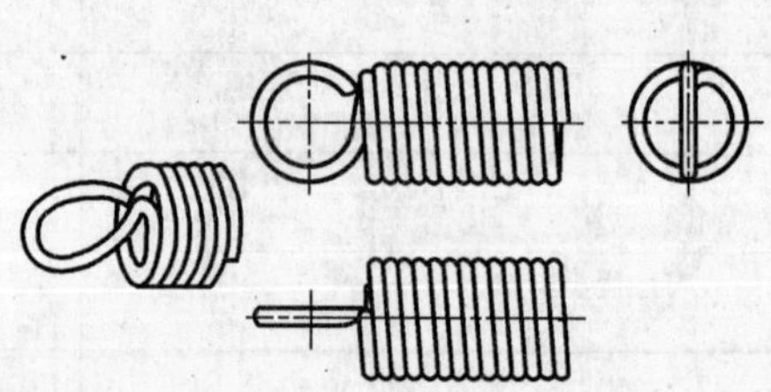	圆钩环压中心

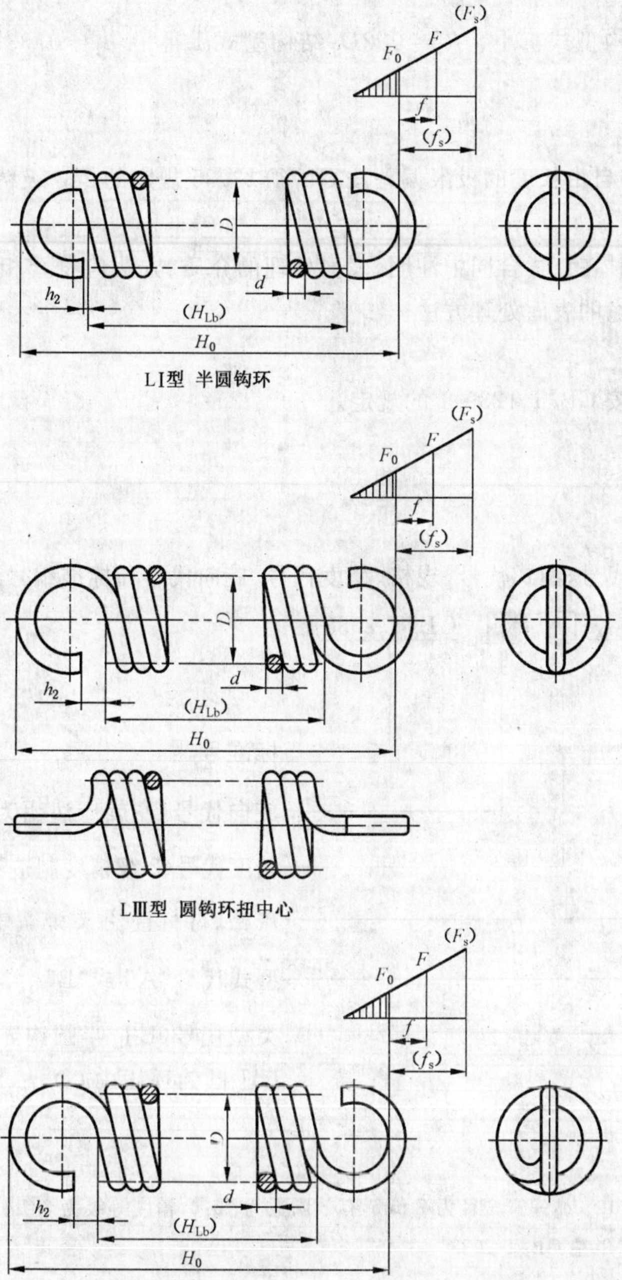

图1 圆柱螺旋拉伸弹簧

5 技术要求

5.1 材料

选用 GB/T 4357—1989 中 C 级碳素弹簧钢丝。如采用其他种类的钢丝，在计算中应采用其相应的力学性能数据。

5.2 弹簧自由长度

本标准表 3 中给出了 H_{Lb} 参数，弹簧自由长度 H_0 按公式(1)和公式(2)近似计算：

LⅠ半圆钩环型自由长度： $H_0 = H_{Lb} + D_1$ ……………………………（1）

LⅢ圆钩环扭中心和 LⅥ圆钩环压中心型：$H_0 = H_{Lb} + 2D_2$ ……………………………（2）

5.3 弹簧钩环

开口宽度 h_2 为：结构型式 LⅠ：$h_2=0.2D$；结构型式 LⅢ：$h_2=0.33D$；结构型式 LⅥ：$h_2=(0.25\sim0.35)D$。

5.4 制造精度

弹簧的负荷、外径和自由长度的极限偏差按 GB/T 23935 规定的 2、3 级精度选用。

5.5 表面处理

弹簧表面处理需要时在订货合同中注明，表面处理的介质、方法应符合相应的环境保护法规，应尽量避免采用可能导致氢脆的表面处理方法。

5.6 弹簧其他技术要求

弹簧其他技术要求按 GB/T 1239.1 的规定。

6 标记

6.1 标记方法

弹簧的标记由类型代号、型式代号、规格、精度代号、旋向代号和标准编号组成，规定如下：

L □ $d\times D\times n$-□ □ GB/T 2088

- 标准号
- 旋向代号（左旋应注明为左，右旋不表示）
- 精度代号（2 级精度制造不表示，3 级应注明“3”级）
- 规格（材料直径 × 弹簧中径 × 有效圈数）
- 型式代号“A”或“B”
- 类型代号（LⅠ 半圆钩环，LⅢ 圆钩环扭中心，LⅥ 圆钩环压中心）

6.2 标记示例

示例 1：

LI 型弹簧，材料直径为 1 mm，弹簧中径为 7 mm，有效圈数为 10.5，精度等级为 3 级，A 型左旋弹簧：

标记：LI A 1×7×10.5-3 左 GB/T 2088

示例 2：

LⅢ 型弹簧，材料直径为 1 mm，弹簧中径为 5 mm，有效圈数为 12.25，精度为 2 级的 B 型弹簧：

标记：LⅢ B 1×5×12.25 GB/T 2088

示例 3：

LⅥ 型弹簧，材料直径为 2.5 mm，弹簧中径为 16 mm，有效圈数为 30.25，精度为 3 级的 B 型弹簧：

标记：LⅥ B 2.5×16×30.25-3 GB/T 2088

7 弹簧尺寸及参数

弹簧的主要尺寸及参数按表 3 的规定。

表 3

d	D	F_0	F_s	n=8.25 圈				n=10.5 圈				n=12.25 圈			
mm	mm	N	N	H_{Lb} mm	f_s mm	F' N/mm	m 10^{-3} kg	H_{Lb} mm	f_s mm	F' N/mm	m 10^{-3} kg	H_{Lb} mm	f_s mm	F' N/mm	m 10^{-3} kg
0.5	3	1.6	14.4	4.6	4.6	2.77	0.14	5.8	5.9	2.18	0.17	6.6	5.3	1.87	0.20
	3.5	1.2	12.3		6.4	1.74	0.16		8.1	1.37	0.20		9.8	1.18	0.23
	4	0.9	10.8		8.5	1.17	0.18		10.8	0.92	0.23		15.7	0.79	0.26
	5	0.6	8.6		13.3	0.60	0.23		17	0.47	0.28		22.9	0.40	0.33
	6	0.4	7.2		19.4	0.35	0.27		25.2	0.27	0.34		31.5	0.23	0.40
0.6	3	3.3	23.9	5.6	3.6	5.75	0.21	6.9	4.6	4.51	0.26	7.9	5.3	3.87	0.30
	4	1.9	17.9		6.6	2.42	0.29		8.4	1.90	0.35		9.8	1.63	0.39
	5	1.2	14.3		10.6	1.24	0.36		13.4	0.975	0.44		15.7	0.836	0.50
	6	0.8	11.9		15.5	0.718	0.43		19.7	0.564	0.52		22.9	0.484	0.69
	7	0.6	10.2		21.2	0.452	0.50		27	0.355	0.61		31.5	0.305	0.69
0.8	4	5.9	40.4	7.4	4.5	7.66	0.51	9.2	5.7	6.02	0.62	10.6	6.7	5.16	0.71
	5	3.8	32.3		7.3	3.92	0.63		9.3	3.08	0.78		10.8	2.64	0.88
	6	2.6	26.9		10.7	2.27	0.76		13.7	1.78	0.93		15.9	1.53	1.06
	8	1.5	20.2		19.6	0.952	0.94		24.9	0.752	1.16		29	0.645	1.33
	9	1.2	18.0		25	0.673	1.05		31.8	0.528	1.30		37.1	0.453	1.50
1.0	5	9.2	61.5	9.3	5.5	9.58	0.99	11.5	7	7.52	1.21	13.3	8.1	6.45	1.38
	6	6.4	51.3		8.1	5.54	1.19		10.3	4.35	1.45		12	3.73	1.66
	7	4.7	44.0		11.3	3.49	1.39		14.3	2.74	1.69		16.7	2.35	1.93
	8	3.6	38.5		14.9	2.34	1.59		19	1.84	1.94		22.2	1.57	2.21
	10	2.3	30.8		23.8	1.20	1.99		30.3	0.940	2.42		35.4	0.806	2.76
	12	1.6	25.6		34.6	0.693	2.38		44.1	0.544	2.91		51.4	0.467	3.31
1.2	6	13.3	86.4	11.1	6.4	11.5	1.72	13.8	8.1	9.03	2.09	15.9	9.4	7.74	2.38
	7	9.8	74.0		8.9	7.24	2.00		11.3	5.69	2.44		13.2	4.87	2.78
	8	7.5	64.8		11.8	4.85	2.29		15	3.81	2.79		17.6	3.26	3.18
	10	4.8	51.8		19	2.48	2.86		19.5	2.41	2.93		28.1	1.67	3.97
	12	3.3	43.2		27.7	1.44	3.43		35.3	1.13	4.18		41.3	0.967	4.77
	14	2.4	37.0		38.2	0.905	4.00		48.7	0.711	4.88		56.8	0.609	5.56
1.6	8	23.6	145	14.8	7.9	15.3	4.07	18.4	10.1	12.0	4.96	21.2	11.8	10.3	5.65
	10	15.1	116		12.9	7.84	5.08		16.4	6.16	6.20		19.1	5.28	7.07
	12	10.5	97.0		19.1	4.54	6.10		24.2	3.57	7.44		28.3	3.06	8.48
	14	7.7	83.1		26.4	2.86	7.12		33.5	2.25	8.68		39.1	1.93	9.89
	16	5.9	72.7		34.8	1.92	8.13		44.5	1.50	9.92		51.8	1.29	11.3
	18	4.7	64.7		44.4	1.35	9.15		56.6	1.06	11.2		66.2	0.906	12.7
2.0	10	37.0	215	18.5	9.3	19.2	7.94	23.0	11.9	15.0	9.68	26.5	13.8	12.9	11.0
	12	25.7	179		13.8	11.1	9.53		17.6	8.71	11.6		20.5	7.46	13.3
	14	18.8	153		19.2	6.98	11.1		24.5	5.48	13.6	26.5	28.6	4.70	15.5
	16	14.4	134		25.6	4.68	12.7		32.6	3.67	15.5		38	3.15	17.7
	18	11.4	119		32.8	3.28	14.3		41.7	2.58	17.4		48.7	2.21	19.9
	20	9.2	107		40.9	2.39	15.9		52	1.88	19.4		60.7	1.61	22.1
2.5	12	62.7	339	23.1	10.2	27.1	14.9	28.8	13	21.3	18.2	33.1	15.2	18.2	20.7
	14	46.1	291		14.4	17.0	17.4		18.3	13.4	21.2		21.3	11.5	24.2
	16	35.3	255		19.3	11.4	19.9		24.5	8.97	24.2		28.6	7.69	27.6
	18	27.9	226		24.7	8.02	22.3		31.4	6.30	27.2		36.7	5.40	31.1
	20	22.6	204		31.1	5.84	24.8		39.5	4.59	30.3		46	3.94	34.5
	25	14.4	163		49.7	2.99	31.0		63.2	2.35	37.8		73.6	2.02	43.1

表 3（续）

d mm	D mm	F_0 N	F_s N	n=15.5 圈 H_{Lb} mm	f_s mm	F' N/mm	m 10^{-3} kg	n=18.25 圈 H_{Lb} mm	f_s mm	F' N/mm	m 10^{-3} kg	n=20.5 圈 H_{Lb} mm	f_s mm	F' N/mm	m 10^{-3} kg
0.5	3	1.6	14.4	8.3	8.7	1.47	0.25	9.6	10.2	1.25	0.29	10.7	11.4	1.12	0.33
	3.5	1.2	12.3		11.9	0.929	0.30		14.1	0.789	0.34		15.8	0.702	0.38
	4	0.9	10.8		15.9	0.622	0.34		18.8	0.528	0.39		21.1	0.470	0.44
	5	0.6	8.6		25.1	0.319	0.42		29.5	0.271	0.49		33.2	0.241	0.55
	6	0.4	7.2		37	0.184	0.51		43.3	0.157	0.59		48.9	0.139	0.65
0.6	3	3.3	23.9	9.9	6.7	3.06	0.37	11.6	7.9	2.60	0.42	12.9	8.9	2.31	0.47
	4	1.9	17.9		12.4	1.29	0.49		14.5	1.10	0.57		16.4	0.975	0.63
	5	1.2	14.3		19.8	0.661	0.61		23.4	0.561	0.71		26.3	0.499	0.78
	6	0.8	11.9		29.1	0.382	0.73		34.2	0.325	0.85		38.4	0.289	0.94
	7	0.6	10.2		39.8	0.241	0.85		47.1	0.204	0.99		52.7	0.182	1.10
0.8	4	5.9	40.4	13.2	8.5	4.08	0.87	15.4	10	3.46	1.00	17.2	11.2	3.08	1.12
	5	3.8	32.3		13.6	2.09	1.08		16.1	1.77	1.26		18	1.58	1.39
	6	2.6	26.9		20.1	1.21	1.30		23.6	1.03	1.51		26.6	0.913	1.69
	8	1.5	20.2		36.7	0.510	1.74		43.2	0.433	2.01		48.6	0.385	2.23
	9	1.2	18.0		46.9	0.358	1.95		55.3	0.304	2.26		62	0.271	2.51
1.0	5	9.2	61.5	16.5	10.3	5.10	1.69	19.3	12.1	4.33	1.96	21.5	13.6	3.85	2.18
	6	6.4	51.3		15.2	2.95	2.03		17.9	2.51	2.35		25.1	1.79	3.20
	7	4.7	44.0		21.1	1.86	2.37		24.9	1.58	2.75		28.1	1.40	3.05
	8	3.6	38.5		28.1	1.24	2.71		32.9	1.06	3.14		37.1	0.941	3.49
	10	2.3	30.8		44.7	0.637	3.39		52.7	0.541	3.92		59.1	0.482	4.36
	12	1.6	25.6		65	0.369	4.07		76.7	0.313	4.71		86	0.279	5.23
1.2	6	13.3	86.4	19.8	11.9	6.12	2.93	23.1	14.1	5.19	3.39	25.8	15.8	4.62	3.77
	7	9.8	74.0		16.7	3.85	3.42		19.6	3.27	3.95		21.8	2.95	4.34
	8	7.5	64.8		22.2	2.58	3.90		26.2	2.19	4.52		29.4	1.95	5.02
	10	4.8	51.8		35.6	1.32	4.88		42	1.12	5.65		47	0.999	6.28
	12	3.3	43.2		52.2	0.765	5.86		61.5	0.649	6.78		69	0.578	7.53
	14	2.4	37.0		71.9	0.481	6.83		84.6	0.409	7.91		95.1	0.364	8.79
1.6	8	23.6	145	26.4	14.9	8.15	6.94	30.8	17.5	6.93	8.03	34.4	19.7	6.17	8.93
	10	15.1	116		24.1	4.18	8.68		28.4	3.55	10.0		31.9	3.16	11.2
	12	10.5	97.0		35.7	2.42	10.4		42.2	2.05	12.1		47.3	1.83	13.4
	14	7.7	83.1		49.6	1.52	12.2		58.4	1.29	14.1		65.6	1.15	15.6
	16	5.9	72.7		65.5	1.02	13.9		77.1	0.866	16.1		86.6	0.771	17.9
	18	4.7	64.7		83.8	0.716	15.6		98.7	0.608	18.1		110.9	0.541	20.1
2.0	10	37.0	215	33.0	17.5	10.20	13.6	38.5	20.6	8.66	15.7	43.0	23.1	7.71	17.4
	12	25.7	179		26	5.90	16.3		30.6	5.01	18.8		34.4	4.46	20.9
	14	18.8	153		36.2	3.71	19.0		42.5	3.16	22.0		47.8	2.81	24.4
	16	14.4	134		48	2.49	21.7		56.7	2.11	25.1		63.6	1.88	27.9
	18	11.4	119		61.5	1.75	24.4		72.7	1.48	28.2		81.5	1.32	31.4
	20	9.2	107		77	1.27	27.1		90.6	1.08	31.4		101.6	0.963	34.9
2.5	12	62.7	339	41.3	19.2	14.4	25.4	48.1	22.6	12.2	29.1	53.8	25.3	10.9	32.7
	14	46.1	291		27	9.07	29.7		31.8	7.70	34.3		35.7	6.86	38.1
	16	35.3	255		36.1	6.08	33.9		42.6	5.16	39.2		47.9	4.59	43.6
	18	27.9	226		46.4	4.27	38.1		54.7	3.62	44.1		61.3	3.23	49.0
	20	22.6	204		58.3	3.11	42.4		68.7	2.64	49.0		77.2	2.35	54.5
	25	14.4	163		128.1	11.59	53.0		110.1	1.35	61.3		123.8	1.20	68.1

表 3（续）

d mm	D mm	F_0 N	F_s N	n=25.5 圈				n=30.25 圈				n=40.5 圈			
				H_{Lb} mm	f_s mm	F' N/mm	m 10^{-3} kg	H_{Lb} mm	f_s mm	F' N/mm	m 10^{-3} kg	H_{Lb} mm	f_s mm	F' N/mm	m 10^{-3} kg
0.5	3	1.6	14.4	13.2	14.3	0.896	0.40	15.6	19.8	0.648	0.54	20.8	22.7	0.564	0.62
	3.5	1.2	12.3		19.6	0.565	0.47		27.2	0.408	0.63		31.3	0.355	0.72
	4	0.9	10.8		26.2	0.378	0.53		36.1	0.274	0.72		41.6	0.238	0.82
	5	0.6	8.6		41.2	0.194	0.67		57.1	0.140	0.90		65.6	0.122	1.03
	6	0.4	7.2		60.7	0.112	0.80		83.8	0.081	1.08		96.3	0.0706	1.23
0.6	3	3.3	23.9	15.9	11.1	1.86	0.58	18.8	13.1	1.570	0.68	24.9	17.6	1.17	0.89
	4	1.9	17.9		20.4	0.784	0.77		24.2	0.661	0.90		32.4	0.494	1.19
	5	1.2	14.3		32.6	0.402	0.96		38.8	0.338	1.12		51.8	0.253	1.48
	6	0.8	11.9		47.8	0.232	1.15		56.6	0.196	1.35		76.0	0.146	1.78
	7	0.6	10.2		65.8	0.146	1.35		78.0	0.123	1.57		104.3	0.092	2.07
0.8	4	5.9	40.4	21.2	13.9	2.48	1.36	25.0	16.5	2.09	1.60	33.2	22.1	1.56	2.11
	5	3.8	32.3		22.4	1.27	1.70		26.6	1.07	2.00		35.7	0.799	2.63
	6	2.6	26.9		33.1	0.734	1.98		39.3	0.619	2.34		52.6	0.462	3.10
	8	1.5	20.2		60.3	0.310	2.64		71.6	0.261	3.11		95.9	0.195	4.13
	9	1.2	18.0		77.1	0.218	2.98		91.8	0.183	3.50		122.6	0.137	4.65
1.0	5	9.2	61.5	26.5	16.9	3.10	2.66	31.3	20.0	2.61	3.12	41.5	26.8	1.95	4.12
	6	6.4	51.3		25.1	1.79	3.20		29.7	1.51	3.75		39.7	1.13	4.94
	7	4.7	44.0		34.8	1.13	3.73		41.3	0.952	4.37		55.3	0.711	5.76
	8	3.6	38.5		46.2	0.756	4.26		54.7	0.638	5.00		73.3	0.476	6.59
	10	2.3	30.8		73.6	0.387	5.33		87.4	0.326	6.25		116.8	0.244	8.22
	12	1.6	25.6		107.1	0.224	6.39		127.0	0.189	7.50		170.2	0.141	9.88
1.2	6	13.3	86.4	31.8	19.7	3.72	4.60	37.5	23.4	3.13	5.40	49.8	31.2	2.34	7.11
	7	9.8	74.0		27.4	2.34	5.37		32.6	1.97	6.30		43.7	1.47	8.30
	8	7.5	64.8		36.5	1.57	6.14		43.4	1.32	7.20		58.0	0.988	9.48
	10	4.8	51.8		58.5	0.803	7.67		69.4	0.677	9.00		92.9	0.506	11.9
	12	3.3	43.2		85.8	0.465	9.20		101.8	0.392	10.8		136.2	0.293	14.2
	14	2.4	37.0		118.1	0.293	10.7		140.1	0.247	12.6		188	0.184	16.6
1.6	8	23.6	145	42.4	24.5	4.96	10.9	50.0	29.0	4.18	12.8	66.4	38.9	3.12	16.9
	10	15.1	116		39.7	2.54	13.6		47.1	2.14	16.0		63.1	1.60	21.1
	12	10.5	97.0		58.8	1.47	16.4		69.8	1.24	19.2		93.5	0.925	25.3
	14	7.7	83.1		81.5	0.925	19.1		96.7	0.780	22.4		129.6	0.582	29.5
	16	5.9	72.7		107.7	0.620	21.8		128	0.522	25.6		171.3	0.390	33.7
	18	4.7	64.7		137.9	0.435	24.6		163.5	0.367	28.8		219	0.274	37.9
2.0	10	37.0	215	53.0	28.7	6.20	21.3	62.5	34.1	5.22	25.0	83	45.6	3.90	32.9
	12	25.7	179		42.7	3.59	25.6		50.8	3.02	30.0		67.8	2.26	39.5
	14	18.8	153		59.4	2.26	29.8		70.6	1.90	35.0		94.5	1.42	46.1
	16	14.4	134		79.2	1.51	34.1		93.4	1.28	40.0		125.6	0.952	52.7
	18	11.4	119		101.5	1.06	38.4		120.1	0.896	45.0		160.8	0.669	59.3
	20	9.2	107		126.2	0.775	42.6		149.8	0.653	50.0		200.4	0.488	65.9
2.5	12	62.7	339	66.3	31.6	8.75	40.0	78.1	37.4	7.38	46.9	103.8	50.1	5.51	61.7
	14	46.1	291		44.4	5.51	46.6		52.7	4.65	54.7		70.6	3.47	72.0
	16	35.3	255		59.5	3.69	53.3		70.6	3.11	62.5		94.3	2.33	82.3
	18	27.9	226		76.5	2.59	59.9		90.5	2.19	70.3		121.5	1.63	92.6
	20	22.6	204		96.0	1.89	66.6		114.1	1.59	78.1		152.4	1.19	103
	25	14.4	163		153.5	0.968	83.2		182.1	0.816	92.6		243.6	0.610	129

表 3（续）

d mm	D mm	F_0 N	F_s N	n=8.25 圈 H_{Lb} mm	 f_s mm	 F' N/mm	 m 10^{-3} kg	n=10.5 圈 H_{Lb} mm	 f_s mm	 F' N/mm	 m 10^{-3} kg	n=12.25 圈 H_{Lb} mm	 f_s mm	 F' N/mm	 m 10^{-3} kg
3.0	14	95.6	475	27.8	10.7	35.3	23.0	34.5	13.6	27.8	28.5	39.8	15.9	23.8	32.8
	16	73.2	416		14.5	23.7	28.6		18.4	18.6	34.9		21.6	15.9	39.8
	18	57.8	370		18.8	16.6	32.2		23.8	13.1	39.2		27.9	11.2	44.7
	20	46.8	333		23.7	12.1	35.7		30.1	9.52	43.7		35.1	8.16	49.7
	22	38.7	303		29	9.11	39.3		37	7.15	47.9		43.1	6.13	54.7
	25	29.9	266		38	6.21	44.7		48.4	4.88	54.5		56.5	4.18	62.1
3.5	18	107	587	32.4	15.6	30.8	43.8	40.3	19.8	24.2	53.4	46.4	23.2	20.7	60.9
	20	86.8	528		19.6	22.5	48.6		25.1	17.6	59.3		29.2	15.1	67.6
	22	71.7	480		24.2	16.9	53.5		30.7	13.3	65.3		35.8	11.4	74.4
	25	55.5	423		32	11.5	60.8		40.7	9.03	74.2		47.5	7.74	84.5
	28	44.2	377		40.7	8.18	68.1		51.8	6.43	83.1		60.4	5.51	94.7
	35	28.4	302		65.3	4.19	85.1		83.2	3.29	104		97	2.82	118
4.0	22	123	694	37.0	19.8	28.8	69.9	46.0	25.3	22.6	85.2	53.0	29.4	19.4	97.2
	25	94.7	611		26.3	19.6	79.4		33.5	15.4	96.9		39.1	13.2	110
	28	75.4	545		33.5	14.0	89.0		42.7	11.0	109		50	9.40	124
	32	57.8	477		44.8	9.35	102		57	7.35	124		66.5	6.30	141
	35	48.3	436		54.2	7.15	111		69	5.62	136		80.6	4.81	155
	40	37.0	382		72	4.79	127		91.8	3.76	155		107.1	3.22	177
	45	29.2	339		92.2	3.36	143		118.7	2.61	174		137.1	2.26	199
4.5	25	152	870	41.6	15.6	46.1	101	51.8	29.1	24.7	123	59.6	33.9	21.2	140
	28	121	777		29.3	22.4	113		37.3	17.6	137		43.4	15.1	157
	32	92.6	680		39.2	15.0	129		49.8	11.8	157		58.2	10.1	179
	35	77.4	621		47.7	11.4	141		60.5	8.99	172		70.5	7.71	196
	40	62.8	544		62.7	7.67	161		79.8	6.03	196		93.1	5.17	224
	45	46.8	483		80.9	5.39	181		103.1	4.23	221		120.2	3.63	252
	50	37.9	435		101	3.93	201		128.5	3.09	245		150.4	2.64	280
5.0	25	232	1 154	46.3	19.2	47.9	124	57.5	24.5	37.6	151	66.3	28.6	32.2	173
	28	184	1 030		24.8	34.1	139		31.6	26.8	170		36.8	23.0	193
	32	141	902		33.4	22.8	159		42.5	17.9	194		49.4	15.4	221
	35	118	824		40.6	17.4	174		51.5	13.7	212		59.8	11.8	242
	40	90.3	721		53.9	11.7	199		68.7	9.18	242		80.1	7.87	276
	45	71.3	641		69.4	8.21	223		88.3	6.45	272		103	5.53	311
	55	47.8	525		106	4.50	273		135.2	3.53	333		157.5	3.03	380
6.0	32	292	1 505	55.5	25.6	47.3	228	69	32.6	37.2	279	79.5	38	31.9	318
	35	244	1 376		31.3	36.2	250		39.9	28.4	281		46.4	24.4	348
	40	187	1 204		42	24.2	286		53.5	19	349		62.4	16.3	398
	45	148	1 070		54.2	17	322		68.8	13.4	392		80.2	11.5	447
	50	120	963		68	12.4	357		86.5	9.75	436		100.8	8.36	497
	60	83.2	803		100.3	7.18	429		127.6	5.64	523		148.7	4.84	596
	70	61.1	688		138.7	4.52	500		176.6	3.55	610		205.5	3.05	696
8.0	40	592	2 753	132	28.2	76.6	508	154	35.9	60.2	620	172	41.9	51.6	707
	45	468	2 447		36.8	53.8	572		46.8	42.3	697		55.7	35.5	809
	50	379	2 203		46.5	39.2	635		59.2	30.8	775		70.4	25.9	899
	55	313	2 002		57.3	29.5	699		72.8	23.2	852		87.1	19.4	989
	60	263	1 835		69.3	22.7	762		88.3	17.8	930		102.7	15.3	1 060
	70	193	1 573		96.5	14.3	890		123.2	11.2	1 080		143.3	9.63	1 240
	80	148	1 377		128.3	9.58	1 020		163.4	7.52	1 240		190.5	6.45	1 410

表 3（续）

d mm	D mm	F_0 N	F_s N	n=15.5 圈				n=18.25 圈				n=20.5 圈			
				H_{Lb} mm	f_s mm	F' N/mm	m 10^{-3} kg	H_{Lb} mm	f_s mm	F' N/mm	m 10^{-3} kg	H_{Lb} mm	f_s mm	F' N/mm	m 10^{-3} kg
3.0	14	95.6	475	49.5	20.2	18.8	40.7	57.8	23.7	16.0	47.4	64.5	26.7	14.2	54.9
	16	73.2	416		27.2	12.6	48.8		32	10.7	56.5		36	9.53	62.8
	18	57.8	370		35.3	8.85	54.9		41.5	7.52	63.5		46.7	6.69	70.6
	20	46.8	333		44.4	6.45	61.0		52.2	5.48	70.5		58.6	4.88	78.5
	22	38.7	303		54.5	4.85	67.1		64.2	4.12	77.7		72.2	3.66	86.3
	25	29.9	266		71.5	3.30	76.3		84	2.81	88.3		94.4	2.50	98.1
3.5	18	107	587	57.8	29.3	16.4	74.7	67.4	34.5	13.9	86.5	75.3	38.7	12.4	96.1
	20	86.8	528		36.8	12.0	83.1		43.7	10.1	96.1		48.8	9.04	107
	22	71.7	480		45.5	8.98	91.4		53.5	7.63	106		60.1	6.79	118
	25	55.5	423		60	6.12	103		70.7	5.20	120		79.4	4.63	134
	28	44.2	377		76.3	4.36	116		89.9	3.70	135		101.2	3.29	150
	35	28.4	302		122.7	2.23	145		144.8	1.89	168		161.9	1.69	187
4.0	22	123	694	66	37.3	15.3	119	77.0	43.9	13.0	138	86.0	49.2	11.6	153
	25	94.7	611		49.6	10.4	136		58.2	8.87	157		65.4	7.89	174
	28	75.4	545		63.2	7.43	152		74.4	6.31	176		83.6	5.62	195
	32	57.8	477		84.2	4.98	174		99.1	4.23	201		111.5	3.76	223
	35	48.3	436		102	3.80	190		120	3.23	220		134.6	2.88	244
	40	37.0	382		135.3	2.55	217		159.7	2.16	251		178.8	1.93	279
	45	29.2	339		173.1	1.79	244		203.8	1.52	282		229.5	1.35	314
4.5	25	152	870	74.3	43	16.7	172	86.6	50.6	14.2	199	96.8	57	12.6	221
	28	121	777		55.1	11.9	192		65	10.1	222		72.9	9.00	247
	32	92.6	680		73.7	7.97	220		86.8	6.77	254		97.4	6.03	282
	35	77.4	621		89.3	6.09	240		104.9	5.18	278		117.9	4.61	309
	40	62.8	544		117.9	4.08	275		138.7	3.47	318		155.7	3.09	353
	45	46.8	483		152	2.87	309		179.5	2.43	357		201	2.17	397
	50	37.9	435		190	2.09	343		223.1	1.78	397		251.3	1.58	441
5.0	25	232	1 154	82.5	36.2	25.5	212	96.3	42.7	21.6	245	107.5	47.8	19.3	272
	28	184	1 030		46.7	18.1	237		54.9	15.4	275		61.8	13.7	305
	32	141	902		62.4	12.2	271		73.9	10.3	314		82.8	9.19	349
	35	118	824		76	9.29	297		89.5	7.89	343		100.6	7.02	381
	40	90.3	721		101.4	6.22	339		119.5	5.28	392		134.2	4.70	436
	45	71.3	641		130.4	4.37	381		153.6	3.71	441		172.6	3.30	490
	55	47.8	525		199.7	2.39	466		235.1	2.03	539		263.6	1.81	599
6.0	32	292	1 505	99.0	48.1	25.2	391	116	56.7	21.4	452	129	63.5	19.1	502
	35	244	1 376		58.7	19.3	427		69	16.4	494		77.5	14.6	549
	40	187	1 204		78.8	12.9	488		92.5	11.0	565		104.3	9.75	628
	45	148	1 070		101.8	9.06	549		119.7	7.70	635		134.6	6.85	706
	50	120	963		126.4	6.67	610		150.3	5.61	706		168.9	4.99	785
	60	83.2	803		188.4	3.82	732		221.5	3.25	847		249.1	2.89	941
	70	61.1	688		260.1	2.41	854		307.3	2.04	989		344.5	1.82	1 100
8.0	40	592	2 753	132	53	40.8	868	154	62.5	34.6	1 000	172	70.2	30.8	1 120
	45	468	2 447		69.2	28.6	976		81.4	24.3	1 130		91.2	21.7	1 260
	50	379	2 203		87.3	20.9	1 080		103.1	17.7	1 260		115.4	15.8	1 390
	55	313	2 002		107.6	15.7	1 190		127	13.3	1 380		141.9	11.9	1 530
	60	263	1 835		129.9	12.1	1 300		152.6	10.3	1 510		172.2	9.13	1 670
	70	193	1 573		181.3	7.61	1 520		213.6	6.46	1 760		240	5.75	1 950
	80	148	1 377		241	5.10	1 740		283.8	4.33	2 010		319.2	3.85	2 230

表 3（续）

d mm	D mm	F_0 N	F_s N	n=25.5 圈				n=30.25 圈				n=40.5 圈			
				H_{Lb} mm	f_s mm	F' N/mm	m 10^{-3} kg	H_{Lb} mm	f_s mm	F' N/mm	m 10^{-3} kg	H_{Lb} mm	f_s mm	F' N/mm	m 10^{-3} kg
3.0	14	95.5	475	79.5	33.3	11.4	67.1	93.8	39.4	9.64	78.7	124.5	52.7	7.20	104
	16	73.2	416		44.8	7.66	76.7		53.1	6.46	90.0		71.1	4.82	119
	18	57.8	370		58	5.38	86.3		68.9	4.53	101		92.1	3.39	133
	20	46.8	333		73	3.92	95.9		86.5	3.31	112		115.9	2.47	148
	22	38.7	303		89.6	2.95	106		106.6	2.48	124		142.9	1.85	163
	25	29.9	266		117.5	2.01	120		139.7	1.69	141		187.4	1.26	185
3.5	18	107	587	92.8	48.2	9.96	118	109.4	57.1	8.40	138	145.3	76.6	6.27	182
	20	86.8	528		60.8	7.26	131		72.1	6.12	153		96.5	4.57	202
	22	71.7	480		74.8	5.46	144		88.8	4.60	168		118.7	3.44	222
	25	55.5	423		98.8	3.72	163		117	3.14	191		157.1	2.34	252
	28	44.2	377		125.6	2.65	183		149.2	2.23	214		199.3	1.67	282
	35	28.4	302		201.2	1.36	228		240	1.14	268		320.8	0.853	353
4.0	22	123	694	106	61.3	9.31	188	125.0	72.7	7.85	220	166.0	97.4	5.86	290
	25	94.7	611		81.4	6.34	213		96.5	5.35	250		129.4	3.99	329
	28	75.4	545		103.9	4.52	239		123.3	3.81	280		165.4	2.84	369
	32	57.8	477		138.3	3.03	273		164.4	2.55	320		220.6	1.90	422
	35	48.3	436		167.8	2.31	298		198.8	1.95	350		265.5	1.46	461
	40	37.0	382		222.6	1.55	341		263.4	1.31	400		353.8	0.975	527
	45	29.2	339		284.2	1.09	384		337.8	0.917	450		452.3	0.685	593
4.5	25	152	870	119.3	70.4	10.2	270	140.6	83.8	8.57	316	186.8	112.2	6.40	417
	28	121	777		90.7	7.23	302		107.5	6.10	354		144.2	4.55	467
	32	92.6	680		121.1	4.85	345		143.6	4.09	405		192.6	3.05	534
	35	77.4	621		146.9	3.70	378		174.2	3.12	443		233.3	2.33	584
	40	62.8	544		194	2.48	432		230.2	2.09	506		308.5	1.56	666
	45	46.8	483		250.7	1.74	485		296.7	1.47	569		396.5	1.10	750
	50	37.9	435		312.7	1.27	539		371.1	1.07	633		496.4	0.800	834
5.0	25	232	1 154	132.5	59.5	15.5	333	156.3	70.4	13.1	390	207.5	94.6	9.75	515
	28	184	1 030		76.9	11.0	373		91.1	9.29	437		121.9	6.94	576
	32	141	902		103	7.39	426		122.2	6.23	500		163.7	4.65	659
	35	118	824		125	5.65	466		148.3	4.76	547		198.9	3.55	720
	40	90.3	721		166.9	3.78	533		197.7	3.19	625		265	2.38	823
	45	71.3	641		214.2	2.66	599		243.5	2.34	703		341.1	1.67	926
	55	47.8	525		329.1	1.45	732		388	1.23	859		521	0.916	1 130
6.0	32	292	1 505	159	79.3	15.3	614	188	94	12.9	720	249	125.8	9.64	948
	35	244	1 376		96.8	11.7	671		114.7	9.87	787		153.6	7.37	1 040
	40	187	1 204		129.7	7.84	767		153.9	6.61	900		205.9	4.94	1 190
	45	148	1 070		167.3	5.51	863		198.7	4.64	1 010		265.7	3.47	1 330
	50	120	963		209.7	4.02	959		249.4	3.38	1 120		333.2	2.53	1 480
	60	83.2	803		310.3	2.32	1 150		367.2	1.96	1 350		493	1.46	1 780
	70	61.1	688		429.4	1.46	1 340		509.7	1.23	1 570		680.7	0.921	2 070
8.0	40	592	2 753	212	87.1	24.8	1 360	250	103.4	20.9	1 600	332	138.5	15.6	2 110
	45	468	2 447		113.7	17.4	1 530		134.6	14.7	1 800		181.6	10.9	2 370
	50	379	2 203		143.6	12.7	1 700		170.5	10.7	2 000		228.3	7.99	2 630
	55	313	2 002		177.2	9.53	1 880		210.1	8.04	2 200		281.5	6.00	2 900
	60	263	1 835		214.2	7.34	2 050		254	6.19	2 400		340.3	4.62	3 160
	70	193	1 573		298.7	4.62	2 390		353.8	3.90	2 800		474.2	2.91	3 690
	80	148	1 377		396.5	3.10	2 730		470.9	2.61	3 200		630.3	1.95	4 210

注 1：表中所列 F_0 值，不作考核项目，计算说明见附录 A。

注 2：质量 m 为近似值，仅供参考。表中的数值是按 LⅢ 及 LⅣ 型弹簧的计算结果，对 LⅠ 型弹簧，该数据略有偏大，如需精确估值，请按附录 A 计算。

附　录　A
（资料性附录）
计　算　说　明

A.1　计算公式

标准中的计算采用如下基本公式：

试验切应力：　$\tau_s=\frac{8DF_s}{\pi d^3}$，MPa　……（A.1）

切应力：　$\tau=K\frac{8DF}{\pi d^3}$，MPa　……（A.2）

［静负荷时，K 值取 1；动负荷时，K 值按公式（A.8）计算］

试验负荷：　$F_s=\frac{\pi d^3}{8D}\tau_s$，N　……（A.3）

试验负荷下变形量：　$f_s=\frac{8D^3 n}{Gd^4}(F_s-F_0)$，mm　……（A.4）

弹簧刚度：　$F'=\frac{F-F_0}{f}=\frac{Gd^4}{8D^3 n}$，N/mm　……（A.5）

初拉力：　$F_0=\frac{\pi d^3}{8D}\tau_0$，N　……（A.6）

式中 τ_0 为初切应力，其值也可根据旋绕比 C 在图 A.1 阴影部分内选取，为便于制造，建议取下偏值。同时其值也可参考式（A.7）之经验公式计算：

$$\tau_0=\frac{G}{100C}\text{，MPa} \quad ……（A.7）$$

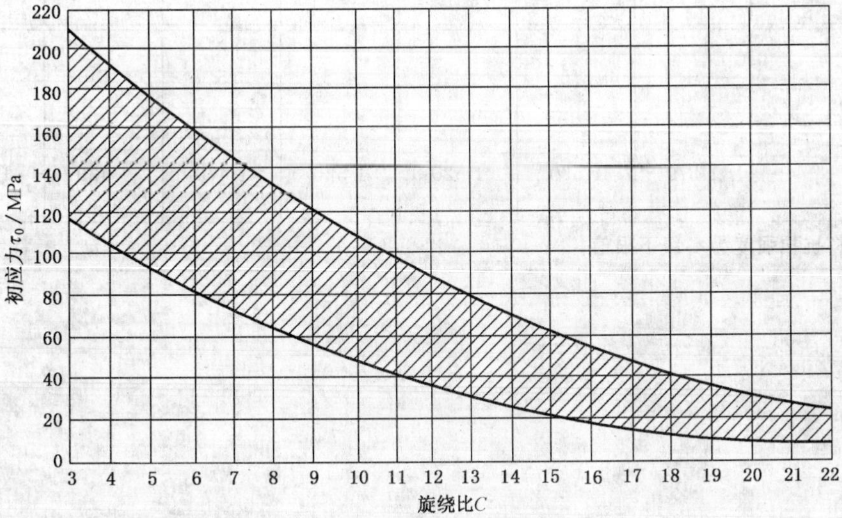

图 A.1　初应力 τ_0 值图

曲度系数：　$K=\frac{4C-1}{4C-4}+\frac{0.615}{C}$　……（A.8）

旋绕比：　$C=\frac{D}{d}$　……（A.9）

有效圈长度：　$H_{Lb}\approx(n+1)d$　……（A.10）

自由长度及展开长度：见表 A.1。

表 A.1

弹簧结构型式	展开长度 L/mm
LⅠ半圆钩环型	$L \approx \pi Dn$＋钩环展开部分
LⅢ 圆钩环扭中心	
LⅥ 圆钩环压中心	

弹簧质量：

$$m=\frac{\pi d^2}{4}L\rho,\mathrm{kg} \qquad \text{(A.11)}$$

式中：$\rho=7.85\times10^{-6}\ \mathrm{kg/mm^3}$。

A.2 计算

用 A.1 中公式及表 A.2、表 A.3 即可计算出弹簧的基本尺寸及参数。

表 A.2 碳素弹簧钢丝

推荐负荷类型	许用切应力[τ] MPa	切变模量 G MPa	试验负荷 F_s N	试验负荷下变形量 f_s mm
静负荷	$0.4R_m$	79 000	$\frac{0.4\pi d^3 R_m}{8D}$	$\frac{\pi D^2 n}{Gd}(0.4R_m-\tau_0)$
循环次数为 $N\leqslant10^5$ 的动负荷	$0.32R_m$			

表 A.3 GB/T 4357—1989 中 C 级材料抗拉强度

d mm	0.50	0.60	0.80	1.00	1.20	1.60	2	2.5
R_m MPa	2 200	2 110	2 010	1 960	1 910	1 810	1 710	1 660
d mm	3	3.5	4	4.5	5	6	8	
R_m MPa	1 570	1 570	1 520	1 520	1 470	1 420	1 370	
注：表中材料抗拉强度为 C 级下限值。								

附 录 B
(资料性附录)
选用示例

示例1:

一拉伸弹簧,要求最小拉力 $F_1=147.15\text{N}$,最大拉力 $F_2=441.45\text{N}$,工作行程 $f=75$ mm,弹簧外径不得超过32 mm,此弹簧受变负荷循环次数小于 10^3 次。

解:已知 F_1、F_2 及 f,则弹簧刚度为:

$$F'=\frac{F_2-F_1}{f}=\frac{441.45-147.15}{75}=3.92\ \text{N/mm}$$

因为弹簧受变负荷循环次数小于 10^3 次,所以允许:

$F_s\geqslant F_2$,即:$F_s\geqslant 441.45$ N

已知:$F_s\geqslant 441.45$ N,$F'=3.92$ N/mm,$D_2\leqslant 32$ mm

查表3,选规格:LI A 4×25×40.5

其中:$F_s=611$ N,$f_s=129.4$ mm

$F_0=94.7$ N,$F'=3.92$ N/mm

验证该弹簧工作特征:

$F_1=147.15$ N时,$f_1=\dfrac{F_1-F_0}{F'}=\dfrac{147.15-94.7}{3.92}\approx 13.38$ mm

$F_2=441.45$ N时,$f_2=\dfrac{F_2-F_0}{F'}=\dfrac{441.45-94.7}{3.92}\approx 88.46$ mm

$f_2+\dfrac{F_0}{F'}=88.46+\dfrac{94.7}{3.92}=112.62$ mm

所选弹簧 $f_s=129.4$ mm>112.62 mm,$F_s=611$ N>441.45 N

选拉簧:LI A 4×25×40.5 GB/T 2088 符合设计要求。

示例2:

一拉伸弹簧,要求最小拉力 $F_1=176.5$ N,最大拉力 $F_2=333.5\text{N}$,工作行程 $f=11$ mm,弹簧外径不得超过 18 mm,此弹簧受变负荷作用次数小于 10^3 次。

解:已知 F_1、F_2 及 f,则弹簧刚度为:

$$F'=\frac{F_2-F_1}{f}=\frac{333.5-176.5}{11}=14.27\ \text{N/mm}$$

因为弹簧受动负荷循环次数小于 10^3 次,可按受静负荷弹簧处理,表3数值运用于本弹簧设计要求

$F_s\geqslant F_2$,即:$F_s\geqslant 333.5$ N

已知:$F_s\geqslant 333.5$ N,$F'=14.27$ N/mm,$D_2\leqslant 18$ mm

查表3,选规格:LⅢ A 3×14×20.5

其中:$F_s=475$ N,$f_s=26.7$ mm

$F_0=95.6$ N,$F'=14.2$ N/mm

验证该弹簧工作特征:

$F_1=176.5$ N时,$f_1=\dfrac{F_1-F_0}{F'}=\dfrac{176.5-95.6}{14.2}\approx 5.70$ mm

$F_2=333.5$ N时,$f_2=\dfrac{F_2-F_0}{F'}=\dfrac{333.5-95.6}{14.2}\approx 16.8$ mm

$f_s=f_2+\dfrac{F_0}{F'}=16.8+\dfrac{95.6}{14.2}=23.4$ mm

所选弹簧 $f_s=33.4$ mm>23.4 mm,$F_s=475$ N>333.54 N

选拉簧:LⅢ A 3×14×20.5 GB/T 2088 符合设计要求。

ICS 21.160
J 26

中华人民共和国国家标准

GB/T 2089—2009
代替 GB/T 2089—1994

普通圆柱螺旋压缩弹簧尺寸及参数
（两端圈并紧磨平或制扁）

Cylindrical coiled compression spring dimensions and parameters

2009-03-16 发布　　2009-11-01 实施

中华人民共和国国家质量监督检验检疫总局
中 国 国 家 标 准 化 管 理 委 员 会　发布

前　言

本标准是对 GB/T 2089—1994《圆柱螺旋压缩弹簧尺寸及参数(两端圈并紧磨平或锻平型)》进行修订。修订时仍保留 GB/T 2089—1994 中有效的部分,对已不适应的内容进行修订。本标准与被修订标准的主要技术差异如下:

——对原标准按 GB/T 1.1 进行了编辑性修改。

——对引用标准进行了全面查新,使用已修订过的最新版本代替原标准所引用的旧版本,并进行了增减。

——术语、代号等符号按 GB/T 1805《弹簧术语》进行了调整。

——为提高其标准的实用性,对原标准的标记方法和弹簧尺寸及参数进行了精简。

——直接应用 GB/T 23935《圆柱螺旋弹簧设计计算》的计算公式对表 2 中的数值作了重新计算。

本标准的附录 A、附录 B 为资料性附录。

本标准由中国机械工业联合会提出。

本标准由全国弹簧标准化技术委员会(SAC/TC 235)归口。

本标准负责起草单位:常州市铭锦弹簧有限公司、中机生产力促进中心。

本标准参加起草单位:杭州钱江弹簧有限公司、无锡泽根弹簧有限公司、浙江金昌弹簧有限公司、张家港迪尔弹簧制造有限公司。

本标准主要起草人:赵春伟、舒荣福、曹辉荣、姜膺、余方、梁泉、屠世润、王卫、杨国红、张英会、陆培根、邵文武。

本标准所代替标准的历次版本发布情况为:

——GB 2089—1980、GB/T 2089—1994。

普通圆柱螺旋压缩弹簧尺寸及参数
（两端圈并紧磨平或制扁）

1 范围

本标准规定了普通圆柱螺旋压缩弹簧的结构形式中两端圈并紧磨平或制扁的圆柱螺旋压缩弹簧的尺寸及参数。

本标准适用于受静负荷及循环次数 $N \leqslant 10^5$ 的动负荷的普通冷卷或热卷圆截面圆柱螺旋压缩弹簧（以下简称弹簧）。弹簧材料直径为 0.5 mm～60 mm。

2 规范性引用文件

下列文件中的条款通过本标准的引用而成为本标准的条款。凡是注日期的引用文件，其随后所有的修改单(不包括勘误的内容)或修订版均不适用于本标准，然而，鼓励根据本标准达成协议的各方研究是否可使用这些文件的最新版本。凡是不注日期的引用文件，其最新版本适用于本标准。

GB/T 1222 弹簧钢

GB/T 1239.2 冷卷圆柱螺旋弹簧技术条件 第2部分:压缩弹簧

GB/T 1805 弹簧术语

GB/T 4357—1989 碳素弹簧钢丝

GB/T 23934 热卷圆柱螺旋压缩弹簧 技术条件

GB/T 23935—2009 圆柱螺旋弹簧设计计算

3 术语和符号

本标准使用的术语和符号应符合 GB/T 1805 和表 1 的规定。

表 1

参数名称	代号	单位
材料直径	d	mm
弹簧中径	D	mm
弹簧内径	D_1	mm
弹簧外径	D_2	mm
有效圈数	n	圈
总圈数	n_1	圈
支承圈	n_z	圈
自由高度	H_0	mm
弹簧刚度	F'	N/mm
旋绕比	C	
高径比	b	
抗拉强度	R_m	MPa
试验负荷	F_s	N
试验负荷下变形量	f_s	mm

表 1（续）

参数名称	代号	单位
试验切应力	τ_s	MPa
许用切应力	$[\tau]$	MPa
展开长度	L	mm
弹簧单件质量	m	kg
最大芯轴直径	$D_{X\max}$	mm
最小套筒直径	$D_{T\min}$	mm
最大工作负荷	F_n	N
最大工作变形量	f_n	mm

4 弹簧类型

弹簧类型分：YA 冷卷两端圈并紧磨平型和 YB 热卷两端圈并紧制扁型，见图 1。

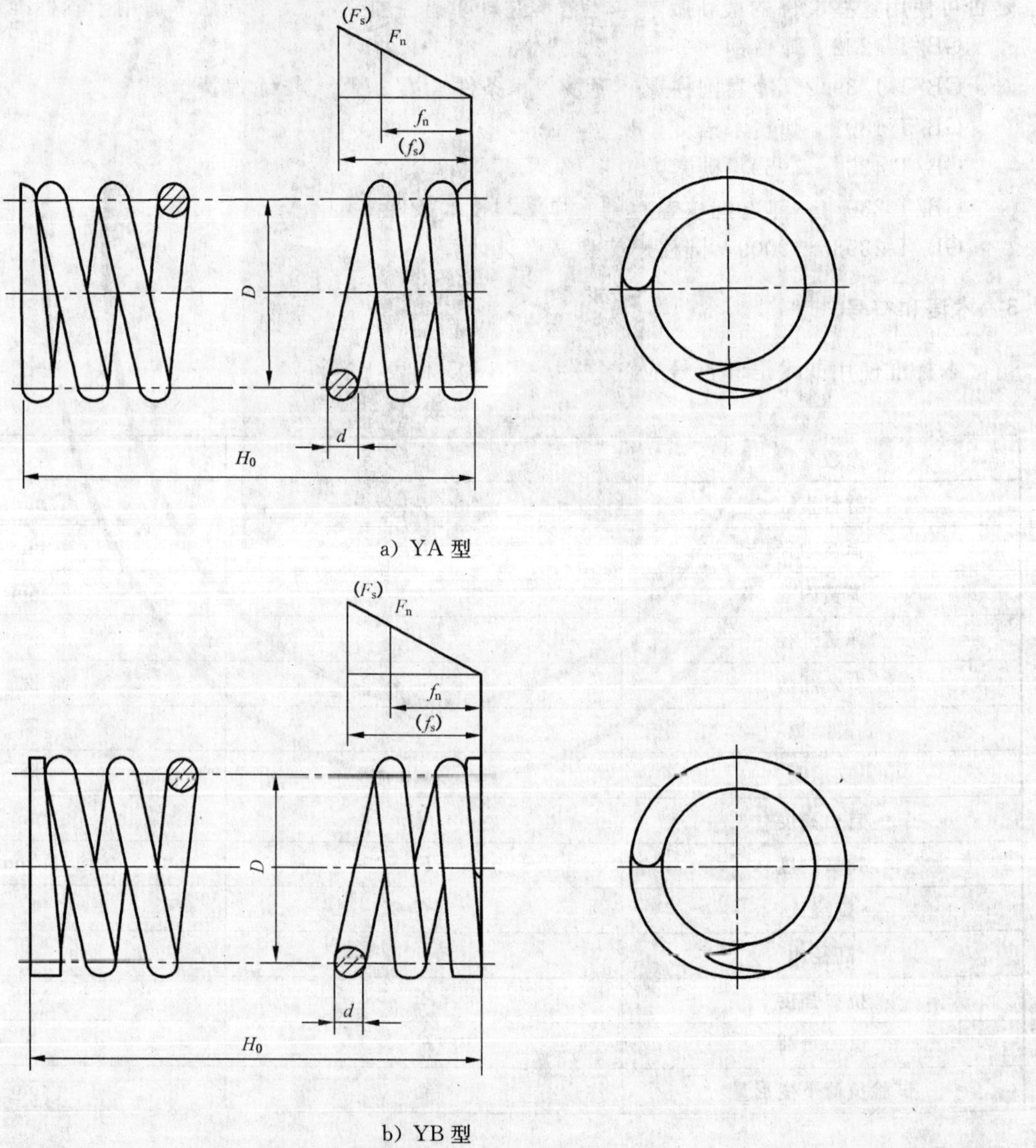

图 1　圆柱螺旋压缩弹簧

5 技术要求

5.1 材料

采用冷卷工艺时，选用材料性能不低于 GB/T 4357—1989 中 C 级碳素弹簧钢丝；采用热卷工艺时，选用材料性能不低于 GB/T 1222 的 60Si2MnA 的材料。如采用其他种类的材料，在计算中应采用其相应的力学性能数据。

5.2 芯轴及套筒

弹簧高径比 $b=H_0/D>3.7$ 时，应考虑设置芯轴或套筒，见图 2。

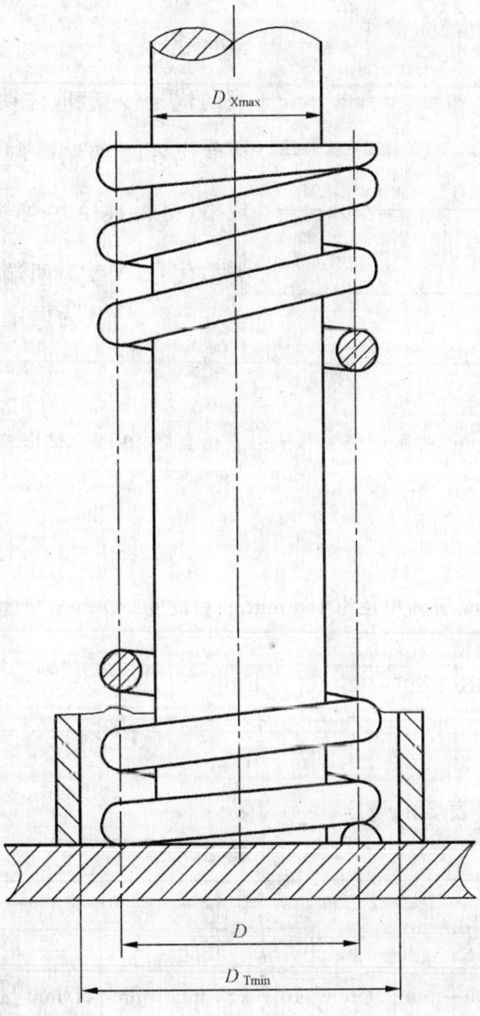

图 2 芯轴或套筒的设置

5.3 制造精度

冷卷或热卷弹簧的制造精度分别按 GB/T 1239.2 或 GB/T 23934 规定的 2、3 级精度选用。

5.4 表面处理

弹簧表面处理需要时在订货合同中注明，表面处理的介质、方法应符合相应的环境保护法规，应尽量避免采用可能导致氢脆的表面处理方法。

5.5 弹簧其他技术要求

弹簧其他技术要求可按 GB/T 1239.2 或 GB/T 23934 的规定。

6 标记

6.1 标记方法

弹簧的标记由类型代号、规格、精度代号、旋向代号和标准号组成，规定如下：

Y□ $d \times D \times H_0$-□ □ GB/T 2089

- 标准号
- 旋向代号（左旋应注明为左，右旋不表示）
- 精度代号（2 级精度制造不表示，3 级应注明“3”级）
- 规格（材料直径 × 弹簧中径 × 自由高度）
- 类型代号（YA 为两端圈并紧磨平的冷卷压缩弹簧，YB 为两端圈并紧制扁的热卷压缩弹簧）

6.2 标记示例

示例 1：

YA 型弹簧，材料直径为 1.2 mm，弹簧中径为 8 mm，自由高度 40 mm，精度等级为 2 级，左旋的两端圈并紧磨平的冷卷压缩弹簧。

标记：YA 1.2×8×40 左 GB/T 2089

示例 2：

YB 型弹簧，材料直径为 30 mm，弹簧中径为 160 mm，自由高度 200 mm，精度等级为 3 级，右旋的并紧制扁的热卷压缩弹簧。

标记：YB 30×160×200-3 GB/T 2089

7 弹簧尺寸及参数

弹簧的主要尺寸及参数按表 2 的规定。

表 2

d mm	D mm	F_n N	D_{Xmax} mm	D_{Tmin} mm	n=2.5 圈				n=4.5 圈				n=6.5 圈			
					H_0 mm	f_n mm	F' N/mm	m 10^{-3} kg	H_0 mm	f_n mm	F' N/mm	m 10^{-3} kg	H_0 mm	f_n mm	F' N/mm	m 10^{-3} kg
0.5	3	14	1.9	4.1	4	1.5	9.1	0.07	7	2.8	5.1	0.09	10	4.0	3.5	0.12
	3.5	12	2.4	4.6	5	2.1	5.8	0.08	8	3.8	3.2	0.11	12	5.5	2.2	0.14
	4	11	2.9	5.1	6	2.8	3.9	0.09	9	5.2	2.1	0.12	14	7.3	1.5	0.16
	4.5	9.6	3.4	5.6	7	3.6	2.7	0.10	10	6.4	1.5	0.14	16	9.6	1.0	0.18
	5	8.6	3.9	6.1	8	4.3	2.0	0.11	12	7.8	1.1	0.16	18	11	0.8	0.20

表 2（续）

d mm	D mm	F_n N	D_{Xmax} mm	D_{Tmin} mm	n=2.5 圈				n=4.5 圈				n=6.5 圈			
					H_0 mm	f_n mm	F' N/mm	m 10^{-3} kg	H_0 mm	f_n mm	F' N/mm	m 10^{-3} kg	H_0 mm	f_n mm	F' N/mm	m 10^{-3} kg
0.8	4	40	2.6	5.4	6	1.6	25	0.22	9	2.9	14	0.32	12	4.1	9.7	0.42
	4.5	36	3.1	5.9	7	2.0	18	0.25	10	3.6	10	0.36	14	5.3	6.8	0.47
	5	32	3.6	6.4	8	2.5	13	0.28	11	4.4	7.2	0.40	15	6.4	5.0	0.52
	6	27	4.2	7.8	9	3.6	7.5	0.33	13	6.4	4.2	0.48	19	9.3	2.9	0.63
	7	23	5.2	8.8	10	4.9	4.7	0.39	15	8.8	2.6	0.56	23	13	1.8	0.73
	8	20	6.2	9.8	12	6.3	3.2	0.44	18	11	1.8	0.64	28	17	1.2	0.84
1	4.5	68	2.9	6.1	7	1.6	43	0.39	10	2.8	24	0.56	14	4.0	17	0.74
	5	62	3.4	6.6	8	1.9	32	0.43	11	3.4	18	0.62	15	5.2	12	0.82
	6	51	4	8	9	2.8	18	0.52	12	5.1	10	0.75	18	7.3	7.0	0.98
	7	44	5	9	10	3.7	12	0.61	14	6.9	6.4	0.87	21	10	4.4	1.14
	8	38	6	10	12	4.9	7.7	0.69	17	8.8	4.3	1.00	25	13	3.0	1.31
	9	34	7	11	13	6.3	5.4	0.78	20	11	3.0	1.12	29	16	2.1	1.47
	10	31	8	12	15	7.8	4.0	0.87	22	14	2.2	1.25	35	21	1.5	1.63
1.2	6	86	3.8	8.2	9	2.3	38	0.75	12	4.1	21	1.08	17	5.7	15	1.41
	7	74	4.8	9.2	10	3.1	24	0.87	14	5.7	13	1.26	20	8.0	9.2	1.65
	8	65	5.8	10	11	4.1	16	1.00	16	7.3	8.9	1.44	24	11	6.2	1.88
	9	58	6.8	11	12	5.3	11	1.12	20	9.4	6.2	1.62	28	13	4.3	2.12
	10	52	7.8	12	14	6.3	8.2	1.25	24	11	4.6	1.80	32	16	3.2	2.35
	12	43	8.8	15	17	9.1	4.7	1.50	26	17	2.6	2.16	40	24	1.8	2.82
1.4	7	114	4.6	9.4	10	2.6	44	1.19	15	4.6	25	1.71	20	6.7	17	2.24
	8	100	5.6	10	11	3.3	30	1.36	16	6.3	16	1.96	22	9.1	11	2.56
	9	89	6.6	11	12	4.2	21	1.53	18	7.4	12	2.20	24	11	8.0	2.88
	10	80	7.6	12	13	5.3	15	1.70	20	9.5	8.4	2.45	28	14	5.8	3.20
	12	67	8.6	15	16	7.6	8.8	2.03	24	14	4.9	2.94	35	20	3.4	3.84
	14	57	11	17	19	10	5.5	2.37	30	18	3.1	3.43	42	27	2.1	4.48
1.6	8	145	5.4	11	11	2.8	51	1.77	17	5.2	28	2.56	22	7.6	19	3.35
	9	129	6.4	12	12	3.6	36	1.99	19	6.5	20	2.88	24	9.2	14	3.77
	10	116	7.4	13	13	4.5	26	2.21	20	8.3	14	3.20	28	12	10	4.18
	12	97	8.4	16	15	6.5	15	2.66	24	12	8.3	3.84	32	17	5.8	5.02
	14	83	10	18	18	8.8	9.4	3.10	28	16	5.2	4.48	40	23	3.6	5.86
	16	73	12	20	22	12	6.3	3.54	36	21	3.5	5.12	48	30	2.4	6.69

表 2（续）

d mm	D mm	F_n N	D_{Xmax} mm	D_{Tmin} mm	n=8.5 圈				n=10.5 圈				n=12.5 圈			
					H_0 mm	f_n mm	F' N/mm	m 10^{-3} kg	H_0 mm	f_n mm	F' N/mm	m 10^{-3} kg	H_0 mm	f_n mm	F' N/mm	m 10^{-3} kg
0.5	3	14	1.9	4.1	11	5.2	2.7	0.15	14	6.4	2.2	0.18	16	7.8	1.8	0.21
	3.5	12	2.4	4.6	13	7.1	1.7	0.18	16	8.6	1.4	0.21	19	10	1.2	0.24
	4	11	2.9	5.1	15	10	1.1	0.20	19	12	0.9	0.24	22	14	0.8	0.28
	4.5	9.6	3.4	5.6	18	12	0.8	0.23	22	16	0.6	0.27	26	19	0.5	0.31
	5	8.6	3.9	6.1	21	14	0.6	0.25	26	17	0.5	0.30	30	22	0.4	0.35
0.8	4	40	2.6	5.4	15	5.4	7.4	0.52	18	6.7	6.0	0.62	22	7.8	5.1	0.71
	4.5	36	3.1	5.9	16	6.9	5.2	0.58	20	8.6	4.2	0.69	24	10	3.6	0.80
	5	32	3.6	6.4	18	8.4	3.8	0.65	22	10	3.1	0.77	28	12	2.6	0.89
	6	27	4.2	7.8	22	12	2.2	0.78	28	15	1.8	0.92	32	18	1.5	1.07
	7	23	5.2	8.8	28	16	1.4	0.90	32	21	1.1	1.08	38	26	0.9	1.25
	8	20	6.2	9.8	32	22	0.9	1.03	40	25	0.8	1.23	48	33	0.6	1.43
1	4.5	68	2.9	6.1	16	5.2	13	0.91	20	6.8	10	1.08	24	7.8	8.7	1.25
	5	62	3.4	6.6	18	6.7	9.3	1.01	22	8.3	7.5	1.20	26	9.8	6.3	1.39
	6	51	4	8	20	9.4	5.4	1.21	26	12	4.4	1.44	30	14	3.7	1.67
	7	44	5	9	26	13	3.4	1.41	30	16	2.7	1.68	35	19	2.3	1.95
	8	38	6	10	30	17	2.3	1.62	35	21	1.8	1.92	42	25	1.5	2.23
	9	34	7	11	35	21	1.6	1.82	42	26	1.3	2.16	48	31	1.1	2.51
	10	31	8	12	40	26	1.2	2.02	48	34	0.9	2.40	58	39	0.8	2.79
1.2	6	86	3.8	8.2	22	7.8	11	1.74	25	9.6	9.0	2.08	30	11	7.6	2.41
	7	74	4.8	9.2	25	11	7.0	2.03	30	13	5.7	2.42	35	15	4.8	2.81
	8	65	5.8	10	28	14	4.7	2.33	35	17	3.8	2.77	40	20	3.2	3.21
	9	58	6.8	11	35	18	3.3	2.62	45	22	2.7	3.11	50	26	2.2	3.61
	10	52	7.8	12	40	22	2.4	2.91	50	26	2.0	3.46	58	33	1.6	4.01
	12	43	8.8	15	48	31	1.4	3.49	58	39	1.1	4.15	70	48	0.9	4.82
1.4	7	114	4.6	9.4	26	8.8	13	2.77	30	10	11	3.30	35	13	8.8	3.82
	8	100	5.6	10	28	11	8.7	3.17	35	14	7.1	3.77	40	17	5.9	4.37
	9	89	6.6	11	32	15	6.1	3.56	38	18	5.0	4.24	45	21	4.2	4.92
	10	80	7.6	12	35	18	4.5	3.96	42	22	3.6	4.71	50	27	3.0	5.46
	12	67	8.6	15	45	26	2.6	4.75	52	32	2.1	5.65	60	37	1.8	6.56
	14	57	11	17	55	36	1.6	5.54	65	44	1.3	6.59	75	52	1.1	7.65
1.6	8	145	5.4	11	28	9.7	15	4.13	35	12	12	4.92	40	15	10	5.71
	9	129	6.4	12	32	13	10	4.65	38	15	8.5	5.54	45	18	7.1	6.42
	10	116	7.4	13	35	15	7.6	5.17	42	19	6.2	6.15	48	22	5.2	7.14
	12	97	8.4	16	42	22	4.4	6.20	50	27	3.6	7.38	60	32	3.0	8.56
	14	83	10	18	50	30	2.8	7.24	60	38	2.2	8.61	70	44	1.9	9.99
	16	73	12	20	60	38	1.9	8.27	70	49	1.5	9.84	85	56	1.3	11.42

表 2（续）

d mm	D mm	F_n N	D_{Xmax} mm	D_{Tmin} mm	n=2.5 圈				n=4.5 圈				n=6.5 圈			
					H_0 mm	f_n mm	F' N/mm	m 10^{-3} kg	H_0 mm	f_n mm	F' N/mm	m 10^{-3} kg	H_0 mm	f_n mm	F' N/mm	m 10^{-3} kg
1.8	9	179	6.2	12	13	3.1	57	2.52	18	5.6	32	3.64	25	8.1	22	4.77
	10	161	7.2	13	15	3.9	41	2.80	20	7.0	23	4.05	28	10	16	5.29
	12	134	8.2	16	16	5.6	24	3.36	24	10	13	4.86	32	15	9.2	6.35
	14	115	10	18	18	7.7	15	3.92	28	14	8.4	5.67	38	20	5.8	7.41
	16	101	12	20	20	10	10	4.49	32	18	5.6	6.48	45	26	3.9	8.47
	18	90	14	22	22	13	7	5.05	38	23	4.0	7.29	52	33	2.7	9.53
2	10	215	7	13	13	3.4	63	3.46	20	6.1	35	5.00	28	9.0	24	6.54
	12	179	8	16	15	4.8	37	4.15	24	9.0	20	6.00	32	13	14	7.84
	14	153	10	18	17	6.7	23	4.85	26	12	13	7.00	38	17	8.9	9.15
	16	134	12	20	19	8.9	15	5.54	30	16	8.6	8.00	42	23	5.9	10.46
	18	119	14	22	22	11	11	6.23	35	20	6.0	9.00	48	28	4.2	11.77
	20	107	15	25	24	14	7.9	6.92	40	24	4.4	10.00	55	36	3.0	13.07
2.5	12	339	7.5	17	16	3.8	89	6.49	24	6.8	50	9.37	32	10	34	12.26
	14	291	9.5	19	17	5.2	56	7.57	28	9.4	31	10.93	38	13	22	14.30
	16	255	12	21	19	6.7	38	8.65	30	12	21	12.50	40	18	14	16.34
	18	226	14	23	20	8.7	26	9.73	30	15	15	14.06	48	23	10	18.39
	20	204	15	26	24	11	19	10.81	38	19	11	15.62	52	28	7.4	20.43
	22	185	17	28	26	13	14	11.90	42	23	8.1	17.18	58	33	5.6	22.47
	25	163	20	31	30	16	10	13.52	48	30	5.5	19.53	70	43	3.8	25.53
3	14	475	9	19	18	4.1	117	10.90	28	7.3	65	15.75	38	11	45	20.59
	16	416	11	21	20	5.3	78	12.46	30	9.7	43	18.00	40	14	30	23.53
	18	370	13	23	22	6.7	55	14.02	35	12	30	20.25	45	18	21	26.47
	20	333	14	26	24	8.3	40	15.57	38	15	22	22.49	50	22	15	29.42
	22	303	16	28	24	10	30	17.13	40	18	17	24.74	58	25	12	32.36
	25	266	19	31	28	13	20	19.47	45	23	11	28.12	65	34	7.9	36.77
	28	238	22	34	32	16	15	21.80	52	29	8.1	31.49	70	43	5.6	41.18
	30	222	24	36	35	19	12	23.36	58	34	6.6	33.74	80	48	4.6	44.12
3.5	16	661	11	22	22	4.6	145	16.96	32	8.3	80	24.49	45	12	56	32.03
	18	587	13	24	22	5.8	102	19.08	35	10	56	27.56	48	15	39	36.03
	20	528	14	27	24	7.1	74	21.20	38	13	41	30.62	50	19	28	40.04
	22	480	16	29	26	8.6	56	23.32	40	15	31	33.68	55	23	21	44.04
	25	423	19	32	28	11	38	26.50	45	20	21	38.27	65	28	15	50.05
	28	377	22	35	32	14	27	29.68	50	25	15	42.86	70	38	10	56.05
	30	352	24	37	35	16	22	31.80	55	29	12	45.93	75	42	8.4	60.06
	32	330	25	40	38	18	18	33.92	60	33	10	48.99	80	47	7.0	64.06
	35	302	28	43	40	22	14	37.09	65	39	7.7	53.58	90	57	5.3	70.07

表 2（续）

d mm	D mm	F_n N	D_{Xmax} mm	D_{Tmin} mm	n=8.5 圈				n=10.5 圈				n=12.5 圈			
					H_0 mm	f_n mm	F' N/mm	m 10^{-3} kg	H_0 mm	f_n mm	F' N/mm	m 10^{-3} kg	H_0 mm	f_n mm	F' N/mm	m 10^{-3} kg
1.8	9	179	6.2	12	32	11	17	5.89	38	13	14	7.01	42	16	11	8.13
	10	161	7.2	13	35	13	12	6.54	40	16	9.9	7.79	48	19	8.3	9.03
	12	134	8.2	16	40	19	7.1	7.85	50	24	5.7	9.34	58	28	4.8	10.84
	14	115	10	18	48	26	4.4	9.16	58	32	3.6	10.90	70	38	3.0	12.65
	16	101	12	20	60	34	3.0	10.47	70	42	2.4	12.46	80	51	2.0	14.45
	18	90	14	22	65	43	2.1	11.77	80	53	1.7	14.02	95	64	1.4	16.26
2	10	215	7	13	35	11	19	8.08	40	14	15	9.61	48	17	13	11.15
	12	179	8	16	40	16	11	9.69	48	21	8.7	11.54	58	25	7.3	13.38
	14	153	10	18	50	23	6.8	11.31	55	28	5.5	13.46	65	33	4.6	15.61
	16	134	12	20	55	30	4.5	12.92	65	37	3.7	15.38	75	43	3.1	17.84
	18	119	14	22	65	37	3.2	14.54	75	46	2.6	17.30	90	54	2.2	20.07
	20	107	15	25	75	47	2.3	16.15	90	56	1.9	19.23	105	67	1.6	22.30
2.5	12	339	7.5	17	40	13	26	15.14	50	16	21	18.02	58	19	18	20.91
	14	291	9.5	19	45	17	17	17.66	55	22	13	21.03	65	26	11	24.39
	16	255	12	21	52	23	11	20.19	65	28	9.0	24.03	75	34	7.5	27.88
	18	226	14	23	58	29	7.8	22.71	70	36	6.3	27.04	85	43	5.3	31.36
	20	204	15	26	65	36	5.7	25.23	80	44	4.6	30.04	95	52	3.9	34.85
	22	185	17	28	75	43	4.3	27.76	90	53	3.5	33.05	105	64	2.9	38.33
	25	163	20	31	90	56	2.9	31.54	105	68	2.4	37.55	120	82	2.0	43.56
3	14	475	9	19	48	14	34	25.44	58	17	28	30.28	65	21	23	35.13
	16	416	11	21	52	18	23	29.07	65	22	19	34.61	75	26	16	40.14
	18	370	13	23	58	23	16	32.70	70	28	13	38.93	80	34	11	45.16
	20	333	14	26	65	28	12	36.34	75	35	9.5	43.26	90	42	8.0	50.18
	22	303	16	28	70	34	8.8	39.97	85	42	7.2	47.58	100	51	6.0	55.20
	25	266	19	31	80	44	6.0	45.42	100	54	4.9	54.07	115	65	4.1	62.73
	28	238	22	34	95	55	4.3	50.87	115	68	3.5	60.56	140	82	2.9	70.25
	30	222	24	36	100	63	3.5	54.51	120	79	2.8	64.89	150	93	2.4	75.27
3.5	16	661	11	22	55	15	43	39.57	65	19	34	47.10	75	23	29	54.64
	18	587	13	24	58	20	30	44.51	70	24	24	52.99	80	29	20	61.47
	20	528	14	27	65	24	22	49.46	75	29	18	58.88	90	35	15	68.30
	22	480	16	29	70	30	16	54.41	85	37	13	64.77	100	44	11	75.13
	25	423	19	32	80	38	11	61.82	95	47	9.0	73.60	110	56	7.6	85.38
	28	377	22	35	90	48	7.9	69.24	110	59	6.4	82.43	130	70	5.4	95.62
	30	352	24	37	95	54	6.5	74.19	115	68	5.2	88.32	140	80	4.4	102.5
	32	330	25	40	105	62	5.3	79.14	130	77	4.3	94.21	150	92	3.6	109.3
	35	302	28	43	115	74	4.1	86.55	140	92	3.3	103.0	170	108	2.8	119.5

表 2（续）

d mm	D mm	F_n N	D_{Xmax} mm	D_{Tmin} mm	n=2.5 圈 H_0 mm	n=2.5 圈 f_n mm	n=2.5 圈 F' N/mm	n=2.5 圈 m 10^{-3} kg	n=4.5 圈 H_0 mm	n=4.5 圈 f_n mm	n=4.5 圈 F' N/mm	n=4.5 圈 m 10^{-3} kg	n=6.5 圈 H_0 mm	n=6.5 圈 f_n mm	n=6.5 圈 F' N/mm	n=6.5 圈 m 10^{-3} kg
4	20	764	13	27	26	6.1	126	27.69	38	11	70	39.99	52	16	49	52.30
	22	694	15	29	28	7.3	95	30.45	40	13	53	43.99	55	19	37	57.52
	25	611	18	32	30	9.4	65	34.61	45	17	36	49.99	60	24	25	65.37
	28	545	21	35	34	12	46	38.76	50	21	26	55.99	70	30	18	73.21
	30	509	23	37	36	14	37	41.53	55	24	21	59.99	75	36	14	78.44
	32	477	24	40	37	15	31	44.30	58	28	17	63.98	80	40	12	83.67
	35	436	27	43	41	18	24	48.45	65	34	13	69.98	90	48	9.1	91.52
	38	402	30	46	46	22	18	52.60	70	40	10	75.98	100	57	7.1	99.36
	40	382	32	48	48	24	16	55.37	75	43	8.8	79.98	105	63	6.1	104.6
4.5	22	988	15	30	28	6.5	152	38.54	42	12	85	55.67	58	17	59	72.80
	25	870	18	33	30	8.4	104	43.80	48	15	58	63.27	60	22	40	82.73
	28	777	21	36	32	11	74	49.06	50	19	41	70.86	70	28	28	92.66
	30	725	23	38	36	12	60	52.56	52	22	33	75.92	75	32	23	99.28
	32	680	24	41	37	14	49	56.06	58	25	27	80.98	75	36	19	105.9
	35	621	27	44	40	16	38	61.32	60	30	21	88.57	85	41	15	115.8
	38	572	30	47	44	19	30	66.58	65	36	16	96.16	90	52	11	125.8
	40	544	42	49	48	22	25	70.08	70	39	14	101.2	100	56	9.7	132.4
	45	483	37	54	54	27	18	78.84	85	48	10	113.9	120	71	6.8	148.9
5	25	1 154	17	33	30	7	158	54.07	48	13	88	78.11	65	19	61	102.1
	28	1 030	20	36	32	9	112	60.56	52	17	62	87.48	70	24	43	114.4
	30	962	22	38	35	11	91	64.89	55	19	51	93.73	75	27	35	122.6
	32	902	23	41	38	12	75	69.21	58	21	42	99.98	80	31	29	130.7
	35	824	26	44	40	14	58	75.70	60	26	32	109.3	85	37	22	143.0
	38	759	29	47	42	17	45	82.19	65	30	25	118.7	90	44	17	155.3
	40	721	31	49	45	18	39	86.52	70	34	21	125.0	100	48	15	163.4
	45	641	36	54	50	24	27	97.33	80	43	15	140.6	115	64	10	183.9
	50	577	41	59	55	29	20	108.1	95	52	11	156.2	130	76	7.6	204.3
6	30	1 605	21	39	38	8	190	93.44	55	15	105	135.0	75	22	73	176.5
	32	1 505	22	42	38	10	156	99.67	58	17	87	144.0	80	25	60	188.3
	35	1 376	25	45	40	12	119	109.0	60	21	66	157.5	85	30	46	205.9
	38	1 267	28	48	42	14	93	118.4	65	24	52	171.0	90	35	36	223.6
	40	1 204	30	50	45	15	80	124.6	70	27	44	180.0	95	39	31	235.3
	45	1 070	35	55	48	19	56	140.2	75	35	31	202.5	105	49	22	264.7
	50	963	40	60	52	23	41	155.7	85	42	23	224.9	120	60	16	294.2
	55	876	44	66	58	28	31	171.3	95	52	17	247.4	130	73	12	323.6
	60	803	49	71	65	33	24	186.9	105	62	13	269.9	150	88	9.1	353.0

表 2（续）

d mm	D mm	F_n N	D_{Xmax} mm	D_{Tmin} mm	n=8.5 圈 H_0 mm	f_n mm	F' N/mm	m 10^{-3} kg	n=10.5 圈 H_0 mm	f_n mm	F' N/mm	m 10^{-3} kg	n=12.5 圈 H_0 mm	f_n mm	F' N/mm	m 10^{-3} kg
4	20	764	13	27	65	21	37	64.60	80	25	30	76.90	90	30	25	89.21
	22	694	15	29	70	25	28	71.06	85	30	23	84.60	100	37	19	98.13
	25	611	18	32	80	32	19	80.75	95	41	15	96.13	110	47	13	111.5
	28	545	21	35	90	39	14	90.44	105	50	11	107.7	130	59	9.2	124.9
	30	509	23	37	95	46	11	96.90	115	57	8.9	115.4	140	68	7.5	133.8
	32	477	24	40	100	52	9.1	103.4	120	65	7.3	123.0	150	77	6.2	142.7
	35	436	27	43	115	63	6.9	113.1	140	78	5.6	134.6	160	93	4.7	156.1
	38	402	30	46	130	74	5.4	122.7	150	91	4.4	146.1	180	109	3.7	169.5
	40	382	32	48	142	83	4.6	129.2	160	101	3.8	153.8	190	119	3.2	178.4
4.5	22	988	15	30	70	22	45	89.9	85	27	36	107.1	100	33	30	124.2
	25	870	18	33	80	29	30	102.2	95	35	25	121.7	110	41	21	141.1
	28	777	21	36	85	35	22	114.5	105	43	18	136.3	120	52	15	158.1
	30	725	23	38	90	40	18	122.6	110	52	14	146.0	130	60	12	169.4
	32	680	24	41	100	45	15	130.8	120	57	12	155.7	140	69	9.9	180.6
	35	621	27	44	105	56	11	143.1	130	69	9.0	170.3	150	82	7.6	197.6
	38	572	30	47	110	66	8.7	155.3	145	82	7.0	184.9	160	97	5.9	214.5
	40	544	42	49	130	74	7.4	163.5	160	91	6.0	194.7	190	107	5.1	225.8
	45	483	37	54	150	93	5.2	184.0	180	115	4.2	219.0	220	134	3.6	254.0
5	25	1 154	17	33	80	25	46	126.2	100	30	38	150.2	115	36	32	174.2
	28	1 030	20	36	90	31	33	141.3	105	38	27	168.2	120	47	22	195.1
	30	962	22	38	95	36	27	151.4	115	44	22	180.2	130	53	18	209.1
	32	902	23	41	100	41	22	161.5	120	50	18	192.3	140	60	15	223.0
	35	824	26	44	110	48	17	176.6	130	59	14	210.3	150	69	12	243.9
	38	759	29	47	120	58	13	191.8	140	69	11	228.3	170	84	9.0	264.8
	40	721	31	49	130	66	11	201.9	150	78	9.2	240.3	180	93	7.7	278.8
	45	641	36	54	140	80	8.0	227.1	180	99	6.5	270.4	200	118	5.4	313.6
	50	577	41	59	170	99	5.8	252.3	200	123	4.7	300.4	240	144	4.0	348.5
6	30	1 605	21	39	95	29	56	218.0	115	36	45	259.6	130	42	38	301.1
	32	1 505	22	42	100	33	46	232.6	120	41	37	276.9	140	49	31	321.2
	35	1 376	25	45	105	39	35	254.4	130	49	28	302.8	150	57	24	351.3
	38	1 267	28	48	115	47	27	276.2	140	58	22	328.8	160	67	19	381.4
	40	1 204	30	50	120	50	24	290.7	140	63	19	346.1	170	75	16	401.4
	45	1 070	35	55	140	63	17	327.0	160	82	13	389.3	190	97	11	451.6
	50	963	40	60	150	80	12	363.4	190	98	9.8	432.6	220	117	8.2	501.8
	55	876	44	66	170	97	9.0	399.7	200	120	7.3	475.8	240	141	6.2	552.0
	60	803	49	71	190	115	7.0	436.1	240	143	5.6	519.1	280	171	4.7	602.2

表 2（续）

d mm	D mm	F_n N	D_{Xmax} mm	D_{Tmin} mm	$n=2.5$ 圈				$n=4.5$ 圈				$n=6.5$ 圈			
					H_0 mm	f_n mm	F' N/mm	m 10^{-3} kg	H_0 mm	f_n mm	F' N/mm	m 10^{-3} kg	H_0 mm	f_n mm	F' N/mm	m 10^{-3} kg
8	32	3 441	20	44	45	7	494	177.2	70	13	274	255.9	90	18	190	334.7
	35	3 146	23	47	47	8	377	193.8	72	15	210	279.9	96	22	145	366.1
	38	2 898	26	50	49	10	295	210.4	76	18	164	303.9	98	26	113	397.4
	40	2 753	28	52	50	11	253	221.5	78	20	140	319.9	100	28	97	418.4
	45	2 447	33	57	52	14	178	249.2	84	25	99	359.9	105	36	68	470.7
	50	2 203	38	62	55	17	129	276.9	88	31	72	399.9	115	44	50	523.0
	55	2 002	42	68	58	21	97	304.5	90	37	54	439.9	130	54	37	575.2
	60	1 835	47	73	60	24	75	332.2	100	44	42	479.9	140	63	29	627.5
	65	1 694	52	78	65	29	59	359.9	110	51	33	519.9	150	74	23	679.8
	70	1 573	57	83	70	33	47	387.6	115	61	26	559.9	160	87	18	732.1
	75	1 468	62	88	75	39	38	415.3	130	70	21	599.9	180	98	15	784.4
	80	1 377	67	93	80	43	32	443.0	140	77	18	639.8	190	115	12	836.7
10	40	5 181	26	54	56	8	617	346.1	80	15	343	499.9	110	22	237	653.7
	45	4 605	31	59	58	11	433	389.3	85	19	241	562.4	115	28	167	735.4
	50	4 145	36	64	61	13	316	432.6	90	24	176	624.9	120	34	122	817.1
	55	3 768	40	70	64	16	237	475.8	95	29	132	687.3	130	41	91	898.8
	60	3 454	45	75	68	19	183	519.1	105	34	102	749.8	140	49	70	980.5
	65	3 188	50	80	72	22	144	562.4	110	40	80	812.3	150	58	55	1 062
	70	2 961	55	85	75	26	115	605.6	115	46	64	874.8	160	67	44	1 144
	75	2 763	60	90	80	29	94	648.9	120	53	52	937.3	170	77	36	1 226
	80	2 591	65	95	86	34	77	692.1	130	60	43	999.8	180	86	30	1 307
	85	2 438	69	101	92	38	64	735.4	140	68	36	1 062	190	98	25	1 389
	90	2 303	74	106	94	43	54	778.7	150	77	30	1 125	200	110	21	1 471
	95	2 181	79	111	98	47	46	821.9	160	84	26	1 187	220	121	18	1 553
	100	2 072	84	116	100	52	40	865.2	170	94	22	1 250	240	138	15	1 634
12	50	6 891	34	66	70	11	655	622.9	105	19	364	900	140	27	252	1 177
	55	6 264	38	72	75	13	492	685.2	110	23	274	990	150	33	189	1 294
	60	5 742	43	77	75	15	379	747.5	120	27	211	1 080	160	39	146	1 412
	65	5 301	48	82	80	18	298	809.8	130	32	166	1 170	170	46	115	1 530
	70	4 922	53	87	85	21	239	872.1	130	37	133	1 260	180	54	92	1 647
	75	4 594	58	92	90	24	194	934.4	140	43	108	1 350	190	61	75	1 765
	80	4 307	63	97	95	27	160	996.7	150	48	89	1 440	200	69	62	1 883
	85	4 053	67	103	100	30	133	1 059	160	55	74	1 530	220	79	51	2 000
	90	3 828	72	108	105	34	112	1 121	170	62	62	1 620	240	89	43	2 118
	95	3 627	77	113	110	38	96	1 184	180	68	53	1 710	240	98	37	2 236
	100	3 445	82	118	115	42	82	1 246	190	75	46	1 800	260	108	32	2 353
	110	3 132	92	128	130	51	62	1 370	220	92	34	1 980	300	131	24	2 589
	120	2 871	102	138	140	61	47	1 495	240	110	26	2 159	340	160	18	2 824

表 2（续）

d mm	D mm	F_n N	D_{Xmax} mm	D_{Tmin} mm	n=8.5 圈				n=10.5 圈				n=12.5 圈			
					H_0 mm	f_n mm	F' N/mm	m 10^{-3} kg	H_0 mm	f_n mm	F' N/mm	m 10^{-3} kg	H_0 mm	f_n mm	F' N/mm	m 10^{-3} kg
8	32	3 441	20	44	110	24	145	413.4	150	29	118	492.2	155	35	99	570.9
	35	3 146	23	47	115	28	111	452.2	140	35	90	538.3	160	42	75	624.5
	38	2 898	26	50	122	33	87	491.0	140	41	70	584.5	170	49	59	678.0
	40	2 753	28	52	128	37	74	516.8	150	46	60	615.2	180	54	51	713.7
	45	2 447	33	57	130	47	52	581.4	160	58	42	692.1	190	68	36	802.9
	50	2 203	38	62	150	58	38	646.0	180	73	31	769.0	210	85	26	892.1
	55	2 002	42	68	160	69	29	710.6	190	87	23	846.0	220	105	19	981.3
	60	1 835	47	73	170	83	22	775.2	220	102	18	922.9	260	122	15	1 071
	65	1 694	52	78	190	100	17	839.8	240	121	14	999.8	280	141	12	1 160
	70	1 573	57	83	200	112	14	904.4	260	143	11	1 077	300	167	9.4	1 249
	75	1 468	62	88	220	133	11	969.0	280	161	9.1	1 154	320	191	7.7	1 338
	80	1 377	67	93	260	148	9.3	1 034	300	184	7.5	1 230	360	219	6.3	1 427
10	40	5 181	26	54	140	28	182	807.5	160	35	147	961.3	190	42	123	1 115
	45	4 605	31	59	140	36	127	908.4	170	45	103	1 081	200	53	87	1 255
	50	4 145	36	64	150	45	93	1 009	190	55	75	1 202	220	66	63	1 394
	55	3 768	40	70	170	54	70	1 110	200	66	57	1 322	240	80	47	1 533
	60	3 454	45	75	180	64	54	1 211	210	79	44	1 442	260	93	37	1 673
	65	3 188	50	80	190	76	42	1 312	220	94	34	1 562	260	110	29	1 812
	70	2 961	55	85	200	87	34	1 413	240	110	27	1 682	280	129	23	1 951
	75	2 763	60	90	220	99	28	1 514	260	126	22	1 802	300	145	19	2 091
	80	2 591	65	95	240	113	23	1 615	280	144	18	1 923	340	173	15	2 230
	85	2 438	69	101	255	128	19	1 716	300	163	15	2 043	360	188	13	2 370
	90	2 303	74	106	270	144	16	1 817	320	177	13	2 163	380	210	11	2 509
	95	2 181	79	111	280	156	14	1 918	340	198	11	2 283	400	237	9.2	2 648
	100	2 072	84	116	300	173	12	2 019	360	220	9.4	2 403	420	262	7.9	2 788
12	50	6 891	34	66	180	36	193	1 454	220	44	156	1 730	260	53	131	2 007
	55	6 264	38	72	190	43	145	1 599	230	54	117	1 903	260	64	98	2 208
	60	5 742	43	77	200	51	112	1 744	240	64	90	2 076	280	76	76	2 409
	65	5 301	48	82	220	60	88	1 890	260	75	71	2 249	300	88	60	2 609
	70	4 922	53	87	230	70	70	2 035	280	86	57	2 423	320	103	48	2 810
	75	4 594	58	92	240	81	57	2 180	300	100	46	2 596	340	118	39	3 011
	80	4 307	63	97	260	92	47	2 326	320	113	38	2 769	380	135	32	3 212
	85	4 053	67	103	280	104	39	2 471	340	127	32	2 942	400	152	27	3 412
	90	3 828	72	108	300	116	33	2 616	360	142	27	3 115	420	174	22	3 613
	95	3 627	77	113	320	130	28	2 762	380	158	23	3 288	450	191	19	3 814
	100	3 445	82	118	340	144	24	2 907	420	172	20	3 461	480	215	16	4 014
	110	3 132	92	128	380	174	18	3 198	480	209	15	3 807	550	261	12	4 416
	120	2 871	102	138	450	205	14	3 488	520	261	11	4 153	620	302	9.5	4 817

表 2（续）

d mm	D mm	F_n N	D_{Xmax} mm	D_{Tmin} mm	n=2.5 圈				n=4.5 圈				n=6.5 圈			
					H_0 mm	f_n mm	F' N/mm	m 10^{-3} kg	H_0 mm	f_n mm	F' N/mm	m 10^{-3} kg	H_0 mm	f_n mm	F' N/mm	m 10^{-3} kg
14	60	10 627	41	79	82	15	703	1 017	130	27	390	1 470	170	39	270	1 922
	65	9 809	46	84	85	18	553	1 102	135	32	307	1 592	180	46	213	2 082
	70	9 109	51	89	90	21	442	1 187	140	37	246	1 715	190	54	170	2 242
	75	8 501	56	94	95	24	360	1 272	145	43	200	1 837	200	62	138	2 402
	80	7 970	61	99	105	27	296	1 357	150	48	165	1 960	210	70	114	2 562
	85	7 501	65	105	110	30	247	1 441	160	55	137	2 082	220	79	95	2 723
	90	7 084	70	110	115	34	208	1 526	170	61	116	2 204	240	89	80	2 883
	95	6 712	75	115	120	38	177	1 611	180	68	98	2 327	240	99	68	3 043
	100	6 376	80	120	125	42	152	1 696	190	76	84	2 449	260	110	58	3 203
	110	5 796	90	130	130	51	114	1 865	200	92	63	2 694	280	132	44	3 523
	120	5 313	100	140	140	60	88	2 035	220	108	49	2 939	320	156	34	3 844
	130	4 905	109	151	150	71	69	2 204	260	129	38	3 184	360	182	27	4 164
16	65	14 642	44	86	90	16	943	1 440	140	28	524	2 080	190	40	363	2 719
	70	13 596	49	91	95	18	755	1 550	150	32	419	2 239	200	47	290	2 929
	75	12 690	54	96	100	21	614	1 661	150	37	341	2 399	210	54	236	3 138
	80	11 897	59	101	100	24	506	1 772	160	42	281	2 559	220	61	194	3 347
	85	11 197	63	107	105	27	422	1 883	165	48	234	2 719	230	69	162	3 556
	90	10 575	68	112	110	30	355	1 993	170	54	197	2 879	240	77	137	3 765
	95	10 018	73	117	115	33	302	2 104	180	60	168	3 039	250	86	116	3 974
	100	9 517	78	122	120	37	259	2 215	190	66	144	3 199	260	95	100	4 184
	110	8 652	88	132	130	45	194	2 436	200	80	108	3 519	280	115	75	4 602
	120	7 931	98	142	140	53	150	2 658	220	96	83	3 839	320	137	58	5 020
	130	7 321	107	153	150	62	118	2 879	240	113	65	4 159	340	163	45	5 439
	140	6 798	117	163	160	72	94	3 101	260	131	52	4 479	380	189	36	5 857
	150	6 345	127	173	180	82	77	3 322	300	148	43	4 799	400	212	30	6 275
18	75	18 068	52	98	105	18	983	2 102	160	33	546	3 037	220	48	378	3 971
	80	16 939	57	103	105	21	810	2 243	160	38	450	3 239	230	54	311	4 236
	85	15 943	61	109	110	24	675	2 383	170	43	375	3 442	240	61	260	4 501
	90	15 057	66	114	115	26	569	2 523	180	48	316	3 644	250	69	219	4 765
	95	14 264	71	119	120	29	484	2 663	185	53	269	3 847	260	77	186	5 030
	100	13 551	76	124	120	33	415	2 803	190	59	230	4 049	270	85	159	5 295
	110	12 319	86	134	130	39	312	3 084	200	71	173	4 454	280	103	120	5 824
	120	11 293	96	144	140	47	240	3 364	220	85	133	4 859	300	123	92	6 354
	130	10 424	105	155	150	55	189	3 644	240	99	105	5 264	340	143	73	6 883
	140	9 679	115	165	160	64	151	3 924	260	115	84	5 669	360	167	58	7 413
	150	9 034	125	175	170	73	123	4 205	280	133	68	6 074	400	192	47	7 942
	160	8 470	134	186	190	84	101	4 485	300	151	56	6 478	420	217	39	8 472
	170	7 971	143	197	200	95	84	4 765	340	170	47	6 883	480	249	32	9 001

表 2（续）

d mm	D mm	F_n N	D_{Xmax} mm	D_{Tmin} mm	n=8.5 圈				n=10.5 圈				n=12.5 圈			
					H_0 mm	f_n mm	F' N/mm	m 10^{-3} kg	H_0 mm	f_n mm	F' N/mm	m 10^{-3} kg	H_0 mm	f_n mm	F' N/mm	m 10^{-3} kg
14	60	10 627	41	79	220	51	207	2 374	260	64	167	2 826	300	75	141	3 278
	65	9 809	46	84	230	60	163	2 572	270	74	132	3 062	320	88	111	3 552
	70	9 109	51	89	240	70	130	2 770	280	87	105	3 297	340	104	88	3 825
	75	8 501	56	94	250	80	106	2 968	300	99	86	3 533	360	118	72	4 098
	80	7 970	61	99	270	92	87	3 165	320	112	71	3 768	380	135	59	4 371
	85	7 501	65	105	280	103	73	3 363	340	127	59	4 004	400	153	49	4 644
	90	7 084	70	110	300	116	61	3 561	360	142	50	4 239	420	169	42	4 918
	95	6 712	75	115	320	129	52	3 759	380	160	42	4 475	450	192	35	5 191
	100	6 376	80	120	320	142	45	3 957	400	177	36	4 710	480	213	30	5 464
	110	5 796	90	130	360	170	34	4 352	450	215	27	5 181	520	252	23	6 011
	120	5 313	100	140	400	204	26	4 748	500	253	21	5 653	580	295	18	6 557
	130	4 905	109	151	450	245	20	5 144	550	307	16	6 124	650	350	14	7 103
16	65	14 642	44	86	240	53	277	3 359	280	65	224	3 999	340	77	189	4 639
	70	13 596	49	91	240	61	222	3 618	300	76	180	4 307	350	90	151	4 996
	75	12 690	54	96	260	71	180	3 876	320	87	146	4 614	360	103	123	5 353
	80	11 897	59	101	260	80	149	4 134	320	99	120	4 922	380	118	101	5 709
	85	11 197	63	107	280	90	124	4 393	340	112	100	5 230	400	133	84	6 066
	90	10 575	68	112	300	102	104	4 651	360	124	85	5 537	420	149	71	6 423
	95	10 018	73	117	320	113	89	4 910	380	139	72	5 845	450	167	60	6 780
	100	9 517	78	122	320	125	76	5 168	400	154	62	6 152	480	183	52	7 137
	110	8 652	88	132	360	152	57	5 685	450	188	46	6 768	520	222	39	7 850
	120	7 931	98	142	400	180	44	6 202	480	220	36	7 383	580	264	30	8 564
	130	7 321	107	153	450	209	35	6 718	520	261	28	7 998	620	305	24	9 278
	140	6 798	117	163	480	243	28	7 235	580	309	22	8 613	680	358	19	9 991
	150	6 345	127	173	520	276	23	7 752	650	352	18	9 229	750	423	15	10 705
18	75	18 068	52	98	260	63	289	4 906	320	77	234	5 840	380	92	197	6 774
	80	16 939	57	103	280	71	238	5 233	340	88	193	6 229	400	105	162	7 226
	85	15 943	61	109	290	80	199	5 560	350	99	161	6 619	410	118	135	7 678
	90	15 057	66	114	300	90	167	5 887	360	112	135	7 008	420	132	114	8 129
	95	14 264	71	119	320	100	142	6 214	380	124	115	7 397	450	147	97	8 581
	100	13 551	76	124	340	111	122	6 541	400	137	99	7 787	480	163	83	9 032
	110	12 319	86	134	360	134	92	7 195	450	166	74	8 565	520	199	62	9 936
	120	11 293	96	144	400	159	71	7 849	480	198	57	9 344	550	235	48	10 839
	130	10 424	105	155	420	186	56	8 503	520	232	45	10 123	620	274	38	11 742
	140	9 679	115	165	450	220	44	9 157	550	269	36	10 901	650	323	30	12 645
	150	9 034	125	175	500	251	36	9 811	620	312	29	11 680	720	361	25	13 549
	160	8 470	134	186	550	282	30	10 465	680	353	24	12 459	800	426	20	14 452
	170	7 971	143	197	600	319	25	11 119	720	399	20	13 237	850	469	17	15 355

表 2（续）

d mm	D mm	F_n N	D_{Xmax} mm	D_{Tmin} mm	n=2.5 圈 H_0 mm	f_n mm	F' N/mm	m 10^{-3} kg	n=4.5 圈 H_0 mm	f_n mm	F' N/mm	m 10^{-3} kg	n=6.5 圈 H_0 mm	f_n mm	F' N/mm	m 10^{-3} kg
20	80	23 236	55	105	115	19	1 234	2 786	170	34	686	4 025	240	49	475	5 263
	85	21 869	59	111	120	21	1 029	2 960	180	38	572	4 276	250	55	396	5 592
	90	20 654	64	116	130	24	867	3 135	190	43	482	4 528	260	62	333	5 921
	95	19 567	69	121	140	27	737	3 309	200	48	410	4 779	270	69	284	6 250
	100	18 589	74	126	150	29	632	3 483	210	53	351	5 031	280	76	243	6 579
	110	16 899	84	136	160	36	475	3 831	220	64	264	5 534	290	92	183	7 237
	120	15 491	94	146	170	42	366	4 179	230	76	203	6 037	300	110	141	7 895
	130	14 299	103	157	180	50	288	4 528	240	89	160	6 540	340	129	111	8 552
	140	13 278	113	167	190	58	230	4 876	260	104	128	7 043	360	149	89	9 210
	150	12 393	123	177	200	66	187	5 224	280	119	104	7 546	380	172	72	9 868
	160	11 618	132	188	205	75	154	5 573	300	135	86	8 049	420	197	59	10 526
	170	10 935	141	199	210	85	129	5 921	320	154	71	8 552	450	223	49	11 184
	180	10 327	151	209	220	96	108	6 269	340	172	60	9 056	480	246	42	11 842
	190	9 784	160	220	230	106	92	6 618	380	192	51	9 559	520	280	35	12 500
25	100	36 306	69	131	140	24	1 543	5 407	220	42	857	7 811	300	61	593	10 214
	110	33 006	79	141	150	28	1 159	5 948	230	51	644	8 592	310	74	446	11 235
	120	30 255	89	151	160	34	893	6 489	240	61	496	9 373	320	88	343	12 257
	130	27 928	98	162	160	40	702	7 030	260	72	390	10 154	340	103	270	13 278
	140	25 933	108	172	170	46	562	7 570	270	83	312	10 935	360	120	216	14 300
	150	24 204	118	182	180	53	457	8 111	280	95	254	11 716	380	138	176	15 321
	160	22 691	127	193	190	60	377	8 652	300	109	209	12 497	420	156	145	16 342
	170	21 357	136	204	200	68	314	9 193	320	123	174	13 278	450	177	121	17 364
	180	20 170	146	214	210	76	265	9 733	340	137	147	14 059	450	198	102	18 385
	190	19 109	155	225	220	85	225	10 274	360	153	125	14 840	500	220	87	19 406
	200	18 153	165	235	240	94	193	10 815	380	170	107	15 621	520	245	74	20 428
	220	16 503	184	256	260	114	145	11 896	450	204	81	17 183	580	295	56	22 471
30	120	52 281	84	156	170	28	1 852	9 404	260	51	1 029	13 583	340	73	712	17 763
	130	48 259	93	167	180	33	1 456	10 187	280	60	809	14 715	360	86	560	19 243
	140	44 812	103	177	185	38	1 166	10 971	290	69	648	15 847	380	100	448	20 723
	150	41 825	113	187	190	44	948	11 755	300	79	527	16 979	400	115	365	22 204
	160	39 211	122	198	210	50	781	12 538	310	90	434	18 111	420	131	300	23 684
	170	36 904	131	209	220	57	651	13 322	320	102	362	19 243	450	148	250	25 164
	180	34 854	141	219	230	63	549	14 106	340	114	305	20 375	460	165	211	26 644
	190	33 020	150	230	240	71	466	14 889	360	127	259	21 507	480	184	179	28 124
	200	31 360	160	310	350	78	400	15 673	380	141	222	22 639	520	204	154	29 605
	220	28 517	179	261	260	95	300	17 240	420	171	167	24 903	580	246	116	32 565
	240	26 141	198	282	280	113	231	18 808	450	203	129	27 167	620	294	89	35 526
	260	24 130	217	303	300	133	182	20 375	500	239	101	29 431	700	345	70	38 486

表 2（续）

d mm	D mm	F_n N	D_{Xmax} mm	D_{Tmin} mm	n=8.5 圈 H_0 mm	f_n mm	F' N/mm	m 10^{-3} kg	n=10.5 圈 H_0 mm	f_n mm	F' N/mm	m 10^{-3} kg	n=12.5 圈 H_0 mm	f_n mm	F' N/mm	m 10^{-3} kg
20	80	23 236	55	105	300	64	363	6 460	350	79	294	7 690	400	94	247	8 921
	85	21 869	59	111	310	72	303	6 864	360	89	245	8 171	420	106	206	9 479
	90	20 654	64	116	320	81	255	7 268	380	100	206	8 652	450	119	173	10 036
	95	19 567	69	121	330	90	217	7 671	400	111	176	9 132	460	133	147	10 594
	100	18 589	74	126	340	100	186	8 075	420	124	150	9 613	480	148	126	11 151
	110	16 899	84	136	360	121	140	8 883	450	150	113	10 574	520	178	95	12 266
	120	15 491	94	146	400	143	108	9 690	480	178	87	11 536	550	212	73	13 381
	130	14 299	103	157	420	168	85	10 498	520	210	68	12 497	600	247	58	14 497
	140	13 278	113	167	450	195	68	11 305	550	241	55	13 458	650	289	46	15 612
	150	12 393	123	177	500	225	55	12 113	600	275	45	14 420	700	335	37	16 727
	160	11 618	132	188	520	258	45	12 920	650	314	37	15 381	780	375	31	17 842
	170	10 935	141	199	580	288	38	13 728	700	353	31	16 342	850	421	26	18 957
	180	10 327	151	209	620	323	32	14 535	750	397	26	17 304	900	469	22	20 072
	190	9 784	160	220	680	362	27	15 343	850	445	22	18 265	950	544	18	21 187
25	100	36 306	69	131	360	80	454	12 617	420	99	367	15 020	520	117	309	17 424
	110	33 006	79	141	380	97	341	13 879	460	120	276	16 523	550	142	232	19 166
	120	30 255	89	151	400	115	263	15 141	500	142	213	18 025	580	169	179	20 909
	130	27 928	98	162	420	135	207	16 402	520	167	167	19 527	620	199	140	22 651
	140	25 933	108	172	450	157	165	17 664	550	193	134	21 029	650	232	112	24 393
	150	24 204	118	182	500	181	134	18 926	600	222	109	22 531	700	266	91	26 136
	160	22 691	127	193	520	204	111	20 188	620	252	90	24 033	750	303	75	27 878
	170	21 357	136	204	550	232	92	21 449	680	285	75	25 535	800	339	63	29 620
	180	20 170	146	214	600	263	78	22 711	720	320	63	27 037	850	381	53	31 363
	190	19 109	155	225	620	290	66	23 973	780	354	54	28 539	880	425	45	33 105
	200	18 153	165	235	680	318	57	25 234	800	395	46	30 041	900	465	39	34 848
	220	16 503	184	256	750	384	43	27 758	850	472	35	33 045	950	569	29	38 332
30	120	52 281	84	156	450	96	545	21 942	520	119	441	26 122	620	141	370	30 301
	130	48 259	93	167	460	113	428	23 771	550	139	347	28 299	650	166	291	32 826
	140	44 812	103	177	480	131	343	25 599	580	161	278	30 475	680	192	233	35 351
	150	41 825	113	187	500	150	279	27 428	620	185	226	32 652	720	220	190	37 877
	160	39 211	122	198	520	170	230	29 256	650	211	186	34 829	750	251	156	40 402
	170	36 904	131	209	550	192	192	31 085	680	238	155	37 006	800	284	130	42 927
	180	34 854	141	219	580	216	161	32 913	720	266	131	39 183	850	317	110	45 452
	190	33 020	150	230	620	241	137	34 742	750	297	111	41 359	880	355	93	47 977
	200	31 369	160	240	650	266	118	36 570	800	330	95	43 536	910	392	80	50 502
	220	28 517	179	261	720	324	88	40 228	900	396	72	47 890	950	475	60	55 552
	240	26 141	198	282	800	384	68	43 885	920	475	55	52 244				
	260	24 130	217	303	900	447	54	47 542	980	561	43	56 597				

表 2（续）

d mm	D mm	F_n N	D_{Xmax} mm	D_{Tmin} mm	n=2.5 圈 H_0 mm	f_n mm	F' N/mm	m 10^{-3} kg	n=4.5 圈 H_0 mm	f_n mm	F' N/mm	m 10^{-3} kg	n=6.5 圈 H_0 mm	f_n mm	F' N/mm	m 10^{-3} kg
35	140	71 160	92	182	200	33	2 160	14 933	300	59	1 200	21 570	400	86	831	28 207
	150	66 416	108	192	210	38	1 756	16 000	320	68	976	23 111	420	98	675	30 221
	160	62 265	117	203	230	43	1 447	17 066	330	77	804	24 651	450	112	557	32 236
	170	58 603	126	214	235	49	1 206	18 133	340	87	670	26 192	460	126	464	34 251
	180	55 347	136	224	240	54	1 016	19 200	360	98	565	27 733	480	142	391	36 266
	190	52 434	145	235	250	61	864	20 266	370	109	480	29 273	500	158	332	38 280
	200	49 812	155	245	260	67	741	21 333	380	121	412	30 814	520	175	285	40 295
	220	45 284	174	266	270	81	557	23 466	420	147	309	33 895	580	212	214	44 325
	240	41 510	193	287	280	97	429	25 599	450	174	238	36 977	620	252	165	48 354
	260	38 317	212	308	300	114	337	27 733	480	205	187	40 058	680	295	130	52 384
	280	35 580	231	329	320	132	270	29 866	520	237	150	43 140	720	342	104	56 413
	300	33 208	250	350	360	151	220	31 999	580	272	122	46 221	800	395	84	60 443
40	160	92 944	112	208	220	38	2 469	22 149	340	68	1 372	31 992	460	98	950	41 836
	170	87 477	121	219	230	43	2 058	23 533	360	77	1 143	33 992	480	110	792	44 451
	180	82 617	131	229	240	48	1 734	24 917	370	86	963	35 991	500	124	667	47 066
	190	78 269	140	240	250	53	1 474	26 301	380	96	819	37 991	520	138	567	49 681
	200	74 355	150	250	260	59	1 264	27 686	400	106	702	39 991	520	153	486	52 295
	220	67 596	169	271	280	71	950	30 454	420	128	528	43 990	580	185	365	57 525
	240	61 963	188	292	290	85	731	33 223	450	153	406	47 989	620	221	281	62 754
	260	57 196	207	313	300	99	575	35 991	480	179	320	51 988	680	259	221	67 984
	280	53 111	226	334	320	115	461	38 760	520	207	256	55 987	720	300	177	73 213
	300	49 570	245	355	340	132	375	41 529	550	238	208	59 986	780	344	144	78 443
	320	46 472	264	376	380	150	309	44 297	600	272	171	63 985	850	391	119	83 673
45	180	117 632	126	234	260	42	2 777	31 738	360	76	1 543	45 844	480	110	1 068	59 949
	190	111 441	135	245	270	47	2 361	33 501	360	85	1 312	48 391	500	123	908	63 280
	200	105 869	145	255	275	52	2 025	35 264	280	94	1 125	50 937	520	136	779	66 611
	220	96 245	164	276	280	63	1 521	38 791	400	114	845	56 031	550	165	585	73 272
	240	88 224	183	297	290	75	1 172	42 317	440	136	651	61 125	580	196	451	79 933
	260	81 438	202	318	300	88	922	45 844	450	159	512	66 219	650	230	354	86 594
	280	75 621	221	339	320	102	738	49 370	500	184	410	71 312	680	266	284	93 255
	300	70 579	240	360	320	118	600	52 897	520	212	333	76 406	720	306	231	99 916
	320	66 168	259	381	340	134	494	56 423	550	241	275	81 500	780	348	190	106 577
	340	62 276	278	402	380	151	412	59 949	600	272	229	86 594	850	392	159	113 238
50	200	145 225	140	260	280	47	3 086	43 536	450	85	1 714	62 886	580	122	1 187	82 235
	220	132 023	159	281	300	57	2 319	47 890	450	103	1 288	69 174	620	148	892	90 459
	240	121 021	178	302	320	68	1 786	52 244	480	122	992	75 463	650	176	687	98 682
	260	111 712	197	323	320	80	1 405	56 597	500	143	780	81 751	680	207	540	106 906
	280	103 732	216	344	340	92	1 125	60 951	550	166	625	88 040	720	240	433	115 129
	300	96 817	235	365	360	106	914	65 304	580	191	508	94 329	780	275	352	123 353
	320	90 766	254	386	380	121	753	69 658	600	217	419	100 617	820	313	290	131 576
	340	85 426	273	407	400	136	628	74 012	620	245	349	106 906	850	353	242	139 800

表 2（续）

d mm	D mm	F_n N	D_{Xmax} mm	D_{Tmin} mm	$n=8.5$				$n=10.5$				$n=12.5$			
					H_0 mm	f_n mm	F' N/mm	m 10^{-3} kg	H_0 mm	f_n mm	F' N/mm	m 10^{-3} kg	H_0 mm	f_n mm	F' N/mm	m 10^{-3} kg
35	140	71 160	92	182	500	112	635	34 844	620	138	514	41 480	720	165	432	48 117
	150	66 416	108	192	520	128	517	37 332	650	159	418	44 443	740	189	351	51 554
	160	62 265	117	203	550	146	426	39 821	680	180	345	47 406	760	215	289	54 991
	170	58 603	126	214	580	165	355	42 310	700	204	287	50 369	780	243	241	58 428
	180	55 347	136	224	600	185	299	44 799	720	229	242	53 332	820	273	203	61 865
	190	52 434	145	235	620	206	254	47 288	750	255	206	56 295	850	303	173	65 302
	200	49 812	155	245	650	228	218	49 776	800	283	176	59 258	880	337	148	68 739
	220	45 284	174	266	720	276	164	54 754	850	340	133	65 184	950	408	111	75 613
	240	41 510	193	287	780	329	126	59 732	880	407	102	71 109				
	260	38 317	212	308	850	387	99	64 709	950	479	80	77 035				
	280	35 580	231	329	900	450	79	69 687								
	300	33 208	250	350	950	514	65	74 665								
40	160	92 944	112	208	580	128	726	52 011	700	158	588	61 918	780	188	494	71 825
	170	87 477	121	219	600	145	605	55 262	720	179	490	65 788	820	212	412	76 314
	180	82 617	131	229	620	162	510	58 513	740	200	413	69 658	840	238	347	80 803
	190	78 269	140	240	650	180	434	61 763	760	223	351	73 528	860	265	295	85 292
	200	74 355	150	250	680	200	372	65 014	780	247	301	77 398	900	294	253	89 782
	220	67 596	169	271	720	242	279	71 516	820	299	226	85 138	950	356	190	98 760
	240	61 963	188	292	750	288	215	78 017	850	356	174	92 877				
	260	57 196	207	313	780	338	169	84 518	950	417	137	99 976				
	280	53 111	226	334	850	393	135	91 020								
	300	49 570	245	355	900	450	110	97 521								
	320	46 472	264	376	950	512	91	104 023								
45	180	117 632	126	234	640	144	817	74 055	720	178	661	88 161	880	212	555	102 267
	190	111 441	135	245	660	160	695	78 169	750	198	562	93 059	950	236	472	107 948
	200	105 869	145	255	680	178	595	82 284	780	220	482	97 957				
	220	96 245	164	276	700	215	447	90 512	850	266	362	107 752				
	240	88 224	183	297	740	256	345	98 740	950	316	279	117 548				
	260	81 438	202	318	800	301	271	106 969								
	280	75 621	221	339	840	348	217	115 197								
	300	70 579	240	360	900	401	176	123 425								
	320	66 168	259	381												
	340	62 276	278	402												
50	200	145 225	140	260	720	160	908	111 743	850	198	735	133 028				
	220	132 023	159	281	780	194	682	121 902	880	239	562	145 121				
	240	121 021	178	302	800	230	525	132 060	950	285	425	157 214				
	260	111 712	197	323	850	270	413	142 219								
	280	103 732	216	344												
	300	96 817	235	365												
	320	90 766	254	386												

表 2（续）

d mm	D mm	F_n N	D_{Xmax} mm	D_{Tmin} mm	$n=2.5$				$n=4.5$				$n=6.5$			
					H_0 mm	f_n mm	F' N/mm	m 10^{-3} kg	H_0 mm	f_n mm	F' N/mm	m 10^{-3} kg	H_0 mm	f_n mm	F' N/mm	m 10^{-3} kg
55	200	193 294	292	428	310	43	4 518	52 679	460	77	2 510	76 092	610	111	1 738	99 505
	220	175 722	311	449	330	52	3 395	57 947	480	93	1 886	83 701	640	135	1 306	109 455
	240	161 079	330	470	350	62	2 615	63 215	500	111	1 453	91 310	670	160	1 006	119 406
	260	148 688	349	491	370	72	2 056	68 483	520	130	1 142	98 919	700	188	791	129 356
	280	138 067	368	512	390	84	1 647	73 750	540	151	915	106 528	730	218	633	139 306
	300	128 863	387	533	410	96	1 339	79 018	560	173	744	114 138	750	250	515	149 257
	320	120 809	406	554	430	110	1 103	84 286	580	197	613	121 747	790	285	424	159 207
	340	113 703	425	575	450	124	920	89 554	600	223	511	129 356	830	321	354	169 158
60	200	193 294	444	617	350	30	6 399	62 692	480	54	3 555	90 555	620	79	2 461	118 419
	220	175 722	463	638	370	37	4 808	68 961	500	66	2 671	99 611	640	95	1 849	130 261
	240	161 079	482	659	390	43	3 703	75 231	520	78	2 057	108 667	660	113	1 424	142 102
	260	148 688	501	680	410	51	2 913	81 500	540	92	1 618	117 722	680	133	1 120	153 944
	280	138 067	520	701	430	59	2 332	87 769	560	107	1 296	126 778	700	154	897	165 786
	300	128 863	539	722	450	68	1 896	94 038	580	122	1 053	135 833	720	177	729	177 628
	320	120 809	558	743	470	77	1 562	100 308	620	139	868	144 889	740	201	601	189 470
	340	113 703	577	764	490	87	1 302	106 577	640	157	724	153 944	780	227	501	201 312

d mm	D mm	F_n N	D_{Xmax} mm	D_{Tmin} mm	$n=8.5$				$n=10.5$				$n=12.5$			
					H_0 mm	f_n mm	F' N/mm	m 10^{-3} kg	H_0 mm	f_n mm	F' N/mm	m 10^{-3} kg	H_0 mm	f_n mm	F' N/mm	m 10^{-3} kg
55	200	193 294	292	428	740	145	1 329	122 917	900	180	1 076	146 330				
	220	175 722	311	449	780	176	998	135 209	950	217	808	160 963				
	240	161 079	330	470	800	209	769	147 501								
	260	148 688	349	491	860	246	605	159 793								
	280	138 067	368	512	900	285	484	172 084								
	300	128 863	387	533	950	327	394	184 376								
60	200	193 294	444	617	760	103	1 882	146 282								
	220	175 722	463	638	800	124	1 414	160 910								
	240	161 079	482	659	850	148	1 089	175 538								
	260	148 688	501	680	900	173	857	190 167								
	280	138 067	520	701	950	201	686	204 795								
	300	128 863	539	722												

注 1：质量 m 为近似值，仅作参考。

注 2：F_n 取 $0.8F_s$。

注 3：f_n 取 $0.8f_s$。

注 4：支承圈 $n_Z=2$ 圈。

注 5：计算说明见附录 A。

注 6：选用示例见附录 B。

附 录 A
（资料性附录）
计 算 说 明

A.1 计算公式

标准中的计算采用如下基本公式：

切应力：$\tau=K\dfrac{8DF}{\pi d^3}$，MPa ……（A.1）

（静负荷时，K 值取 1；动负荷时，K 值按公式 A.6 计算）

试验负荷：$F_s=\dfrac{\pi d^3}{8D}\tau_s$，N ……（A.2）

工作负荷：$F=F'f=\dfrac{Gd^4 f}{8D^3 n}$，N ……（A.3）

试验负荷下变形量：$f_s=\dfrac{\tau_s\pi D^2 n}{Gd}$，mm ……（A.4）

弹簧刚度：$F'=\dfrac{F_2-F_1}{f_2-f_1}=\dfrac{F}{f}=\dfrac{Gd^4}{8D^3 n}$，N/mm ……（A.5）

曲度系数：$K=\dfrac{4C-1}{4C-4}+\dfrac{0.615}{C}$ ……（A.6）

旋绕比：$C=\dfrac{D}{d}$ ……（A.7）

自由高度：$H_0\approx H_b+f_b$，mm ……（A.8）

式中：

$H_b\leqslant n_1 d_{max}$，单位为毫米（mm）。

弹簧单件质量：$m\approx\dfrac{\pi d^2}{4}L\rho$，kg ……（A.9）

式中：

ρ 为弹簧材料的密度，取 $\rho=7.85\times10^{-6}$ kg/mm³。

A.2 计算

用 A.1 中公式及表 A.1、表 A.2、表 A.3 即可计算出弹簧的基本尺寸及参数。

表 A.1 碳素弹簧钢丝

推荐负荷类型	许用切应力[τ] MPa	切变模量 G MPa	最大工作负荷 F_n N	最大工作变形量 f_n mm
静负荷	$0.5R_m$	79 000	$\left(\dfrac{0.5R_m\pi d^3}{8D}\right)0.8$	$\left(\dfrac{0.5R_m\pi D^2 n}{Gd}\right)0.8$
循环次数为 $N\leqslant10^5$ 的动负荷	$(0.5R_m)0.8$		$\left(\dfrac{0.5R_m\pi d^3}{8KD}\right)0.8$	$\left(\dfrac{0.5R_m\pi D^2 n}{KGd}\right)0.8$

表 A.2 弹簧钢

推荐负荷类型	许用切应力[τ] MPa	切变模量 G MPa	最大工作负荷 F_n N	最大工作变形量 f_n mm
静负荷	740	79 000	$\left(\frac{740\pi d^3}{8D}\right)0.8$	$\left(\frac{740\pi D^2 n}{Gd}\right)0.8$
循环次数为 $N\leqslant10^5$ 的动负荷	740×0.8		$\left(\frac{740\pi d^3}{8KD}\right)0.8$	$\left(\frac{740\pi D^2 n}{KGd}\right)0.8$

注：试验切应力 740 MPa 选自 GB/T 23934。

表 A.3 GB/T 4357—1989 中 C 级材料抗拉强度

d mm	0.5	0.8	1.0	1.2	1.4	1.6	1.8	2.0	2.5	3.0	3.5
R_m MPa	2 200	2 010	1 960	1 910	1 860	1 810	1 760	1 710	1 660	1 570	1 570
d mm	4.0	4.5	5.0	5.5	6.0	8.0	10	11	12	13	
R_m MPa	1 520	1 520	1 470	1 470	1 420	1 370	1 320	1 270	1 270	1 220	

注：表中材料抗拉强度为 C 级下限值。

附 录 B
（资料性附录）
选 用 示 例

示例 1：

一两端圈并紧磨平按 2 级精度制造的右旋压缩弹簧，要求安装负荷 $F_1=232$ N，最大工作负荷 $F_2=490$ N，工作行程 $f=10$ mm，弹簧自由高度不得超过 56 mm，弹簧外径不得超过 35 mm，弹簧在常温下受动负荷循环次数小于 10^5 次。

解：已知 F_1、F_2、f，则弹簧刚度：

$$F'=\frac{F_2-F_1}{f_2-f_1}=\frac{F}{f}=\frac{490-232}{10}=25.8\approx 26\ \text{N/mm}$$

按 $F=F'f$ 公式，则最大工作负荷下的变形量：

$$f=\frac{F}{F'}=\frac{490}{26}=18.8\ \text{mm}$$

已知：弹簧自由高度不得超过 56 mm，弹簧外径不得超过 35 mm，弹簧刚度 $F'=26$ N/mm，弹簧最大工作变形量 $f=18.8$ mm；根据弹簧在常温下工作，受动负荷循环次数小于 10^5 次。

查表 2，选规格 YA 4×28×50，其中最大工作负荷 $F_n=545$ N，最大工作变量 $f=21$ mm。

验证合理性：

最大工作负荷 $F_2=490\ \text{N}<F_n=545$ N，符合要求；

最大工作负荷下的变形量 $f=18.8\ \text{mm}<f_n=21$ mm，符合要求；

弹簧外径(28+4=32 mm)<35 mm，符合要求；

弹簧高度 50 mm<56 mm，符合要求；

选压簧：YA 4×28×50-2 GB/T 2089 符合设计要求。

示例 2：

一两端圈并紧制扁按 2 级精度制造的左旋压缩弹簧，其最大工作变形量 $f_2=108$ mm，最大工作负荷 $F_2=11\,618$ N，弹簧自由高度不得超过 450 mm，弹簧外径不超过 150 mm，弹簧在常温下受静负荷作用。

解：已知 F_2、f_2，则弹簧刚度：

$$F'=\frac{F}{f}=\frac{F_2}{f_2}=\frac{11\,618}{108}=107.6\ \text{N/mm}$$

已知：弹簧最大工作变形量 $f_2=108$ mm，最大工作负荷 $F_2=11\,618$ N，弹簧刚度 $F'=107.6$ N/mm，弹簧自由高度不得超过 450 mm，弹簧外径不超过 150 mm，弹簧在常温下受静负荷作用。

查表 2，选规格 YB 20×120×400，其中最大工作负荷 $F_n=15\,491$ N，最大工作变量 $f=143$ mm。

验证合理性：

最大工作负荷 $F_2=11\,618\ \text{N}<F_n=15\,491$ N，符合要求；

最大工作负荷下的变形量 $f_2=108\ \text{mm}<f_n=143$ mm，符合要求；

弹簧高度 400 mm<450 mm，符合要求；

弹簧外径(120+20=140 mm)<150 mm，符合要求；

选压簧：YB 20×120×400-2 左 GB/T 2089 符合设计要求。

ICS 77.100
H 42

中华人民共和国国家标准

GB/T 2272—2009
代替 GB/T 2272—1987

硅　　铁

Ferrosilicon

(ISO 5445:1980, Ferrosilicon—
Specification and conditions of delivery, MOD)

2009-07-08 发布　　2010-04-01 实施

中华人民共和国国家质量监督检验检疫总局
中国国家标准化管理委员会　发布

前　言

本标准修改采用 ISO 5445:1980《硅铁　规格和交货条件》(英文版)。

本标准根据 ISO 5445:1980 重新起草。为了方便比较,在附录 A 中列出了本标准章条编号和 ISO 5445:1980 章条编号的对照一览表。

考虑到我国国情,在采用 ISO 5445:1980 时,本标准在采用国际标准时进行了修改。这些技术性差异用垂直单线标识在它们所涉及的条款的页边空白处。在附录 B 中给出了技术性差异及其原因的一览表以供参考。

为便于使用,对于 ISO 5445:1980,本标准还做了下列编辑性修改:

——将"本国际标准"一词改为"本标准";

——用小数点"."代替作为小数点的逗号",";

——删除 ISO 5445:1980 的前言。

本标准代替 GB/T 2272—1987《硅铁》。

本标准与 GB/T 2272—1987 相比主要变化如下:

——增加了标准的前言;

——增加了规范性引用文件;

——化学成分磷、硫、碳增加了一位有效数字;

——删除了 FeSi75Al2.0-B 和 FeSi75-B 牌号;

——硅的偏析由不大于 4%改为 3%;

——增加了特种硅铁 7 个牌号;

——增加了附录 A 和附录 B。

本标准的附录 A 和附录 B 为资料性附录。

本标准由中国钢铁工业协会提出。

本标准由全国生铁及铁合金标准化技术委员会归口。

本标准起草单位:武钢(集团)森泰通山冶金有限公司、腾达西北铁合金有限责任公司、冶金工业信息标准研究院、湖北华尔靓浦项硅科技有限公司、中钢集团吉林铁合金股份有限公司。

本标准主要起草人:白汉芳、刘良田、把多华、张瑞香、陈炬、肖跟祖、王爽。

本标准所代替标准的历次版本发布情况为:

——GB/T 2272—1980、GB/T 2272—1987。

硅　　铁

1　范围

本标准规定了硅铁的技术要求、试验方法、检验规则、包装、储运、标志和质量证明书。

本标准适用于炼钢和铸造作脱氧剂或合金元素加入剂及金属镁等行业使用的硅铁。

2　规范性引用文件

下列文件中的条款通过本标准的引用而成为本标准的条款。凡是注日期的引用文件，其随后所有的修改单(不包括勘误的内容)或修订版均不适用于本标准，然而，鼓励根据本标准达成协议的各方研究是否可使用这些文件的最新版本。凡是不注日期的引用文件，其最新版本适用于本标准。

GB/T 3650　铁合金验收、包装、储运、标志和质量证明书的一般规定

GB/T 4010　铁合金化学分析用试样采取和制备(GB/T 4010—1994,neq ISO 4552:1987)

GB/T 4333.1　硅铁化学分析方法　高氯酸脱水重量法测定硅量

GB/T 4333.2　硅铁化学分析方法　铋磷钼蓝光度法测定磷量

GB/T 4333.3　硅铁化学分析方法　高碘酸钾光度法测定锰量

GB/T 4333.4　硅铁　铝含量的测定　铬天青S分光光度法、EDTA滴定法和火焰原子吸收光谱法(GB/T 4333.4—2007,ISO 4139:1979,MOD)

GB/T 4333.6　硅铁化学分析方法　二苯基碳酰二肼光度法测定铬量

GB/T 4333.7　硅铁化学分析方法　色层分离硫酸钡重量法测定硫量

GB/T 4333.8　硅铁化学分析方法　原子吸收光谱法测定钙量

GB/T 4333.10　硅铁化学分析方法　红外线吸收法测定碳量

GB/T 24194　硅铁　铝、钙、锰、铬、钛、铜、磷和镍含量的测定　电感耦合等离子体原子发射光谱法

GB/T 13247　铁合金产品粒度的取样和检测方法(GB/T 13247—1991,neq ISO 4551:1987)

3　分类及牌号表示方法

3.1　分类

硅铁分为普通硅铁和特种硅铁两类。特种硅铁是指采用炉外精炼法生产的硅铁。

3.2　牌号表示方法

牌号分别以“FeSi××-×”和“TFeSi××-×”表示。其中：“FeSi××-×”表示普通硅铁；“TFeSi××-×”表示特种硅铁，其中“T”表示“特”字汉语拼音中第一个字母，“××”表示主元素的质量百分数。“-×”用A、B区分表示杂质含量的不同。

4　技术要求

4.1　牌号及化学成分

4.1.1　硅铁按硅及其杂质含量的不同，分为21个牌号，其化学成分应符合表1规定。

4.1.2　需方对表1化学成分或对砷、锑、铋、锡、铅等元素有特殊要求时，可由供需双方另行商定。

表 1

牌号	化学成分(质量分数)/%												
	Si	Al	Ca	Mn	Cr	P	S	C	Ti	Mg	Cu	V	Ni
		不大于											
FeSi90Al1.5	87.0～95.0	1.5	1.5	0.4	0.2	0.040	0.020	0.20	—	—	—	—	—
FeSi90Al3.0	87.0～95.0	3.0	1.5	0.4	0.2	0.040	0.020	0.20	—	—	—	—	—
FeSi75Al0.5-A	74.0～80.0	0.5	1.0	0.4	0.3	0.035	0.020	0.10	—	—	—	—	—
FeSi75Al0.5-B	72.0～80.0	0.5	1.0	0.5	0.5	0.040	0.020	0.20	—	—	—	—	—
FeSi75Al1.0-A	74.0～80.0	1.0	1.0	0.4	0.3	0.035	0.020	0.10	—	—	—	—	—
FeSi75Al1.0-B	72.0～80.0	1.0	1.0	0.5	0.5	0.040	0.020	0.20	—	—	—	—	—
FeSi75Al1.5-A	74.0～80.0	1.5	1.0	0.4	0.3	0.035	0.020	0.10	—	—	—	—	—
FeSi75Al1.5-B	72.0～80.0	1.5	1.0	0.5	0.5	0.040	0.020	0.20	—	—	—	—	—
FeSi75Al2.0-A	74.0～80.0	2.0	1.0	0.4	0.3	0.035	0.020	0.10	—	—	—	—	—
FeSi75Al2.0-B	72.0～80.0	2.0	—	0.5	0.5	0.040	0.020	0.20	—	—	—	—	—
FeSi75-A	74.0～80.0	—	—	0.4	0.3	0.035	0.020	0.10	—	—	—	—	—
FeSi75-B	72.0～80.0	—	—	0.5	0.5	0.040	0.020	0.20	—	—	—	—	—
FeSi65	65.0～72.0	—	—	0.6	0.5	0.040	0.020	—	—	—	—	—	—
FeSi45	40.0～47.0	—	—	0.7	0.5	0.040	0.020	—	—	—	—	—	—
TFeSi75-A	74.0～80.0	0.03	0.03	0.10	0.10	0.020	0.004	0.020	0.015	—	—	—	—
TFeSi75-B	74.0～80.0	0.10	0.05	0.10	0.05	0.030	0.004	0.020	0.04	—	—	—	—
TFeSi75-C	74.0～80.0	0.10	0.10	0.10	0.10	0.040	0.005	0.030	0.05	0.10	0.10	0.05	0.40
TFeSi75-D	74.0～80.0	0.20	0.05	0.20	0.10	0.040	0.010	0.020	0.04	0.02	0.10	0.01	0.04
TFeSi75-E	74.0～80.0	0.50	0.50	0.40	0.10	0.040	0.020	0.050	0.06	—	—	—	—
TFeSi75-F	74.0～80.0	0.50	0.50	0.40	0.10	0.030	0.005	0.010	0.02	—	0.10	—	0.10
TFeSi75-G	74.0～80.0	1.00	0.05	0.15	0.10	0.040	0.003	0.015	0.04	—	—	—	—

4.2 物理状态

4.2.1 FeSi75 系列各牌号硅铁锭厚度不得超过 100 mm；FeSi65 锭厚度不得超过 80 mm。硅的偏析不大于 3%。

4.2.2 硅铁以块状或粒状供货，硅铁供货粒度应符合表 2 规定。

表 2

级别	规格/mm	筛上物和筛下物之和(质量分数)/%
自然块状	未经人工破碎	小于 20 mm×20mm 的重量≤8
大粒度	50～350	≤10
中粒度	20～200	≤10
小粒度	10～100	≤10
最小粒度	5～50	≤10
注：FeSi45 小于 20 mm×20 mm 的数量不应超过总重量的 15%。		

4.2.3 需方对粒度有特殊要求，可由供需双方另行商定。

5 试验方法

5.1 化学分析方法

硅铁的化学分析方法应符合表3的规定或供需双方协商。

表3

序　号	元　素	分析方法
1	Si	GB/T 4333.1
2	Al	GB/T 4333.4
3	Ca	GB/T 4333.8
4	Mn	GB/T 4333.3
5	Cr	GB/T 4333.6
6	P	GB/T 4333.2
7	S	GB/T 4333.7
8	C	GB/T 4333.10
9	Ti	GB/T 24194
10	Mg	供需双方协商
11	Cu	GB/T 24194
12	V	供需双方协商
13	Ni	GB/T 24194

5.2 粒度检测

硅铁的粒度检测方法按GB/T 13247的规定。

6 检验规则

6.1 组批

硅铁按同一牌号组批，但含硅量波动范围不应超过3%。

6.2 取样、制样

硅铁的取样、制样方法按GB/T 4010的规定。

6.3 质量检查和验收

硅铁的质量检查和验收应符合GB/T 3650的规定。

6.4 粒度的取样和验收

硅铁粒度的取样方法和验收按GB/T 13247的规定。

7 包装、储运、标志和质量证明书

7.1 包装

硅铁根据需方要求，可采用散装、集装箱、袋装等形式供货。采用袋装或集装箱供货时，包装外面应有明显标志。

7.2 储运、标志和质量证明书

硅铁的储运、标志和质量证明书应符合GB/T 3650的规定。

附　录　A
（资料性附录）
本标准章条编号与ISO 5445:1980(E)章条编号对照

表A.1给出了本标准章条编号与ISO 5445:1980(E)章条编号对照一览表。

表A.1　本标准章条编号与ISO 5445:1980(E)章条编号对照

本标准章条编号	对应ISO 5445:1980(E)章条编号
1	1
2	2
3	3
—	4
4	5
4.1	5.2
4.1.1	5.2.1
4.1.2	5.2.2
—	5.2.3
4.2	5.3
4.2.1	5.3.1
4.2.2	5.3.1
4.2.3	5.3.2
5	6
5.1	6.2、6.2.1
5.2	—
6	—
6.1	5.1
6.2、6.4	6.1.1
6.3	6.1.3、6.2.3对应部分内容
7、7.1、7.2	7
附录A	—
附录B	—

附 录 B
（资料性附录）
本标准与 ISO 5445:1980(E)技术性差异及其原因

表 B.1 给出了本标准与 ISO 5445:1980(E)技术性差异及其原因的一览表。

表 B.1 本标准与 ISO 5445:1980(E)技术性差异及其原因

本标准的章条编号	技术性差异	原因
2	引用了我国标准而非国际标准。GB/T 4010 和 GB/T 13247 与国际标准 ISO 4552 和 ISO 4551 一致性程度为"非等效"。 删除 ISO 5445:1980 引用的"ISO 565:1990 试验用筛 金属丝网和孔板 公称孔径、ISO 3713:987 铁合金取样和试样的制备 总则、ISO 4158 硅铁、硅锰铁和硅铬铁-硅含量的测定 重量法"。	以适应我国标准体系。 ISO 5445:1980 中仅给了个别元素的化学分析方法，没有给出粒度的测定方法标准，不能满足使用。
3	删除 ISO 5445:1980 第 3 章对"硅铁"定义，对"特种硅铁"给予了定义。	GB/T 14984《铁合金术语》标准有"硅铁"定义。
—	删除 ISO 5445:1980 第 4 章"订货内容"。	本标准引用了 GB/T 3650《铁合金验收、包装、储运、标志和质量证明书的一般规定》标准，有相应规定。
4.1	以本标准"表 1"代替 ISO 5445:1980"表 1"。	符合我国生产及贸易情况。
4.2	以本标准 3.2.1、3.2.2、3.2.3 代替 ISO 5445:1980 的 5.3.1、5.3.2。	保留原标准粒度要求，符合需要。
5.1	以本标准的 4.1 代替 ISO 5445:1980 的 6.2.1"硅铁的化学分析最好用 ISO 4139 规定的方法进行，但是也可以采用具有同样准确度的其他化学分析方法。	ISO 5445:1980 仅给出硅铁个别元素的化学成分测定方法，无法满足要求。本标准则引用了测定硅铁化学成分的国家标准。
5.2	增加"硅铁粒度检查应按 GB/T 13247 的规定。"	ISO 5445:1980 中 ISO 4551 当时还没制定成标准，GB/T 13247《铁合金产品粒度的取样和检测方法》有检验用筛及筛分方法要求。
6	增加第 5 章"检验规则"。	符合需要。
6.1	删除 ISO 5445:1980 标准 5.1.3"混合组批法：一批交货的产品是由若干炉(或连续出炉的几部分)同一硅铁牌号的硅铁组成。这些炉硅铁应破碎成粒度小于 X mm 的颗粒并充分混匀。组批产品的各炉(或连续出炉的几部分)主要组成成分含量，可在相应牌号硅铁规定含量的最高和最低极限之间波动"。	与 ISO 5445:1980 标准 5.1.1 按炉组批法和 5.1.2 按级组批法等效。

表 B.1(续)

本标准的章条编号	技术性差异	原因
6.1	以“5.1 组批　硅铁按同一牌号组批,但含 Si 量波动范围不应超过 3%。”代替 ISO 5445:1980 标准“5.1.1 按炉组批法:一批交货产品是由一炉(或连续出炉的一部分)的硅铁组成”及“5.1.2 按级组批法:一批交货产品是由若干炉(或连续出炉的几部分)同一硅铁牌号的硅铁组成。上述若干炉(或连续出炉的几部分)所组批的产品,各炉之间硅含量彼此相差绝对值不得超过 3%。(绝对值)”。	
6.2、6.4	以 5.2“取样与制样　化学分析用试样采取和制备按 GB/T 4010 进行”代替 ISO 5445:1980 标准 6.1.1“化学分析和筛分析的取样按 ISO 3713 所规定方法进行,但也可采用具有类似准确度的其他取样方法”。 删除 ISO 5445:1980 标准 6.1.2、6.1.3。	GB/T 4010 标准是参照 ISO 3713 及 ISO 4552:1987《铁合金——用于化学分析的取样和制样》制定的。GB/T 13247 标准是参照ISO 4551 制定的。
6.3	删除 ISO 5445:1980 标准 6.2.3.2“仲裁分析”。 增加“硅铁的质量检查与验收应符合 GB/T 3650 的规定”。	GB/T 3650《铁合金验收、包装、储运、标志和质量证明书的一般规定》标准有验收、仲裁要求。
7	以“包装、储运、标志和质量证明书”代替 ISO 5445:1980 标准第 7 章。	GB/T 3650《铁合金验收、包装、储运、标志和质量证明书的一般规定》标准有包装要求。

ICS 71.080.15
G 18

中华人民共和国国家标准

GB/T 2284—2009
代替 GB/T 2284—1993

焦化甲苯

Coking tolouenl

2009-07-08 发布　　　　2010-04-01 实施

中华人民共和国国家质量监督检验检疫总局
中国国家标准化管理委员会　发布

前　言

本标准代替 GB/T 2284—1993《焦化甲苯》。

本标准与 GB/T 2284—1993 相比，主要变化如下：

——本标准版面有所变化，如前言、页眉、规范性引用文件等；

——修改了适用范围，增加了加氢工艺的内容；

——修改了技术要求，增加了烃类杂质和总硫等技术指标，取消了中性试验指标；

——增加了数值修约规则的内容；

——增加了危险标志要求和安全注意事项的内容。

本标准由中国钢铁工业协会提出。

本标准由全国钢标准化技术委员会归口。

本标准起草单位：上海宝钢化工有限公司、冶金工业信息标准研究院。

本标准主要起草人：唐政、施淡淡、虞建增、袁康入、孙伟。

本标准所代替标准的历次版本发布情况为：

——GB 2284—1980、GB/T 2284—1993。

焦化甲苯

1 范围

本标准规定了焦化甲苯的技术要求、试验方法、检验规则、标志、包装、运输、贮存、质量证明书和安全注意事项。

本标准适用于从焦炉煤气中回收的粗苯经酸洗或加氢、精馏所得的焦化甲苯。

2 规范性引用文件

下列文件中的条款通过本标准的引用而成为本标准的条款。凡是注日期的引用文件,其随后所有的修改单(不包括勘误的内容)或修订版均不适用于本标准,然而,鼓励根据本标准达成协议的各方研究是否可使用这些文件的最新版本。凡是不注日期的引用文件,其最新版本适用于本标准。

GB 190　危险货物包装标志
GB/T 1815　苯类产品溴价的测定
GB/T 1999　焦化油类产品取样方法
GB/T 2281　焦化油类产品密度试验方法
GB/T 2282　焦化轻油类产品馏程的测定
GB/T 3208　苯类产品总硫含量的微库仑测定方法
GB/T 8035　焦化苯类产品酸洗比色的测定方法
GB/T 8036　焦化苯类产品颜色的测定方法
GB/T 8038　焦化甲苯中烃类杂质的气相色谱测定方法
GB/T 8170　数值修约规则与极限数值的表示和判定

3 技术要求

焦化甲苯的技术要求应符合表1的规定。

表1

指标名称		指标		
		优等品	一等品	合格品
外观		透明液体,无沉淀物及悬浮物		
颜色(铂-钴)	不大于	20#		
密度(20 ℃)/(g/cm³)		0.864~0.868		0.861~0.870
馏程/℃ 大气压 101 325 Pa(包括 110.6 ℃)	不大于	—	1.0	2.0
酸洗比色(按标准比色液)	不深于	0.15	0.20	0.25
苯(质量分数)/%	不大于	0.10	—	—
非芳烃(质量分数)/%	不大于	1.2	—	—
C_8 芳烃(质量分数)/%	不大于	0.10	—	—
总硫/(mg/kg)	不大于	2	150	—
溴价/(g/100 mL)	不大于	—	—	0.2

表 1(续)

指标名称	指标		
	优等品	一等品	合格品
水分	室温(18 ℃～25 ℃)下目测无可见不溶解的水		
注：槽车中甲苯的水层高度大于 5 mm,铁桶中甲苯的水层高度大于 1 mm 时不得发货。若产品已运至需方时复验超过上述规定由供需双方协议。			

4 试验方法

4.1 外观的测定：目测，在投射光线下观察试管中试样是否透明无沉淀物及悬浮物。

4.2 颜色的测定按 GB/T 8036 规定进行。

4.3 密度的测定按 GB/T 2281 规定进行。

4.4 馏程的测定按 GB/T 2282 规定进行。

4.5 酸洗比色的测定按 GB/T 8035 规定进行。

4.6 苯、非芳烃、C_8 芳烃的测定按 GB/T 8038 规定进行。

4.7 总硫的测定按 GB/T 3208 规定进行。

4.8 溴价的测定按 GB/T 1815 规定进行。

4.9 水分的测定：将试样在室温(18 ℃～25 ℃)下放置 1 h,目测有无不溶解的水。

5 检验规则

5.1 焦化甲苯的质量检验和验收由质量监督部门进行。

5.2 试样的采取和制备按 GB/T 1999 规定进行。

5.3 数值的修约按 GB/T 8170 规定进行。

6 标志、包装、运输、贮存和质量证明书

6.1 产品装入洁净、干燥的汽车槽车或铁桶中，封口后发货。

6.2 汽车槽车、铁桶上应标有“易燃液体”标志，标志要求应符合 GB 190 规定；铁桶上还应标明：产品名称、产品标准编号、商标、净重、供方名称和地址。

6.3 每批出厂产品都应附有质量证明书。证明书内容包括：产品名称、产品标准编号、供方名称、地址、批号、净重、等级、发货日期和本标准规定的各项检验结果。

6.4 本品易挥发并有毒，故须贮存于阴凉通风处，远离火种及热源，应与氧化剂分开存放。如采用贮槽存放时，贮槽区应设立严禁火种标志，罐装时应控制流速，并设有导除静电的接地装置。搬运时应轻装轻卸，防止包装破损。

6.5 供方应提供本产品的危险化学品安全技术说明书(MSDS)和安全标签。

7 安全注意事项

7.1 甲苯为无色透明液体，易燃，有毒，具有芳香味。在空气中最高允许浓度为 50 mg/m^3，人吸入超浓度甲苯蒸气或皮肤经常接触甲苯能引起中毒。

7.2 工作场所应当安装排毒设备、必要的消防设施、急救药箱，必须使用个人防护用品(如防护眼镜、橡皮手套、防护面具、口罩、工作服等)。

7.3 对着火的甲苯灭火时，可用泡沫、干粉、二氧化碳、沙土。

7.4 当皮肤上沾染甲苯后，应脱去被污染的衣着，用肥皂水和清水彻底冲洗。

ICS 83.080.01
G 31

中华人民共和国国家标准

GB/T 2406.2—2009/ISO 4589-2:1996

塑料 用氧指数法测定燃烧行为 第2部分:室温试验

Plastics—Determination of burning behaviour by oxygen index—Part 2:Ambient-temperature test

(ISO 4589-2:1996,IDT)

2009-06-15 发布　　2010-02-01 实施

中华人民共和国国家质量监督检验检疫总局
中国国家标准化管理委员会　发布

前　言

GB/T 2406《塑料　用氧指数法测定燃烧行为》共分为三部分：

——第1部分：导则；

——第2部分：室温试验；

——第3部分：高温试验。

本部分为GB/T 2406的第2部分。等同采用国际标准ISO 4589-2:1996《塑料　用氧指数法测定燃烧行为　第2部分：室温试验》(英文版)及ISO于2005-01-15对ISO 4589-2:1996发布的修改单1。本部分等同翻译ISO 4589-2:1996，及ISO于2005-01-15对ISO 4589-2:1996发布的修改单1，在技术内容上完全相同。为了便于使用，对ISO 4589-2:1996，本部分做了下列编辑性修改：

——把“ISO 4589的本部分”改成“GB/T 2406的本部分”或“本部分”；

——删除了ISO 4589-2:1996的前言、目次；

——增加了国家标准的前言、目次；

——对于ISO 4589-2:1996引用的其他国际标准中有被等同采用为我国标准的，本部分直接引用我国的国家标准代替对应的国际标准，其余未等同采用为我国标准的国际标准，在本部分中均被直接引用；

——将ISO 4589中的注的序号删除，用国家标准要求以条为单元加注序号；

——将ISO修改单中放入第9章精密度的内容改为资料性附录NA。

本部分的附录A、附录B为规范性附录，附录C、附录D、附录E、附录NA为资料性附录。

本部分由中国石油和化学工业协会提出。

本部分由全国塑料标准化技术委员会塑料树脂通用方法和产品分会(SAC/TC 15/SC 4)归口。

本部分负责起草单位：国家合成树脂质量监督检验中心。

本部分参加起草单位：北京燕山石化树脂所、国家塑料制品质检中心(福州)、国家化学建筑材料测试中心(材料测试部)、南京市江宁区分析仪器厂、公安部上海消防研究所、广州金发科技有限公司、山东道恩集团龙口市道恩工程塑料有限公司。

本部分主要起草人：宋桂荣、王建东、陈宏愿、李建军、张正敏、何芃、杨宗林、王富海、张成杰。

塑料　用氧指数法测定燃烧行为
第2部分:室温试验

1　范围

GB/T 2406 的本部分描述了在规定试验条件下,在氧、氮混合气流中,刚好维持试样燃烧所需最低氧浓度的测定方法,其结果定义为氧指数。

本部分适用于试样厚度小于 10.5 mm 能直立自撑的条状或片状材料。也适用于表观密度大于 100 kg/m³ 的均质固体材料、层压材料或泡沫材料,以及某些表观密度小于 100 kg/m³ 的泡沫材料。并提供了能直立支撑的片状材料或薄膜的试验方法。

为了比较,本部分还提供了某种材料的氧指数是否高于给定值的测定方法。

本方法获得的氧指数值,能够提供材料在某些受控实验室条件下燃烧特性的灵敏度尺度,可用于质量控制。所获得的结果依赖于试样的形状、取向和隔热以及着火条件。对于特殊材料或特殊用途,需规定不同试验条件。不同厚度和不同点火方式获得的结果不可比,也与在其他着火条件下的燃烧行为不相关。

本部分获得的结果,不能用于描述或评定某种特定材料或特定形状在实际着火情况下材料所呈现的着火危险性,只能作为评价某种火灾危险性的一个要素,该评价考虑了材料在特定应用时着火危险性评定的所有相关因素之一。

注 1:这些方法用于受热后呈现高收缩率的材料时不能获得满意结果。例如:高定向薄膜。

注 2:评价密度小于 100 kg/m³ 的泡沫材料火焰传播特性参照 GB/T 8332。

2　规范性引用文件

下列文件中的条款通过 GB/T 2406 的本部分的引用而成为本部分的条款。凡是注日期的引用文件,其随后所有的修改单(不包括勘误的内容)或修订版均不适用于本部分,然而,鼓励根据本部分达成协议的各方研究是否可使用这些文件的最新版本。凡是不注日期的引用文件,其最新版本适用于本部分。

GB/T 5471—2008　塑料　热固性塑料试样的压塑(ISO 295:2004,IDT)

GB/T 9352—2008　塑料　热塑性塑料材料试样的压塑(ISO 293:2004,IDT)

GB/T 2828.1—2003　计数抽样检验程序　第 1 部分:按接收质量限(AQL)检索的逐批检验抽样计划(ISO 2859-1:1989,IDT)

GB/T 11997—2008　塑料　多用途试样(ISO 3167:2002,IDT)

GB/T 17037.1—1997　塑料　热塑性塑料材料注塑试样的制备　第 1 部分:一般原理及多用途试样和长条试样的制备(idt ISO 294-1:1996)

GB/T 17037.3—2003　塑料　热塑性塑料材料注塑试样的制备　第 3 部分:小方试片(ISO 294-3:2002,IDT)

GB/T 17037.4—2003　塑料　热塑性塑料材料注塑试样的制备　第 4 部分:模塑收缩率的测定(ISO 294-4:2001,IDT)

ISO 294-2:1996　塑料　热塑性材料注塑试样　第 2 部分:拉伸条状试样

ISO 294-5:2001　塑料　热塑性材料注塑试样　第 5 部分:用于研究各向异性的标准试样

ISO 2818:1994　塑料　用机加工方法制备试样

ISO 2859-2:1985　计数抽样检验程序　第 2 部分:隔批检验极限质量(LQ)的抽样计划

3 术语和定义

下列术语和定义适用于 GB/T 2406 本部分。

3.1

氧指数 oxygen index

通入 23 ℃±2 ℃的氧、氮混合气体时，刚好维持材料燃烧的最小氧浓度，以体积分数表示。

4 原理

将一个试样垂直固定在向上流动的氧、氮混合气体的透明燃烧筒里，点燃试样顶端，并观察试样的燃烧特性，把试样连续燃烧时间或试样燃烧长度与给定的判据相比较，通过在不同氧浓度下的一系列试验，估算氧浓度的最小值(见 8.6)。

为了与规定的最小氧指数值进行比较，试验三个试样，根据判据判定至少两个试样熄灭。

5 设备

5.1 试验燃烧筒

由一个垂直固定在基座上，并可导入含氧混合气体的耐热玻璃筒组成(见图 1 和图 2)。

优选的燃烧筒尺寸为高度(500±50)mm，内径(75～100)mm。

燃烧筒顶端具有限流孔，排出气体的流速至少为 90 mm/s。

注：直径 40 mm，高出燃烧筒至少 10 mm 的收缩口可满足要求。

如能获得相同结果，有或无限流孔的其他尺寸燃烧筒也可使用。燃烧筒底部或支撑筒的基座上应安装使进入的混合气体分布均匀的装置。推荐使用含有易扩散并具有金属网的混合室。如果同类型多用途的其他装置能获得相同结果也可使用。应在低于试样夹持器水平面上安装一个多孔隔网，以防止下落的燃烧碎片堵塞气体入口和扩散通道。

燃烧筒的支座应安有调平装置或水平指示器，以使燃烧筒和安装在其中的试样垂直对中。为便于对燃烧筒中的火焰进行观察，可提供深色背景。

5.2 试样夹

用于燃烧筒中央垂直支撑试样。

对于自撑材料，夹持处离开判断试样可能燃烧到的最近点至少 15 mm。对于薄膜和薄片，使用如图 2 所示框架，由两垂直边框支撑试样，离边框顶端 20 mm 和 100 mm 处划标线。

夹具和支撑边框应平滑，以使上升气流受到的干扰最小。

5.3 气源

可采用纯度(质量分数)不低于 98%的氧气和/或氮气，和/或清洁的空气[含氧气 20.9%(体积分数)]作为气源。

除非试验结果对混合气体中较高的含湿量不敏感，否则进入燃烧筒混合气体的含湿量应小于0.1%(质量分数)。如果所供气体的含湿量不符合要求，则气体供应系统应配有干燥设备，或配有含湿量的检测和取样装置。

气体供应管路的连接应使混合气体在进入燃烧筒基座的配气装置前充分混合，以使燃烧筒内处于试样水平面以下的上升混合气的氧浓度的变化小于 0.2%(体积分数)。

注：氧气和氮气瓶中的含湿量(质量分数)不一定小于 0.1%。纯度(质量分数)≥98%的商业瓶装气的含湿量(质量分数)是 0.003%～0.01%，但这样的瓶装气减压到大约 1 MPa 时，气体含湿量可升到 0.1%以上。

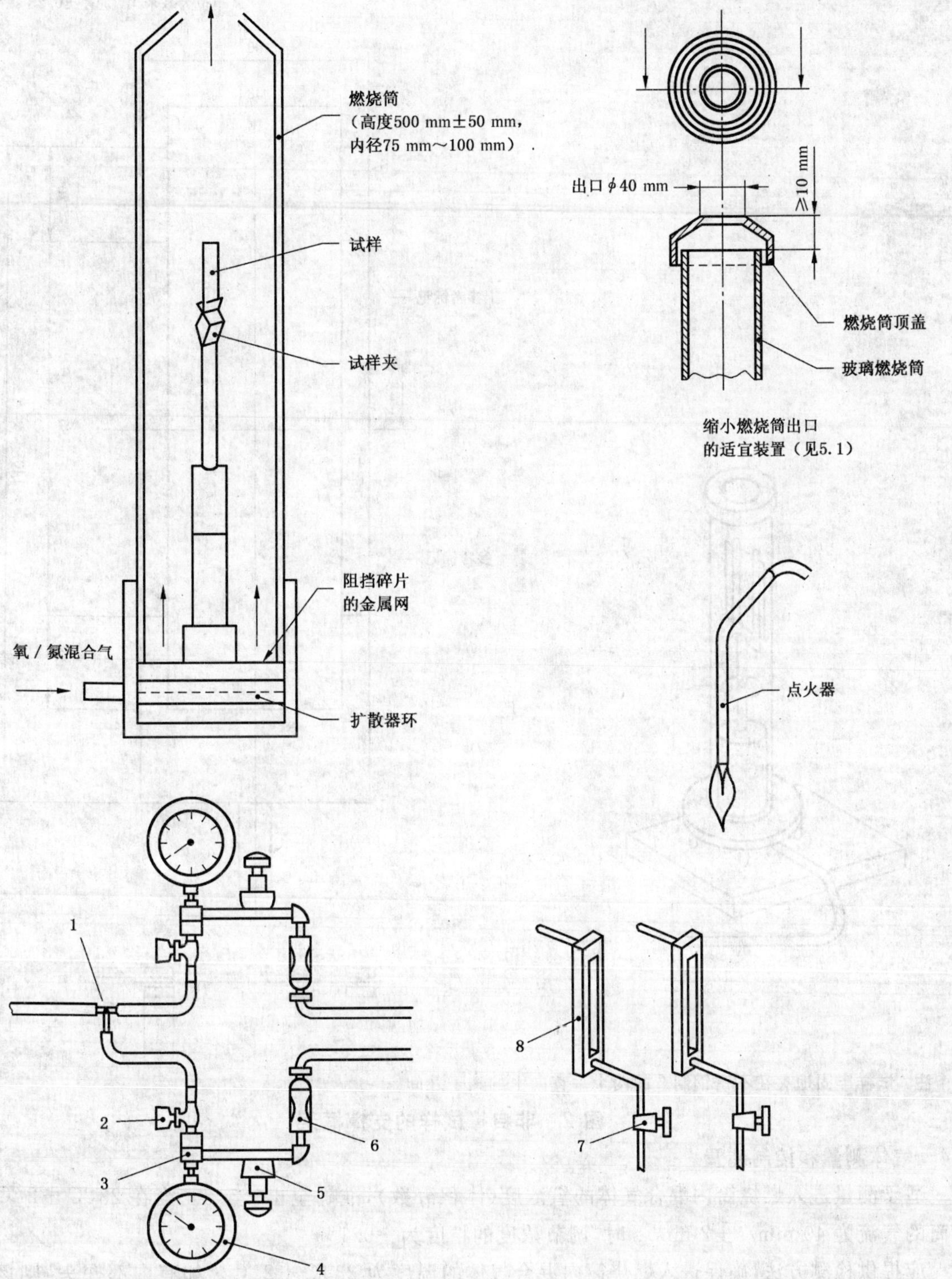

1——气体预混点；
2——截止阀；
3——接口；
4——压力表；
5——精密压力调节器；
6——过滤器；
7——针形阀；
8——气体流量计。

图1 氧指数设备示意图

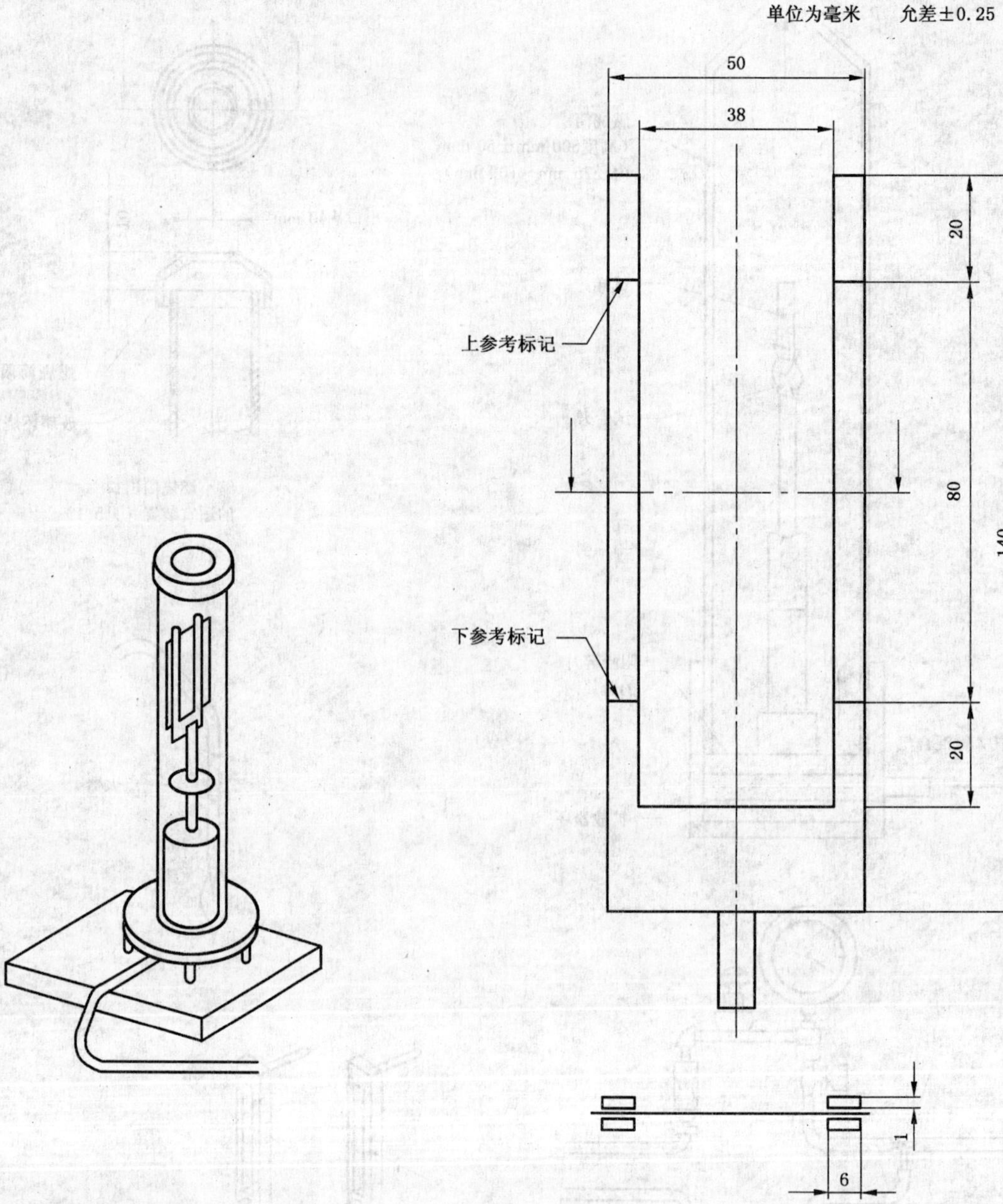

注：试样牢固地夹在不锈钢制造的两个垂直向上的叉子之间。

图2　非自撑试样的支撑框架

5.4　气体测量和控制装置

适于测量进入燃烧筒内混合气体的氧浓度(体积分数)，准确至±0.5%。当在23 ℃±2 ℃通过燃烧筒的气流为40 mm/s±2 mm/s时，调节浓度的精度为±0.1%。

应提供检测方法，确保进入燃烧筒内混合气体的温度为23 ℃±2 ℃。如有内部探头，则该探头的位置与外形设计应使燃烧筒内的扰动最小。

注：较适宜的测量系统或控制系统包括下列部件：

a)　在各个供气管路和混合气管路上的针形阀，能连续取样的顺磁氧分析仪(或等效的分析仪)和一个能指示通过燃烧筒内气流流速在要求的范围内的流量计；

b)　在各个供气管路上经校准的接口、气体压力调节器和压力表；

c)　在各个供气管路上针形阀和经校准的流量计。

系统b)和c)组装后应经过校准，以确保组合部件的合成误差不超过5.4的要求。

5.5 点火器

由一根末端直径为 2 mm±1 mm 能插入燃烧筒并喷出火焰点燃试样的管子构成。

火焰的燃料应为未混有空气的丙烷。当管子垂直插入时，应调节燃料供应量以使火焰从出口垂直向下喷射 16 mm±4 mm。

5.6 计时器

测量时间可达 5 min，准确度±0.5 s。

5.7 排烟系统

有通风和排风设施，能排除燃烧筒内的烟尘或灰粒，但不能干扰燃烧筒内气体流速和温度。

注：如果试验发烟材料，必须清洁玻璃燃烧筒，以确保良好的可视性。对于气体入口、入口隔网和温度传感器也必须清洁，以使其功能良好。应采取适当的防护措施，以免人员在试验或清洁操作中受毒性材料伤害或遭灼伤。

5.8 制备薄膜卷筒的工具

由一根直径为 2 mm 一端带有一个狭缝的不锈钢杆构成（见图 3）。

单位为毫米

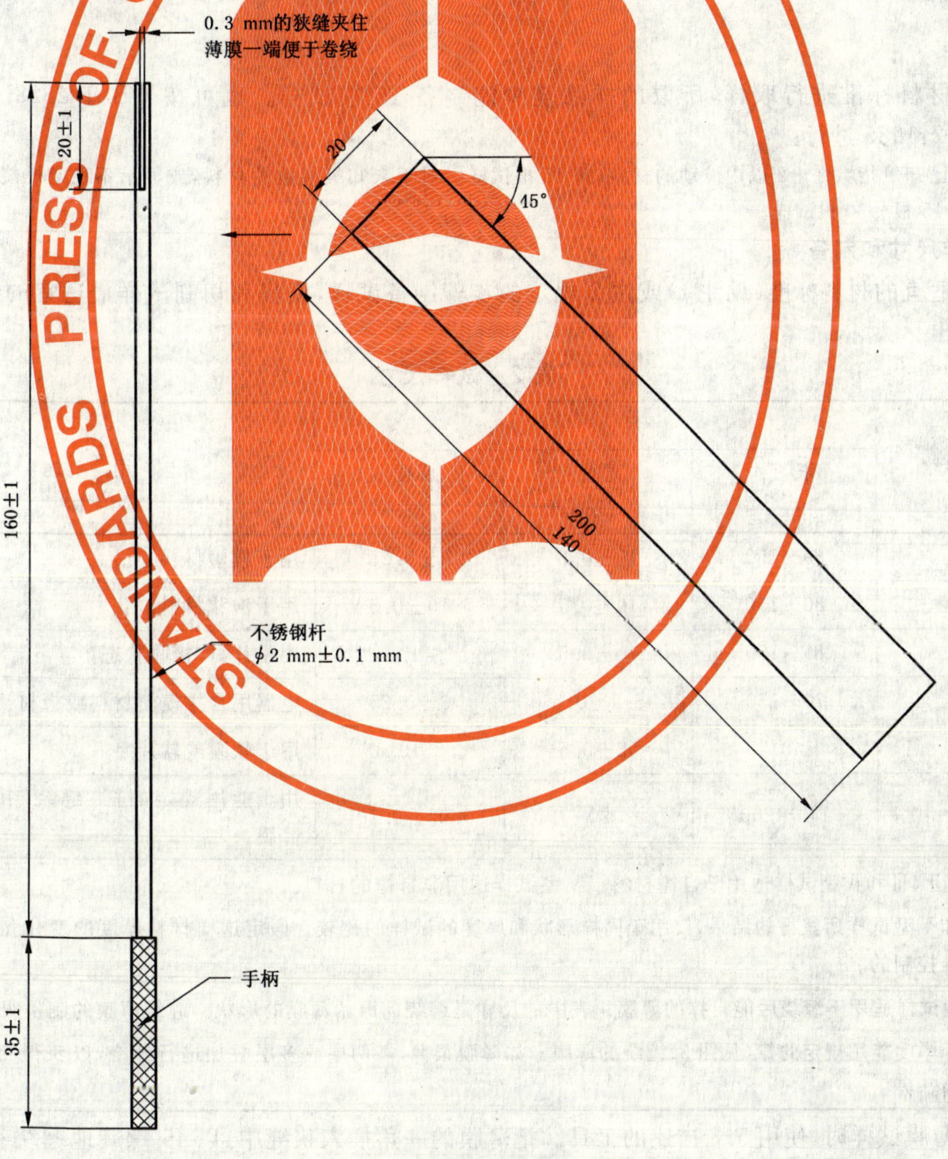

图 3 薄膜试样制备工具

6 设备的校准

为了符合本方法的要求，应定期按照附录 A 的规定对设备进行校准，再次校准和使用之间的最大时间间隔应符合表 1 的规定。

表 1 设备校准周期

项 目	最大时间间隔
气体系统接口(按附录 A 的 A.1 的要求)	
a) 设备在使用或清洁时触动过的组件	立即
b) 未触动过的组件	6 个月
浇铸 PMMA 样品	1 个月
气体流速控制	6 个月
氧浓度控制	6 个月

7 试样制备

7.1 取样

应按材料标准进行取样，所取的样品至少能制备 15 根试样。也可按 GB/T 2828.1—2003 或 ISO 2859-2:1985 进行。

注：对已知氧指数在±2 以内波动的材料，需 15 根试样。对于未知氧指数的材料，或显示不稳定燃烧特性的材料，需 15 根～30 根试样。

7.2 试样尺寸和制备

依照适宜的材料标准(见注 1)或注 2 规定的步骤制备试样，模塑和切割试样最适宜的样条形状在表 2 中给出。

表 2 试样尺寸

试样形状[a]	尺寸			用 途
	长度/mm	宽度/mm	厚度/mm	
Ⅰ	80～150	10±0.5	4±0.25	用于模塑材料
Ⅱ	80～150	10±0.5	10±0.5	用于泡沫材料
Ⅲ[b]	80～150	10±0.5	≤10.5	用于片材“接收状态”
Ⅳ	70～150	6.5±0.5	3±0.25	电器用自撑模塑材料或板材
Ⅴ[b]	140_{-5}^{0}	52±0.5	≤10.5	用于软膜或软片
Ⅵ[c]	140～200	20	0.02～0.10[d]	用于能用规定的杆[d]缠绕“接收状态”的薄膜

a Ⅰ、Ⅱ、Ⅲ和Ⅳ型试样适用于自撑材料。Ⅴ型试样适用非自撑的材料。

b Ⅲ和Ⅴ型试样所获得的结果，仅用于同样形状和厚度的试样的比较。假定这样材料厚度的变化量是受到其他标准控制的。

c Ⅵ型试样适用于缠绕后能自撑的薄膜。表中的尺寸是缠绕前原始薄膜的形状。缠绕薄膜的制备见 7.2。

d 限于厚度能用规定的棒(见图 3)缠绕的薄膜。如薄膜很薄，需两层或多层叠加进行缠绕，以获得与Ⅵ型试样类似的结果。

制备薄膜试样时，使用 5.8 描述的工具。把薄膜的一角插入狭缝中，以 45°螺旋地缠绕在杆上，直到工具的末端，制成长度合适的样条，如图 3 所示。缠绕完成后，粘牢试样卷筒的末端，将不锈钢杆从卷好的薄膜中抽出并剪掉卷筒顶端 20 mm(见图 4)。

单位为毫米

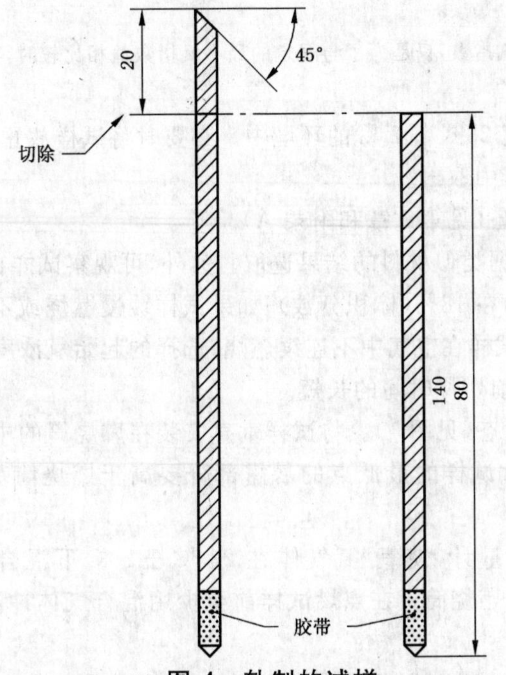

图 4　轧制的试样

确保试样表面清洁且无影响燃烧行为的缺陷，如模塑飞边或机加工的毛刺。

注意试样在样品材料上的位置和取向上的不对称性(见注 3)。

注 1：某些材料标准要求选择和标识所用的“试样状态”，例如，处于“规定状态”或“基态”的以苯乙烯为基材的均聚或共聚物。

注 2：在无相关标准时，可从 GB/T 5471—2008、GB/T 9352—2008、GB/T 17037.1—1997、GB/T 17037.3—2003、ISO 294-2:1996，ISO 294-5:2001，ISO 2818:1994 或 GB/T 11997—2008 中选择一种或几种制备方法。

注 3：由于材料的不均匀性导致点火的难易及燃烧行为的不同(例如，由不对称取向的热塑性薄膜上，在不同方向切取的试样，受热时收缩程度不同)，对氧指数的结果有很大影响。

注 4：如果使用这种方法，薄膜的燃烧行为呈现不稳定，包括受热收缩及数据的波动，则应使用Ⅵ型试样，即卷筒形试样。它给出的再现性结果与Ⅰ型试样几乎相同。附录 D 给出了使用Ⅵ型试样实验室间获得的精密度数据。

7.3　试样的标线

7.3.1　概述

为了观察试样燃烧距离，可根据试样的类型和所用的点火方式在一个或多个面上画标线。自撑试样至少在两相邻表面画标线。如使用墨水，在点燃前应使标线干燥。

7.3.2　顶面点燃试验标线

按照方法 A(见 8.2.2)试验Ⅰ、Ⅱ、Ⅲ、Ⅳ或Ⅵ型试样时，应在离点燃端 50 mm 处画标线。

7.3.3　扩散点燃试验标线

试验Ⅴ型试样时，标线画在支撑框架上(见图 2)。在试验稳定性材料时，为了方便，在离点燃端 20 mm 和 100 mm 处画标线。

如Ⅰ、Ⅱ、Ⅲ、Ⅳ和Ⅵ型试样用 B 法(见 8.2.3)试验时，在离点燃端 10 mm 和 60 mm 处画标线。

7.4　状态调节

除非另有规定，否则每个试样试验前应在温度 23 ℃±2 ℃和湿度 50%±5%条件下至少调节 88 h。

注：含有易挥发可燃物的泡沫材料试样，在 23 ℃±2 ℃和 50%±5%状态调节前，应在鼓风烘箱内处理 168 h，以除去这些物质。体积较大这类材料，需要较长的预处理时间。切割含有易挥发可燃物泡沫材料试样的设施需考虑与之相适应的危险性。

8 测定氧指数的步骤

注：当不需要测定材料的准确氧指数，只是为了与规定的最小氧指数值相比较时，则使用简化的步骤。

8.1 设备和试样的安装

8.1.1 试验装置应放置在温度 23 ℃±2 ℃的环境中。必要时将试样放置在 23 ℃±2 ℃和 50%±5%的密闭容器中，当需要时从容器中取出。

8.1.2 如需要，将重新校准设备(见第 6 章和附录 A)。

8.1.3 选择起始氧浓度，可根据类似材料的结果选取。另外，可观察试样在空气中的点燃情况，如果试样迅速燃烧，选择起始氧浓度约在 18%(体积分数)；如果试样缓慢燃烧或不稳定燃烧，选择的起始氧浓度约在 21%(体积分数)；如果试样在空气中不连续燃烧，选择的起始氧浓度至少为 25%(体积分数)，这取决于点燃的难易程度或熄灭前燃烧时间的长短。

8.1.4 确保燃烧筒处于垂直状态(见图 1)。将试样垂直安装在燃烧筒的中心位置，使试样的顶端低于燃烧筒顶口至少 100 mm，同时试样的最低点的暴露部分要高于燃烧筒基座的气体分散装置的顶面 100 mm(见图 1 或图 2)。

8.1.5 调整气体混合器和流量计，使氧/氮气体在 23 ℃±2 ℃下混合，氧浓度达到设定值，并以 40 mm/s±2 mm/s 的流速通过燃烧筒。在点燃试样前至少用混合气体冲洗燃烧筒 30 s。确保点燃及试样燃烧期间气体流速不变。

记录氧浓度，按附录 B 给出的公式计算出所用的氧浓度，以体积分数表示。

8.2 点燃试样

8.2.1 概述

根据试样的形状，按下述要求任选一种点燃方法：

a) Ⅰ、Ⅱ、Ⅲ、Ⅳ和Ⅵ型试样(见表 2)，使用按 8.2.2 所述的方法 A(顶面点燃)；

b) Ⅴ型试样，按 8.2.3 所述的方法 B(扩散点燃)。

在 GB/T 2406 的本部分中点燃是指有焰燃烧。

注 1：试验的氧浓度在等于或接近材料氧指数值表现稳态燃烧和燃烧扩散时，或厚度≤3 mm 的自撑试样，发现方法 B(用 7.3.2 标线的试样)比方法 A 给出的结果更一致。因此，方法 B 可用于Ⅰ、Ⅱ、Ⅲ、Ⅳ和Ⅵ型试样。

注 2：某些材料可能表现无焰燃烧(例如灼热燃烧)而不是有焰燃烧，或在低于要求的氧浓度时不是有焰燃烧。当试验这种材料时，必须鉴别所测氧指数的燃烧类型。

8.2.2 方法 A——顶面点燃法

顶面点燃是在试样顶面使用点火器点燃。

将火焰的最低部分施加于试样的顶面，如需要，可覆盖整个顶面，但不能使火焰对着试样的垂直面或棱。施加火焰 30 s，每隔 5 s 移开一次，移开时恰好有足够时间观察试样的整个顶面是否处于燃烧状态。在每增加 5 s 后，观察整个试样顶面持续燃烧，立即移开点火器，此时试样被点燃并开始记录燃烧时间和观察燃烧长度。

8.2.3 方法 B——扩散点燃法

扩散点燃法是使点火器产生的火焰通过顶面下移到试样的垂直面。

下移点火器把可见火焰施加于试样顶面并下移到垂直面近 6 mm。连续施加火焰 30 s，包括每 5 s 检查试样的燃烧中断情况，直到垂直面处于稳态燃烧或可见燃烧部分达到支撑框架的上标线为止。如果使用Ⅰ、Ⅱ、Ⅲ、Ⅳ和Ⅵ型试样，则燃烧部分达到试样的上标线为止。

为了测量燃烧时间和燃烧的长度，当燃烧部分达到上标线时，就认为试样被点燃。

注：燃烧部分包括沿着试样表面滴落的任何燃烧滴落物。

8.3 单个试样燃烧行为的评价

8.3.1 当试样按照 8.2.2 和 8.2.3 点燃时，开始记录燃烧时间，观察燃烧行为。如果燃烧中止，但在 1 s 内又自发再燃，则继续观察和记时。

8.3.2 如果试样的燃烧时间和燃烧长度均未超过表3规定的相关值，记作“○”反应。如果燃烧时间或燃烧长度两者任何一个超过表3中规定的相关值，记下燃烧行为和火焰的熄灭情况，此时记作“×”反应。

注意材料的燃烧状况，如滴落、焦糊、不稳定燃烧、灼热燃烧或余辉。

8.3.3 移出试样，清洁燃烧筒及点火器。使燃烧筒温度回到23 ℃±2 ℃，或用另一个燃烧筒代替。

注1：如进行多次试验，应使用两个燃烧筒和两个试样夹，这样一个燃烧筒和试样夹可冷却，而利用另一个燃烧筒和试样夹进行试验。

注2：如果试样足够长，可将试样倒过来或剪去燃烧端再使用。当评估燃烧需要的最小氧浓度的近似值时，上述试样能节约材料，但结果不能包括在氧指数的计算中，除非试样在适合于所涉及材料的温度和湿度下重新状态调节。

表3 氧指数测量的判据

试样类型（见表2）	点燃方法	判据（二选其一）[a]	
		点燃后的燃烧时间/s	燃烧长度[b]
Ⅰ、Ⅱ、Ⅲ、Ⅳ和Ⅵ	A 顶面点燃	180	试样顶端以下50 mm
	B 扩散点燃	180	上标线以下50 mm
Ⅴ	B 扩散点燃	180	上标线(框架上)以下80 mm

a 不同形状的试样或不同点燃方式及试验过程，不能产生等效的氧指数结果。

b 当试样上任何可见的燃烧部分，包括垂直表面流淌的燃烧滴落物，通过该表第四栏规定的标线时，认为超过了燃烧范围。

8.4 逐步选择氧浓度

8.5和8.6所述的方法是基于“少量样品升-降法”[1)]，利用$N_T-N_L=5$（见8.6.2和8.6.3）的特定条件，以任意步长使氧浓度进行一定的变化。

试验过程中，按下述步骤选择所用的氧浓度：

a) 如果前一个试样燃烧行为是“×”反应，则降低氧浓度，或

b) 如果前一个试样燃烧行为是“○”反应，则增加氧浓度。

按8.5或8.6选择氧浓度变化的步长。

8.5 初始氧浓度的确定

采用任意合适的步长，重复8.1.4～8.4的步骤，直到氧浓度(体积分数)之差≤1.0%，且一次是“○”反应，另一次是“×”反应为止。将这组氧浓度中的“○”反应，记作初始氧浓度，然后按8.6进行。

注1：氧浓度之差≤1.0%的两个相反结果，不一定从连续试验的试样中得到。

注2：给出“○”反应的氧浓度不一定比给出“×”反应的氧浓度低。

注3：使用表格记录本条和附录C所述的各条要求的信息。

8.6 氧浓度的改变

8.6.1 再次利用初始氧浓度(见8.5)，重复8.1.4～8.3的步骤试验一个试样，记录所用的氧浓度(c_O)和“×”或“○”反应，作为N_L和N_T系列的第一个值。

1) DIXON, W. J., *American Statistical Association Journan*, pp. 967-970(1965).

8.6.2　按8.4改变氧浓度，并按8.1.4～8.4步骤试验其他试样，氧浓度(体积分数)的改变量为总混合气体的0.2%(见注)，记录c_O值及相应的反应，直到与按8.6.1获得的相应反应不同为止。

由8.6.1获得的结果及8.6.2类似反应的结果构成N_L系列(见附录C第2部分的示例)。

注：当d不是0.2%时，如满足8.6.4的要求，可选该值作为d的起始值。

8.6.3　保持$d=0.2\%$，按照8.1.4～8.4的步骤试验四个以上的试样，并记录每个试样的氧浓度c_O和反应类型，最后一个试样的氧浓度记为c_f。

这四个结果连同由8.6.2获得的最后的结果(与8.6.1获得的反应不同的结果)构成N_T系列的其余结果，即：

$N_T=N_L+5$

(见附录C第2部分。)

8.6.4　按照9.3由N_T系列(包括c_f)最后的六个反应计算氧浓度的标准偏差$\hat{\sigma}$。如果满足条件：

$$\frac{2\hat{\sigma}}{3}<d<1.5\hat{\sigma}$$

按照式(1)计算氧指数。另外，

a)　如果$d<\frac{2\hat{\sigma}}{3}$，增加$d$值，重复8.6.2～8.6.4的步骤直到满足条件，或

b)　如果$d>1.5\hat{\sigma}$，减小d值，直到满足条件。除非相关材料标准有要求，d不能低于0.2。

9　结果的计算与表示

9.1　氧指数

氧指数OI，以体积分数表示，由式(1)计算：

$$OI=c_f+kd \qquad (1)$$

式中：

c_f——按8.6测量及8.6.3记录的N_T系列中最后氧浓度值，以体积分数表示(%)，取一位小数；

d——按8.6使用和控制的氧浓度的差值，以体积分数表示(%)，取一位小数；

k——按9.2所述由表4获得的系数。

按8.6.4和9.3计算$\hat{\sigma}$值时，OI值取两位小数。

报告OI时，准确至0.1，不修约。

9.2　k值的确定

k值和符号取决于按8.6试验的试样反应类型，可由表4按下述的方法确定：

a)　若按8.6.1试样是"○"反应，则第一个相反的反应(见8.6.2)是"×"反应，当按8.6.3试验时，在表4的第一栏，找出与最后四个反应符号相对应的那一行，找出N_L系列(按8.6.1和8.6.2获得)中"○"反应的数目，作为该表a)行中"○"的数目，k值和符号在第2、3、4或5栏中给出。

或

b)　若按8.6.1试样是"×"反应，则第一个相反的反应是"○"反应，当按8.6.3试验时，在表4的第六栏，找出与最后四个反应符号相对应的那一行，找出N_L系列(按8.6.1和8.6.2获得)中"×"反应的数目，作为该表b)行中"×"的数目，k值在第2、3、4或5栏中给出，但符号相反，查表4的负号变成正号，反之亦然。

注：k值的确定和OI的计算示例在附录C中给出。

表 4 由 Dixon′s“升-降法”进行测定时用于计算氧指数浓度的 k 值

1	2	3	4	5	6
最后五次测定的反应	N_L 前几次测量反应如下时的 k 值				
	a) ○	○○	○○○	○○○○	
10 ×○○○○	−0.55	−0.55	−0.55	−0.55	○××××
×○○○×	−1.25	−1.25	−1.25	−1.25	○×××○
×○○×○	0.37	0.38	0.38	0.38	○××○×
×○○××	−0.17	−0.14	−0.14	−0.14	○××○○
×○×○○	0.02	0.04	0.04	0.04	○×○××
×○×○×	−0.50	−0.46	−0.45	−0.45	○×○×○
×○××○	1.17	1.24	1.25	1.25	○×○○×
×○×××	0.61	0.73	0.76	0.76	○×○○○
××○○○	−0.30	−0.27	−0.26	−0.26	○○×××
××○○×	−0.83	−0.76	−0.75	−0.75	○○××○
××○×○	0.83	0.94	0.95	0.95	○○×○×
××○××	0.30	0.46	0.50	0.50	○○×○○
×××○○	0.50	0.65	0.68	0.68	○○○××
×××○×	−0.04	0.19	0.24	0.25	○○○×○
××××○	1.60	1.92	2.00	2.01	○○○○×
×××××	0.89	1.33	1.47	1.50	○○○○○
	N_L 前几次反应如下时的 k 值				最后五次测定的反应
	b) ×	××	×××	××××	
	对应第 6 栏的反应上表给出的 k 值，但符号相反，即：$OI=c_f-kd$(见 9.1)				

9.3 氧浓度测量的标准偏差

在 8.6.4 中，氧浓度测量的标准偏差由式(2)计算：

$$\hat{\sigma}=\left[\frac{\sum_{i=1}^{n}(c_i-OI)^2}{n-1}\right]^{1/2} \quad\cdots\cdots\cdots\cdots(2)$$

式中：

c_i——N_T 系列测量中最后六个反应每个所用的百分浓度；

OI——按式(1)计算的氧指数值；

n——构成 $\sum(c_i-OI)^2$ 氧浓度测量次数。

注：按照 8.6.4，本方法 $n=6$，对于 $n<6$ 时，会降低本方法的精密度。对于 $n>6$，要选择另外的统计标准。

9.4 结果的精密度

由于尚未得到实验室间试验数据，故未知本试验方法的精密度。如果得到上述数据，则在下次修订时加上精密度说明。附录 NA(资料性)是 ISO 和 ASTM 实验室间的精密度数据。

10 方法 C——与规定的最小氧指数值比较(简捷方法)

注：若有争议或需要材料的实际氧指数时，应用第 8 章给出的方法。

10.1 除了按 8.1.3 选择规定的最小氧浓度外，应按 8.1 安装设备和试样。

10.2 按 8.2 点燃试样。

10.3 试验三个试样，按 8.3.1、8.3.2 和 8.3.3 评价每个试样的燃烧行为。

如果三个试样至少有两个在超过表 3 相关判据以前火焰熄灭，记录的是“○”反应，则材料的氧指数不低于指定值。相反，材料的氧指数低于指定值。或按第 8 章测定氧指数。

11 试验报告

试验报告应包括下列内容：

a) 注明采用 GB/T 2406.2；

b) 声明本试验结果仅与本试验条件下试样的行为有关，不能用于评价其他形式或其他条件下材料着火的危险性；

c) 注明受试材料完整鉴别，包括材料的类型、密度、材料或样品原有的不均匀性相关的各项异性；

d) 试样类型（Ⅰ至Ⅵ）和尺寸；

e) 点燃方法（A 或 B）；

f) 氧指数值或采用方法 C 时规定的最小氧指数值，并报告是否高于规定的氧指数；

g) 如需要，若不是 0.2%（体积分数），估算标准偏差及所用的氧浓度增量；

h) 任何相关特性或行为的描述，如：烧焦、滴落、严重的收缩、不稳定燃烧或余辉；

i) 任何偏离 GB/T 2406 本部分要求的情况。

附 录 A
（规范性附录）
设备的校准

A.1 泄漏试验

泄漏试验应在所有的连接处进行。一旦发生泄漏，会造成燃烧筒内氧浓度改变，影响氧浓度的调节和指示。

A.2 气体流动速率

满足5.4和8.1.5要求的指示流经燃烧筒的流速的系统，可用校准过的流量计或等效的设备校准，其准确度为流经燃烧筒流速的±0.2 mm/s。

气体流速是流经燃烧筒总流量除以燃烧筒内孔的横截面积，由式(A.1)计算：

$$F = 1.27 \times 10^6 \frac{q_v}{D^2} \qquad \text{(A.1)}$$

式中：

F——流经燃烧筒的气体流速，单位为毫米每秒(mm/s)；

q_v——23 ℃±2 ℃时流经燃烧筒的气体总流量，单位为升每秒(L/s)；

D——燃烧筒内径，单位为毫米(mm)。

A.3 氧浓度

进入燃烧筒的混合气体中的氧浓度应准确至混合气体的0.1%(体积分数)。可从燃烧筒中取样进行分析或用已校准过的氧分析仪分析。如果设备中带有氧分析仪，应用下述的气体进行校准，每种气体应符合5.3规定的纯度和含湿量：

a) 由以下气体中任选两种：

——氮气；

——氧气；

——清洁的空气；

和

b) 对大多数试样，上述任何两种气体的混合均应在所用的氧浓度范围之内。

A.4 整台设备的校准

可通过试验一种已校准的材料并把所得结果与已校准材料预期结果比较的方法来校准仪器性能用于某一特定试验程序。校准材料的选择、适用性及使用见表A.1。

采用本部分的方法，在七个不同国家的16个试验室中进行了实验室间的试验，某些具体材料试验获得的结果列于表A.1。每一特定材料/试验步骤组合的单次试验结果的置信度为95%。1978/1980实验室间试验的剩余材料具有表A.1给出的氧指数的样品，可从英国的橡胶和塑料研究协会获得。

表 A.1 参比材料氧指数值

材料	方法 A 顶面点燃法	方法 B 扩散点燃法
三聚氰胺-甲醛(MF)	41.0～43.6	39.6～42.5
PMMA[a],厚度 3 mm	17.3～18.1	17.2～18.0
PMMA,厚度 10 mm	17.9～19.0	17.5～18.5
酚醛泡沫塑料,厚度 10.5 mm	39.1～40.7	39.6～40.0
PVC 薄膜,厚度 0.02 mm	不适用	22.4～23.6

[a] 这些结果是由上述的实验室间对具体材料试验获得的。适用于下列情况,每月进行校准时,按照表 A.1 使用无添加剂的 3 mm 厚浇铸 PMMA 板材(Ⅳ型),该材料的三个结果的平均值应在 17.3±0.2 的范围内,其置信度为 95%。

附　录　B
（规范性附录）
氧浓度的计算

第 8 章需求的氧浓度按式(B.1)计算：

$$c_O = \frac{100V_O}{V_O + V_N} \quad \cdots\cdots\cdots\cdots (B.1)$$

式中：

c_O——氧浓度，以体积分数表示；

V_O——23 ℃时，混合气体中每单位体积的氧的体积；

V_N——23 ℃时，混合气体中每单位体积的氮的体积。

如使用氧分析仪，则氧浓度应在具体使用的仪器上读取。

若由组成混合气体的各气流的流量和压力来计算结果，如不是纯氧时，则需考虑混合气流中氧的比率。例如，使用纯度(体积分数)98.5%氧气与空气混合或与含氧 0.5%(体积分数)氮气混合，氧浓度由式(B.2)计算，以体积分数表示。

$$c_O = \frac{98.5V_O' + 20.9V_A' + 0.5V_N'}{V_O + V_A' + V_N'} \quad \cdots\cdots\cdots\cdots (B.2)$$

式中：

V_O'——每单位体积混合气体中氧气的体积；

V_A'——每单位体积混合气体中空气的体积；

V_N'——每单位体积混合气体中氮气的体积。

假定 23 ℃下压力相同，若混合气流由两种气体组成，则其中的 V_O'、V_A'或 V_N'相应地变为零。

附 录 C
（资料性附录）
试验结果记录单

按 GB/T 2406.2 测定的氧指数试验结果记录单

材料：酚醛层压板　　　　　　　　氧指数[浓度，%（体积分数）]：29.5

试样型别：Ⅲ（4 mm 厚）　　　　　$\hat{\sigma}$：0.152

点燃方法：Ⓐ　B　　　　　　　　试验日期：1995-05-26

状态调节方法：23　㉓/㊿　　　　实验室 No.：19 试验 No.：1

氧浓度增量（d）：0.2%（体积分数）

第 1 部分：氧浓度间隔≤1%（体积分数）的一对“×”和“○”反应的氧浓度测定（按 8.5）

氧浓度（体积分数）/%	25.0	35.0	30.0	32.0	31.0			
燃烧时间/s	10	>180	140	>180	>180			
燃烧长度/mm								
反应（“×”或“○”）	○	×	○	×	×			

此对反应中“○”反应的氧浓度＝30.0%（体积分数）（该浓度将再次用于第 2 部分首次测量的浓度）。

第 2 部分：氧指数的测定（按 8.6）

连续改变氧浓度所用的步长 d＝0.2%（体积分数）[除非另有说明，首选 0.2%（体积分数）]。

	N_T 系列测量										
	N_L 系列测定（8.6.1 和 8.6.2）						（8.6.3）				c_f
氧浓度（体积分数）/%	30.0	29.8	29.6	29.4			29.4	29.6	29.4	29.6	29.8
燃烧时间/s	>180	>180	>180	150			150	>180	110	165	>180
燃烧长度/mm											
反应（“×”或“○”）	×	×	×				○	×	○	○	×
	栏数（2、3、4 或 5）：4						行数（1～16）：7				
	由表 4 获得的 k 值：1.25										
	故 k＝－1.25										

$OI = c_f + kd = 29.8 + (-1.25 \times 0.2)$

＝29.5%（报告 OI 时取一位小数）

＝29.55%（为按第 3 部分要求计算和确定 d 值，取两位小数）

第 3 部分：氧浓度步长 d%的确定（按 8.6.4 和 9.3）

最后六个结果			氧浓度(体积分数)/%			
			c_i[a]	OI	c_i-OI	$(c_i-OI)^2$
c_f[f]		1	29.8	29.55	0.25	0.062 5
		2	29.6	29.55	0.05	0.002 5
		3	29.4	29.55	−0.15	0.022 5
		4	29.6	29.55	0.05	0.002 5
		5	29.4	29.55	−0.15	0.022 5
n		6	29.6	29.55	0.05	0.002 5
总和 $\sum(c_i-OI)^2$						0.115

a 当 $n=6$ 时,c_i 栏中包含用于测定 c_f 的氧浓度及前 5 个测定所用的每个氧浓度。

标准偏差的估算:

$$\hat{\sigma}=\left[\frac{\sum(c_i-OI)^2}{n-1}\right]^{1/2}=\left(\frac{0.115}{5}\right)^{1/2}=0.152$$

$$\frac{2\hat{\sigma}}{3}=0.101$$

$$d=0.2$$

$$\frac{3\hat{\sigma}}{2}=0.227$$

如果$\frac{2\hat{\sigma}}{3}<d<\frac{3\hat{\sigma}}{2}$或如 0.2=$d>\frac{3\hat{\sigma}}{2}$,则 OI 是有效的。

另外

如果$\frac{2\hat{\sigma}}{3}>d$,则用大一点的 d 值重复第 2 部分;

或

如果$\frac{3\hat{\sigma}}{2}<d$,则用小一点的 d 值重复第 2 部分。

然后,再次校准步长。如需要,再多次改变步长直到校准后满足关系式为止。

第 4 部分:辅助信息

a) 这些试验结果仅与在本试验条件下试样的行为有关。不能用于评价不同材料或形状在这些或其他条件下着火的危险性;

b) 若有的话,特定材料的历史/特性;

c) 若有的话,与标准步骤的差异;

d) 观察到的燃烧行为的描述;

e) 试验人/报告人。

附　录　D
（资料性附录）
Ⅵ型试样实验室间试验获得的结果

D.1　概述

表D.1给出了1993年实验室间的试验结果。精密度数据是由九个实验室采用Ⅵ型试样对八种材料进行试验并每种材料重复试验两次获得的。试验前，所有试验设备按附录A，以3 mm厚的PMMA试样进行校准。所获结果用ISO 5725:1986试验方法的精密度——通过实验室间试验对标准试验方法重复性和再现性的确定。

注：ISO 5725:1986已被取代，但该组实验室间精密度数据是根据ISO 5725:1986计算得到的。

D.2　重复性

按正常和正确的操作方法，由同一操作员使用相同的设备，在短时间内对两组相同的材料测定的两个独立平均值之差。测定20个平均值中最多一次超过表D.1给出的重复性值。

D.3　再现性

按正常和正确的操作方法，由两个不同实验室的操作员使用不同的设备，对两组相同材料测定的两个独立平均值之差。测定20个平均值中最多一次超过表D.1给出的重复性值。

表D.1　精密度数据

材　料	厚度/mm	*OI* 平均值(体积分数)/%	重复性 *r*	再现性 *R*
PP	0.030	18.2	0.5	1.3
PET	0.025	22.0	0.6	3.7
PA-6	0.028	23.7	0.4	2.5
PE-LD	0.025	17.7	0.5	1.0
PVDC-P	0.013 (2层)	68.4	0.5	12.6
PVC-P	0.013 (2层)	26.9	0.5	2.0
PI	0.025	59.3	0.5	2.2
PA-15/PE-LD 多层膜	0.080	18.2	0.4	0.8

D.4　平均值

由两组试样测定的两个平均值，若它们的差值超出表D.1所给出的重复性和再现性，就认为是可疑或不等效。按D.2或D.3作出的任何判断置信度为95%(0.95)。

注：表D.1仅仅表示对于某一范围的材料构成这种试验方法的近似精密度，数据不能严格地用于材料的接收和拒收，因为这些数据是实验室间试验特有的，不代表其他批、条件、厚度或材料。

附 录 E
（资料性附录）
1978～1980年实验室间试验获得的精密度数据

E.1 结果的精密度

对易燃和燃烧稳定的材料，本方法预期的精密度如表E.1。

表 E.1 估计精密度数据

95%置信度的近似值	实验室内	实验室间
标准偏差	0.2	0.5
重复性(r)	0.5	—
再现性(R)	—	1.4
注：这些精密度数据是1978～1980年间由16个国际实验室对12个样品试验确定的。		

注：对于燃烧行为异常的材料，表E.1的极限值可增大到5倍。另一方面，对于燃烧行为显示一致的材料，即使d减小到0.1%（体积分数），仍有$d>1.5\hat{\sigma}$，显示较大的精密度是可接受的。实际上，如用$d<0.1\%$（体积分数），仪器准确性和精确度的规定不能满足本部分的要求，并且与$d\leqslant 0.2$时采用本方法所获得的结果没有明显的差异。恰好能维持燃烧的最低氧浓度的更精密的测量有赖于不同的仪器和采用不同的统计公式及由较长测量系列所测定的系数。

附 录 NA
（资料性附录）
1999 年 ISO 和 ASTM 实验室间结果的精密度

NA.1 ISO 和 ASTM 在 1999 年采用 ISO 4589-2:1996 和 ASTM D 2863:1997 作为评判标准，进行了实验室间的研究，由 12 个实验室对八种材料进行试验，每种材料试验两次，按照 ISO 5725-2:1996 进行了结果分析，确定了实验室间的精密度数据见表 NA.1。

表 NA.1 精密度数据

材料	试样类型	方法	氧指数(*OI*)		
			平均值	重复性	再现性
PMMA-1	Ⅲ	A	17.7	0.09	0.14
PMMA-2	Ⅲ	A	17.8	0.35	0.35
增塑 PVC	Ⅲ	A	38.4	4.44	6.16
增强 ABS	Ⅰ	A	26.8	3.33	3.33
热固性酚醛	Ⅰ	A	49.7	5.45	5.66
PS 泡沫	Ⅱ	A	20.9	0.91	1.30
PC 板材	Ⅴ	B	26.1	2.37	3.11
PET 薄膜	Ⅵ	A	21.9	1.74	2.87

NA.2 重复性

用相同的材料和设备，由一个操作员在短时间内，对两组试样以相同的方法测定的两平均值之差。该重复性值不应超过表 NA.1 所给出的值。

NA.3 再现性

不同实验室间的两个操作员，对同种材料的两组试样，用相同的方法测定的两平均值之差。该再现性值不应超过表 NA.1 所给出的值。

NA.4 两个平均值（两组试样测定的），若它们的差值超出表 NA.1 所给出的重复性和再现性，就认为是可疑或不等效。按 NA.2 或 NA.3 作出的任何判断置信度为 95%(0.95)。

注：NA.2 和 NA.3 给出的“重复性”和“再现性”，仅表示这种试验方法的近似精密度。表 NA.1 的试验结果和精密度数据，不能用于材料的验收和拒收。这些数据仅供实验室间研究，不能严格地代表其他批、配方、条件、材料或实验室。本方法的使用者应利用本部分所述的方法获得材料和实验室（或特定的实验室间）的数据，那么，NA.2～NA.4 的方法对这些数据是有效的。

参考文献

1） GB/T 8332 泡沫塑料燃烧性能试验方法水平燃烧法

2） ISO 5725-2:1996 测量方法和结果的准确度(正确度和精密度) 第2部分:确定标准测量方法重复性和再现性的基本方法

3） ASTM D 2863:1997 塑料类似蜡烛燃烧时所需最低氧气浓度测量的标准试验方法(氧指数)

ICS 25.100.70
J 43

中华人民共和国国家标准

GB/T 2481.2—2009
代替 GB/T 2481.2—1998

固结磨具用磨料 粒度组成的检测和标记 第2部分:微粉

Bonded abrasives—
Determination and designation of grain size distribution—
Part 2: Microgrits

2009-04-23 发布　　2009-12-01 实施

中华人民共和国国家质量监督检验检疫总局
中国国家标准化管理委员会　发布

前言

GB/T 2481《固结磨具用磨料　粒度组成的检测和标记》分为两个部分：

——第1部分：粗磨粒 F4～F220；

——第2部分：微粉。

本部分为 GB/T 2481 的第2部分。

本部分代替 GB/T 2481.2—1998《固结磨具用磨料　粒度组成的检测和标记　第2部分：微粉 F230～F1200》。

本部分与 GB/T 2481.2—1998 相比主要变化如下：

——增加了 F1500 和 F2000 号微粉的粒度组成(本部分的 4.3)；

——增加了 F 系列微粉最大粒直径的许可值，d_{s0} 值(本部分的 4.3)；

——增加了电阻法颗粒计数器测定微粉粒度组成的方法(本部分的 6.4)；

——增加了 J 系列微粉粒度组成的检测及标记。

本部分的附录 A 和附录 B 为资料性附录。

本部分由中国机械工业联合会提出。

本部分由全国磨料磨具标准化技术委员会(SAC/TC 139)归口。

本部分起草单位：郑州磨料磨具磨削研究所、淄博金纪元研磨材有限公司、珠海欧美克科技有限公司、平顶山煤业(集团)易成碳化硅制品有限公司。

本部分主要起草人：王伟涛、丁建平、张福根、曲丽伟、包华、夏军。

本部分所代替标准的历次版本发布情况为：

——GB/T 2477—1983、GB/T 2481—1983；

——GB/T 2481.2—1998。

固结磨具用磨料
粒度组成的检测和标记
第2部分：微粉

1 范围

GB/T 2481 的本部分规定了刚玉、碳化硅微粉 F230～F2000、#240～#8000 的粒度组成、粒度标记和检测方法。

本部分适用于制造固结磨具和一般工业用途的微粉，精密研磨用的微粉，从固结磨具回收的微粉，以及用于抛光的松散微粉。

2 规范性引用文件

下列文件中的条款通过 GB/T 2481 的本部分的引用而成为本部分的条款。凡是注日期的引用文件，其随后所有的修改单(不包括勘误的内容)或修订版均不适用于本部分，然而，鼓励根据本部分达成协议的各方研究是否可使用这些文件的最新版本。凡是不注日期的引用文件，其最新版本适用于本部分。

GB/T 2481.1—1998 固结磨具用磨料 粒度组成的检测和标记 第1部分：粗磨粒 F4～F220 (eqv ISO 8486-1:1996)

3 术语和定义

GB/T 2481.1—1998 确立的以及下列术语和定义适用于 GB/T 2481 的本部分。

3.1

微粉 micrograts

用沉降法检验其粒度组成时，中值粒径 d_{s50} 不大于 60 μm 的磨粒。

4 粒度组成与粒度分级

4.1 微粉系列

本部分规定的微粉包括 F 系列微粉和 J 系列微粉两个系列，粒度号前分别冠以字母“F”和字符“#”。

4.2 粒度组成

F 系列微粉和 J 系列微粉的粒度组成根据下列准则确定：

a) 最大粒直径不应超过 d_{s0}(d_{v0})的最大许可值；

b) 在粒度组成曲线的 3% 点处，其粒径(理论粒径)不应超过 d_{s3}(d_{v3})的最大许可值；

c) 在粒度组成曲线的 50% 点处，其中值粒径(理论粒径)应在规定的 d_{s50}(d_{v50})允许范围内；

d) 在粒度组成曲线的 94/95% 点处，其粒径(理论粒径)应达到 $d_{s94/95}$($d_{v94/95}$)的最小许可值。

此四条准则应同时满足。F 系列微粉各粒度号的规定值见表1(适用于光电沉降仪，对应于 94% 值)、表2(适用于沉降管粒度仪，对应于 95% 值)；J 系列微粉各粒度号的规定值见表3(适用于沉降管粒度仪，对应于 94% 值)、表4(适用于电阻法颗粒计数器，对应于 94% 值)。

注：d_s 是用沉降法测得的粒径，称作斯托克斯(Stokes)粒径，d_v 是用电阻法测得的粒径，称作等效体积(Volume)粒径。

4.3 粒度分级

F系列微粉若按光电沉降法测量分为13个粒度号，中值粒径从53 μm至1.2 μm（见表1）；F系列微粉若按沉降管法测量分为11个粒度号，中值粒径从55.7 μm至7.6 μm（见表2）。本系列与F系列粗磨粒的最细粒度号F220（63 μm）衔接，并采用同样的公比，即$\sqrt[4]{2}$。

J系列微粉若按沉降管法测量分为15个粒度号，中值粒径从60 μm开始到5.7 μm结束（见表3）；J系列微粉若按电阻法测量分为18个粒度号，中值粒径从57 μm开始到1.2 μm结束（见表4）。

表1 F230～F2000微粉的粒度组成（光电沉降仪）

粒度标记	d_{s0}最大值/μm	d_{s3}最大值/μm	d_{s50}粒度中值/μm	d_{s94}最小值/μm
F230	—	82.0	53.0±3.0	34.0
F240	—	70.0	44.5±2.0	28.0
F280	—	59.0	36.5±1.5	22.0
F320	—	49.0	29.2±1.5	16.5
F360	—	40.0	22.8±1.5	12.0
F400	—	32.0	17.3±1.0	8.0
F500	—	25.0	12.8±1.0	5.0
F600	—	19.0	9.3±1.0	3.0
F800	—	14.0	6.5±1.0	2.0
F1000	—	10.0	4.5±0.8	1.0
F1200	—	7.0	3.0±0.5	1.0(80%处)
F1500	—	5.0	2.0±0.4	0.8(80%处)
F2000	—	3.5	1.2±0.3	0.5(80%处)

表2 F230～F1200微粉的粒度组成（沉降管粒度仪）

粒度标记	d_{s0}最大值/μm	d_{s3}最大值/μm	d_{s50}粒度中值/μm	d_{s95}最小值/μm
F230	120	77.0	55.7±3.0	38.0
F240	105	68.0	47.5±2.0	32.0
F280	90	60.0	39.9±1.5	25.0
F320	75	52.0	32.8±1.5	19.0
F360	60	46.0	26.7±1.5	14.0
F400	50	39.0	21.4±1.0	10.0
F500	45	34.0	17.1±1.0	7.0
F600	40	30.0	13.7±1.0	4.6
F800	35	26.0	11.0±1.0	3.5
F1000	32	23.0	9.1±0.8	2.4
F1200	30	20.0	7.6±0.5	2.4(80%处)

表 3 ＃240～＃3000 微粉的粒度组成(沉降管粒度仪)

粒度标记	d_{s0} 最大值/ μm	d_{s3} 最大值/ μm	d_{s50} 粒度中值/ μm	d_{s94} 最小值/ μm
＃240	127.0	90.0	60.0±4.0	48.0
＃280	112.0	79.0	52.0±3.0	41.0
＃320	98.0	71.0	46.0±2.5	35.0
＃360	86.0	64.0	40.0±2.0	30.0
＃400	75.0	56.0	34.0±2.0	25.0
＃500	65.0	48.0	28.0±2.0	20.0
＃600	57.0	43.0	24.0±1.5	17.0
＃700	50.0	39.0	21.0±1.3	14.0
＃800	46.0	35.0	18.0±1.0	12.0
＃1000	42.0	32.0	15.5±1.0	9.5
＃1200	39.0	28.0	13.0±1.0	7.8
＃1500	36.0	24.0	10.5±1.0	6.0
＃2000	33.0	21.0	8.5±0.7	4.7
＃2500	30.0	18.0	7.0±0.7	3.6
＃3000	28.0	16.0	5.7±0.5	2.8

表 4 ＃240～＃8000 微粉的粒度组成(电阻法颗粒计数器)

粒度标记	d_{v0} 最大值/ μm	d_{v3} 最大值/ μm	d_{v50} 粒度中值/ μm	d_{v94} 最小值/ μm
＃240	127.0	103.0	57.0±3.0	40.0
＃280	112.0	87.0	48.0±3.0	33.0
＃320	98.0	74.0	40.0±2.5	27.0
＃360	86.0	66.0	35.0±2.0	23.0
＃400	75.0	58.0	30.0±2.0	20.0
＃500	63.0	50.0	25.0±2.0	16.0
＃600	53.0	43.0	20.0±1.5	13.0
＃700	45.0	37.0	17.0±1.3	11.0
＃800	38.0	31.0	14.0±1.0	9.0
＃1000	32.0	27.0	11.5±1.0	7.0
＃1200	27.0	23.0	9.5±0.8	5.5
＃1500	23.0	20.0	8.0±0.6	4.5
＃2000	19.0	17.0	6.7±0.6	4.0
＃2500	16.0	14.0	5.5±0.5	3.0
＃3000	13.0	11.0	4.0±0.5	2.0
＃4000	11.0	8.0	3.0±0.4	1.3
＃6000	8.0	5.0	2.0±0.4	0.8
＃8000	6.0	3.5	1.2±0.3	0.6(75%处)

5 微粉的检测

5.1 总则

F系列微粉粒度组成的检测用沉降管粒度仪、光电沉降仪或基于校正砂的其他方法进行；J系列微粉的检测用沉降管粒度仪、电阻法颗粒计数器或基于校正砂的其他方法进行。

F系列微粉和J系列微粉粒度组成的检测准则：

a) 最大粒的粒径（d_{s0}/d_{v0}值）；

b) 粒度组成曲线3%点处的理论粒径（d_{s3}/d_{v3}值）；

c) 粒度组成曲线50%点处的理论粒径（d_{s50}/d_{v50}值）；

d) 粒度组成曲线94/95%点处的理论粒径（$d_{s94/95}/d_{v94/95}$值）。

5.2 允许偏差

测量会产生误差，表5、表6给出了F系列微粉的允许偏差。F系列微粉产品的粒度组成允许值，应为表1、表2之值分别加上此偏差。

表5 因测试技术误差的允许偏差——基于校正砂的测量方法

（例如，用光电沉降法或电阻法检测）

<table>
<tr><th rowspan="2">粒度标记</th><th colspan="3">允许偏差值</th></tr>
<tr><th>$d_{s3}(d_{v3})/\mu m$</th><th>$d_{s50}(d_{v50})/\mu m$</th><th>$d_{s94}(d_{v94})/\mu m$</th></tr>
<tr><td>F230</td><td rowspan="2">+3.5</td><td rowspan="2">±2.5</td><td rowspan="2">−1.5</td></tr>
<tr><td>F240</td></tr>
<tr><td>F280</td><td rowspan="4">+2.5</td><td rowspan="4">±1.5</td><td rowspan="4">−0.8</td></tr>
<tr><td>F320</td></tr>
<tr><td>F360</td></tr>
<tr><td>F400</td></tr>
<tr><td>F500</td><td rowspan="3">+2.0</td><td rowspan="3">±1.0</td><td rowspan="3">−0.5</td></tr>
<tr><td>F600</td></tr>
<tr><td>F800</td></tr>
<tr><td>F1000</td><td rowspan="2">+1.5</td><td rowspan="2">±0.5</td><td>−0.4</td></tr>
<tr><td>F1200</td><td>−0.4(80%处)</td></tr>
<tr><td>F1500</td><td>+1.0</td><td>±0.4</td><td>−0.3(80%处)</td></tr>
<tr><td>F2000</td><td>+1.0</td><td>±0.3</td><td>−0.2(80%处)</td></tr>
</table>

表6 因测试技术误差的允许偏差——沉降管粒度仪

<table>
<tr><th rowspan="2">粒度标记</th><th colspan="3">允许偏差值</th></tr>
<tr><th>$d_{s3}/\mu m$</th><th>$d_{s50}/\mu m$</th><th>$d_{s95}/\mu m$</th></tr>
<tr><td>F230</td><td rowspan="2">+1.5</td><td rowspan="2">±1.5</td><td rowspan="2">−1.5</td></tr>
<tr><td>F240</td></tr>
<tr><td>F280</td><td rowspan="4">+1.5</td><td rowspan="4">±1.0</td><td rowspan="4">−1.5</td></tr>
<tr><td>F320</td></tr>
<tr><td>F360</td></tr>
<tr><td>F400</td></tr>
<tr><td>F500</td><td rowspan="3">+1.5</td><td rowspan="3">±0.8</td><td rowspan="3">−1.5</td></tr>
<tr><td>F600</td></tr>
<tr><td>F800</td></tr>
<tr><td>F1000</td><td rowspan="2">+1.5</td><td rowspan="2">±0.5</td><td>−1.5</td></tr>
<tr><td>F1200</td><td>−1.5(80%处)</td></tr>
</table>

5.3 检测方法的标记

微粉检测方法的标记应包括所使用的测量仪器：

——检测-F 微粉——光电沉降仪；

——检测-F 微粉——沉降图像系列；

——检测-F 微粉(J 微粉)——沉降管粒度仪；

——检测-F 微粉(J 微粉)——电阻法颗粒计数器；

——检测-F 微粉(J 微粉)——其他(能得到同等结果的其他仪器)。

5.4 检测方法

5.4.1 微粉校正砂[1]

检测方法以微粉校正砂为基准。每份 F 微粉或 J 微粉校正砂均附有粒度标定值，所测值应以校正砂的标定值为基准进行校正。

5.4.2 试验操作

应按照所用仪器的说明书进行检测。

5.4.3 测量结果的校正

如果样品是 F 微粉或 J 微粉，并且是用基于校正砂的方法测量的，那么测量结果需要校正以后才能进行评估。

原理是将 F 微粉校正砂或 J 微粉校正砂给出的中值(50%)粒径与在实验室用自己的仪器测得的中值粒径相比较。

两个值的代数值差将加到样品的 3%、50%和 94/95%值上。

应用方法(以 F 微粉为例)：

a) 测定微粉校正砂的 d_{s50}(d_{v50})值，计算此值与合格证上对应值之差；

b) 测定样品的 d_{s3}(d_{v3})、d_{s50}(d_{v50})和 $d_{s94/95}$(d_{v94})值，并加上如上测定的校正砂代数值差；

c) 将校正后的测量结果与微粉粒度组成允许值比较。

示例：

SiC F240，d_{s50} 值：

— 校正砂：

合格证上的 d_{s50} 值	44.9 μm
测得的 d_{s50} 值	42.3 μm
差值	+2.6 μm

— 样品：

测得值	42.8 μm
累加	+2.6 μm
样品校正值	45.4 μm

对照表 1，此值在 F240 的 d_{s50} 值的误差范围内。

5.4.4 评价

F 系列微粉样品的 d_{s3}(d_{v3})、d_{s50}(d_{v50})和 $d_{s94/95}$(d_{v94})值在表 1 和表 2 的允许范围内，则符合本标准。由于测试技术的误差，检测结果应有允许偏差，根据 ISO 循环试验的允许偏差列于表 5 和表 6 中。F 系列微粉的粒度组成允许值，应为表 1 和表 2 之值加上此偏差。

J 系列微粉样品的 d_{s3}(d_{v3})、d_{s50}(d_{v50})和 d_{s94}(d_{v94})值在表 3 和表 4 的允许范围内，则符合本标准。

6 测量仪器：技术说明与测量方法

6.1 总则

本章说明光电沉降仪、沉降管粒度仪、电阻法颗粒计数器的使用方法。

1) 有关微粉校正砂的详细信息可咨询全国磨料磨具标准化技术委员会秘书处。

6.2 光电沉降仪

6.2.1 光电沉降仪组成

光电沉降仪主要由以下部分组成：

a) 带有一个水套并具有高透光度的沉降管(圆筒测量容器)，通过温度调节器使其温度稳定在(20±0.5)℃；

b) 光源，其发出之光束，穿过沉降管照射在光电管上；

c) 检流计，记录测量过程的任意时刻照射在光电管上的光强度及沉降管吸收的光量；

d) 沉降管高度调节装置，使光束限定在最大沉降高度(h_{max}=10 cm)内。

光电沉降仪的沉降装置结构原理如图1所示。

单位为厘米

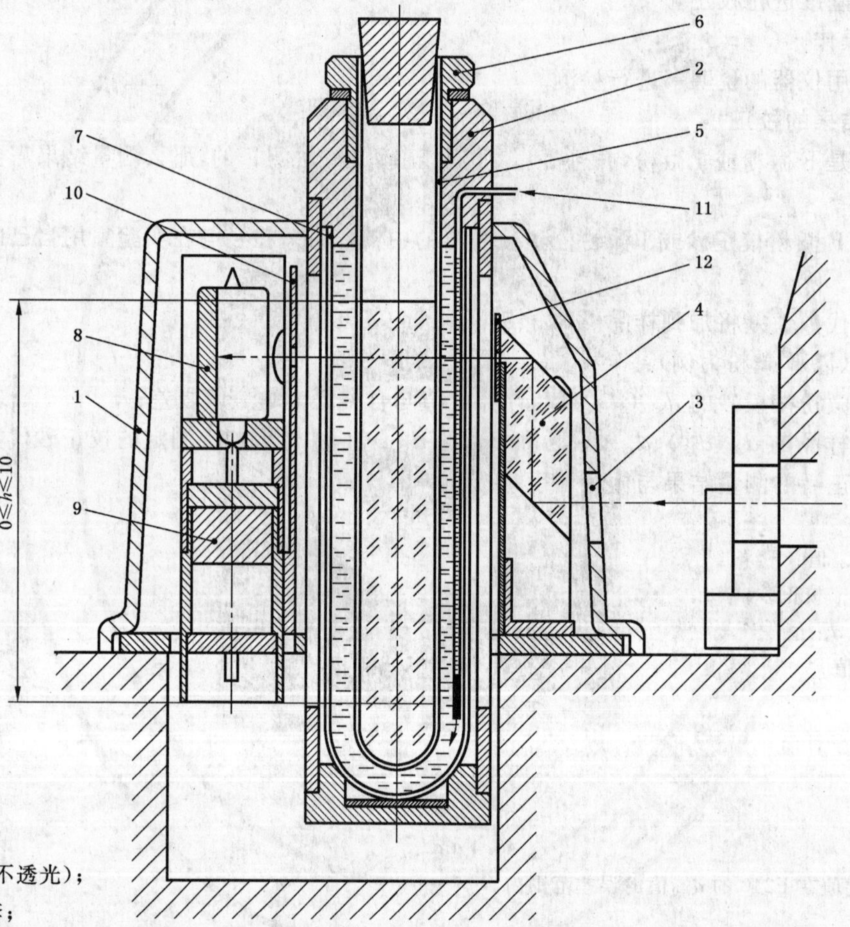

1——外壳(不透光)；
2——热水套；
3——光束口；
4——偏光棱镜；
5——沉降管(圆筒测量容器)；
6——容器调节螺丝；
7——热水套的玻璃水道；
8——光电管；
9——光电管转换器；
10——屏蔽；
11——热水套进水口；
12——带有狭缝的屏蔽。

图1 光电沉降仪的沉降装置结构原理

6.2.2 实验配备

6.2.2.1 沉降介质

以电导率≤5 μs 的蒸馏水或蒸馏水与1,2-乙二醇(甘醇)的混合液作沉降介质。某些情况下可添加二磷酸四钠作为分散剂。

不同粒度的刚玉和碳化硅所用的沉降介质及分散剂的浓度列于表7。为了达到测量标准,混合液应具有表7规定的黏度。

6.2.2.2 沉降介质的校准

蒸馏水-1,2-乙二醇沉降介质的黏度应利用黏度计精确校准。黏度值的允许偏差不应超过表7规定值的±0.1 mPa·s。

6.2.3 样品制备

检验前样品应于(600±20)℃下加热至少10 min。用超声波等方法对样品分散处理5 min以消除结团。

6.2.4 检测步骤

6.2.4.1 零点调节

首先,光束开关置于关位置。然后利用"光值校准"旋钮微调光点,直到光点对准刻度盘左端的零点。

表7 刚玉和碳化硅粒度检验用沉降介质与分散剂

<table>
<tr><th rowspan="2">粒度号</th><th rowspan="2">沉降介质(20 ℃)</th><th colspan="2">2磷酸4钠分散剂/(g/L)</th></tr>
<tr><th>刚玉</th><th>碳化硅</th></tr>
<tr><td>F230</td><td rowspan="2">1,2-乙二醇 95%
黏度 15.2 mPa·s
密度 1.107 g/cm³</td><td rowspan="2">0.2</td><td rowspan="2">0.2</td></tr>
<tr><td>F240</td></tr>
<tr><td>F280</td><td rowspan="4">1,2-乙二醇 74%
黏度 7.7 mPa·s
密度 1.091 g/cm³</td><td rowspan="4">0.2</td><td rowspan="4">0.2</td></tr>
<tr><td>F320</td></tr>
<tr><td>F360</td></tr>
<tr><td>F400</td></tr>
<tr><td>F500</td><td rowspan="3">蒸馏水
电导率≤5 μs</td><td rowspan="3">0.45</td><td>0.2</td></tr>
<tr><td>F600</td><td rowspan="2">0.1</td></tr>
<tr><td>F800</td></tr>
<tr><td>F1000</td><td rowspan="4">蒸馏水
电导率≤5 μs</td><td rowspan="4">0.45</td><td rowspan="4">不添加</td></tr>
<tr><td>F1200</td></tr>
<tr><td>F1500</td></tr>
<tr><td>F2000</td></tr>
</table>

6.2.4.2 空白值的调节与校准

将纯净的沉降液注入测量瓶一半以上,并置入定位装置,使上金属屏蔽板边缘位于瓶体高度刻度尺的10 cm处。然后,光束开关置于开位置。

此时光束应通过纯净的沉降介质而不受液面阻碍。

光路置于开启位置,用"校准刻度盘右端"旋钮,使光点指示器的中线置于0(顶点)或100(底点)。

用类似方法调节刻度盘左端。光路关闭,用"校准刻度盘左端"旋钮调节至∞(顶点)或0(底点)。应重复调节刻度盘左、右端的值。记录下分档开关的位置作为"清零值"。

将沉降液充满测量瓶至顶部标记处，校对清零值。

6.2.4.3 **测定**

将待测磨料(分散处理过的样品)全部倒入测量瓶内，小心摇动后，应有1.3～1.7的初始消光。应避免气泡。

用橡皮塞塞住测量瓶，然后通过温度调节器控制的循环水加热至(20±0.5)℃，至少保持10 min。

开始测量前，将测量瓶180°左右翻转2 min(每分钟10次，不必摇动)，使测量瓶中之物均匀。此时也应避免有气泡。

然后，将测量瓶置于试验仪器中。开始测量。

按照表8第1栏给出的时间间隔，读出并记录消光值。

在一定的时间周期内，消光会趋近常数，与样品的粒度组成有关。测量点之间0.01消光单位的微小误差可以忽略不计。磨料颗粒沉降的真正开始由光强度的增强指示。

6.2.5 **评价**

6.2.5.1 **粒度组成的评价**

在粒度分级适当的情况下，由斯托克斯(Stokes)定律和朗伯特-贝尔(Lambert-Beer)定律导出的以下计算方法，可得到满意结果。

由此，磨粒的质量百分含量与连续测量的消光差和磨粒直径乘积成正比。

表8的第1栏中是沉降时间，第2栏是沉降高度。

第3栏至第8栏是根据斯托克斯定律计算出的粒度，与刚玉、碳化硅磨粒在三种沉降介质中的沉降时间与沉降高度相对应。

表8 粒度为沉降时间与沉降高度的函数

1		2	3	4	5	6	7	8
沉降时间		沉降高度/cm	粒度(理论粒径 d)					
			刚玉			碳化硅		
min	s		水[a]/μm	1,2-乙二醇 74%[a]/μm	1,2-乙二醇 95%[a]/μm	水[a]/μm	1,2-乙二醇 74%[a]/μm	1,2-乙二醇 95%[a]/μm
0	21	10	54.5			63.2		
0	30	10	45.6	128.6		52.8		
0	42	10	38.5	108.7		44.7	126.8	
1	00	10	32.2	90.9	127.5	37.4	106.1	
1	25	10	27.1	76.4	107.5	31.4	89.1	125
2	00	10	22.8	64.3	90.1	26.4	75	105.3
2	50	10	19.1	54	75.7	22.2	63	88.4
4	00	10	16.1	45.5	63.7	18.7	53	74.4
5	40	10	13.5	38.2	53.6	15.7	44.6	62.5
8	00	10	11.4	32.1	45.1	13.2	37.5	52.6
11	20	10	9.6	27	37.9	11.1	31.5	44.2
16	00	10	8.1	22.7	31.9	9.3	26.5	37.2
18	00	7.95	6.8	19.1	26.8	7.9	22.3	31.3
20	00	6.25	5.7	16.1	22.5	6.6	18.8	26.3

表 8（续）

1		2	3	4	5	6	7	8
沉降时间		沉降高度/cm	粒度（理论粒径 *d*）					
			刚玉			碳化硅		
min	s		水[a]/μm	1,2-乙二醇 74%[a]/μm	1,2-乙二醇 95%[a]/μm	水[a]/μm	1,2-乙二醇 74%[a]/μm	1,2-乙二醇 95%[a]/μm
22	00	4.85	4.8	13.5	18.9	5.6	15.8	22.1
24	00	3.75	4	11.4	15.9	4.7	13.3	18.6
26	00	2.9	3.4	9.6	13.5	4	11.2	15.7
28	00	2.2	2.9	8.1	11.3	3.3	9.4	13.2
30	00	1.65	2.4	6.7	9.5	2.8	7.9	11
38	20	1.5	2	5.7	8	2.3	6.6	9.3
54	20	1.5	—	4.8	6.7	2	5.6	7.8

[a] 见表 7。

6.2.5.2　粒度组成的检测

下列项目的格式列表参见附录 A：

a)　读数时间；

b)　沉降高度；

c)　光点校正分档开关位置；

d)　消光读数；

e)　粒度。

表 9 中列出了约 13 μm 的碳化硅粒度测试的计算实例。在此例中，用电导率≤5 μs 的蒸馏水与每升水含 0.2 g 二磷酸四钠的溶液混合作为沉降介质（见表 7，F500 的碳化硅）。

表 9 第 7 栏中的粒度值引自表 7 第 6 栏。

——读出的值应记入表 9 的第 3、第 4 栏，第 5 栏为消光值经清零值修正后得出的值；

——第 6 栏为第 5 栏中两个连续数值之差；

——第 8 栏为第 6 栏与第 7 栏之乘积，并计算总和；

——第 9 栏为第 8 栏占其总和的质量百分数；

——第 10 栏为第 9 栏数值的累计值。

从表 9 的第 7 栏与第 10 栏得出粒度组成。测得值可绘成图。

如果用光电沉降仪测量较细的微粉（该仪器沉降时间只对应到 2 μm 的理论粒度），由于尚有一定比例的微粉没有完全沉降而存在残余消光，则应按以下方法计算：

校正后的剩余消光值（第 5 栏）转入第 6 栏的下面一行，并与属于最后行（38 min 20 s 或 54 min 20 s）剩余消光的理论粒度（2 μm）的一半相乘。

照上面所述的方法计算第 9 栏与第 10 栏的值。

图表中累加之和限至 2 μm。如果 94%（点处）的粒径值小于 2 μm，则应表示出 2 μm 粒度所对应的百分值，而不是 94% 的值。

因此，此实例中的碳化硅微粉包括：

a)　10.2% 的量大于 18.7 μm；

b)　22.9% 的量大于 15.7 μm，以此类推；

c) 100%的量大于 4 μm。

用表 9 中第 7 栏和第 10 栏的值可绘出粒度组成曲线。

为了确定 d_{s3} 值，应将初始测量值(本例中为 10.2%的质量含量与 18.7μm 粒径)与表 9 第 7 栏给出的下一个较高粒径值用直线连结起来。与 3%线的交点即为 d_{s3} 值。

注：转动光点校正的分档开关，可从较低和更精确的刻度读出高消光值。

每一档相当 0.25 的消光值。例如转动开关至 5 档，可读出精度高于 0.12 的消光值 1.37（5×0.25=1.25，1.37－1.25=0.12）。

分档开关的 3 档(表 8 第 3 栏最后一行)表示测量瓶加沉降介质的清零值。因此需在第 4 档加 0.25，在第 5 档加 0.5，第 6 档加 0.75，第 7 档加 1，以得出第 5 栏中的消光。

6.2.5.3 绘制粒度组成曲线

样品的质量百分含量(纵座标)对应粒径(横座标)，绘制粒度组成曲线。

可用对数座标纸绘制粒度组成曲线(见图 2 实例)。

6.2.5.4 粒度组成曲线的评价

从粒度组成曲线读得样品 3%、50%和 94%处的 d_s 值。本实例读得的相应值如下：

d_{s3} 值：21.3 μm

d_{s50} 值：13.6 μm

d_{s94} 值：7.6 μm

所得数值应利用微粉校正砂(见 5.4.2)进行校正。校正后的数值应在表 1 规定的允许限度内。

表 9 中值粒径约 13 μm 的碳化硅粒度测试计算实例

1		2	3	4	5	6	7	8	9	10
沉降时间		沉降高度/cm	分档开关位置	消光		修正消光之差	粒径/μm	修正消光差×粒径	质量/%	累计质量/%
min	s			读数	修正值					
0	42	10	7	0.62	—	—	44.7	—	—	—
1	00	10	7	0.64	—	—	37.4	—	—	—
1	25	10	7	0.64	—	—	31.4	—	—	—
2	00	10	7	0.61	—	—	26.4	—	—	—
2	50	10	7	0.62	1.62	—	22.2	—	—	—
4	00	10	7	0.52	1.52	0.1	18.7	1.87	10.2	10.2
5	40	10	7	0.29	1.29	0.23	15.7	3.61	19.7	29.9
8	00	10	6	0.2	0.95	0.34	13.2	4.49	24.6	54.5
11	20	10	5	0.1	0.6	0.35	11.1	3.89	21.3	75.8
16	00	10	4	0.13	0.38	0.22	9.3	2.05	11.2	87
18	00	7.95	3	0.24	0.24	0.14	7.9	1.11	6.1	93.1
20	00	6.25	3	0.15	0.15	0.09	6.6	0.59	3.2	96.3
22	00	4.85	3	0.11	0.11	0.04	5.6	0.22	1.2	97.5
24	00	3.75	3	0.09	0.09	0.02	4.7	0.09	0.5	98
26	00	2.9	3	0	0	0.09	4	0.36	2	100
							合计	18.28	100	100

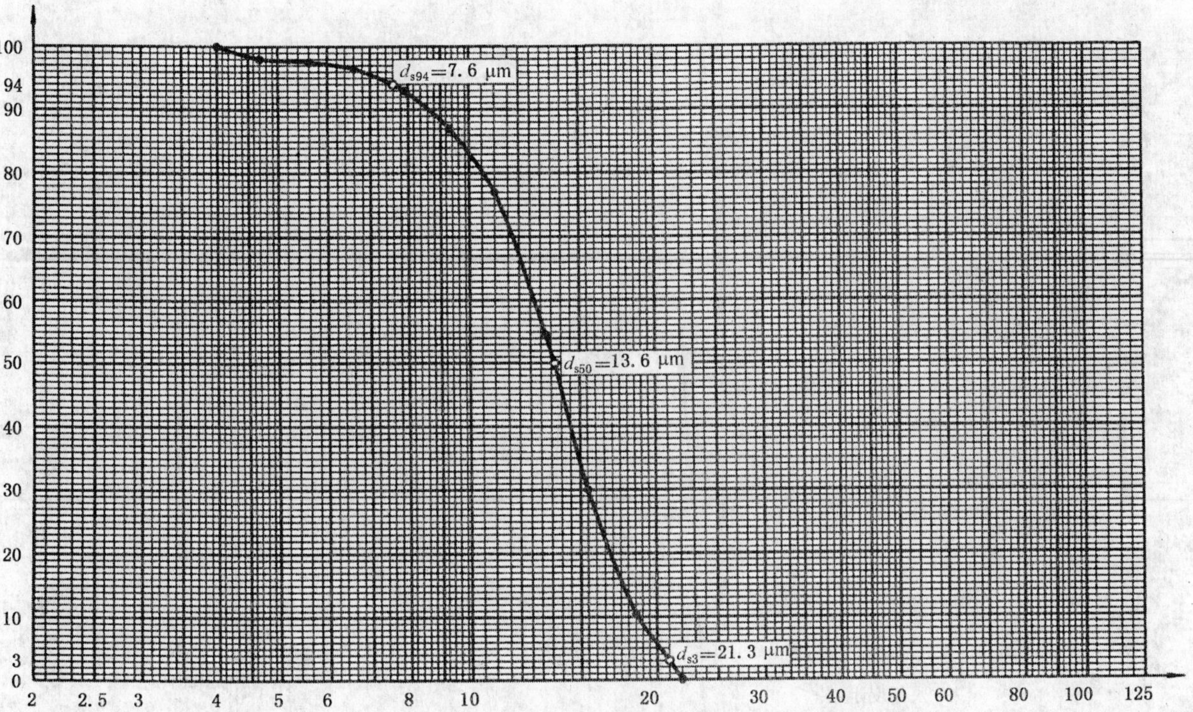

图2　粒度中值约13 μm碳化硅微粉的粒度组成曲线

6.3　沉降管粒度仪

6.3.1　沉降检测

通过沉降法检测F系列微粉(F230～F1200)和J系列微粉(＃240～＃3000),应使用沉降管粒度仪,从而确定其粒度组成。

测定原理是确定单位时间内沉降在收集管内悬浮磨料样品的体积并根据斯托克斯定律计算等效粒径。

粒度组成的判定指标是:

a)　最大粒直径(d_{s0}值);

b)　沉降样品的体积达到3%时的粒径(d_{s3}值);

c)　沉降样品的体积达到50%时的中值粒径(d_{s50}值);

d)　沉降样品的体积达到94/95%时的粒径($d_{s94/95}$值)。

表2、表3给出了允许值。

6.3.2　检测装置

沉降管粒度仪由一支长940 mm、内径20 mm的垂直沉降管构成。外包一水套,以保持与稳定沉降管内沉降介质的温度。

在沉降管底部固定一有刻度的收集管。整个装置安装在框架上,其底盘装配有水平调节螺丝保持管垂直(见图3)。

收集管的形状、尺寸见图4。

为提高沉降体积读数的精确度,建议使用水平光源和一个放大镜。用一台时间打印机使沉降时间的记录更容易。

6.3.3　检测配备

6.3.3.1　沉降介质

使用含量为99.5%的分析纯甲醇。

用6.3.4.1.3中所述的校正砂校准沉降介质。

单位为毫米

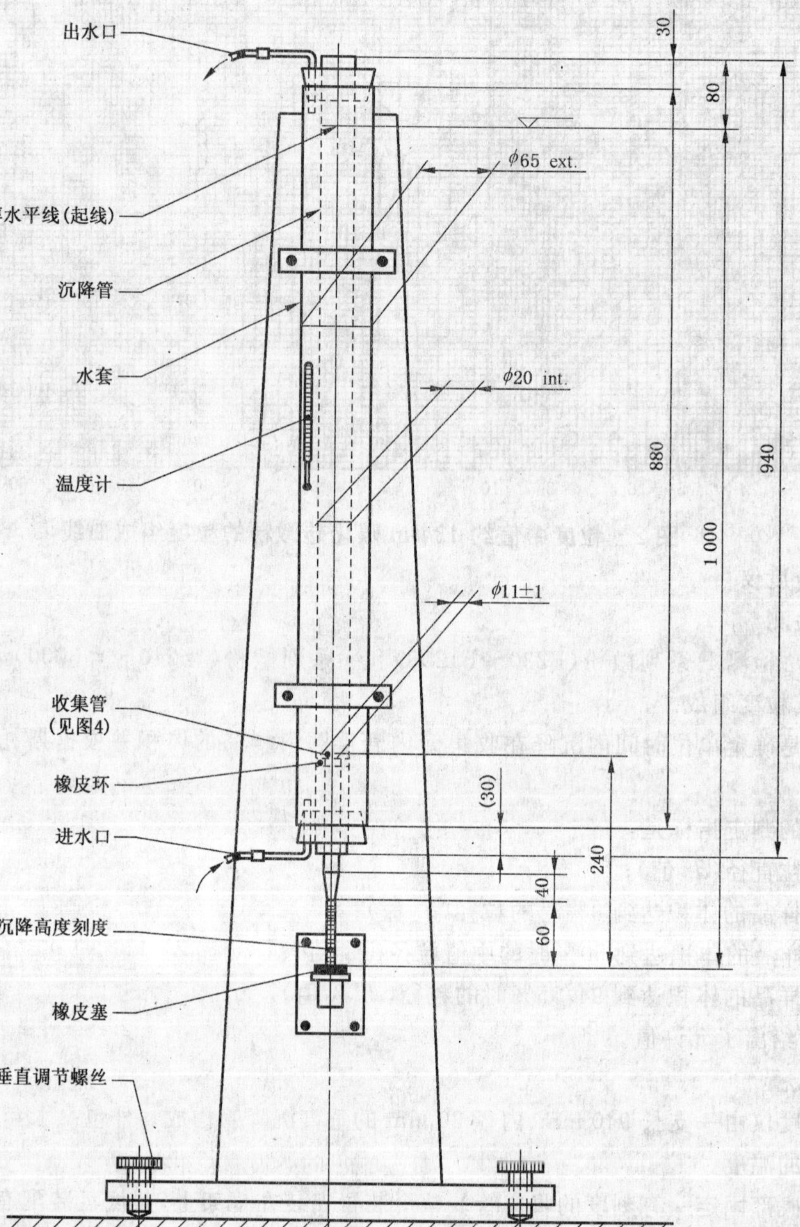

图3 沉降管粒度仪

单位为毫米

刻度和数字为白色　　50个等间距刻度(分度1 mm)　　分刻度线长3 mm

5格刻度线长4 mm　　刻度线宽0.25 mm

图4　收集管

6.3.3.2 分散剂

为1%浓度的EDTA(乙二胺四乙酸二钠盐)水溶液。

6.3.3.3 校正砂

用校正砂校准整个检测过程。所提供的每份校正砂都附有一张累积体积-粒度组成曲线。

6.3.4 检测

6.3.4.1 检测的准备

6.3.4.1.1 检测装置的安装

当安装沉降管粒度仪用作检测装置时,要检查收集管使之处于沉降管的中心位置。由悬挂于沉降管和收集管顶部的一根垂线来校准。垂线应同时穿过沉降管和收集管的中心。整个装置用底盘上的调节螺丝调节。

校准后,水套充满水,以保持沉降管中沉降介质温度的稳定。如有条件,可将水套与温度调节器接通,以控制测定温度。

6.3.4.1.2 检测温度

粒度检测应在温度比较稳定的实验室中进行,测定温度一般不应超出15 ℃～30 ℃的范围。在同一次测定过程中,温度波动不应超出±0.5 ℃。

检测温度所对应粒径的确定见6.3.5.1。

6.3.4.1.3 沉降介质的校定

检测用的甲醇应经校正砂校正。

10%、20%、30%、40%和50%各点对应的粒径与校正砂曲线上规定值间的偏差不应超过±1.0 μm。各点偏差的代数和的平均值不应超过±0.6 μm。

如果与曲线的符合度不在允许范围内,应改变沉降介质的密度和黏度,使之得到相符的结果。

6.3.4.2 检测步骤[2)]

6.3.4.2.1 沉降管的充液

将校定过的沉降液注入沉降管至1 000 mm高度(从收集管底部测量)。至水套内水的温度与沉降管内沉降介质的温度达到平衡方可进行检测。

6.3.4.2.2 样品制备

试验前,样品应加热至600 ℃±20 ℃,至少保持10 min。

6.3.4.2.3 样品分散

将沉降后能在收集管中存留(20～25)格高度的样品量置于试管中,碳化硅约1.6 g,电熔刚玉约2.2 g。

将15 mL沉降介质与待沉降样品一起放入试管中,并滴入三滴分散剂。用超声波分散处理样品5 min,以消除结团。磨料在沉降介质中保留至少10 min,在此期间应充分摇动试管几次。试管中介质的温度与沉降管中介质的温度应达到一致。

6.3.4.2.4 导入沉降管

将一合适漏斗放在沉降管上。充分摇动含有样品与沉降液的试管至少30 s。随之将试管中的混合物沿着漏斗斜面倒入沉降液中。

随即,迅速将漏斗拿离沉降管,避免任何残留物滴入沉降管而改变检测结果。

6.3.4.2.5 测量开始

倒入的同时开始测量(计时)。

---

2) 检测步骤的记录、数据处理及绘制曲线等,有条件的尽量采用计算机处理,可以简化操作手续,提高检测速度、缩短检测时间。计算机处理的详细信息可咨询全国磨料磨具标准化技术委员会秘书处。

6.3.4.2.6 **测量值的记录**

最先的连续颗粒流到达收集管底部的时间，即是粒度组成曲线的起始点。注意检查有无结团。

最大粒尺寸的测定时间，是在第1颗颗粒(连续颗粒流)到达收集管底部的时间。

注意观察沉降着的颗粒，并连续记录沉积的颗粒表面达到收集管分刻度线的时间(读数不应有视差)。

所有的颗粒全部沉降，即沉积高度不再变化，也就是测量的终点。

每次记录沉降柱高度之前，用笔轻轻地敲击收集管底部的橡皮塞。以使沉降柱的上表面平齐，便于准确读取沉降柱高度。但不应敲击收集管本身。

沉降过程中若观察到颗粒结团现象，表明样品未充分分散处理。需重新分析。

6.3.5 **评价**

6.3.5.1 **方法原理与计算公式**

本测定方法以斯托克斯定律为理论依据。

计算公式见式(1)～ 式(4)。

$$d = 10^4 \sqrt{\frac{180\eta L}{60gt(\rho - \rho')}} \qquad \cdots\cdots(1)$$

式中：

d——颗粒直径，单位为微米(μm)；

η——沉降液的(动力)黏度，单位为帕秒(Pa·s)；

L——试料沉降高度，单位为厘米(cm)；

g——重力加速度，980 cm/s^2；

ρ——试料颗粒密度，单位为克每立方厘米(g/cm^3)；

ρ'——沉降液密度，单位为克每立方厘米(g/cm^3)；

t——试料沉降时间，单位为分(min)。

对于给定的沉降液、试料种类、温度和测定地点，η、L、g、ρ、ρ'各项均为常数，则式(1)可以写成：

$$d = \frac{k}{\sqrt{t}} \qquad \cdots\cdots(2)$$

或写成：

$$t = \left(\frac{k}{d}\right)^2 \qquad \cdots\cdots(3)$$

其中：

$$k = 10^4 \sqrt{\frac{180\eta L}{980 \times (\rho - \rho') \times 60}} \qquad \cdots\cdots(4)$$

6.3.5.2 **粒度的确定**

记录格式参见附录B。

——第1栏：沉降高度h，用收集管上的刻度线表示；

——第2栏：沉积样品的体积百分含量；

——第3栏：沉降时间t；

——第4栏：样品的粒径d。

6.3.5.3 **粒度组成曲线的绘制**

沉降样品的体积百分含量(纵座标)，对应于根据6.3.5.2确定的等效粒径d(横座标)，绘出粒度组成曲线(见图 5、图 6 和图 7)。

可用毫米坐标纸绘制粒度组成曲线(见图 5)。采用对数概率坐标纸更好(见图 6 和图 7)。用这种坐标纸,由少数几个测量点就可以描述出测量结果(见图 7)。

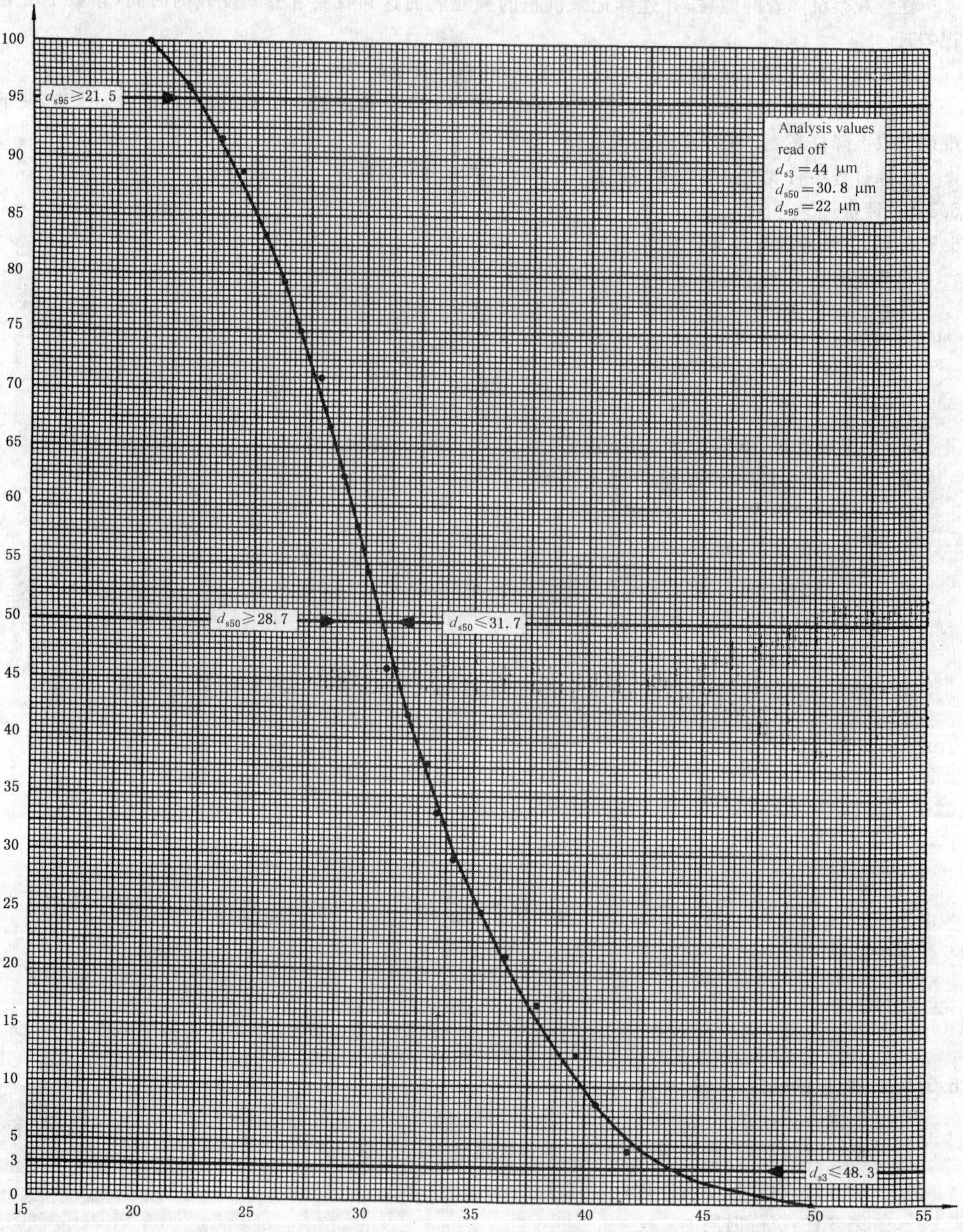

图 5　线性坐标纸上绘制的粒度组成曲线　测量值及允许界限值

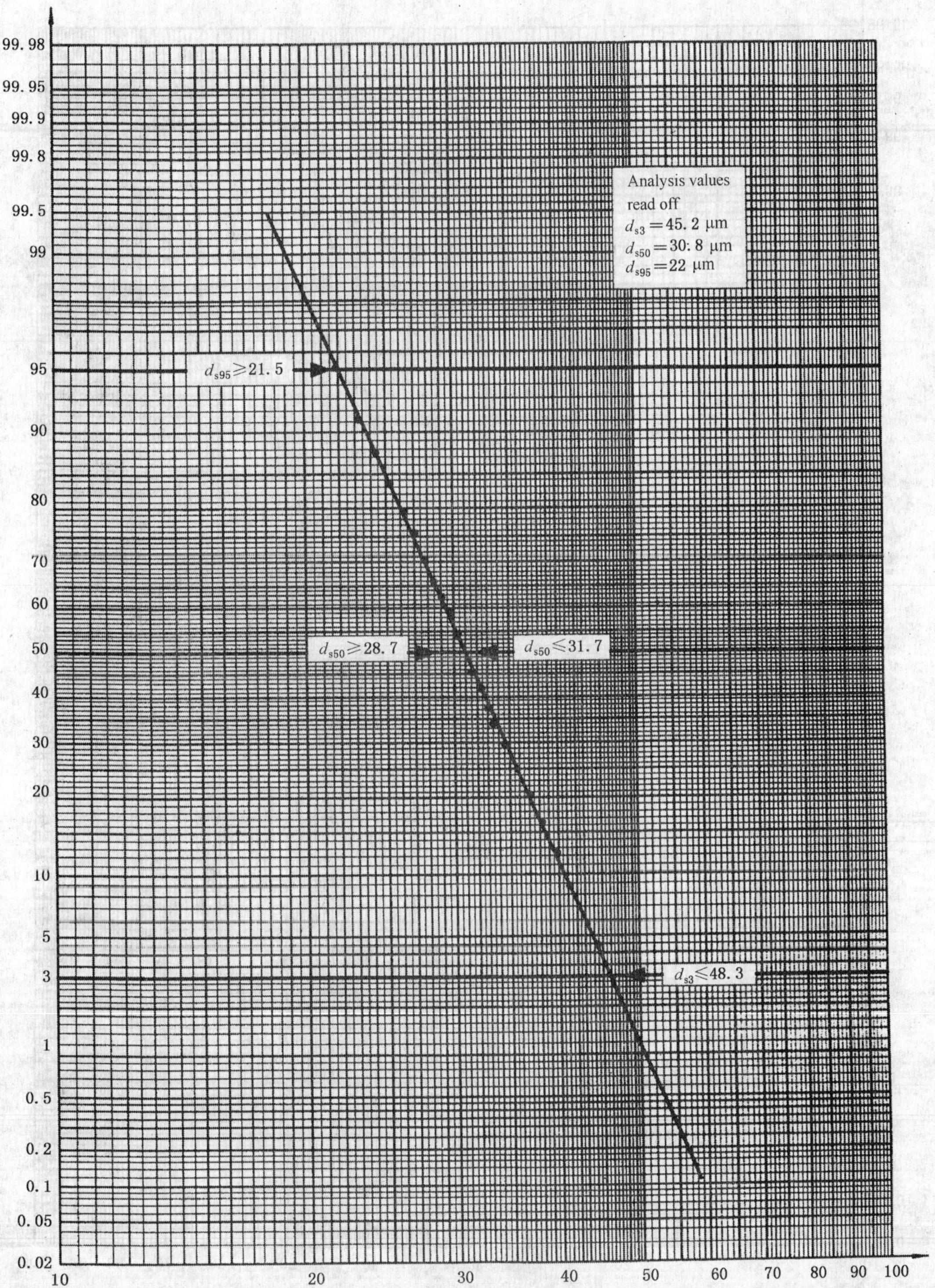

图 6　概率坐标纸上绘制的粒度组成曲线(与图 5 实例同),测量值和允许界限值(见图 7)

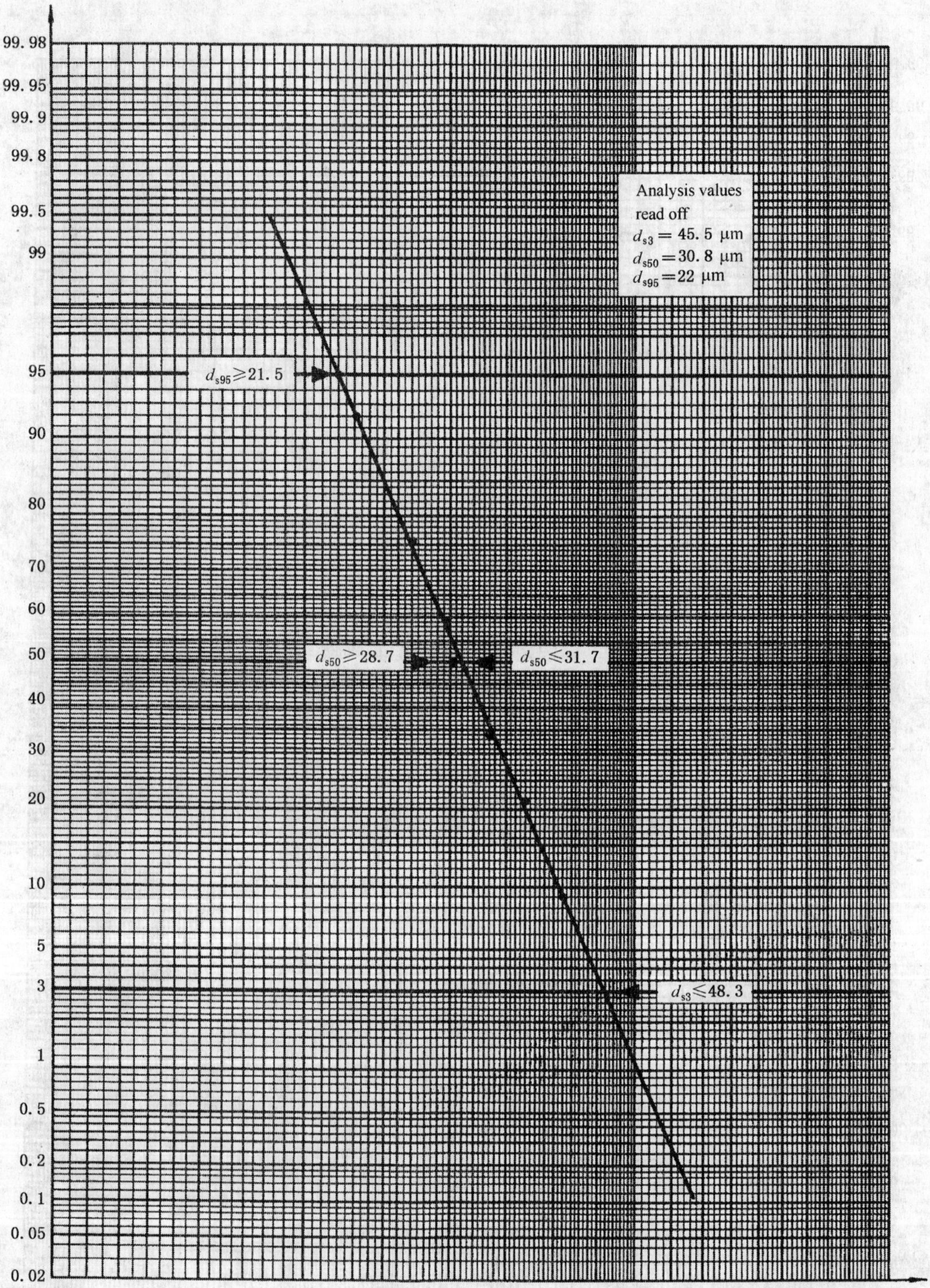

图 7　概率坐标纸上绘制的粒度组成曲线(与图 5 实例同,但只有较少的测量点)测量值和允许界限值

从表10可以读出与沉降高度 h 相对应的沉积样品的体积百分含量。例如，若全部样品沉积高度 $h_{总}$ 为24格，那么从表9可以得出结果，11刻度线的沉降高度与全部样品的体积比为45.8%。

表10　相对于样品总沉积高度 $h_{总}$，样品沉积高度为 h 时的体积百分含量

沉积高度 h 用刻度表示	样品总沉积高度 $h_{总}$（用刻度表示）										
	20.0	20.5	21.0	21.5	22.0	22.5	23.0	23.5	24.0	24.5	25.0
	沉积样品的体积百分含量/%										
1	5.0	4.9	4.8	4.7	4.5	4.4	4.3	4.3	4.2	4.1	4.0
2	10.0	9.8	9.5	9.3	9.1	8.9	8.7	8.3	8.3	8.2	8.0
3	15.0	14.6	14.3	14.0	13.6	13.3	13.0	12.8	12.5	12.3	12.0
4	20.0	19.5	19.0	18.6	18.2	17.8	17.4	17.0	16.7	16.7	16.0
5	25.0	24.4	23.8	23.3	22.7	22.2	21.7	21.3	20.8	20.4	20.0
6	30.0	29.3	28.6	27.9	27.3	26.7	26.1	25.5	25.0	24.5	24.0
7	35.0	34.1	33.3	32.6	31.8	31.1	30.4	29.8	29.2	28.6	28.0
8	40.0	39.0	38.1	37.2	36.4	35.6	34.8	34.0	33.3	32.7	32.0
9	45.0	43.9	42.9	41.9	40.9	40.0	39.1	38.3	37.5	36.7	36.0
10	50.0	48.8	47.6	46.5	45.5	44.4	43.5	42.6	41.7	40.8	40.0
11	55.0	53.7	52.4	51.2	50.0	48.9	47.8	46.8	45.8	44.9	44.0
12	60.0	58.5	57.1	55.8	54.5	53.3	52.2	51.1	50.0	49.0	48.0
13	65.0	63.4	61.9	60.5	59.1	57.8	56.5	55.3	54.2	53.1	52.0
14	70.0	68.3	66.7	65.1	63.3	62.2	60.9	59.6	58.3	57.1	56.0
15	75.0	73.2	71.4	69.8	68.2	66.7	65.2	63.8	62.5	61.2	60.0
16	80.0	78.0	76.2	74.4	72.7	71.1	69.6	68.1	66.7	65.3	64.0
17	85.0	83.0	81.0	79.1	77.3	75.6	73.9	72.3	70.8	69.4	68.0
18	90.0	87.8	85.7	83.7	81.8	80.0	78.3	76.6	75.0	73.5	72.0
19	95.0	92.7	90.5	88.4	86.4	84.4	82.6	80.8	79.2	77.6	76.0
20	100.0	97.6	95.2	93.0	90.6	88.9	87.0	85.1	83.3	81.6	80.0
21	—	100.0	100.0	97.7	95.5	93.3	91.3	89.4	87.5	85.7	84.0
22	—	—	—	100.0	100.0	97.8	95.7	93.6	91.7	89.8	88.0
23	—	—	—	—	—	100.0	100.0	97.9	95.8	93.9	92.0
24	—	—	—	—	—	—	—	100.0	100.0	98.0	96.0
25	—	—	—	—	—	—	—	—	—	100.0	100.0

6.3.5.4　粒度分布曲线的评价

在粒度分布曲线上读出样品3%、50%和95%（或94%）体积百分含量的 d_s 值，并与表2、表3中的允许值进行比较。

如果 d_{s3}、d_{s50}、d_{s95}（或 d_{s94}）值都在允许范围内，则样品符合本标准。

当检验测量结果时，由于测试技术原因，产生偏差是允许的。表6列出的允许偏差，是根据ISO循环试验的标准偏差而确定的。对于F系列微粉产品，表2列出的允许值应加上这些允许偏差。

6.3.5.5　检测刚玉样品的实例

刚玉粒度检测，沉降介质温度为25 ℃。

测量并记录第一个连续颗粒流到达收集管底部的时间。

此后，当沉降高度 h 到达每个刻度线时，都记录下时间。最后，总沉降高度 $h_{总}$ 达到 24 格。测定时间填入附录 B 表的第 3 栏。

测量结束，沉降的总高度 $h_{总}$ 确定。再根据由 h 与 $h_{总}$ 的比值，分别计算试样的体积百分含量，并填入附录 B 表的第 2 栏。

将沉降时间 t 代入计算公式 $d=\frac{K}{\sqrt{t}}$，计算出粒径 d，并填入表的第 4 栏。

根据样品的体积百分含量（表的第 2 栏）与粒径（表的第 4 栏），绘出粒度组成曲线（见图 5、图 6、图 7）。从粒度组成曲线上找出 d_{s3}、d_{s50}、d_{s95}（d_{s94}）三点的粒径值，与表 2、表 3 中的允许值进行比较。

6.4 电阻法

6.4.1 装置

装置示例见图 8。

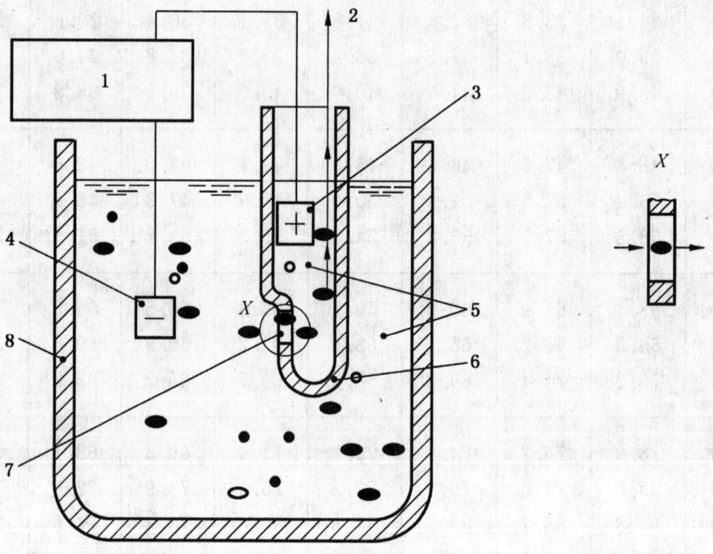

1——小孔电流；
2——真空装置；
3——内电极；
4——外电极；
5——颗粒与电解质溶液；
6——小孔管；
7——小孔；
8——样品杯。

图 8 电阻法的装置示意图

6.4.2 小孔管

测定用的小孔管应符合表 11 规定的孔径。

6.4.3 电解液

试样分散介质采用电解液。电解液是浓度 1%～4%的氯化钠溶液或浓度为 4%的焦磷酸钠溶液，过滤后使用。过滤器的选择，应用 50 μm 以上的小孔管，选择孔径为 0.8 μm 的过滤器，过滤 2 次；应用 50 μm 以下的小孔管，则选择孔径为 0.2 μm 的过滤器，过滤 2 次。此外对于沉降速度快的粗颗粒，最好使用电解液和丙三醇以 7∶3 比例的混合液，提高黏度。

6.4.4　校正砂

应按仪器说明书要求的标准乳胶微球校正仪器。

6.4.5　装置的校正

参照仪器说明书对装置进行校正。

6.4.6　小孔管的划分

小孔管的划分按表 11 规定。

表 11　小孔管的划分　　单位为毫米

粒度	小孔直径	粒度	小孔直径	粒度	小孔直径
F230、F240	200～560	F600	50～100	＃240～＃400	380～560
F280、F320	200～400	F800	50～70	＃500～＃800	190～240
F360	140～200	F1000	30～50	＃1000～＃2000	95～120
F400	100～200	F1200	20～30	＃2500～＃4000	48～76
F500	70～140	F1500、F2000	15～20	＃6000～＃8000	10～24

测量时测量参数应符合表 12 和表 13 的规定。

表 12　保证每个颗粒都被测量所要求的计数速率上限

小孔直径/μm	560	400	280	200	140	100	70	50	30	20	15
每秒颗粒数/(个/秒)	230	400	600	800	1 200	1 500	2 500	3 500	4 500	6 000	

表 13　最少计数总量　　单位为个

粒度	F230～F320	—	F360～F500	F600～F2000
	＃240～＃400	＃500～＃800	＃1000～＃2000	＃2500～＃8000
最少计数总量	20 000	30 000	50 000	100 000

6.4.7　操作步骤

按照仪器说明书进行。

6.4.8　计算

6.4.8.1　在正态概率纸的纵轴上取体积分布的累计值，横轴上取颗粒直径，由测得的测定值作图，用直线连接各点。

6.4.8.2　记录相当于 3％，50％，94％处的颗粒直径。

6.4.8.3　求出含有最大颗粒的通道中心直径。

6.4.8.4　将最大颗粒直径和体积分布累计值相当于 3％，50％，94％的颗粒直径，填写入报告。

7　标记

符合本标准要求的刚玉或碳化硅微粉的标记包括：

a)　磨料种类(名称或代号)；

b)　磨粒标记　由字母“F”或字符“＃”后跟表征粒度的数码组成。

示例：

碳化硅-F800(＃2000)

磨料种类——碳化硅

磨粒标记——F800(＃2000)

8 包装

当包装F系列微粉或J系列微粉时，应将粒度标记如F240(＃500)印在每个最小的包装袋上。

附 录 A
（资料性附录）
用光电沉降仪检测F系列微粉粒度的计算表格

F230～F2000 微粉检验

磨料：________ 样品量：________

粒度标记：________ 送样日期：________

送样编号：________ 送样者：________

光电管：________ 滤光镜：400～600 nm 清零值：________ 狭缝：3 mm

沉降液：________ 黏度：________ 温度：20 ℃

备注：

d_{s3}值：________

d_{s50}值：________

d_{s94}值：________

1		2	3	4	5	6	7	8	9	10
沉降时间		沉降高度/cm	分档开关位置	消光		修正消光差	粒径/μm	修正消光差×粒径	质量/%	累计质量/%
min	s			读取值	修正值					
0	21	10								
0	30	10								
0	42	10								
1	00	10								
1	25	10								
2	00	10								
2	50	10								
4	00	10								
5	40	10								
8	00	10								
11	20	10								
16	00	10								
18	00	7.95								
20	00	6.25								
22	00	4.85								
24	00	3.75								
26	00	2.9								
28	00	2.2								
30	00	1.65								
38	20	1.5								
54	20	1.5								
							合计			

试验日期：________ 检测员：________

附 录 B
(资料性附录)
用沉降管粒度仪检测 F 系列微粉、J 系列微粉粒度的记录表格

测定条件		沉降柱高度 h/格	体积比/%	沉降时间 t/min	粒径 d/μm
样品名称		0			
粒度号		0.5			
样品产地		1			
送样单位		2			
送样时间		3			
送样编号		5			
分析编号		7			
试样重		10			
室温		13			
水温		16			
试样处理		18			
试样比重 ρ		22			
沉降液比重 ρ'		23			
沉降液黏度 η		24			
计算公式	$d=10^4\sqrt{\dfrac{180\eta L}{60gt(\rho-\rho')}}$ $d=\dfrac{k}{\sqrt{t}}$ $t=\left(\dfrac{k}{d}\right)^2$	25			
		26			
		27			
		28			
		29			
备注		30			

测定日期： 仪器号： 测定者：

参 考 文 献

［1］ ISO 8486-2 Bonded abrasives—Determination and designation of grain size distribution—Part2：Microgits F230～F2000(at present as FDIS).

［2］ JIS R 6001：1998 Bonded abrasives grain sizes.

［3］ JIS R 6002：1998 Testing method for bonded abrasive grain size.

ICS 27.010
F 01

中华人民共和国国家标准

GB/T 2587—2009
代替 GB/T 2587—1981

用能设备能量平衡通则

General principles for energy balance of equipment using energy

2009-04-08 发布　　　　2009-12-01 实施

中华人民共和国国家质量监督检验检疫总局
中国国家标准化管理委员会　发布

前　言

本标准代替 GB/T 2587—1981《热设备能量平衡通则》。

本标准与 GB/T 2587—1981 相比，主要变化如下：

——标准名称改为“用能设备能量平衡通则”；

——删除原有的术语和定义，增加了术语“用能设备能量平衡”；

——详细给出了输入能量和输出能量包含的项目类别；

——明确在用能设备能量平衡计算中二次能源的能量按当量值计算；

——规定能量平衡采用的能量计量单位根据体系的特点也可以采用千瓦时、千克标准煤；

——给出了更为实用的能量平衡表，增加了能量平衡报告的内容；

——删除原标准的附录(对标准的说明)。

本标准由全国能源基础与管理标准化技术委员会提出。

本标准由全国能源基础与管理标准化技术委员会归口。

本标准起草单位：信息产业部节能监测中心、中国标准化研究院、全国节能监测管理中心、中国西部经济发展研究中心、国家发展和改革委员会能源研究所。

本标准主要起草人：严海若、陈海红、杨常建、李爱仙、刘志杰、张管生、辛定国、胡秀莲、张新。

本标准所代替标准的历次版本发布情况为：

——GB/T 2587—1981。

用能设备能量平衡通则

1 范围

本标准规定了用能设备能量平衡模型、能量平衡计算时的基准、能量平衡测试要求、能量平衡测算内容以及能量平衡结果的表示。

本标准适用于使用燃料、电力和热力等各种能源的设备。

2 规范性引用文件

下列文件中的条款通过本标准的引用而成为本标准的条款。凡是注日期的引用文件，其随后所有的修改单(不包括勘误的内容)或修订版均不适用于本标准，然而，鼓励根据本标准达成协议的各方研究是否可使用这些文件的最新版本。凡是不注日期的引用文件，其最新版本适用于本标准。

GB 3102.4 热学的量和单位

3 术语和定义

下列术语和定义适用于本标准。

3.1

用能设备能量平衡 energy balance of equipment using energy

对设备的输入能量与输出能量在数量上的平衡关系进行考察，以定量分析用能情况。

4 用能设备能量平衡模型

4.1 用能设备能量平衡框图

用能设备能量平衡框图见图1。

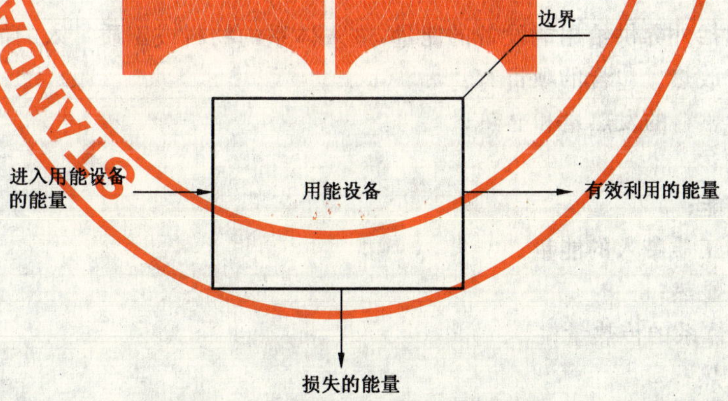

图1 用能设备能量平衡框图

4.2 用能设备能量平衡方程

用能设备能量平衡方程用式(1)表示：

$$E_r = E_{cy} + E_{cs} \quad \cdots\cdots(1)$$

式中：

E_r——进入用能设备的能量；

E_{cy}——有效利用的能量；

E_{cs}——损失的能量。

5 能量平衡计算时的基准

5.1 基准温度

基准温度的选取有以下两种：

——以环境温度为基准温度；

——采用其他基准温度应另行说明。

5.2 燃料发热量

燃料发热量以其低(位)发热量为基准计算。

5.3 二次能源的能量计算

在用能设备能量平衡计算中二次能源的能量按当量值计算。

注：做功用的载能工质算作二次能源。

5.4 助燃用空气组分

原则上采用下列空气组分：

——按体积比：O_2 21.0%，N_2 79.0%；

——按质量比：O_2 23.2%，N_2 76.8%。

6 能量平衡测试要求

能量平衡测试的用能设备应处于正常工况。

测试时应记录测试的日期、地点、开始时间与结束时间，以及环境状态——温度、湿度、大气压力等参数。

7 能量平衡测算内容

7.1 基本要求

能量平衡考察的内容主要包括进入用能设备的能量，产品生产利用的能量、输出的能量和损失的能量，以及在体系内物质化学反应放出或吸收的热量，要求得到数量上的平衡。

7.2 输入能量

输入能量通常包括外界供给用能设备的能量，进入体系的物料或工质带入的能量，除了燃料以外体系内的其他化学反应放热。包含的项目有：

a) 进入体系的燃料的发热量和显热；

b) 输入的电能；

c) 输入的机械能；

d) 进入体系的工质带入的能量；

e) 物料带入的显热；

f) 外界环境对体系的传热量；

g) 化学反应放热；

h) 输入的其他形式的能量；

i) 其他。

7.3 输出能量

输出能量通常包括离开用能设备的产品或工质带出的能量，体系向外界排出的能量，体系内发生的化学反应吸热，蓄热及其他热损失。包含的项目有：

a) 离开体系的产品带出的能量；

b) 离开体系的工质带出的能量；

c) 输出的电能；

d) 输出的机械能;

e) 能量转换产生的其他形式的能量;

f) 化学反应吸热;

g) 体系排出的废物带出的能量;

h) 体系对环境的散热量;

i) 用能设备的蓄热;

j) 能量转换中其他形式的能量损失;

k) 其他热损失。

7.4 有效利用能量和损失能量

7.4.1 有效利用能量

在输出能量中,输出的电能、输出的机械能、能量转换产生的其他形式的能量和化学反应吸热属于有效利用能量。

离开体系的产品带出的能量和离开体系的工质带出的能量中,哪些属于有效利用能量,由相应设备或产品的能量平衡标准另行规定。

7.4.2 损失能量

在输出能量中,体系排出的废物带出的能量、体系对环境的散热量、用能设备的蓄热、能量转换中其他形式的能量损失和其他热损失属于损失能量(又称损耗)。

离开体系的产品带出的能量和离开体系的工质带出的能量中,哪些属于损失能量另行规定。

8 能量平衡结果的表示

8.1 计量单位

能量平衡中采用的量和单位的名称与符号应符合 GB 3102.4 的规定。

能量采用的计量单位主要是:

——千焦(kJ)、兆焦(MJ)或吉焦(GJ)。

根据用能设备的不同,也可采用以下计量单位:

——千瓦时(kW·h),1 kW·h=3 600 kJ;

——千克标准煤(kgce),1 kgce=29 271.2 kJ。

8.2 能量平衡表

用能设备能量平衡的内容和结果按项目列入能量平衡表(见表1)。

表1 用能设备能量平衡表

序号	输入能量			输出能量		
	项目	能量值/MJ	百分数/%	项目	能量值/MJ	百分数/%
1	燃料			产品		
2	电能			工质		
3	机械能			电能		
4	工质			机械能		
5	物料带入显热			产生的其他形式能量		
6	环境传入热			化学反应吸热		
7	化学反应放热			废物带出能量		
8	输入的其他形式的能量			体系散热		

表 1（续）

序 号	输入能量			输出能量		
	项 目	能量值/MJ	百分数/%	项 目	能量值/MJ	百分数/%
9	其他			设备蓄热		
10	—			其他形式能量损失		
11	—			其他热损失		
12	合计		100	合计		100

8.3 能量平衡报告

用能设备能量平衡报告内容包括：

a) 概况；

b) 主要原始数据；

c) 能量平衡表；

d) 分析；

e) 其他。

注：是否计算用能设备的有效利用能量及能量利用率由相应设备或产品的能量平衡标准规定。

ICS 71.080.15
G 18

中华人民共和国国家标准

GB/T 2600—2009
代替 GB/T 2600—1997

焦化二甲酚

Coking xylenol

2009-07-08 发布 2010-04-01 实施

中华人民共和国国家质量监督检验检疫总局
中国国家标准化管理委员会 发布

前　言

本标准修改采用日本标准JIS K 2437—1994《酚类》(苯酚、甲酚和甲酚酸、二甲苯酚酸)中二甲苯酚酸标准(日文版)。

本标准采用JIS K 2437—1994时,作了一些修改,有关技术性差异编入正文中,以下给出了这些技术性差异。附录A给出了结构性差异一览表,以供参考。

——删除了日本标准中比重和硫化氢试验内容;

——密度和水分的测定采用了国标方法,并增加了水分测定的仲裁内容(本标准4.2和4.3);

——气相色谱法定量酚类组分的色谱柱由填充柱修改为毛细管柱,测定方法按国标进行(本标准4.5);

——试样的采取和制备采用了国标方法(本标准5.2);

——增加了数值修约内容(本标准5.3);

——增加了安全注意事项内容(本标准第7章)。

本标准代替GB/T 2600—1997《工业二甲酚》。

本标准与GB/T 2600—1997相比,主要变化如下:

——修改了标准名称;

——用含量指标代替了蒸馏试验指标;

——中性油指标修改为中性油试验(浊度法);

——增加了集装罐运输和危险标志要求的内容。

本标准附录A为资料性附录。

本标准由中国钢铁工业协会提出。

本标准由全国钢标准化技术委员会归口。

本标准起草单位:上海宝钢化工有限公司、冶金工业信息标准研究院。

本标准主要起草人:唐政、施淡淡、虞建增、陈新、孙伟。

本标准所代替标准的历次版本发布情况为:

——GB 2600—1981、GB/T 2600—1997。

焦 化 二 甲 酚

1 范围

本标准规定了焦化二甲酚的技术要求、试验方法、检验规则、标志、包装、运输、贮存、质量证明书和安全注意事项。

本标准适用于从煤焦油、含酚污水制取的粗酚，经精馏制得的焦化二甲酚。

2 规范性引用文件

下列文件中的条款通过本标准的引用而成为本标准的条款。凡是注日期的引用文件，其随后所有的修改单(不包括勘误的内容)或修订版均不适用于本标准，然而，鼓励根据本标准达成协议的各方研究是否可使用这些文件的最新版本。凡是不注日期的引用文件，其最新版本适用于本标准。

GB 190 危险货物包装标志

GB/T 1999 焦化油类产品取样方法

GB/T 2281 焦化油类产品密度试验方法

GB/T 2288—2008 焦化产品水分测定方法

GB/T 2601 酚类产品组成的气相色谱测定方法

GB/T 6705—2008 焦化苯酚

GB/T 8170 数值修约规则与极限数值的表示和判定

3 技术要求

焦化二甲酚的技术要求应符合表1的规定。

表 1

指标名称		指　标
外观		浅黄色至褐色透明液体
密度(20 ℃)/(g/cm³)		1.01～1.04
水分(质量分数)/%	不大于	1.0
中性油试验(浊度法)/#	不大于	10
苯酚含量(质量分数)/%	不大于	1
二甲酚类含量(质量分数)/%	不小于	60
三甲酚类含量(质量分数)/%	不大于	10
注1：二甲酚类包含 $C_8H_{10}O$ 全部异构体。 注2：三甲酚类包含 $C_9H_{12}O$ 全部异构体。		

4 试验方法

4.1 外观的测定：将试样倒入内径 22 mm 的无色透明玻璃试管中，于透射光下目测其颜色。

4.2 密度的测定按 GB/T 2281 规定进行。

4.3 水分的测定按 GB/T 2288—2008 方法一(蒸馏法)或方法三(卡尔·费休法)规定进行；以方法一(蒸馏法)规定进行仲裁。

4.4 中性油试验(浊度法)的测定按 GB/T 6705—2008 附录 A 规定进行。

4.5 苯酚含量、二甲酚类含量和三甲酚类含量的测定按 GB/T 2601 规定进行。

5 检验规则

5.1 焦化二甲酚的质量检验和验收由质量监督部门进行。

5.2 试样的采取和制备按 GB/T 1999 规定进行。

5.3 数值的修约按 GB/T 8170 规定进行。

6 标志、包装、运输、贮存和质量证明书

6.1 产品装入洁净、干燥的汽车槽车、集装罐或镀锌铁桶中,封口后发货。

6.2 汽车槽车、集装罐、包装桶上应标有“有毒品”标志,标志要求应符合 GB 190 规定;包装桶上还应标明:产品名称、产品标准编号、商标、净重、供方名称和地址。

6.3 每批出厂产品都应附有质量证明书。证明书内容包括:产品名称、产品标准编号、供方名称、地址、批号、净重、等级、发货日期和本标准规定的各项检验结果。

6.4 产品在运输和贮存中要远离火种、热源,注意通风,应与氧化剂、食用化学品隔离,存放在干燥处。如露天堆放要防止雨水浸入。

6.5 供方应提供本产品的危险化学品安全技术说明书(MSDS)和安全标签。

7 安全注意事项

7.1 焦化二甲酚属有机腐蚀品。可燃并有腐蚀性和毒性。工作场所职业接触限制为 10 mg/m^3。

7.2 工作场所应当安装排气设备、备有必要的消防设施、急救药箱,进入工作场所必须使用个人防护用品(如防护眼镜、橡皮手套、防护面具、口罩、工作服等)。

7.3 对着火的甲酚灭火时,可用雾状水、泡沫、二氧化碳、沙土。

7.4 当皮肤触及焦化二甲酚后,应迅速用肥皂水洗去。

附 录 A
（资料性附录）
本标准与日本标准结构性差异一览表

表 A.1 本标准与日本标准 JIS K 2437—1994《酚类》(苯酚、甲酚和甲酚酸、二甲苯酚酸)结构性差异一览表

本标准		日本标准 JIS K 2437—1994	
章节	内容	章节	内容
前言	前言	—	—
1	范围	1	适用范围
2	规范性引用标准	2	种类
3	技术要求	3	品质
4	试验方法	4	试验方法
5	检验规则	5	检查
6	标志、包装、运输、贮存和质量证明书	6	表示
7	安全注意事项	7	—

ICS 61.020
Y 76

中华人民共和国国家标准

GB/T 2664—2009
代替 GB/T 2664—2001

男西服、大衣

Men's suits and coats

2009-03-19 发布 2010-01-01 实施

中华人民共和国国家质量监督检验检疫总局
中国国家标准化管理委员会 发布

前言

本标准代替 GB/T 2664—2001《男西服、大衣》。

本标准与 GB/T 2664—2001 的主要技术性差异如下：

——修改了标准的适用范围；

——补充了规范性引用文件；

——补充了产品使用说明的内容；

——修改了外观疵点的内容；

——增加了 pH 值、可分解致癌芳香胺染料、异味、水洗后尺寸变化率、面料撕破强力等考核要求；

——增加了耐皂洗色牢度、耐湿摩擦色牢度、耐水色牢度、耐光色牢度的考核要求；

——修改了纰裂的考核要求；

——修改了成品质量缺陷判定的内容；

——修改了单件外观判定内容；

——修改了附录 A 的内容。

本标准的附录 A 为规范性附录。

本标准由中国纺织工业协会提出。

本标准由全国服装标准化技术委员会(SAC/TC 219)归口。

本标准由全国服装标准化技术委员会负责解释。

本标准主要起草单位：上海市服装研究所、杭州市质量技术监督检测院、温州市质量技术监督检测院、宁波杉杉股份有限公司、浙江乔治白服饰股份有限公司、罗蒙集团股份有限公司、乔顿集团有限公司、宁波雅戈尔西服厂、福建柒牌集团有限公司、利郎(中国)有限公司、浙江东蒙制衣有限公司、希努尔男装股份有限公司。

本标准主要起草人：许鉴、顾红烽、林欧文、林月梅、林德培、盛志飞、沈应琴、张明杰、洪肇设、王聪星、池慧杰、王桂波、聂雅渊、秦威。

本标准所代替标准的历次版本发布情况为：

——GB/T 2664—1993、GB/T 2664—2001。

男西服、大衣

1 范围

本标准规定了男西服、大衣的要求、检测方法、检验分类规则，以及标志、包装、运输和贮存等。

本标准适用于以毛、毛混纺及交织品、仿毛等机织物为主要面料生产的男西服、大衣等毛呢类服装。

2 规范性引用文件

下列文件中的条款通过本标准的引用而成为本标准的条款。凡是注日期的引用文件，其随后所有的修改单(不包括勘误的内容)或修订版均不适用于本标准，然而，鼓励根据本标准达成协议的各方研究是否可使用这些文件的最新版本。凡是不注日期的引用文件，其最新版本适用于本标准。

GB/T 250 纺织品 色牢度试验 评定变色用灰色样卡

GB/T 1335.1 服装号型 男子

GB/T 1335.3 服装号型 儿童

GB/T 2910 纺织品 二组分纤维混纺产品定量化学分析方法

GB/T 2911 纺织品 三组分纤维混纺产品定量化学分析方法

GB/T 2912.1 纺织品 甲醛的测定 第1部分：游离和水解的甲醛(水萃取法)

GB/T 3917.2 纺织品 织物撕破性能 第2部分：裤形试样(单缝)撕破强力的测定

GB/T 3920 纺织品 色牢度试验 耐摩擦色牢度

GB/T 3921 纺织品 色牢度试验 耐皂洗色牢度

GB/T 4802.1 纺织品 织物起毛起球性能的测定 第1部分：圆轨迹法

GB/T 4841.3 染料染色标准深度色卡 2/1、1/3、1/6、1/12、1/25

GB 5296.4 消费品使用说明 纺织品和服装使用说明

GB/T 5711 纺织品 色牢度试验 耐干洗色牢度

GB/T 5713 纺织品 色牢度试验 耐水色牢度

GB/T 7573 纺织品 水萃取液 pH 值的测定

GB/T 8170 数值修约规则及极限数值的表示和判定

GB/T 8427—2008 纺织品 色牢度试验 耐人造光色牢度：氙弧

GB/T 8630 纺织品洗涤和干燥后尺寸变化的测定

GB/T 14304 毛呢套装规格

GB/T 16988 特种动物纤维与绵羊毛混合物含量的测定

GB/T 17592 纺织品 禁用偶氮染料的测定

GB 18401 国家纺织产品基本安全技术规范

FZ/T 01026 纺织品 四组分纤维混纺产品定量化学分析方法

FZ/T 01048 蚕丝/羊绒混纺产品混纺比的测定

FZ/T 01053 纺织品 纤维含量的标识

FZ/T 01057(所有部分) 纺织纤维鉴别试验方法

FZ/T 80002 服装标志、包装、运输和贮存

FZ/T 80004 服装成品出厂检验规则

FZ/T 80007.1 使用粘合衬服装剥离强度测试方法

FZ/T 80007.3 使用粘合衬服装耐干洗测试方法

3 要求

3.1 使用说明

使用说明按 GB 5296.4 和 GB 18401 规定执行。

3.2 号型规格

3.2.1 号型设置按 GB/T 1335.1 和 GB/T 1335.3 规定选用。

3.2.2 成品主要部位规格按 GB/T 1335.1、GB/T 1335.3 和 GB/T 14304 有关规定自行设计。

3.3 原材料

3.3.1 面料

按国家有关纺织面料标准选用符合本标准质量要求的面料。

3.3.2 里料

采用与面料性能、色泽相适宜的里料，特殊设计除外。

3.3.3 辅料

3.3.3.1 衬布

采用与面料性能、色泽相适宜的衬布。

3.3.3.2 垫肩

采用棉或化纤等材料。

3.3.3.3 缝线

采用适合所用面辅料、里料质量的缝线。钉扣线应与扣的色泽相适宜；钉商标线应与商标底色相适宜(装饰线除外)。

3.3.3.4 钮扣、附件

采用适合所用面料的钮扣(装饰扣除外)及附件。钮扣及附件应光滑、耐用，经洗涤和熨烫后不出现变形、变色、生锈、掉漆等现象。

3.4 经纬纱向

3.4.1 前身：经纱以领口宽线为准，不允斜。

3.4.2 后身：经纱以腰节下背中线为准，西服偏斜不大于 0.5 cm，大衣倾斜不大于 1.0 cm；条格料不允斜。

3.4.3 袖子：经纱以前袖缝为准，大袖片偏斜不大于 1.0 cm，小袖片偏斜不大于 1.5 cm(特殊工艺除外)。

3.4.4 领面：纬纱偏斜不大于 0.5 cm，条格料不允斜。

3.4.5 袋盖：与大身纱向一致，斜料左右对称。

3.4.6 挂面：以驳头止口处经纱为准，不允斜。

3.5 对条对格

3.5.1 面料有明显条、格在 1.0 cm 及以上的按表 1 规定。

表 1

部　位	对条对格规定
左右前身	条料对条，格料对横，互差不大于 0.3 cm。
手巾袋与前身	条料对条，格料对格，互差不大于 0.2 cm。
大袋与前身	条料对条，格料对格，互差不大于 0.3 cm。
袖与前身	袖肘线以上与前身格料对横，两袖互差不大于 0.5 cm。
袖缝	袖肘线以上，后袖缝格料对横，互差不大于 0.3 cm。

表 1（续）

部　位	对条对格规定
背 缝	以上部为准，条料对称，格料对横，互差不大于 0.2 cm。
背缝与后领面	条料对条，互差不大于 0.2 cm。
领子、驳头	条格料左右对称，互差不大于 0.2 cm。
摆缝	袖窿以下 10 cm 处，格料对横，互差不大于 0.3 cm。
袖子	条格顺直，以袖山为准，两袖互差不大于 0.5 cm。
注：特别设计不受此限。	

3.5.2　面料有明显条、格在 0.5 cm 及以上的，手巾袋与前身条料对条，格料对格，互差不大于0.1 cm。

3.5.3　倒顺毛、阴阳格原料，全身顺向一致。

3.6　拼接

大衣挂面允许两接一拼，在下一至二档扣眼之间，避开扣眼位，在两扣眼距之间拼接。西服、大衣耳朵皮允许两接一拼，其他部位不允许拼接。

3.7　色差

袖缝、摆缝色差不低于 4 级，其他表面部位高于 4 级。套装中上装与下装的色差不低于 4 级。

3.8　外观疵点

成品各部位疵点允许存在程度按表 2 规定。成品各部位划分见图 1。

表 2

疵点名称	各部位允许存在程度		
	1 号部位	2 号部位	3 号部位
纱　疵	不允许	轻微，总长度 1.0 cm 或总面积 0.3 cm^2 以下；明显不允许	轻微，总长度 1.5 cm 或总面积 0.5 cm^2 以下；明显不允许
毛粒	1 个	3 个	5 个
条印、折痕	不允许	轻微，总长度 1.5 cm 或总面积 1 cm^2 以下；明显不允许	轻微，总长度 2.0 cm 或总面积 1.5 cm^2 以下；明显不允许
斑　疵（油污、锈斑、色斑、水渍等）	不允许	轻微，总面积不大于 0.3 cm^2；明显不允许	轻微，总面积不大于 0.5 cm^2；明显不允许
破洞、磨损、蛛网	不允许	不允许	不允许

注 1：各部位只允许一处允许存在程度内的疵点。

注 2：轻微疵点指直观上不明显，通过仔细辨识才可看到的疵点；明显疵点指直观上较明显，影响总体效果的疵点。

注 3：优等品前领面及驳头不允许出现疵点。

注 4：未列入本标准的疵点，按其形态参照表中所列相似疵点判定。

图 1

3.9 缝制

3.9.1 针距密度按表 3 规定(特殊设计除外)。

表 3

项 目		针 距 密 度	备 注
明暗线		3 cm 11 针～13 针	—
包缝线		3 cm 不少于 9 针	—
手工针		3 cm 不少于 7 针	肩缝、袖窿、领子不低于 9 针
手拱止口/机拱止口		3 cm 不少于 5 针	—
三角针		3 cm 不少于 5 针	以单面计算
锁眼	细线	1 cm 12 针～14 针	—
	粗线	1 cm 不少于 9 针	—
钉扣	细线	每孔不少于 8 根线	缠脚线高度与止口厚度相适应
	粗线	每孔不少于 4 根线	
注：细线指 20 tex 及以下缝纫线；粗线指 20 tex 以上缝纫线。			

3.9.2 各部位缝制线路顺直、整齐、牢固。主要表面部位缝制皱缩按《男西服外观起皱样照》规定，不低于 4 级。

3.9.3 缝份宽度不小于 0.8 cm(开袋、领止口、门襟止口缝份等除外)。起落针处应有回针。

3.9.4 上下线松紧适宜,无跳线、断线、脱线、连根线头。底线不得外露。

3.9.5 领子平服,领面松紧适宜。

3.9.6 绱袖圆顺,前后基本一致。

3.9.7 滚条、压条要平服,宽窄一致。

3.9.8 袋布的垫料要折光边或包缝。

3.9.9 袋口两端应打结,可采用套结机或平缝机回针。

3.9.10 袖窿、袖缝、底边、袖口、挂面里口、大衣摆缝等部位叠针牢固。

3.9.11 锁眼定位准确,大小适宜,扣与眼对位,整齐牢固。钮脚高低适宜,线结不外露。

3.9.12 商标、号型标志、成分标志、洗涤标志位置端正、清晰准确。

3.9.13 各部位明线和链式线迹不允许跳针,明线不允许接线,其他缝纫线迹 30 cm 内不得有两处单跳或连续跳针,不得脱线。

3.10 成品主要部位规格允许偏差

按表 4 规定。

表 4

单位为厘米

部位名称		允许偏差
衣长	西服	±1.0
	大衣	±1.5
胸围		±2.0
领大		±0.6
总肩宽		±0.6
袖长	装袖	±0.7
	连肩袖	±1.2

3.11 外观质量

外观质量按表 5 规定。

表 5

部位名称	外观质量规定
领子	领面平服,领窝圆顺,左右领尖不翘。
驳头	串口、驳口顺直,左右驳头宽窄、领嘴大小对称,领翘适宜。
止口	顺直平挺,门襟不短于里襟,不搅不豁,两圆头大小一致。
前身	胸部挺括、对称,面、里、衬服贴,省道顺直。
袋、袋盖	左右袋高、低、前、后对称,袋盖与袋口宽相适应,袋盖与大身的花纹一致。
后背	平服。
肩	肩部平服,表面没有褶,肩缝顺直,左右对称。
袖	绱袖圆顺,吃势均匀,两袖前后、长短一致。

3.12 整烫外观

3.12.1 各部位熨烫平服、整洁,无烫黄、水渍、亮光。

3.12.2 覆粘合衬部位不允许有脱胶、渗胶及起皱,各部位表面不允许有沾胶。

3.13 理化性能

成品理化性能按表 6 规定。

表 6

项目			分等要求		
			优等品	一等品	合格品
纤维含量			符合 FZ/T 01053 规定		
甲醛含量/(mg/kg)			符合 GB 18401 规定		
pH 值					
可分解致癌芳香胺染料/(mg/kg)					
异味					
尺寸变化率/%	干洗		衣长－1.0～＋1.0；胸围－0.8～＋0.8		
	水洗		衣长－1.5～＋1.5；胸围－1.0～＋1.0		
干洗后起皱级差/级			＞4	4	≥3
覆粘合衬部位剥离强度/[N/(2.5 cm×10 cm)]			≥6		
面料色牢度/级	耐干洗	变色	≥4-5	≥4	≥3-4
		沾色	≥4-5	≥4	≥3-4
	耐皂洗	变色	≥4	≥3-4	≥3-4
		沾色	≥4	≥3-4	≥3
	耐水	变色	≥4	≥4	≥3-4
		沾色	≥4	≥3-4	≥3
	耐摩擦	干摩擦	≥4	≥3-4	≥3
		湿摩擦	≥3-4	≥3	≥2-3
	耐光	浅色	≥4	≥3	≥3
		深色	≥4	≥4	≥3
里料色牢度/级	耐干洗	沾色	≥4	≥4	≥3-4
	耐皂洗	沾色	≥4	≥3-4	≥3
	耐水	沾色	≥4	≥3-4	≥3
	耐干摩擦		≥4	≥3-4	≥3
装饰件和绣花耐皂洗、耐干洗沾色/级			≥3-4		
面料起毛起球/级	精梳(绒面)		≥3-4	≥3	≥3
	精梳(光面)		≥4	≥3-4	≥3-4
	粗梳		≥3-4	≥3	≥3
纰裂/cm			≤0.6		
面料撕破强力/N			≥10		

按 GB/T 4841.3 规定，颜色大于 1/12 染料染色标准深度为深色，颜色小于等于 1/12 染料染色标准深度为浅色。

注 1：耐湿摩擦色牢度、水洗尺寸变化率和耐皂洗色牢度只考核使用说明注明可水洗产品。

注 2：无纺衬不考核覆粘合衬部位剥离强度。

注 3：纰裂试验结果出现织物断裂、织物撕破或缝线断裂现象判定为合格，出现滑脱现象判定为不合格。

4 检测方法

4.1 检验工具

4.1.1 钢卷尺。

4.1.2 评定变色用灰色样卡(GB/T 250)。

4.1.3 男西服外观起皱样照。

4.1.4 男女毛呢服装外观疵点样照。

4.1.5 精梳毛织品起球样照(绒面)(GB/T 4802.1)、精梳毛织品起球样照(光面)(GB/T 4802.1)、粗梳毛织品起球样照(GB/T 4802.1)。

4.1.6 胸架。

4.2 成品规格测定

成品主要部位的测量方法按表7和图2规定,允许偏差按3.10规定。

表7

部位名称		测量方法
衣长		由前身左襟肩缝最高点垂直量至底边,或由后领中垂直量至底边。
胸围		扣上钮扣(或合上拉链),前后身摊平,沿袖窿底缝水平横量(周围计算)。
领大		领子摊平横量,搭门除外。开门领不考核。
总肩宽		由肩袖缝的交叉点横量。
袖长	装袖	由袖山最高点量至袖口边中间。
	连肩袖	由后领中沿袖山最高点量至袖口边中间。
注:特殊需要的按企业规定。		

4.3 外观测定

4.3.1 对条对格按3.5规定。

4.3.2 测定色差程度时,被测部位应纱向一致,采用北空光照射,或用600 lx及以上的等效光源。入射光与被测物约成45°角,观察方向与被测物大致垂直,距离60 cm目测。色差按3.7规定,与GB/T 250样卡对比。

4.3.3 成品各部位疵点允许存在程度按3.8规定,与男女毛呢服装外观疵点样照对比。

4.3.4 缝制按3.9规定,针距密度在成品缝纫线迹上任取3 cm测量(厚薄部位除外)。

4.3.5 纬斜测定:按式(1)计算纬斜率。

$$纬斜率=\frac{纬纱(条格)倾斜与水平最大距离}{衣片宽}\times 100\% \cdots\cdots(1)$$

4.3.6 整烫外观按3.12规定。

4.4 理化性能测定

4.4.1 成品的纤维含量测定按FZ/T 01057、GB/T 2910、GB/T 2911、FZ/T 01026、GB/T 16988、FZ/T 01048等规定。

4.4.2 成品的甲醛含量的测定按GB/T 2912.1规定。

4.4.3 成品的pH值的测定按GB/T 7573规定。

4.4.4 成品的可分解致癌芳香胺染料的测定按GB/T 17592规定,采用GC/MS内标法进行。

4.4.5 成品的异味的测定按GB 18401规定。

4.4.6 成品的水洗尺寸变化率的测定按GB/T 8630规定,洗涤方法采用7A程序,干燥方法采用A法。试样数量为三件,结果取三件的平均值。

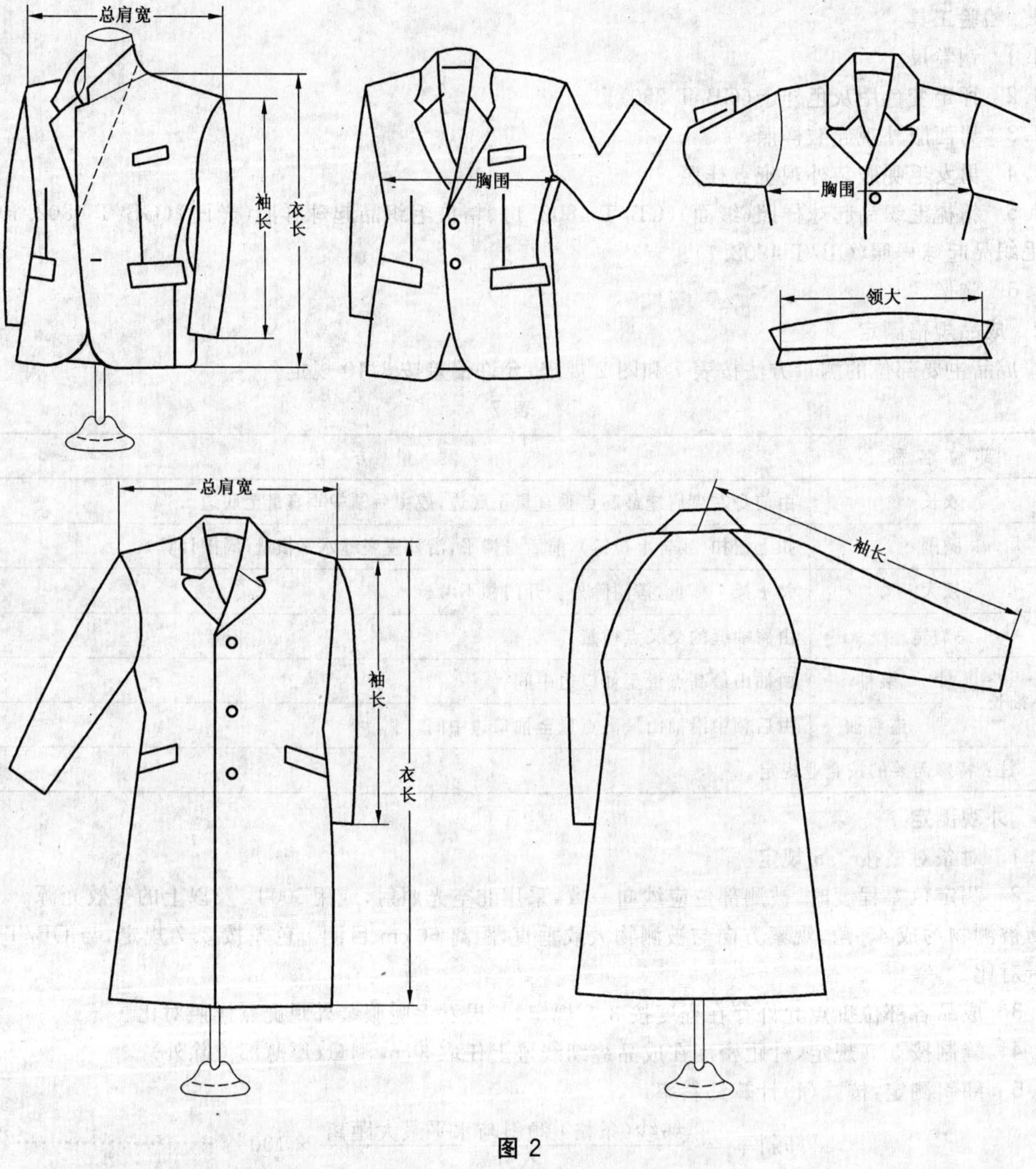

图 2

4.4.7 成品的干洗尺寸变化率的测定按 FZ/T 80007.3 规定。

4.4.8 成品的覆粘合衬部位剥离强度的测定按 FZ/T 80007.1 规定。

4.4.9 成品的耐干洗色牢度的测定按 GB/T 5711 规定。

4.4.10 成品的耐皂洗色牢度的测定按 GB/T 3921，采用试验条件 A(1)，单纤维贴衬。

4.4.11 成品的耐水色牢度的测定按 GB/T 5713 规定，采用单纤维贴衬。

4.4.12 成品的耐摩擦色牢度的测定按 GB/T 3920 规定。

4.4.13 成品的耐光色牢度的测定按 GB/T 8427—2008 中方法 3 规定。

4.4.14 成品的起毛起球的测定按 GB/T 4802.1 规定，与精梳毛织品起球样照（绒面、光面）(GB/T 4802.1)、粗梳毛织品起球样照对比。绒面精梳毛织品起球次数为 400 次，仿毛产品起毛起球压力与次数同精梳毛织品或粗梳毛织品。

4.4.15 成品的缝子纰裂程度取样部位按表 8 规定，测试方法按附录 A 规定。

表 8

取样部位名称	取样部位规定
后背缝	后领中向下 25 cm
袖窿缝	后袖窿弯处
摆缝	袖窿处向下 10 cm
注：袖窿缝不考核里料。	

4.4.16　成品的撕破强力的测定按 GB/T 3917.2 规定。

4.4.17　尚未提及的理化性能测试取样部位，可按测试项目在成品上任意选取。

5　检验分类规则

5.1　检验分类

成品检验分为出厂检验和型式检验。

5.1.1　出厂检验按第 3 章规定，3.13 除外。出厂检验规则按 FZ/T 80004 规定。

5.1.2　型式检验按第 3 章规定。

5.2　质量等级划分规则

成品质量等级划分以缺陷是否存在及其轻重程度为依据。抽样样本中的单件产品以缺陷的数量及其轻重程度划分等级，批等级以抽样样本中单件产品的品等数量划分。

5.2.1　缺陷

单件产品不符合本标准所规定的技术要求即构成缺陷。

按照产品不符合标准和对产品的性能、外观的影响程度，缺陷分成三类：

a)　严重缺陷

严重降低产品的使用性能，严重影响产品外观的缺陷，称为严重缺陷。

b)　重缺陷

不严重降低产品的使用性能，不严重影响产品的外观，但较严重不符合标准规定的缺陷，称为重缺陷。

c)　轻缺陷

不符合标准的规定，但对产品的使用性能和外观影响较小的缺陷，称为轻缺陷。

5.2.2　质量缺陷判定依据

成品质量缺陷判定依据见表 9。

表 9

项目	序号	轻缺陷	重缺陷	严重缺陷
使用说明	1	商标、耐久性标签不端正，明显歪斜；钉商标线与商标底色的色泽不适应；使用说明内容不规范。	使用说明内容不正确。	使用说明内容缺项。
辅料	2	缝纫线色泽、色调与面料不相适应；钉扣线与扣色泽、色调不适应。	里料、缝纫线的性能与面料不适应。	—
锁眼	3	锁眼间距互差大于 0.4 cm；偏斜大于 0.2 cm，纱线绽出。	跳线；开线；毛漏；漏开眼。	—
钉扣及附件	4	扣与眼位互差大于 0.2 cm(包括附件等)；钉扣不牢。	扣与眼位互差大于 0.5 cm(包括附件等)。	钮扣、金属扣脱落(包括附件等)；金属件锈蚀。
经纬纱向	5	纬斜超本标准规定 50%及以内。	纬斜超本标准规定 50%以上。	—

表 9（续）

项目	序号	轻缺陷	重缺陷	严重缺陷
对条对格	6	对条、对格超本标准规定 50%及以内。	对条、对格超本标准规定 50%以上。	面料倒顺毛，全身顺向不一致。
拼接	7	—	拼接不符合 3.6 规定。	—
色差	8	表面部位色差不符合本标准规定的半级以内；衬布影响色差低于 4 级。	表面部位色差超过本标准规定半级以上；衬布影响色差低于 3-4 级。	—
外观疵点	9	2 号部位、3 号部位超本标准规定。	1 号部位超本标准规定。	破损等严重影响使用和美观。
针距	10	低于本标准规定 2 针以内(含 2 针)。	低于本标准规定 2 针以上。	—
规格允许偏差	11	规格超过本标准规定 50%及以内。	规格超过本标准规定 50%以上。	规格超过本标准规定 100%及以上。
外观及缝制质量	12	—	—	使用粘合衬部位脱胶、渗胶、起皱。
	13	领子、驳头面、衬、里松紧不适宜；表面不平挺。	领子、驳头面、里、衬松紧明显不适宜，不平挺。	—
	14	领口、驳口、串口不顺直；领子、驳头止口反吐。	—	—
	15	领尖、领嘴、驳头左右不一致，尖圆对比互差大于 0.3 cm；领豁口左右明显不一致。	—	—
	16	领窝不平服、起皱；绱领(领肩缝对比)偏斜大于 0.5 cm。	领窝严重不平服、起皱；绱领(领肩缝对比)偏斜大于 0.7 cm。	—
	17	领翘不适宜；领外口松紧不适宜；底领外露。	领翘严重不适宜；底领外露大于 0.2 cm。	—
	18	肩缝不顺直；不平服。	肩缝严重不顺直；不平服。	—
	19	两肩宽窄不一致，互差大于0.5 cm。	两肩宽窄不一致，互差大于0.8 cm。	—
	20	胸部不挺括，左右不一致；腰部不平服；省位左右不一致。	胸部严重不挺括，腰部严重不平服。	—
	21	袋位高低互差大于 0.3 cm；前后互差大于 0.5 cm。	袋位高低互差大于 0.8 cm；前后互差大于 1.0 cm。	—
	22	袋盖长短，宽窄互差大于 0.3 cm；口袋不平服、不顺直；嵌线不顺直、宽窄不一致；袋角不整齐。	袋盖小于袋口(贴袋)0.5 cm(一侧)或小于嵌线；袋布垫料毛边无包缝。	—

表 9（续）

项目	序号	轻 缺 陷	重 缺 陷	严重缺陷
外观及缝制质量	23	门襟、里襟不顺直、不平服；止口反吐。	止口明显反吐。	—
	24	门襟长于里襟，西服大于0.5 cm，大衣大于0.8 cm；里襟长于门襟；门里襟明显搅豁。	—	—
	25	眼位距离偏差大于0.4 cm；眼与扣位互差0.4 cm；扣眼歪斜、眼大小互差大于0.2 cm。	—	—
	26	底边明显宽窄不一致；不圆顺；里子底边宽窄明显不一致。	里子短，面明显不平服；里子长，明显外露。	—
	27	绱袖不圆顺，吃势不适宜；两袖前后不一致大于1.5 cm；袖子起吊、不顺。	绱袖明显不圆顺；两袖前后明显不一致大于2.5 cm；袖子明显起吊、不顺。	—
	28	袖长左右对比互差大于0.7 cm；两袖口对比互差大于0.5 cm。	袖长左右对比互差大于1.0 cm；两袖口对比互差大于0.8 cm。	—
	29	后背不平、起吊；开叉不平服、不顺直；开叉止口明显搅豁；开叉长短互差大于0.3 cm。	后背明显不平服、起吊。	—
	30	衣片缝合明显松紧不平；不顺直；连续跳针（30 cm内出现两个单跳针按连续跳针计算）。	表面部位有毛、脱、漏；缝份小于0.8 cm；链式缝迹跳针有1处。	表面部位毛、脱、漏，严重影响使用和美观。
	31	有叠线部位漏叠2处（包括2处）以下；衣里有毛、脱、漏。	有叠线部位漏叠超过2处。	—
	32	明线宽窄、弯曲。	明线接线。	—
	33	滚条不平服、宽窄不一致；腰节以下活里没包缝。	—	—
	34	轻度污渍；熨烫不平服；有明显水花、亮光；表面有大于1.5 cm的连根线头3根及以上。	有明显污渍，污渍大于2 cm^2；水花大于4 cm^2。	有严重污渍，污渍大于30 cm^2；烫黄等严重影响使用和美观。
注1：以上各缺陷按序号逐项累计计算。 注2：本规则未涉及到的缺陷可根据标准规定，参照规则相似缺陷酌情判定。 注3：丢工为重缺陷，缺件为严重缺陷。 注4：理化性能一项不合格即为该抽验批不合格。				

5.3 抽样规定

抽样数量按产品批量：

500件（含500件）以下抽验10件。

500件以上至1 000件（含1 000件）抽验20件。

1 000件以上抽验30件。

理化性能抽样 4 件。

5.4 判定规则

5.4.1 单件(样本)外观判定

优等品:严重缺陷数=0　重缺陷数=0　轻缺陷数≤4

一等品:严重缺陷数=0　重缺陷数=0　轻缺陷数≤6 或

严重缺陷数=0　重缺陷数≤1　轻缺陷数≤3

合格品:严重缺陷数=0　重缺陷数=0　轻缺陷数≤8 或

严重缺陷数=0　重缺陷数≤1　轻缺陷数≤6

5.4.2 批量判定

优等品批:外观样本中的优等品数≥90%,一等品、合格品数≤10%(不含不合格品)。理化性能测试达到优等品指标要求。

一等品批:外观样本中的一等品以上的产品数≥90%,合格品数≤10%(不含不合格品)。理化性能测试达到一等品指标要求。

合格品批:外观样本中的合格品以上产品数≥90%,不合格品数≤10%(不含严重缺陷不合格品)。理化性能测试达到合格品指标要求。

当外观缝制质量判定与理化性能判定不一致时,执行低等级判定。

5.4.3 抽验中各外观批量判定数符合标准规定,为判定合格的等级品批出厂。

5.4.4 抽验中各外观批量判定数不符合标准规定时,应进行第二次抽验。抽验数量增加一倍,如仍不符合标准规定,应全部整修或降等。

6 标志、包装、运输和贮存

标志、包装、运输和贮存按 FZ/T 80002 执行。

附　录　A
（规范性附录）
缝子纰裂程度试验方法

A.1　原理

在垂直于服装（或缝制样）接缝的方向上施加一定的负荷，接缝处脱开，测量其脱开的最大距离。

A.2　施加的负荷

面料负荷：100 N±2 N。

里料负荷：70 N±1.5 N。

A.3　仪器和工具

A.3.1　织物强力机，夹钳距离可调至10.0 cm，夹钳无载荷时移动速度可调至5.0 cm/min，预加张力（重锤）为2 N，夹钳对试样的有效夹持面积为2.5 cm×2.5 cm。

A.3.2　裁样剪刀。

A.3.3　钢直尺，分度值为1 mm。

A.4　试验环境

调湿和试验用标准大气，温度(20±2)℃，相对湿度(65±4)%。

A.5　试样要求与准备

A.5.1　试样尺寸：5.0 cm×20.0 cm，其直向中心线应与缝迹垂直。

A.5.2　试样数量：从成品服装的每个取样部位（或缝制样）上各截取三块。

A.5.3　试样预处理：在温度(20±2)℃及相对湿度(65±4)%的标准大气中，试样吸湿调湿平衡。

A.6　试验步骤

A.6.1　将强力机的两个夹钳分开至10.0 cm±0.1 cm，两个夹钳边缘应相互平行且垂直于移动方向。

A.6.2　将试样固定在夹钳中间（试样下端先挂上2 N的预加负荷钳，再拧紧下夹钳），使试样直向中心线与夹钳边缘相互垂直。

A.6.3　以5.0 cm/min的速度逐渐增加至规定的负荷时，停止夹钳的移动，然后在试样上垂直量取其接缝脱开的最大距离，见图A.1，测量值精确至0.05 cm。若试验中出现纱线从试样中滑脱现象，则测试结果记录为滑脱。若试验中出现试样断裂、试样撕破或缝线断裂现象，则在试验记录予以描述。

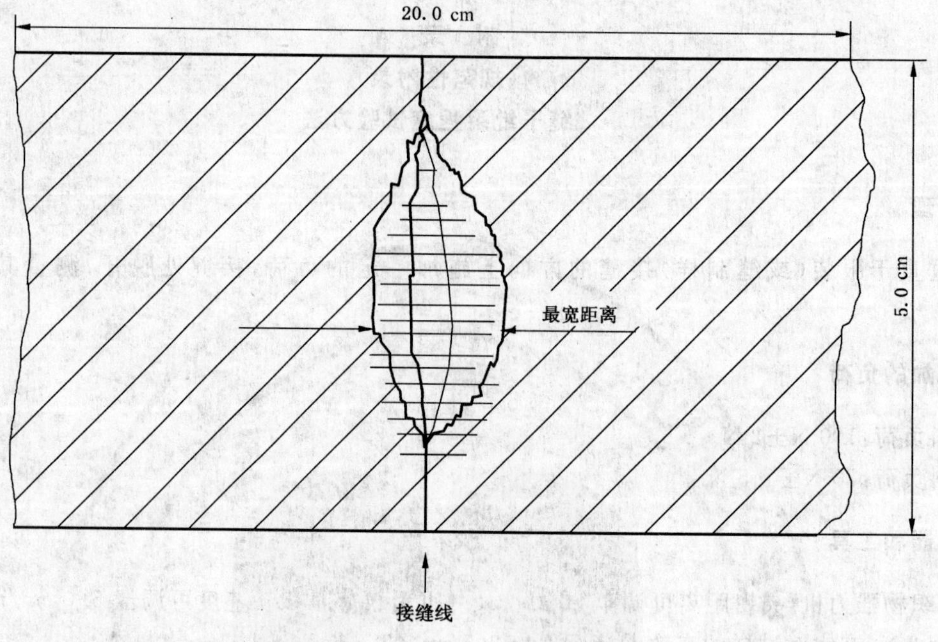

图 A.1 接缝脱开距离的测量

A.7 试验结果

分别计算每部位各试样测试结果的算术平均值，计算结果按 GB/T 8170 修约至 0.1 cm。若三块试样中仅有一块出现滑脱，则计算另两块试样的平均值，若三块试样中有两块或三块出现滑脱，则结果为滑脱。

若试样出现织物断裂、织物撕破或缝线断裂，则结果为织物断裂、织物撕破或缝线断裂。

ICS 61.020
Y 76

中华人民共和国国家标准

GB/T 2665—2009
代替 GB/T 2665—2001

女西服、大衣

Women's suits and coats

2009-03-19 发布　　　　2010-01-01 实施

中华人民共和国国家质量监督检验检疫总局
中国国家标准化管理委员会　发布

前　言

本标准代替 GB/T 2665—2001《女西服、大衣》。

本标准与 GB/T 2665—2001 的主要技术性差异如下：

——修改了标准的适用范围；

——补充了规范性引用文件；

——补充了产品使用说明的内容；

——修改了外观疵点的内容；

——增加了 pH 值、可分解致癌芳香胺染料、异味、水洗后尺寸变化率、面料撕破强力等考核要求；

——增加了耐皂洗色牢度、耐湿摩擦色牢度、耐水色牢度、耐光色牢度的考核要求；

——修改了纰裂的考核要求；

——修改了成品质量缺陷判定的内容；

——修改了单件外观判定内容；

——修改了附录 A 的内容。

本标准的附录 A 为规范性附录。

本标准由中国纺织工业协会提出。

本标准由全国服装标准化技术委员会(SAC/TC 219)归口。

本标准由全国服装标准化技术委员会负责解释。

本标准主要起草单位：杭州蓝色倾情服饰有限公司、杭州市质量技术监督检测院、上海市服装研究所、罗蒙集团股份有限公司、宁波杉杉股份有限公司。

本标准主要起草人：顾红烽、钱峰、许鉴、盛志飞、林月梅、钱晶、施琴、王宏明、顾虎。

本标准所代替标准的历次版本发布情况为：

——GB/T 2665—1993、GB/T 2665—2001。

女西服、大衣

1 范围

本标准规定了女西服、大衣的要求、检测方法、检验分类规则，以及标志、包装、运输和贮存等。

本标准适用于以毛、毛混纺及交织品、仿毛等机织物为主要面料生产的女西服、大衣等毛呢类服装。

2 规范性引用文件

下列文件中的条款通过本标准的引用而成为本标准的条款。凡是注日期的引用文件，其随后所有的修改单(不包括勘误的内容)或修订版均不适用于本标准，然而，鼓励根据本标准达成协议的各方研究是否可使用这些文件的最新版本。凡是不注日期的引用文件，其最新版本适用于本标准。

GB/T 250　纺织品　色牢度试验　评定变色用灰色样卡

GB/T 1335.2　服装号型　女子

GB/T 1335.3　服装号型　儿童

GB/T 2910　纺织品　二组分纤维混纺产品定量化学分析方法

GB/T 2911　纺织品　三组分纤维混纺产品定量化学分析方法

GB/T 2912.1　纺织品　甲醛的测定　第1部分:游离和水解的甲醛(水萃取法)

GB/T 3917.2　纺织品　织物撕破性能　第2部分:裤形试样(单缝)撕破强力的测定

GB/T 3920　纺织品　色牢度试验　耐摩擦色牢度

GB/T 3921　纺织品　色牢度试验　耐皂洗色牢度

GB/T 4802.1　纺织品　织物起毛起球性能的测定　第1部分:圆轨迹法

GB/T 4841.3　染料染色标准深度色卡 2/1、1/3、1/6、1/12、1/25

GB 5296.4　消费品使用说明　纺织品和服装使用说明

GB/T 5711　纺织品　色牢度试验　耐干洗色牢度

GB/T 5713　纺织品　色牢度试验　耐水色牢度

GB/T 7573　纺织品　水萃取液 pH 值的测定

GB/T 8170　数值修约规则与极限数值的表示和判定

GB/T 8427—2008　纺织品　色牢度试验　耐人造光色牢度:氙弧

GB/T 8630　纺织品洗涤和干燥后尺寸变化的测定

GB/T 14304　毛呢套装规格

GB/T 16988　特种动物纤维与绵羊毛混合物含量的测定

GB/T 17592　纺织品　禁用偶氮染料的测定

GB 18401　国家纺织产品基本安全技术规范

FZ/T 01026　纺织品　四组分纤维混纺产品定量化学分析方法

FZ/T 01048　蚕丝/羊绒混纺产品混纺比的测定

FZ/T 01053　纺织品　纤维含量的标识

FZ/T 01057(所有部分) 纺织纤维鉴别试验方法

FZ/T 80002 服装标志、包装、运输和贮存

FZ/T 80004 服装成品出厂检验规则

FZ/T 80007.1 使用粘合衬服装剥离强度测试方法

FZ/T 80007.3 使用粘合衬服装耐干洗测试方法

3 要求

3.1 使用说明

使用说明按 GB 5296.4 和 GB 18401 规定执行。

3.2 号型规格

3.2.1 号型设置按 GB/T 1335.2 和 GB/T 1335.3 规定选用。

3.2.2 成品主要部位规格按 GB/T 1335.2、GB/T 1335.3 和 GB/T 14304 有关规定自行设计。

3.3 原材料

3.3.1 面料

按国家有关纺织面料标准选用符合本标准质量要求的面料。

3.3.2 里料

采用与面料性能、色泽相适宜的里料,特殊设计除外。

3.3.3 辅料

3.3.3.1 衬布

采用与面料性能、色泽相适宜的衬布。

3.3.3.2 垫肩

采用棉或化纤等材料。

3.3.3.3 缝线

采用适合所用面辅料、里料质量的缝线。钉扣线应与扣的色泽相适宜;钉商标线应与商标底色相适宜(装饰线除外)。

3.3.3.4 钮扣、附件

采用适合所用面料的钮扣(装饰扣除外)及附件。钮扣及附件应光滑、耐用,经洗涤和熨烫后不出现变形、变色、生锈、掉漆等现象。

3.4 经纬纱向

3.4.1 前身:经纱以领口宽线为准,不允斜。

3.4.2 后身:经纱以腰节下背中线为准,西服偏斜不大于 0.5 cm,大衣倾斜不大于 1.0 cm;条格料不允斜。

3.4.3 袖子:经纱以前袖缝为准,大袖片偏斜不大于 1.0 cm,小袖片偏斜不大于 1.5 cm(特殊工艺除外)。

3.4.4 领面:纬纱偏斜不大于 0.5 cm,条格料不允斜。

3.4.5 袋盖:与大身纱向一致,斜料左右对称。

3.4.6 挂面:以驳头止口处经纱为准,不允斜。

3.5 对条对格

3.5.1 面料有明显条、格在 1.0 cm 及以上的按表 1 规定。

表 1

部 位	对条对格规定
左右前身	条料对条，格料对横，互差不大于 0.3 cm。
手巾袋与前身	条料对条，格料对格，互差不大于 0.2 cm。
大袋与前身	条料对条，格料对格，互差不大于 0.3 cm。
袖与前身	袖肘线以上与前身格料对横，两袖互差不大于 0.5 cm。
袖 缝	袖肘线以上，后袖缝格料对横，互差不大于 0.3 cm。
背 缝	以上部为准，条料对称，格料对横，互差不大于 0.2 cm。
背缝与后领面	条料对条，互差不大于 0.2 cm。
领子、驳头	条格料左右对称，互差不大于 0.2 cm。
摆 缝	袖窿以下 10 cm 处，格料对横，互差不大于 0.3 cm。
袖 子	条格顺直，以袖山为准，两袖互差不大于 0.5 cm。
注：特别设计不受此限。	

3.5.2 面料有明显条、格在 0.5 cm 及以上的，手巾袋与前身条料对条，格料对格，互差不大于 0.1 cm。

3.5.3 倒顺毛、阴阳格原料，全身顺向一致。

3.6 拼接

大衣挂面允许两接一拼，在下一至二档扣眼之间，避开扣眼位，在两扣眼距之间拼接。西服、大衣耳朵皮允许两接一拼，其他部位不允许拼接。

3.7 色差

袖缝、摆缝色差不低于 4 级，其他表面部位高于 4 级。套装中上装与下装的色差不低于 4 级。

3.8 外观疵点

成品各部位疵点允许存在程度按表 2 规定。成品各部位划分见图 1。

表 2

疵 点 名 称	各部位允许存在程度		
	1 号部位	2 号部位	3 号部位
纱 疵	不允许	轻微，总长度 1.0 cm 或总面积 0.3 cm^2 以下；明显不允许	轻微，总长度 1.5 cm 或总面积 0.5 cm^2 以下；明显不允许
毛 粒	1 个	3 个	5 个
条印、折痕	不允许	轻微，总长度 1.5 cm 或总面积 1 cm^2 以下；明显不允许	轻微，总长度 2.0 cm 或总面积 1.5 cm^2 以下；明显不允许
斑 疵（油污、锈斑、色斑、水渍等）	不允许	轻微，总面积不大于 0.3 cm^2；明显不允许	轻微，总面积不大于 0.5 cm^2；明显不允许
破洞、磨损、蛛网	不允许	不允许	不允许

注 1：各部位只允许一处允许存在程度内的疵点。

注 2：轻微疵点指直观上不明显，通过仔细辨识才可看到的疵点；明显疵点指直观上较明显，影响总体效果的疵点。

注 3：优等品前领面及驳头不允许出现疵点。

注 4：未列入本标准的疵点，按其形态参照表中所列相似疵点判定。

图 1

3.9 缝制

3.9.1 针距密度按表 3 规定,特殊设计除外。

3.9.2 各部位缝制线路顺直、整齐、牢固。主要表面部位缝制皱缩按《男西服外观起皱样照》规定,不低于 4 级。

3.9.3 缝份宽度不小于 0.8 cm(开袋、领止口、门襟止口缝份等除外)。起落针处应有回针。

表 3

项目		针距密度	备注
明暗线		3 cm11 针～13 针	—
包缝线		3 cm 不少于 9 针	—
手工针		3 cm 不少于 7 针	肩缝、袖窿、领子不低于 9 针
手拱止口/机拱止口		3 cm 不少于 5 针	—
三角针		3 cm 不少于 5 针	以单面计算
锁眼	细线	1 cm 12 针～14 针	—
	粗线	1 cm 不少于 9 针	—
钉扣	细线	每孔不少于 8 根线	缠脚线高度与止口厚度相适应
	粗线	每孔不少于 4 根线	
注：细线指 20 tex 及以下缝纫线；粗线指 20 tex 以上缝纫线。			

3.9.4　上下线松紧适宜，无跳线、断线、脱线、连根线头。底线不得外露。

3.9.5　领子平服，领面松紧适宜。

3.9.6　绱袖圆顺，前后基本一致。

3.9.7　滚条、压条要平服，宽窄一致。

3.9.8　袋布的垫料要折光边或包缝。

3.9.9　袋口两端应打结，可采用套结机或平缝机回针。

3.9.10　袖窿、袖缝、底边、袖口、挂面里口、大衣摆缝等部位叠针牢固。

3.9.11　锁眼定位准确，大小适宜，扣与眼对位，整齐牢固。钮脚高低适宜，线结不外露。

3.9.12　商标、号型标志、成分标志、洗涤标志位置端正、清晰准确。

3.9.13　各部位明线和链式线迹不允许跳针，明线不允许接线，其他缝纫线迹 30 cm 内不得有两处单跳或连续跳针，不得脱线。

3.10　成品主要部位规格允许偏差

按表 4 规定。

表 4

单位为厘米

部位名称		允许偏差
衣长	西服	±1.0
	大衣	±1.5
胸围		±2.0
领大		±0.6
总肩宽		±0.6
袖长	装袖	±0.7
	连肩袖	±1.2

3.11　外观质量

外观质量按表 5 规定。

表 5

部位名称	外观质量规定
领子	领面平服，领窝圆顺，左右领尖不翘。
驳头	串口、驳口顺直，左右驳头宽窄、领嘴大小对称，领翘适宜。
止口	顺直平挺，门襟不短于里襟，不搅不豁，两圆头大小一致。
前身	胸部挺括、对称，面、里、衬服贴，省道顺直。
袋、袋盖	左右袋高、低、前、后对称，袋盖与袋口宽相适应，袋盖与大身的花纹一致。
后背	平服。
肩	肩部平服，表面没有褶，肩缝顺直，左右对称。
袖	绱袖圆顺，吃势均匀，两袖前后、长短一致。

3.12 整烫外观

3.12.1 各部位熨烫平服、整洁，无烫黄、水渍、亮光。

3.12.2 覆粘合衬部位不允许有脱胶、渗胶及起皱，各部位表面不允许有沾胶。

3.13 理化性能

成品理化性能按表 6 规定。

表 6

项目			分等要求		
			优等品	一等品	合格品
纤维含量			符合 FZ/T 01053 规定		
甲醛含量/(mg/kg)			符合 GB 18401 规定		
pH 值					
可分解致癌芳香胺染料/(mg/kg)					
异味					
尺寸变化率/%	干洗		衣长−1.0～+1.0；胸围−0.8～+0.8		
	水洗		衣长−1.5～+1.5；胸围−1.0～+1.0		
干洗后起皱级差/级			>4	4	≥3
覆粘合衬部位剥离强度/[N/(2.5 cm×10 cm)]			≥6		
面料色牢度/级	耐干洗	变色	≥4-5	≥4	≥3-4
		沾色	≥4-5	≥4	≥3-4
	耐皂洗	变色	≥4	≥3-4	≥3-4
		沾色	≥4	≥3-4	≥3
	耐水	变色	≥4	≥4	≥3-4
		沾色	≥4	≥3-4	≥3
	耐摩擦	干摩擦	≥4	≥3-4	≥3
		湿摩擦	≥3-4	≥3	≥2-3
	耐光	浅色	≥4	≥3	≥3
		深色	≥4	≥4	≥3

表 6（续）

项目			分等要求		
			优等品	一等品	合格品
里料色牢度/级	耐干洗	沾色	≥4	≥4	≥3-4
	耐皂洗	沾色	≥4	≥3-4	≥3
	耐水	沾色	≥4	≥3-4	≥3
	耐干摩擦		≥4	≥3-4	≥3
装饰件和绣花耐皂洗、耐干洗沾色/级			≥3-4		
面料起毛起球/级	精梳(绒面)		≥3-4	≥3	≥3
	精梳(光面)		≥4	≥3-4	≥3-4
	粗梳		≥3-4	≥3	≥3
纰裂/cm			≤0.6		
面料撕破强力/N			≥10		

按 GB/T 4841.3 规定，颜色大于 1/12 染料染色标准深度为深色，颜色小于等于 1/12 染料染色标准深度为浅色。

注 1：耐湿摩擦色牢度、水洗尺寸变化率和耐皂洗色牢度只考核使用说明注明可水洗产品。

注 2：无纺衬不考核覆粘合衬部位剥离强度。

注 3：纰裂试验结果出现织物断裂、织物撕破或缝线断裂现象判定为合格，出现滑脱现象判定为不合格。

4 检测方法

4.1 检验工具

4.1.1 钢卷尺。

4.1.2 评定变色用灰色样卡(GB/T 250)。

4.1.3 男西服外观起皱样照。

4.1.4 男女毛呢服装外观疵点样照。

4.1.5 精梳毛织品起球样照(绒面)(GB/T 4802.1)、精梳毛织品起球样照(光面)(GB/T 4802.1)、粗梳毛织品起球样照(GB/T 4802.1)。

4.1.6 胸架。

4.2 成品规格测定

成品主要部位的测量方法按表 7 和图 2 规定，允许偏差按 3.10 规定。

表 7

部位名称		测量方法
衣长		由前身左襟肩缝最高点垂直量至底边，或由后领中垂直量至底边。
胸围		扣上钮扣(或合上拉链)，前后身摊平，沿袖窿底缝水平横量(周围计算)。
领大		领子摊平横量，搭门除外。开门领不考核。
总肩宽		由肩袖缝的交叉点横量。
袖长	装袖	由袖山最高点量至袖口边中间。
	连肩袖	由后领中沿袖山最高点量至袖口边中间。

注：特殊需要的按企业规定。

图 2

4.3 外观测定

4.3.1 对条对格按 3.5 规定。

4.3.2 测定色差程度时，被测部位应纱向一致，采用北空光照射，或用 600 lx 及以上的等效光源。入射光与被测物约成 45°角，观察方向与被测物大致垂直，距离 60 cm 目测。色差按 3.7 规定，与 GB/T 250 样卡对比。

4.3.3 成品各部位疵点允许存在程度按 3.8 规定，与男女毛呢服装外观疵点样照对比。

4.3.4　缝制按 3.9 规定,针距密度在成品缝纫线迹上任取 3 cm 测量(厚薄部位除外)。

4.3.5　纬斜测定:按式(1)计算纬斜率。

$$纬斜率 = \frac{纬纱(条格)倾斜与水平最大距离}{衣片宽} \times 100\% \quad \cdots\cdots(1)$$

4.3.6　整烫外观按 3.12 规定。

4.4　理化性能测定

4.4.1　成品的纤维含量测定按 FZ/T 01057、GB/T 2910、GB/T 2911、FZ/T 01026、GB/T 16988、FZ/T 01048 等规定。

4.4.2　成品的甲醛含量的测定按 GB/T 2912.1 规定。

4.4.3　成品的 pH 值的测定按 GB/T 7573 规定。

4.4.4　成品的可分解致癌芳香胺染料的测定按 GB/T 17592 规定,采用 GC/MS 内标法进行。

4.4.5　成品的异味的测定按 GB 18401 规定。

4.4.6　成品的水洗尺寸变化率的测定按 GB/T 8630 规定,洗涤方法采用 7A 程序,干燥方法采用 A 法。试样数量为三件,结果取三件的平均值。

4.4.7　成品的干洗尺寸变化率的测定按 FZ/T 80007.3 规定。

4.4.8　成品的覆粘合衬部位剥离强度的测定按 FZ/T 80007.1 规定。

4.4.9　成品的耐干洗色牢度的测定按 GB/T 5711 规定。

4.4.10　成品的耐皂洗色牢度的测定按 GB/T 3921,采用试验条件 A(1),单纤维贴衬。

4.4.11　成品的耐水色牢度的测定按 GB/T 5713 规定,采用单纤维贴衬。

4.4.12　成品的耐摩擦色牢度的测定按 GB/T 3920 规定。

4.4.13　成品的耐光色牢度的测定按 GB/T 8427—2008 中方法 3 规定。

4.4.14　成品的起毛起球的测定按 GB/T 4802.1 规定,与精梳毛织品起球样照(绒面、光面)(GB/T 4802.1)、粗梳毛织品起球样照对比。绒面精梳毛织品起球次数为 400 次,仿毛产品起毛起球压力与次数同精梳毛织品或粗梳毛织品。

4.4.15　成品的缝子纰裂程度取样部位按表 8 规定,测试方法按附录 A 规定。

表 8

取样部位名称	取样部位规定
后背缝	后领中向下 25 cm
袖窿缝	后袖窿弯处
摆　缝	袖窿处向下 10 cm
注:袖窿缝不考核里料。	

4.4.16　成品的撕破强力的测定按 GB/T 3917.2 规定。

4.4.17　尚未提及的理化性能测试取样部位,可按测试项目在成品上任意选取。

5　检验分类规则

5.1　检验分类

成品检验分为出厂检验和型式检验。

5.1.1　出厂检验按第 3 章规定,3.13 除外。出厂检验规则按 FZ/T 80004 规定。

5.1.2　型式检验按第 3 章规定。

5.2　质量等级划分规则

成品质量等级划分以缺陷是否存在及其轻重程度为依据。抽样样本中的单件产品以缺陷的数量及其轻重程度划分等级,批等级以抽样样本中单件产品的品等数量划分。

5.2.1 **缺陷**

单件产品不符合本标准所规定的技术要求即构成缺陷。

按照产品不符合标准和对产品的性能、外观的影响程度，缺陷分成三类：

a) 严重缺陷

严重降低产品的使用性能，严重影响产品外观的缺陷，称为严重缺陷。

b) 重缺陷

不严重降低产品的使用性能，不严重影响产品的外观，但较严重不符合标准规定的缺陷，称为重缺陷。

c) 轻缺陷

不符合标准的规定，但对产品的使用性能和外观影响较小的缺陷，称为轻缺陷。

5.2.2 **质量缺陷判定依据**

成品质量缺陷判定依据见表9。

表9

项目	序号	轻缺陷	重缺陷	严重缺陷
使用说明	1	商标、耐久性标签不端正，明显歪斜；钉商标线与商标底色的色泽不适应；使用说明内容不规范。	使用说明内容不正确。	使用说明内容缺项。
辅料	2	缝纫线色泽、色调与面料不相适应；钉扣线与扣色泽、色调不适应。	里料、缝纫线的性能与面料不适应。	—
锁眼	3	锁眼间距互差大于0.4 cm；偏斜大于0.2 cm，纱线绽出。	跳线；开线；毛漏；漏开眼。	—
钉扣及附件	4	扣与眼位互差大于0.2 cm（包括附件等）；钉扣不牢。	扣与眼位互差大于0.5 cm（包括附件等）。	钮扣、金属扣脱落（包括附件等）；金属件锈蚀。
经纬纱向	5	纬斜超本标准规定50%及以内。	纬斜超本标准规定50%以上。	—
对条对格	6	对条、对格超本标准规定50%及以内。	对条、对格超本标准规定50%以上。	面料倒顺毛，全身顺向不一致。
拼接	7	—	拼接不符合3.6规定。	—
色差	8	表面部位色差不符合本标准规定的半级以内；衬布影响色差低于4级。	表面部位色差超过本标准规定半级以上；衬布影响色差低于3-4级。	—
外观疵点	9	2号部位、3号部位超本标准规定。	1号部位超本标准规定。	破损等严重影响使用和美观。
针距	10	低于本标准规定2针以内（含2针）。	低于本标准规定2针以上。	—
规格允许偏差	11	规格超过本标准规定50%及以内。	规格超过本标准规定50%以上。	规格超过本标准规定100%及以上。

表 9（续）

项目	序号	轻缺陷	重缺陷	严重缺陷
外观及缝制质量	12	—	—	使用粘合衬部位脱胶、渗胶、起皱。
	13	领子、驳头面、衬、里松紧不适宜；表面不平挺。	领子、驳头面、里、衬松紧明显不适宜、不平挺。	—
	14	领口、驳口、串口不顺直；领子、驳头止口反吐。	—	—
	15	领尖、领嘴、驳头左右不一致，尖圆对比互差大于 0.3 cm；领豁口左右明显不一致。	—	—
	16	领窝不平服、起皱；绱领（领肩缝对比）偏斜大于 0.5 cm。	领窝严重不平服、起皱；绱领（领肩缝对比）偏斜大于 0.7 cm。	—
	17	领翘不适宜；领外口松紧不适宜；底领外露。	领翘严重不适宜；底领外露大于0.2 cm。	—
	18	肩缝不顺直；不平服；后省位左右不一致。	肩缝严重不顺直；不平服。	—
	19	两肩宽窄不一致，互差大于0.5 cm。	两肩宽窄不一致，互差大于0.8 cm。	—
	20	胸部不挺括，左右不一致；腰部不平服。	胸部严重不挺括，腰部严重不平服。	—
	21	袋位高低互差大于 0.3 cm；前后互差大于 0.5 cm。	袋位高低互差大于 0.8 cm；前后互差大于 1.0 cm。	—
	22	袋盖长短，宽窄互差大于 0.3 cm；口袋不平服、不顺直；嵌线不顺直、宽窄不一致；袋角不整齐。	袋盖小于袋口（贴袋）0.5 cm（一侧）或小于嵌线；袋布垫料毛边无包缝。	—
	23	门襟、里襟不顺直，不平服；止口反吐。	止口明显反吐。	—
	24	门襟长于里襟，西服大于 0.5 cm，大衣大于 0.8 cm；里襟长于门襟；门里襟明显搅豁。	—	—
	25	眼位距离偏差大于 0.4 cm；眼与扣位互差 0.4 cm；扣眼歪斜、眼大小互差大于 0.2 cm。	—	—
	26	底边明显宽窄不一致；不圆顺；里子底边宽窄明显不一致。	里子短，面明显不平服；里子长，明显外露。	—
	27	绱袖不圆顺，吃势不适宜；两袖前后不一致大于 1.5 cm；袖子起吊、不顺。	绱袖明显不圆顺；两袖前后明显不一致大于 2.5 cm；袖子明显起吊、不顺。	—

表 9（续）

项目	序号	轻缺陷	重缺陷	严重缺陷
外观及缝制质量	28	袖长左右对比互差大于 0.7 cm；两袖口对比互差大于 0.5 cm。	袖长左右对比互差大于 1.0 cm；两袖口对比互差大于 0.8 cm。	—
	29	后背不平、起吊；开叉不平服、不顺直；开叉止口明显搅豁；开叉长短互差大于 0.3 cm。	后背明显不平服、起吊。	—
	30	衣片缝合明显松紧不平；不顺直；连续跳针（30 cm 内出现两个单跳针按连续跳针计算）。	表面部位有毛、脱、漏；缝份小于 0.8 cm；链式缝迹跳针有 1 处。	表面部位毛、脱、漏，严重影响使用和美观。
	31	有叠线部位漏叠 2 处（包括 2 处）以下；衣里有毛、脱、漏。	有叠线部位漏叠超过 2 处。	—
	32	明线宽窄、弯曲。	明线接线。	—
	33	滚条不平服、宽窄不一致；腰节以下活里没包缝。	—	—
	34	轻度污渍；熨烫不平服；有明显水花、亮光；表面有大于 1.5 cm 的连根线头 3 根及以上。	有明显污渍，污渍大于 2 cm^2；水花大于 4 cm^2。	有严重污渍，污渍大于 30 cm^2；烫黄等严重影响使用和美观。

注 1：以上各缺陷按序号逐项累计计算。

注 2：本规则未涉及到的缺陷可根据标准规定，参照规则相似缺陷酌情判定。

注 3：丢工为重缺陷，缺件为严重缺陷。

注 4：理化性能一项不合格即为该抽验批不合格。

5.3 抽样规定

抽样数量按产品批量：

500 件（含 500 件）以下抽验 10 件。

500 件以上至 1 000 件（含 1 000 件）抽验 20 件。

1 000 件以上抽验 30 件。

理化性能抽样 4 件。

5.4 判定规则

5.4.1 单件（样本）外观判定

优等品：严重缺陷数=0　重缺陷数=0　轻缺陷数≤4

一等品：严重缺陷数=0　重缺陷数=0　轻缺陷数≤6 或

严重缺陷数=0　重缺陷数≤1　轻缺陷数≤3

合格品：严重缺陷数=0　重缺陷数=0　轻缺陷数≤8 或

严重缺陷数=0　重缺陷数≤1　轻缺陷数≤6

5.4.2 批量判定

优等品批：外观样本中的优等品数≥90%，一等品、合格品数≤10%（不含不合格品）。理化性能测试达到优等品指标要求。

一等品批：外观样本中的一等品以上的产品数≥90%，合格品数≤10%（不含不合格品）。理化性能测试达到一等品指标要求。

合格品批：外观样本中的合格品以上产品数≥90%，不合格品数≤10%（不含严重缺陷不合格品）。理化性能测试达到合格品指标要求。

当外观缝制质量判定与理化性能判定不一致时，执行低等级判定。

5.4.3 抽验中各外观批量判定数符合标准规定，为判定合格的等级品批出厂。

5.4.4 抽验中各外观批量判定数不符合标准规定时，应进行第二次抽验。抽验数量增加一倍，如仍不符合标准规定，应全部整修或降等。

6 标志、包装、运输和贮存

标志、包装、运输和贮存按 FZ/T 80002 执行。

附　录　A
（规范性附录）
缝子纰裂程度试验方法

A.1　原理

在垂直于服装(或缝制样)接缝的方向上施加一定的负荷,接缝处脱开,测量其脱开的最大距离。

A.2　施加的负荷

面料负荷:100 N±2 N。

里料负荷:70 N±1.5 N。

A.3　仪器和工具

A.3.1　织物强力机,夹钳距离可调至10.0 cm,夹钳无载荷时移动速度可调至5.0 cm/min,预加张力(重锤)为2 N,夹钳对试样的有效夹持面积为2.5 cm×2.5 cm。

A.3.2　裁样剪刀。

A.3.3　钢直尺,分度值为1 mm。

A.4　试验环境

调湿和试验用标准大气,温度(20±2)℃,相对湿度(65±4)%。

A.5　试样要求与准备

A.5.1　试样尺寸:5.0 cm×20.0 cm,其直向中心线应与缝迹垂直。

A.5.2　试样数量:从成品服装的每个取样部位(或缝制样)上各截取三块。

A.5.3　试样预处理:在温度(20±2)℃及相对湿度(65±4)%的标准大气中,试样吸湿调湿平衡。

A.6　试验步骤

A.6.1　将强力机的两个夹钳分开至10.0 cm±0.1 cm,两个夹钳边缘应相互平行且垂直于移动方向。

A.6.2　将试样固定在夹钳中间(试样下端先挂上2 N的预加负荷钳,再拧紧下夹钳),使试样直向中心线与夹钳边缘相互垂直。

A.6.3　以5.0 cm/min的速度逐渐增加至规定的负荷时,停止夹钳的移动,然后在试样上垂直量取其接缝脱开的最大距离,见图A.1,测量值精确至0.05 cm。若试验中出现纱线从试样中滑脱现象,则测试结果记录为滑脱。若试验中出现试样断裂、试样撕破或缝线断裂现象,则在试验记录予以描述。

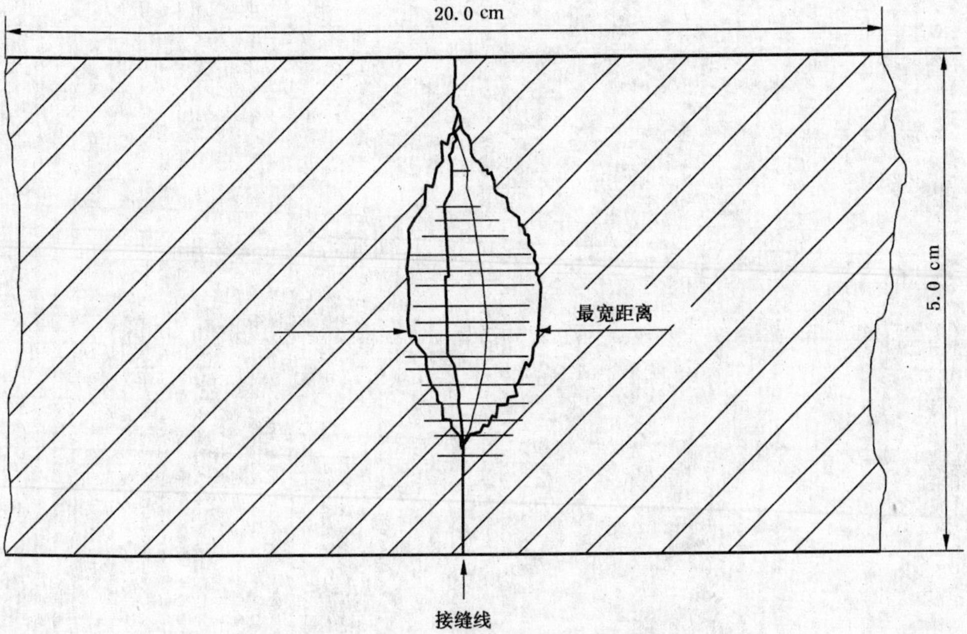

图 A.1 接缝脱开距离的测量

A.7 试验结果

分别计算每部位各试样测试结果的算术平均值,计算结果按 GB/T 8170 修约至 0.1 cm。若三块试样中仅有一块出现滑脱,则计算另两块试样的平均值,若三块试样中有两块或三块出现滑脱,则结果为滑脱。

若试样出现织物断裂、织物撕破或缝线断裂,则结果为织物断裂、织物撕破或缝线断裂。

ICS 61.020
Y 76

GB

中华人民共和国国家标准

GB/T 2666—2009
代替 GB/T 2666—2001

STANDARDS PRESS OF CHINA

西裤

Trousers

2009-03-19 发布 2010-01-01 实施

中华人民共和国国家质量监督检验检疫总局
中国国家标准化管理委员会 发布

前言

本标准代替 GB/T 2666—2001《男、女西裤》。

本标准与 GB/T 2666—2001 相比主要变化如下：

——标准名称修改为《西裤》；

——修改了标准的适用范围；

——补充了规范性引用文件的内容；

——补充了成品使用说明的内容；

——修改了色差、外观疵点、缝制等技术要求；

——增加了 pH 值、可分解致癌芳香胺染料、异味等规定；

——增加了耐皂洗、耐水、耐汗渍、耐湿摩、耐光等色牢度规定；

——增加了水洗尺寸变化率、洗涤后扭斜率、撕破强力等考核要求；

——补充和完善了成品的质量缺陷判定依据；

——增加了规范性附录 A“洗涤后扭斜率试验方法”。

本标准的附录 A、附录 B 和附录 C 为规范性附录。

本标准由中国纺织工业协会提出。

本标准由全国服装标准化技术委员会(SAC/TC 219)归口。

本标准由全国服装标准化技术委员会负责解释。

本标准主要起草单位：温州市质量技术监督检测院、上海市服装研究所、九牧王(中国)有限公司、虎都(中国)服饰有限公司、宁波杉杉股份有限公司、罗蒙集团股份有限公司。

本标准主要起草人：林欧文、许鉴、聂雅渊、林荣宗、郭建新、林月梅、盛志飞、施琴。

本标准所代替标准的历次版本发布情况为：

——GB/T 2666—1993、GB/T 2666—2001。

西　　裤

1　范围

本标准规定了西裤、西服裙等的要求、检测方法、检验分类规则，以及标志、包装、运输和贮存等。

本标准适用于以毛、毛混纺及交织品、仿毛等机织物为主要面料生产的西裤、西服裙等毛呢类服装。

2　规范性引用文件

下列文件中的条款通过本标准的引用而成为本标准的条款。凡是注日期的引用文件，其随后所有的修改单(不包括勘误的内容)或修订版均不适用于本标准，然而，鼓励根据本标准达成协议的各方研究是否可使用这些文件的最新版本。凡是不注日期的引用文件，其最新版本适用于本标准。

GB/T 250　纺织品　色牢度试验　评定变色用灰色样卡

GB/T 1335.1　服装号型　男子

GB/T 1335.2　服装号型　女子

GB/T 1335.3　服装号型　儿童

GB/T 2910　纺织品　二组分纤维混纺产品定量化学分析方法

GB/T 2911　纺织品　三组分纤维混纺产品定量化学分析方法

GB/T 2912.1　纺织品　甲醛的测定　第1部分:游离水解的甲醛(水萃取法)

GB/T 3917.2　纺织品　织物撕破性能　第2部分:裤形试样(单缝)撕破强力的测定

GB/T 3920　纺织品　色牢度试验　耐摩擦色牢度

GB/T 3921　纺织品　色牢度试验　耐皂洗色牢度

GB/T 3922　纺织品耐汗渍色牢度试验方法

GB/T 3923.1　纺织品　织物拉伸性能　第1部分:断裂强力和断裂伸长率的测定　条样法

GB/T 4802.1　纺织品　织物起毛起球性能的测定　第1部分:圆轨迹法

GB/T 4841.3　染料染色标准深度色卡 2/1、1/3、1/6、1/12、1/25

GB 5296.4　消费品使用说明　纺织品和服装使用说明

GB/T 5711　纺织品　色牢度试验　耐干洗色牢度

GB/T 5713　纺织品　色牢度试验　耐水色牢度

GB/T 7573　纺织品　水萃取液 pH 值的测定

GB/T 8170　数值修约规则与极限数值的表示和判定

GB/T 8427—2008　纺织品　色牢度试验　耐人造光色牢度:氙弧

GB/T 8630　纺织品　洗涤和干燥后尺寸变化的测定

GB/T 14304　毛呢套装规格

GB/T 16988　特种动物纤维与绵羊毛混合物含量的测定

GB/T 17592　纺织品　禁用偶氮染料的测定

GB 18401　国家纺织产品基本安全技术规范

FZ/T 01026　纺织品　四组分纤维混纺产品定量化学分析方法

FZ/T 01048　蚕丝/羊绒混纺产品混纺比的测定

FZ/T 01053　纺织品　纤维含量的标识

FZ/T 01057(所有部分)　纺织纤维鉴别试验方法

FZ/T 80002　服装标志、包装、运输和贮存

FZ/T 80004　服装成品出厂检验规则

FZ/T 80007.3　使用粘合衬服装耐干洗测试方法

3　要求

3.1　使用说明

成品使用说明按 GB 5296.4 和 GB 18401 规定执行。

3.2　号型规格

3.2.1　号型设置按 GB/T 1335.1、GB/T 1335.2 和 GB/T 1335.3 规定选用。

3.2.2　成品主要部位规格按 GB/T 1335.1、GB/T 1335.2、GB/T 1335.3 和 GB/T 14304 有关规定自行设计。

3.3　原材料

3.3.1　面料

按国家有关纺织面料标准选用符合本标准质量要求的面料。

3.3.2　里料

采用与所用面料性能、色泽相适合的里料，特殊设计除外。

3.3.3　辅料

3.3.3.1　衬布

采用适合所用面料的衬布，其尺寸变化率应与面料相适宜。

3.3.3.2　缝线

采用适合所用面辅料、里料质量的缝线。钉扣线应与扣的色泽相适宜；钉商标线应与商标底色相适宜(装饰线除外)。

3.3.3.3　钮扣、附件

采用适合所用面料的钮扣(装饰扣除外)、附件。钮扣、附件应无锈、光滑、耐用，经洗涤和熨烫后不变形、不变色。

3.4　经纬纱向

3.4.1　前身：经纱以烫迹线为准，臀围线以下偏斜不大于 0.5 cm，条格料不允斜。

3.4.2　后身：经纱以烫迹线为准，中裆线以下偏斜不大于 1.0 cm。

3.4.3　腰头：经纱偏斜不大于 0.3 cm，条格料不允斜。

3.4.4　色织格料纬斜不大于 2%。

3.5　对条对格

3.5.1　面料有明显条、格在 1.0 cm 及以上的按表 1 规定。

表 1

部　位	对条对格规定
侧缝	侧缝袋口下 10 cm 处格料对横，互差不大于 0.2 cm。
后裆缝	格料对横，互差不大于 0.3 cm。
袋盖与大身	条料对条，格料对横，互差不大于 0.2 cm。
注：特别设计不受此限。	

3.5.2　倒顺毛、阴阳格原料顺向一致。

3.6　拼接

腰头面、里允许拼接一处，男裤拼缝在后缝处，女裤(裙)拼缝在后缝或侧缝处(弧形腰除外)。

3.7 色差

下裆缝、腰头与大身色差不低于 4 级，其他表面部位高于 4 级。套装中下装与上装的色差不低于 4 级。同批不同条色差不低于 4 级。

3.8 外观疵点

成品各部位疵点允许存在程度按表 2 规定。成品各部位划分见图 1。每个独立部位只允许疵点一处，未列入本标准的疵点按其形态，参照表 2 相似疵点执行。

表 2

疵点名称	各部位允许存在程度		
	1 号部位	2 号部位	3 号部位
纱疵	不允许	轻微，总长度 1.0 cm 或总面积 0.3 cm^2 以下；明显不允许	轻微，总长度 1.5 cm 或总面积 0.5 cm^2 以下；明显不允许
毛粒	1 个	3 个	5 个
条印、折痕	不允许	轻微，总长度 1.5 cm 或总面积 1 cm^2 以下；明显不允许	轻微，总长度 2.0 cm 或总面积 1.5 cm^2 以下；明显不允许
斑疵（油污、锈斑、色斑、水渍、粉印等）	不允许	轻微，总面积 0.3 cm^2 以下；明显不允许	轻微，总面积 0.5 cm^2 以下；明显不允许
破洞、磨损、蛛网	不允许	不允许	不允许

注 1：各部位只允许一处允许存在程度内的疵点。

注 2：轻微疵点指直观上不明显，通过仔细辨识才可看到的疵点；明显疵点指直观上较明显，影响总体效果的疵点。

注 3：未列入本标准的疵点，按其形态参照表中所列相似疵点判定。

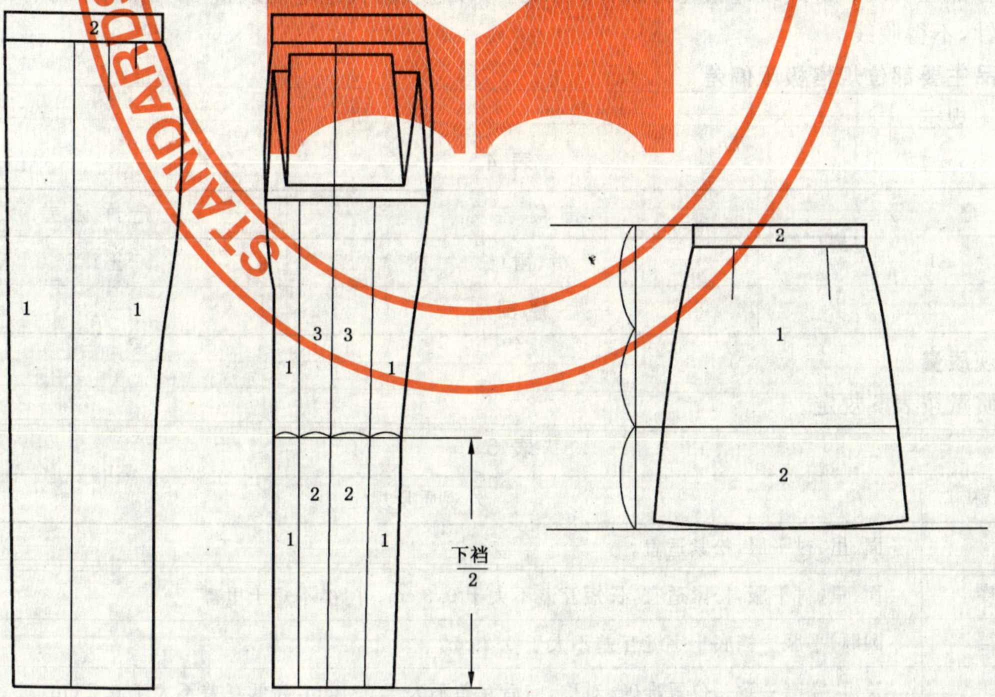

图 1

3.9 缝制

3.9.1 针距密度按表 3 规定，特殊设计除外。

表 3

项　目		针距密度	备　注
明暗线		3 cm11 针～14 针	—
包缝线		3 cm 不少于 10 针	—
手工针		3 cm 不少于 7 针	—
三角针	腰口	3 cm 不少于 9 针	以单面计算
	脚口	3 cm 不少于 6 针	
锁眼	细线	1 cm12 针～14 针	—
	粗线	1 cm 不少于 9 针	—
钉扣	细线	每孔不少于 8 根线	缠脚线高度与止口厚度相适应
	粗线	每孔不少于 4 根线	
注：细线指 20 tex 及以下缝纫线；粗线指 20 tex 以上缝纫线。			

3.9.2　各部位缝制线路顺直、整齐、牢固，绱拉链平服，无连根线头。

3.9.3　上下线松紧适宜，无跳线、断线。起落针处应有回针。底线不得外露。

3.9.4　侧缝袋口下端打结处以上 5 cm 至以下 10 cm 之间、下裆缝上 1/2 处、后裆缝、小裆缝缉两道线，或用链式线迹缝制。

3.9.5　袋布的垫料要折光边或包缝。

3.9.6　袋口两端封口应牢固、整洁。

3.9.7　各部位缝份宽度不小于 0.8 cm(开袋、门襟止口除外)。

3.9.8　锁眼定位准确，大小适宜，扣与眼对位，整齐牢固。钮脚高低适宜，线结不外露。

3.9.9　商标、耐久性标签位置应端正、清晰准确。

3.9.10　各部位明线和链式线迹不允许跳针，明线不允许接线，其他缝纫线迹 30 cm 内不得有两处单跳或连续跳针，不得脱线。

3.10　成品主要部位规格极限偏差

按表 4 规定。

表 4

单位为厘米

序　号	部位名称	允许偏差
1	裤(裙)长	±1.5
2	腰围	±1.0

3.11　外观质量

外观质量按表 5 规定。

表 5

部位名称	外观质量规定
腰头	面、里、衬平服，松紧适宜。
门、里襟	面、里、衬平服，松紧适宜，长短互差不大于 0.3 cm。门襟不短于里襟。
前、后裆	圆顺、平服。裆底十字缝互差不大于 0.2 cm。
串带	长短、宽窄一致。位置准确、对称，前后互差不大于 0.4 cm，高低互差不大于 0.2 cm。
裤袋	袋位高低、袋口大小互差不大于 0.5 cm，前后互差不大于 0.3 cm，袋口顺直平服。袋布缝制牢固。

表 5（续）

部位名称	外观质量规定
裤腿	两裤腿长短、肥瘦互差不大于 0.3 cm。
裙身	裙身平服，下摆不起吊。
裤脚口（裙底边）	两脚口大小互差不大于 0.3 cm；吊脚不大于 0.5 cm；裤脚前后互差不大于 1.5 cm；裤口边缘顺直；裙底边圆顺。

3.12 整烫外观

3.12.1 各部位熨烫平服、整洁，无烫黄、水渍、亮光。烫迹线顺直，臀部圆顺，裤脚平直。

3.12.2 覆粘合衬部位不允许有脱胶、渗胶及起皱，各部位表面不允许有沾胶。

3.13 理化性能

成品理化性能按表 6 规定。

表 6

项目			分等要求		
			优等品	一等品	合格品
纤维含量			符合 FZ/T 01053 规定		
甲醛含量/(mg/kg)			符合 GB 18401 规定		
pH 值					
可分解致癌芳香胺染料/(mg/kg)					
异味					
尺寸变化率/%		干洗	裤(裙)长−1.0～+1.0；腰围−0.8～+0.8		
		水洗	裤(裙)长−1.5～+1.5；腰围−1.2～+1.0		
洗涤后扭斜率/%		干洗	≤1.5	≤3.0	
		水洗	≤2.0	≤4.0	
面料色牢度/级	耐干洗	变色	≥4-5	≥4	≥3-4
		沾色	≥4-5	≥4	≥3-4
	耐皂洗	变色	≥4	≥3-4	≥3-4
		沾色	≥4	≥3-4	≥3
	耐 水	变色	≥4	≥4	≥3-4
		沾色	≥4	≥3-4	≥3
	耐汗渍	变色	≥4	≥3-4	≥3
		沾色	≥4	≥3-4	≥3
	耐摩擦	干摩擦	≥4	≥3-4	≥3
		湿摩擦	≥3-4	≥3	≥2-3
	耐 光	浅色	≥4	≥3	≥3
		深色	≥4	≥4	≥3

表 6（续）

项目			分等要求		
			优等品	一等品	合格品
里料色牢度/级	耐干洗	沾色	≥4	≥4	≥3-4
	耐皂洗	沾色	≥4	≥3-4	≥3
	耐水	变色	≥4	≥3-4	≥3
		沾色	≥4	≥3-4	≥3
	耐汗渍	变色	≥4	≥3-4	≥3
		沾色	≥4	≥3	≥3
	耐干摩擦		≥4	≥3-4	≥3
装饰件和绣花耐皂洗、耐干洗沾色/级			≥3-4		
面料起毛起球/级		精梳（绒面）	≥3-4	≥3	≥3
		精梳（光面）	≥4	≥3-4	≥3-4
		粗梳	≥3-4	≥3	≥3
纰裂/cm			≤0.6		
后裆缝接缝强力/[N/(5 cm×10 cm)]			面料≥140；里料≥80		
面料撕破强力/N			≥10		
按 GB/T 4841.3 规定，颜色大于 1/12 染料染色标准深度色卡为深色，颜色小于等于 1/12 染料染色标准深度色卡为浅色。 注 1：水洗尺寸变化率、耐湿摩擦色牢度和耐皂洗色牢度仅考核使用说明注明可水洗产品。 注 2：纰裂试验结果出现织物断裂、织物撕破或缝线断裂现象判定为合格，出现滑脱现象判定为不合格。					

4 检验（测试）方法

4.1 检验工具

4.1.1 钢卷尺。

4.1.2 评定变色用灰色样卡（GB/T 250）。

4.1.3 男女毛呢服装外观疵点样照。

4.1.4 精梳毛织品起球样照（绒面）（GB/T 4802.1）、精梳毛织品起球样照（光面）（GB/T 4802.1）、粗梳毛织品起球样照（GB/T 4802.1）。

4.2 成品规格测定

成品主要部位的测量方法按表 7 和图 2 规定，允许偏差按 3.10 规定。

表 7

部位名称	测量方法
裤（裙）长	由腰上口沿侧缝摊平垂直量至脚口（底边）。
腰围	扣上裤（裙）钩（钮扣）沿腰宽中间横量（周围计算）。
注：特殊需要的按企业规定。	

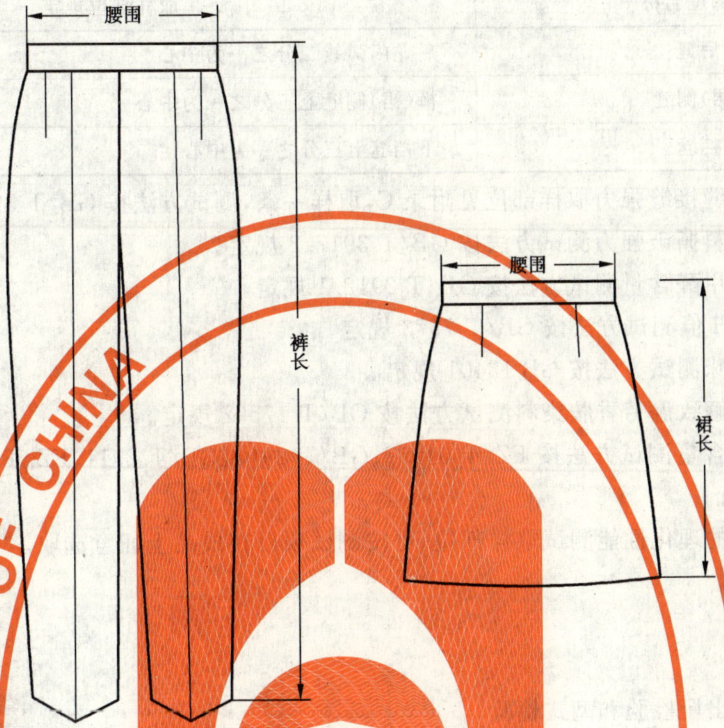

图 2

4.3 外观测定

4.3.1 色差测定时，被测部位应纱向一致，采用北空光照射，或用 600 lx 及以上的等效光源。入射光与被测物约成 45°角，观察方向与被测物大致垂直，距离 60 cm 目测，与 GB/T 250 样卡对比。

4.3.2 成品各部位疵点与男女毛呢服装外观疵点样照对比。

4.3.3 针距密度在成品缝纫线迹上任取 3 cm 测量(厚薄部位除外)。

4.3.4 纬斜测定：按式(1)计算纬斜率。

$$\text{纬斜率} = \frac{\text{纬纱(条格)倾斜与水平最大距离}}{\text{裤片宽}} \times 100\% \qquad \cdots\cdots\cdots\cdots(1)$$

4.4 理化性能指标测定

4.4.1 成品干洗后尺寸变化率测试方法按 FZ/T 80007.3 规定。

4.4.2 成品水洗后尺寸变化率测试方法按 GB/T 8630 规定，洗涤方法采用 7A 程序，干燥方法采用 A 法，并在批量中随机抽取三条成品测试，结果取三条的平均值。

4.4.3 成品洗涤后扭斜率测定方法按附录 A 规定，其中的洗涤干燥方法同 4.4.1 或 4.4.2，结果取三条的平均值。

4.4.4 成品耐干洗色牢度的测试方法按 GB/T 5711 规定。

4.4.5 成品耐皂洗色牢度的测试方法按 GB/T 3921，采用试验条件 A(1)，单纤维贴衬。

4.4.6 成品耐水色牢度的测试方法按 GB/T 5713 规定，采用单纤维贴衬。

4.4.7 成品耐干摩擦色牢度的测试方法按 GB/T 3920 规定。

4.4.8 成品耐光色牢度的测试方法按 GB/T 8427—2008 中方法 3 规定。

4.4.9 成品的面料起毛起球测试方法按 GB/T 4802.1 规定，与精梳毛织品起球样照(绒面、光面)、粗梳毛织品起球样照对比。其中，绒面精梳毛织品起球次数为 400 次，仿毛产品起毛起球压力与次数同精梳毛织品或粗梳毛织品。

4.4.10 成品缝子纰裂程度测试取样部位按表 8 规定，测试方法按附录 B 规定。

表 8

取样部位名称	取样部位规定
裤后缝	后龙门弧线二分之一为中心
裤(裙)侧缝	裤(裙)侧缝上三分之一为中心
下裆缝	下裆缝上三分之一为中心

4.4.11 成品后裆缝接缝强力取样部位见附录C,取样一条,测试方法按 GB/T 3923.1 规定。

4.4.12 成品的面料撕破强力测试方法按 GB/T 3917.2 规定。

4.4.13 产品释放甲醛含量测试方法按 GB/T 2912.1 规定。

4.4.14 成品的 pH 值测试方法按 GB/T 7573 规定。

4.4.15 成品的异味测试方法按 GB 18401 规定。

4.4.16 成品可分解致癌芳香胺染料测试方法按 GB/T 17592 规定。

4.4.17 成品纤维含量测试方法按 FZ/T 01057、GB/T 2910、GB/T 2911、FZ/T 01026、GB/T 16988、FZ/T 01048 等执行。

4.4.18 尚未提及的理化性能测试取样部位,可按测试项目在成品上任意选取。

5 检验分类规则

5.1 检验分类

成品检验分为出厂检验和型式检验。

5.1.1 出厂检验项目按本标准第 3 章规定,3.13 除外。出厂检验规则按 FZ/T 80004 规定。

5.1.2 型式检验项目按本标准第 3 章规定。

5.2 质量等级划分规则

成品质量等级划分以缺陷是否存在及其轻重程度为依据。抽样样本中的单件产品以缺陷的数量及其轻重程度划分等级,批等级以抽样样本中单件产品的品等数量划分。

5.2.1 缺陷

单件产品不符合本标准所规定的技术要求即构成缺陷。

按照产品不符合标准和对产品的性能、外观的影响程度,缺陷分成三类:

a) 严重缺陷

严重降低产品的使用性能,严重影响产品外观的缺陷,称为严重缺陷。

b) 重缺陷

不严重降低产品的使用性能,不严重影响产品的外观,但较严重不符合标准规定的缺陷,称为重缺陷。

c) 轻缺陷

不符合标准的规定,但对产品的使用性能和外观影响较小的缺陷,称为轻缺陷。

5.2.2 质量缺陷判定依据

质量缺陷判定依据见表 9。

表 9

项目	序号	轻缺陷	重缺陷	严重缺陷
使用说明	1	商标、耐久性标签不端正,明显歪斜;钉商标线与商标底色的色泽不适应;使用说明内容不规范。	使用说明内容不正确。	使用说明内容缺项。

表 9（续）

项目	序号	轻缺陷	重缺陷	严重缺陷
辅料	2	辅料的色泽、色调与面料不相适应。	辅料的性能与面料不适应。	拉链、钮扣等附件脱落；金属附件锈蚀。
经纬纱向	3	经纱前身倾斜 0.5 cm～1.0 cm，条格料倾斜 0.3 cm 以内；经纱后身倾斜 1.0 cm～1.5 cm，条格料倾斜 0.5 cm～1.0 cm；经纱腰头倾斜 0.3 cm～0.6 cm；色织格料纬斜 2%～4%（含 4%）。	经纱前身倾斜 1.0 cm～1.5 cm，条格料倾斜 0.3 cm～0.6 cm；经纱后身倾斜 1.5 cm～2.5 cm，条格料倾斜 1.0 cm～1.5 cm；经纱腰头倾斜 0.6 cm 以上；色织格料纬斜 4%～8%（含 8%）。	经纱前身倾斜 1.5 cm 以上，条格料倾斜 0.6 cm 以上；经纱后身倾斜 2.5 cm 以上，条格料倾斜 1.5 cm 以上；色织格料纬斜 8% 以上。
对格对条	4	对格对条超过本标准规定 50% 及以内。	对格对条超过本标准规定 50% 以上。	倒顺毛、阴阳格原料全身顺向不一致。
拼接	5	—	拼接不符合 3.6 规定。	—
色差	6	表面部位色差超过本标准规定的半级以内；衬布影响色差低于 3-4 级。	表面部位色差超过本标准规定的半级及以上；衬布影响色差低于 3 级。	—
外观疵点	7	2、3 号部位超本标准规定 100% 及以内的轻微疵点。	明显疵点；1 号部位超本标准规定；2、3 号部位超本标准规定 100% 以上的疵点。	严重污渍，面积大于 30 cm^2；烫黄、破损等严重影响使用和外观。
规格允许偏差	8	规格超过本标准规定 50% 及以内。	规格超过本标准规定 50% 以上。	规格超过本标准规定 100% 以上。
整烫外观	9	熨烫不平服；烫迹线不顺直；臀部不圆顺；裤脚不平直。	轻微烫黄；变色；亮光。	烫黄、变质，严重影响使用和美观。
外观及缝制质量	10	—	使用粘合衬部位脱胶、渗胶、起皱。	使用粘合衬部位脱胶、渗胶、起皱，严重影响使用和美观。
	11	表面有 3 根及以上大于 1.5 cm 的连根线头。	表面部位毛、脱、漏。	表面部位毛、脱、漏，严重影响使用和美观。
	12	腰头面、衬、里不平服，松紧不适宜；腰里明显反吐；绱腰明显不顺。	—	—
	13	串带长短互差大于 0.4 cm，宽窄、前后、高低互差大于 0.2 cm。	串带钉得不牢（一端掀起）。	—
	14	省道长短或左右不对称，互差大于 0.8 cm；裙裥豁开。	—	—
	15	门里襟长短互差大于 0.3 cm；门襟短于里襟；门襟止口反吐；门袢缝合松紧不平。	—	—
	16	前、后裆不圆顺，不平服；下裆十字缝互差大于 0.2 cm。	—	—

表 9（续）

项目	序号	轻缺陷	重缺陷	严重缺陷
外观及缝制质量	17	袋位高低、袋口大小互差大于 0.5 cm，前后互差大于 0.3 cm，袋口不顺直或不平服。	—	—
	18	后袋盖不圆顺、不方正、不平服；袋盖里明显反吐；嵌线宽窄大于 0.2 cm；袋盖小于袋口 0.3 cm 以上。	袋口明显毛露。	—
	19	袋布垫底不平服；垫料未折光边或包缝。	—	袋布脱、漏。
	20	袋口两端封口不整洁。	袋口两端封口不牢固。	—
	21	侧缝不顺直、不平服；缝子没分开。	—	—
	22	侧缝与裆缝不相对（裤烫迹线错位）；裤脚口两缝互差大于 0.5 cm。	—	—
	23	两裤腿长短或肥瘦不一致，互差大于 0.3 cm。	两裤腿长短或肥瘦不一致，互差大于 0.8 cm。	—
	24	两脚口大小不一致，互差大于 0.3 cm。	两脚口大小不一致，互差大于 0.6 cm。	—
	25	裤下口不齐，吊脚大于 0.5 cm；裤脚前后互差大于 1.5 cm；裙底边不圆顺；裙身吊。	裤下口明显不齐，吊脚大于 1 cm；裤脚前后互差大于 2 cm。	—
	26	裤脚口（裙底边）折边宽度不一致；贴脚条止口不外露；贴脚条不一致，位置不准确，互差大于 0.6 cm。	—	—
	27	缝份宽度小于 0.8 cm（开袋、门襟止口除外）。	缝份宽度小于 0.5 cm（开袋、门襟止口除外）。	—
	28	缝纫线迹 30 cm 内有两处单跳或连续跳针；明线接线。	明线或链式线迹跳针；明线双轨。	明暗线或链式线迹断线、脱线（装饰线除外）。
	29	缝纫线路不顺直；上下线松紧不适宜；3 部位底线外露。	1、2 部位缝纫线路严重歪曲；1、2 部位底线明显外露。	—
	30	—	侧缝袋口下端打结处以上 5 cm至以下 10 cm 之间、下裆缝上 1/2 处、后裆缝、小裆缝缉未用两道线或链式缝迹缝制。	—
	31	针距低于本标准规定 2 针以内（含 2 针）。	针距低于本标准规定 2 针以上。	—

表 9（续）

项目	序号	轻缺陷	重缺陷	严重缺陷
外观及缝制质量	32	锁眼偏斜；锁眼间距互差大于0.3 cm；偏斜大于0.2 cm，纱线绽出。	锁眼跳、开线；锁眼毛漏。	锁眼漏开眼。
	33	扣与眼位互差大于0.2 cm；缠脚线高度与止口厚度不适应；钉扣不牢。	扣与眼位互差大于0.5 cm。	—
	34	绱拉链明显不平服、不顺直；拉链基布的色调与面料不适应。	绱拉链宽窄互差大于0.5 cm。	—
注1：以上各缺陷逐项累计计算。 注2：本规则未涉及到的缺陷可根据标准规定，参照规则相似缺陷酌情判定。 注3：丢工为重缺陷，缺件为严重缺陷。 注4：理化性能一项不合格即为该抽验批不合格。				

5.3 抽样规定

外观抽样数量按产品批量：

500条(含500条)以下抽验10条。

500条以上至1 000条(含1 000条)抽验20条。

1 000条以上抽验30条。

理化性能抽样至少抽4条。

5.4 判定规则

5.4.1 单件(样本)外观判定

优等品：严重缺陷数＝0　重缺陷数＝0　轻缺陷数≤4

一等品：严重缺陷数＝0　重缺陷数＝0　轻缺陷数≤6 或

　　　　严重缺陷数＝0　重缺陷数≤1　轻缺陷数≤3

合格品：严重缺陷数＝0　重缺陷数＝0　轻缺陷数≤8 或

　　　　严重缺陷数＝0　重缺陷数≤1　轻缺陷数≤6

5.4.2 批量判定

优等品批：外观样本中的优等品数≥90％，一等品、合格品数≤10％(不含不合格品)。理化性能测试达到优等品指标要求。

一等品批：外观样本中的一等品以上的产品数≥90％，合格品数≤10％(不含不合格品)。理化性能测试达到一等品指标要求。

合格品批：外观样本中的合格品以上产品数≥90％，不合格品数≤10％(不含严重缺陷不合格品)。理化性能测试达到合格品指标要求。

当外观缝制质量判定与理化性能判定不一致时，执行低等级判定。

5.4.3 抽验中各外观批量判定数符合本标准规定，为判定合格的等级品批出厂。

5.4.4 抽验中各外观批量判定数不符合本标准规定时，应进行第二次抽验。抽验数量增加一倍，如仍不符合标准规定，应全部整修或降等。

6 标志、包装、运输和贮存

标志、包装、运输和贮存按 FZ/T 80002 执行。

附 录 A
（规范性附录）
洗涤后扭斜率试验方法

A.1 洗涤试验前，将裤（裙）子按熨烫线迹重合对齐后铺平，在距离裤脚（裙底）边 75 mm（以侧缝底边处为准）的地方画一条直线 YZ，YZ 线应平行于裤（裙）子的宽度方向。如果裤（裙）子的底边不是直线形，则直线 YZ 应垂直于裤（裙）子的纵向对称轴。YZ 线与侧缝交点标记为 A。在距离 A 点 500mm 的上方画一条短线与 YZ 线平行。在该短线上作标记 B，使 AB 线与 YZ 线垂直。如果裤（裙）子的尺寸不足使两条平行线间距离达到 500 mm，则标记两条平行线间可能得到的最大距离，并保证平行于 YZ 的直线的位置距裤（裙）子的上部边缘至少 75 mm。见图 A.1。

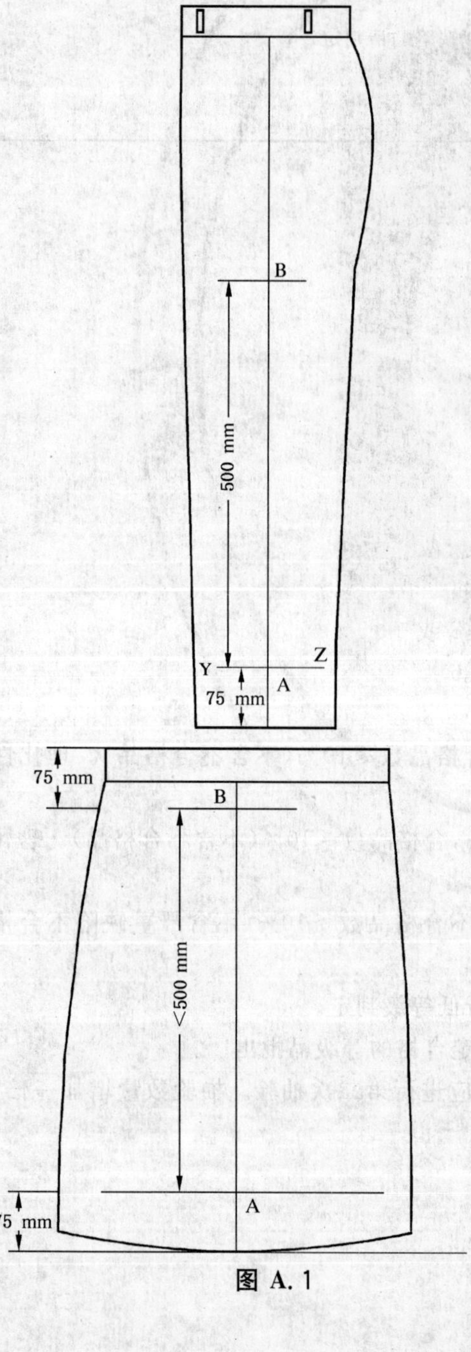

图 A.1

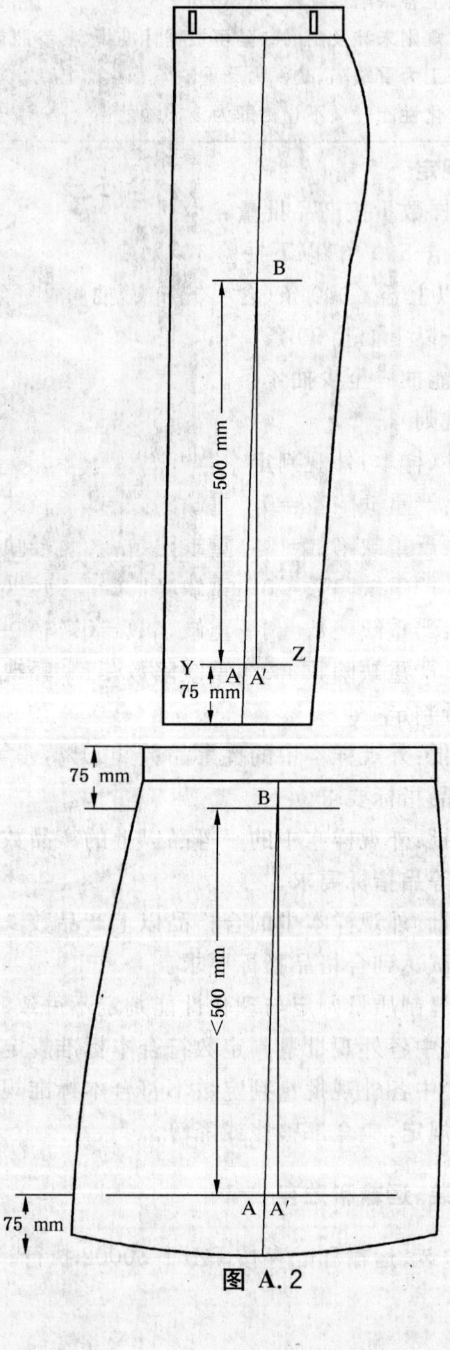

图 A.2

A.2 洗涤试验后，将试样自然展开放在平滑的台面上。在 YZ 线上作标记 A′，使 A′B 线与 YZ 线垂直，测量 AA′之间的距离 a 以及 AB 之间的距离 b。见图 A.2。

A.3 扭斜率计算按式(A.1)：

$$X = a/b \times 100\% \qquad \text{(A.1)}$$

式中：

X——扭斜率；

a——AA′之间的距离，单位为毫米(mm)；

b——AB 之间的距离，单位为毫米(mm)。

A.4 裤子左、右裤管应分别报告扭曲率的测定结果，取其最大值为最终结果。

附 录 B
（规范性附录）
缝子纰裂程度试验方法

B.1 原理

在垂直于服装（或缝制样）接缝的方向上施加一定的负荷，接缝处脱开，测量其脱开的最大距离。

B.2 施加的负荷

面料负荷：100 N±2 N。

里料负荷：70 N±1.5 N。

B.3 仪器和工具

B.3.1 织物强力机，夹钳距离可调至10.0 cm，夹钳无载荷时移动速度可调至5.0 cm/min，预加张力（重锤）为2 N，夹钳对试样的有效夹持面积为2.5 cm×2.5 cm。

B.3.2 裁样剪刀。

B.3.3 钢直尺，分度值为1 mm。

B.4 试验环境

调湿和试验用标准大气，温度(20±2)℃，相对湿度(65±4)%。

B.5 试样要求与准备

B.5.1 试样尺寸：5.0 cm×20.0 cm，其直向中心线应与缝迹垂直。

B.5.2 试样数量：从成品服装的每个取样部位（或缝制样）上各截取三块。

B.5.3 试样预处理：在温度(20±2)℃及相对湿度(65±4)%的标准大气中，试样吸湿调湿平衡。

B.6 试验步骤

B.6.1 将强力机的两个夹钳分开至10.0 cm±0.1 cm，两个夹钳边缘应相互平行且垂直于移动方向。

B.6.2 将试样固定在夹钳中间（试样下端先挂上2 N的预加负荷钳，再拧紧下夹钳），使试样直向中心线与夹钳边缘相互垂直。

B.6.3 以5.0 cm/min的速度逐渐增加至规定的负荷时，停止夹钳的移动，然后在试样上垂直量取其接缝脱开的最大距离，见图B.1，测量值精确至0.05 cm。若试验中出现纱线从试样中滑脱现象，则测试结果记录为滑脱。若试验中出现试样断裂、试样撕破或缝线断裂现象，则在试验记录予以描述。

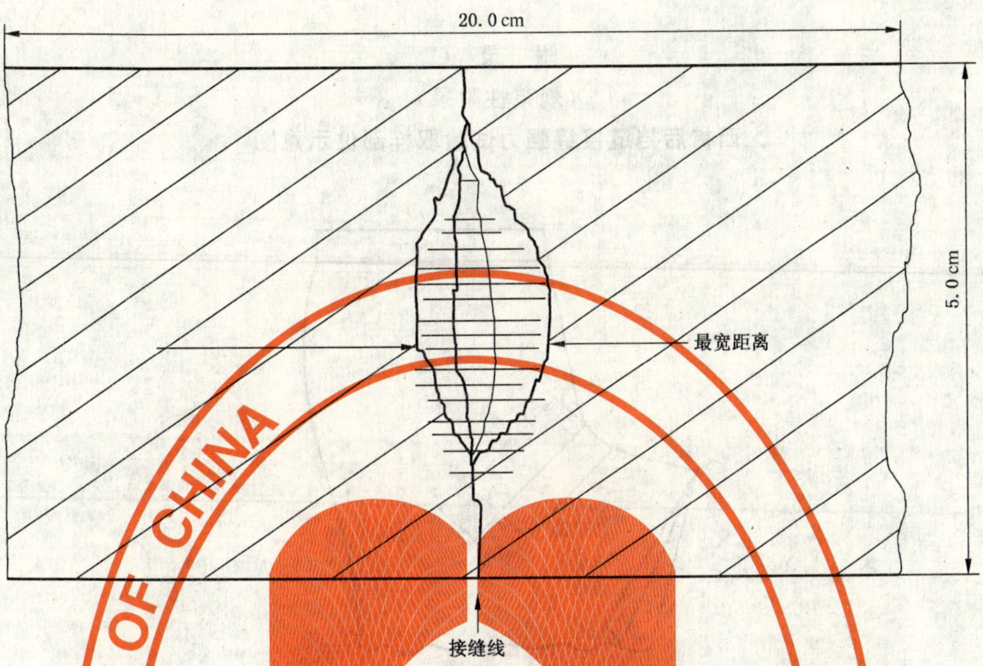

图 B.1　接缝脱开距离的测量

B.7　试验结果

分别计算每部位各试样测试结果的算术平均值，计算结果按 GB/T 8170 修约至 0.1 cm。若三块试样中仅有一块出现滑脱，则计算另两块试样的平均值，若三块试样中有两块或三块出现滑脱，则结果为滑脱。

若试样出现织物断裂、织物撕破或缝线断裂，则结果为织物断裂、织物撕破或缝线断裂。

附　录　C
（规范性附录）
西裤后裆缝接缝强力试验取样部位示意图

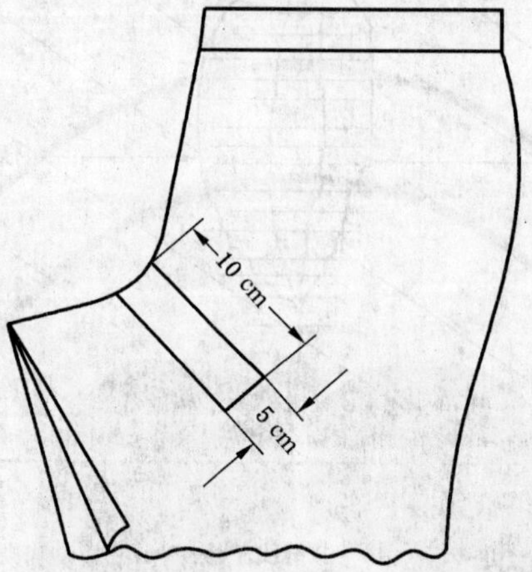

横向取样

图 C.1

ICS 77.180
J 31

GB

中华人民共和国国家标准

GB/T 2684—2009
代替 GB/T 2684—1981

铸造用砂及混合料试验方法

Test methods for foundry sands and molding mixtures

2009-03-05 发布 2009-09-01 实施

中华人民共和国国家质量监督检验检疫总局
中国国家标准化管理委员会 发布

前　言

本标准代替 GB/T 2684—1981《铸造用原砂及混合料试验方法》。本标准与 GB/T 2684—1981 相比，主要技术内容修订如下：

——将原标准的名称改为“铸造用砂及混合料试验方法”；

——增加了平均细度的计算方法及热湿拉强度、酸耗值、灼烧减量及发气量和发气速度的试验方法；

——对含泥量的试验进行了修订；

——透气性的测定增加了智能透气性测定仪；

——附录 A 改为《铸造用砂平均细度的计算方法》；

——增加附录 B《铸造用砂酸耗值的测定方法》。

本标准的附录 A、附录 B 为规范性附录。

本标准由中国机械工业联合会提出。

本标准由全国铸造标准化技术委员会归口。

本标准负责起草单位：济南圣泉集团股份有限公司、无锡市三峰仪器设备有限公司。

本标准参加起草单位：通辽市大林型砂有限公司、上海市机械制造工艺研究所有限公司。

本标准主要起草人：祝建勋、初中江、支合一、苏瑞芳、唐惠、朱筠、薛江。

本标准所代替标准的历次版本发布情况为：

——GB/T 2684—1981。

铸造用砂及混合料试验方法

1 范围

本标准规定了铸造用砂及混合料样品及试样的选取和试验方法。

本标准适用于测定铸造用砂及混合料的含水量、含泥量、粒度、紧实率、透气性、强度、酸耗值、灼烧减量、发气量和发气速度。

2 规范性引用文件

下列文件中的条款通过本标准的引用而成为本标准的条款。凡是注日期的引用文件，其随后所有的修改单(不包括勘误的内容)或修订版均不适用于本标准，然而，鼓励根据本标准达成协议的各方研究是否可使用这些文件的最新版本。凡是不注日期的引用文件，其最新版本适用于本标准。

GB/T 601　化学试剂　标准滴定溶液的制备

GB/T 603　化学试剂　试验方法中所用制剂及制品的制备(GB/T 603—2002,ISO 6353-1:1982,NEQ)

GB/T 5611　铸造术语

GB/T 6682　分析实验室用水规格和试验方法(GB/T 6682—2008,ISO 3696:1987,MOD)

GB/T 9442　铸造用硅砂

JB/T 9156　铸造用试验筛

JB/T 9224　检定铸造粘结剂用标准砂

3 术语和定义

GB/T 5611 确立的以及下列术语和定义适用于本标准。

3.1

铸造用砂[砂]　foundry sand

砂型铸造用的粒度大于 0.020 mm 的颗粒耐火材料。铸造用砂按矿物质组成分为硅砂、镁砂、锆砂、铬铁矿砂、镁橄榄石砂、刚玉砂等。

3.2

混合料[造型混合料]　molding mixture

按一定比例配合，经过混制，符合造型(制芯)要求的材料。如黏土砂、树脂砂、水玻璃砂等。

4 样品的选取

4.1 同批铸造用原砂宜选取平均样品。散装原砂的平均样品是在火车车厢、船舱、汽车、砂库及砂堆中，从离边缘和表面 200 mm～300 mm 的各个角及中心部位，用取样器选取；袋装原砂的平均样品由同一批量的百分之一的袋中选取，但不得少于 3 袋，其总质量不得少于 5 kg(同时根据检测项目的不同可做适量的增加)。如果根据外观观察，发现对某一部分原砂的质量有疑问时，应单独取样和检验，不选择结块(可以明显看出砂粒的聚集)的，并且要除去可见杂质。

4.2 回用砂或再生砂的样品，可从相关设备出砂口或输送器上定期选取，其数量根据检验项目而定。

4.3 混合料样品，按混制设备特点和工艺规定定期选取。如混合料由皮带输送器输送，可从输送器上定期取样 3 份混匀，其数量根据检验项目而定。

4.4 选取的样品必须注明其名称、批号、产地、采样日期及采样人姓名；对有疑问的样品，检验后，剩余的样品应保存 3 个月，以备复查。

4.5 选取的样品应置于密封塑料袋或非金属有盖容器中。

5 试验方法

5.1 含水量的测定

测定含水量采用快速法或恒重法进行。

5.1.1 装置

a) 红外线烘干器；

b) 电烘箱；

c) 天平：精度 0.01 g。

5.1.2 试样的制备

试样由样品中选取，选取试样的方法采用“四分法”或分样器，不得少于 1 kg。

5.1.3 程序

5.1.3.1 快速法

称取约 20 g 试样，精确到 0.01 g，放入盛砂盘中，均匀铺平，将盛砂盘置于红外线烘干器内，在 110 ℃～170 ℃烘干 6 min～10 min，置于干燥器内，待冷却至室温时，进行称量。

5.1.3.2 恒重法

称取试样(50±0.01)g，置于玻璃器皿内，在温度为 105 ℃～110 ℃的电烘箱内烘干至恒重(烘 30 min 后，称其质量，然后每烘 15 min 称量一次，直到相邻两次之间的差数不超过 0.02 g 时为恒重)，置于干燥器内，待冷却至室温时进行称量。

5.1.4 结果的表述

含水量以质量百分数 X_1 计，数值以%表示，按式(1)计算：

$$X_1 = \frac{G_1 - G_2}{G_1} \times 100 \qquad \cdots\cdots (1)$$

式中：

G_1——烘干前试样的质量，单位为克(g)；

G_2——烘干后试样的质量，单位为克(g)。

5.2 含泥量的测定

5.2.1 试剂

焦磷酸钠[13472-36-1]：分析纯，5%溶液。

5.2.2 装置

a) 专用洗砂杯：600 mL；

b) 涡洗式洗砂机：搅拌叶片材质为硅橡胶，厚度 5 mm，直径 21 mm；

c) 电烘箱；

d) 天平：精度 0.01 g。

5.2.3 试样的制备

试样由样品中选取，选取试样的方法采用“四分法”或分样器，不得少于 1 kg，然后继续采用“四分法”，直至试样质量为 100 g 左右，并在 105 ℃～110 ℃烘干至恒重。

5.2.4 程序

a) 称取烘干的试样(50±0.01)g，放入容量为 600 mL 的专用洗砂杯中，加入 390 mL 蒸馏水和 10 mL 5%的焦磷酸钠溶液，在电炉上加热后从杯底产生气泡能带动砂粒开始计时，煮沸约 4 min，冷却至室温[测定旧砂含泥量时，如不需进行粒度测定，可称取试样(20±0.01)g]。

b) 将洗砂杯放置于洗砂机托盘上锁紧，搅拌 15 min，取下洗砂杯，再加入清水至标准高度 125 mm 处，并用玻璃棒搅拌约 30 s 后，静置 10 min，虹吸排水(见图 1)。

c) 第二次仍加入清水至标准高度 125 mm 处,用玻璃棒搅拌约 30 s 后,静置 10 min,虹吸排水。

d) 第三次以后的操作与第二次相同,但每次仅静置 5 min,虹吸排水(若测试结果要求非常精确时,可根据表 1 所列不同水温选择静置时间)。这样反复多次,直至洗砂杯中的水达到透明不再带有泥分为止。

e) 最后一次将洗砂杯中的清水排除后,将试样和剩余的水倒入直径为 100 mm 左右的玻璃漏斗中过滤,将试样连同滤纸置于玻璃皿中,在电烘箱中烘干至恒重(温度为 105 ℃~110 ℃条件下烘 60 min 后,称其质量,然后每烘 15 min 称量一次,直到相邻两次之间的差数不超过0.01 g 时为恒重)。烘干后置于干燥器内,待冷却至室温时称量,称量后的试样置于干燥器内备用。

表 1　不同水温的静置时间

水温/℃	10	12	14	16	18	20	22	24
静置时间/s	340	330	315	300	290	280	270	255

单位为毫米

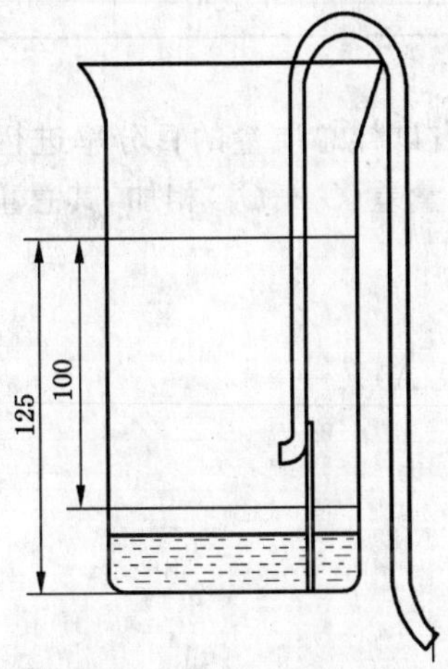

图 1　洗砂杯虹吸位置示意图

5.2.5　结果的表述

含泥量以质量百分数 X_2 计,数值以%表示,按式(2)计算:

$$X_2 = \frac{G_3 - G_4}{G_3} \times 100 \qquad \cdots\cdots(2)$$

式中:

G_3——试验前试样质量,单位为克(g);

G_4——试验后试样质量,单位为克(g)。

5.3　粒度的测定及平均细度的计算方法

5.3.1　装置

a) 震摆式筛砂机或电磁微震式筛砂机;

b) 铸造用试验筛:符合 JB/T 9156 要求;

c) 天平:精度 0.01 g。

5.3.2　试样的制备

除特殊注明者外,应选取测定过含泥量的烘干试样。若不需测试含泥量,试样的制备按 5.2.3 的规定执行。

5.3.3　程序

将震摆式或电磁微震式筛砂机的定时器旋钮旋至筛分所需要的时间位置(如采用电磁微震式筛砂机筛分时,同时要旋动震频和震幅旋钮,使震幅为 3 mm)。将测定过含泥量的试样放在全套的铸造用试验筛(其型号、筛号与筛孔的基本尺寸应符合表2的规定)最上面的筛子(筛号为6)上,若采用未经测定含泥量的试样时,称取试样(50±0.01)g。再将装有试样的全套筛子紧固在筛砂机上,进行筛分。筛分时间12 min~15 min。当筛砂机自动停车时,松动紧固手柄,取下试验筛,依次将每一个筛子以及底盘上所遗留的砂子,分别倒在光滑的纸上,并用软毛刷仔细地从筛网的反面刷下夹在网孔中的砂子,称量每个筛子上的砂粒质量。

表2 铸造用试验筛型号、筛号与筛孔尺寸对照表

型号	SBS01	SBS02	SBS03	SBS04	SBS05	SBS06
筛号	6	12	20	30	40	50
筛孔尺寸/mm	3.350	1.700	0.850	0.600	0.425	0.300
型号	SBS07	SBS08	SBS09	SBS10	SBS11	—
筛号	70	100	140	200	270	底盘
筛孔尺寸/mm	0.212	0.150	0.106	0.075	0.053	—

5.3.4 结果的表述

粒度组成按每个筛子上砂子质量占试样总质量的百分率进行计算。将每个筛子及底盘上的砂子质量与式(2)中含泥量试验前后试样的质量差(G_3-G_4)相加,其总重量不应超出(50±1)g,否则试验应重新进行。

5.3.5 平均细度的计算方法

按GB/T 9442的规定执行(见附录A)。

5.4 紧实率的测定

5.4.1 装置

a) 筛号为6的筛子;

b) 圆柱形标准试样筒;

c) 锤击式制样机。

5.4.2 程序

将试样通过带有筛号为6的筛子的漏斗,落入到有效高度为120 mm的圆柱形标准试样筒内(筛底至标准试样筒的上端面距离应为140 mm),用刮刀将试样筒上多余的试样刮去,然后将装有试样的样筒在锤击式制样机(锤击式制样机应安放在水泥台面上,下面垫10 mm厚的橡胶皮)上冲击3次,从制样机上读出数值。

5.4.3 结果的表述

紧实率v(%)按式(3)计算:

$$v=\frac{H_0-H_1}{H_0}\times 100 \qquad \cdots\cdots(3)$$

式中:

H_0——试样紧实前的高度,$H_0=120$ mm;

H_1——试样紧实后的高度,单位为毫米(mm)。

5.5 透气性的测定

根据被检验试样的性质和用途,可分为混合料湿态、干态透气性及铸造用砂透气性。测定透气性采用快速法或标准法进行。

5.5.1 装置

a) 圆柱形标准试样筒;

b) 锤击式制样机;

c) 天平:精度0.1 g;

d) 智能透气性测定仪或直读式透气性测定仪。

5.5.2 **试样的制备**

5.5.2.1 测定湿透气性时，称取一定量的试样放入圆柱形标准试样筒中，在锤击式制样机上(锤击式制样机应安放在水泥台面上，下面垫 10 mm 厚的橡胶皮)冲击 3 次，制成高度为(50±1)mm 的标准试样。

5.5.2.2 测定干透气性时，按 5.5.2.1 规定的方法制取标准试样；然后将冲制好的试样从试样筒中顶出，在规定的条件下干燥或硬化。

5.5.2.3 测定铸造用砂透气性时，称取一定量的试样，放入底部放有与试样筒内壁紧密配合的网状金属片的圆柱形标准试样筒中，在试样上再盖上网状金属片，然后在锤击式制样机上冲击成标准试样。

5.5.3 **快速法**

5.5.3.1 **程序**

a) 测定湿透气性时，透气性测定仪处于测试状态，将内有试样的试样筒放到透气性测定仪的试样座上，并使两者密合。再将按(旋)钮调至“测试”或“工作”位置，从数显屏或微压表上直接读出透气性的数值。

b) 测定干透气性时，将室温下的标准试样放在测干透气性的试样筒内，用打气筒使试样筒内的橡皮圈充气密封。然后放到透气性测定仪的试样座上，进行测定。其测定过程按 a)的规定。

c) 测定铸造用砂透气性时，其测试方法按 a)的规定。

d) 当试样透气性大于或等于 50 时，应采用 1.5 mm 的阻流孔；试样透气性小于 50 时，应采用 0.5 mm 的阻流孔。

5.5.3.2 **结果的表述**

每种试样的透气性，必须测定 3 次，其结果应取平均值，但其中任何一个试验结果与平均值相差超出 10%时，试验应重新进行。

5.5.4 **标准法**

5.5.4.1 **程序**

将透气性测定仪试样座上的阻流孔部件卸下，然后将气钟提至钟内空气容积为 2 000 cm^3 的标高处，将冲制好的内有试样的试样筒放到透气性测定仪的试样座上，使两者密合。再将旋钮旋转至“工作”位置，同时用秒表测定气钟内 2 000 cm^3 空气通过试样的时间，并由微压表中读出试样前的压力。

5.5.4.2 **结果的表述**

透气性 K 按式(4)计算：

$$V = K\frac{Fpt}{H}$$

$$K = \frac{VH}{Fpt} = \frac{49\ 945}{pt} \qquad \cdots\cdots(4)$$

式中：

V——通过试样的空气的体积，V=2 000 cm^3；

F——试样断面面积，F=19.635 cm^2；

p——试样前的压力，单位为帕(Pa)；

t——2 000 cm^3 空气通过试样的时间，单位为分(min)；

H——试样高度，H=5 cm。

5.6 **强度的测定**

试样的强度按混合料性质的不同有湿强度和干强度，按受力情况的不同有抗压、抗剪、抗拉、抗弯强度，按测定时的温度条件不同有高温强度和常温强度。

5.6.1 **装置**

a) 锤击式制样机；

b) 型砂强度试验机；

c) 热湿拉强度试验仪；

d) 标准试样筒、热湿拉专用试样筒。

5.6.2 试样的制备

测定各种强度用的标准试样除特殊规定外都是在锤击式制样机(锤击式制样机应安放在水泥台面上,下面垫10 mm厚的橡胶皮)上冲击3次而制成的。试验抗压强度及抗剪强度用的试样为圆柱形标准试样(见图2);抗拉强度为"8"字形标准试样(见图3);抗弯强度为长条形标准试样(见图4);覆膜砂抗拉强度为"8"字形标准试样(见图5)。

单位为毫米

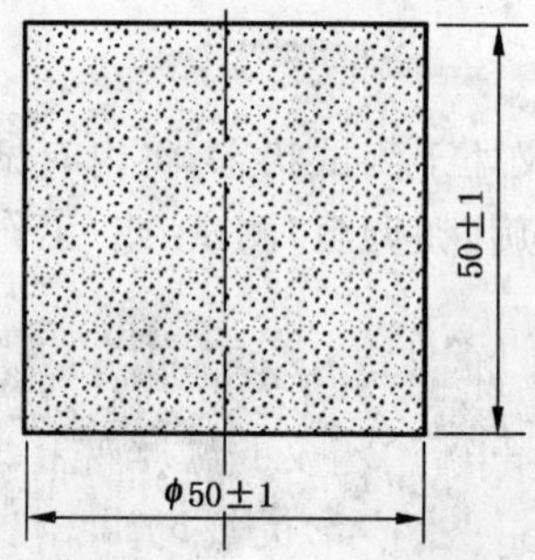

图2 圆柱形标准试样

单位为毫米

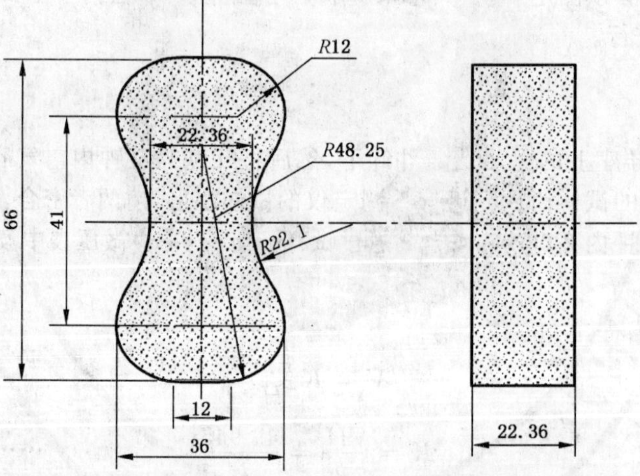

图3 "8"字形标准试样

单位为毫米

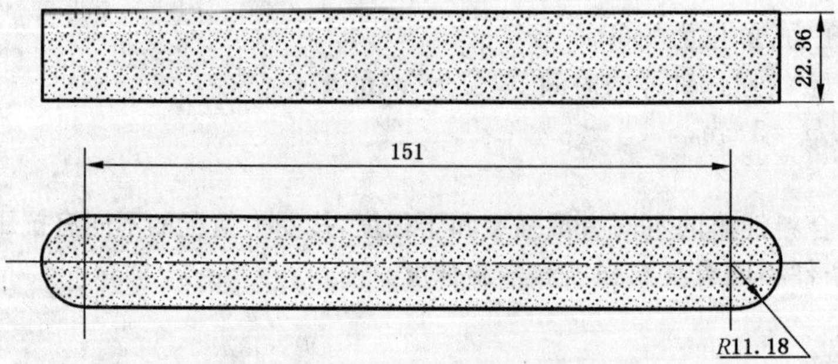

图4 长条形标准试样

单位为毫米

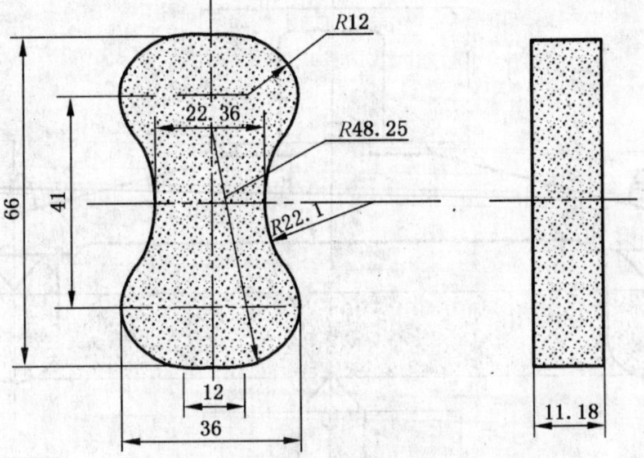

图 5 覆膜砂"8"字形标准试样

制成的试样从试样筒中脱出后，即可进行湿强度试验。若需要进行干强度试验，应将试样在规定的条件下干燥或硬化。

5.6.3 程序

5.6.3.1 测定抗压强度时，将抗压试样置于预先装置在强度试验机上的抗压夹具上（见图 6），逐渐加载，直至试样破裂，其强度值可直接从仪器中读出。

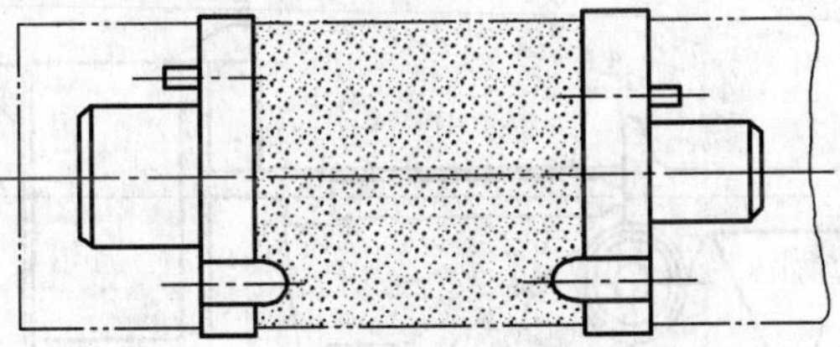

图 6 抗压强度试样装置示意图

5.6.3.2 测定抗剪强度时（见图 7），将抗剪夹具置于仪器上，操作方法按 5.6.3.1 的规定。

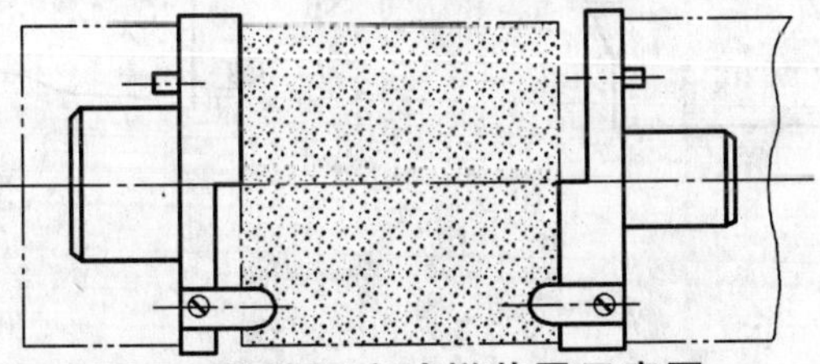

图 7 抗剪强度试样装置示意图

5.6.3.3 测定抗拉强度时（见图 8），将抗拉夹具置于仪器上，然后将抗拉试样放入夹具中，逐渐加载，直至试样断裂，其抗拉强度值可直接从仪器中读出。

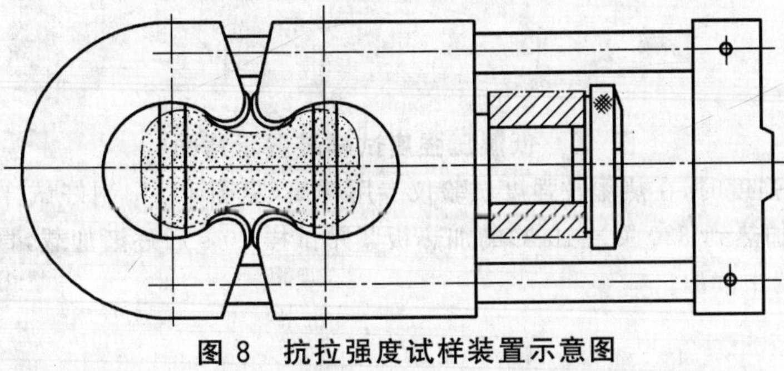

图 8 抗拉强度试样装置示意图

5.6.3.4　测定抗弯强度时(见图 9),将抗弯夹具置于仪器上,然后把冲制好的抗弯试样放在夹具上,使三角刃头对准试样中心部位,逐渐加载,直至试样破裂,读出或计算数据。

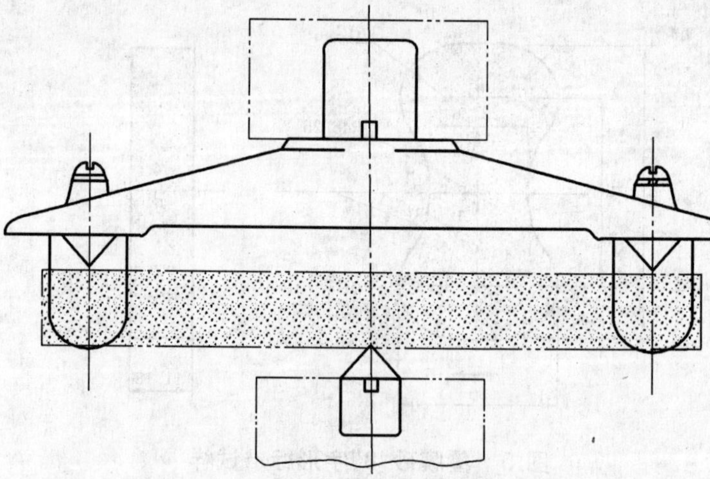

图 9　抗弯强度试样装置示意图

5.6.3.5　测定低湿压强度时(见图 10),将低湿压夹具置于仪器上,并用调平螺丝 8 将曲杆 4 调平,其标准试样是采用圆柱形开合式样筒制成的(样筒底部放有一金属垫片)。然后将试样置于低湿压夹具上,逐渐加载,直至试样破裂,其低湿压强度值可直接从仪器中读出。

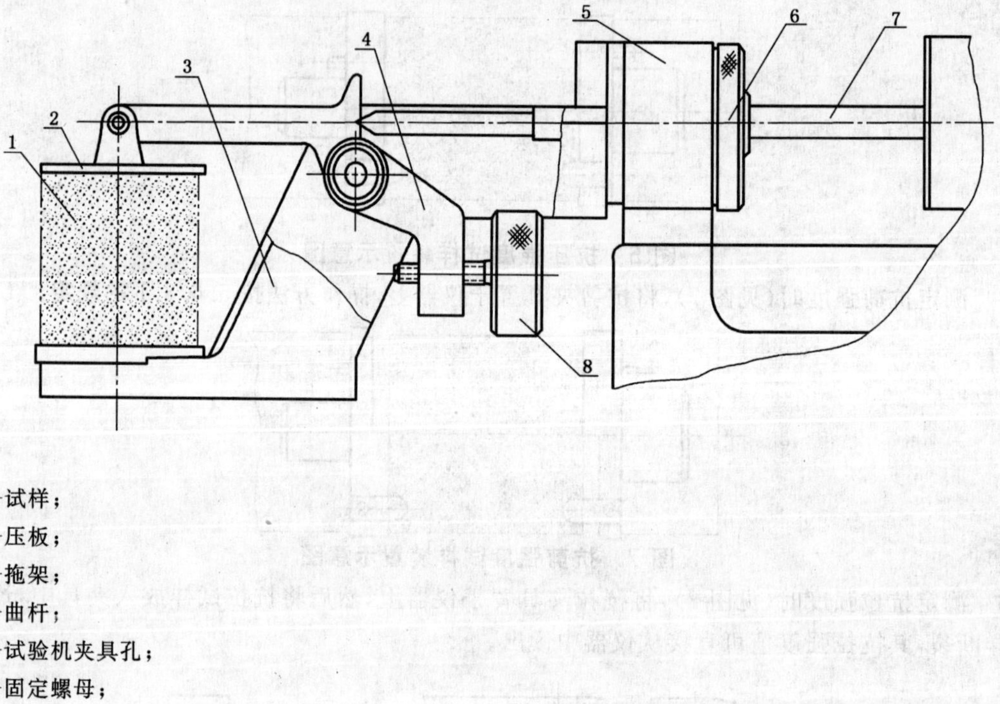

1——试样;
2——压板;
3——拖架;
4——曲杆;
5——试验机夹具孔;
6——固定螺母;
7——顶杆;
8——调平螺丝。

图 10　低湿压强度试样装置示意图

5.6.3.6　测定热湿拉强度时,在热湿拉强度试验仪专用样筒(见图 11)中制好试样,并将样筒置于试验仪(见图 12)上。使已加热到 320 ℃±10 ℃的加热板紧贴试样 20 s 后逐渐加载,直至试样破裂,其热湿拉强度值可直接从仪器中读出。

单位为毫米

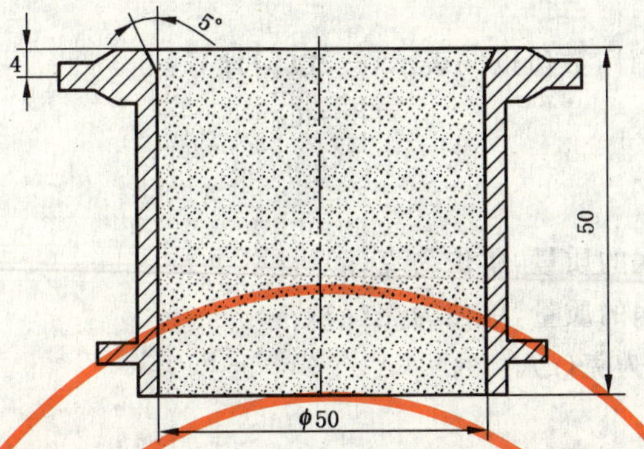

图 11 热湿拉强度试样装置示意图

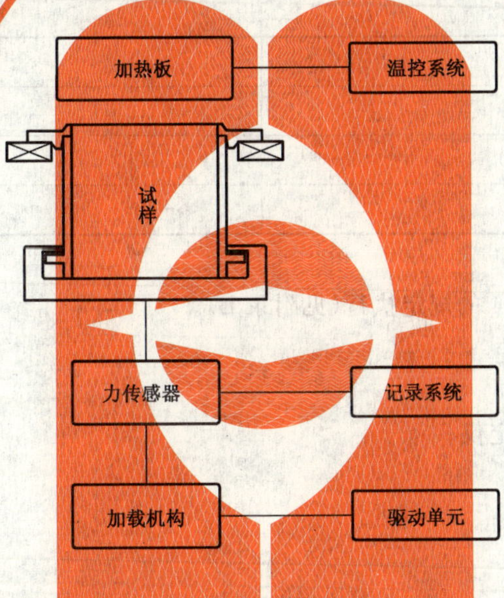

图 12 热湿拉强度试验仪原理图

5.6.4 结果的表述

湿态强度试验时，都是由3个试样强度值平均计算而得。如果3个试样中，任何一个试样的强度值与平均值相差超出10%时，试验应重新进行。干态强度试验时，测定5个试样强度值，然后去掉最大值和最小值，将剩下的3个数值取其平均值，作为干态强度值。如3个数值中任何一个数值与平均值相差超出10%时，试验需要重新进行。

5.7 灼烧减量的测定

5.7.1 装置

a) 高温箱式电阻炉；

b) 瓷坩埚(或瓷舟)；

c) 分析天平：精度 0.000 1 g。

5.7.2 试样的制备

试样由样品中选取，选取试样的方法采用"四分法"或分样器，不得少于1 kg，然后继续采用"四分法"至试样质量为10 g左右，并在105 ℃～110 ℃烘干至恒重。

5.7.3 程序

称取约1 g试样，精确到0.000 1 g，置于已恒重(两次灼烧称量的差值≤0.000 2 g)的坩埚中，放入高温炉中，从低温开始逐渐升温至950 ℃～1 000 ℃，保温1 h，取出稍冷，立即放入干燥器中，冷却至室温并称重。重复灼烧(每次 15 min)称重,直至恒重(两次灼烧称量的差值≤0.000 2 g 为恒重)。

5.7.4 结果的表述

灼烧减量以质量分数 X_3 计,数值以%表示,按式(5)计算:

$$X_3 = \frac{G_5 - G_6}{G_7} \times 100 \qquad \cdots\cdots(5)$$

式中:

G_5——灼烧前试样和坩埚的质量,单位为克(g);

G_6——灼烧后试样和坩埚的质量,单位为克(g);

G_7——试样的质量,单位为克(g)。

5.7.5 允许差

实验室之间分析结果的差值应符合表 3 的规定。

表 3 实验室之间不同灼烧减量条件下的允许差 %

灼烧减量	允许差(≤)
≤0.50	0.07
>0.50~1.00	0.15
>1.00~5.00	0.20
>5.00	0.50

5.8 酸耗值的测定

酸耗值的测定按 JB/T 9224 的规定执行(见附录 B)。

5.9 发气量和发气速度的测定

5.9.1 装置

a) 造型材料用发气性测定仪;

b) 天平:精度 0.01 g;

c) 电烘箱;

d) 不锈钢舟或瓷舟。

5.9.2 试样的制备

将硬化好的砂试块在干燥器中放置 24 h 后将其在型砂强度试验机上拉断,随机选取 3 个试块,从这 3 个试块的断面均匀磨取试样 10 g 左右,将试样在恒温(105±5)℃烘箱中烘 2 h,取出放入干燥器中冷却至室温备用。对于不需硬化后测定的试样可按相应条件处理后测定。

5.9.3 程序

造型材料用发气性测定仪升温至相应测定温度(见表 4)后,称取试样 1.00 g 置于试样舟中(使用前试样舟需经 1 000 ℃灼烧 30 min 后,置于干燥器中冷却到室温),在监控状态下,将试样舟送入发气性测定仪的石英管红热部分,迅速用塞子将管口封闭,同时,发气性测定仪的记录部分开始工作,记录数据。

表 4 不同砂试样的测定温度

名称	黏土砂	覆膜砂	其他
测定温度/℃	900	1 000	850

5.9.4 结果的表述

记录其发气速度和最大发气量。3 次平行测定结果的平均值作为该试样的测定结果。其中任何一个试验结果与平均值相差超出 10%时,试验应重新进行。

附 录 A
（规范性附录）
铸造用砂平均细度的计算方法

A.1 原理

首先计算出筛分后各筛上停留的砂粒质量占砂样总量的百分数，再乘以不同筛号所对应的细度因数（见表 A.1），然后将各乘积相加，用乘积总和除以各筛号停留砂粒质量百分数的总和，并将所得数值根据数值修约规则取整，其结果即为平均细度。

表 A.1 不同筛号所对应的细度因数

筛号	6	12	20	30	40	50	70	100	140	200	270	底盘
细度因数	3	5	10	20	30	40	50	70	100	140	200	300

$$m = \frac{\sum p_n \cdot x_n}{\sum p_n} \quad \cdots\cdots\cdots\cdots (A.1)$$

式中：

m——平均细度；

p_n——任一筛上停留砂粒质量占总量的百分数；

x_n——细度因数；

n——筛号。

A.2 计算示例

平均细度的计算示例见表 A.2。

表 A.2 平均细度的计算示例

砂样质量：50.0 g，泥分质量：0.56 g，砂粒质量：49.44 g				
筛号	各筛上的停留量		细度因数	乘积
	g	%		
6	无	0.00	3	0
12	0.06	0.12	5	0.6
20	1.79	3.58	10	35.8
30	4.99	9.98	20	199.6
40	7.09	14.18	30	425.4
50	12.85	25.70	40	1 028.0
70	15.57	31.14	50	1 557.0
100	3.97	7.94	70	555.8
140	1.85	3.70	100	370.0
200	0.79	1.58	140	221.2
270	0.09	0.18	200	36.0
底盘	0.39	0.78	300	234.0
总和	49.44	98.88		4 663.4

$$m = \frac{4\ 663.4}{98.88} = 47$$

附　录　B
（规范性附录）
铸造用砂酸耗值的测定方法

B.1　原理

铸造用砂的酸耗值反映了铸造用砂中碱性物质的多少，用中和 50 g 铸造用砂中的碱性物质所需浓度为 0.1 mol/L 盐酸标准滴定溶液的毫升数来表示。

B.2　试剂

除非另有说明，在分析中所用标准溶液、制剂和制品，均按 GB/T 601、GB/T 603 规定制备。使用确认为分析纯的试剂和符合 GB/T 6682 所规定的三级水。

a）盐酸[7647-01-0]标准滴定溶液：$c(HCl)=0.1$ mol/L；

b）氢氧化钠[1310-73-2]标准滴定溶液：$c(NaOH)=0.1$ mol/L；

c）1 g/L 溴百里香酚蓝指示液。

B.3　装置

a）磁力搅拌器；

b）滴定管：50 mL；

c）移液管：50 mL；

d）烧杯：300 mL；

e）表面皿：ϕ320 mm；

f）锥形瓶：250 mL；

g）中速滤纸。

B.4　试样的制备

试样由样品中选取，选取试样的方法采用“四分法”或分样器，不得少于 1 kg，然后继续采用“四分法”至试样质量为 200 g 左右，并在 105 ℃～110 ℃烘干至恒重。

B.5　程序

称取(50±0.01)g 试样，置于 300 mL 烧杯中，加入 50 mL 蒸馏水(pH＝7)，然后用移液管加入 50 mL浓度为 0.1 mol/L 的盐酸标准滴定溶液，用表面皿将烧杯盖上，在磁力搅拌器上搅拌 5 min，然后静置 1 h。用中速滤纸把溶液滤入 250 mL 锥形瓶中，并用蒸馏水洗涤砂样品 5 次，每次 10 mL。滤液中加入 3～4 滴溴百里香酚蓝指示液，用 0.1 mol/L 的氢氧化钠标准滴定溶液滴定，并摇晃直到蓝色保持 30 s 为终点。

B.6　结果的表述

酸耗值按式(B.1)计算：

$$酸耗值 = (50c_1 - c_2V) \times 10 \qquad \cdots\cdots(B.1)$$

式中：

V——消耗氢氧化钠标准滴定溶液的体积，单位为毫升(mL)；

c_1——盐酸标准滴定溶液浓度,单位为摩尔每升(mol/L);

c_2——氢氧化钠标准滴定溶液浓度,单位为摩尔每升(mol/L);

50——加入盐酸标准滴定溶液的体积数,单位为毫升(mL);

10——消耗 1 mmol 的 NaOH 相当于 0.1 mol/L 的 HCl 标准滴定溶液的毫升数(mL/mmol)。

ICS 65.060.10
T 67

中华人民共和国国家标准

GB/T 2779—2009
代替 GB/T 2779—1992

拖拉机拖挂装置 型式尺寸和安装要求

Tractor's connective equipment for trailers—
Types dimensions and mounting requirement

2009-11-15 发布

2010-05-01 实施

中华人民共和国国家质量监督检验检疫总局
中国国家标准化管理委员会
发布

前　言

本标准是对 GB/T 2779—1992《拖拉机拖挂装置　型式尺寸和安装要求》的修订，修订时除作了编辑性修改外，本标准与 GB/T 2779—1992 相比主要技术内容有如下变化：

——将适用范围改为“不大于 15 kW 的农业轮式拖拉机连接挂车的装置”；

——取消了钩型挂钩的要求。

本标准自实施之日起代替 GB/T 2779—1992。

本标准由中国机械工业联合会提出。

本标准由全国拖拉机标准化技术委员会(SAC/TC 140)归口。

本标准起草单位：国家拖拉机质量监督检验中心。

本标准主要起草人：吴琦、徐惠娟、尚项绳、陈嵩、柳玲文。

本标准所代替标准的历次版本发布情况为：

——GB 2779—1981、GB/T 2779—1992。

拖拉机拖挂装置
型式尺寸和安装要求

1 范围

本标准规定了拖拉机拖挂装置的型式、尺寸和安装要求。

本标准适用于不大于 15 kW 的农业轮式拖拉机连接挂车的装置。

2 拖挂装置的型式、尺寸

拖挂装置末端 U 型挂钩应符合图 1 的规定。

单位为毫米

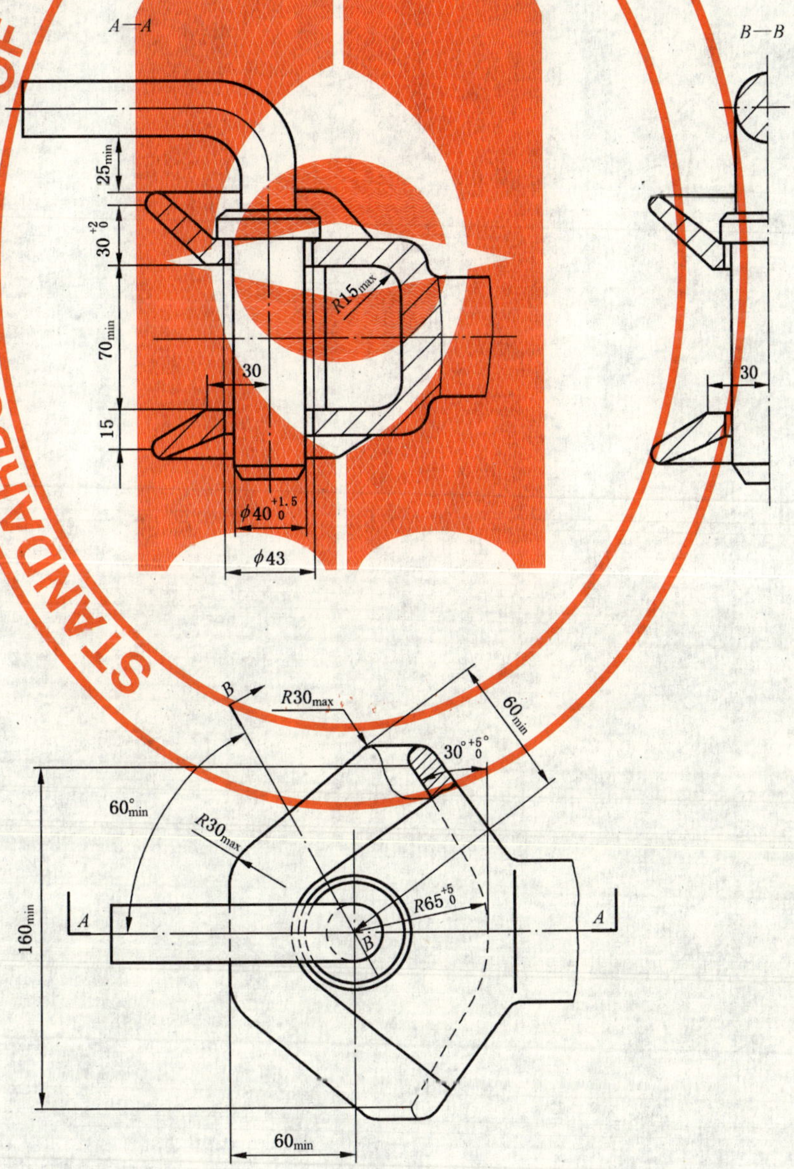

图 1

3 安装要求

3.1 拖挂装置应布置在拖拉机纵向中心平面内。

3.2 挂钩的拖挂销应能可靠锁定,防止脱钩。

3.3 挂钩离地高度为 600 mm±100 mm。

ICS 29.160.40
K 52

中华人民共和国国家标准

GB/T 2820.1—2009/ISO 8528-1:2005
代替 GB/T 2820.1—1997

往复式内燃机驱动的交流发电机组 第1部分:用途、定额和性能

Reciprocating internal combustion engine driven alternating current generating sets— Part 1:Application, ratings and performance

(ISO 8528-1:2005,IDT)

2009-05-06 发布　　2009-11-01 实施

中华人民共和国国家质量监督检验检疫总局
中国国家标准化管理委员会　发布

前 言

GB/T 2820在《往复式内燃机驱动的交流发电机组》总标题下由下列各部分组成：

——第1部分：用途、定额和性能

——第2部分：发动机

——第3部分：发电机组用交流发电机

——第4部分：控制装置和开关装置

——第5部分：发电机组

——第6部分：试验方法

——第7部分：用于技术条件和设计的技术说明

——第8部分：对小功率发电机组的要求和试验

——第9部分：机械振动的测量和评价

——第10部分：噪声的测量（包面法）

——第11部分：旋转不间断电源 性能要求和试验方法

——第12部分：对安全装置的应急供电

本部分为GB/T 2820的第1部分。本部分等同采用ISO 8528-1:2005《往复式内燃机驱动的交流发电机组 第1部分：用途、定额和性能》。

本部分代替GB/T 2820.1—1997《往复式内燃机驱动的交流发电机组 第1部分：用途、定额和性能》。

本部分与GB/T 2820.1—1997相比，在运行方式及功率定额种类方面的规定有较大差异。

本部分由中国电器工业协会提出。

本部分由全国移动电站标准化技术委员会(SAC/TC 329)归口。

本部分主要起草单位：兰州电源车辆研究所、郑州佛光发电设备有限公司、泰州锋陵特种电站有限公司、无锡开普动力有限公司、威尔信（汕头保税区）动力设备有限公司、江西清华泰豪三波电机有限公司。

本部分主要起草人：杨俊智、张洪战、王忠华、孙亚平、郑清禄、许乃强、黄天诚、王丰玉。

本部分所代替标准的历次版本发布情况：

——GB/T 2820.1—1997。

往复式内燃机驱动的交流发电机组
第1部分:用途、定额和性能

1 范围

GB/T 2820的本部分规定了由往复式内燃(RIC)机、交流(a.c.)发电机、控制装置和开关装置、辅助设备组成的发电机组的用途、定额和性能。

本部分适用于由往复式内燃(RIC)机驱动的陆用和船用交流(a.c.)发电机组,不适用于航空或驱动陆上车辆和机车的发电机组。

对于某些特殊用途(例如医院、高层建筑必不可少的供电),附加要求可能是必需的。本部分的规定可作为确定任何附加要求的基础。

对于由其他型式的往复式原动机(例如蒸汽发动机)驱动的交流(a.c.)发电机组,本部分的规定可作为基础。

满足本部分要求的发电机组将用于连续供电、调峰供电和备用电源等应用场合。本部分的分类规定有助于制造商和用户之间的相互理解。

2 规范性引用文件

下列文件中的条款通过GB/T 2820的本部分的引用而成为本部分的条款。凡是注日期的引用文件,其随后所有的修改单(不包括勘误的内容)或修订版均不适用于本部分,然而,鼓励根据本部分达成协议的各方研究是否可使用这些文件的最新版本。凡是不注日期的引用文件,其最新版本适用于本部分。

GB/T 2820.2—2009 往复式内燃机驱动的交流发电机组 第2部分:发动机(ISO 8528-2:2005,IDT)

GB/T 2820.3—2009 往复式内燃机驱动的交流发电机组 第3部分:发电机组用交流发电机(ISO 8528-3:2005,IDT)

GB/T 2820.4—2009 往复式内燃机驱动的交流发电机组 第4部分:控制装置和开关装置(ISO 8528-4:2005,IDT)

GB/T 2820.5—2009 往复式内燃机驱动的交流发电机组 第5部分:发电机组(ISO 8528-5:2005,IDT)

GB/T 6072.1—2008 往复式内燃机 性能 第1部分:功率、燃料消耗和机油消耗的标定及试验方法 通用发动机的附加要求(ISO 3046-1:2002,IDT)

3 符号和缩写

本标准所使用的符号和缩写的解释见表1。

表1 符号和缩写

符号或缩写	术语	单位	符号或缩写	术语	单位
P	功率	kW	ϕ	功率因数	
P_{pp}	允许平均功率	kW	ϕ_r	相对湿度	%
P_{pa}	实际平均功率	kW	a.c.	交流	

表 1(续)

符号或缩写	术 语	单 位	符号或缩写	术 语	单 位
P_r	总大气压力	kPa	COP	持续功率	kW
T_{or}	增压中冷介质温度	K	PRP	基本功率	kW
T_r	大气温度	K	LTP	限时运行功率	kW
t	时间	s	ESP	应急备用功率	kW

4 其他规定和附加要求

对必须遵守船级社规范、用于船舶甲板上和近海安装的交流(a.c.)发电机组,应满足该船级社的附加要求。该船级社名称应由用户在发出定单前说明。

对在无级别设备条件下运行的交流(a.c.)发电机组,任何附加要求须经制造商和用户商定。

若要满足任何其他管理机构(例如检查和/或立法机构)条例规定的专用要求,该管理机构名称应由用户在发出定单前声明。

任何其他的附加要求应由制造商和用户商定。

5 一般说明

5.1 发电机组

5.1.1 总则

一台发电机组由一台或多台用以产生机械能的往复式内燃(RIC)机、一台或多台将机械能转换为电能的发电机组成,发电机组还包括用于连接原动机与发电机的部件(例如联轴器、齿轮箱)和适用的承载与安装部件。

5.1.2 原动机

在本标准中,原动机可有以下两种型式:

a) 压缩点燃式发动机;

b) 火花点燃式发动机。

根据发电机组的用途,下列要求对选用原动机可能是重要的:

a) 燃油品质和燃油消耗;

b) 排气和噪声辐射;

c) 转速范围;

d) 质量和外形尺寸;

e) 突然加载和频率特性;

f) 发电机的短路特性;

g) 冷却系统;

h) 启动系统;

i) 维修要求;

j) 余热利用。

5.1.3 发电机

在本标准中,发电机可有以下两种型式:

a) 同步发电机;

b) 异步发电机。

根据发电机组的用途,下列要求对选用发电机可能是重要的:

a) 考虑到功率因数后，在启动、正常运行及负载变化后的电压特性；

b) 短路特性（电气的、机械的）；

c) 效率；

d) 发电机设计和外壳防护型式；

e) 并联运行特性；

f) 维修要求。

5.1.4 控制装置和开关装置

发电机组的控制、开关、运行和监测设备应是控制装置和开关装置系统的相关部件。

5.1.5 辅助设备

辅助设备是对配备/安装在发电机组上的有关设备的补充，但对发电机组良好安全运行是必要的，例如：

a) 启动系统；

b) 进、排气系统；

c) 冷却系统；

d) 润滑油系统；

e) 燃油系统（必要时包括燃油处理）；

f) 辅助电源。

5.2 电站

一座电站由一台或多台发电机组及其辅助设备、有关的控制装置和开关装置、适用的安装场所（例如防止天气影响的建筑物、罩壳或专用设备）组成。

6 应用准则

6.1 运行模式

6.1.1 总则

发电机组的运行模式可能影响某些重要性能（例如运行的经济性和可靠性、维修间隔时间），用户与制造商在商定有关要求时应予以考虑（见第11章）。

6.1.2 恒定负荷持续运行

恒定负荷持续运行定义为：施加的电气负载是恒定的，在考虑了维修周期后，发电机组的运行时间没有限制。

例：为热电联供电站基本负载供电。

6.1.3 变负荷持续运行

变负荷持续运行定义为：施加的电气负载是可变的，在考虑了维修周期后，发电机组的运行时间没有限制。

例：为无市电或市电不可靠的地区供电。

6.1.4 恒定负荷限时运行

恒定负荷限时运行定义为：施加的电气负载是恒定的，发电机组的运行时间有限制。

例：在用电高峰期间发电机组与市电并网运行，向某一恒定负载供电，即负荷调峰管理。

6.1.5 变负荷限时运行

变负荷限时运行定义为：施加的电气负载是可变的，发电机组的运行时间有限制。

例：一旦常用的市电出现故障，对建筑物提供基本供电保障。

6.2 场所准则

6.2.1 陆用

陆用是指用于陆地上的固定式、可运输式或移动式发电机组。

6.2.2 船用

船用是指用于船舶甲板上和近海安装的发电机组。

6.3 单机运行和并联运行

6.3.1 总则

发电机组可有以下两种运行方式：

a) 单机运行

单机运行是指不考虑其启动和控制设备的配置或模式，或无其他电源同时供电，发电机组作为唯一的电源运行。

b) 并联运行

并联运行是指一台发电机组与具有相同电压、频率和相位的其他电源的电气连接，共同分担连接网络的供电需求。包括电压范围及其变化、频率、网路阻抗在内的常用市电特性应由用户说明。

6.3.2 发电机组并联运行

在这种运行方式下：两台或多台发电机组在牵入同步后进行电气连接（而非机械连接）。可使用具有不同输出和转速的发电机组。

6.3.3 与电网并联运行

在这种运行方式下：一台或多台并联运行的发电机组（如6.3.1所述）与市电进行电气连接。

在由市电供电的情况下，与电网的并联运行需得到供电局的允许。应按照现行的公共管理条例提供保护设备。

注：这也适用于为了定期检查启动功能，并需按制造商规定的时间周期向电网供电的发电机组。

6.4 启动和控制模式

6.4.1 总则

包括在发电机组运行中的启动和控制模式通常有：

a) 启动；

b) 监测；

c) 适用时，电压和频率的调整与同步；

d) 切换；

e) 停机。

这些可全部或部分地手动，或自动（见GB/T 2820.4—2009）。

6.4.2 手动操作

手动操作是指手动启动和控制发电机组。

6.4.3 半自动操作

半自动操作是指发电机组的某些功能是手动启动与控制的，其余为自动的。

6.4.4 自动操作

自动操作是指发电机组完全是自动启动和控制的。

6.5 启动时间

6.5.1 总则

启动时间是指从开始要求供电瞬间起，至获得供电瞬间止的时间。启动时间通常规定在几秒内。启动时间应满足发电机组的具体用途。

6.5.2 不规定启动时间的发电机组

这是指启动时间对其运行并不重要的发电机组。该类发电机组通常是手动启动的。

6.5.3 规定启动时间的发电机组

这是指规定了启动时间的发电机组，通常是自动启动的。该类发电机组可进一步分类。

6.5.3.1 长时间断电机组

这是指规定了启动时间的发电机组，从供电电源出现故障至发电机组供电之间的时间是相当长的。在这种情况下，在有供电需求时，整套机组是从静止状态启动的。

6.5.3.2 短时间断电机组

这是指带旋转电机的发电机组，在供电中断规定时间（通常为几毫秒）内，需要进行供电转换。储存的机械能在短时间内向旋转电机提供能量，必要时启动并加速往复式内燃（RIC）机。

6.5.3.3 不断电机组

这是指带持续运行电机的发电机组，保证万一电网发生故障时供电不会中断。储存的机械能在短时间内向连接的设备供电，必要时启动并加速往复式内燃（RIC）机。当驱动从一种能源转换为另一种时，可能出现暂时的频率偏差。

注：在转换过程中，允许的频率偏差大小需由用户和制造商协商。

7 性能等级

为了覆盖各供电系统的不同要求，定义了如下4种性能等级：

a) G1级

这一级适用的发电机组用途是：只需规定其基本的电压和频率参数的连接负载。

实例：一般用途（照明和其他简单的电气负载）。

b) G2级

这一级适用的发电机组用途是：其电压特性与公用电力系统的非常类似。当负载发生变化时，可有暂时的然而是允许的电压和频率的偏差。

实例：照明系统；泵、风机和卷扬机。

c) G3级

这一级适用的发电机组用途是：连接的设备对发电机组的频率、电压和波形特性有严格的要求。

实例：电信负载和晶闸管控制的负载。应认识到，整流器和晶闸管控制的负载对发电机电压波形的影响需要特殊考虑。

d) G4级

这一级适用的发电机组用途是：对发电机组的频率、电压和波形特性有特别严格要求的负载。

实例：数据处理设备或计算机系统。

8 安装特点

8.1 总则

除8.2～8.6的要求外，为满足当地法规的要求也可能影响发电机组的设计，用户和制造商应一并考虑。

8.2 安装构型

8.2.1 总则

8.2.2～8.2.4中的安装构型，需要或可能不需要将发电机组所有必要的辅助设备进行整体安装。

8.2.2 固定式

这种构型适用于永久性安装的发电机组。

8.2.3 可运输式

这种构型适用于非永久性安装或移动式发电机组。

8.2.4 移动式

这种构型适用于装有整体底架带轮子的可移动式发电机组。

8.3 发电机组构型

为了简化规定往复式内燃(RIC)机驱动的发电机组用途的合同内容,下面给出常用的某些机组构型:

——A:无底架;

——B:有底架;

——C:有底架,控制装置、开关装置和辅助设备整体安装;

——D:按在C中给出的构型,有罩壳(见第9章);

——E:按在C中给出的构型,装有一组轮子或安装在挂车上(见8.2.4)。

8.4 安装型式

发电机组的安装型式应由用户和发电机组制造商商定。典型的安装形式如下:

a) 刚性安装

在这种安装型式中:发电机组安装在刚性底架上。若安装发电机组的底架固定在无弹性层嵌入的低弹性衬底(如软木垫块)上,则认为这种安装方法是刚性的。

b) 弹性安装

在这种安装型式中:机组安装在弹性底座上,根据其特性可以部分隔离振动。对于特殊用途(例如船用或移动式),可能要求限制弹性安装。

1) 全弹性安装

在这种安装型式中:根据用户和制造商商定,发电机组安装在带有底架的基础或基座上,可隔离较强的振动。

2) 半弹性安装

在这种安装型式中:往复式内燃(RIC)机弹性而发电机刚性安装在基座或基础上。

3) 安装在弹性基础

在这种安装型式中:发电机组安装在弹性基础(减振块)上,机组与承载基础隔离(如用抗振架)。

8.5 往复式内燃(RIC)机和发电机的连接

8.5.1 总则

往复式内燃(RIC)机与发电机之间的机械连接,是由传递功率的大小及安装构型决定的。它受下列因素影响:发动机和发电机的设计、安装型式、传输的功率、转速、不平衡要求及是否使用齿轮箱。

8.5.2 联轴器结构

典型的联轴器结构有:刚性、扭转刚性、挠性、扭转挠性或离合器。

8.5.3 装配结构

往复式内燃(RIC)机和发电机之间的装配可用或不用法兰。

8.6 其他安装特点——天气影响

8.6.1 室内安装

在这种安装型式中发电机组安装在不受天气直接影响的封闭环境中。应特别考虑运行环境预期的最高和最低温度。

8.6.2 防止气候影响的室外安装

在这种安装型式中发电机组安装在部分受到天气影响的环境中。发电机组可安装在封闭的、但并非永久性的防护罩内或防护棚下。

8.6.3 露天安装

在这种安装型式中发电机组完全是露天安装。

9 辐射(排放)

当发电机组运行时,会产生包括噪声、振动、热辐射、废气和电磁干扰等辐射(排放)物。

与保护环境、发电机组操作和维修人员健康及安全有关的适用法规,应由制造商和用户在商定产品性能规范时考虑。

10 标准基准条件

为了确定发电机组的额定功率，应采用下列标准基准条件:

——总大气压力,$P_r = 100$ kPa;

——环境空气温度,$T_r = 298$ K($t_r = 25$ ℃);

——相对湿度,$\phi_r = 30\%$。

11 现场条件

11.1 总则

要求发电机组在现场条件下运行,机组的某些性能可能受影响,用户和制造商签订合同应予以考虑。

常见的现场条件应由用户明确规定,并应对任何特殊的危险条件(如爆炸大气环境和易燃气体)加以描述。这些特性可包括但不限于 11.2~11.10 所示的内容。

11.2 环境温度

用户应告知制造商发电机组安装及运行地点的环境温度上、下限值。

11.3 海拔

用户应告知制造商发电机组安装及运行地点的海拔高度。最好能提供现场典型大气压力上、下限的经验数据。

11.4 湿度

用户应告知制造商现场与温度和压力(见 11.2 和 11.3)相关的湿度上、下限经验数据。

11.5 空气质量

用户应告知制造商,是否要求发电机组在有污染的环境(如沙、尘)中运行。为得到满意的性能和运行,可能需要采取特殊措施。应针对用户提出这些要求增加必要的维护要求,保证机组无故障运行。

11.6 海运环境

当要求发电机组在海运环境中运行时必须特殊考虑。这也适用于陆用发电机组在沿海地区的安装和运行。机组安装地区的环境状况应由用户清楚地说明。

11.7 冲击和强迫振动

若要求发电机组在外界可能发生冲击和/或振动(例如,可能发生地震的地区或来自邻近震源的强迫振动)的条件下运行,则应由用户清楚地说明。

11.8 化学污染

若要求发电机组在存在化学污染的环境条件下运行,则该污染的性质和程度应由用户清楚地说明。

11.9 放射

种类繁多的放射可能影响发电机组的部件。因此,为了确保机组无故障运行,某些部件可能需要特殊的防护和/或实施特殊的维修计划。该放射的性质和程度应由用户清楚地说明。

11.10 冷却水/液

若发电机组有水/液冷却散热器,则用户应说明辅助(外部) 的传热液的最低和最高温度(以及必要时的化学成分与数量)。

12 运行条件下的功率修正

为了确定合适的发电机组功率定额，用户应按下列要求规定常见的现场运行环境条件：

a) 大气压力(最高和最低值，若无压力数据，可用海拔高度)。

b) 年最热月和最冷月的最高和最低气温的月平均值。

c) 发动机周围的最高和最低环境空气温度。

d) 在最高温度条件时的相对湿度(或者是水蒸气压力，湿、干球温度)。

e) 可用冷却水的最高和最低温度。

为了确定发电机组的现场额定功率，当现场的运行条件不同于第10章中给出的标准基准条件时，应对发电机组的功率进行必要的调整。

对于安装在船舶甲板上、按国际船级社联合会(IACS)规定作无限制使用的发电机机组，其额定功率应以GB/T 6072.1—2008中的标准环境条件为基础。

13 功率定额定义

13.1 总则

发电机组的功率是发电机组端子处为用户负载输出的功率，不包括基本独立辅助设备所吸收的电功率(见GB/T 2820.2—2009中5.1和GB/T 2820.3—2009第5章)。

13.2 功率定额

除非另有规定，发电机组的功率定额是指在额定频率、功率因数$\cos\phi$为0.8下用千瓦(kW)表示的功率。

由制造商标定、在商定的安装和运行条件下发电机组将输出的功率中，有必要包括发电机组的功率定额种类。

应使用由发电机组制造商标定的功率定额种类。除非经用户和制造商同意，不应使用其他功率定额种类。

13.3 功率定额种类

在考虑了往复式内燃(RIC)机、交流(a.c.)发电机、控制装置和开关装置制造商规定的维修计划及维护方法后，发电机组制造商应按13.3.1～13.3.3(见图1～图4)确定机组的输出功率。

注：用户应意识到，如果与输出功率有关的条件不能满足，发电机组的寿命将缩短。

13.3.1 持续功率(COP)

持续功率定义为：在商定的运行条件下并按制造商规定的维修间隔和方法实施维护保养，发电机组每年运行时间不受限制地为恒定负载持续供电的最大功率(见图1)。

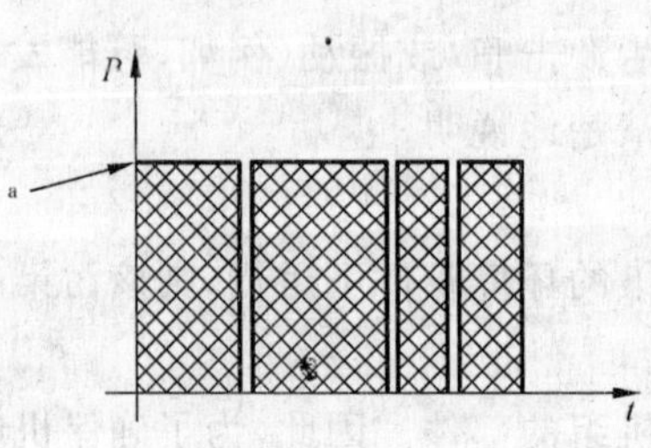

t——时间；

P——功率；

[a] 持续功率(100%)。

图1 持续功率(COP)图解

13.3.2 基本功率(PRP)

基本功率定义为:在商定的运行条件下并按制造商规定的维修间隔和方法实施维护保养,发电机组能每年运行时间不受限制地为可变负载持续供电的最大功率(见图 2)。

在 24 h 周期内的允许平均输出功率(P_{pp})应不大于 PRP 的 70%,除非往复式内燃(RIC)机制造商另有规定。

注:当要求允许的 P_{pp} 大于规定值时,可使用持续功率(COP)。

当确定某一变化的功率序列的实际平均输出功率 P_{pa}(见图 2)时,小于 30%PRP 的功率应视为 30%,且停机时间应不计。

实际平均功率(P_{pa})按下式计算:

$$P_{pa}=\frac{P_1t_1+P_2t_2+P_3t_3+\cdots+P_nt_n}{t_1+t_2+t_3+\cdots+t_n}=\frac{\sum_{i=1}^{n}P_it_i}{\sum_{i=1}^{n}t_i}$$

式中:

$P_1,P_2,\cdots,P_i$——时间 $t_1,t_2,\cdots,t_i$ 时的功率。

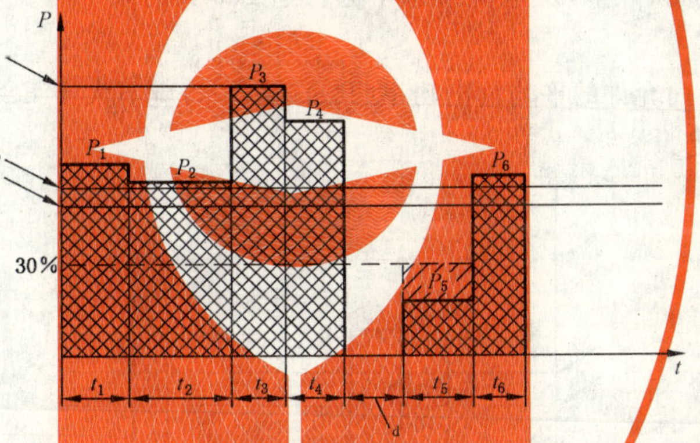

t——时间;

P——功率;

a 基本功率(100%);

b 24 h 内允许的平均功率(P_{pp});

c 24 h 内实际的平均功率(P_{pa});

d 停机。

注:$t_1+t_2+t_3+\cdots+t_n=24$ h。

图 2 基本功率(PRP)图解

13.3.3 限时运行功率(LTP)

限时运行功率定义为:在商定的运行条件下并按制造商规定的维修间隔和方法实施维护保养,发电机组每年供电达 500 h 的最大功率(见图 3)。

注:按 100%限时运行功率(LTP)每年运行时间最多不超过 500 h。

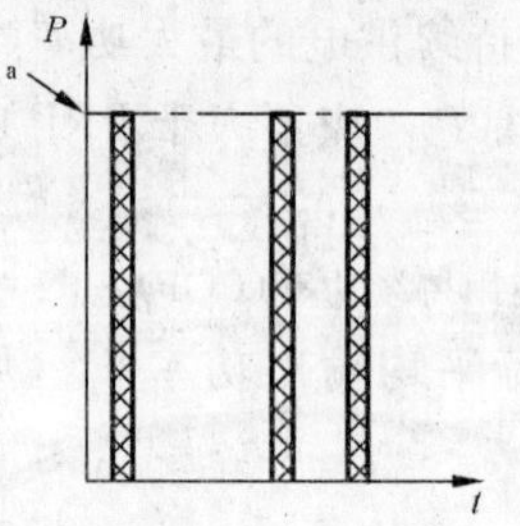

t——时间；

P——功率；

[a] 限时运行功率(100%)。

图 3 限时运行功率(LTP)图解

13.3.4 应急备用功率(ESP)

应急备用功率定义为：在商定的运行条件下并按制造商规定的维修间隔和方法实施维护保养，当公共电网出现故障或在试验条件下，发电机组每年运行达 200 h 的某一可变功率系列中的最大功率(见图 4)。

在 24 h 的运行周期内允许的平均输出功率(P_{pp})(见图 4)应不大于 ESP 的 70%，除非往复式内燃(RIC)机制造商另有规定。

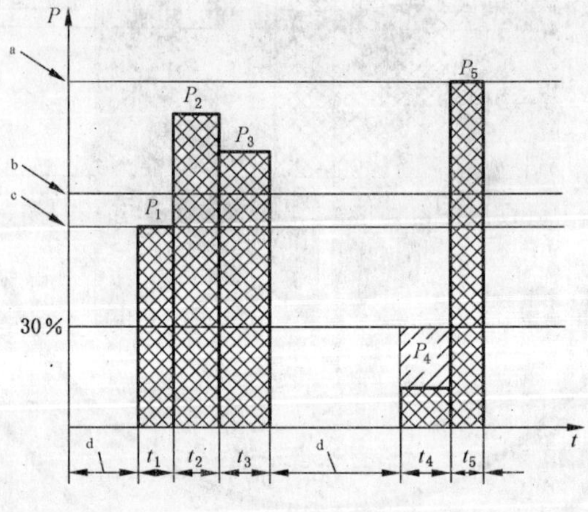

t——时间；

P——功率；

[a] 应急备用功率(100%)；

[b] 24 h 内允许的平均功率(P_{pp})；

[c] 24 h 内实际的平均功率(P_{pa})；

[d] 停机。

注：$t_1+t_2+t_3+\cdots+t_n=24$ h。

图 4 应急备用功率(ESP)图解

实际的平均输出功率(P_{pa})应低于或等于定义 ESP 的平均允许输出功率(P_{pp})。

当确定某一可变功率序列的实际平均输出功率(P_{pa})时，小于 30%ESP 的功率应视为 30%，且停机时间应不计。

实际的平均功率(P_{pa})按下式计算:

$$P_{pa}=\frac{P_1t_1+P_2t_2+P_3t_3+\cdots+P_nt_n}{t_1+t_2+t_3+\cdots+t_n}=\frac{\sum_{i=1}^{n}P_it_i}{\sum_{i=1}^{n}t_i}$$

式中:

$P_1,P_2,\cdots,P_i$——时间 $t_1,t_2,\cdots,t_i$ 时的功率。

14 运行性能

14.1 启动温度

往复式内燃(RIC)机制造商应规定用发动机自带的启动装置启动发电机组时的最低温度。

14.2 负载接受

当负载突加于发电机组时,输出电压和频率将会出现瞬时的偏差。偏差的大小与相对于发电机组电容量和动态特性(见 GB/T 2820.2—2009 和 GB/T 2820.5—2009)的有功功率大小(用 kW 表示)和无功功率变化(用 kvar 表示)有关。

若负载接受能力是一项重要要求,该要求应由用户清楚地说明。

14.3 循环不均匀度

由往复式内燃(RIC)机燃烧过程作用于发电机的旋转不均匀性,可能导致输出电压的调制(见 GB/T 2820.5—2009 第 3 章和第 10 章)。

14.4 发电机温升

发电机绕组的温升可能是限制发电机组长期可靠运行的一个重要因素。

若发电机组以限时运行为基础,则允许的温升可以提高(见 GB/T 2820.3—2009 中 6.2)。

14.5 燃油和润滑油特性及消耗率

制造商应规定发电机组所用的燃油和润滑油的特性及消耗率。若需验证燃油消耗率,测量方法应按 GB/T 6072.1—2008 所述,并由用户和制造商商定。

应依据发电机输出端子的电功率,同时考虑驱动基本独立辅助设备(见 GB/T 6072.1—2008)所需的电功率、交流(a.c.)发电机在给定功率和功率因数下的功率损失后,确定发电机组的燃油消耗率。应说明燃油的低热值。

14.6 最短运行时间

燃油和润滑油箱的容量可能使发电机组运行时间受到限制。若制造商提供了该油箱,应规定在不补给的条件下发电机组的最短运行时间。

14.7 调整

14.7.1 频率调整

当规定发电机组的性能时,稳态和瞬态频率调整要求可能是需要考虑的重要因素。若是如此,则该要求应由用户清楚地说明。

14.7.2 电压调整

当规定发电机组的性能时,考虑其稳态和瞬态电压调整是必要的。还必须注意到,施加于发电机组的负载电流波形特性可能影响电压波形和稳态电压精度。若电压调整是一项重要的要求,则该要求应由用户清楚地说明。

参 考 文 献

[1] GB/T 21404—2008 内燃机 发动机功率的确定和测量方法 一般要求

ICS 29.160.40
K 52

中华人民共和国国家标准

GB/T 2820.2—2009/ISO 8528-2:2005
代替 GB/T 2820.2—1997

往复式内燃机驱动的交流发电机组 第2部分:发动机

Reciprocating internal combustion engine driven alternating current generating sets—Part 2:Engines

(ISO 8528-2:2005,IDT)

2009-05-06 发布　　2009-11-01 实施

中华人民共和国国家质量监督检验检疫总局
中国国家标准化管理委员会　发布

前　言

GB/T 2820 在《往复式内燃机驱动的交流发电机组》总标题下由下列各部分组成：

——第 1 部分：用途、定额和性能

——第 2 部分：发动机

——第 3 部分：发电机组用交流发电机

——第 4 部分：控制装置和开关装置

——第 5 部分：发电机组

——第 6 部分：试验方法

——第 7 部分：用于技术条件和设计的技术说明

——第 8 部分：对小功率发电机组的要求和试验

——第 9 部分：机械振动的测量和评价

——第 10 部分：噪声的测量(包面法)

——第 11 部分：旋转不间断电源　性能要求和试验方法

——第 12 部分：对安全装置的应急供电

本部分为 GB/T 2820 的第 2 部分。本部分等同采用 ISO 8528-2:2005《往复式内燃机驱动的交流发电机组　第 2 部分：发动机》。

本部分代替 GB/T 2820.2—1997《往复式内燃机驱动的交流发电机组　第 2 部分：发动机》。

本部分与 GB/T 2820.2—1997 相比，在引用标准、条文编排、部分术语等方面有较大调整和修改。

本部分由中国电器工业协会提出。

本部分由全国移动电站标准化技术委员会(SAC/TC 329)归口。

本部分主要起草单位：兰州电源车辆研究所、军械工程学院、空军雷达学院、重庆通信学院、广州三业科技有限公司、上海孚创动力电器有限公司、无锡开普动力有限公司。

本部分主要起草人：张洪战、杨俊智、赵锦成、张友荣、沈卫东、郑浩、施远强、郑清禄、王丰玉。

本部分所代替标准的历次版本发布情况为：

——GB/T 2820.2—1997。

往复式内燃机驱动的交流发电机组 第2部分:发动机

1 范围

GB/T 2820的本部分规定了用于交流(a.c.)发电机组的往复式内燃(RIC)机的基本特性。

本部分适用于陆用和船用交流(a.c.)发电机组用,但不适用于航空或驱动陆上车辆和机车的发电机组用往复式内燃(RIC)机。

对于某些特殊用途(例如医院、高层建筑必不可少的供电),附加要求可能是必需的。本部分的规定可作为确定任何附加要求的基础。

对驱动交流(a.c.)发电机的往复式内燃(RIC)机的调速和速度特性的术语予以列表说明。

对于其他型式的往复式原动机(例如蒸汽发动机),本部分的规定可作为基础。

2 规范性引用文件

下列文件中的条款通过GB/T 2820的本部分的引用而成为本部分的条款。凡是注日期的引用文件,其随后所有的修改单(不包括勘误的内容)或修订版均不适用于本部分,然而,鼓励根据本部分达成协议的各方研究是否可使用这些文件的最新版本。凡是不注日期的引用文件,其最新版本适用于本部分。

GB/T 2820.1—2009 往复式内燃机驱动的交流发电机组 第1部分:用途、定额和性能(ISO 8528-1:2005,IDT)

GB/T 2820.5—2009 往复式内燃机驱动的交流发电机组 第5部分:发电机组(ISO 8528-5:2005,IDT)

GB/T 6072.1—2008 往复式内燃机 性能 第1部分:功率、燃料消耗和机油消耗的标定及试验方法 通用发动机的附加要求(ISO 3046-1:2002,IDT)

GB/T 6072.4—2000 往复式内燃机 性能 第4部分:调速(idt ISO 3046-4:1997)

GB/T 6072.5—2003 往复式内燃机 性能 第5部分:扭转振动(ISO 3046-5:2001,IDT)

3 符号、术语和定义

本部分所使用的符号和缩写的解释见表1。

表1 符号、术语和定义

符号	术语	单位	定义
n	发动机转速	r/min	—
n_r	标定转速	r/min	标定功率时对应发电机组额定频率的发动机转速
n_{sf}	着火转速	r/min	使用与发动机燃油供给系统脱离的外部能源将发动机从静止加速至自行运转之前的发动机转速
n_{max}	最高允许转速	r/min	由往复式内燃(RIC)机制造厂规定、低于极限转速一定安全量的发动机转速 (见注1和图3)

表 1（续）

符号	术语	单位	定义
n_a	部分负荷转速	r/min	发动机以其标定功率的 a% 运行的稳态发动机转速： $a=100\times\frac{P_a}{P_r}$ 例如，在 45% 额定功率时， $a=45$(见图 2) 对于 $a=45$ $n_a=n_{i,r}-\frac{P_a}{P_r}(n_{i,r}-n_r)$ $=n_{i,r}-0.45(n_{i,r}-n_r)$ 标定转速和部分负荷转速的相应值均以转速整定不变为基础
$n_{i,r}$	标定空载转速	r/min	按与标定转速 n_r 相同的转速整定时发动机空载时的稳态转速
$n_{i,min}$	最低可调空载转速	r/min	在空载时用调速器转速整定装置可得到的发动机最低稳态转速
$n_{i,max}$	最高可调空载转速	r/min	在空载时用调速器转速整定装置可得到的发动机最高稳态转速
$n_{d,s}$	过速度限制装置整定转速	r/min	超过该转速时将触发过速度限制装置的发动机转速(见图 3)
$n_{d,o}$	过速度限制装置工作转速	r/min	对给定的整定转速，过速度限制装置开始工作时的发动机转速(见注 2 和图 3)
δn_s	相对的转速整定范围	%	用标定转速的百分数表示的转速整定范围： $\delta n_s=\frac{n_{i,max}-n_{i,min}}{n_r}\times 100$
Δn_s	转速整定范围	r/min	最高和最低可调空载转速之间的范围： $\Delta n_s=n_{i,max}-n_{i,min}$
$\Delta n_{s,do}$	转速整定下降范围	r/min	标定空载转速和最低可调空载转速之间的范围： $\Delta n_{s,do}=n_{i,r}-n_{i,min}$
$\delta n_{s,do}$	相对的转速整定下降范围	%	用标定转速的百分数表示的转速整定下降范围： $\delta n_{s,do}=\frac{n_{i,r}-n_{i,min}}{n_r}\times 100$
$\Delta n_{s,up}$	转速整定上升范围	r/min	最高可调空载转速和标定空载转速之间的范围： $\Delta n_{s,up}=n_{i,max}-n_{i,r}$
$\delta n_{s,up}$	相对的转速整定上升范围	%	用标定转速的百分数表示的转速整定上升范围： $\delta n_{s,up}=\frac{n_{i,max}-n_{i,r}}{n_r}\times 100$
v_n	转速整定变化速率	%/s	在远距离控制下，以百分数表示的每秒相对的转速整定范围： $v_n=\frac{(n_{i,max}-n_{i,min})/n_r}{t}\times 100$
	调节范围	r/min	过速调节装置可调的速度范围

表 1（续）

符号	术语	单位	定义
$\delta n_{s,t}$	转速降	%	转速整定值不变时，标定空载转速和标定功率时的标定转速之间的差值（见图 1），用标定转速的百分数表示： $\delta n_{s,t}=\frac{n_{i,r}-n_r}{n_r}\times 100$
$\Delta\delta n_{s,t}$	转速/功率特性偏差	%	在空载和标定功率之间的功率范围内，将偏离线性转速/功率特性曲线的最大转速偏差用标定转速的某一百分数表示的相对偏差（见图 2）
	转速/功率特性曲线		在空载和标定功率之间的功率范围内，绘制的复式内燃（RIC）机功率对稳态转速的曲线（见图 1 和图 2）
P	发动机功率	kW	—
P_a	发动机实际功率	kW	—
P_r	发动机标定功率	kW	—
t_r	响应时间	s	从过速限制装置触发至其开始运行之间的时间
p_{me}	平均有效压力	kPa	—
V_{st}	发动机工作容积	l	—

注 1：极限转速是指发动机能承受的无损坏风险的最高计算转速。

注 2：对于指定的发动机，工作转速取决于发电机组的总惯量和过速度保护系统的设计。

注 3：100 kPa=1 bar。

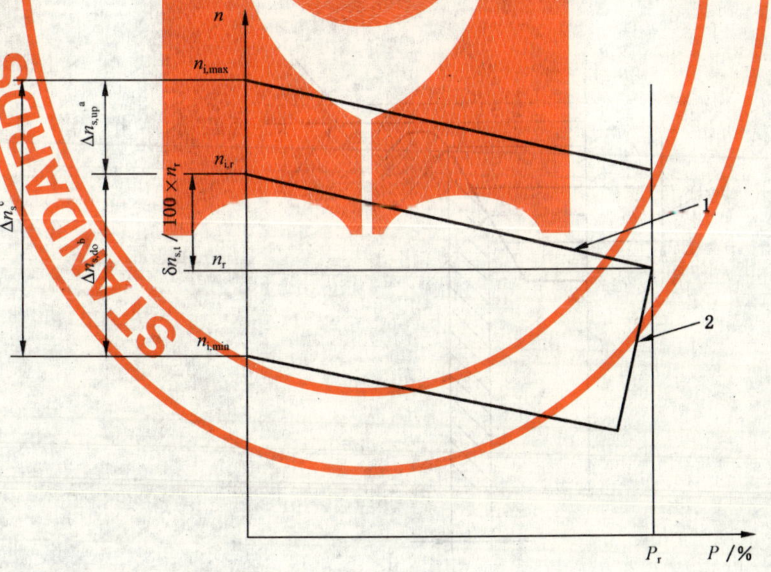

P——发动机功率；

n——发动机转速；

1——转度/功率特性曲线；

2——功率限值。

[a] 转速整定上升范围；

[b] 转速整定下降范围；

[c] 转速整定范围。

图 1　转速/功率特性，转速整定范围

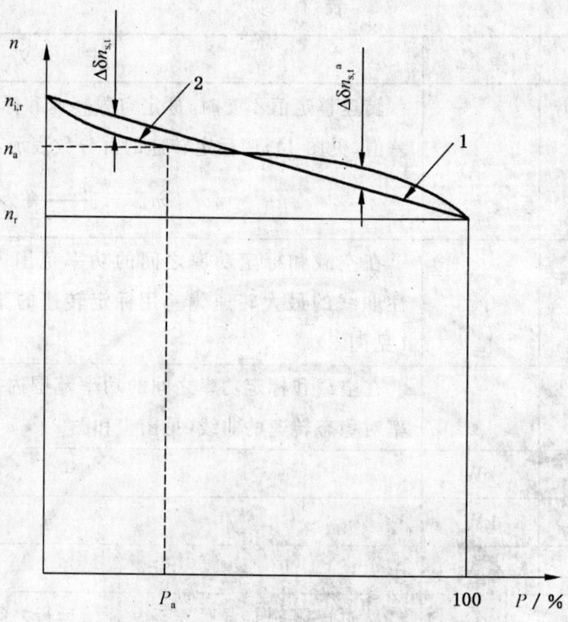

P——发动机功率；

n——发动机转速；

1——线性转速/功率特性线性曲线；

2——转速/功率特性曲线。

[a] 转速/功率特性偏差。

图 2 与线性曲线的转速/功率特性偏差

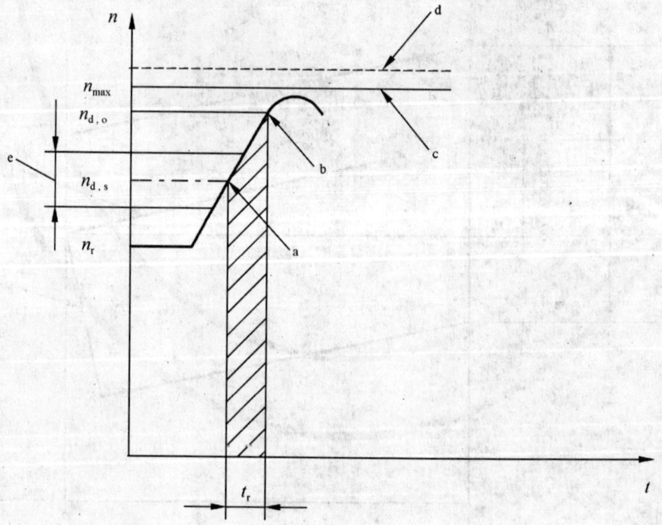

t——时间；

n——发动机转速。

[a] 过速限值装置整定转速；

[b] 过速限值装置工作转速；

[c] 最大允许转速；

[d] 极限转速；

[e] 调整范围。

图 3 发动机过速典型速度曲线

4 其他规定和附加要求

对必须遵守船级社规范、用于船舶甲板上和近海安装的往复式内燃(RIC)机驱动的交流(a.c.)发电机组,应满足该船级社的附加要求。该船级社名称应由用户在发出定单前说明。

对在无级别设备条件下运行的交流(a.c.)发电机组,任何附加要求须经制造商和用户商定。

若要满足其他管理机构(例如检查和/或立法机构)条例规定的专用要求,该管理机构名称应由用户在发出定单前声明。

任何其他的附加要求应由制造商和用户商定。

5 一般特性

5.1 功率特性

5.1.1 总则

确定往复式内燃(RIC)机联轴器上的输出功率(按 GB/T 6072.1—2008 中规定的净有效功率)时应计及:

a) 用户设备需要的电功率;

b) 基本独立辅助设备需要的电功率(见 GB/T 6072.1—2008);

c) 交流(a.c.)发电机的功率损耗。

除要求的稳态功率外,还应考虑由附加负载(例如电动机启动)引起功率的突然变化,因为它们影响往复式内燃(RIC)机的功率输出特性和交流(a.c.)发电机的电压特性。

发电机组制造商应考虑连接电气负载的性能和用户所期望的任何负荷接受状态。

5.1.2 ISO 标准功率

往复式内燃(RIC)机的功率应由发动机制造商按 GB/T 6072.1—2008 的规定标定。

5.1.3 使用功率

在现场条件下驱动交流(a.c.)发电机和(连接/安装的)基本独立辅助设备(见 GB/T 6072.1—2008)、发电机组输出额定电功率的具体场合,所要求往复式内燃(RIC)机的输出功率(见 GB/T 2820.1—2009)应根据 GB/T 6072.1—2008 的要求确定。

为确保给连接负载的连续供电,要求从驱动交流(a.c.)发电机的往复式内燃(RIC)机输出的实际功率应不大于其使用功率。

5.2 往复式内燃(RIC)机的主要特性

发电机组用往复式内燃(RIC)机的主要特性应由发动机制造商提供,至少包括以下内容:

a) 在 ISO 标准条件和使用条件下的功率;

b) 标定转速;

c) ISO 标准条件下的燃油和润滑油消耗率。

这些信息有助于发电机组制造商和用户确认其得到的往复式内燃(RIC)机的主要特性能够满足预定用途。

为了在使用条件下对发电机组进行评估(尤其是突变负载的接受性),需确定发电机组以额定功率和额定频率运行时与发动机功率相对应的发动机平均有效压力 p_{me},并按下式定义:

$$p_{me}=\frac{KP}{V_{st}\times n_r}$$

式中:

K——对 4 冲程发动机为 1.2×10^5,对 2 冲程发动机为 0.6×10^5。

5.3 低负荷运行

用户应意识到,在低负荷下长期运行可能影响往复式内燃(RIC)机的可靠性和寿命。往复式内燃

(RIC)机制造商应向发电机组制造商提供往复式内燃(RIC)机能长期承受而不至损坏的最低负荷值。若发电机组要在低于该最低负荷值下运行，往复式内燃(RIC)机制造商应规定需采取的措施和/或减轻问题的修正方法。

6 速度特性

6.1 总则

应依据用户要求的稳态和瞬态转速性能选择往复式内燃(RIC)机的调速系统。发电机组制造商应选用合适的、经往复式内燃(RIC)机制造商许可的调速系统，以满足使用要求。

GB/T 6072.4—2000 规定了调速系统的通用要求和参数及过速保护装置的通用要求。

速度特性的术语、符号和定义见第3章。

6.2 发电机组用调速器类型

6.2.1 比例(P)调速器

对与负荷相关的转速变化按比例校正控制信号的调速器。电气负载的变化仍会引起往复式内燃(RIC)机稳态转速的变化。

6.2.2 比例积分(PI)调速器

交流(a.c.)发电机电气负载的变化引起往复式内燃(RIC)机与负荷有关的转速变化，比例(P)调速器按比例对往复式内燃(RIC)机施加校正控制信号。并且加入积分调节环节校正转速变化。若使用这种类型的调速器，负荷的变化通常不会引起转速变化(进一步改善发动机的稳态特性)。为使发电机组有可能并联运行，若未提供另外的分配负荷调节装置，PI调速器也能像P调速器一样实现并联。

6.2.3 比例积分微分调速器(PID)

这是增加了作为转速变化率函数的校正控制信号(微分功能)的PI调速器。若使用这种类型的调速器，负荷的变化通常不会引起转速变化(改善发动机的瞬态特性)。为使发电机组能并联运行，若未提供另外的负荷分配调节装置，PID调速器也能像P调速器一样实现并联。

6.3 调速器的应用

6.3.1 总则

见GB/T 2820.1—2009中6.3。

6.3.2 单机运行

根据所需的调速性能，可选用P、PI和PID调速器。

6.3.3 并联运行

6.3.3.1 比例(P)调速器

比例(P)调速器用于G1和G2级性能(见GB/T 2820.1—2009第7章)。

6.3.3.2 比例积分(PI)调速器

比例积分(PI)调速器用于G1～G4级性能。若用于同步模式，则需要诸如负荷分配装置的辅助装置。

6.3.3.3 比例积分微分调速器(PID)

与比例积分(PI)调速器一样，比例积分微分调速器(PID)用于G1～G4级性能，但具有更好的瞬态性能。若用于同步模式，则需要诸如负荷分配装置的辅助装置。

7 往复式内燃(RIC)机负荷接受

7.1 总则

往复式内燃(RIC)机的负荷接受特性主要取决于进气系统的型式(GB/T 2820.1—2009中14.2)。

发电机组制造商应考虑所用的往复式内燃(RIC)机和发电机的实际负荷接受特性(见GB/T 2820.5—2009中图6和图7)。

7.2 非涡轮增压往复式内燃(RIC)机

往复式内燃(RIC)机为自然吸气式或机械增压式。此类发动机的最大允许加载等级等于使用功率。

7.3 涡轮增压往复式内燃(RIC)机

往复式内燃(RIC)机为废气涡轮增压式。此类发动机的加载等级随对应于使用功率的平均有效压力(p_{me})而变化。

8 振动和噪声

8.1 扭转振动

往复式内燃(RIC)机会在发电机组的轴系中产生扭转振动。往复式内燃(RIC)机扭转振动的相关要求见 GB/T 6072.5—2003。

当计算扭转振动时,应将发电机组视作一个整体考虑(见 GB/T 2820.5—2009)。

发动机制造商应向发电机组制造商提供必要的技术资料,以确保发电机组良好地运行。

8.2 线性振动

往复式内燃(RIC)机产生的线性振动将导致装有往复式内燃(RIC)机和交流(a.c.)发电机的基础和底架的结构性振动。若有要求,发动机制造商应向发电机组制造商提供有关线性振动的数据。

当计算线性振动时,应将发电机组视作一个整体考虑(见 GB/T 2820.5—2009)。

8.3 噪声

若有要求,往复式内燃(RIC)机制造商应向发电机组制造商提供相关噪声数据(见 GB/T 2820.5—2009)。

9 热平衡

往复式内燃(RIC)机制造商向发电机组制造商提供现场条件下的热平衡数据,应包括但不限于:

a) 往复式内燃(RIC)机冷却热量、流量和温度(冷却液、油、空气);

b) 排气热量、流量和温度;

c) 辐射热耗散量。

10 进、排气系统

往复式内燃(RIC)机制造商应向发电机组制造商提供有关进气和排气的必要数据。

发电机组制造商应考虑往复式内燃(RIC)机制造商规定的各种压力损失限度:

a) 往复式内燃(RIC)机进气系统的管道、孔口和滤清装置;

b) 往复式内燃(RIC)机排气系统管道、消声器等。

11 启动能力

若要求往复式内燃(RIC)机在发电机组用户或制造商规定的特殊环境条件(例如低温)下启动,往复式内燃(RIC)机制造商应向发电机组制造商提供往复式内燃(RIC)机在这些条件下的启动能力数据和所需的专门启动辅助设备详情。

12 燃油、润滑油和冷却液

必要时,发电机组制造商应向往复式内燃(RIC)机制造商提出运行所用的燃油、润滑油和冷却液的详细内容。

往复式内燃(RIC)机制造商应向发电机组制造商提供推荐的燃油、润滑油和冷却液的特性。

下列燃油特性特别重要:

a) 密度,kg/m^3;

b) 粘度,N·s/m^2;

c) 热值,kJ;

d) (柴油的)十六烷值;

e) 钒、钠、二氧化硅(硅石)和氧化铝含量,%;

f) 重油的硫含量,%。

13 调速系统限值

调速系统限值见表2。

表2 调速系统限值

术 语	符号	单位	数 值			
			性能等级			
			G1	G2	G3	G4
相对的转速整定下降范围	$\delta n_{s,do}$	%	≥(2.5+$\delta n_{s,t}$)			AMC[a]
相对的转速整定上升范围	$\delta n_{s,up}$	%	≥2.5			
转速整定变化速率	v_n	%/s	0.2~1			
转速降	$\delta n_{s,t}$	%	≤8	≤5	≤3	

[a] AMC为按制造厂和用户之间的协议。

ICS 29.160.40
K 52

中华人民共和国国家标准

GB/T 2820.3—2009/ISO 8528-3:2005
代替 GB/T 2820.3—1997

往复式内燃机驱动的交流发电机组 第3部分:发电机组用交流发电机

Reciprocating internal combustion engine driven alternating current generating sets—Part 3: Alternating current generators for generating sets

(ISO 8528-3:2005,IDT)

2009-05-06 发布　　2009-11-01 实施

中华人民共和国国家质量监督检验检疫总局
中国国家标准化管理委员会　发布

前　言

GB/T 2820 在《往复式内燃机驱动的交流发电机组》总标题下由下列各部分组成：

——第 1 部分：用途、定额和性能

——第 2 部分：发动机

——第 3 部分：发电机组用交流发电机

——第 4 部分：控制装置和开关装置

——第 5 部分：发电机组

——第 6 部分：试验方法

——第 7 部分：用于技术条件和设计的技术说明

——第 8 部分：对小功率发电机组的要求和试验

——第 9 部分：机械振动的测量和评价

——第 10 部分：噪声的测量(包面法)

——第 11 部分：旋转不间断电源　性能要求和试验方法

——第 12 部分：对安全装置的应急供电

本部分为 GB/T 2820 的第 3 部分。本部分等同采用 ISO 8528-3:2005《往复式内燃机驱动的交流发电机组　第 3 部分：发电机组用交流发电机》。

本部分代替 GB/T 2820.3—1997《往复式内燃机驱动的交流发电机组　第 3 部分：发电机组用交流发电机》。

本部分与 GB/T 2820.3—1997 相比，引用标准有了较大变化；有关符号、术语及定义集中编排在第 3 章；第 14 章定额标牌的内容有较大变化；修改了负载增加时的瞬态电压偏差指标值。

本部分由中国电器工业协会提出。

本部分由全国移动电站标准化技术委员会(SAC/TC 329)归口。

本部分主要起草单位：兰州电源车辆研究所、英泰集团、军械工程学院、空军雷达学院、江西清华泰豪三波电机有限公司、郑州金阳电气有限公司、广州三业科技有限公司。

本部分主要起草人：杨俊智、张洪战、潘耀明、赵锦诚、张友荣、吴文海、史清晨、郑浩、王丰玉。

本部分所代替标准的历次版本发布情况：

——GB/T 2820.3—1997。

往复式内燃机驱动的交流发电机组
第3部分:发电机组用交流发电机

1 范围

GB/T 2820的本部分规定了发电机组用交流(a.c.)发电机在其电压调节器控制下的基本特性,是对GB 755—2008有关要求的补充。

注:目前尚无适用于异步发电机的国际标准。当这类标准出版后,本部分将相应予以修订。

本部分适用于由往复式内燃(RIC)机驱动的陆用和船用交流(a.c.)发电机组用、但不适用于航空或驱动陆上车辆和机车的发电机组用交流(a.c.)发电机。

对于某些特殊用途(例如医院、高层建筑必不可少的供电),附加要求可能是需要的。本部分的规定可作为确定任何附加要求的基础。

对于由其他类型往复式原动机(例如蒸汽发动机)驱动的交流(a.c.)发电机组,本部分的规定可作为基础。

2 规范性引用文件

下列文件中的条款通过GB/T 2820的本部分的引用而成为本部分的条款。凡是注日期的引用文件,其随后所有的修改单(不包括勘误的内容)或修订版均不适用于本部分,然而,鼓励根据本部分达成协议的各方研究是否可使用这些文件的最新版本。凡是不注日期的引用文件,其最新版本适用于本部分。

GB 755—2008 旋转电机 定额和性能(IEC 60034-1:2004,IDT)

GB/T 2820.1—2009 往复式内燃机驱动的交流发电机组 第1部分:用途、定额和性能(ISO 8528-1:2005,IDT)

GB/T 2820.5—2009 往复式内燃机驱动的交流发电机组 第5部分:发电机组(ISO 8528-5:2005,IDT)

GB 4343.1—2009 家用电器、电动工具和类似器具的电磁兼容要求 第1部分:发射(IECCISPR 14-1:2005,IDT)

GB 17743—2007 电气照明和类似设备的无线电骚扰特性的限值和测量方法(CISPR 15:2005,IDT)

3 符号、术语和定义

在标示电气设备的技术数据时,IEC采用术语“额定的”加下标“N”表示。在标示机械设备的技术数据时,ISO采用术语“标定的”加下标“r”表示。因此,在本部分中,术语“额定的”仅适用于电气项目。否则,全部采用术语“标定的”。

本标准所使用的符号和缩写词的解释见表1。

表1 符号、术语和定义

符号	术语	单位	定义
U_s	整定电压	V	就限定运行由调节选定的线对线电压
$U_{st,max}$	最高稳态电压	V	(见GB/T 2820.5—2009)
$U_{st,min}$	最低稳态电压	V	(见GB/T 2820.5—2009)
U_r	额定电压	V	在额定频率和额定输出时发电机端子处的线对线电压 注:额定电压是按运行和性能特性由制造商给定的电压。

表 1（续）

符号	术语	单位	定义
U_{rec}	恢复电压	V	在规定负载条件能达到的最高稳态电压 注：恢复电压一般用额定电压的百分数表示。它通常处在稳态电压容差带(ΔU)内。当超过额定负载时，恢复电压受饱和度和励磁机/调节器磁场强励能力的限制(见图 A.1 和图 A.2)。
$U_{s,do}$	下降调节电压	V	(见 GB/T 2820.5—2009)
$U_{s,up}$	上升调节电压	V	(见 GB/T 2820.5—2009)
U_0	空载电压	V	额定频率和空载时在发电机端子处的线对线电压
$U_{dyn,max}$	负载减少时上升的最高瞬时电压	V	—
$U_{dyn,min}$	负载增加时下降的最低瞬时电压	V	—
ΔU	稳态电压容差带	V	在突加/突减规定负载后的给定调节周期内，电压所达到的围绕稳态电压的商定电压带： $\Delta U = 2\delta U_{st} \times \frac{U_r}{100}$
ΔU_s	电压整定范围	V	在空载与额定输出之间的所有负载、商定的功率因数范围内、额定频率下，发电机端子处电压调节的上升和下降的最大可能范围： $\Delta U_s = \Delta U_{s,up} + \Delta U_{s,do}$
$\Delta U_{s,do}$	电压整定下降范围	V	在空载与额定输出之间的所有负载、商定的功率因数范围内、额定频率下，发电机端子处额定电压与下降调节电压之间的范围： $\Delta U_{s,do} = U_r - U_{s,do}$
$\Delta U_{s,up}$	电压整定上升范围	V	在空载与额定输出之间的所有负载、商定的功率因数范围内、额定频率下，发电机端子处上升调节电压与额定电压之间的范围： $\Delta U_{s,up} = U_{s,up} - U_r$
δU_{dyn}	瞬态电压偏差	V	—
δU_{dyn}^-	负载增加时的瞬态电压偏差[a]	%	负载增加时的瞬态电压偏差是指：当发电机在正常励磁条件下以额定频率和额定电压工作，接通额定负载后的电压降，用额定电压的百分数表示： $\delta U_{dyn} = \frac{U_{dyn,min} - U_r}{U_r} \times 100$
δU_{dyn}^+	负载减少时的瞬态电压偏差[a]	%	负载减少时的瞬态电压偏差是指：当发电机在正常励磁条件下以额定频率和额定电压工作，突然卸去额定负载后的电压升，用额定电压的百分数表示： $\delta U_{dyn}^+ = \frac{U_{dyn,max} - U_r}{U_r} \times 100$ 若负载变化量与上述规定值不同，则应说明其规定值及相关的功率因数
δU_s	相对的电压整定范围	%	用额定电压的百分数表示的电压整定范围： $\delta U_s = \frac{U_{s,up} + U_{s,do}}{U_r} \times 100$

表 1(续)

符号	术　语	单位	定　义
$\delta U_{s,do}$	相对的电压整定下降范围	%	用额定电压的百分数表示的电压整定下降范围: $\delta U_{s,do}=\frac{U_r-U_{s,do}}{U_r}\times 100$
$\delta U_{s,up}$	相对的电压整定上升范围	%	用额定电压的百分数表示的电压整定上升范围: $\delta U_{s,up}=\frac{U_{s,up}-U_r}{U_r}\times 100$
δU_{st}	稳态电压偏差	%	考虑到温升的影响,但不考虑交轴电流补偿电压降的作用,在空载与额定输出之间的所有负载变化下的稳态电压变化。 注:初始整定电压通常为额定电压,但也可以是处在规定 ΔU_s 范围之内的任何值。 稳态电压偏差用额定电压的百分数表示: $\delta U_{st}=\pm\frac{U_{st,max}-U_{st,min}}{2U_r}\times 100$
$\hat{U}_{mod,s,max}$	电压调制最高峰值	V	围绕稳态电压的准周期最大电压变化(峰对峰)
$\hat{U}_{mod,s,min}$	电压调制最低峰值	V	围绕稳态电压的准周期最小电压变化(峰对峰)
$\hat{U}_{mod,s}$	电压调制	%	在低于基本发电频率的典型频率下围绕稳态电压的准周期最大电压变化(峰对峰),用额定频率和恒定转速时平均峰值电压的百分数表示: $\hat{U}_{mod,s}=2\frac{\hat{U}_{mod,s,max}-\hat{U}_{mod,s,min}}{\hat{U}_{mod,s,max}+\hat{U}_{mod,s,min}}\times 100$
$\delta U_{2,0}$	电压不平衡度	%	空载下的负序或零序电压分量对正序电压分量的比值。电压不平衡度用额定电压的百分数表示
—	电压调整特性		在给定功率因数及额定转速的稳态条件下,不对电压调节系统作任何手动调节,作为负载电流函数的端电压曲线
δ_{QCC}	交轴电流补偿电压程度		—
$s_{r,G}$	异步发电机的额定转差率		发电机组输出额定有功功率时,同步转速和转子的额定转速之差比上同步转速: $s_{r,G}=\frac{(f_r/p)-n_{r,G}}{f_r/p}$
f_r	额定频率	Hz	—
p	极对数		—
$n_{r,G}$	发电机旋转的额定转速	r/min	发电机发出额定频率电压所需的转速 注:对于同步发电机,$n_{r,G}=\frac{f_r}{p}\times 60$ 对于异步发电机,$n_{r,G}=\frac{f_r}{p}(1-s_{r,G})\times 60$
S_r	额定输出(额定视在功率)	VA	功率数值或其 10 的倍数连同功率因数一起表示的端子处视在电功率

表 1(续)

符号	术语	单位	定义
P_r	额定有功功率	W	额定视在功率或其 10 的倍数与额定功率因数的乘积 $P_r = S_r \cos\phi_r$
$\cos\phi_r$	额定功率因数	—	额定有功功率与额定视在功率的比值 $\cos\phi_r = \frac{P_r}{S_r}$
Q_r	额定无功功率	var	额定视在功率与额定有功功率或其 10 的倍数之间的几何差 $Q_r = \sqrt{S_r^2 - P_r^2}$
$t_{U,in}$	负载增加后的电压恢复时间[b]	s	从负载增加瞬时至电压恢复到并保持在规定的稳态电压容差带内瞬时止的间隔时间(见图 A.1 和图 A.3)。 该时间间隔适用于恒定转速且取决于功率因数,若负载变化值不同于额定视在功率,应说明功率变化值与功率因数
$t_{U,de}$	负载减少后的电压恢复时间[b]	s	从负载减少瞬时至电压恢复到并保持在规定的稳态电压容差带内瞬时止的间隔时间(见图 A.2)。 该时间间隔适用于恒定转速且取决于功率因数,若负载变化值不同于额定视在功率,应说明功率变化值与功率因数
I_L	负载引起的有功电流	A	—
T_L	相对的预期热寿命因数		—

[a] 详见附录 A。

[b] 见 GB/T 2820.5—2009 图 5。

4 其他规定和附加要求

对必须遵守船级社规范、用于船舶甲板上和近海安装的交流(a.c.)发电机组,应满足该船级社的附加要求。该船级社名称应由用户在发出定单前说明。

对在无级别设备条件下运行的交流(a.c.)发电机组,任何附加要求须经制造商和用户商定。

若要满足任何其他管理机构(例如检查和/或立法机构)条例规定的专用要求,该管理机构名称应由用户在发出定单前声明。

任何其他的附加要求应由制造商和用户商定。

5 定额

5.1 总则

发电机的定额等级应按 GB 755—2008 规定。对于往复式内燃(RIC)机驱动的发电机组用发电机,应规定持续定额(工作状态类型 S1)或间断恒定负载定额(工作状态类型 S10)。

5.2 基本持续定额(BR)

在本标准中,以工作状态类型 S1 为基础的最大持续定额称为基本持续定额(BR)。

5.3 峰值持续定额(PR)

对于工作状态类型 S10,有一种峰值持续定额(PR),此时发电机的允许温升按耐热等级的规定值增加。在工作状态类型 S10 下以峰值持续定额(PR)运行,发电机绝缘系统的热老化加快。因此,与绝缘系统相对的预期热寿命因数 T_L 是定额类别重要的有机组成部分。

6 温度和温升限值

6.1 基本持续定额

发电机在整个运行条件(例如最低到最高冷却介质温度)范围内、总温度不高于 40 ℃加上 GB 755—2008 表 1 规定的温升时(见下注),应能提供基本持续定额(BR)。

6.2 峰值持续定额

发电机在峰值持续定额下,总温度可按表 2 中规定值增加。

表 2 峰值持续定额温度

耐热级别	定额＜5 MV·A	定额≥5 MV·A
A 或 E	15 ℃	10 ℃
B 或 F	20 ℃	15 ℃
H	25 ℃	20 ℃

环境温度在 10 ℃以下时,环境温度每降低 1 ℃,允许的总温度增量应减小 1 ℃。

往复式内燃(RIC)机的输出可能随环境空气温度的变化而改变。发电机在运行中的总温度取决于发电机冷却介质初始温度,该初始温度不一定与往复式内燃(RIC)机进气温度有关。

注:当发电机在这些较高温度下运行时,发电机绝缘系统的热老化将比发电机在 BR 温升值下快 2 倍～6 倍(取决于温度的增加值和采用的具体绝缘系统),即在 PR 温升值下运行 1 h 约等于在 BR 温升值下运行 2 h～6 h。

T_L 因数的准确值应由制造商给定并在定额标牌上标明(见第 14 章)。

7 额定功率和转速特性

额定功率和转速的术语、符号和定义见表 1。

8 电压特性

电压的术语、符号和定义见表 1。

9 并联运行

当同其他发电机组或别的供电电源并联运行时,应采取措施保证稳定运行和正确分配无功功率。

最常用的方法是通过附加无功电流分量的传感电路作用于自动电压调节器来实现。这就形成了无功负载的电压降特性。

交轴电流补偿电压降程度(δ_{QCC})是空载电压(U_0)与额定电流和零滞后功率因数时电压($U_{(Q=S_r)}$)之差,用额定电压的百分数表示。

$$\delta_{QCC}=\frac{U_0-U_{(Q=S_r)}}{U_r}\times 100$$

δ_{QCC}值应小于 8%。在系统电压变化过大的情况下应考虑更高值。

注 1:功率因数为 1.0 的负载实际上不会引起电压降。

注 2:带相同励磁系统的相同交流(a.c.)发电机,当其磁场绕组采用均压线连接时,可实现无压降并联运行。在有功负载恰当分配和负载特性近似相同的情况下,可实现充分的无功负载分配。

注 3:中性点直接连接的发电机组并联运行时,可能会产生环流尤其是三次谐波电流。

10 特定负载条件

10.1 总则

在比 GB 755—2008 给定的负载条件恶劣的情况下,见 10.2～10.4 规定。

10.2 不平衡负载电流

定额不超过 1 000 kVA 的发电机在线与中性线之间加载时，应能在负序电流不大于 10%额定电流或在用户和制造商商定的负序电流下连续运行。

其他发电机按 GB 755—2008 中第 22 章的规定。

10.3 持续短路电流

发电机在短路状态下，为保证系统保护装置动作，通常需要最小值电流(在瞬时扰动中止后)维持足够的时间。在采用专用继电器、其他装置或方法完成选择性保护的情况下，或不要求选择保护时，则不需要维持该短路电流。

10.4 偶然过电流能力

见 GB 755—2008 中 18.1 的规定。

10.5 电话谐波因数(THF)

线对线端电压的电话谐波因数的限值应按 GB 755—2008 第 28 章的要求。

5%的 THF 值也适用于 62 kVA～300 kVA 的发电机，8%的 THF 值适用于 62.5 kVA 以下的发电机。

10.6 无线电干扰抑制(F)

持续的和静电干扰的无线电干扰限值应符合 GB 4343.1—2009 和 GB 17743—2007 的要求。

无线电干扰抑制的程度包括干扰电压、功率和场强。应由用户和制造商商定。

11 机组并联运行时机电振动频率的影响

发电机组制造商有责任保证其机组能同其他机组稳定并联运行。在需要满足该要求时，发电机制造商应予以协作。

若发动机扭矩不均匀性的频率接近电气固有频率，将出现振荡。电气固有频率通常在 1 Hz～3 Hz 范围内，因此，由低速(100 r/min～180 r/min)往复式内燃(RIC)机驱动的发电机组最有可能产生振荡。

当发电机组之间的振荡一旦发生，发电机组制造商应向用户提出建议，并协助进行必要的调查来解决问题。

12 带励磁装置的异步发电机

12.1 总则

异步发电机需要无功功率用于产生电压。

当异步发电机单机运行时，需要专用的励磁装置。该装置也应提供给负载所需的无功功率。

若异步发电机不是靠与电网连接，而是由装设的专用励磁装置提供所需的无功功率，则 12.2～12.4 中定义的所有术语是有效的。

12.2 持续短路电流

异步发电机仅在有专门设置的励磁电源时才产生持续短路电流(见 10.3)。

12.3 电压整定范围

为达到异步发电机的电压调节范围，需有可控的专用励磁设备(见表 1)。

12.4 并联运行

带专用励磁装置的异步发电机并联运行时，按其励磁输出容量分配连接负载所需的无功功率(见第 9 章)。

异步发电机按往复式内燃(RIC)机的转速分配连接负载所需的有功功率。

13 运行极限值

为了描述发电机的特性，定义了四个性能等级(见 GB/T 2820.1—2009)。运行极限值在表 3 中给出。

表 3 发电机运行限值

术 语	符号	单位	运行限值			
			性能等级			
			G1	G2	G3	G4
相对的电压整定范围	δU_s	%	≥±5[a]			AMC[b]
稳态电压偏差	δU_{st}	%	≤±5	≤±2.5	≤±1	AMC
负载增加时的瞬态电压偏差[c,d,e]	δU_{dyn}^-	%/s	≤−25	≤−20	≤−15	AMC
负载减少时的瞬态电压偏差[c,d,e]	δU_{dyn}^+	%	≤35	≤25	≤20	AMC
电压恢复时间[c,d]	t_U	s	≤2.5	≤1.5	≤1.5	AMC
电压不平衡度	$\delta U_{2.0}$	%	1[f]	1[f]	1[f]	1[f]

a 若不并联运行或电压整定不变，则不要求。

b AMC：为按制造商和用户之间的协议。

c 在额定电压、额定频率、恒定阻抗负载下的额定视在功率。其他功率因数和限值可由制造商和用户商定。

d 应该意识到，选择低于实际需要等级的瞬态电压偏差和/或恢复时间，就得用更大的发电机。因为瞬态电压特性与瞬时电抗之间有相当一致的关系，系统的故障度也将增加。

e 较高的指标值适用于额定输出高于 5 MVA、转速 600 r/min 以下的发电机。

f 并联运行时，这些数值减小为 0.5。

表 3 中给出的值仅适用于恒定(额定)转速下和从环境温度(冷态)开始运行的发电机、励磁机和调节器。原动机转速调整的影响可导致这些指标值偏离表 3 中给出的值。

14 定额标牌

发电机的定额标牌应符合 GB 755—2008 的要求。此外，额定输出和定额等级应按下述要求组合：

a) 标示以工作状态类型 S1 为基础的持续定额时，额定输出后应标记“BR”，如 S_r=22 kVA BR；

b) 标示以工作状态类型 S10 为基础的间断恒定负载定额时，其中以工作状态 S1 为基础的基本持续定额按本章中 a)标示。此外，峰值额定输出后应按下列要求标记：

——标记“PR”；

——每年 500 h 或 200 h 的最长运行时间(见 GB/T 2820.1—2009 中 13.3.3 和 13.3.4)；

——因数 T_L，(如 S_r=24 kVA PR 500 h/a，T_L=0.9)。

有要求时，发电机制造商应向机组制造商提供表明发电机组超出冷却介质温度范围的允许输出的一组数值或容量图表。

附 录 A
（规范性附录）
负载突变后交流(a.c.)发电机的瞬态电压特性

A.1 总则

A.1.1 当发电机承受突变负载时，将会引起端电压随时间的变化。励磁调节器系统的功能之一就是检测端电压的这种变化，并按要求改变励磁磁场以恢复端电压。端电压的最大瞬态偏差是下列因素的函数：

a) 施加的负载大小、功率因数及变化率；

b) 初始负载的大小、功率因数及作为电压特性函数的电流；

c) 励磁调节器系统的响应时间和电压强磁能力；

d) 负载突变后的往复式内燃(RIC)机转速随时间的变化曲线。

因此，瞬态电压性能是包括发电机、励磁机、调压器和往复式内燃(RIC)机在内的系统特性，不可能仅据发电机数据确定。

本附录仅涉及发电机和励磁调节器系统。

A.1.2 在选择或安装发电机时，经常要求或规定突加负载时偏离额定电压的最大瞬态电压偏差(电压降)。当用户要求时，发电机制造商应提供下列两种情况下的预期瞬态电压偏差：

a) 发电机、励磁机和调压器是由交流(a.c.)发电机制造商按一个整体组装提供的；

b) 发电机制造商可得到确定调压器(若适用，和励磁机)瞬态性能的完整数据。

A.1.3 当提供预期瞬态电压偏差时，除另有规定外应假设下列条件成立：

a) 恒定转速(额定的)；

b) 发电机、励磁机和调压器在空载、额定电压，从环境温度(冷态)开始运行；

c) 施加规定的线性阻抗恒定负载。

注：偏离额定电压的预期瞬态电压偏差是指发电机端子处各相的平均电压变化，即不考虑发电机制造厂不能控制的不平衡因素的影响。

A.2 实例

用作为时间函数的输出电压带状曲线表示发电机、励磁机和调压器系统在负载突变时的瞬态性能。应记录完整的电压包络线。

代表两种类型电压记录器的带状曲线如图A.1、图A.2和图A.3所示。该示踪曲线和样本计算应用作确定发电机、励磁机和调压器承受突变负载的性能指南。

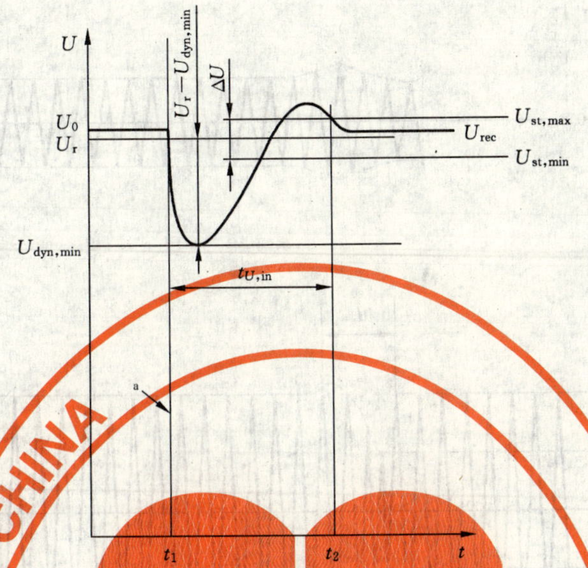

t——时间；

U——电压；

a 加载时间。

图 A.1 瞬态电压特性(加载)

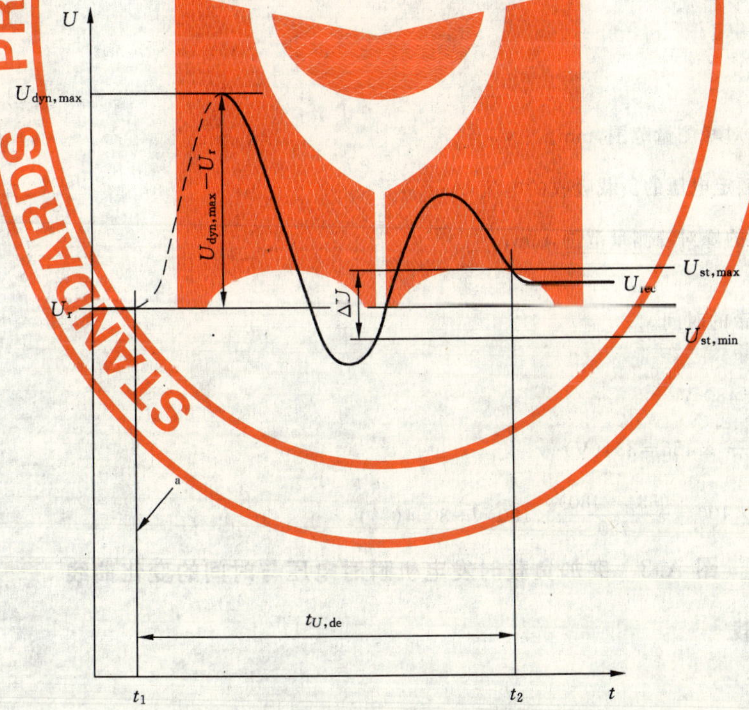

t——时间；

U——电压；

a 加载时间。

图 A.2 瞬态电压特性(减载)

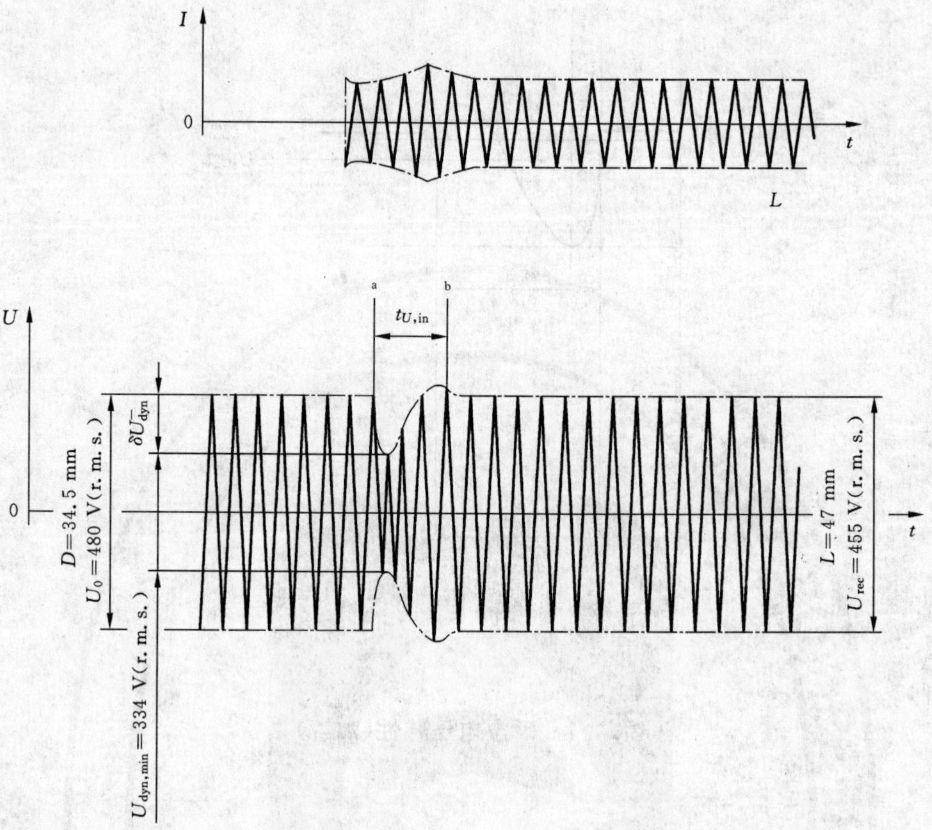

t——时间；

U——电压；

L——恢复电压的峰对峰测量范围，mm；

$I'_{\mathrm{L}}=I_{\mathrm{L}}\dfrac{U_{\mathrm{r}}}{U_{\mathrm{rec}}}$修正到额定电压的负载吸收的电流，A；

D——最低瞬时电压的峰对峰测量范围，mm；

a 加载时间；

b 返回到规定调整带的时间。

实例：

$U_{\mathrm{r}}=480\ \mathrm{V}\qquad U_0=480\ \mathrm{V}$

$$U_{\mathrm{dyn,min}}=\frac{D}{L}U_{\mathrm{rec}}=\frac{34.5}{47}\times 455=334(\mathrm{V})$$

$$\delta U_{\mathrm{dyn}}^{-}=\frac{U_{\mathrm{dyn,min}}-U_{\mathrm{r}}}{U_{\mathrm{r}}}\times 100=\frac{(334-480)}{480}\times 100=-30.4(\%)。$$

图 A.3 突加负载时发电机瞬时电压与时间的变化曲线

A.3 电动机启动负载

A.3.1 总则

推荐用下列试验条件确定同步发电机、励磁机和调压器系统的电动机启动性能。

A.3.2 模拟负载

模拟负载的试验条件如下：

a) 恒定阻抗(不饱和的电抗负载)；

b) 功率因数≤0.4(滞后)。

由模拟电动机启动负载所吸收的电流应按比值修正：$\frac{U_r}{U_{rec}}$。

无论什么时候，发电机端电压不能恢复到额定电压。该电流修正值和额定端电压应用于确定施加的实际千伏安负载。

A.3.3 温度

应在发电机和励磁装置所处的初始环境温度下进行试验。

ICS 29.160.40
K 52

中华人民共和国国家标准

GB/T 2820.4—2009/ISO 8528-4:2005
代替 GB/T 2820.4—1997

往复式内燃机驱动的交流发电机组 第4部分:控制装置和开关装置

Reciprocating internal combustion engine driven alternating current generating sets—Part 4:Controlgear and switchgear

(ISO 8528-4:2005,IDT)

2009-05-06 发布

2009-11-01 实施

中华人民共和国国家质量监督检验检疫总局
中国国家标准化管理委员会 发布

前　言

GB/T 2820 在《往复式内燃机驱动的交流发电机组》总标题下由下列各部分组成：

——第 1 部分：用途、定额和性能

——第 2 部分：发动机

——第 3 部分：发电机组用交流发电机

——第 4 部分：控制装置和开关装置

——第 5 部分：发电机组

——第 6 部分：试验方法

——第 7 部分：用于技术条件和设计的技术说明

——第 8 部分：对小功率发电机组的要求和试验

——第 9 部分：机械振动的测量和评价

——第 10 部分：噪声的测量(包面法)

——第 11 部分：旋转不间断电源　性能要求和试验方法

——第 12 部分：对安全装置的应急供电

本部分为 GB/T 2820 的第 4 部分。本部分等同采用 ISO 8528-4:2005《往复式内燃机驱动的交流发电机组　第 4 部分：控制装置和开关装置》。

本部分代替 GB/T 2820.4—1997《往复式内燃机驱动的交流发电机组　第 4 部分：控制装置和开关装置》。

本部分与 GB/T 2820.4—1997 相比，主要进行了引用标准、条文编排及编辑性修改。

本部分由中国电器工业协会提出。

本部分由全国移动电站标准化技术委员会(SAC/TC 329)归口。

本部分主要起草单位：兰州电源车辆研究所、深圳市赛瓦特动力科技有限公司、上海孚创动力电器有限公司、深圳市沃尔奔达新能源股份有限公司。

本部分主要起草人：杨俊智、张洪战、张贵财、施远强、马朝东、王丰玉。

本部分所代替标准的历次版本发布情况：

——GB/T 2820.4—1997。

往复式内燃机驱动的交流发电机组 第4部分:控制装置和开关装置

1 范围

GB/T 2820 的本部分规定了由往复式内燃(RIC)机驱动的发电机组用控制装置和开关装置的要求。

本部分适用于由往复式内燃(RIC)机驱动的陆用和船用交流(a.c.)发电机组,不适用于航空或驱动陆上车辆和机车的发电机组。

对于某些特殊用途(例如医院、高层建筑必不可少的供电),附加要求可能是需要的。本部分的规定可作为确定任何附加要求的基础。

对于由其他型式的往复式原动机(例如蒸汽发动机)驱动的交流(a.c.)发电机组,本部分的规定可作为基础。

2 规范性引用文件

下列文件中的条款通过 GB/T 2820 的本部分的引用而成为本部分的条款。凡是注日期的引用文件,其随后所有的修改单(不包括勘误的内容)或修订版均不适用于本部分,然而,鼓励根据本部分达成协议的各方研究是否可使用这些文件的最新版本。凡是不注日期的引用文件,其最新版本适用于本部分。

GB 755—2008 旋转电机 定额和性能(IEC 60034-1:2004,IDT)

GB/T 2820.1—2009 往复式内燃机驱动的交流发电机组 第1部分:用途、定额和性能(ISO 8528-1:2005,IDT)

GB/T 2820.5—2009 往复式内燃机驱动的交流发电机组 第5部分:发电机组(ISO 8528-5:2005,IDT)

GB 4556—2001 往复式内燃机 防火(idt ISO 6826:1997)

GB 7251.1—2005 低压开关设备和控制设备 第1部分:型式试验和部分型式试验成套设备(IEC 60439 1:1999,IDT)

IEC 60947-1:2001 低压开关设备和控制设备 第1部分:总则

IEC 62271-200:2003 额定电压为 1 kV～52 kV 的交流铁壳开关装置和控制装置

3 其他规定和附加要求

对必须遵守船级社规范、用于船舶甲板上和近海安装的往复式内燃(RIC)机驱动的交流(a.c.)发电机组,应满足该船级社的附加要求。该船级社名称应由用户在发出定单前说明。

对在无级别设备条件下运行的交流(a.c.)发电机组,任何附加要求须经制造商和用户商定。

若要满足其他管理机构(例如检查和/或立法机构)条例规定的专用要求,该管理机构名称应由用户在发出定单前声明。

任何其他的附加要求应由制造商和用户商定。

4 对设备的一般要求

4.1 装配

开关装置、控制装置和监测设备可与发电机组一体或分体安装,分体安装柜可为一个或多个。

4.2 结构

装置的结构应符合下列要求：

a） 额定电压低于 1 kV 者应符合 GB 7251.1—2005 的规定；

b） 额定电压为 1 kV～52 kV 者应符合 IEC 62271-200:2003 的规定。

4.3 工作电压

工作电压的定义见 GB 7251.1—2005、IEC 62271-200:2003 的规定。

4.4 额定频率

开关装置和控制装置的工作频率应与发电机组的额定频率相同。

各组装器件的频率应在有关 IEC 标准规定的限值内。除非另有规定，允许的工作限值应符合 GB/T 2820.5—2009 中第 16 章的要求。

4.5 额定电流

在考虑到开关装置总成主回路电气设备所有元件的定额、布置与用途后，应说明总成的额定电流。

在传输该电流时，任何元件的温升应不超过 GB 7251.1—2005 和 IEC 62271-200:2003 规定的限值。

若开关装置总成由多个主回路并联，考虑到任一时刻实际电流的最大总和，各回路应传输减小的额定值。

当确定设备的额定电流时，应考虑发电机运行过程中的电压变化（见 GB 755—2008）。

4.6 控制回路电压

应采用低于 250 V 的电压。推荐下列电压：

a） 交流：48 V、110 V、230 V、(250 V)[1]；

b） 直流：12 V、24 V、36 V、48 V、110 V、125 V。

注：为确保控制回路装置的正常工作，控制电源偏差限值应予考虑。

4.7 启动蓄电池系统

4.7.1 若发动机是电启动的，应使用满足负载要求、有足够容量的重载启动蓄电池，并为预计的工作环境温度留有余量。

除非蓄电池可以补偿，否则不允许从蓄电池分电压。

若控制电路也与启动蓄电池连接，蓄电池应有足够的容量保证控制设备在所有条件下（即使是启动发动机时）能可靠工作（见 4.6）。

4.7.2 若蓄电池始终与耗电装置并联且仅在电源发生故障或需要峰值电流的情况下放电，应采用一台适合向耗电装置供电的静态充电器。

该充电装置应有足够的输出，不但应在足够的时间内向蓄电池提供必要的再充电电流，同时提供控制系统常备负载电流。

4.7.3 当往复式内燃（RIC）机装有机械驱动的蓄电池充电发电机时，蓄电池的再充电应在发动机合理的运行时间内完成。若有这样的蓄电池充电发电机，静态充电器可只供给控制系统常备负载电流和充足的浮充电电流。

4.7.4 选取充电设备时，应保证跨接于蓄电池的控制继电器和电磁线圈不会因充电过程中的偶然过电压而损坏。

4.7.5 应根据电缆总压降确定启动电动机的电缆尺寸：启动发动机时电缆总电压降应不超过蓄电池标定电压的 8%。

4.8 环境条件

标准使用条件按 GB 7251.1—2005、IEC 62271-200:2003 的规定。

1） IEC 60038:1983《IEC 标准电压》中未规定该值。

与标准使用条件有偏差时，应遵循制造商与用户之间的协议。

若存在这种例外的使用条件，用户应通知制造商。

为了确定环境温度，应考虑安装在同一房间的其他设备散出的热量。

4.9 外壳和防护等级

按 IEC 60947-1:2001 的要求选用外壳。按 IEC 62271-200:2003 选择人员靠近运动件面临危险的防护等级。

5 发电机组开关装置

5.1 总则

发电机组开关装置包括发电机输入单元的所有主回路设备。若有要求，它可扩大到主输入单元和关联的配电系统。

典型的发电机组开关装置见图 1。

开关装置中的所有器件应有足够的额定值，以适应规定的发电机组运行。若有要求，也应适用于电网运行。

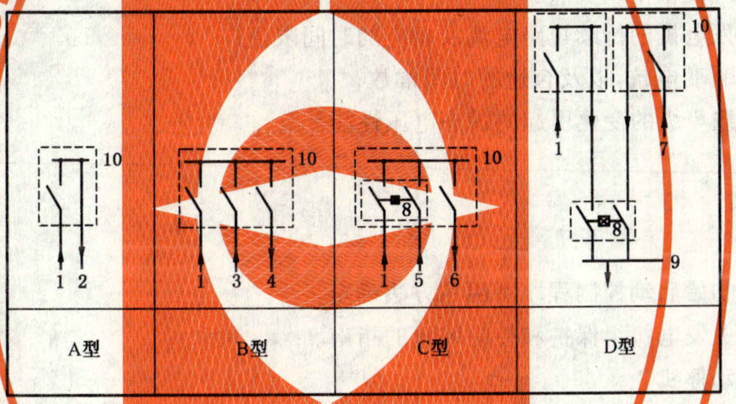

1——发电机组输入；
2——发电机组输出；
3——发电机组和/或电网输入；
4——联合配电；
5——电网输入；
6——联合配电；
7——电网电源；
8——转换开关(COS)装置(电气或机械联锁的)；
9——负载分配；
10——电网配电；
A 型——独立的发电机组开关装置；
B 型——组合的发电机组/电网开关装置(更适用并联运行)；
C 型——装有 COS 的组合发电机组开关装置(更适用于电网备用状态)；
D 型——带远距离 COS 的发电机组开关装置(更适用于电网备用状态)。

图 1 发电机组开关装置示意图

5.2 负载开关装置

考虑到相应的应用类别要求(通常为 AC-1)[2)]，选择的负载开关装置电流定额应与发电机的持续定额相适应。

若 AC-1 定额在使用中可能超过，应考虑制造商对负载开关装置规定的接通和/或断开能力。

用户应按当地供电管理局的要求规定所需的电极数。

电网供电和发电机组供电的定额不一致时，转换开关装置应与各自的负载要求相适应。

---

2) 见 IEC 60947-4-1:2000 低压开关设备和控制设备 第 4-1 部分：接触器和电动机启动器——机电接触器和电动机启动器。

5.3 故障电流定额

设置在回路中的开关装置和电缆应能承受规定短时间的预期故障电流。

对于开关装置中的电网输入单元,用户应给出在安装地点的短路条件资料(见 GB 7251.1—2005)。

在合适的地方允许用限流开关装置(例如高熔断能力(HRC)备用保险丝或限流断路器)进行短路保护,当采用这种限流保护时,所有下游的器件和连接线只需按额定条件短路电流选择。

5.4 电缆和连接线

电缆和连接线的温升应不超过其绝缘材料的最高温度限值。电缆的布置不应使其散出的热量对连接设备或其邻近的元器件受到有害影响。

各连接线上的电压降应满足所用设备功能的要求。

端子的设计应使对应适当额定电流的各导线和电缆容易连接。

电缆和母线应进行充分地机械支撑。

5.5 发电机保护

应尽量采用标准保护方案(见表 1 和 7.3)。

当选择发电机保护装置时,应考虑发电机的运行要求(见 GB 755—2008)。

发电机制造商应提供下列资料:

a) (如果有)发电机的持续短路电流及相应的时间限值;

b) 次瞬变和瞬变电抗,以及合适的时间常数;

c) 由规定负载等级的变化引起的瞬态电压性能。

6 控制方式

6.1 总则

控制方式应按初始启动控制程序所用的方法确定。

表 1 给出了有关发电机组保护和控制装置的指南。

6.2 手动启动/手动停机

所有功能的控制都是手动操作的。这主要用于额定值小于 20 kW 且通常不包括保护控制的发电机组。

6.3 本机电启动/手动停机

这是 6.2 增加电启动的扩展。这样设计的机组通常无保护控制。

6.4 本机电启动/电停机

这是 6.3 增加电停机的扩展。增加电停机主要是便于设置自动保护控制。

6.5 远距离启动/电停机

这实质上是一种本机电启动/电停机,但手动触发的启动和停机控制不在发电机组上或不靠近发电机组。

在手动信号要从听不见机组声音的地方触发或信号反馈不可行的场合,应采用自动保护控制。

6.6 自动启动/自动停机

发电机组的启动或停机是由独立取得的信号触发的,无手动干涉。

典型的应用包括电网故障控制、负载量控制、时钟控制、液位控制和恒温控制。

应有防护措施,以保证液位、温度等上升和下降时有充分不同的通断点值,使发电机组频繁运转次数减至最少。

6.7 根据要求启动

这通常适用于只以发电机组作为电源的家用设备。

当接通商定的最小负载时,发电机组自动启动并持续运行,直到连接的负载断开为止。

6.8 电网备用控制

一旦整个电网出现故障或电压偏差超出规定限值，电网故障检测装置自动启动发电机组。在电网恢复到规定的电压和频率限值内后，该系统的类似设计可使机组停机并恢复由电网向负载供电。

为实现这种功能，至少应包括下列设施：

a) 电网故障检测。

b) 发动机启动/停机顺序控制。

c) 保护装置保持断开的定时器。

d) 转换开关装置控制。

e) 功能选择开关，MANUUAL/AUTO(手动/自动)。

可包括下列附加设施：

f) 启动延时。

g) 发动机重复启动装置。

h) 发动机预热定时器。

i) 开关闭合延迟定时器。

j) 电网恢复计时器。

k) 发动机在空载转速下的停机延时。

l) 蓄电池-充电器故障检测。

m) 启动器传动齿轮重复装置。

n) 预热系统。

o) 运行计时器。

p) 连接网络规定性能的监控设备。

6.9 两台相互备用控制

这是两台发电机组自动运行的交替循环，其中一台工作，另一台备用。运行的转换由时钟、类似的触发或工作机组自身的故障控制。

两台相互备用方案的典型应用是发电机组的无人值守连续运行。

6.10 三台相互备用控制

三台发电机组按类似于两台相互备用控制的方式运行，且备用的顺序通常是可选取的。

6.11 两台相互电网备用控制

除负载通常由电网供电和6.9所述的程序在电网出现故障时启动外，该控制与两台相互备用控制是相同的。

当电网供电满意地恢复后，负载通常要、但不是必须返回电网。选定的备用顺序复原。

该方案的这种变化是可能的：在两台相互备用方案中，发电机组用作主电源，而电网供电作为备用。

6.12 并联运行

6.12.1 总则

这是一套多机组装备，也许要与电网进线连接，这就意味着并联运行（见GB/T 2820.1—2009中6.3.2和6.3.3）。

并联要求并入的发电机组是同步的；这可手动或自动实现。同步的过程包括调整电压和频率使并入机组达到同步，且相位与现有系统相同。

6.12.2 手动操作

下列控制和测试设备对于动同步和并联运行是必需的：

a) 发电机组断路器。

b) 接触器或负载开关。

c) 短路保护。

d） 若适用，电压调节装置。

e） 频率调节装置。

f） 同步灯、零位电压表或指示频率和相位差度的同步指示仪。

接通开关必须准确地进行，以至于灯的亮度也不是一种有足够灵敏的指示。同步灯应仅是一种辅助装置。若采用同步灯，则应多灯组合连接，使其成为显示同步状态的轮转灯。

当采用零位电压表时，电压必须先于频率调到一致。

g） 逆功率保护。

h） 有功功率表。

i） 电流表。

j） 电压表。

推荐下列控制和测试设备：

k） 两用频率表(并入机组和母线)。

l） 两用电压表(并入机组和母线)。

m） 有功负载分配控制。

n） 检查同步的设施。

o） 无功功率表。

p） 无功负载分配控制。

6.12.3 自动操作

下列控制和测试设备对自动同步和并联运行是必需的：

a） 远距离操作的发电机组断路器或具有相应短的闭合时间的负载开关。

b） 短路保护。

c） 若适用(用于无功负载量修正)，电压调节装置。

d） 频率调节装置(用于有功负载量修正)。

e） 有功负载分配自动控制。

f） 逆功率保护。

g） 自动同步器。

h） 同步方式选择开关、MANUUAL/AUTO“手动/自动”。

注：使用同步方式选择开关，需用列于6.12.2中的设备。

i） 电流表。

j） 电压表。

k） 有功功率表。

推荐下列控制和测试设备：

l） 两用频率表(并入机组和母线)。

m） 两用电压表(并入机组和母线)。

n） 同步灯、零位电压表或指示频率和相位差度的同步指示仪。

接通开关必须准确地进行，以至于灯的亮度也不是一种有足够灵敏的指示。同步灯只应只是一种辅助装置。若采用同步灯，则应多灯组合连接，使其成为显示同步状态的轮转灯。

当采用零位电压表时，电压必须先于频率调到一致。

o） 带短路识别的过电流保护。

p） 无功功率表。

q） 无功负载分配自动控制。

r） 功率因数自动控制。

注：仅在与商业电网并联时需要。

6.13 停机装置

若对停机系统有要求，则应提供一种装置，当其工作时能切断进入发动机燃烧室的燃油。这种装置应能保持在“停机”位置，直到发动机完全停止转动为止。

注：此外，可能还需要1只空气关断阀以防超速。

当自动安全装置或保护继电器起作用时，停机装置的手动复位通常应是可能的。

7 发电机组监控

7.1 总则

在本标准中，监控是指通过测量或保护装置以及监视控制参数(见表1)观察发电机组的运行，验证其功能的正确性。

7.2 电气仪表

发电机组至少应配备电压表和电流表。并联运行的附加仪表在6.12中给出。

对于输出大于100 kW的机组还应配备频率表和运行计时器。对于3相机组，所有相的电压和电流均应进行测量。

7.3 电气保护和监控

7.3.1 过电流保护

若需要，过载保护只要求断开发电机的负载。

带过电流脱扣装置的传统断路器可提供短路保护。必要时，为保证短路选择性(短路识别)，应对串联在电路中的过流保护继电器或保险丝进行选择，使最靠近故障的继电器或保险丝首先断开。

短路保护装置的匹配应根据发电机组制造商和用户之间的协议。

注：发电机持续短路电流对确保保护系统选择性的影响见GB/T 2820.3—2009中10.3和12.2。

7.3.2 电动机启动

为感应电动机供电的发电机组应能承受电动机启动电流。

启动电流有时可能比发电机的额定电流大得多。在这种情况下，需对发电机过流保护继电器作特殊考虑。

注：发动机/发电机制造厂公布的技术数据一般用每千瓦发电机定额的发动机输出和最大电压降来表示启动电动机能力。

7.3.3 欠速度保护

交流(a.c.)发电机若在正常电压、低于同步转速下长期运行可能容易损坏。此时应采取适当的保护方法。

7.3.4 逆功率保护

所有并联运行的发电机组应有逆功率保护。逆功率继电器应确切地识别逆向作用于发动机的负载转矩，并使发电机断路器在规定的延时内断开。

7.3.5 负载保护和减载

发电机组在某些条件下运行可能导致电压和/或频率的输出特性为电气负载一部分的某些设备所不能接受。用户应规定这类限值，并给出过/欠电压和过/欠频率保护的有关资料。

应有一种过载优先跳闸系统，在紧急情况下卸去部分负载，使供电保持在希望的容差范围内。系统应优先卸去最不重要的负载。

7.3.6 控制回路保护

所有的控制和测量仪表应有充分的过流保护。

7.3.7 接地故障保护

接地故障保护可用于发电机组或与其连接的系统。对于系统中采用的具体中性线接地方法，都有与其相适应的继电器保护方案(见图2)。

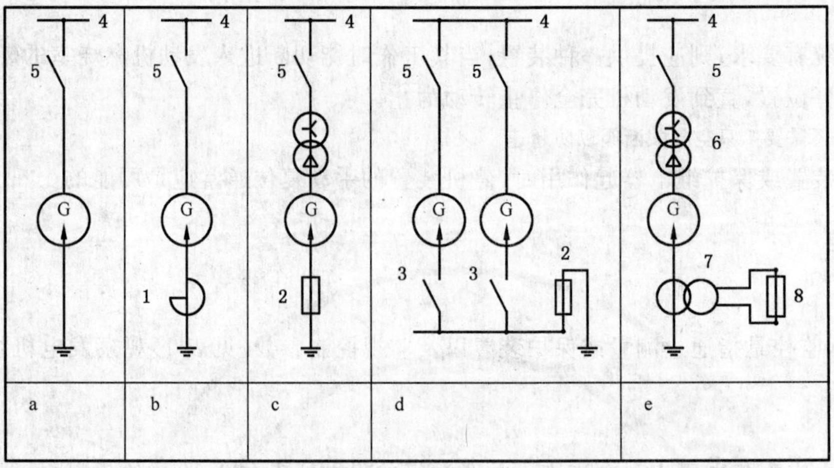

G——发电机；
1——电抗；
2——接地电阻；
3——中性线断路器；
4——公共母线；
5——断路器；
6——单元升压变压器；
7——配电变压器；
8——次级电阻；
a——直接接地；
b——电抗接地；
c——低电阻接地；
d——多电源系统的低电阻接地(1个接地电阻和开关装置)；
e——配电变压器(带次级电阻的接地)。

图2 发电机中性线接地方法

接地故障保护通常由三种检测零序电流的继电器方案来实现。

a) 剩余电流继电器防护方案(见图3a))

接地故障电流是通过检验三相总加电流互感器次级绕组中的剩余电流信号来检测的。当出现接地故障时,连接在电流互感器中性线上的接地故障继电器才有电流。

b) 接地传感器方案(见图3b))

穿心式磁势平衡电流互感器环绕各相导线(电缆电流互感器)。接地故障继电器检测不对称并捕捉零序电流分量。对于线对中性线连接的负载,穿心式磁势平衡电流互感器也环绕中性线。

c) 中性线接地方案(见图3c))

接地故障电流通过连接于阻性接地系统中性线接地导体上的零序电流互感器的变换,由接地故障保护继电器检验(见图3c))。

为了获得到选择性,通常采用限定的接地故障保护。这种保护形式仅监控某一特定范围,一般为从发电机定于绕组到电流互感器安装点。该保护范围外的接地故障是由定向接地故障继电器的断开来抑制的。若是低电阻中性线接地,继电器的极化作用由零序电流产生,若是高电阻中性线接地则由零序电压产生。

对于单独的发电机组,可提供不受限制的接地故障保护。

对于固定式高电压发电机组,实施接地故障保护也是可行的。

应特别注意用于临时供电的单台低电压发电机组的独立运行情况。

接地故障保护装置的配置应按供电管理局、用户和发电机组制造商之间的协议。

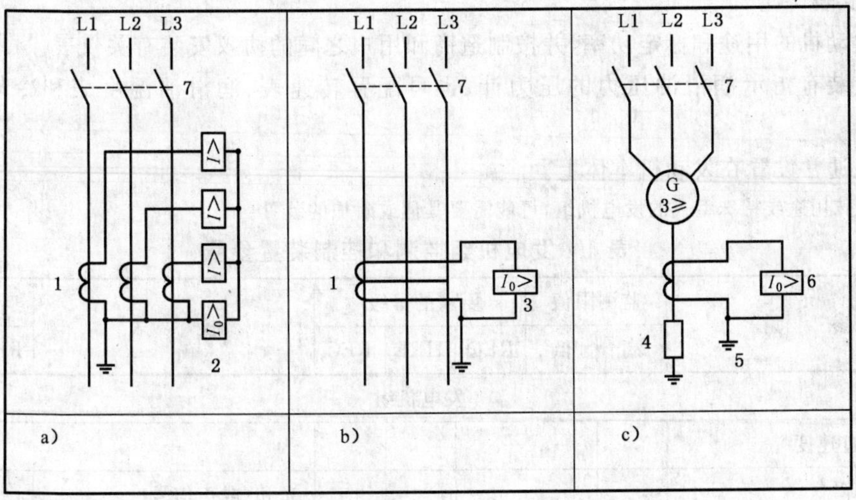

1——电流互感器；

2——剩余电流继电器；

3——接地传感器继电器；

4——接地电阻；

5——接地故障电流；

6——中性线接地继电器；

7——发电机回路断路器；

G——发电机；

a)——剩余电流继电器防护方案(不适用于低电压 4 线系统)；

b)——接地传感器方案(通常电流互感器的变化为 50 A/5 A 或 100 A/5 A)；

c)——中性线接地方案(通常电流互感器的变比为接地故障电流/5 A)。

图 3　检测零序电流的接地故障保护

7.4　发动机保护系统

在考虑了发电机组的输出和用途后，往复式内燃(RIC)机保护和监测装置的选择和扩展应经制造商和用户同意。

应监测下列发动机运行参量(见表 1)：

——低润滑油压力，

——发动机超速；

——发动机冷却液温度；

——皮带故障(风冷发动机)。

根据发电机组的用途，推荐监测下列附加的发动机运行参量：

——冷却液液位；

——排气温度；

——润滑油温度；

——防火(按 GB/T 4556—2001 的要求)。

表 1 给出了更多推荐的发动机监测要点。

当被监测的发动机参数超过允许的运行限值时，下述动作之一应执行：

——仅报警(不停机)；

——报警并断开负载；

——报警并立即停机。

可以进行光和/或声报警。

7.5 发动机仪表

应根据发动机的用途和标定功率,并按制造商和用户之间的协议安装有关仪表。

发动机应装有指示润滑油压力的压力计,也可配置转速表、润滑油温度表和冷却液温度表(见表1)。

这些仪表通常设置在发动机本体上。

注:对于特殊用途或特殊型式的发电机组,可能需要其他或附加的装置。

表1 发电机组监测和控制装置参量

序号	参量	监测限值		要求的等级[a]			仪表	要求的等级[a]		
		高	低	REQ	HRE	REC		REQ	HRE	REC
发电机组										
1	发动机过速度[b]	×	—	×			—		—	
2	启动故障[c,d]	—	—		×		光和/或声信号[c]		×	
3	蓄电池电压[c,d]	—	×		×		光和/或声信号[d]			×
4	蓄电池充电器故障[c,d]	—	—		×		—		—	
5	燃油油位[c,d]	×	×		×		光和/或声信号			×
6	启动空气压力[d,e]	—	×		×		自动调节控制用于自动操纵的发电机组			×
7	启动器传动齿轮重发器[f]	—	—			×	—		—	
8	保护隔离定时器	—	—	×			—		—	
9	启动延迟[c]	—	—		×		—		—	
10	发动机在空载转速下停机延迟[c,d,g]				×		—		—	
11	发电机减载后断路器跳闸[c,h,i]	—	—		×		—		—	
12	工作状态选择开关[c]	—	—		×		—		—	
13	频率	—	—		—		频率表 同步时用两用频率表			×
14	频率保护[b]	×	×			×	—		—	
15	电压	—	—		—		电压表 适用于转换开关读取3相电压,同步时用两用电压表	×		
16	电压保护[b]	×	×		×		—		—	
17	转速整定[j]	—	—		×		—		—	
18	电压整定[j]	—	—		×		—		—	
19	电网电压[k]	—	—		×		—		—	

表 1（续）

序号	参　量	监测限值		要求的等级[a]			仪　表	要求的等级[a]		
		高	低	REQ	HRE	REC		REQ	HRE	REC
20	预热系统	—	—			×	—		—	
21	运行小时	—	—		—		运行小时计数器			×
22	电流	—	—		—		用于各相的电流表	×		
23	有功功率	—	—		—		有功功率表，当负载完全对称时允许用单相表测量	×[j]		×
24	功率因数	—	—		—		功率因数表			×
25	无功功率	—	—		—		无功功率表			×
26	同步设备[i,j]	—	—	×			同步指示器、零位电压表或同步灯	×		
27	短路保护	×	—	×			—		—	
28	过载保护	×	—	×			—		—	
29	延时过电流保护[l]	×	—		×		—		—	
30	电压抑制过电流保护[m]	×	—		×		—		—	
31	定向时间过电流保护[b,n]	×	—		×		—		—	
32	逆功率保护[j]	—	—		×		—		—	
33	系统分离装置[h]	—	—		×		—		—	
34	无功电流限制装置[h,o]	—	—		×		—		—	
35	系统接地故障保护	—	—			×	—		—	
36	启动器接地故障保护[n,p]	—	—			×	—		—	
37	差分电流保护[b,g,n,p]	—	—		×		—		—	
38	不对称负载保护[q]	×	—			×	—		—	
	发动机									
39	转速	—	—			×	转速表			×
40	润滑油压力	—	×	×			润滑油压力表	×		
41	润滑油温度	—	×			×	润滑油温度表			×
42	润滑油油位	—	×			×	—		—	
43	发动机冷却液温度	×	—	×			冷却液温度表		×	
44	发动机冷却液位[c]	—	×		×		—		—	
45	皮带故障[c]	—	—	×			—		—	
46	冷却风扇故障	—	—			×	—		—	
47	排气温度	×	—			×	排气温度表			×

表 1（续）

序号	参量	监测限值		要求的等级[a]			仪表	要求的等级[a]		
		高	低	REQ	HRE	REC		REQ	HRE	REC
48	启动	—	—			×	启动计数器			×
发电机										
49	温度响应过载保护[s]	×	—			×	—		—	
50	转子接地故障保护[n,t]	—	—			×	—		—	
51	磁场损耗保护[j,n,u]	—	—			×	—		—	

a REQ:要求;HRE:极力推荐;REC:推荐。

b 不适用于 100 kW 以下的发电机组。

c 用于自动操作的发电机组。

d 对安全使用设施的要求。

e 压缩空气启动的发动机。

f 电启动的发动机。

g 大于 2 MVA 的低压发电机。

h 用于与商业电网并联运行。

i 发电机组与电网无中断转换。

j 用于并联运行。

k 电网备用控制。

l 为便于选择,短路保护采用定时延时;过载保护采用反时延时。

m 发电机供给不足的持续短路电流时。

n 用于高压发电机。

o 商业电力系统出现长时间电压偏差(>±5%)。

p 发电机应消磁。

q 在过分不对称负载系统连续运行的情况下,也用于断相保护。

r 用于风冷发动机。

s 当热敏电阻式温度传感器是嵌入定子绕组中时,对高电压发电机通常不使用。

t 无刷发电机通常不采用。

u 中、低转速发电机组。

参 考 文 献

［1］ GB/T 6072.3—2003 往复式内燃机 性能 第3部分:试验测量

［2］ IEC 60947-4-1:2000 低压开关设备和控制设备 第4-1部分:接触器和电动机启动器——机电接触器和电动机启动器

［3］ GB/T 2820.3—2009 往复式内燃机驱动的交流发电机组 第3部分:发电机用交流发电机

ICS 29.160.40
K 52

中华人民共和国国家标准

GB/T 2820.5—2009/ISO 8528-5:2005
代替 GB/T 2820.5—1997

往复式内燃机驱动的交流发电机组 第5部分:发电机组

Reciprocating internal combustion engine driven alternating current generating sets—Part 5: Generating sets

(ISO 8528-5:2005,IDT)

2009-05-06 发布　　　　2009-11-01 实施

中华人民共和国国家质量监督检验检疫总局
中国国家标准化管理委员会　发布

前　言

GB/T 2820在《往复式内燃机驱动的交流发电机组》总标题下由下列各部分组成：

——第1部分：用途、定额和性能

——第2部分：发动机

——第3部分：发电机组用交流发电机

——第4部分：控制装置和开关装置

——第5部分：发电机组

——第6部分：试验方法

——第7部分：用于技术条件和设计的技术说明

——第8部分：对小功率发电机组的要求和试验

——第9部分：机械振动的测量和评价

——第10部分：噪声的测量(包面法)

——第11部分：旋转不间断电源　性能要求和试验方法

——第12部分：对安全装置的应急供电

本部分为GB/T 2820的第5部分。本部分等同采用ISO 8528-5:2005《往复式内燃机驱动的交流发电机组　第5部分：发电机组》。

本部分代替GB/T 2820.5—1997《往复式内燃机驱动的交流发电机组　第5部分：发电机组》。

本部分与GB/T 2820.5—1997相比，引用标准有了较大变化；有关符号、术语及定义集中编排在第3章；第14章定额标牌及第16章表4的注释内容有变化；(对初始频率的)瞬态频率偏差等技术内容有实质性修改。

本部分由中国电器工业协会提出。

本部分由全国移动电站标准化技术委员会(SAC/TC 329)归口。

本部分主要起草单位：兰州电源车辆研究所、空军雷达学院、重庆通信学院、上海科泰电源股份有限公司、深圳市赛瓦特动力科技有限公司、泰州锋陵特种电站有限公司、郑州佛光发电设备有限公司、广州三业科技有限公司、福州福发发电设备有限公司。

本部分主要起草人：杨俊智、张洪战、张友荣、沈卫东、庄衍平、张贵财、孙亚平、王忠华、郑浩、林福长、王丰玉。

本部分所代替标准的历次版本发布情况：

——GB/T 2820.5—1997。

往复式内燃机驱动的交流发电机组 第5部分:发电机组

1 范围

GB/T 2820 的本部分规定了由往复式内燃(RIC)机和交流(a.c.)发电机组合为机组运行的术语、设计和性能。

本部分适用于由往复式内燃(RIC)机驱动的陆用和船用交流(a.c.)发电机组,不适用于航空或驱动陆上车辆和机车的发电机组。

对于某些特殊用途(例如医院、高层建筑必不可少的供电),附加要求可能是必需的。本部分的规定可作为确定任何附加要求的基础。

对于由其他型式的往复式原动机(例如蒸汽发动机)驱动的交流(a.c.)发电机组,本部分的规定可作为基础。

2 规范性引用文件

下列文件中的条款通过 GB/T 2820 的本部分的引用而成为本部分的条款。凡是注日期的引用文件,其随后所有的修改单(不包括勘误的内容)或修订版均不适用于本部分,然而,鼓励根据本部分达成协议的各方研究是否可使用这些文件的最新版本。凡是不注日期的引用文件,其最新版本适用于本部分。

GB 755—2008 旋转电机 定额和性能(IEC 60034-1:2004,IDT)

GB/T 2820.1—2009 往复式内燃机驱动的交流发电机组 第1部分:用途、定额和性能(ISO 8528-1:2005,IDT)

GB/T 2820.2—2009 往复式内燃机驱动的交流发电机组 第2部分:发动机(ISO 8528-2:2005,IDT)

GB/T 2820.3—2009 往复式内燃机驱动的交流发电机组 第3部分:发电机组用交流发电机(ISO 8528-3:2005,IDT)

GB/T 6072.4—2000 往复式内燃机 性能 第4部分:调速(idt ISO 3046-4:1997)

GB/T 6072.5—2003 往复式内燃机 性能 第5部分:扭转振动(ISO 3046-5:2001,IDT)

ISO 8528-12:1997 往复式内燃机驱动的交流发电机组 第12部分:对安全装置的应急供电

3 符号、术语和定义

在标示电气设备的技术数据时,IEC 采用术语"额定的"加下标"N"表示。在标示机械设备的技术数据时,ISO 采用术语"标定的"加下标"r"表示。因此,在本部分中,术语"额定的"仅适用于电气项目。否则,全部采用术语"标定的"。

本标准所使用的符号和缩写词的解释见表1。

表1 符号、术语和定义

符号	术语	单位	定义
f	频率	Hz	—
$f_{d,max}$	最大瞬态频率上升(上冲频率)	Hz	从较高功率突变到较低功率时出现的最高频率 注:与 GB/T 6072.4—2000 中的符号不同。

表 1（续）

符号	术语	单位	定义
$f_{d,min}$	最大瞬态频率下降(下冲频率)	Hz	从较低功率突变到较高功率时出现的最低频率 注：与 GB/T 6072.4—2000 中的符号不同。
f_{do}^{a}	过频率限制装置的工作频率	Hz	在整定频率一定时，过频率限制装置启动运行时的频率
f_{ds}	过频率限制装置的整定频率	Hz	超过该值时将触发过频率限制装置的发电机组频率 注：在实践中，用确定的允许过频率值代替整定频率值(也见 GB/T 2820.2—2009 表 1)。
f_i	空载频率	Hz	—
$f_{i,r}$	额定空载频率	Hz	—
f_{max}^{b}	最高允许频率	Hz	由发电机组制造商规定、低于频率极值一定安全量的频率
f_r	标定频率(额定频率)	Hz	—
$f_{i,max}$	最高空载频率	Hz	—
$f_{i,min}$	最低空载频率	Hz	—
f_{arb}	实际功率时的频率	Hz	—
$\hat{\check{f}}$	频率波动范围	Hz	—
I_k	持续短路电流	A	—
t	时间	s	—
t_a	总停机时间	s	从发出停机命令到发电机组完全停止的间隔时间： $t_a=t_i+t_c+t_d$
t_b	加载准备时间	s	在考虑了给定的频率和电压容差后，从发出启动命令到准备提供约定功率的间隔时间： $t_b=t_p+t_g$
t_c	卸载运行时间	s	从卸载到给出发电机组停机信号的间隔时间。即常说的“冷却运行时间”
t_d	停转时间	s	从给出发电机组停机信号到发电机组完全停止的间隔时间
t_e	加载时间	s	从发出启动命令到施加约定负载的间隔时间： $t_e=t_p+t_g+t_s$
$t_{f,de}$	负载减少后的频率恢复时间	s	在规定的负载突减后，从频率离开稳态频率带至其永久地重新进入规定的稳态频率容差带之间的间隔时间(见图 4)
$t_{f,in}$	负载增加后的频率恢复时间	s	在规定的负载突加后，从频率离开稳态频率带至其永久地重新进入规定的稳态频率容差带之间的间隔时间(见图 4)
t_g	总升转时间	s	在考虑了给定的频率和电压容差后，从开始转动到做好准备供给约定功率止的间隔时间
t_h	升转时间	s	从开始转动至首次达到标定转速止的间隔时间
t_i	带载运行时间	s	从给出停机指令至断开负载止的间隔时间(自动化机组)
t_p	启动准备时间	s	从发出启动指令至开始转动的间隔时间
t_s	负载切换时间	s	从准备加入约定负载至该负载已连接止的间隔时间

表 1（续）

符号	术　语	单位	定　义
t_u	中断时间	s	从初始启动要求的出现起至投入约定负载止的间隔时间： $t_u = t_v + t_p + t_g + t_s = t_v + t_e$ 注 1：该时间对自动启动的发电机组应专门加以考虑(见第 11 章)。 注 2：恢复时间(ISO 8528-12:1997)为中断时间的特例。
$t_{U,de}$	负载减少后的电压恢复时间	s	从负载减少瞬时至电压恢复到并保持在规定的稳态电压容差带内瞬时止的间隔时间(见图 5)
$t_{U,in}$	负载增加后的电压恢复时间	s	从负载增加瞬时至电压恢复到并保持在规定的稳态电压容差带瞬时止的间隔时间(见图 5)
t_v	启动延迟时间	s	从初始启动要求的出现至有启动指令(尤其对自动启动的发电机组)止的间隔时间。该时间不取决于所采用的发电机组。该时间的精确值由用户负责确定，或有要求时按立法管理机构的专门要求确定。例如，该时间应可保证在出现非常短暂的电网故障时避免启动
t_z	发动时间	s	从开始转动至达到发动机发火转速止的间隔时间
t_0	预润滑时间	s	对某些发动机，在开始发动之前为保证建立润滑油压力所要求的时间。对通常不要求预润滑的小型发电机组，该时间一般为零
v_f	频率整定变化速率		在远程控制条件下，用每秒相对的频率整定范围的百分数来表示频率整定变化速率： $v_f = \frac{(f_{i,max} - f_{i,min})/f_r}{t} \times 100$
v_u	电压整定变化速率		在远程控制条件下，用每秒相对的电压整定范围的百分数来表示电压整定变化速率： $v_u = \frac{(U_{s,up} - U_{s,do})/U_r}{t} \times 100$
$U_{s,do}$	下降调节电压	V	—
$U_{s,up}$	上升调节电压	V	—
U_r	额定电压	V	在额定频率和额定输出时发电机端子处的线对线电压 注：额定电压是按运行和性能特性由制造商给定的电压。
U_{rec}	恢复电压	V	在规定负载条件能达到的最高稳态电压 注：恢复电压一般用额定电压的百分数表示。它通常处在稳态电压容差带(ΔU)内。当超过额定负载时，恢复电压受饱和度和励磁机/调节器磁场强励能力的限制(见图 5)。
U_s	整定电压	V	就限定运行由调节选定的线对线电压
$U_{st,max}$	最高稳态电压	V	考虑到温升的影响，在空载与额定输出之间的所有功率、额定频率及规定功率因数的稳态条件下的最高电压
$U_{st,min}$	最低稳态电压	V	考虑到温升的影响，在空载与额定输出之间的所有功率、额定频率及规定功率因数的稳态条件下的最低电压
U_0	空载电压	V	额定频率和空载时在发电机端子处的线对线电压
$U_{dyn,max}$	负载减少时上升的最高瞬时电压	V	从较高负载突变到较低负载时出现的最高电压

表 1（续）

符号	术　语	单位	定　义
$U_{dyn,min}$	负载增加时下降的最低瞬时电压	V	从较低负载突变到较高负载时出现的最低电压
$\hat{U}_{max,s}$	整定电压最高峰值	V	—
$\hat{U}_{min,s}$	整定电压最低峰值	V	—
$\hat{U}_{mean,s}$	整定电压最高峰值和最低峰值的平均值	V	—
$\hat{U}_{mod,s}$	电压调制	%	在低于基本发电频率的典型频率下，围绕稳态电压的准周期电压波动（峰对峰），用额定频率和恒定转速时平均峰值电压的百分数表示： $\hat{U}_{mod,s}=2\frac{\hat{U}_{mod,s,max}-\hat{U}_{mod,s,min}}{\hat{U}_{mod,s,max}+\hat{U}_{mod,s,min}}\times 100$ 注 1：这可能是由调节器、循环不均匀度或间断负载引起的循环或随机的扰动。 注 2：灯光闪烁是电压调制的 1 个特例（见图 11 和图 12）。
$\hat{U}_{mod,s,max}$	电压调制最高峰值	V	围绕稳态电压的准周期最大电压变化（峰对峰）
$\hat{U}_{mod,s,min}$	电压调制最低峰值	V	围绕稳态电压的准周期最小电压变化（峰对峰）
$\hat{\underset{\smile}{U}}$	电压振荡宽度	V	—
Δf_{neg}	对线性曲线的下降频率偏差	Hz	—
Δf_{pos}	对线性曲线的上升频率偏差	Hz	—
Δf	稳态频率容差带	—	在负载增加或减少后的给定调速周期内，频率达到的围绕稳态频率的约定频率带
Δf_c	对线性曲线的最大频率偏差	Hz	在空载和额定负载间，Δf_{neg} 和 Δf_{pos} 的较大者（见图 2）
Δf_s	频率整定范围	Hz	最高和最低可调空载频率之间的范围（见图 1）： $\Delta f_s=f_{i,max}-f_{i,min}$
$\Delta f_{s,do}$	频率整定下降范围	Hz	标定空载频率和最低可调空载频率之间的范围（见图 1）： $\Delta f_{s,do}=f_{i,r}-f_{i,min}$
$\Delta f_{s,up}$	频率整定上升范围	Hz	最高可调空载频率和标定空载频率之间的范围（见图 1）： $\Delta f_{s,up}=f_{i,max}-f_{i,r}$
ΔU	稳态电压容差带	V	在突加/突减规定负载后的给定调节周期内，电压达到的围绕稳态电压的商定电压带。除另有规定外： $\Delta U=2\delta U_{st}\times\frac{U_r}{100}$
ΔU_s	电压整定范围	V	在空载与额定输出之间的所有负载、商定的功率因数范围内、额定频率下，发电机端子处电压调节的上升和下降的最大可能范围： $\Delta U_s=\Delta U_{s,up}+\Delta U_{s,do}$

表 1（续）

符号	术　语	单位	定　义
$\Delta U_{s,do}$	电压整定下降范围	V	在空载与额定输出之间的所有负载、商定的功率因数范围内、额定频率下，发电机端子处额定电压与下降调节电压之间的范围： $\Delta U_{s,do}=U_r-U_{s,do}$
$\Delta U_{s,up}$	电压整定上升范围	V	在空载与额定输出之间的所有负载、商定的功率因数范围内、额定频率下，发电机端子处上升调节电压与额定电压之间的范围： $\Delta U_{s,up}=U_{s,up}-U_r$
$\Delta\delta f_{st}$	频率/功率特性偏差	%	在空载与标定功率之间的功率范围内，对线性频率/功率特性曲线的最大偏差，用额定频率的百分数表示（见图 2）： $\Delta\delta f_{st}=\frac{\Delta f_c}{f_r}\times 100$
—	频率/功率特性曲线	—	在空载和标定功率之间的功率范围内，对发电机组有功功率所绘出的关系曲线（见图 2）
α_U	相对的稳态电压容差带	%	该容差带用额定电压的百分数表示： $\alpha_U=\frac{\Delta U}{U_r}\times 100$
α_f	相对的频率容差带	%	该容差带用额定频率的百分数表示： $\alpha_f=\frac{\Delta f}{f_r}\times 100$
β_f	稳态频率带	%	恒定功率时发电机组频率围绕平均值波动的包络线宽度$\hat{\check{f}}$，用额定频率的百分数表示： $\beta_f=\frac{\hat{\check{f}}}{f_r}\times 100$ 注 1：应指出 β_f 的最大值出现在 20％标定功率和标定功率之间。 注 2：对于功率低于 20％者，稳态频率带可能显示出较高的值（见图 3），但应允许同步。
δf_d^-	负载增加时（对初始频率）的瞬态频率偏差	%	在突加负载后的调速过程中，下冲频率与初始频率之间的瞬时频率偏差，用初始频率的百分数表示： $\delta f_d^-=\frac{f_{d,min}-f_{arb}}{f_{arb}}\times 100$ 注 1：负号表示负载增加后的下冲，正号表示负载减少后的上冲。 注 2：瞬态频率偏差应在用户允许的频率容差内，且应专门说明。
δf_d^+	负载减少时（对初始频率）的瞬态频率偏差	%	在突减负载后的调速过程中，上冲频率与初始频率之间的瞬时频率偏差，用初始频率的百分数表示： $\delta f_d^+=\frac{f_{d,max}-f_{arb}}{f_{arb}}\times 100$ 注 1：负号表示负载增加后的下冲，正号表示负载减少后的上冲。 注 2：瞬态频率偏差应在用户允许的频率容差内，且应专门说明。
δf_{dyn}^-	负载增加时（对额定频率）瞬态频率偏差	%	在突加负载后的调速过程中，下冲频率与初始频率之间的瞬时频率偏差，用额定频率的百分数表示： $\delta f_{dyn}^-=\frac{f_{d,min}-f_{arb}}{f_r}\times 100$ 注 1：负号表示负载增加后的下冲，正号表示负载减少后的上冲。 注 2：瞬态频率偏差应在用户允许的频率容差内，且应专门说明。

表 1（续）

符号	术　语	单位	定　义
δf_{dyn}^{+}	负载减少时（对额定频率）瞬态频率偏差	%	在突减负载后的调速过程中，上冲频率与初始频率之间的瞬时频率偏差，用额定频率的百分数表示： $\delta f_{dyn}^{+}=\frac{f_{d,max}-f_{arb}}{f_r}\times 100$ 注 1：负号表示负载增加后的下冲，正号表示负载减少后的上冲。 注 2：瞬态频率偏差应在用户允许的频率容差内，且应专门说明。
δU_{dyn}^{-}	负载增加时的瞬态电压偏差	%	负载增加时的瞬态电压偏差是指：发电机在正常励磁条件下以额定频率和额定电压工作，接通额定负载后的电压降，用额定电压的百分数表示： $\delta U_{dyn}^{-}=\frac{U_{dyn,min}-U_r}{U_r}\times 100$ 注 1：负号表示负载增加后的下冲，正号表示负载减少后的上冲。 注 2：瞬态电压偏差应在用户允许的电压容差内，且应专门说明。
δU_{dyn}^{+}	负载减少时的瞬态电压偏差	%	负载减少时的瞬态电压偏差是指：发电机在正常励磁条件下以额定频率和额定电压工作，突然卸去额定负载后的电压上升，用额定电压的百分数表示： $\delta U_{dyn}^{+}=\frac{U_{dyn,max}-U_r}{U_r}\times 100$ 注 1：负号表示负载增加后的下冲，正号表示负载减少后的上冲。 注 2：瞬态电压偏差应在用户允许的电压容差内，且应专门说明。
δf_s	相对的频率整定范围	%	用额定频率的百分数表示的频率整定范围： $\delta f_s=\frac{f_{i,max}-f_{i,min}}{f_r}\times 100$
$\delta f_{s,do}$	相对的频率整定下降范围	%	用额定频率的百分数表示的频率整定下降范围： $\delta f_{s,do}=\frac{f_{i,r}-f_{i,min}}{f_r}\times 100$
$\delta f_{s,up}$	相对的频率整定上升范围	%	用额定频率的百分数表示的频率整定上升范围： $\delta f_{s,up}=\frac{f_{i,max}-f_{i,r}}{f_r}\times 100$
δf_{st}	频率降	%	整定频率不变时，额定空载频率与标定功率时的额定频率之差，用额定频率的百分数表示（见图 1）： $\delta f_{st}=\frac{f_{i,r}-f_r}{f_r}\times 100$
δ_{QCC}	交轴电流补偿电压降程度	—	—
δ_s	循环不均匀度	—	—
δf_{lim}	过频率整定比	%	过频率限制装置的整定频率与额定频率之差除以额定频率，用百分数表示： $\delta f_{lim}=\frac{f_{ds}-f_r}{f_r}\times 100$
δU_{st}	稳态电压偏差	%	考虑到温升的影响，在空载与额定输出之间的所有功率、额定频率及规定功率因数的稳态条件下，相对于整定电压的最大偏差，用额定电压的百分数表示： $\delta U_{st}=\pm\frac{U_{st,max}-U_{st,min}}{2U_r}\times 100$

表 1（续）

符号	术　语	单位	定　义
δU_s	相对的电压整定范围	%	用额定电压的百分数表示的电压整定范围：$\delta U_s=\frac{\Delta U_{s,up}+\Delta U_{s,do}}{U_r}\times 100$
$\delta U_{s,do}$	相对的电压整定下降范围	%	用额定电压的百分数表示的电压整定下降范围：$\delta U_{s,do}=\frac{U_r-U_{s,do}}{U_r}\times 100$
$\delta U_{s,up}$	相对的电压整定上升范围	%	用额定电压的百分数表示的电压整定上升范围：$\delta U_{s,up}=\frac{U_{s,up}-U_r}{U_r}\times 100$
$\delta U_{2,0}$	电压不平衡度	%	空载下的负序或零序电压分量对正序电压分量的比值。电压不平衡度用额定电压的百分数表示

[a] 对于给定的发电机组，其工作频率取决于发电机组的总惯量和过频率保护系统的设计。

[b] 频率限值(见 GB/T 2820.2—2009 中图 3)是指发电机组的发动机和发电机能够承受而无损坏风险的计算频率。

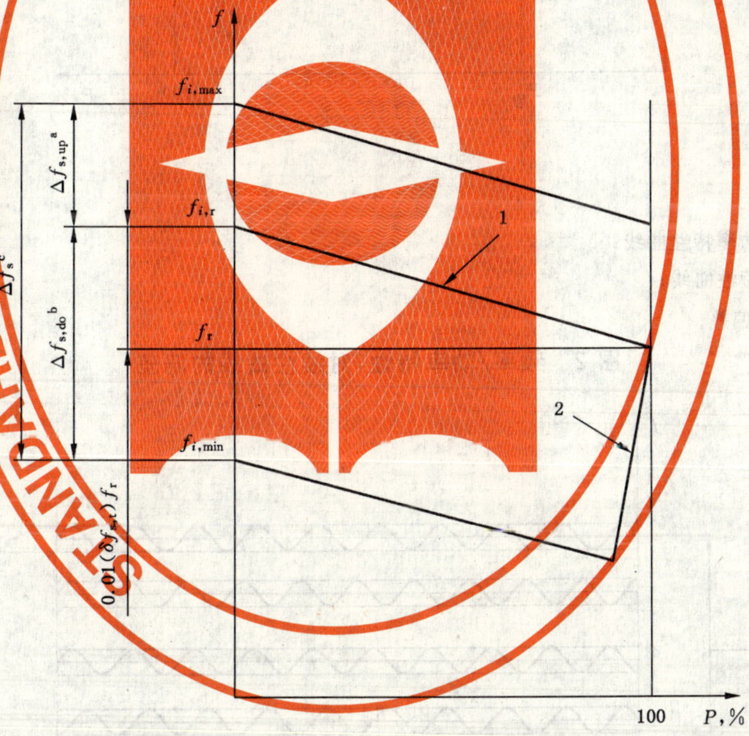

P——功率；

f——频率；

1——频率/功率特性曲线；

2——功率限值(考虑 a.c. 发电机效率的条件下，发电机组的功率极限取决于 RIC 发动机的功率极限，例如限油功率)；

[a] 上升频率整定范围；

[b] 下降频率整定范围；

[c] 频率整定范围。

图 1　频率/功率特性，频率整定范围

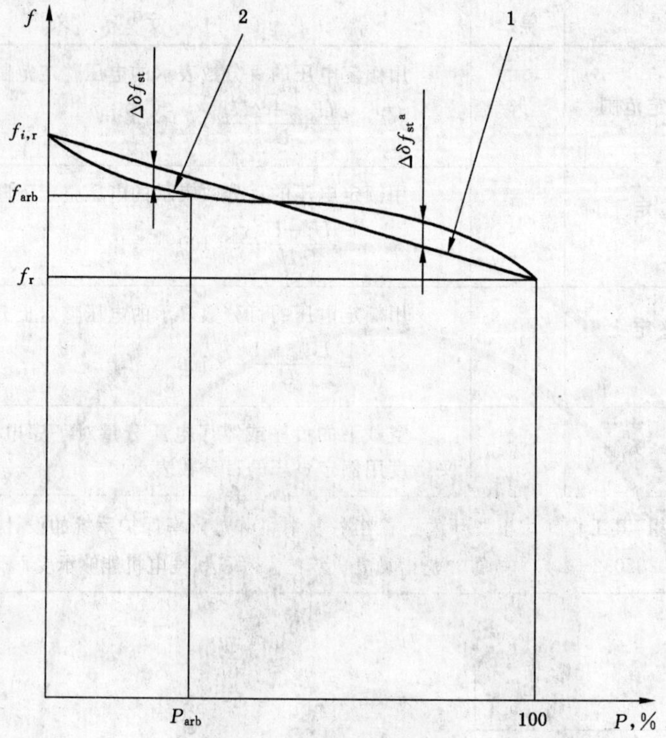

P——功率；

f——频率；

1——线性频率/功率特性曲线；

2——频率/功率特性曲线；

a 频率/功率特性偏差。

图 2 频率/功率特性，对线性曲线的偏差

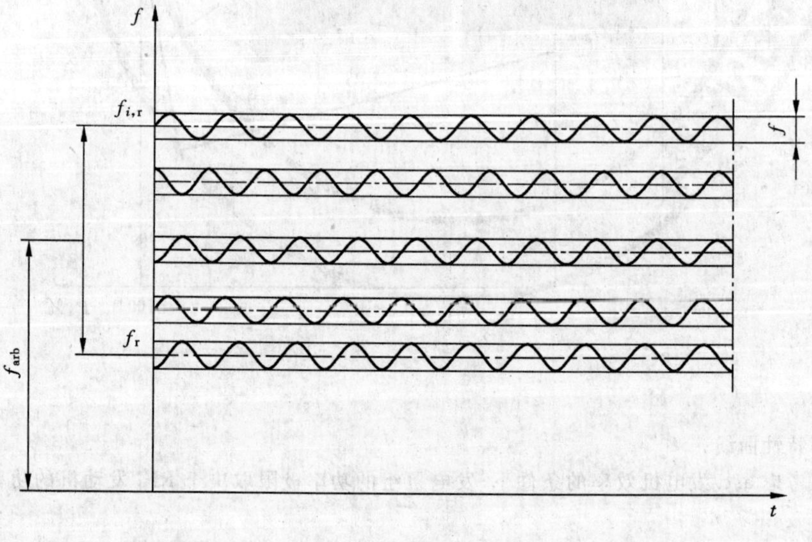

t——时间；

f——频率。

图 3 稳态频率带

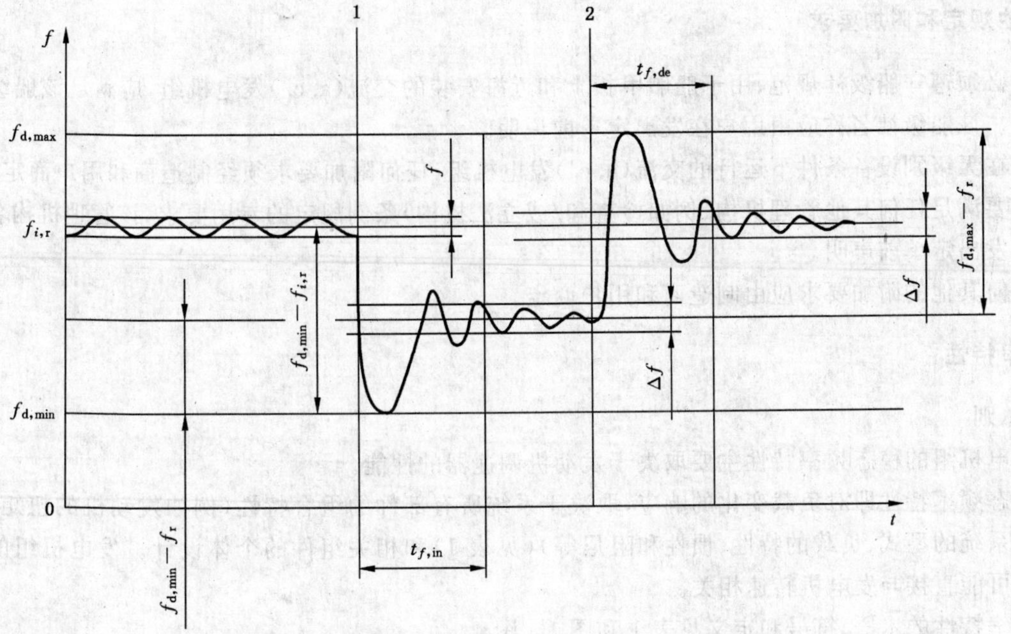

t——时间；

f——频率；

1——功率增加；

2——功率减少。

图 4　动态频率特性

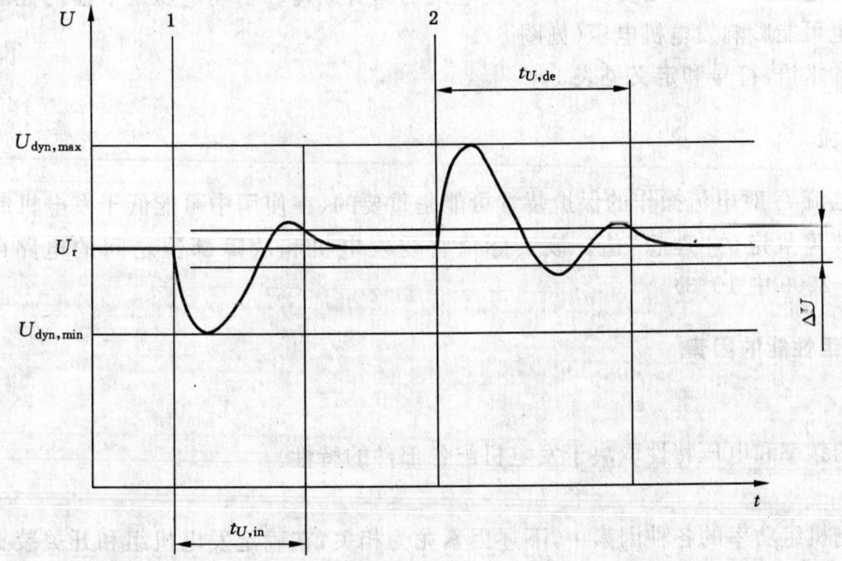

t——时间；

U——电压；

1——功率增加；

2——功率减少。

图 5　无交轴电流补偿电压降的瞬态电压特性

4 其他规定和附加要求

对必须遵守船级社规范、用于船舶甲板上和近海安装的交流(a.c.)发电机组,应满足该船级社的附加要求。该船级社名称应由用户在发出定单前说明。

对在无级别设备条件下运行的交流(a.c.)发电机组,任何附加要求须经制造商和用户商定。

若要满足任何其他管理机构(例如检查和/或立法机构)条例规定的专用要求,该管理机构名称应由用户在发出定单前声明。

任何其他的附加要求应由制造商和用户商定。

5 频率特性

5.1 总则

发电机组的稳态频率特性主要取决于发动机调速器的性能。

动态频率特性即对负载变化的响应,取决于系统所有部件的组合特性(例如发动机的扭矩特性、涡轮增压系统的型式、负载的特性、惯性和阻尼等)(见表1)和相关组件的个体设计。发电机组的动态频率特性可能直接与发电机转速相关。

频率特性的术语、符号和定义见表1和图1～图4。

6 过频率特性

过频率特性的术语、符号和定义见表1。

7 电压特性

发电机组的电压特性主要由交流(a.c.)发电机的固有结构和自动电压调节器的性能决定。稳态和瞬态频率特性也可能影响发电机电压(见图5)。

电压特性的术语、符号和定义见表1。

8 持续短路电流

持续短路电流 I_k 对电流操作的保护装置可能是重要的,在使用中可能低于发电机制造厂对发电机端子处的某种故障规定的"理想"值。该实际值将受发电机和故障部位之间的电路阻抗的影响(见GB/T 2820.3—2009中10.3)。

9 影响发电机组性能的因素

9.1 总则

发电机组的频率和电压特性取决于发电机组各部件的特性。

9.2 功率

在影响发电机组功率的各种因素中,下述因素尤为相关,在确定发电机组和开关装置的规格时应予以考虑:

a) 用途;

b) 连接负载的功率要求;

c) 负载功率因数;

d) 连接的任何电动机的启动特性;

e) 连接负载的多样性;

f) 间断负载;

g) 非线性负载的影响。

在确定往复式内燃(RIC)机、发电机及开关装置的规格时，对连接负载的类型应予以考虑。

9.3 频率和电压

突变负载时发电机组的瞬态频率和电压特性取决于下述因素的影响：

a) 往复式内燃(RIC)机的涡轮增压系统；

b) 往复式内燃(RIC)机在标定功率时的平均有效压力 p_{me}；

c) 调速器特性；

d) 交流发电机类型；

e) 交流发电机励磁系统特性；

f) 电压调节器特性；

g) 整套发电机组的转动惯量。

为了确定因负载变化引起的发电机组的频率和电压特性，需要给定由连接负载设备给出的最大接通和断开负载值。

9.4 负载接受

鉴于不可能量化发电机组响应动态负载的所有影响因素，应以允许的频率降为基础给出施加负载的推荐指导值。平均有效压力 p_{me} 较高，通常需要分级加载。图 6 和图 7 给出了按标定功率时的 p_{me} 分级突加负载的指导值。因此，用户应规定由发电机组制造商考虑的任何特殊负载类型或任何负载接受特性。

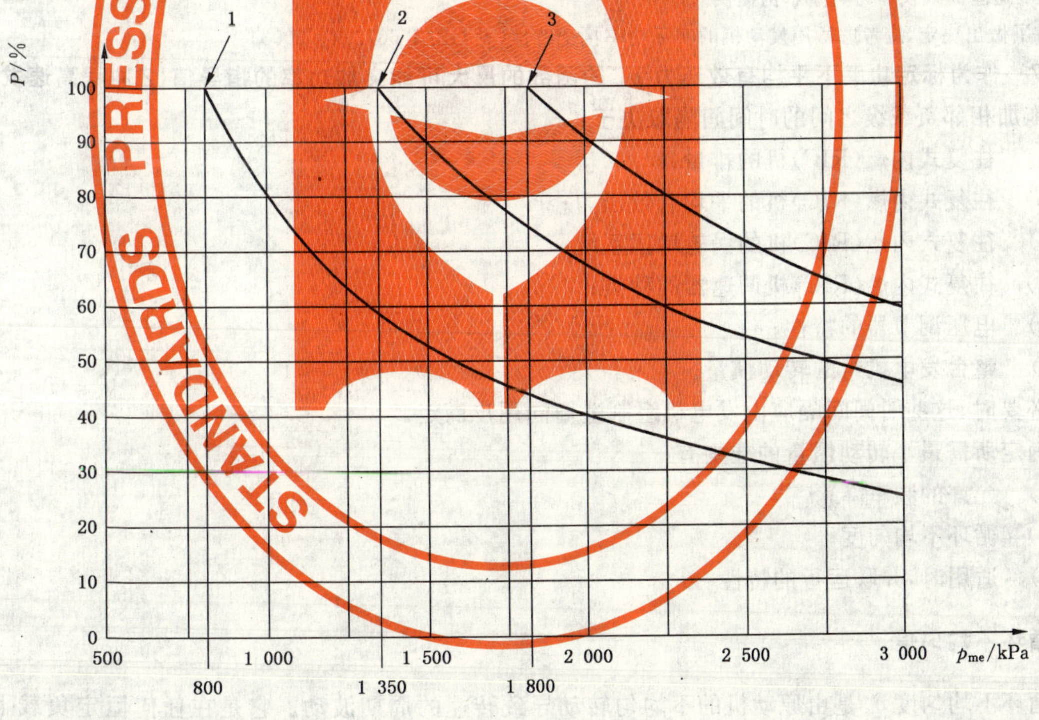

p_{me}——标定功率平均有效压力；

P——现场条件下相对于标定功率的功率增加；

1——第 1 功率级；

2——第 2 功率级；

3——第 3 功率级。

注：这些曲线仅作为典型示例提供。

为了做出决定，应考虑所用发动机的实际功率接受特性(见 GB/T 6072.4—2000)

图 6 作为标定功率下平均有效压力 p_{me} 函数的最大可能突加功率的指导值(4 冲程发动机)

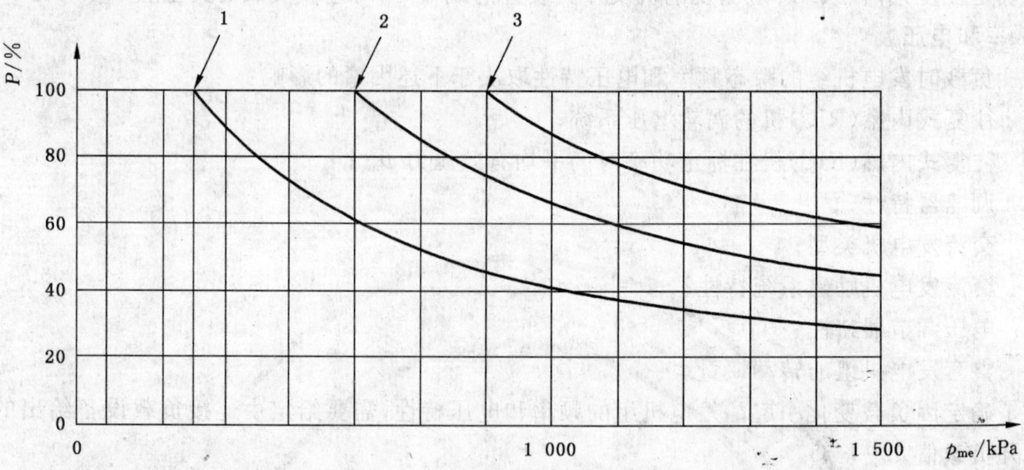

p_{me}——标定功率平均有效压力；

P——现场条件下相对于标定功率的功率增加；

1——第 1 功率级；

2——第 2 功率级；

3——第 3 功率级。

注：这些曲线仅作为典型示例提供。

为了做出决定，应考虑所用发动机的实际功率接受特性（见 GB/T 6072.4—2000）

图 7 作为标定功率下平均有效压力 p_{me} 的函数的最大可能突加功率的指导值（2 冲程高速发动机）

施加相邻负载级之间的时间间隔取决于：

a) 往复式内燃(RIC)机的排量；

b) 往复式内燃(RIC)机的平均有效压力；

c) 往复式内燃(RIC)机的涡轮增压系统；

d) 往复式内燃(RIC)机调速器的种类；

e) 电压调节器的特性；

f) 整台发电机组的转动惯量。

必要时，这些时间间隔应由发电机组制造商同用户商定。

确定所需最小转动惯量的准则有：

a) 允许的频率降；

b) 循环不均匀度；

c) 适用时，并联运行的特性。

10 循环不均匀度

循环不均匀度 δ_s 是由原动机的不均匀转动导致转速的周期波动。它是在任何恒定负载下发电机轴的最高和最低角速度之差与平均角速度之比。在单机运行的情况下，循环不均匀度对发电机电压产生相应的调制作用，因此可通过测量所发出的电压的变化确定：

$$\delta_s = \frac{\hat{U}_{max,s} - \hat{U}_{min,s}}{\hat{U}_{mean,s}}$$

注 1：通过在内燃机和发电机之间安装弹性联轴器和/或变更转动惯量，可以改变与内燃机循环不均匀度测量值有关的发电机转速的循环不均匀度。

注 2：为了避免发动机扭矩的不规则性与机组机电频率之间的振荡，应特别关注同低速（100 r/min～180 r/min）压缩点火（柴油）发电机组的并联运行（见 GB/T 2820.3—2009 第 11 章）。

11 启动特性

启动特性取决于若干因素，如：

a) 空气温度；

b) 往复式内燃(RIC)机的温度；

c) 启动空气压力；

d) 启动蓄电池状况；

e) 润滑油粘度；

f) 发电机组的总惯量；

g) 燃料品质；

h) 启动设备的状态。

以上均需由用户和发电机组制造商商定(见图 8)。

启动特性的术语、符号和定义见表 1。

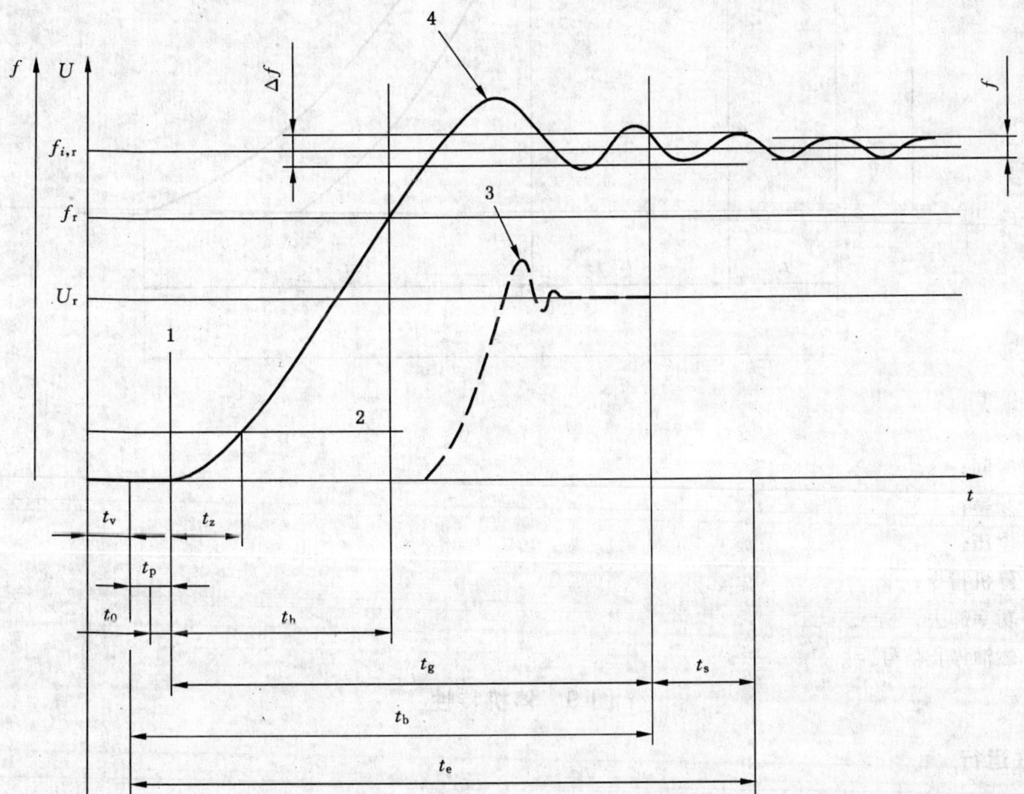

t——时间；

f——频率；

U——电压；

1——启动脉冲；

2——着火转速；

3——电压曲线；

4——频率曲线。

图 8 启动特性

12 停机时间特性

停机时间特性的术语、符号和定义见表1(见图9)。

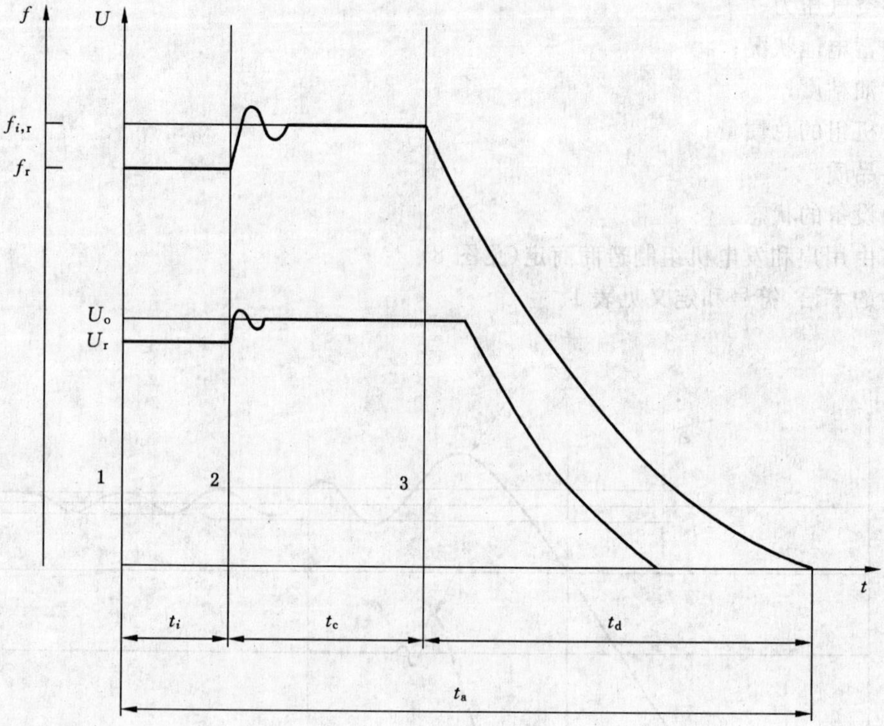

t——时间；

f——频率；

U——电压；

1——停机指令；

2——功率卸去；

3——燃油停止信号。

图9 停机特性

13 并联运行

13.1 有功功率分配

13.1.1 影响有功功率分配的因素

有功功率分配(见图10)可能受下述某个或多个因素的影响：

a) 调速器下降特性；

b) 往复式内燃(RIC)机及其调速器的动态特性；

c) 联轴器的动态特性；

d) 考虑电网或用户设备特性的交流(a.c.)发电机的动态特性；

e) 自动电压调节器特性。

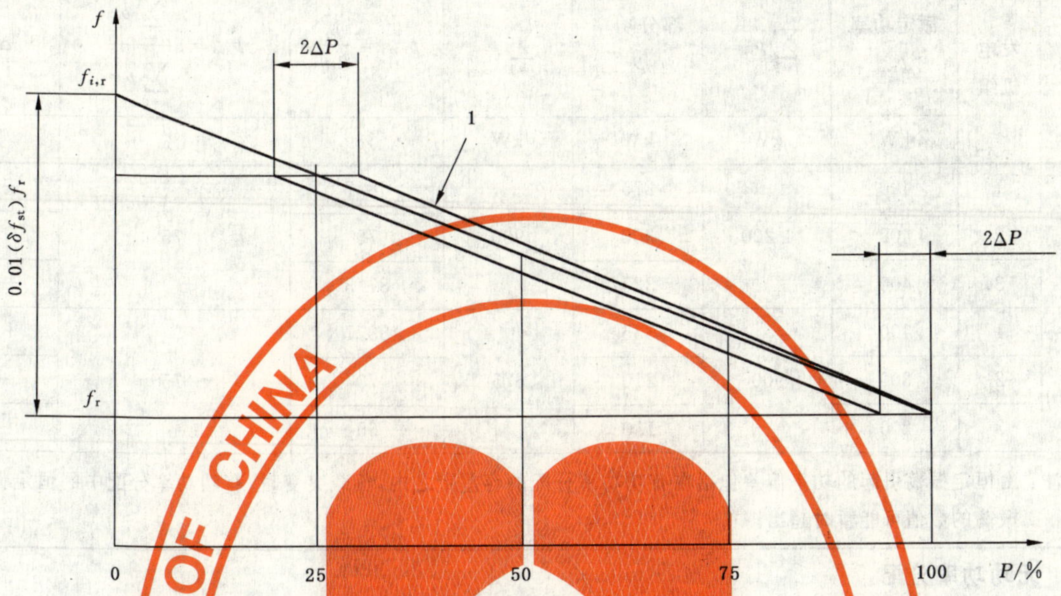

P——功率；

f——频率；

1——容差带。

图 10 并联运行的功率分配

13.1.2 计算方法

在理想的频率特性下，由单台发电机组承担的功率比例与由所有发电机组承担的总功率比例之差用百分数表示的值 Δp_i 为：

$$\Delta p_i = \left[\frac{p_i}{p_{r,i}} - \frac{\sum_{i=1}^{n} p_i}{\sum_{i=1}^{n} p_{r,i}}\right] \times 100$$

式中：

n——并联运行的发电机组数；

i——在一组所有并联运行的发电机组内识别单台发电机组的标记；

p_i——单台发电机组承担的部分有功功率；

$p_{r,i}$——单台发电机组的额定有功功率；

$\sum p_i$——所有并联运行的发电机组的各部分有功功率的总和；

$\sum p_{r,i}$——所有并联运行的发电机组的各额定有功功率的总和。

若最佳有功功率分配是在总额定有功功率时实现，则当发动机调速器的整定保持不变时，对于特定的发电机组，有功功率分配的最大偏差将出现在总额定有功功率的20%～100%的范围内。与仅通过发动机调速器特性得到的值比较，若都采用自动有功功率分配装置，可减小有功功率偏差。为避免并联运行的发电机组之间存在功率偏差而出现电动机运行工况，要求有适当的保护措施，例如逆功率继电器。

13.1.3 有功功率分配实例

以 $\cos\phi=0.8$(滞后)为例，见表 2。

表 2　有功功率分配实例

实例	发电机组	额定功率 $p_{r,i}$	$\sum_{i=1}^{n} p_{r,i}$	部分功率 p_i	$\sum_{i=1}^{n} p_i$	$p_{i,p}=\frac{p_i}{p_{r,i}}$	$p_{s,p}=\frac{\sum_{i=1}^{n} p_i}{\sum_{i=1}^{n} p_{r,i}}$	Δp_i
		kW	kW	kW	kW	%	%	%
1	1	400	1 200	275	900	68.7	75	−6.3
	2	400		300		75		0
	3	400		325		81.3		+6.3
2	1	400	900	335	675	83.7	75	+8.7
	2	300		210		70		−5
	3	200		130		65		−10

注：由恒定振荡引起的功率偏差包括在有功功率分配的容差带之内，负载突变时，有功功率分配中的恒定偏差和振荡的数值可能暂时超出。

13.2　无功功率分配

13.2.1　影响无功功率分配的因素

无功功率分配可能受下述某个或多个因素的影响：

a)　交轴电流补偿电压降程度；

b)　均压线环节的稳定作用是否存在；

c)　无功功率分配自动控制特性；

d)　自动电压调节特性。

13.2.2　计算方法

在理想的电压降特性下，由单台发电机组承担的无功功率比例与由所有发电机组承担的总无功功率比例之差用百分数表示的值 ΔQ_i 为：

$$\Delta Q_i = \left[\frac{Q_i}{Q_{r,i}} - \frac{\sum_{i=1}^{n} Q_i}{\sum_{i=1}^{n} Q_{r,i}} \right] \times 100$$

式中：

n——并联运行的发电机组数；

i——在一组所有并联运行的发电机组内识别单台发电机组的标记；

Q_i——单台发电机组承担的部分无功功率；

$Q_{r,i}$——单台发电机组的额定无功功率；

$\sum Q_i$——所有并联运行的发电机组的各部分无功功率的总和；

$\sum Q_{r,i}$——所有并联运行的发电机组的各额定无功功率的总和。

若最佳无功功率分配是在总额定无功功率时实现，则当电压控制基准值的整定保持不变时，对于某一特定的发电机组的无功功率分配的最大偏差将出现在总额定无功功率的20%～100%的范围内。精确的无功功率分配是可以实现的，例如通过：

a)　交轴电流补偿电压降程度；

b)　均压线环节的稳定作用；

c)　无功功率分配自动控制特性。

13.2.3　无功功率分配实例

以 $\cos\phi = 0.8$（滞后）为例，见表 3。

表 3　无功功率分配实例

实例	发电机组	额定无功功率 $Q_{r,i}$	$\sum_{i=1}^{n} Q_{r,i}$	部分无功功率 Q_i	$\sum_{i=1}^{n} Q_i$	$\frac{Q_i}{Q_{r,i}} \times 100$	$\frac{\sum_{i=1}^{n} Q_i}{\sum_{i=1}^{n} Q_{r,i}} \times 100$	ΔQ_i
		kvar	kvar	kvar	kvar	%	%	%
1	1	300	900	206	675	68.7	75	−6.3
	2	300		225		75		0
	3	300		244		81.3		+6.3
2	1	300	675	251	507	83.7	75	+8.7
	2	225		158		70.2		−4.8
	3	150		98		65.3		−9.7
注：功率突变时，无功功率分配中的恒定偏差和振荡的数值可能暂时超出。								

13.3　影响并联运行性能的因素

下述因素对并联运行性能可能有影响：

a)　调速器下降特性；

b)　往复式内燃(RIC)机及其调速器的动态特性；

c)　联轴器的动态特性；

d)　考虑连接电网或其他并联运行发电机作用的交流(a.c.)发电机的动态特性；

e)　自动电压调节器特性；

f)　自动电压调节器(AVR)的交轴电流补偿电压降程度(δ_{QCC})。

14　定额标牌

发电机组应有下列定额标牌：

a)　机组定额标牌

至少包括下述内容：

1)　“发电机组 GB/T 2820”字样；

2)　制造商名称或标记；

3)　机组编号；

4)　机组制造年份；

5)　额定功率(kW)，按 GB/T 2820.1—2009 中第 13 章加词头 COP、PRP、LTP 或 ESP；

6)　性能等级，按 GB/T 2820.1—2009 中第 7 章的规定；

7)　额定功率因数；

8)　最高海拔高度，m；

9)　最高环境温度，℃；

10)　额定频率，Hz；

11)　额定电压，V；

12)　额定电流，A；

13)　质量，kg。

b)　往复式内燃(RIC)机定额标牌。

c)　发电机定额标牌，按 GB 755—2008 和 GB/T 2820.3—2009 中第 14 章的规定；

d)　开关装置定额牌，这里的开关装置为发电机组的组成部分。

注 1：图 13 表示用于发电机组的定额标牌实例。

注 2：对于额定值小于 10 kW 的机组，可将内容合并在一块定额牌上。

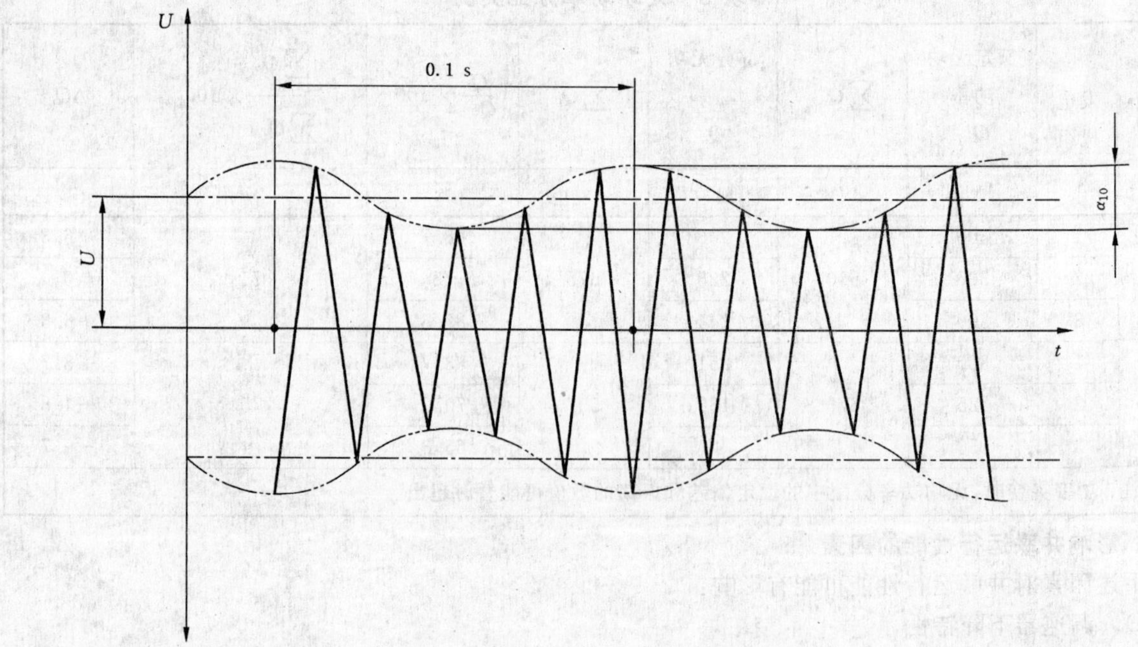

t——时间；

U——电压。

图 11 幅值 α_{10} 和 10 Hz 固定频率的正弦电压调制

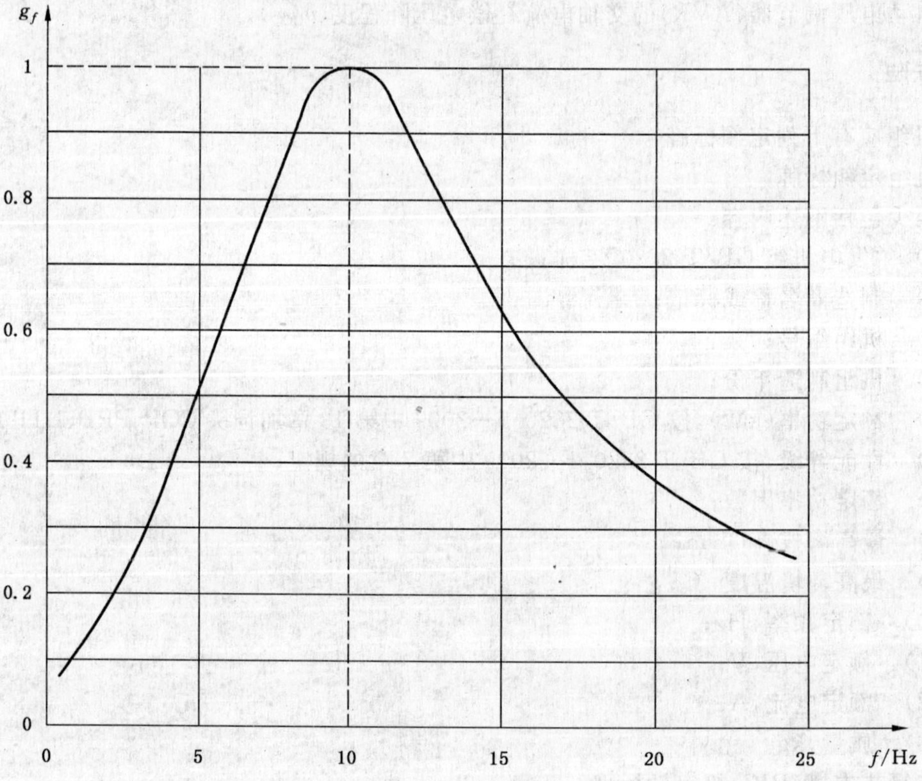

f——频率；

g_f——用 α_f 表示的频率等效因数。

图 12 因亮度变化引起的等效辨别力曲线 $g_f=\frac{\alpha_{10}}{\alpha_f}$

通用机组

制造商		—
编号		—
生产日期		—
额定功率	[灰色方框]	kW
额定功率因数		—
最高现场海拔		m
最高环境温度		℃
额定频率		Hz
额定电压		V
额定电流		A
质量		kg
性能等级		—

[灰色方框] 用于表示功率输出种类的词头(见 GB/T 2820.1—2009),按下述种类选择:

COP——持续功率;

PRP——基本功率;

LTP——限时运行功率;

ESP——应急备用功率。

图 13 往复式内燃(RIC)机驱动的发电机组定额牌实例

15 影响发电机组性能的其他因素

15.1 启动方法

根据发电机组的大小、设计和应用,随能源的不同而采用不同的启动方法:

a) 机械(例如手摇);

b) 电气(例如电启动马达);

c) 气动的(例如压缩空气入气缸或气启动电动机)。

15.2 停机方法

根据设计和应用,随停机信号的类型采用不同的停机方法:

a) 机械;

b) 电气；

c) 气动的；

d) 液压的。

15.3 燃料和润滑油的供给

燃料和润滑油供给的设计应使发电机组能在所有的工作条件下满意地运行。此外，应考虑安全要求（例如防火和防爆）。燃料和润滑油的贮存应遵守有关国家立法管理机构的相应条例。

15.4 燃烧空气

应考虑供燃烧所需空气的品质，以便确定滤清的程度。

15.5 排气系统

排气系统应按（发动机制造商规定的）允许的排气背压和要求的噪声衰减设计。下列要求可能是重要的：

a) 是否隔离结构噪声；

b) 是否需要隔热和包层（辐射、穿透壁、防接触）；

c) 是否需要管路膨胀补偿；

d) 排泄；

e) 防进水；

f) 防排气爆炸措施；

g) 排气出口端的形状（例如考虑风向、防飞鸟）；

h) 支承；

i) 气体排出物。

15.6 冷却和室内通风

当设计现场建筑物时，往复式内燃（RIC）机、发电机和开关装置的冷却型式以及通风和取气对固定电站是特别重要的。为了正确设计现场建筑物，所要求的技术数据可从发电机组制造商得到。

15.7 监测

电站的监测范围决定于：

a) 预定用途；

b) 运行方式；

c) 发电机组的大小和型式；

d) 用电设备的要求；

e) 制造商的要求；

f) 用户的要求。

所选监测设备应确保机组的使用和运行。

15.8 噪声辐射

若要将固定安装的发电机组噪声辐射限制到一定值，则在规划阶段制造商和用户就应签订专门协议。

若需要测量移动式发电机组的噪声级，则测量可在制造商工厂按短程场地进行。

注 1：包面法按 GB/T 2820.10—2002。

注 2：实际上，按花费大的长程场地测量的结果与按短程场地测量的结果无明显差别。

正如固定式设备的情况一样，对于噪声衰减的处理通常是在现场进行的，因此在制造商工厂的噪声级测量只能在无噪声衰减的情况下进行。若发电机组的噪声衰减有要求，其测量可按移动式发电机组的方法进行。

15.9 联轴器

发电机组/往复式内燃（RIC）机联轴器的选择应考虑系统扭转振动所施加的各种应力，应力受下列因素影响：

a) 功率（直到限油功率）；

b) 往复式内燃(RIC)机和发电机的惯量；

c) 短路扭矩；

d) 不同轴；

e) RIC 发动机点火不良。

短路扭矩出现在发电机端子处的两相线对线短路的条件下。然而在很多情况下,发电机惯量对发动机惯量之比是相当大的,致使在联轴器上的扭矩可能略大于甚至小于持续功率扭矩。

发电机组制造商应对部件的兼容性负责。

15.10 振动

15.10.1 总则

发电机组制造商应证明发电机组的振动系统(发动机—联轴器—发电机—底座),在其正常运行范围内的振动特性安全地处在临界值范围之外。

由电站的其他部分(例如排气系统、基础)引起的振动也应考虑到。

15.10.2 扭转振动

发电机组扭转振动分析按 GB/T 6072.5—2003 规定。

机组制造商应确保机组扭转振动安全地处在临界值范围之外。

当按合同预先约定时,机组制造商应对扭转振动特性进行计算和测量。

扭转振动测量和/或计算的结果应得到发电机组、往复式内燃(RIC)机和被驱动机械制造商的同意,必要时还应得到检验和/或立法管理机构和/或船级社的认可。

15.10.3 线性振动

15.10.3.1 动态弯曲变形

在由发动机—联轴器—发电机组成的旋转系统中,由于发动机的燃烧与惯性力和发电机的电磁力的作用,可能出现动态弯曲变形,在设计各部件和底座时应对此加以考虑。

15.10.3.2 结构振动

15.10.3.2.1 总则

除扭转和线性振动外,存在着由往复式内燃(RIC)机往复作用力和扭矩引起的发电机组振动。发电机组制造商应对彼此相关部件的相容性负责,使各个部件不超过其最大允许振动速度。

15.10.3.2.2 测量位置和测量条件

应在发电机组轴承的水平和/或垂直方向上进行测量。当某一轴承不易接近或对单轴承交流(a.c.)发电机,应在轴承壳体上进行测量。振动速度的测量在发电机组制造商试验台上及额定输出下进行,若可能,应在模拟现场安装条件下进行。若进行该试验时不能达到额定输出,则应按尽可能高的输出。

15.11 基础

为了确定发电机组底座或任何支撑面的尺寸,期望的静态和动态负荷数据可从发电机组制造商得到。

为减小自由惯性力对环境的影响,可能需要合适的弹性安装。

在现场应考虑管道、电缆等所需的一些孔口。

若是弹性安装,电缆和管道连接应是挠性的。

16 性能等级及运行限值

为了确定如 GB/T 2820.1—2009 给出的发电机组电压和频率的重要特性,列入表 4 中的运行限值应予以满足。

应选择同一性能等级的各指标值,这样各部件兼容性才能满足。

当发电机组某个性能等级的所有限值得到满足时,才能选择该性能等级。

建议用户选择能满足其要求的最低性能等级。

表 4 性能等级的运行限值

参数		符号	单位	运行限值			
				性能等级			
				G1	G2	G3	G4
频率降		δf_{st}	%	≤8	≤5	≤3[r]	AMC[a]
稳态频率带		β_f	%	≤2.5	≤1.5[b]	≤0.5	AMC
相对的频率整定下降范围		$\delta f_{s,do}$	%	$>(2.5+\delta f_{st})$			AMC
相对的频率整定上升范围		$\delta f_{s,up}$	%	>2.5[c]			AMC
频率整定变化速率		v_f	%/s	0.2～1			AMC
(对初始频率的)瞬态频率偏差	100%突减功率[p]	δf_d	%	≤+18	≤+12	≤+10	AMC
	突加功率[d,e,q]			$\leqslant-(15+\delta f_{st})$[d]	$\leqslant-(10+\delta f_{st})$[d]	$\leqslant-(7+\delta f_{st})$[d]	
(对额定频率的)瞬态频率偏差	100%突减功率[p]	δf_{dyn}	%	≤+18	≤+12	≤+10	AMC
	突加功率[d,e,q]			≤−15[d]	≤−10[d]	≤−7[d]	
				≤−25[e]	≤−20[e]	≤−15[e]	
频率恢复时间		$t_{f,in}$	s	≤10[f]	≤5[f]	≤3[f]	AMC
		$t_{f,de}$		≤10[d]	≤5[d]	≤3[d]	
相对的频率容差带		α_f	%	3.5	2	2	AMC
稳态电压偏差		δU_{st}	%	≤±5	≤±2.5	≤±1	AMC
				≤±10[g]	≤±5[h]		
电压不平衡度		$\delta U_{2,0}$	%	1[i]	1[i]	1[i]	1[i]
相对的电压整定范围		δU_s	%	≤±5			AMC
电压整定变化速率		v_u	%/s	0.2～1			AMC
瞬态电压偏差	100%突减功率	δU_{dyn}^{+}	%	≤+35	≤+25	≤+20	AMC
	突加功率[d,e]	δU_{dyn}^{-}		≤−25[d]	≤−20[d]	≤−15[d]	
电压恢复时间[j](见图 5)		$t_{U,in}$	s	≤10	≤6	≤4	AMC
		$t_{U,de}$		≤10[d]	≤6[d]	≤4[d]	
电压调制[k,l](见图 11)		$\hat{U}_{mod,s}$	%	AMC	0.3[m,n]	0.3[n]	AMC
有功功率分配[o]	80%和 100%标定定额之间	ΔP	%	—	≤+5	≤+5	AMC
	20%和 80%标定定额之间				≤+10	≤+10	

表 4（续）

参数		符号	单位	运行限值			
				性能等级			
				G1	G2	G3	G4
无功功率分配	20%和 100%标定定额之间	ΔQ	%	—	≤+10	≤+10	AMC

[a] AMC:为制造商和用户之间的协议。

[b] 采用单缸或双缸发动机的发电机组,该值可达 2.5。

[c] 若不需并联运行,转速或电压的整定不变是允许的。

[d] 采用涡轮增压发动机的发电机组,这些数据适用于图 6 和图 7 增加最大允许功率。

[e] 适用于火花点火气体发动机。

[f] 该规定值仅是当卸去 100%负载时的典型数值,此时制动扭矩只由发电机组的机械损耗提供,所以恢复时间将只取决于发电机组的总惯量和机械效率。由于用途和/或发动机型式不同引起的变化会很大。

[g] 适用于 10 kVA 以下的小型机组。

[h] 当考虑无功电流特性时,对带同步发电机的机组在并联运行时的最低要求:频率漂移范围应不超过 0.5%。

[i] 在并联运行的情况下,该值应减小为 0.5。

[j] 除非另有规定,用于计算电压恢复时间的容差带应等于 $2\times\delta U_{st}\times\frac{U_r}{100}$

[k] 运行限值不包括在稳态限值内。

[l] 若因发动机所迫出现发电机的扭转振动,将导致电压调制超过极限,发电机制造厂须予合作以减小振动或提供专门的励磁调节器。

[m] 单缸或双缸发动机的发电机组,该值可为±2。

[n] 在因亮度变化引起光线闪烁的情况下,眼睛的最高辨别力对应 10 Hz 电压波动的刺激阈值为:$U_{mod10}\leqslant 0.3\%$。对 U_{mod10} 给出的运行极限值与 10 Hz 时的某一正弦电压波动有关。对幅值 α_f、频率为 f 的电压波动,等效 10 Hz 的幅值为:$\alpha_{10}=g_f\alpha_f$。式中的 g_f 是按图 12 的频率对应于 α_f 的加权系数。考虑某一电压波动的所有谐波,对应等效 10 Hz 的电压调制为:$\hat{U}_{mod10}=\sqrt{\sum_{i=1}^{n}g_{f,i}^2\alpha_{f,i}^2}$

[o] 当使用该容差时,并联运行发电机组的有功标定负载或无功标定负载的总额按容差值减小。

[p] 负载减小时,运行限值仅在 $f_{arb}=f_r$ 时有效。

[q] 负载增加时,运行限值仅在 $f_{arb}=f_i$ 时有效。

[r] 在某些情况下,频率降为 0%(同步时)。

参 考 文 献

[1] GB/T 2820.10—2002 往复式内燃机驱动的交流发电机组 第10部分:噪声的测量(包面法)

ICS 29.160.40
K 52

中华人民共和国国家标准

GB/T 2820.6—2009/ISO 8528-6:2005
代替 GB/T 2820.6—1997

往复式内燃机驱动的交流发电机组 第6部分:试验方法

Reciprocating internal combustion engine driven alternating current generating sets—Part 6:Test methods

(ISO 8528-6:2005,IDT)

2009-05-06 发布 2009-11-01 实施

中华人民共和国国家质量监督检验检疫总局
中国国家标准化管理委员会 发布

前　言

GB/T 2820 在《往复式内燃机驱动的交流发电机组》总标题下由下列各部分组成：

——第 1 部分：用途、定额和性能

——第 2 部分：发动机

——第 3 部分：发电机组用交流发电机

——第 4 部分：控制装置和开关装置

——第 5 部分：发电机组

——第 6 部分：试验方法

——第 7 部分：用于技术条件和设计的技术说明

——第 8 部分：对小功率发电机组的要求和试验

——第 9 部分：机械振动的测量和评价

——第 10 部分：噪声的测量(包面法)

——第 11 部分：旋转不间断电源　性能要求和试验方法

——第 12 部分：对安全装置的应急供电

本部分为 GB/T 2820 的第 6 部分。本部分等同采用 ISO 8528-6:2005《往复式内燃机驱动的交流发电机组　第 6 部分：试验方法》。

本部分代替 GB/T 2820.6—1997《往复式内燃机驱动器的交流发电机组　第 6 部分：试验方法》。

本部分与 GB/T 2820.6—1997 相比，引用标准及负载试验持续时间等技术要求有较大变化。

本部分由中国电器工业协会提出。

本部分由全国移动电站标准化技术委员会(SAC/TC 329)归口。

本部分主要起草单位：兰州电源车辆研究所、上海科泰电源股份有限公司、威尔信(汕头保税区)动力设备有限公司、深圳市沃尔奔达新能源股份有限公司、英泰集团、郑州金阳电气有限公司、福州福发发电设备有限公司。

本部分主要起草人：张洪战、杨俊智、庄衍平、许乃强、马朝东、潘耀明、陈俊民、张宏斌、林福长、王丰玉。

本部分所代替标准的历次版本发布情况为：

——GB/T 2820.6—1997。

往复式内燃机驱动的交流发电机组 第6部分:试验方法

1 范围

GB/T 2820 的本部分规定了整台发电机组特性的试验方法。

本部分适用于由往复式内燃(RIC)机驱动的陆用和船用交流(a.c.)发电机组,不适用于航空或驱动陆上车辆和机车的发电机组。

对于某些特殊用途(例如医院、高层建筑必不可少的供电),附加要求可能是必需的。本部分的规定可作为确定任何附加要求的基础。

对于由其他型式的往复式原动机(例如蒸汽发动机)驱动的交流(a.c.)发电机组,本部分的规定可作为基础。

注:发动机(GB/T 6072.1—2008 和 GB/T 6072.3—2008)和发电机(GB/T 755.2—2003)现有的试验方法可适用于这些部件。发电机组制造商应负责规定这些特性并进行试验验证。

2 规范性引用文件

下列文件中的条款通过 GB/T 2820 的本部分的引用而成为本部分的条款。凡是注日期的引用文件,其随后所有的修改单(不包括勘误的内容)或修订版均不适用于本部分,然而,鼓励根据本部分达成协议的各方研究是否可使用这些文件的最新版本。凡是不注日期的引用文件,其最新版本适用于本部分。

GB/T 755.2—2003 旋转电机(牵引电机除外)确定损耗和效率的试验方法(IEC 60034-2:1972,IDT)

GB/T 2820.1—2009 往复式内燃机驱动的交流发电机组 第1部分:用途、定额和性能(ISO 8528-1:2005,IDT)

GB/T 2820.5—2009 往复式内燃机驱动的交流发电机组 第5部分:发电机组(ISO 8528-5:2005,IDT)

GB/T 4942.1—2006 旋转电机整体结构的防护等级(IP 代码) 分级(IEC 60034-5:2000,IDT)

GB/T 6072.1—2008 往复式内燃机 性能 第1部分:功率、燃料消耗和机油消耗的标定及试验方法 通用发动机的附加要求(ISO 3046-1:2002,IDT)

GB/T 6072.3—2008 往复式内燃机 性能 第3部分:试验测量(ISO 3046-3:2006,IDT)

IEC 60947-1:2001 低压开关设备和控制设备 第1部分:总则

3 其他规定和附加要求

对必须遵守船级社规范、用于船舶甲板上和近海安装的交流(a.c.)发电机组,应满足该船级社的附加要求。该船级社名称应由用户在发出定单前说明。

对在无级别设备条件下运行的交流(a.c.)发电机组,任何附加要求须经制造商和用户商定。

若要满足任何其他管理机构(例如检查和/或立法机构)条例规定的专用要求,该管理机构名称应由用户在发出定单前声明。

任何其他的附加要求应由制造商和用户商定。

4 一般试验要求

应按 ISO 标准功能试验(见本部分第5章)或 ISO 标准验收试验(见本部分第6章)对发电机组进

行试验。

根据发电机组制造商和用户之间的协议，任一或所有的功能试验可与验收试验合并。

验收试验应在制造商工厂和/或安装现场进行。试验的类型应按制造商和用户之间的书面协议。

发电机组验收试验的详细要求取决于下述基本因素：

a) 用途；

b) 功率输出；

c) 供电程度；

d) 使用；

e) 按 GB/T 2820.1—2009 和 GB/T 2820.5—2009 规定的性能等级。

发电机组制造商至少要按机组修正后的功率和性能等级完成 ISO 标准功能试验。试验报告应按 5.5 要求编制。

ISO 标准功能试验方法主要用于在制造商试验台上对发电机组进行试验。经制造商和用户商定，功能试验和/或验收试验也可在用户所在地或第三方场所进行。

5 ISO 标准功能试验

5.1 总则

发电机组的功能试验应在制造商的试验台条件下进行。考虑到额定有功功率和相关的发电机效率，通常采用额定功率因数负载进行试验。若因试验设备所限，则该试验允许在 1.0 功率因数下进行。这应由制造商和用户商定。

5.2 一般检查

为了保证与规范的一致性，按发电机组制造商技术文件规定对机组进行的一般检查至少应包括以下内容：

a) 供货项目和试验项目的完整性；

b) 调准情况；

c) （按协议）提供的辅助设备的功能运行；

d) 管件连接和部件的紧固性；

e) 按 GB/T 4942.1—2006 和 IEC 60947-1:2001 规定的防护等级；

f) 操作和监测功能。

注：当测量非精密零件时，例如风扇防护罩，作为防护预测的统计方法是可接受的。

5.3 测量

试验应在已达到其正常运行温度的发电机组上进行。发电机组暖机所需的时间将会不同。为了使温度保持稳定，试验工程师应负责保证机组运行足够的时间。

（至少）应记录下列数据：

a) 环境温度、相对湿度和大气压力；

b) 额定输出时发电机组的电压、电流和频率；

c) 在加载和卸载时发电机组的电压、频率和电流，以确定瞬态特性；

d) 监测和控制设备的特征功能。

5.4 测量设备的精确度

试验中使用仪表的最低精确度见表 1。

测量用互感器和传感器应有相应的精确度等级。

表 1 ISO 标准功能(验收)试验——测量设备的精确度

参数	单位	精确度/%
电　流	A	1.5
电　压	V	1.5
有功功率	W	1.5
无功功率	var	1.5
功率因数	—	3.0
频　率	Hz	0.5

5.5 ISO 标准功能试验报告

ISO 标准功能试验报告(至少)应包括下列内容:

a) 按 GB/T 2820.1—2009 规定的发电机组性能等级;

b) 用户和定单编号(若已知);

c) 制造商;

d) 发动机、发电机、控制装置和开关装置编号;

e) 技术数据,包括标定(额定)的和测量的:

　1) 功率;

　2) 电压;

　3) 频率;

　4) 电流;

　5) 功率因数;

　6) 转速;

　7) 电路图编号;

　8) 冷却系统的型式。

f) 外壳防护;

g) 试验现场环境条件:

　1) 海拔高度;

　2) 大气压力;

　3) 环境温度;

　4) 相对湿度;

　5) 进气温度;

　6) 冷却液进口温度。

h) 燃料种类(规格号):

　1) 密度;

　2) 热值(低热值)。

i) 润滑油种类(规格号)。

6 验收试验

6.1 总则

GB/T 2820.1～2820.5—2009 对不同用途的发电机组规定了技术要求。除非已按本部分的验收试验证实,制造厂应证明其发电机组满足 GB/T 2820.1～2820.5—2009 的要求。本部分的验收试验特别适用于:要求符合合同商定的 GB/T 2820.1～2820.5—2009 中定义的性能等级、协商的有关要求或性能等级中变更了的具体运行极限值。

6.2 合同协议

对本部分验收试验的细节应在采购时书面商定。试验设备应能在商定的精确度限值内,实现商定的验收试验中的测量和检查。

凡超出6.6规定的更多要求、附加测量的性能或更多的试验内容,在试验开始前均应经制造商和用户书面商定。若在验收试验过程中要变更第6章规定的试验要求,则应签订相关协议。

商定的验收试验方案的全部或部分的重复或扩展的费用,应由对重复或扩展负有责任的一方承担。

验收试验应在通知已准备好验收试验之后商定的期限内完成。

发电机组制造商不负责维护由用户提供的任何设备。

经发电机组制造商和用户同意,具有试验合格证的完整发电机组的工厂试验可代替验收试验。

安装的单个部件(例如发动机、发电机、开关装置)的验收试验不可代替完整电站或发电机组的验收试验。在特殊情况下,如果经发电机组制造商和用户同意,有关部件制造商提供的部件试验记录可作为对某些特性的验证。

若计算资料需要用来核对或作为测量或试验的一部分,应以协议规定哪些文件该提供、由哪一方提供及其提供的时间。

在合同商定的范围内,可邀请一位双方可接受的检查员见证在制造商工厂和/或安装现场的验收试验。验收试验可在制造商工厂和/或安装现场进行。进行试验的地点应书面商定。

6.3 责任

制造商应对在本厂进行的验收试验负责。

在验收试验开始前,应商定用户和制造商代理人的责任。

6.4 准备

6.4.1 辅助人员、测试设备和工作器材的准备

辅助人员、测试设备和工作器材的规定如下:

a) 验收试验在制造商工厂进行的情况下,制造商应提供常用的工作器材(如负载箱、燃油)、测试设备和辅助人员。

b) 验收试验在安装现场进行时,用户应提供常用的工作器材(如负载箱、燃油)。试验时若需要用户提供辅助人员和任何测试设备,则应由用户和制造商商定。

6.4.2 安装现场验收试验的准备

在验收试验前应允许制造商检查发电机组并进行必要的调整与校验。制造商自己不实施安装时也适用。

6.4.3 制造商工厂验收试验的准备

当验收试验是在制造商工厂进行时,允许使用常规的通风管道和排气管道。除非另有协议,使用工厂自己的辅助装置(例如冷却水泵、润滑油滤清器、冷却器、开关装置)代替发电机组上的相应装置是允许的。

若具体的环境条件和工作器材的性能不能满足验收试验要求,则在验收试验开始前应就环境条件偏离的影响和试验结果的必要换算应达成协议。

6.5 其他细节

若验收试验因较小的、被认为不重要的且可迅速排除的故障而中断,则验收试验在中断得到纠正后应继续进行。

若验收试验因较大的、需要修理或更换主要部件的故障而中断,则验收试验在中断得到纠正后应全部或部分重复。试验重复的程度由用户和制造商商定。

在验收试验过程中,允许对发电机组进行的调整或维护是:

a) 维持试验条件在允差之内所必须;

b) 使用说明书所规定的维护操作和/或调整。

若在安装现场运行的发电机组使用的燃料不是蒸馏型的(例如气体、残留燃料),可能需要专门的规定。

6.6 验收试验范围

6.6.1 总则

取决于发电机组指定用途的验收试验范围分组列于6.6.2和6.6.3中。超出上述范围的检验和测量,需要制定补充协议。验收试验在安装现场进行时,应考虑通常的环境条件。

6.6.2 检查(C)

6.6.2.1 CA组

供货项目和试验项目的完整性。

6.6.2.2 CB组

a) 调准情况;

b) 辅助设备的运行功能;

c) 管件连接和部件的紧固性;

d) 防止意外接触(机械的和电气的)的措施;

e) 操作和监测功能;

f) 振动(稳定性);

g) 异常运转噪声;

h) 重要部件的温升。

6.6.2.3 CC组

a) 开关装置的开关功能;

b) 开关装置的控制功能;

c) 开关装置的监测功能。

6.6.2.4 CD组

对并联运行的适用性。

6.6.3 测量(M)

6.6.3.1 总则

典型的测量项目列于6.6.3.2~6.6.3.14。6.7的要求适用于在验收试验过程中进行测量的项目。

6.6.3.2 MA组

在稳态运行条件下测量下列参数:

a) 电压;

b) 频率。

6.6.3.3 MB组

在稳态运行条件下测量下列参数:

a) 电流;

b) 电压整定范围;

c) 频率整定范围;

d) 有功功率或功率因数;

e) 稳态频率带;

f) 电压整定变化速率;

g) 频率整定变化速率。

6.6.3.4 MC组

启动性能。

6.6.3.5 **MD 组**

在稳态运行条件下测量下列参数：

a) 机油压力；

b) 在发动机和发电机进、出口处的冷却介质温度。

6.6.3.6 **ME 组**

排气温度。

6.6.3.7 **MF 组**

噪声辐射。

6.6.3.8 **MG 组**

废气排放。

6.6.3.9 **MH 组**

用示波器或类似装置测量下列参数：

在确定的功率因数下对发电机加载和卸载以评定瞬态性能：

a) 电压；

b) 电流；

c) 频率。

6.6.3.10 **MJ 组**

电压波形的谐波含量。

6.6.3.11 **MK 组**

电压波形的幅值调制。

6.6.3.12 **ML 组**

在稳态运行条件下测量下列参数：

a) 并联运行时的有功功率分配；

b) 并联运行时的无功功率分配。

6.6.3.13 **MM 组**

在考虑燃料热值的条件下，相对于交流(a.c.)发电机端子处电功率的发电机组的燃料消耗率。

6.6.3.14 **MN 组**

电气保护装置的有效性。

6.7 测量设备的精确度和验收试验程序

6.7.1 测量设备的精确度

电气仪表的精确度要求应按制造商和用户的协议。

若试验是在制造商工厂进行的，应采用5.4的精确度。若试验不是在制造厂进行的，推荐按表2的最低精确度。

应考虑所使用测量仪表与波形的相关性。

表2 现场检验——测量设备的精确度

参数	单位	允差/%
电流	A	2.5
电压	V	2.5
有功功率	W	2.5
无功功率	var	2.5
功率因数	—	5.0
频率	Hz	1.0

6.7.2 预热时间

验收试验应在达到通常温度和压力的发电机组上进行。试验工程师应保证机组运行足够的时间使其温度达到稳定。

6.7.3 负载试验的持续时间

负载试验的持续时间取决于发电机组的定额和用途。它一般是在0.5 h～2 h之间,并通常由制造商规定或建议。

6.7.4 在制造商工厂进行的验收试验

6.7.4.1 带电气负载的验收试验

考虑了额定有功功率和发电机效率后,通常采用功率因数为1.0的负载进行试验。若选用合适的试验设备,该试验可在额定功率因数下进行。

受功率输出影响的测量应在发电机组空载、25%、50%、75%、100%额定功率下进行。负载验收试验应根据发电机组制造商和用户之间的协议进行。

若试验过程中的环境条件不同于标准基准条件(见GB/T 2820.1—2009),则测量的功率数据应换算到标准基准条件。

6.7.4.2 采用试验台开关装置的验收试验

除非另有商定,应进行下列检查和测量:

a) 检查:CA和CB组(见6.6.2.1和6.6.2.2);

b) 测量:MA和MB组(见6.6.3.2和6.6.3.3)。

6.7.4.3 包括发电机组自备开关装置的验收试验

除非另有商定,应进行下列检查和测量:

a) 检验:CA、CB和CC组(见6.6.2.1、6.6.2.2和6.6.2.3);

b) 测量:MA、MB和MN组(见6.6.3.2、6.6.3.3和6.6.3.14)。

6.7.4.4 附加的检查和测量

除6.7.4.2和6.7.4.3(见6.6.2和6.6.3)的规定外,其他的检查和测量也可商定。

6.7.4.5 无电气负载的验收试验

除非另有商定,应进行CA和CB组的检查(见6.6.2)。

应进行MA组的测量(见6.6.3)。

6.7.5 安装现场的验收试验

用安装现场的电气负载进行验收试验时,该负载应尽可能接近额定功率。除非另有商定,应进行下列检查和测量:

a) 检查:CA、CB和CC组(见6.6.2.1、6.6.2.2和6.6.2.3);

b) 测量:MA和MB组(见6.6.3.2和6.6.3.3)。

进一步的检查和测量也可商定(见6.6.2和6.6.3)。

检查和测量的组别概括于表3。

表3 检查和测量组别

验收试验类型	组别	
	检查(6.6.2)	测量(6.6.3)
使用试验台架开关装置	CA和CB	MA和MB
使用发电机组上的开关装置	CA、CB和CC	MA、MB和MN
无电气负载	CA和CB	MA
在安装现场	CA、CB和CC	MA和MB
若未对发动机单机进行验收试验,应进行ME和MF组(见6.6.3.6和6.6.3.7)测量。		
注:对持续和基本功率用途的机组,可以申请进行MM试验。		

6.8 验收试验报告

6.8.1 总则

根据6.7要求对发电机组进行验收试验的性能，应以验收试验报告的格式记录。

6.8.2 一般数据

验收试验报告至少包括下列一般数据：

a) 按GB/T 2820.1—2009和GB/T 2820.5—2009规定的发电机组性能等级；
b) 用户和合同编号；
c) 制造商和定单编号；
d) 发电机组编号；
e) 技术数据(至少)：
 1) 额定功率；
 2) 额定电压；
 3) 额定频率；
 4) 额定电流；
 5) 额定功率因数；
 6) 电路图编号。
f) 往复式内燃(RIC)机数据(至少)：
 1) 制造商；
 2) 发动机型号；
 3) 发动机编号；
 4) 气缸数和排列方式；
 5) 冷却方式；
 6) 制造商标定的功率，kW，括号内发动机的相应转速；
 7) 启动系统的型式。
g) 发电机数据(至少)：
 1) 制造商；
 2) 发电机型号；
 3) 发电机编号；
 4) 额定输出，kVA；
 5) 结构型式；
 6) 防护型式。
h) 安装部件数据(至少)：
 1) 开关装置：
 ——制造商；
 ——型号；
 ——编号。
 2) 联轴器：
 ——制造商；
 ——型号；
 ——型式。
 3) 调速器：
 ——制造商；
 ——型号；

——编号。

i) 其他安装/使用部件数据(至少):

1) 蓄电池;

2) 压缩空气启动设备;

3) 泵;

4) 压缩空气蓄气瓶;

5) 冷却设备。

6.8.3 测量数据

验收试验报告至少应包括下列测量数据:

a) 试验现场条件:

1) 海拔高度;

2) 大气压力;

3) 环境温度;

4) 相对湿度;

5) 进气温度;

6) 冷却液进口温度。

注:第3)、5)和6)项的数值对RIC发动机和发电机可能不同。

b) 燃料种类(规格号):

1) 密度;

2) 热值(低热值)。

c) 发电机组的技术数据:

1) 功率;

2) 电压;

3) 频率;

4) 相数;

5) 电流;

6) 功率因数;

7) 转速调节范围;

8) 频率整定变化速率;

9) 电压范围。

ICS 37.020
N 30

中华人民共和国国家标准

GB/T 2831—2009
代替 GB/T 2831—1981

光学零件的面形偏差

Surface form deviation of optical elements

(ISO 10110-5:2007, Optics and photonics—
Preparation of drawings for optical elements and systems—
Part 5: Surface form tolerances, NEQ)

2009-11-15 发布 2010-02-01 实施

中华人民共和国国家质量监督检验检疫总局
中国国家标准化管理委员会 发布

前　言

本标准对应 ISO 10110-5:2007《光学和光子学　光学零件和光学系统图样　第 5 部分:面形公差》,与 ISO 10110-5:2007 的一致性程度为非等效。

本标准与 ISO 10110-5:2007 的主要差异:

——删除国际标准的序言和前言;

——增加了术语和定义;

——增加了光圈识别检验方法;

——增加了面形偏差的未注公差规定;

——增加了不规则干涉条纹判读及有关数字干涉条纹解析内容。

本标准代替 GB/T 2831—1981《光学零件面形偏差的检验方法(光圈识别法)》,本标准与 GB/T 2831—1981 的主要差异为:

——修改了标准名称;

——增加了术语和定义,明确了 PV 值及 rms 值的定义;

——增加了面形偏差的公差的单位规定;

——增加了面形偏差的画图表示,并修改了面形偏差的表示方法及表示位置;

——增加了未注公差的标注规定;

——增加了数字化 PV 值及 rms 值的测量问题;

——将换算公式、光圈识别方法放入附录 A 和附录 B;

——增加了不规则干涉条纹判读及数字干涉条纹解析,并将其内容放入附录 C。

本标准的附录 A 是规范性附录,附录 B、附录 C 和附录 D 是资料性附录。

本标准由中国机械工业联合会提出。

本标准由全国光学和光子学标准化技术委员会(SAC/TC 103)归口。

本标准负责起草单位:宁波永新光学股份有限公司、上海光学精密机械研究所、上海理工大学、凤凰光学集团有限公司、江南永新光学有限公司、苏州一光仪器有限公司。

本标准参加起草单位:浙江舜宇集团股份有限公司、宁波华光精密仪器有限公司、宁波市教学仪器有限公司、麦克奥迪实业集团有限公司、贵阳新天光电科技有限公司、梧州奥卡光学仪器公司、南京东利来光电实业有限公司。

本标准主要起草人:曾丽珠、徐德衔、章慧贤、冯琼辉、邬子刚。

本标准所代替标准的历次版本发布情况为:

——GB/T 2831—1981。

光学零件的面形偏差

1 范围

本标准规定了光学零部件面形偏差的术语和定义、公差及检验方法。

本标准适用于使用光学样板的等厚干涉方法及干涉仪方法检验光学零部件的面形偏差。

2 规范性引用文件

下列文件中的条款通过本标准的引用而成为本标准的条款。凡是注日期的引用文件，其随后所有的修改单(不包括勘误的内容)或修订版均不适用于本标准，然而，鼓励根据本标准达成协议的各方研究是否可使用这些文件的最新版本。凡是不注日期的引用文件，其最新版本适用于本标准。

GB/T 13323 光学制图(GB/T 13323—2009,ISO 10110-1:2006,Optics and photonics—Preparation of drawings for optical elements and systems—Part 1:General,NEQ)

3 术语和定义

下列术语和定义适用于本标准。

3.1

面形偏差 surface form deviation

被测光学表面相对于参考光学表面的偏差。

注：在用样板检测的圆形检验范围内，面形偏差是通过垂直位置所观察到的干涉条纹(通称光圈)的数目、形状、变化和颜色来确定。

3.2

峰谷值 peak-to-valley (PV) value

两面之间的最大距离减去最小距离，简称PV值。

3.3

条纹间隔单位 unit of fringe spacing

一个条纹间隔的面形偏差等于1/2波长。

3.4

总表面偏差状态 total surface deviation function

实际表面和所期望的理论表面之差所规定的理论表面。

3.5

近似球面 approximating spherical surface

总面形偏差均方差为最小值的球面。

3.6

弧矢偏差 sagittal error

近似球面和平面之间的PV值。

3.7

不规则性状态 irregularity function

总面形偏差状态和近似球面之差所规定的理论表面。

3.8

不规则性　irregularity

不规则性状态与最接近它的平面之间的 PV 值。

注：对于一个名义上的球面，不规则性表示偏离于这个球面的程度；对于一个非球面，不规则性表示总面形偏差状态偏离于这个非球面度的部分。

3.9

近似非球面　approximating aspheric surface

对于不规则性状态均方差是一个最小值的旋转对称表面。

3.10

旋转对称不规则性　rottionally systemetric irregularity

近似球面与最佳接近球面的平面之间的峰谷值(PV 值)。

注：旋转对称不规则性是由不规则性的旋转对称部分规定的，其值不得超过不规则性。

3.11

总面形偏差均方差　total rms deviation

RMSt

被测光学表面与所期望的理论表面之间的均方差(rms)值。没有减去任何类型的面形偏差。

3.12

不规则性均方差　rms irregularity

RMSi

按 3.7 的不规则性状态均方差值。

3.13

非对称性均方差　rms asymmetry

RMSa

不规则状态与近似非球面之间差值的均方差值。

3.14

光圈正负号　Positive (High) and Negative (Low) signs of newton rings

在用样板检验的圆形检验范围内，当被测光学表面相对于参考光学表面中间接触时，规定高光圈(凸)为正；边缘接触时，规定低光圈(凹)为负。

3.15

像散偏差　astigmatism deviation of newton rings

被测光学表面相对于参考光学表面在两个相互垂直方向上产生的光圈数不等所对应的偏差。

3.16

局部偏差　irregularity deviation of newton rings

被测光学表面相对于参考光学表面在任一方向上产生的干涉条纹的局部不规则性程度。

4　面形偏差的公差规定

4.1　总则

4.1.1　面形偏差的公差由最大可允许弧矢偏差值、不规则性和旋转对称不规则性表示。另外，还可以用测量面形偏差的 3 项均方差 rms 的公差(总面形偏差均方差，RMSt；不规则性均方差，RMSi；非对称性均方差，RMSa)表示。

4.1.2　在用样板检验时，面形偏差的公差包括 3 项：

a)　被测光学表面相对于参考光学表面的曲率半径偏差所对应的光圈数用 N 表示；

b)　像散偏差对应光圈数用 $\Delta_1 N$ 表示；

c) 局部偏差所对应的光圈数用 $\Delta_2 N$ 表示。

4.1.3 在用数字干涉仪检验时，PV值和rms值仅仅在实际的检验区域内计算给出。其表达形式见附录D。

4.2 单位

弧矢偏差值、不规则性和旋转对称不规则性的最大可允许误差，规定以条纹间隔或以纳米(nm)为单位。

若面形偏差检验是由入射光与反射光干涉方法进行，则光的半波长的面形偏差产生1个波长的波前差，形成干涉图的不同明暗度。从1个亮环到另一个亮环或从1个暗环到另一个暗环为1个条纹间隔。条纹间隔并不表示条纹的横向距离，实际干涉图上可见的干涉条纹相当于波前差的波长数。

若技术要求是用一个或几个rms值偏差类型给出，也应以条纹间隔或纳米(nm)为单位。

注1：实际上规定1个干涉条纹间隔即1/2个波长(波长单位为纳米)。

注2：应用rms类型的公差值需要对光学系统用数字干涉分析方法给出。

4.3 波长

除非另有规定，以汞绿色谱线(e-线)为参考波长，$\lambda=546.07$ nm。

注1：规定可以从一种标准波长转换到另一种波长，见式(1)：

$$N_{\lambda_2} = N_{\lambda_1} \times (\lambda_1/\lambda_2) \quad \cdots\cdots(1)$$

式中：

N_{λ_2}——波长 λ_2 的条纹间隔数；

N_{λ_1}——波长 λ_1 的条纹间隔数。

4.4 未注公差

光学零件的产品图样上未标注面形偏差公差时，其表面应符合表1规定的一般面形偏差要求。当零件的面形偏差要求高于或低于面形偏差未注公差时，均应在零件的产品图样上予以标注。

表1 面形偏差未注公差

光学零件最大尺寸范围/mm	<10	10～30	30～100	100～300
一般面形偏差未注公差，条纹数	3/5 (1)	3/10 (2)	3/10(2) (所有 Φ30)	3/10(2) (所有 Φ60)
注：表中的公差标注法，见5.1、5.2。				

4.5 弧矢偏差的公差与曲率半径公差间的换算

遵照附录A的规定。

5 标注方法

5.1 标识

面形偏差的公差的完整标识由代号“3”、斜杠“/”和最大可允许弧矢偏差、不规则性及旋转对称不规则性或合适的rms值偏差类型构成。

5.2 标注构成

面形偏差的公差的标注构成采用下列3种形式之一：

3/A (B/C)；

或

3/A (B/C) RMSx<D，其中x为t、i或a之一；

或

3/－RMSx<D，其中：

a) A值表示下列情况之一：

——最大可允许的弧矢偏差，以纳米(nm)、条纹间隔或光圈数表示；

——以长划线“－”表示总的曲率半径公差由曲率大小尺寸给出(不适用于平面表面)。

b) B值表示下列情况之一：

——以纳米(nm)或条纹间隔表示的最大可允许的不规则性值，或对应的以像散偏差表示的光圈数；

——以“－”表示未给出的不规则性公差。

c) C值是以纳米(nm)或条纹间隔表示的可允许的旋转对称不规则性或局部偏差表示的光圈数，如没有该公差，就写成3/A(B)。

如对于3种偏差类型都没有公差要求，则写成3/－。

d) D值是可允许的以字母x分类的rms最大规定值，x为其中t，i或a之一。允许规定多于一个类型的rms面形偏差的公差技术要求，并应在图样技术要求中用分号分开表示。如第6章中的示例5。

所示的面形偏差的公差都是指光学有效面积，如特指光学有效面积内的特殊较小区域，该检验范围的直径应附上所容许的范围Φ表示，如下所示：

3/A (B/C) RMSx＜D (所有的Φ…)

若技术要求没有规定PV公差值，总面形偏差仅包括弧矢偏差和不规则性两个值。必要时，总面形偏差要求将在图样中另加说明。例如：总表面偏差不超过0.25λ或总表面偏差不超过150 nm。

5.3 标注规则

面形偏差的公差按GB/T 13323的规定，注写在产品图样专用表格的面形偏差栏中，或将需标注表面用指引线引出后注明，并与中心偏公差及表面疵病公差以序排列，或在技术要求中说明。

除非另有规定，对于两个或多个光学零件的胶合件(或光胶件)，对单个光学零件规定的面形偏差的公差也适用于光学胶合件(即胶合后或光胶后)的面形偏差的公差。

6 公差标注示例

6.1 专用表格标注

面形偏差的公差按GB/T 13323的规定标注在产品图样的面形偏差栏中。

示例1：

3/3(1)

弧矢偏差的公差是3个条纹间隔；不规则性不超过1个条纹间隔。

示例2：

3/5(－)RMSi＜0.05

弧矢偏差的公差是5个条纹间隔；未要求不规则性或旋转对称不规则性；不规则性均方差小于0.05条纹间隔。

示例3：

3/3(1/0.5)；λ＝632.8 nm(全部Φ20)

弧矢偏差的公差是3个条纹间隔；总的不规则性不超过1个条纹间隔；旋转对称不规则性不超过0.5个条纹间隔；条纹间隔以波长λ为632.8 nm度量；所有公差都适用于Φ20 mm范围内的检验区域。

示例4：

3/－(1)

不要求弧矢偏差；曲率半径公差由曲率半径表示；所有的不规则性不超过1个条纹间隔。

示例5：

3/－RMSt＜0.07；RMSa＜0.035；405 nm

弧矢偏差、不规则性或旋转对称不规则性都没有公差要求；曲率半径公差由曲率半径给出；与所期望的理论表面比较时，总面形偏差均方差小于0.07个条纹间隔，非对称性均方差小于0.035个条纹间隔。所有面形偏差的条纹间隔以波长λ为405 nm度量。

示例6：

3/600 nm(300 nm/150 nm)(全部Φ20)

弧矢偏差的公差是 600 nm；不规则性公差小于 300 nm；旋转对称不规则性公差小于 150 nm；所有公差都适用于 Φ20 mm 范围内的检验区域。

6.2 引出标注

见图 1。

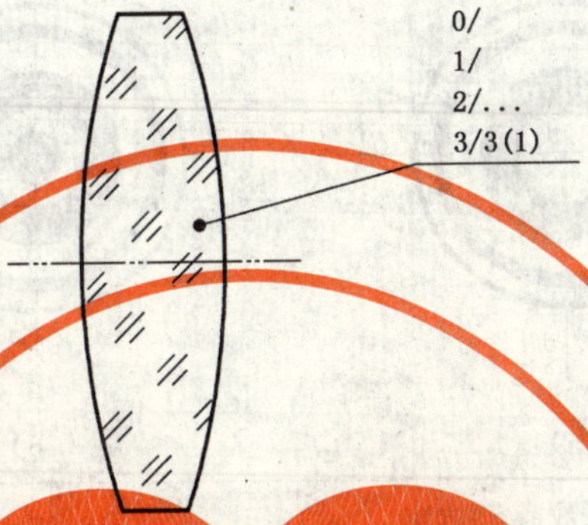

图 1 弧矢偏差的公差 3 个条纹间隔，不规则性不超过 1 个条纹间隔

7 检验方法

7.1 光圈识别法

7.1.1 检验工具

光学样板。

7.1.2 检验条件

a） 计算标准光圈数的参考波长按 4.3。

b） 最好采用单色光照明，在一般情况下，可用白光照明。此时应用同种颜色来评定光圈。

c） 在确定光圈数时，如条件限制，不能在垂直位置进行观察时，应按式(2)校正光圈数 N。

$$N = \frac{N'}{\cos\alpha} \qquad \cdots\cdots(2)$$

式中：

N——垂直位置观察时的光圈数；

N'——与垂直方向成倾角 α 时所观察到的光圈数。

如 $N'=1$，$\cos\alpha=45°$，则 $N=\frac{1}{0.707}\approx1.4$。

7.1.3 正负(高低)光圈的识别

a） 一般情况下高低光圈的识别

负(低)光圈：当空气隙缩小时，条纹从边缘向中心移动，如图 2a)。

正(高)光圈：当空气隙缩小时，条纹从中心向边缘移动，如图 2b)。

b） 光圈数少时高低光圈的识别

负(低)光圈：当空气隙缩小时，条纹弯曲方向和移动方向，如图 3a)。

正(高)光圈：当空气隙缩小时，条纹弯曲方向和移动方向，如图 3b)。

c） 在白光下观测时，也可按光圈颜色的序列来识别正负(高低)光圈

负(低)光圈：从中心到边缘的颜色序列为“蓝、红、黄”等，如图 4a)所示。

正(高)光圈：从中心到边缘的颜色序列为“黄、红、蓝”等，如图 4b)所示。

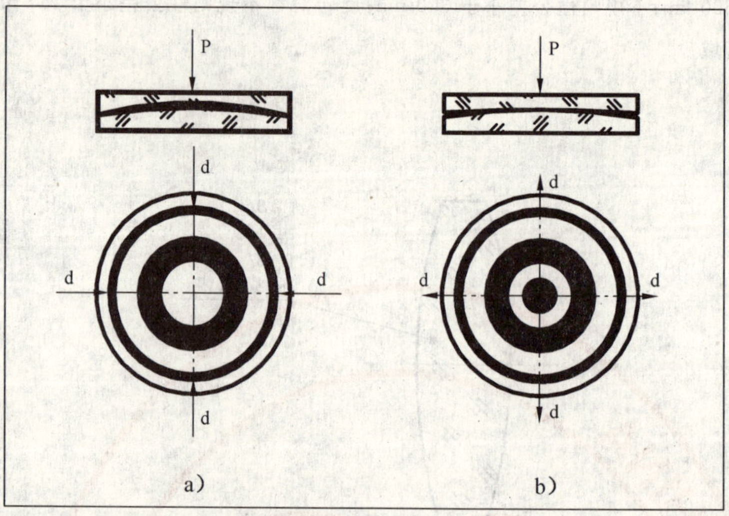

注：P 为加力方向和加力点，d 表示条纹移动方向。

图 2　高低光圈的识别

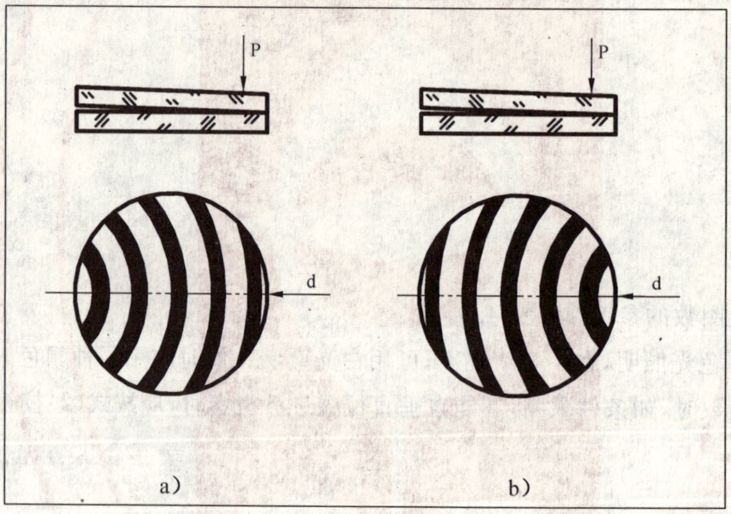

注：P 为加力方向和加力点，d 表示条纹移动方向。

图 3　光圈数少时高低光圈的识别

a)　　b)

图 4　按光圈颜色的序列来识别高低光圈

7.1.4　光圈的度量

光圈数 N 的度量一般以目视估读有效检验范围内的光圈数确定，对精度不高时，也可根据干涉色度量，见附录 B。

7.2　干涉图观察法

7.2.1　检验工具

球面干涉仪、平面干涉仪。

7.2.2 检验条件

a） 仪器参考波长一般为633 nm，按4.3计算实际条纹数；

b） 仪器应置于防震动工作台上。

7.2.3 检验方法及判定

遵照附录C的规定。

7.3 数字波面干涉测量法

多项式描述表（波）面的一种试验、分析方法，用于PV值及rms值等相关参数，见附录D。

附 录 A
（规范性附录）
弧矢偏差的公差与曲率半径公差间的换算

换算公式：

最大可允许的条纹数相应于曲率半径公差的换算，由式(A.1)和式(A.2)给出：

因 $\Delta R/R$ 是一个小量，

$$N \approx (2\Delta R/\lambda)\{1-\sqrt{[d/(2R)]^2}\} \qquad \text{(A.1)}$$

若 d/R 也是一个小量，此式可近似写成：

$$N \approx [d/(2R)]^2 \times (\Delta R/\lambda) \qquad \text{(A.2)}$$

式中：

R——曲率半径，单位为毫米(mm)；

ΔR——曲率半径公差值，单位为毫米(mm)；

d——被测区域的直径，单位为毫米(mm)；

λ——波长，单位为纳米(nm)(一般指波长为 546.07 nm)。

附　录　B
（资料性附录）
光 圈 度 量

B.1　目视估读光圈度量

B.1.1　光圈数 *N* 的度量

B.1.1.1　在光圈数多的情况下，以有效检验范围内直径方向上最多条纹数的一半来度量，如图 B.1。

图 B.1　光圈数 *N* 的度量

图 B.1 表示在被测光学表面与参考光学表面仅有半径偏差情况下的光圈数 N 的度量方法以及表示偏差大小和方向的误差曲线。其中，虚线表示参考光学表面，曲线表示球面（或平面）相对于参考光学表面的偏差大小和方向。平行线间距表示 $1/2\lambda$。

B.1.1.2　在光圈数少的情况下，光圈数 N 以通过直径方向上干涉条纹的弯曲量（h）相对于条纹的间距（H）的比值（N）来度量，如图 B.2。

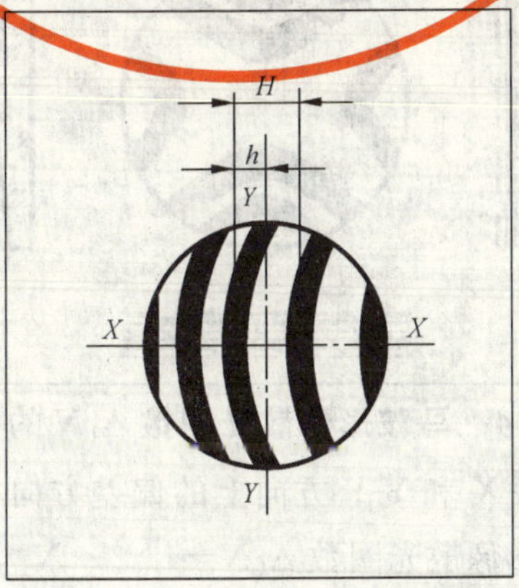

图 B.2　$N<1$ 的光圈数的度量

图中：

a) 以暗(或明)两相邻条纹的中心距离作为条纹的间距(H)；

b) 一般调至3～5根条纹数；

c) 如图B.2所示，计算：

$$N=\frac{h}{H}=\frac{3.5}{7}=0.5$$

B.1.2 像散光圈数 $\Delta_1 N$ 的度量

$\Delta_1 N$ 以两个相互垂直方向上光圈数 N 的最大代数差的绝对值来度量。

B.1.2.1 椭圆形像散光圈数 $\Delta_1 N$ 的度量如图B.3。

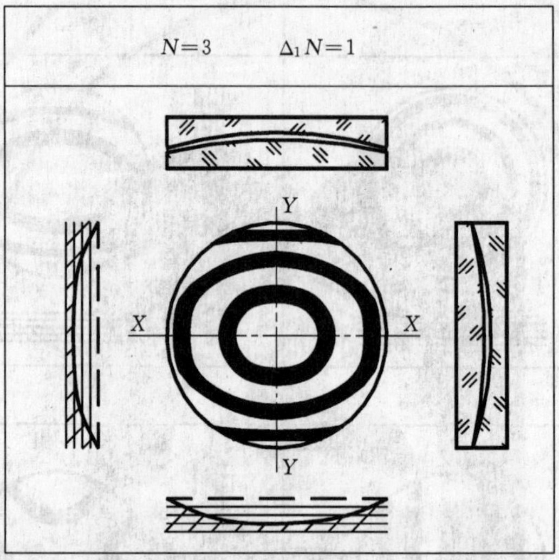

图 B.3 椭圆形像散光圈数 $\Delta_1 N$ 的度量

图B.3表示被测光学表面在 X-X 和 Y-Y 方向上的光圈数 N_x 和 N_y 不等，偏差方向相同。图例中，$N_x=-2$，$N_y=-3$，则该被测面的光圈数 $N=-3$，像散光圈数 $\Delta_1 N=|N_x-N_y|=1$。

B.1.2.2 马鞍形像散光圈数 $\Delta_1 N$ 的度量如图B.4。

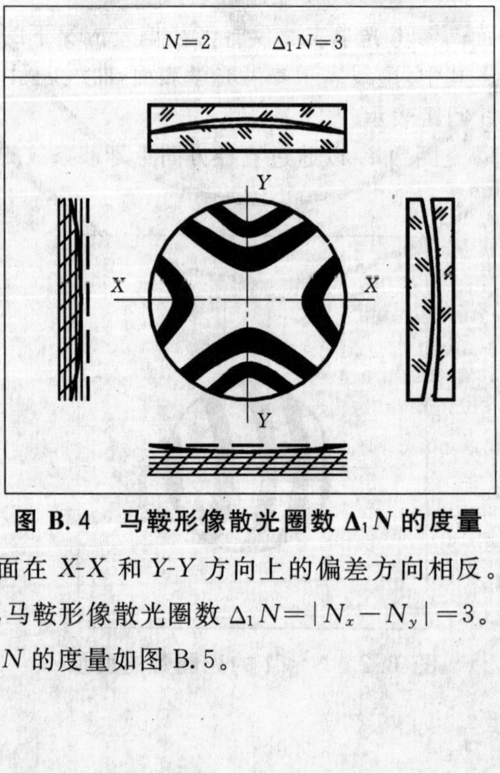

图 B.4 马鞍形像散光圈数 $\Delta_1 N$ 的度量

图B.4表示，被测光学表面在 X-X 和 Y-Y 方向上的偏差方向相反。图例中，$N_x=-1$，$N_y=+2$，则该被测面的光圈数 $N=+2$，马鞍形像散光圈数 $\Delta_1 N=|N_x-N_y|=3$。

B.1.2.3 柱形像散光圈数 $\Delta_1 N$ 的度量如图B.5。

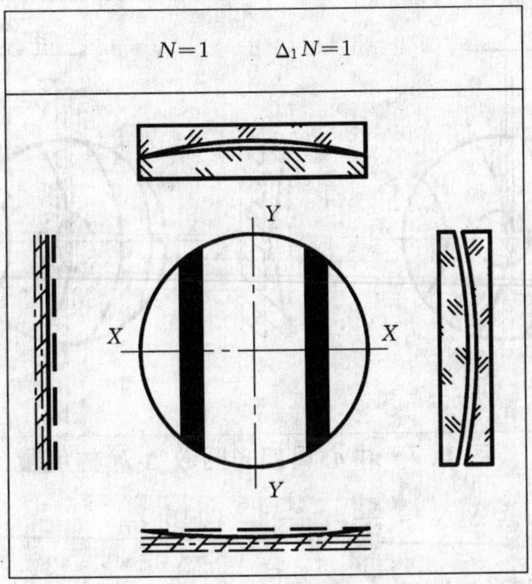

图 B.5 柱形像散光圈数 $\Delta_1 N$ 的度量

图 B.5 表示，被测光学表面的 X-X 和 Y-Y 方向上的光圈数 N_x 和 N_y 不等。其中，某一方向上的光圈数 $N=0$，图例中，$N_x=-1$，$N_y=0$，则该被测面的光圈 $N=-1$，柱形像散光圈数 $\Delta_1 N=|N_x-N_y|=1$。

B.1.2.4 在光圈数少的情况下，像散光圈数 $\Delta_1 N$ 的度量如图 B.6。

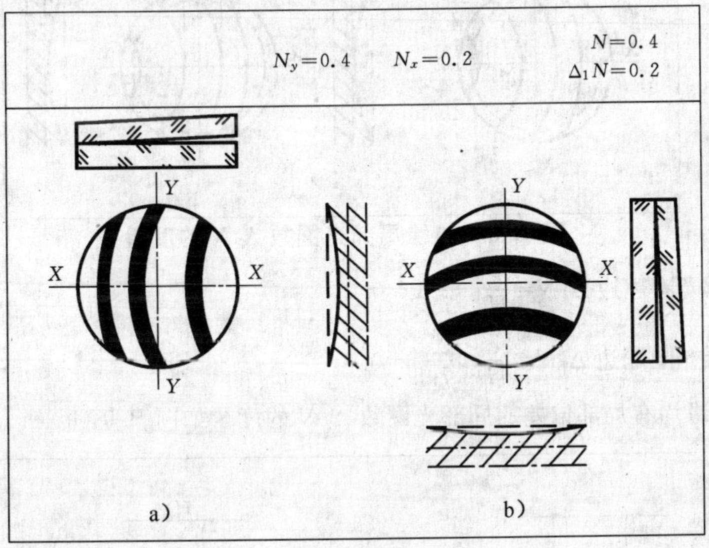

图 B.6 $N<1$ 的像散光圈数 $\Delta_1 N$ 的度量

图 B.6 表示，被测光学表面在 X-X 和 Y-Y 方向上的光圈数不等，而 N_x 和 N_y 都小于 1。可根据两个方向的干涉条纹的弯曲度来确定 N_x 和 N_y。在图例中，$N_x=-0.2$，$N_y=-0.4$，则此被测面的光圈数 $N=-0.4$，像散光圈数 $\Delta_1 N=|N_x-N_y|=0.2$。

B.1.3 局部光圈数 $\Delta_2 N$ 的度量

$\Delta_2 N$ 以局部不规则干涉条纹对理想平滑干涉条纹的偏离量(e)与两相邻条纹间距(H)的比值来度量。

B.1.3.1 中心局部光圈数 $\Delta_2 N$ 的度量如图 B.7。

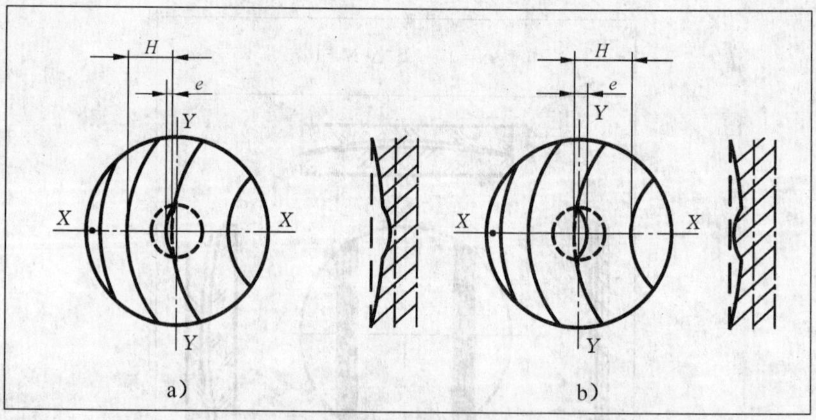

图 B.7 中心局部光圈数 $\Delta_2 N$ 的度量

图 B.7a)表示低光圈中心低 $\Delta_2 N = \frac{e}{H} = \frac{1}{6.5} = 0.15$

图 B.7b)表示低光圈中心高 $\Delta_2 N = \frac{e}{H} = \frac{2.5}{9} = 0.28$

B. 1.3.2 边缘局部光圈数 $\Delta_2 N$ 的度量如图 B.8。

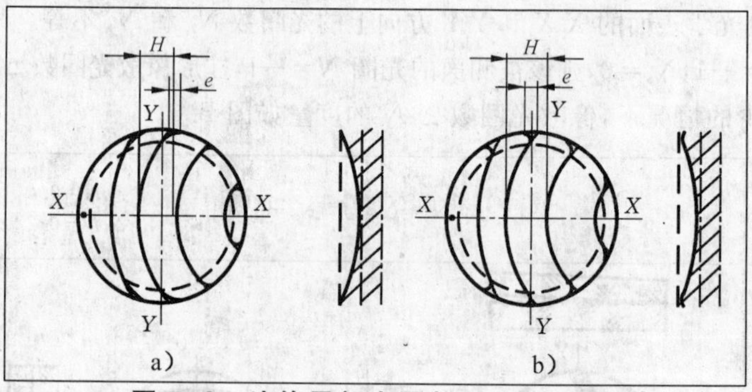

图 B.8 边缘局部光圈数 $\Delta_2 N$ 的度量

图 B.8a)表示低光圈翘边 $\Delta_2 N = \frac{e}{H} = \frac{1.5}{7.5} = 0.2$

图 B.8b)表示低光圈塌边 $\Delta_2 N = \frac{e}{H} = \frac{2.5}{7.5} = 0.3$

B. 1.3.3 中心及边缘均有局部偏差的局部光圈数 $\Delta_2 N$ 的度量如图 B.9。

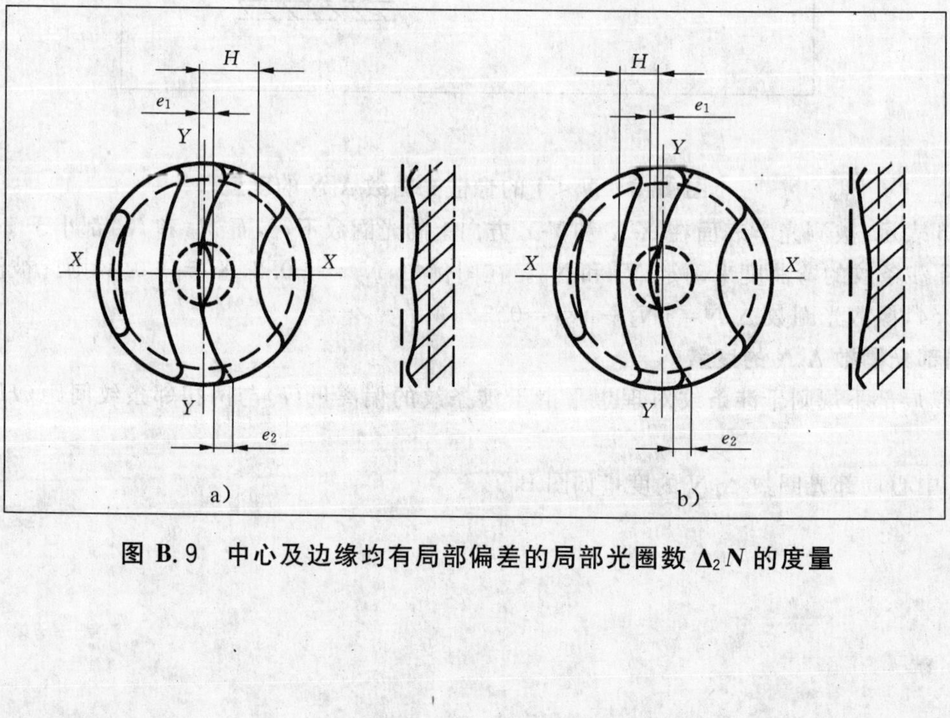

图 B.9 中心及边缘均有局部偏差的局部光圈数 $\Delta_2 N$ 的度量

图 B.9a)表示低光圈中心高,蹋边。

中心局部光圈数 $\Delta_2 N'=\frac{e_1}{H}-\frac{2.5}{8.5}=0.3$

边缘局部光圈数 $\Delta_2 N''=\frac{e_2}{H}=\frac{3.5}{8.5}=0.4$

则该被测面的局部光圈数取大值为 $\Delta_2 N=0.4$

图 B.9b)表示低光圈中心低,蹋边。

中心局部光圈数 $\Delta_2 N'=\frac{e_1}{H}=\frac{1.2}{8.5}=0.14$

边缘局部光圈数 $\Delta_2 N''=\frac{e_2}{H}=\frac{3}{8.5}=0.35$

则该被测面的局部光圈数取大值为 $\Delta_2 N=0.35$

B.1.4　弓形光圈的光圈数 N 和局部光圈数 $\Delta_2 N$ 的度量

如图 B.10。

图 B.10　弓形光圈的光圈数 N 和局部光圈数 $\Delta_2 N$ 的度量

当被测的光圈为弓形光圈而对 N 的取值方向有争议时,则规定根据 $\Delta_2 N$ 为最小的原则来取值 N 和 $\Delta_2 N$。如,当被测面出现如图 B.10 所示的干涉图形时,则对该被测面的 N 和 $\Delta_2 N$ 的判断可能引起争议。此时可按下述方法加以确定。

在图 B.10 中,如以边缘部分的干涉条纹为基准引出延伸线,作为平滑干涉条纹考虑,则其中心对平滑干涉条纹的偏离量为 e_1:

$$\Delta_2 N'=\frac{e_1}{H_1}=\frac{3}{7.5}=0.4$$

反之,如以中心部分的干涉条纹为基础引出延伸线,作为平滑干涉条纹考虑,则其边缘对平滑干涉条纹的偏离量为 e_2:

$$\Delta_2 N''=\frac{e_2}{H_2}=\frac{4.5}{7.5}=0.6$$

比较两者,得:

$$\Delta_2 N''>\Delta_2 N',$$

所以该检面的光圈数

$$N=\frac{h}{H_1}=\frac{4}{7.5}=0.53,\Delta_2 N=0.4。$$

B.1.5 S形光圈的度量

对像散光圈数 $\Delta_1 N$ 和局部光圈数 $\Delta_2 N$ 没有要求的且表面光圈数少时出现S形光圈，则按图B.11所示的方法度量 N，该被测面的 $N=\frac{h}{H}=\frac{2}{5}=0.4$。

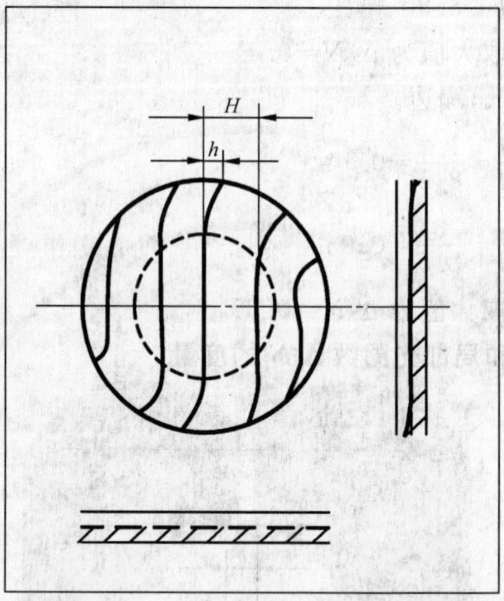

图 B.11 S形光圈数 N 的度量

B.2 干涉色估读光圈度量

B.2.1 用样板检验，以荧光灯作光源时，当边缘接触其边缘颜色为灰白色时，则可根据中间颜色按表B.1确定光圈数。

表 B.1 干涉色估读光圈度量

光圈数 N	中间颜色
1.0	绿　黄
0.9	淡黄绿
0.8	淡绿蓝
0.7	蓝
0.6	紫　蓝
0.5	紫　红
0.4	橙　红
0.3	深　黄
0.2	黄
0.1	淡　黄

B.2.2 用样板检验，以荧光灯作光源时，与空气隙厚度相对应的光圈数和颜色见表B.2。

表 B.2 干涉色估读光圈度量

空气层厚度/nm	光圈数 N	颜　色	空气层厚度/nm	光圈数 N	颜　色
27.3	0.1	黑灰	300.4	1.1	紫　蓝
54.6	0.2	铁灰	327.7	1.2	蓝
81.9	0.3	草灰	355	1.3	淡绿蓝
109.2	0.4	灰	382.3	1.4	淡黄绿
136.5	0.5	灰白	409.6	1.5	绿　黄
163.8	0.6	淡黄	436.9	1.6	黄
191.1	0.7	黄	464.2	1.7	深　黄
218.4	0.8	深黄	491.5	1.8	玫瑰红
245.7	0.9	橙红	518.8	1.9	淡红紫
273	1.0	紫红	546.1	2.0	紫

B.2.3 扩大空气隙的计算举例

当零级条纹附近出现一片灰白色而不易确定颜色的差别时，可扩大被测零件与标准面之间的间隙，使之出现较明显的颜色。然后，从颜色—间隙对照(表 B.2)中，查出边缘与中间颜色的相对应间隙的差值来计算光圈数。例如，在扩大间隙后，中间颜色为淡绿蓝，从表 B.2 中可查出该颜色所对应的光圈数 $N_{中}=1.3$，其边缘颜色为黄色，该颜色所对应的光圈数 $N_{边}=0.7$，则被测零件的光圈数为 $N=N_{中}-N_{边}=0.6$。

B.3 实物照片附图

附图 B.1　$N=-3$

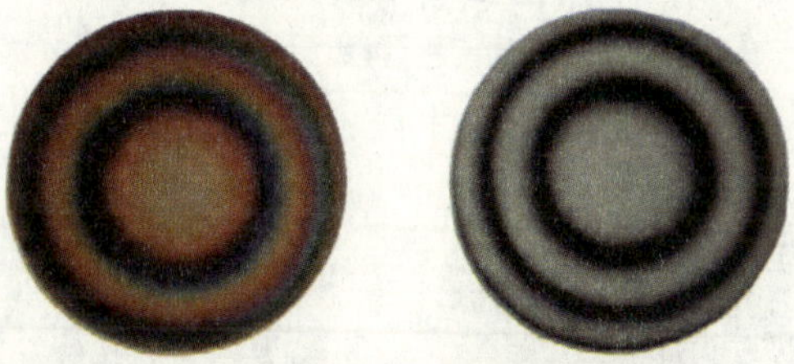

附图 B.2　$N=+2$

附图 B.3　$N=+1.6$

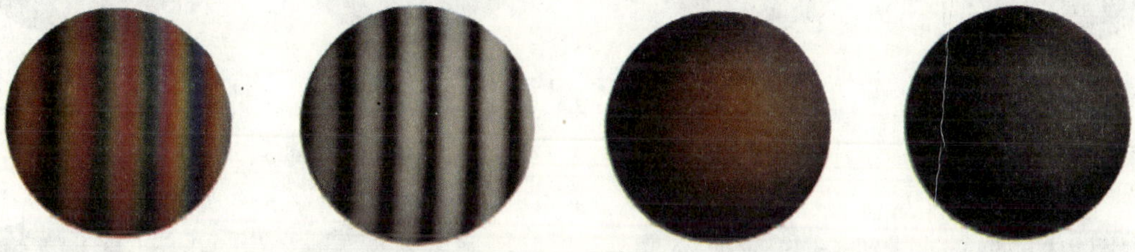

附图 B.4　$N=-0.1$

附图 B.5　$N=-0.44$

附图 B.6　$N=+0.6$

附图 B.7　*N*＝－0.8

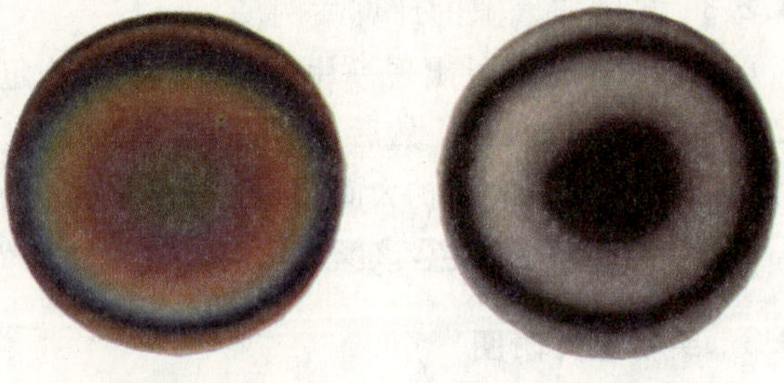

附图 B.8　*N*＝－1.7　$\Delta_1 N$＝0.3

附图 B.9　*N*＝－4　$\Delta_1 N$＝7

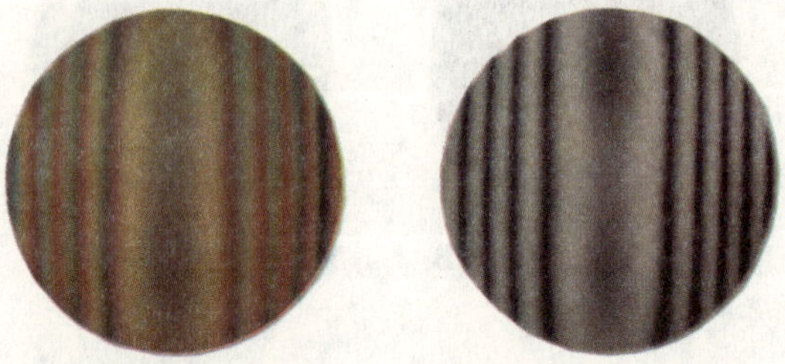

附图 B.10　*N*＝－5.5　$\Delta_1 N$＝0.5

附图 B.11　*N*－－0.9　$\Delta_1 N$＝0.7　$\Delta_2 N$＝0.1

附图 B.12　*N*＝－0.3　$\Delta_2 N$＝0.15

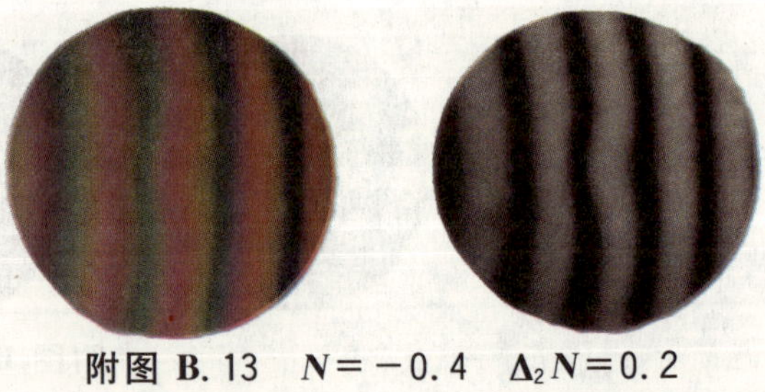

附图 B.13　*N*＝－0.4　$\Delta_2 N$＝0.2

附图 **B.** 14　***N*** = －0.3　$\Delta_2 N$ = 0.15

附图 **B.** 15　***N*** = －0.4　$\Delta_2 N$ = 0.43

附图 **B.** 16　***N*** = －0.3　$\Delta_2 N$ = 0.18

附图 **B.** 17　***N*** = －0.2　$\Delta_2 N$ = 0.13

附图 **B.** 18　***N*** = ＋0.3　$\Delta_2 N$ = 0.3

附图 **B.** 19　**S**形光圈　***N*** = 1.3

附　录　C
（资料性附录）
使用干涉仪判读不规则干涉条纹

C.1　总则

使用干涉仪常用于生产现场的光学零件面形偏差不规则性的快速检测。当用非接触干涉仪检验曲面时，出现的弧矢偏差取决于被测面与参考面之间的距离。有效参考面是将其参考面投影到被测面上。当有效参考面的曲率半径等于名义的理论表面时，确定弧矢偏差最简单。但需要考虑弧矢偏差符号，名义的理论表面矢高和有效参考面矢高之差必须相加。即相对于干涉参考面，必须确定那个被测面是凹表面还是凸表面。通常，这个有效参考面的曲率半径是未知的，因此，不能确定弧矢偏差，但可确定不规则性。

C.2　无倾斜的干涉条纹

C.2.1　圆形干涉条纹图

当不存在所有其他类型的偏差时，弧矢偏差产生一组同心的、圆形干涉条纹图，条纹的半径随条纹数的平方根而增加，从条纹图中心计算。

C.2.2　椭圆干涉条纹图

当存在微小的非对称偏差量，圆环图形畸变成椭圆（如图 C.1 所示）。若被测面相对于参考光学表面是凹的，如果被测面朝向参考光学表面移动，则干涉条纹向中心移动；如果干涉条纹向外移动，则被测面是凸的。凸凹面的判断与光圈识别法相同。

C.2.3　双曲线干涉条纹图

若存在较大的非对称偏差量，产生近似的双曲线形条纹（如图 C.2 所示），这时被测面稍微向参考面移动时，有些条纹向内移动，有些条纹向外移动。

C.2.4　干涉条纹不规则性估读计算

分别取从中心到边缘两个方向的条纹数 m 和 m'（通常两正交方向，即相互 90°）。

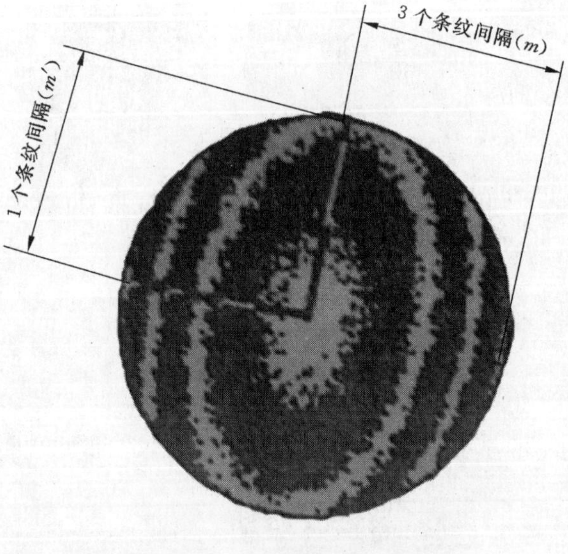

图 C.1　表示 2 个不规则性条纹

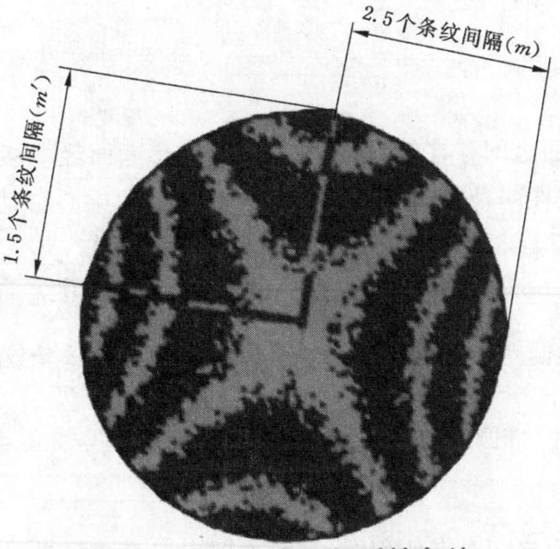

图 C.2 表示 4 个不规则性条纹

——示例 C.1,按图 C.1 计算椭圆条纹:

$$不规则性 = m - m' = (3-1) = 2\ 条纹间隔$$

——示例 C.2,按图 C.2 计算双曲线形条纹:

$$不规则性 = m + m' = 2.5 + 1.5 = 4\ 条纹间隔$$

C.3 有倾斜时的干涉条纹

C.3.1 干涉条纹调节

通过被测面相对于参考面将条纹调至两垂直方向上,判读两个方向的条纹间隔 m、m'。

C.3.2 凹、凸面及误差判断

若两个方向条纹移向都朝向中心时,被测面是凹的,若向外,则被测面是凸的。若两个方向条纹移向相反,则不规则性大于弧矢偏差。

C.3.3 干涉条纹不规则性计算:

——示例 C.3,按图 C.3:

$$m = h/s$$

$$m' = h'/s'$$

$$h = 1.3s \qquad m = 1.3 \qquad h' = 0.5s' \qquad m' = 0.5$$

$$不规则性 = m + m' = h/s + h'/s' = 1.8\ 个条纹$$

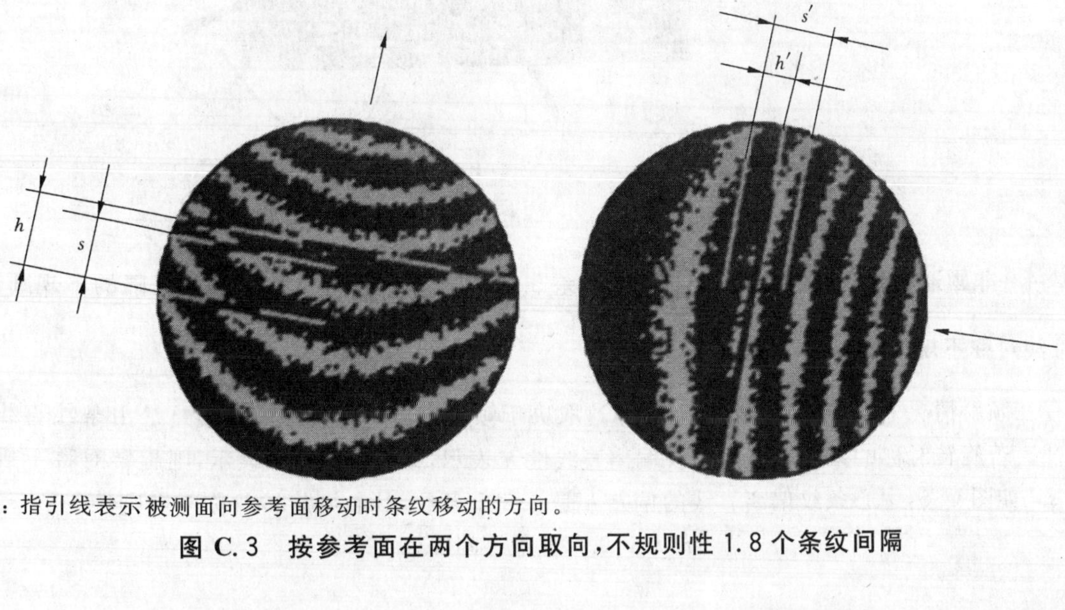

注:指引线表示被测面向参考面移动时条纹移动的方向。

图 C.3 按参考面在两个方向取向,不规则性 1.8 个条纹间隔

C.4 非圆形检验区域

C.4.1 椭圆条纹计算

若干涉的参考面与被测面之间存在倾斜，当被测面朝向参考面轻微移动时，条纹在两个方向的移动方向都明显地向中心移动；或在两种方向下条纹都是明显地背向中心移动，则弧矢偏差超过不规则性，用以下椭圆条纹的两式计算：

如图 C.4 中，$m=5.5$　$m'=0.5$　$a=32\ \text{mm}$　$b=22\ \text{mm}$　$R=36\ \text{mm}$，则

$$\text{弧矢偏差(椭圆条纹)} = \frac{R^2(m+m')}{(a^2+b^2)} = 5.2\ \text{条纹间隔}$$

$$\text{不规则性(椭圆条纹)} = \left|\frac{2R^2(a^2m'-b^2m)}{a^2(a^2+b^2)}\right| = 3.6\ \text{条纹间隔}$$

C.4.2 双曲线条纹计算

若干涉的参考面与被测面之间存在倾斜，当被测面朝向参考面轻微移动时，一个方向条纹明显向中心移动；而另一个方向条纹明显地背向中心移动，则不规则性大于弧矢偏差，用计算双曲线条纹的两式计算：

$$\text{弧矢偏差(双曲线条纹)} = \frac{R^2(m-m')}{a^2+b^2}$$

$$\text{不规则性(双曲线条纹)} = \left|\frac{2R^2(a^2m'+b^2m)}{a^2(a^2+b^2)}\right|$$

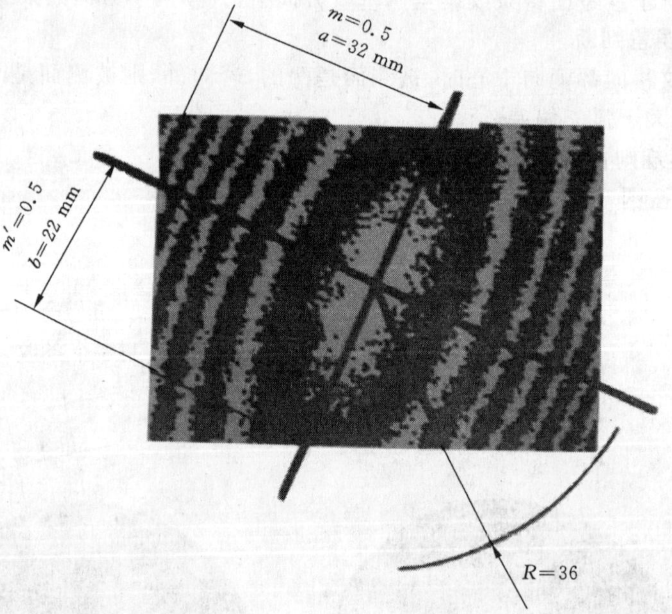

图 C.4　非圆形检验区域的例图，表明弧矢偏差 5.2 个条纹间隔，有 3.6 个条纹间隔的不规则性

C.5 旋转对称不规则性

在存在倾斜情况下，呈现“W”或“M”形状，这取决于倾斜方向。偏离球面的偏差是由条纹直线的偏差所表征。若旋转对称的不规则性用条纹偏离直线性 h 表示，条纹间隔用 s 表示，则旋转对称不规则性等于 h/s。如图 C.5，中心条纹偏离直线的偏差 h 是 0.5 个条纹间隔，则旋转对称不规则性为：

$$h/s = 0.5\ \text{个条纹间隔。}$$

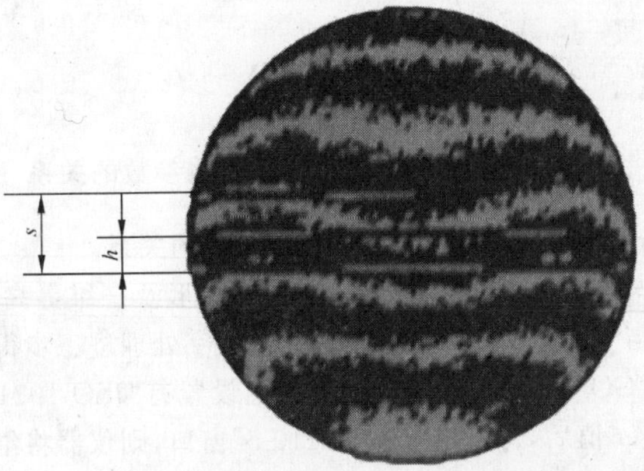

图 C.5　表示 0.5 个条纹间隔的旋转对称不规则性实例

面形偏差具有旋转对称性的程度是要通过上述倾斜调节反复观测的,并使得在另一个方向上条纹定位再观测。出现的条纹在各个方向上是一样的,则面形偏差是旋转对称的。旋转对称的不规则性偏差在条纹的所有方向上是一样的。

附 录 D
（资料性附录）
PV值、rms值及Power值与其他参数的关系

D.1 PV值、rms值及Power值与5.2标注构成中A、B、C值的关系

现代数字波面干涉仪的输出参数，除提供干涉图、二维图形及三维等高图外，一般给出PV、rms及Power 3个数值。这些数值与5.2中A(B/C)值的关系由数字处理进一步得出：

数字波面干涉仪（如，ZYGO GPI干涉仪）输出界面上设置有“ISO 10110-5”窗口。当测试结束，并已给出PV值、rms值及Power值后，再点击“ISO 10110-5”窗口，则仪器将给出SAG，IRR，RSI等数值，分别对应A，B，C值。也可以给出RMSt，RMSi，RMSa数值。

若干涉仪数据中没有提供“ISO 10110-5”窗口所给出的数值，仅按PV值、rms值及Power值只能给出A值，即Power值等于A值或等于SAG，而其他值没有直接的对应关系。

D.2 PV值、Power值与N、ΔN的关系

一个实际被测波前的PV值，有两个含义：可以理解为波前的最高（前）点到最低（后）点的距离；也可以理解为这一波前移出(Remove)最佳拟合球面后的PV值。一般情况下，两者有不小的差异。波前移出(Remove)最佳拟合球面后的PV值与5.2中A(B/C)值中的B、C以及RMSx有一定的对应关系。

干涉检验平面表面时，通常不应移出Power值，因为表面残存多大程度的凸凹表面（光圈）是平面要求控制的技术指标之一；然而，应用在光束传输中的某些平面表面，移出Power值后的PV值是最重要的，即是否移出Power值应视具体使用和检验要求而定。

一般将Power值定为A值，即为N。移出Power值后的PV值为ΔN。

如果数字式干涉仪没有提供移出Power值的结果，按如下3种情况判断：

a) 当被测面较好时，即Power值等于或近似等于PV值，则PV值或Power值等于N。

b) 当被测面较差或很差时，则一般Power值都很小，故将PV值直接作为ΔN。实际上，此时N值已无意义或不作为要求，只对ΔN有要求，类似于3/－(B/C)的形式。

c) 当被测平面质量一般时，Power值仍为N，ΔN无法得到准确结果，一般可近似视为PV值减去Power值的结果作为ΔN的参考。

D.3 rms值质量指标评判示例

PV值通常被用于描述系统的光学质量。

rms值是反映整个被测波前（或光学表面）范围内与最佳匹配的参考波前的光程差平方和的均方值，是全表面上平均误差的表征，而不是由一两点的PV值判定被测整个光学表面的优劣。如，一个400 mm×400 mm的良好光学表面，其中仅有一个约1 mm×1 mm的深凹坑，由此PV值可能很大，但其面积仅占整个光学表面的0.000 6%，其影响几乎可被忽略，它仍可被判定为好的光学表面。因为其rms值仍然很小。又如，光学表面上的不洁净点、划痕（在缺陷要求之内）或干涉检验时的被测光学表面的边缘效应，都将大大地影响PV值，但其本身质量却有可能是一个好的表面，故用rms值作为质量评价指标避免了这种失误。

通常，rms值的变化范围约为PV值的1/5左右。这个比值主要取决于波前（或表面）的“相关性”，这一相关性是指波前（或表面）内凸起数量的倒数。

参 考 文 献

［1］ GB/T 13962—1992 光学仪器术语

［2］ GB/T 19096—2003 技术制图 图样画法 未定义形状边的术语和注法

［3］ ISO 10110-1:2006 Optics and photonics—Preparation of drawings for optical elements and systems—Part 1:General

［4］ ISO 10110-5:2007 Optics and photonics—Preparation of drawings for optical elements and systems—Part 5:Surface form tolerances

［5］ ISO 10110-6:1996 Optics and optical instruments—Preparation of drawings for optical elements and systems—Part 6:Centring tolerances

［6］ ISO 10110-7:1996 Optics and optical instruments—Preparation of drawings for optical elements and systems—Part 7:Surface imperfection tolerances

［7］ ISO 10110-8:1997 Optics and optical instruments—Preparation of drawings for optical elements and systems—Part 8:Surface texture

［8］ ISO 10110-10:2004 Optics and optical instruments—Preparation of drawings for optical elements and systems—Part 10:Table representing data of optical elements and cemented assemblies

［9］ ISO 10110-11:1996 Optics and optical instruments—Preparation of drawings for optical elements and systems—Part 11:Non-toleranced data

［10］ ISO 14999-4:2007 Optics and photonics—Interferometric measurement of optical elements and systems—Part 4:Interpretation and evaluation of tolerances specified in ISO 10110

ICS 47.020
U 10

中华人民共和国国家标准

GB/T 2884.1—2009
代替 GB/T 2884.1—1996,GB/T 2884.2—1996

长江中下游水系分节驳船型 第1部分:干流分节驳船型尺度系列

Integrated barges form for the middle-downstream of the Changjiang—Part 1: Dimensions series of integrated barges in main routes

2009-03-31 发布　　2009-11-01 实施

中华人民共和国国家质量监督检验检疫总局
中国国家标准化管理委员会　发布

前　言

GB/T 2884《长江中下游水系分节驳船型》分为两个部分：

——第 1 部分：干流分节驳船型尺度系列；

——第 2 部分：干支直达和水运网分节驳船型尺度系列。

本部分为 GB/T 2884 的第 1 部分。

本部分代替 GB/T 2884.1—1996《长江水系分节驳船型尺度系列　长江 3 000 吨级分节驳船型尺度》和 GB/T 2884.2—1996《长江水系分节驳船型尺度系列　长江 2 000 吨级分节驳船型尺度》。本部分与 GB/T 2884.1—1996 和 GB/T 2884.2—1996 相比主要变化如下：

——明确航行区域为长江中、下游干流航道（见第 1 章）；

——型宽改为船宽（见表 1）。

本部分由中华人民共和国交通运输部提出。

本部分由全国内河船标准化技术委员会（SAC/TC 130）归口。

本部分起草单位：长江船舶设计院。

本部分主要起草人：王前进、章鸣。

本部分所代替标准的历次版本发布情况为：

——GB 2884.1—1981、GB/T 2884.1—1996；

——GB 2884.2—1981、GB/T 2884.2—1996。

长江中下游水系分节驳船型
第1部分：干流分节驳船型尺度系列

1 范围

GB/T 2884的本部分规定了长江分节驳船型尺度、型号和标志。

本部分适用于航行长江中、下游干流航道的分节驳。

2 船型尺度

长江分节驳船船型尺度系列见表1。

表1 长江分节驳船型尺度系列

航道等级	型号	吨级	总长/m	船宽/m	吃水/m	航行区域
Ⅰ	CGJ3000	3 000	75.0	16.2	3.4～3.8	长江中、下游干流航道
Ⅱ	CGJ2000	2 000	67.5	10.8	3.4～3.8	长江中、下游干流航道

3 型号组成

型号表示如下：

C G J □

□——驳节吨级，见表1；

J——“节”汉语拼音第一个字母，表示“分节驳”；

G——“干”汉语拼音第一个字母，表示“干流”；

C——“长”汉语拼音第一个字母，表示“长江”。

4 标志

4.1 每驳节均设置包括下列内容的标志牌：

a) 船舶型号、出厂顺序号、标准号；

b) 总长、水线长、船宽、型深、设计吃水、满载排水量；

c) 制造厂名称；

d) 建造年月。

4.2 标志牌外形呈长方形，长330 mm，宽200 mm，由金属材料(铜、铝或其他)制成。

ICS 47.020
U 10

中华人民共和国国家标准

GB/T 2884.2—2009

代替 GB/T 2884.3—1996,GB/T 2884.5—1996,GB/T 2884.7—1996,GB/T 2884.12—1996

长江中下游水系分节驳船型 第2部分:干支直达和水运网分节驳船型尺度系列

Integrated barges form for the middle-downstream of the Changjiang—Part 2:Dimensions series of integrated barges for direct transport in main-branch routes and waterway net

2009-03-31 发布 2009-11-01 实施

中华人民共和国国家质量监督检验检疫总局
中国国家标准化管理委员会 发布

前 言

GB/T 2884《长江中下游水系分节驳船型》分为两个部分：

——第1部分：干流分节驳船型尺度系列；

——第2部分：干支直达和水运网分节驳船型尺度系列。

本部分为GB/T 2884的第2部分。

本部分代替GB/T 2884.3—1996《长江水系分节驳船型尺度系列 长江中下游干支直达和水运网1 000吨级分节驳船型尺度》、GB/T 2884.5—1996《长江水系分节驳船型尺度系列 长江中下游干支直达和水运网500吨级分节驳船型尺度》、GB/T 2884.7—1996《长江水系分节驳船型尺度系列 长江中下游干支直达和水运网300吨级分节驳船型尺度》、GB/T 2884.12—1996《长江水系分节驳船型尺度系列 长江中下游干支直达和水运网400吨级分节驳船型尺度》。

本部分与GB/T 2884.3—1996、GB/T 2884.5—1996、GB/T 2884.7—1996和GB/T 2884.12—1996相比主要变化如下：

——增加京杭运河1 000吨级尺度系列(见表1)；

——型宽改为船宽(见表1)。

本部分由中华人民共和国交通运输部提出。

本部分由全国内河船标准化技术委员会(SAC/TC 130)归口。

本部分起草单位：长江船舶设计院。

本部分主要起草人：王前进、章鸣。

本部分所代替标准的历次版本发布情况为：

——GB 2884.3—1981、GB 2884.4—1981、GB/T 2884.3—1996；

——GB 2884.5—1981、GB 2884.6—1981、GB/T 2884.5—1996；

——GB 2884.7—1981、GB/T 2884.7—1996；

——GB 2884.12—1981、GB/T 2884.12—1996。

长江中下游水系分节驳船型 第2部分:干支直达和水运网分节驳船型尺度系列

1 范围

GB/T 2884的本部分规定了长江中下游干支直达和水运网分节驳船型的尺度、型号和标志。

本部分适用于长江中下游干支流水域和与其相沟通的水运网航行的分节驳船。

2 术语和定义

下列术语和定义适用于本部分。

2.1

水运网 waterway network

由京杭、湘桂、赣粤、郑淮等运河所沟通的包括长江、珠江、钱塘江、淮河、黄河、海河等水系的内河通航航道。

3 船型尺度

长江中下游干支直达和水运网分节驳船型尺度系列见表1。

表1 长江中下游干支直达和水运网分节驳船型尺度系列

航道等级	型号	吨级	总长/m	船宽/m	吃水/m	航行区域
Ⅲ	CWJA1000	1 000	67.5	10.8	2.0～2.4	长江中下游
Ⅲ	CWJB1000	1 000	64.5	10.8	2.2～2.6	京杭运河
Ⅳ	CWJ500	500	45.0	10.8	1.6～2.1	水运网
Ⅴ	CWJ400	400	41.0	10.0	1.3～1.6	水运网
Ⅴ	CWJ300	300	35.0	10.0	1.3～1.6	水运网

4 型号组成

型号表示如下：

C W J □ □

- □（第二个）——驳节吨级，见表1；
- □（第一个）——驳节型号；
- J——“节”汉语拼音第一个字母，表示“分节驳”；
- W——“网”汉语拼音第一个字母，表示“水运网”；
- C——“长”汉语拼音第一个字母，表示“长江”。

5 标志

5.1 每驳节均设置包括下列内容的标志牌：

a) 船舶型号、出厂顺序号、标准号；

b) 总长、水线长、船宽、型深、设计吃水、满载排水量；

c) 制造厂名称；

d) 建造年月。

5.2 标志牌外形呈长方形，长 330 mm，宽 200 mm，由金属材料(铜、铝或其他)制成。

ICS 13.340.30
C 73

中华人民共和国国家标准

GB 2890—2009
代替 GB 2890—1995,GB/T 2891—1995,GB/T 2892—1995

呼吸防护　自吸过滤式防毒面具

Respiratory protection—Non-powered air-purifying respirators

2009-04-13 发布　　　　2009-12-01 实施

中华人民共和国国家质量监督检验检疫总局
中国国家标准化管理委员会　发布

前言

本标准的5.1.2、5.1.5、5.1.6、5.1.8、5.1.9、5.1.11、5.1.12、5.2.3、5.2.4、5.2.5、5.2.6、5.2.7、5.2.8、第9章为强制性条款，其余为推荐性的条款。

本标准代替GB 2890—1995《过滤式防毒面具通用技术条件》、GB/T 2891—1995《过滤式防毒面具面罩性能试验方法》、GB/T 2892—1995《过滤式防毒面具滤毒罐性能试验方法》。

本标准与GB 2890—1995、GB/T 2891—1995、GB/T 2892—1995相比主要变化如下：

——增加面罩的预处理；

——增加面罩阻燃性的要求及测试方法；

——增加面罩头带强度指标的要求及测试方法；

——增加面罩与过滤件间结合强度的要求及测试方法；

——增加面罩导气管气密性测试方法；

——增加过滤件的预处理；

——增加特殊性能的过滤件测试介质透过浓度的计算公式；

——增加特殊过滤件防护时间的分析方法；

——修改全面罩、半面罩、过滤件的定义；

——修改面罩、过滤件的分类；

——修改面罩连接部件的要求；

——修改面罩泄漏率的要求及测试方法；

——修改面罩死腔的要求及测试方法；

——修改部分过滤件的标色；

——修改过滤件的防护时间要求；

——修改过滤件通气阻力要求及测试方法；

——修改过滤件强度的要求及测试方法；

——删除过滤件装填牢固度的要求及测试方法；

——删除头罩式全面罩罩体材料的要求；

——删除面罩装配气密性的要求及测试方法；

——删除呼气阀耐老化性的要求及测试方法。

本标准的附录A、附录B和附录C为资料性附录。

本标准由国家安全生产监督管理总局提出。

本标准由全国个体防护装备标准化委员会(SAC/TC 112)归口。

本标准负责起草单位：北京市劳动保护科学研究所。

本标准参加起草单位：防化研究院、梅思安(中国)安全设备有限公司、山西新华防护器材有限责任公司、3M中国有限公司。

本标准主要起草人：杨文芬、刘江歌、丁松涛、周芸芸、姚海峰、赵大力、姚红、陈倬为。

本标准所代替标准的历次版本发布情况为：

——GB 2890—1982、GB 2890—1995；

——GB 2891—1982、GB/T 2891—1995；

——GB 2892—1982、GB/T 2892—1995。

呼吸防护　自吸过滤式防毒面具

1　范围

本标准规定了自吸过滤式防毒面具的分类及标记、技术要求、面罩测试方法、过滤件测试方法、检验规则及标识。

本标准适用于基于自吸过滤原理的防毒面具。

本标准不适用于缺氧环境、水下作业、逃生和消防热区用呼吸防护用品。

2　规范性引用文件

下列文件中的条款通过本标准的引用而成为本标准的条款。凡是注日期的引用文件，其随后所有的修改单(不包括勘误的内容)或修订版均不适用于本标准，然而，鼓励根据本标准达成协议的各方研究是否可使用这些文件的最新版本。凡是不注日期的引用文件，其最新版本适用于本标准。

GB/T 2428—1998　成年人头面部尺寸

GB 2626—2006　呼吸防护用品　自吸过滤式防颗粒物呼吸器

GB/T 5703—1999　用于技术设计的人体测量基础项目

GB/T 10586—2006　湿热试验箱技术条件

GB/T 10589—2008　低温试验箱技术条件

GB/T 11158—2008　高温试验箱技术条件

GB/T 12903—2008　个体防护装备术语

GB 14866—2006　个人用眼护具技术要求

3　术语

GB/T 12903—2008 确立的以及下列术语和定义适用于本标准。

3.1

自吸过滤式防毒面具　non-powered air-purifying respirator

靠佩戴者呼吸克服部件阻力，防御有毒、有害气体或蒸气、颗粒物(如毒烟、毒雾)等危害其呼吸系统或眼面部的净气式防护用品。

3.2

全面罩　full mask

与面部密合，能遮盖住眼、面、鼻、口和下颌等的面罩。

3.3

半面罩　half mask

与面部密合，能遮盖口和鼻，或覆盖口、鼻和下颌的面罩。

3.4

防护时间　protective time

在规定条件下，测试介质从开始通入过滤件至测试介质透过浓度达到限定值时的时间。

3.5

过滤件　filter

滤毒盒　cartridge

滤毒罐　canister

自吸过滤式防毒面具使用的，可滤除吸入空气中有毒、有害物质的过滤组件。

3.6

吸气阀　inhalation valve

只允许吸入气体通过其进入面罩，防止呼出气体通过它排出面罩的单向阀门。

3.7

呼气阀　exhalation valve

只允许呼出气体通过其排出面罩，防止吸入气体通过它进入面罩的单向阀门。

3.8

面罩泄漏率　inward leakage of mask

在规定的条件下，受试者吸气时泄漏入面罩内的模拟剂浓度与吸入空气中模拟剂浓度的比值。

3.9

死腔　dead space

从前一次呼气中被重新吸入的气体的体积。

注：用二氧化碳在吸入气体中的体积分数表示。

3.10

导气管　breathing hose

用于连接面罩与过滤件的气密性软管。

4　分类及标记

4.1　自吸过滤式防毒面具

自吸过滤式防毒面具按照面罩与过滤件的连接方式可分为导管式防毒面具和直接式防毒面具。

4.2　面罩

面罩按结构分为全面罩和半面罩。

4.3　过滤件

4.3.1　过滤件类型

4.3.1.1　普通过滤件

普通过滤件包括：

a）A 型：用于防护有机气体或蒸气；

b）B 型：用于防护无机气体或蒸气；

c）E 型：用于防护二氧化硫和其他酸性气体或蒸气；

d）K 型：用于防护氨及氨的有机衍生物；

e）CO 型：用于防护一氧化碳气体；

f）Hg 型：用于防护汞蒸气；

g）H_2S 型：用于防护硫化氢气体。

4.3.1.2　多功能过滤件

用于防护 4.3.1.1 中两种或两种以上类型的过滤件。

4.3.1.3　综合过滤件

带有滤烟功能的普通过滤件或多功能过滤件。

4.3.1.4　特殊过滤件

用于防护本标准未规定的、由制造商特别指明气体或蒸气的过滤件。

4.3.2　过滤件级别

4.3.2.1　过滤件防护时间

过滤件按照防护时间的不同分为：

a) 1级：一般能力的防护时间；

b) 2级：中等能力的防护时间；

c) 3级：高等能力的防护时间；

d) 4级：特等能力的防护时间。

4.3.2.2 综合过滤件的滤烟性能

综合过滤件的滤烟性能按照滤烟效率不同分为：

a) P1：一般能力过滤效率；

b) P2：中等能力过滤效率；

c) P3：高等能力过滤效率。

4.3.3 标记

过滤件的标记由过滤件类型、过滤件级别、滤烟性能级别组成。字母P、D、Z、T分别代表普通过滤件、多功能过滤件、综合过滤件和特殊过滤件。

示例1：1级A型普通过滤件标记为：P-A-1。

示例2：2级具有防护A、B两种类型气体的多功能过滤件标记为：D-A/B-2。

示例3：1级E型具有滤烟性能P2级的综合过滤件标记为：Z-E-P2-1。

示例4：特殊过滤件的标记为：T。

5 技术要求

5.1 面罩

5.1.1 一般要求

5.1.1.1 面罩边缘应平滑，无明显棱角和毛刺，无影响气密性的缺陷。

5.1.1.2 面罩应与面部紧密贴合，无明显压痛感，面罩的固定系统应能根据佩戴者的需要调节。

5.1.1.3 面罩上可更换部件应易于更换。

5.1.1.4 面罩观察眼窗应视物真实，有防止镜片结雾的措施。

5.1.1.5 面罩材料应无毒、无刺激性、对健康无害，能够经受制造商推荐的清洗或消毒处理。

5.1.1.6 面罩上的金属材料表面应进行防腐蚀处理。

5.1.2 高低温适应性

按6.3预处理后的面罩应无明显变形，螺纹连接部分应能与过滤件很好地连接。

5.1.3 阻燃性

按6.4的规定进行测试，续燃时间不应超过5 s。

5.1.4 面罩的呼气阀

5.1.4.1 呼气阀应有保护其不受损害的呼气阀盖，呼气阀应具有良好的动作性。

5.1.4.2 按6.5的规定进行测试，测试结果应符合：

a) 当呼气阀减压至−1 180 Pa时，全面罩呼气阀于45 s内负压值下降不应大于500 Pa；

b) 当呼气阀减压至−1 180 Pa时，半面罩呼气阀恢复至常压的时间不应小于20 s。

5.1.5 面罩泄漏率

按6.6的规定进行测试，测试结果应符合：

a) 全面罩的泄漏率不应大于0.05%；

b) 半面罩的泄漏率不应大于2%。

5.1.6 面罩死腔

按6.7的规定进行测试，测试结果不应大于1%。

5.1.7 视野

按6.8的规定进行测试,测试结果应符合表1要求。

表1 面罩视野

项目		全面罩		半面罩
		大眼窗	双眼窗	
视野	总视野/%	≥70	≥65	—
	双目视野/%	≥55	≥24	≥65
	下方视野/°	≥35	≥35	≥35

5.1.8 面罩的吸气阻力和呼气阀阻力

按6.9、6.10的规定进行测试,测试结果应符合表2要求。

表2 面罩的吸气阻力和呼气阀阻力

测试项目	吸气阻力/Pa	呼气阀阻力/Pa
全面罩	≤40	≤100
半面罩	≤20	≤50

5.1.9 面罩观察眼窗

5.1.9.1 按6.11的规定进行测试,镜片的透光率(透光比)不应小于89%。

5.1.9.2 按GB 14866—2006中6.2.1的规定进行测试,镜片不能破碎。

5.1.10 面罩与过滤件结合强度

按6.12的规定进行测试,测试结果应符合:

a) 全面罩与过滤件接头的结合力不应小于250 N,不能有明显的破坏;

b) 半面罩与过滤件接头的结合力不应小于50 N,不能有明显的破坏;

c) 带导气管的全面罩,导气管与全面罩的结合力不应小于50 N。

5.1.11 头带强度

按6.13的规定进行测试,测试结果应符合:

a) 全面罩头带应能够经受150 N的拉力持续时间10 s,不发生破断;

b) 半面罩头带应能够经受50 N的拉力持续时间10 s,不发生破断。

5.1.12 导气管

5.1.12.1 导气管应具有良好的伸缩性,弯曲成各种形状时应能保证气流通畅。

5.1.12.2 按6.14的规定进行测试,导气管内压力值应在15 s内不变化。

5.1.12.3 导气管长度应为(50～100)cm。

5.2 过滤件

5.2.1 外观要求

过滤件外观应平滑,无毛刺,无影响致密性的缺陷。

5.2.2 过滤件的质量

a) 直接连接半面罩的过滤件总质量不应大于300 g;

b) 直接连接全面罩的过滤件总质量不应大于500 g。

5.2.3 过滤件的通气阻力

按7.5规定的条件测试,测试结果应符合表3的要求。

表 3 过滤件的通气阻力

单位为帕

过滤件级别	4 级		3 级		2 级		1 级	
测试条件	30 L/min	95 L/min	30 L/min	95 L/min	30 L/min	95 L/min	30 L/min	95 L/min
普通过滤件	≤180	≤640	≤200	≤770	≤120	≤560	≤80	≤400
综合过滤件	≤200	≤770	≤220	≤820	≤140	≤610	≤120	≤560
多功能过滤件	≤180	≤640	≤200	≤770	≤120	≤560	≤80	≤400
特殊过滤件	≤180	≤640	≤200	≤770	≤120	≤560	≤80	≤400

5.2.4 过滤件的排尘量

按 7.6 的规定进行排尘量测试，A 型、CO 型过滤件的排尘量不应大于 0.24 mg，其他类型过滤件的排尘量不应大于 0.12 mg。

5.2.5 过滤件的致密性

5.2.5.1 过滤件(罐型)按 7.7 规定的条件测试，1 min 内不应有气泡逸出。

5.2.5.2 过滤件(盒型)应密封包装。

5.2.6 过滤件强度

按 7.8 规定的条件测试，过滤件(罐型)的致密性应符合 5.2.5.1 的要求。

5.2.7 综合过滤件的滤烟性能

按 7.9 的规定进行滤烟性能测试，测试结果应符合表 4 的要求。

表 4 综合过滤件的滤烟性能

级 别	P3	P2	P1
效率/%	≥99.99	≥99.0	≥95.0

5.2.8 过滤件的标色及防护时间

5.2.8.1 标色色条要环绕过滤件一周，色条宽度不应小于 3 mm。

5.2.8.2 普通过滤件的标色应符合表 5 的规定；多功能过滤件应标识每种防护气体在表 5 中规定的相应标色，两色条间无间隔；综合过滤件的标色要在表 5 规定的标色基础上加粉色色条，两色条间无间隔。

5.2.8.3 按 7.10 的规定进行防护时间的测试，普通过滤件的防护时间应符合表 5 的规定；多功能过滤件的防护时间应能分别满足表 5 中对每种气体的要求；综合过滤件的防护时间与相对应的普通过滤件的防护时间相同，应符合表 5 的规定。

5.2.8.4 特殊过滤件的标色及防护性能

5.2.8.4.1 特殊过滤件的标色应为紫色。

5.2.8.4.2 应在过滤件上清晰标明防护气体名称。

5.2.8.4.3 特殊过滤件的防护时间：

a) 测试介质浓度：由制造厂商提出；

b) 防护时间：按照式(1)计算：

$$t = \frac{100\ 000}{C_i} \qquad \cdots\cdots(1)$$

式中：

t——防护时间，单位为分(min)；

C_i——制造厂商提出的测试介质浓度，单位为毫升每立方米(mL/m^3)。

表 5 过滤件的标色及防护时间

过滤件类型	标色	防护对象举例	测试介质	4 级		3 级		2 级		1 级		穿透浓度/(mL/m^3)
				测试介质浓度/(mg/L)	防护时间/min ≥	测试介质浓度/(mg/L)	防护时间/min ≥	测试介质浓度/(mg/L)	防护时间/min ≥	测试介质浓度/(mg/L)	防护时间/min ≥	
A	褐	苯、苯胺类、四氯化碳、硝基苯、氯化苦	苯	32.5	135	16.2	115	9.7	70	5.0	45	10
B	灰	氯化氰、氢氰酸、氯气	氢氰酸（氯化氰）	11.2(6)	90 (80)	5.6 (3)	63 (50)	3.4 (1.1)	27 (23)	1.1 (0.6)	25 (22)	10[a]
E	黄	二氧化硫	二氧化硫	26.6	30	13.3	30	8.0	23	2.7	25	5
K	绿	氨	氨	7.1	55	3.6	55	2.1	25	0.76	25	25
CO	白	一氧化碳	一氧化碳	5.8	180	5.8	100	5.8	27	5.8	20	50
Hg	红	汞	汞	—	—	0.01	4 800	0.01	3 000	0.01	2 000	0.1
H_2S	蓝	硫化氢	硫化氢	14.1	70	7.1	110	4.2	35	1.4	35	10

注：本标准过滤件与原标准的对照参见附录 A。

[a] C_2N_2 有可能存在于气流中，所以(C_2N_2+HCN)总浓度不能超过 10 mL/m^3。

6 面罩测试方法

6.1 测试样品

测试样品应符合产品标识的描述，功能有效。测试样品的总数量应根据测试的具体要求确定，参见附录 C。

6.2 外观检查

在进行实验室性能测试前，应对样品进行目测外观检查，样品应符合 5.1.1 的要求。

6.3 预处理

6.3.1 设备

a) 高温试验箱技术性能应符合 GB/T 11158—2008 的要求；

b) 低温试验箱技术性能应符合 GB/T 10589—2008 的要求；

c) 湿热试验箱技术性能应符合 GB/T 10586—2006 的要求。

6.3.2 方法

将样品从原包装中取出，按照顺序依次进行下列条件处理：

a) 在(70±3)℃，相对湿度小于 20%的高温试验箱中放置(72±3)h；

b) 在(70±3)℃，相对湿度(95～100)%的湿热试验箱中放置(72±3)h；

c) 在(－30±3)℃的低温试验箱中放置(24±1)h。

在进行每一步骤前，应在样品温度恢复至室温后至少 4 h 再进行后续测试。

注：预处理应确保样品在不受热冲击的方式下进行。

6.4 阻燃性测试

6.4.1 样品数量

1 个未处理样品。

6.4.2 测试步骤

按 GB 2626—2006 中 6.15.3 的规定进行。

6.4.3 测试结果

测试结果应符合 5.1.3 的要求。

6.5 呼气阀气密性测试

6.5.1 样品数量

呼气阀应从面罩罩体上取样。

4 个样品，其中 2 个为未处理样品，2 个为经过预处理后样品。

6.5.2 测试装置

测试装置示意见图 1。

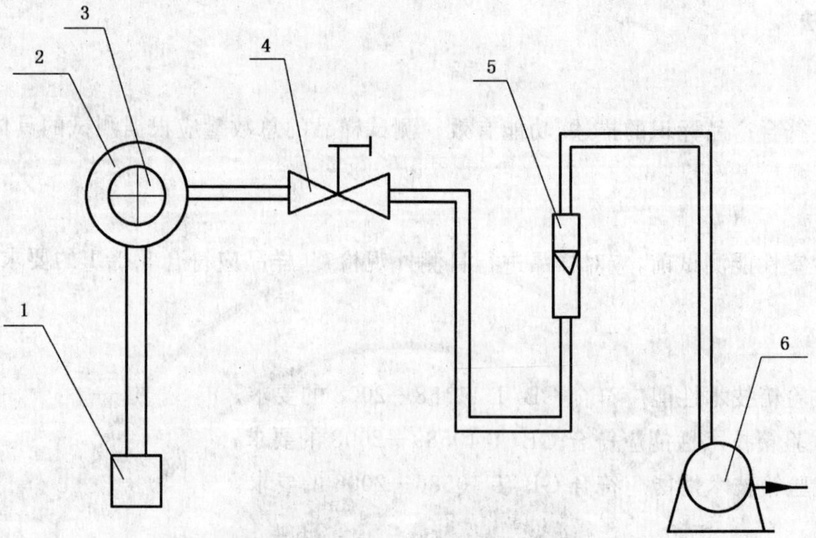

1——微压计；

2——定容腔体；

3——被测呼气阀；

4——抽气控制阀；

5——空气流量计；

6——抽气泵。

图1 呼气阀气密性测试装置示意图

6.5.2.1 定容腔体：容积(150±10)mL。

6.5.2.2 气体流量计：量程(0～800)mL/min，精度1级。

6.5.2.3 微压计：量程(0～2 000)Pa，精度1 Pa。

6.5.2.4 秒表：精度0.1 s。

6.5.3 测试条件

6.5.3.1 常温常压，相对湿度应小于75%。

6.5.3.2 呼气阀与定容腔体应气密，与水平垂直，阀片不应受力而变形，呼气阀应清洁干燥。

6.5.4 测试步骤

6.5.4.1 将定容腔体与呼气阀的通气孔封闭，抽气至－1 180 Pa，关闭抽气控制阀后，2 min内不应观察到压力变化。

6.5.4.2 将呼气阀装在定容腔体上，以不大于500 mL/min的流速抽气至定容腔体内为－1 250 Pa，关闭控制阀。

6.5.4.3 当系统为－1 180 Pa时开始计时。

6.5.5 测试结果

6.5.5.1 全面罩记录45 s时负压变化值。

6.5.5.2 半面罩记录恢复到0 Pa时所需的时间。

6.5.5.3 测试结果应符合5.1.4的规定，4个样品中有一个不合格则视为未通过。

6.6 面罩泄漏率的测试——油雾法

6.6.1 样品数量

4个样品，其中2个为未处理样品，2个为预处理后样品。

面罩应正确装配制造商提供的过滤件或导气管。

6.6.2 测试装置

测试装置示意见图2。

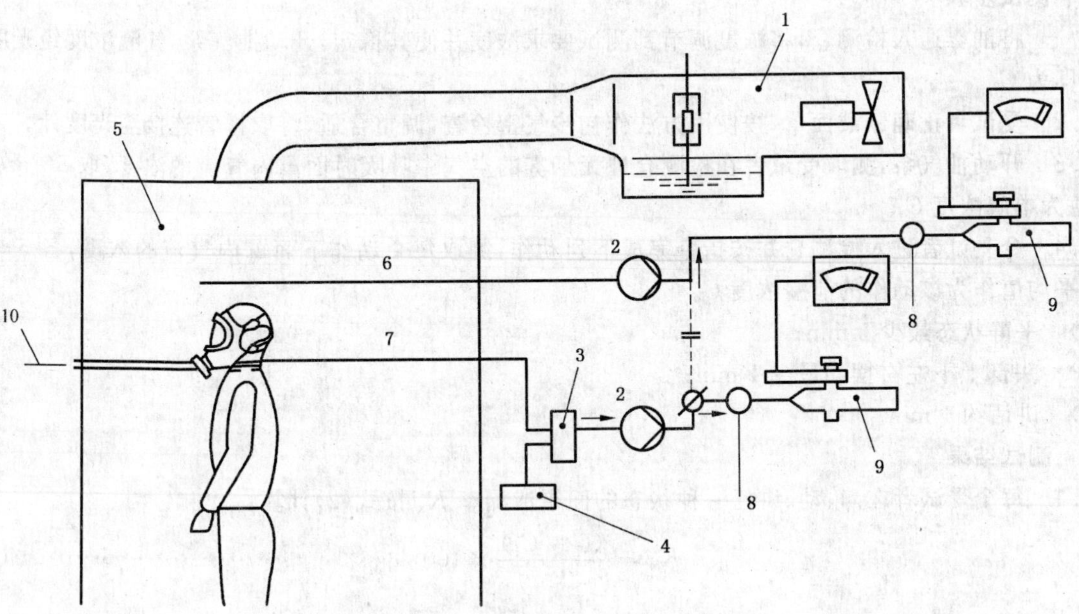

1——油雾发生器；

2——抽气泵；

3——调节阀；

4——过滤件；

5——检测仓；

6——检测仓采样管；

7——受试面罩采样管；

8——补充新鲜空气；

9——光度计；

10——新鲜空气。

图2 面罩泄漏率测试装置示意图

6.6.2.1 油雾发生装置：使用玉米油，能发生气量不低于100 L/min的气溶胶状油雾，油雾的空气动力学粒径分布应为(0.02～2)μm，质量中位径约为0.3 μm。且发生装置附带有大粒径油雾分离器以及控制工作条件的各种组成部分。

6.6.2.2 检测仓：有玻璃壁的密室，其大小应允许受试人员完成规定动作，有油雾入口和溢出口并允许取样管路通出和受试人员吸气流从外部通入。油雾室亦可用木材、塑料等制成。检测仓内有效空间的浓度变化不应超过10%。

6.6.2.3 光度计：检测范围为(0.001～200)mg/m³，精度为1%，响应时间不大于500 ms。

6.6.2.4 采样流量：(1～2)L/min。

6.6.3 测试条件

6.6.3.1 每个面罩按其适配范围选择头、面部尺寸符合的人员10名进行配戴测试。受试者应将胡须刮干净。面罩佩戴应以受试者感觉合适为度，头带调节不应过紧或过松。按GB/T 5703—1999的要求测量并记录受试者的形态面长和面宽数据。

6.6.3.2 检测仓油雾浓度应在(150～200)mg/m³ 范围内。

6.6.3.3 过滤件对油雾过滤效率应高于99.995%，若制造商无此油雾过滤效率的过滤件，测试过程中允许用高于99.995%的过滤件替代，但应能与面罩装配良好。

6.6.3.4 检测仓采样管的位置应位于受试者头部活动区域，被测样品上安装取样管，接口应保持气密，其管端应靠近口鼻区。

6.6.4 测试步骤

6.6.4.1 将油雾通入检测仓，将浓度调节到测试要求浓度并使其稳定，开动抽气泵，气流浓度经光度计测量，即为 C_0。

6.6.4.2 受试者正确佩戴面罩，按使用方法作初步气密检查，调整合适，将取样管连接至光度计。

6.6.4.3 开动抽气泵，测取受试者在检测仓外无烟雾的空气中呼吸时面罩内气流的浓度，取 5 个数，其平均值为本底浓度 C_e。

6.6.4.4 令受试者进入检测仓并按指令完成下列动作，测取每个动作下面罩内气流的浓度，各 5 个数据，其平均值作为该动作的泄漏浓度 C。

a) 平静状态最少 1 min；

b) 头部上下左右摆动最少 1 min；

c) 讲话约 1 min。

6.6.5 测试结果

6.6.5.1 每个受试者在静、动、讲任一种状态的面罩泄漏率 K_x 按式(2)计算：

$$K_x = \frac{(C - C_e)}{C_0} \times 100 \qquad \cdots\cdots(2)$$

式中：

K_x——分别为静、动、讲时各动作的面罩泄漏率，%；

C——分别为静、动、讲时各动作的面罩内气流浓度，单位为毫克每立方米(mg/m^3)；

C_e——被测面罩本底浓度，单位为毫克每立方米(mg/m^3)；

C_0——检测仓内油雾浓度，单位为毫克每立方米(mg/m^3)。

6.6.5.2 对每个受试者的面罩泄漏率按式(3)计算：

$$K_n = \frac{1}{3}\sum K_x \qquad \cdots\cdots(3)$$

式中：

K_n——每个受试者的面罩泄漏率，%；

K_x——静、动、讲每个动作的面罩泄漏率，%。

6.6.5.3 测试结果

样品的泄漏率按式(4)计算：

$$K = \frac{1}{10}\sum K_n \qquad \cdots\cdots(4)$$

式中：

K——每个面罩的泄漏率，%；

K_n——每个受试者的面罩泄漏率，%。

测试结果应符合 5.1.5 的要求，4 个样品中有一个不合格则视为未通过。

6.7 面罩死腔测试

6.7.1 样品数量

2 个样品，其中 1 个为未处理样品，1 个为预处理后样品。

6.7.2 测试设备

测试装置示意见图 3。

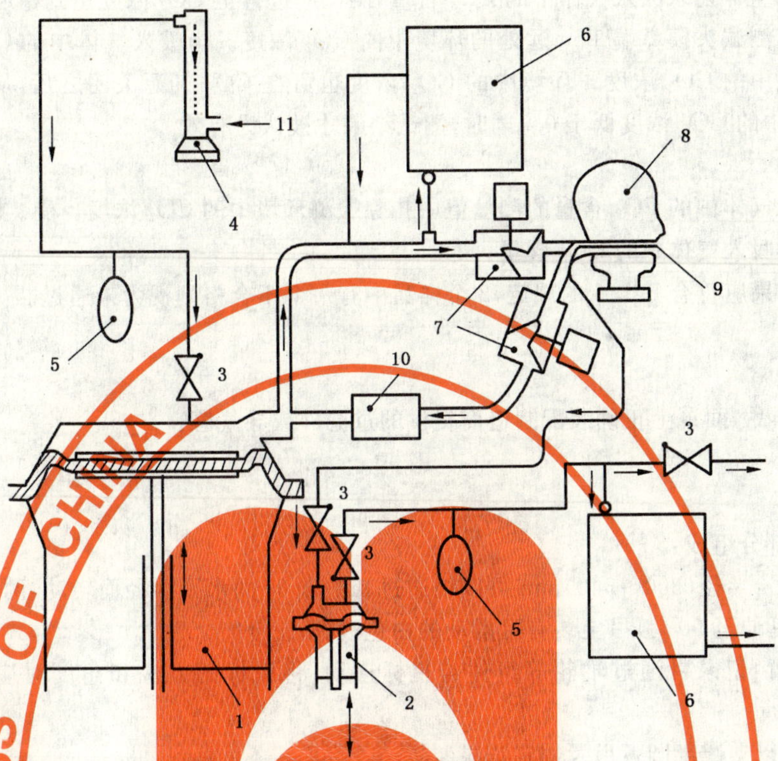

1——呼吸机；

2——辅助泵；

3——单向阀；

4——流量计；

5——补偿袋；

6——二氧化碳气体分析仪；

7——电磁阀；

8——测试头模；

9——吸入气体取样管；

10——二氧化碳吸收器；

11——二氧化碳。

图 3 面罩死腔测试装置

6.7.2.1 呼吸机：模拟呼吸频率调节范围为(10～40)次/min，模拟呼吸潮气量调节范围为(0.5～3.0) L/min。

6.7.2.2 二氧化碳(CO_2)气源：CO_2 的体积分数为(5.0±0.1)%。

6.7.2.3 CO_2 流量计：量程不低于 40 L/min，精度为 2 级。

6.7.2.4 CO_2 分析仪器：量程不低于 12%，精度不低于 0.1%。

6.7.2.5 测试装置气路的总死腔(不包括呼吸机)不应超过 2 000 mL。

6.7.2.6 电风扇：应用电风扇在被测样品侧面吹风，使气流在面罩前的流速为 0.5 m/s。

6.7.3 测试步骤

6.7.3.1 将面罩正确地佩带到测试头模上，面罩应气密无变形。需要时，可用 PVC 带或其他合适的密封剂将面罩的周边与测试头模密封。

6.7.3.2 将呼吸机调整到呼吸频率 25 次/min，呼吸潮气量 2 L/次。

6.7.3.3 CO_2 应通过一个流量计、补偿袋和单向阀送入呼吸机内。为防止 CO_2 的聚集，在电磁阀和呼吸机之间的吸气回路上应使用 CO_2 吸收器。

6.7.3.4 连续测量并记录吸入气体中的 CO_2 含量，测试应进行至 CO_2 浓度达到稳定时为止。

6.7.3.5 检测离测试头模鼻端 1 m 远处的环境中的 CO_2 浓度。当吸入气体中的 CO_2 浓度达到稳定时，即刻测量环境中的 CO_2 浓度。环境中的 CO_2 浓度也可在 CO_2 气源关闭之后，从取样管中进行测量。只有当环境中的 CO_2 浓度低于 0.1%时，测试结果才被认为有效。

6.7.4 测试结果

6.7.4.1 从吸入气体中的 CO_2 含量的测量值中扣除检测环境中的 CO_2 浓度。受试样品应进行 3 次测试，其平均值即为吸入气体中的 CO_2 含量。

6.7.4.2 测试结果应符合 5.1.6 的规定，2 个样品中有一个不合格则视为未通过。

6.8 视野

6.8.1 样品数量

1 个未处理样品，面罩上正确装配制造商提供的过滤件或导气管。

6.8.2 测试装置

6.8.2.1 视野计

视野计由三部分组成：

a) 半圆弧弓：半径(300～340)mm 可以绕通过其中点 0 °的水平半径而转动，两边自 0 °起每 5 °有一刻度延伸至 90 °弧弓上装有可滑动的白色视标；

b) 记录装置：记录针通过轴轮等组件与视标连动，将视标的方位和角度对应地记录在视野图纸上；

c) 座架：用以支撑半圆弧弓及固定记录装置。

6.8.2.2 测试头模

头模本身的视野应符合中国成年人平均视野，两眼瞳孔位置装置小灯泡，两眼瞳孔距离应符合 GB/T 2428—1998 的规定，灯泡顶点连线在两眼中点后(7±0.5)mm，测试头模在工作台上安装的位置应能使左右眼分别置于半圆弧弓的圆心处，并直视其“0”点。

6.8.2.3 记录纸与记录装置配套使用，上印有平均视野曲线。

6.8.2.4 求积仪：精度 0.1 cm^2。

6.8.3 测试要求

6.8.3.1 测试工作应在暗室中进行。

6.8.3.2 正确佩带面罩，头带应调节适宜，注意面罩在头模上的左右对称性。

6.8.4 测试步骤

6.8.4.1 检查视野计记录装置和视标连动工作是否正确并仔细校正，在记录台上正确装好记录纸，把受试面具佩带在测试头模上调整正确，不过松、过紧。将戴着面具的测试头模放在座上使左或右眼处于弧弓圆心，并接通该眼灯泡电源。从垂直或水平的任一方位开始每(15～30)°之间测量一点，直至全方位都测到。

6.8.4.2 移动头模按 6.8.4.1 对另一眼测量然后取下记录纸。

6.8.4.3 将面罩脱下，重新调整，按上述步骤重复测 3 次。

6.8.5 测试结果

6.8.5.1 把每张记录纸上所记的点分别按左右眼视野连接成封闭曲线除特殊点外一般要自然平滑。

6.8.5.2 用求积仪分别量取每张记录纸上双目视野图和总视野图的面积 S_i，设未戴面罩的相应平均视野图面积 S，测得视野保存率 τ。

$$\tau=\frac{\gamma\cdot S_i}{S}\times 100 \qquad \cdots\cdots(5)$$

式中：

τ——视野保存率，%；

γ——校正系数，由图 4 给出；

S_i——双目视野图和总视野图面积，单位为平方厘米(cm^2)；

S——平均视野图面积，单位为平方厘米(cm^2)。

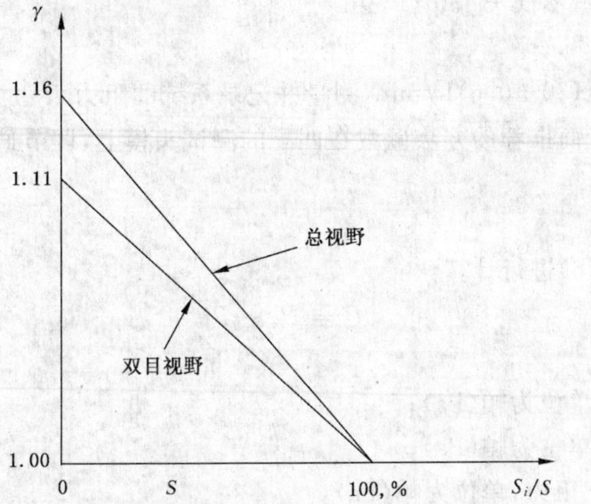

图 4 总视野和双目视野校正系数图

6.8.5.3 按照每张视野图左右视野曲线的下方交点的位置，得出下方视野值(°)。

6.8.5.4 求出受试面罩 3 次视野结果的平均值。

6.8.5.5 测试结果应符合 5.1.7 的规定。

6.9 吸气阻力测试

6.9.1 样品数量

3 个未处理样品。

6.9.2 测试装置

测试装置示意见图 5。

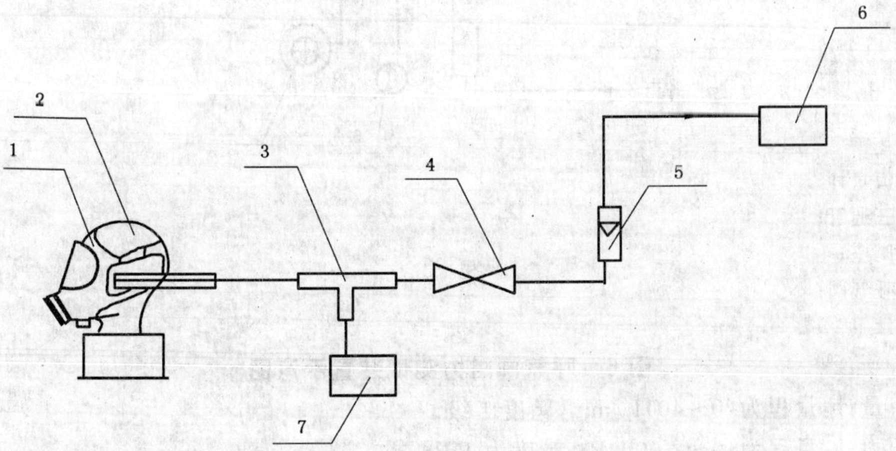

1——受试面罩；
2——测试头模；
3——测压三通管；
4——调节螺旋夹；
5——空气流量计；
6——抽气泵；
7——压力计。

图 5 吸气阻力测试装置示意图

6.9.2.1　流量计:量程为(0～40)L/min,精度1级。

6.9.2.2　压力计:量程为(0～2 000)Pa,精度为1 Pa。

6.9.2.3　测试头模:主要尺寸应参考附录B的要求,分为大号、中号和小号。

6.9.2.4　抽气泵:抽气流量不低于150 L/min。

6.9.3　**测试步骤**

6.9.3.1　将通气量调节至(30±0.6)L/min,测量并记录系统的阻力 P_1。

6.9.3.2　将面罩按照制造商推荐的方法佩戴在匹配的测试头模上,调节通气量(30±0.6)L/min,测量并记录阻力 P_2。

6.9.4　**结果计算**

面罩吸气阻力按照式(6)进行计算:

$$P = P_2 - P_1 \qquad (6)$$

式中:

P——面罩吸气阻力,单位为帕(Pa);

P_1——系统吸气阻力,单位为帕(Pa);

P_2——面罩和系统吸气阻力,单位为帕(Pa)。

测试结果应符合5.1.8的规定,3个面罩有一个不合格,则视为测试未通过。

6.10　**呼气阀阻力测试**

6.10.1　**样品数量**

3个未处理样品上的呼气阀,呼气阀应从面罩罩体上取样。

6.10.2　**测试装置**

测试装置示意见图6。

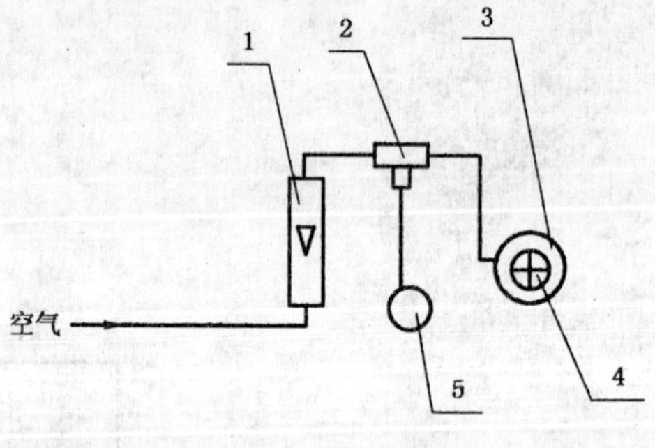

1——空气流量计;
2——测压三通管;
3——呼气阀座;
4——被测呼气阀;
5——压力计。

图6　呼气阀阻力测试装置示意图

6.10.2.1　流量计:量程为(0～40)L/min,精度1级。

6.10.2.2　压力计:量程为(0～2 000)Pa,精度为1 Pa。

6.10.2.3　测压三通:管内径 ϕ(16±0.5)mm,长度100 mm,传压孔在气流内的开口不大于 ϕ6 mm。

6.10.2.4　空气压缩机:通气量不小于250 L/min。

6.10.3　**测试步骤**

6.10.3.1　将通气量调至(30±0.6)L/min,测量系统的阻力 P_1。

6.10.3.2　将呼气阀装入测试系统,调节通气量(30±0.6)L/min,并记录测量阻力 P_2。

6.10.4　**测试结果**

呼气阀阻力按照式(7)计算:

$$P = P_2 - P_1 \qquad (7)$$

式中：

P——面罩呼气阀阻力，单位为帕(Pa)；

P_1——系统呼气阀阻力，单位为帕(Pa)；

P_2——面罩和系统呼气阀阻力，单位为帕(Pa)。

测试结果应符合5.1.8的规定，3个样品有一个不合格，则视为测试未通过。

6.11 镜片透光率测试

6.11.1 样品数量

2个样品，其中1个为未处理样品，1个为预处理后样品。

6.11.2 测试步骤

按GB 14866—2006中6.1.3的规定进行测试。

6.11.3 测试结果

测试结果应符合5.1.9.1的规定，2个面罩有一个不合格，则视为测试未通过。

6.12 面罩与过滤件结合强度测试

6.12.1 样品数量

2个样品，其中1个为未处理样品，1个为预处理后样品。

6.12.2 测试装置

测试装置示意见图7。

图7 面罩与过滤件结合强度的测试

6.12.3 测试步骤

6.12.3.1 将面罩按照制造商推荐的方法佩戴在匹配的测试头模上，用带子将面罩固定在头型上，使施加的轴向拉力作用在连接部位而不是罩体上。

6.12.3.2 按照5.1.10的要求向连接部位施加轴向力，持续10 s。观察连接部位的情况。

6.12.4 测试结果

测试结果应符合5.1.10的规定，2个面罩有一个不合格，则视为测试未通过。

6.13 头带强度测试

6.13.1 样品数量

2个样品，其中1个为未处理样品，1个为预处理后样品。

6.13.2 测试步骤

按照5.1.11的要求分别对面罩的每根头带悬挂规定质量的重物，持续10 s，观察头带有无明显损伤或断裂。悬挂过程不应对样品形成冲击。

6.13.3 测试结果

测试结果应符合5.1.11的规定,2个面罩有一个不合格,则视为测试未通过。

6.14 面罩导气管气密性测试

6.14.1 样品数量

1个未经预处理的导气管。

6.14.2 测试装置

测试装置示意见图8。

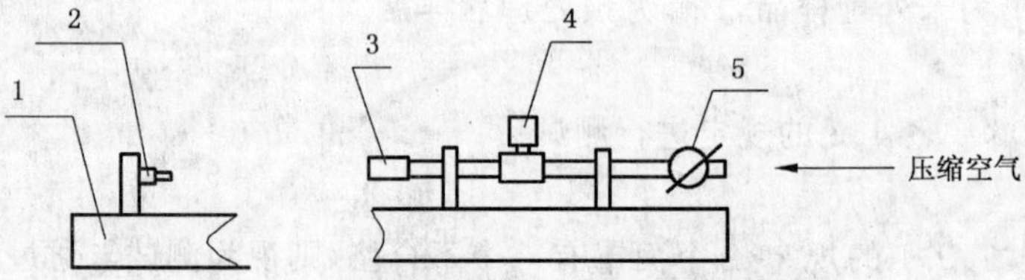

1——底座;
2——接头塞柱;
3——螺旋接头;
4——压力表;
5——阀门。

图8 面罩导气管气密性测试装置示意图

压力表:量程(0～0.1)MPa,精度1级。

6.14.3 测试步骤

6.14.3.1 将装配好的导气管外套螺帽拧紧在螺旋接头上,另一端接在接头塞柱上。打开压缩空气,调节阀门,使导气管内压力达到0.049 MPa,关闭阀门。

6.14.3.2 观察15 s内压力表的变化情况。

6.14.4 测试结果

测试结果应符合5.1.12.2的规定。

7 过滤件测试方法

7.1 总则

在所有条款的测试中,测试样品应全部符合要求,该条款检测视为通过。

7.2 测试样品

测试样品应符合产品标识的描述,功能有效。测试样品的总数量应根据测试的具体要求确定,参见附录C。

7.3 外观检查

在进行实验室性能测试前,应对样品进行目测外观检查,样品应符合5.2.1的要求。

7.4 预处理

7.4.1 样品数量及要求

4个未处理样品,样品为其最小包装状态。

7.4.2 温度预处理

7.4.2.1 设备

a) 高温试验箱技术性能应符合GB/T 11158—2008的要求;

b) 低温试验箱技术性能应符合GB/T 10589—2008的要求。

7.4.2.2 方法

将样品从原包装中取出,按照顺序依次进行下列条件处理:

a) 在(70±3)℃,相对湿度小于20%的干燥高温试验箱中放置(24±1)h;

b) 在(−30±3)℃的低温试验箱中放置(24±1)h。

样品温度恢复至室温后至少4 h再进行后续检测。

注:预处理应确保样品在不受热冲击的方式下进行。

7.4.3 机械强度预处理

按照GB 2626—2006中6.2.2的规定进行。

7.4.4 要求

2个样品为依次经过温度和机械强度预处理,2个样品为只经过机械强度预处理。

7.5 过滤件通气阻力测试

7.5.1 样品数量

4个样品,其中2个为未处理样品,2个为经过温度和机械强度预处理的样品。

7.5.2 测试装置

测试装置示意见图9。

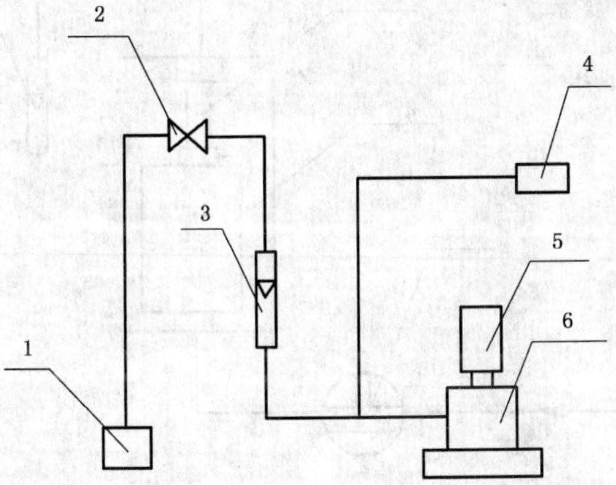

1——空气压缩机;
2——调节阀;
3——气体流量计;
4——微压计;
5——过滤件;
6——过滤件支座。

图9 通气阻力测试装置示意图

7.5.2.1 微压计:量程为(0~2 000)Pa,精度为1 Pa。

7.5.2.2 气体流量计:量程(0~100)L/min,精度1级。

7.5.3 测试条件

7.5.3.1 温度:(16~32)℃。

7.5.3.2 相对湿度:(30~60)%。

7.5.3.3 测试流量:(30±0.6)L/min;(95±4)L/min;若同时有两个及两个以上的过滤件同时装配在一个过滤式防毒面罩上,则通过每个过滤件的气体流量在总流量的基础上均分。

7.5.4 测试步骤

7.5.4.1 将空气流调整到规定范围。

7.5.4.2 测定出测试装置本身的阻力 P_1。

7.5.4.3 将过滤件安装在支座,并使其气密,测定样品和测试装置的总阻力 P_2(精确到1 Pa)。

7.5.5 测试结果

过滤件的通气阻力按式(8)计算:

$$P = P_2 - P_1 \quad \cdots\cdots (8)$$

式中：

P——过滤件的通气阻力，单位为帕(Pa)；

P_2——过滤件与测试装置的总阻力，单位为帕(Pa)；

P_1——测试装置的阻力，单位为帕(Pa)。

测试结果应符合5.2.3的规定。

7.6 过滤件排尘量测试

7.6.1 样品数量

4个样品，其中2个为未处理样品，2个为依次经过温度和机械强度预处理的样品。

7.6.2 测试装置

测试装置示意见图10。

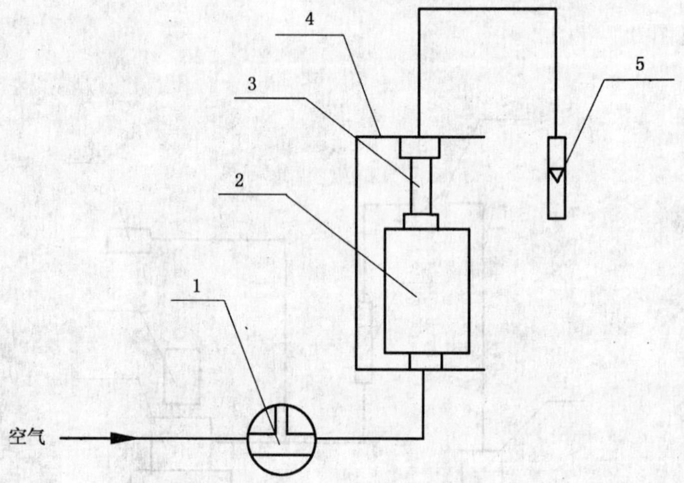

1——呼吸器；

2——过滤件；

3——气体涡流器；

4——过滤件夹具；

5——气体流量计。

图10 过滤件排尘量试验装置示意图

注：呼吸器的频率和呼吸深度应可调节。

7.6.3 测试条件

7.6.3.1 空气流量：(60±1)L/min 脉冲气流。

7.6.3.2 呼吸频率：(21～24)次/min。

7.6.3.3 测试时间：1 min。

7.6.3.4 呼气吸气时间相同。

7.6.3.5 标准极差比色板

标准极差比色板分为两级：

a) 0.12 mg级极差比色板(相当于2 mg/m^3)；

b) 0.24 mg级极差比色板(相当于4 mg/m^3)。

注：也可用标准比色片作为比色标准。

7.6.4 测试步骤

7.6.4.1 将仪器零件和测试样品擦拭干净。

7.6.4.2 将空气流量和呼吸频率调整到规定的范围。

7.6.4.3 将气体涡流器一端与样品连接，另一端的外套螺帽装入滤纸圆片（光滑面朝向过滤件），然后装在仪器装置的夹具上，进行测试。

7.6.4.4 测试结束后取出滤纸圆片与标准极差比色板进行比色。

7.6.5 测试结果

每型号的样品，用相对应的标准极差比色板进行比色，测试结果应符合 5.2.4 的规定。

7.7 过滤件致密性测试

7.7.1 样品数量

4 个样品，其中 2 个为未处理样品，2 个为依次经过温度和机械强度预处理的样品。

7.7.2 测试装置

测试装置示意见图 11。

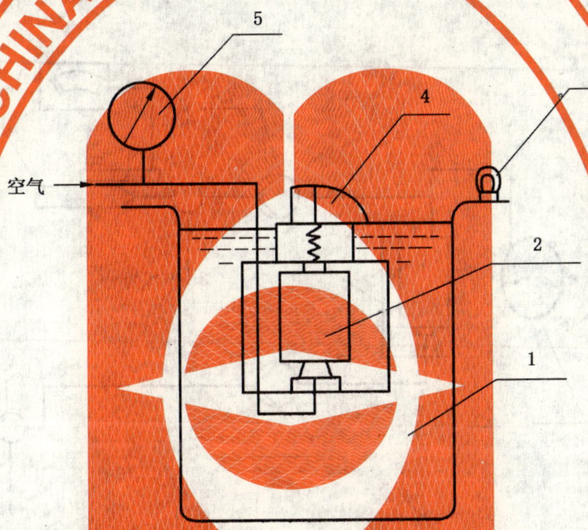

1——水槽；
2——过滤件；
3——灯泡；
4——夹具；
5——压力表。

图 11 过滤件致密性测试装置示意图

7.7.3 测试条件

7.7.3.1 空气压力：(0～20)kPa，精度 1 级。

7.7.3.2 测试时间：1 min。

7.7.3.3 水温不高于 30 ℃。

7.7.4 测试步骤

打开水槽的灯，向水槽内注水，水面应浸没过滤件，过滤件顶部距离水面 2 cm。将被检验的过滤件夹入专用夹具内，夹紧过滤件；打开空气开关，调整压力，使进入过滤件内的空气压力为(15±2)kPa；将夹有过滤件的夹具浸入水槽内，保持 1 min，转动和倾斜过滤件，观察有无气泡逸出。

7.7.5 测试结果

测试结果应符合 5.2.5 的规定。

注：本条款测试仅适用于罐型过滤件。

7.8 过滤件强度测试

7.8.1 样品数量

4 个样品，其中 2 个为未处理样品，2 个为依次经过温度和机械强度预处理的样品。

7.8.2 **测试步骤**

7.8.2.1 将试样垂直放置，由(1 000±5)mm 高度自由落体到厚度为(50±2)mm 的红松木板上。

7.8.2.2 对试样按 7.7.4 的规定进行气密性测试。

7.8.3 **测试结果**

测试结果应符合 5.2.6 的规定。

注：本条款测试仅适用于罐型过滤件。

7.9 **过滤件滤烟性能测试**

7.9.1 **样品数量**

4 个样品，其中 2 个为未处理样品，2 个为依次经过温度和机械强度预处理的样品。

7.9.2 **测试装置**

测试装置示意见图 12。

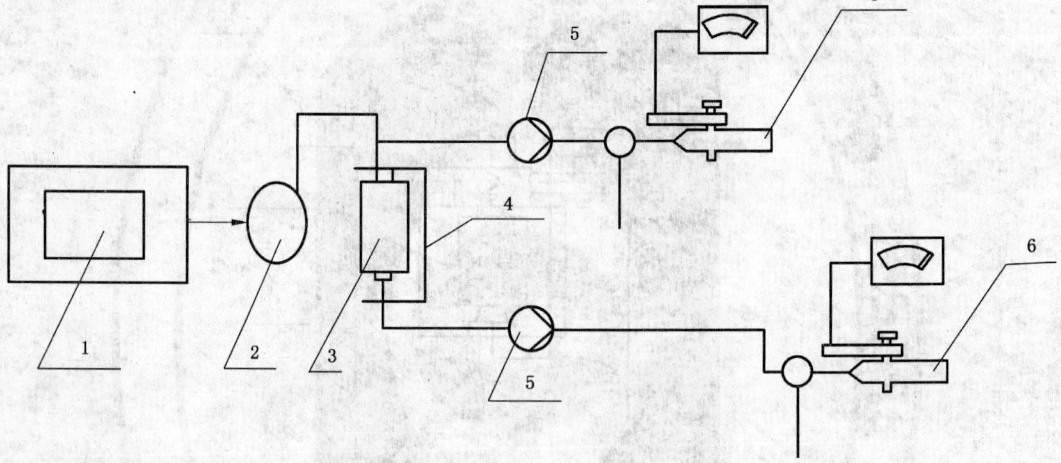

1——油雾发生器；

2——缓冲器；

3——过滤件；

4——过滤件夹具；

5——抽气泵；

6——光度计。

图 12 过滤件滤烟性能测试装置图

7.9.2.1 油雾发生器：使用玉米油，能发生气量不低于 100 L/min 的气溶胶状油雾，粒径分布为 0.02 μm～2 μm，质量中位径为 0.3 μm。

7.9.3 **测试条件**

7.9.3.1 油雾浓度：(150～200)mg/m^3。

7.9.3.2 通过样品的气溶胶流量：(30±0.5)L/min。

7.9.3.3 光度计：检测范围(0.001～200)mg/m^3，精度为 1%，响应时间不大于 500 ms。

7.9.4 **测试步骤**

7.9.4.1 将玉米油加入预热的油雾发生器，调整温度使油蒸发雾化，控制其浓度。

7.9.4.2 经光度计测定后，符合要求的油雾按照(30±0.5)L/min 流量通入过滤件，用另一台光度计测定其尾气油雾的散射光强度。

7.9.5 **测试结果**

过滤件的滤烟性能用式(9)计算：

$$K' = \frac{\rho_2}{\rho_1} \times 100 = \frac{I_2}{I_1} \times 100 \quad \cdots\cdots(9)$$

式中：

K'——滤烟效率，%；

ρ_2——尾气的油雾浓度，单位为毫克每立方米（mg/m^3）；

ρ_1——油雾的初始浓度，单位为毫克每立方米（mg/m^3）；

I_2——油雾浓度为 ρ_2 时的散射光强度；

I_1——油雾浓度为 ρ_1 时的散射光强度。

当仪器自身的散射系数为 K_c 时，样品的滤烟效率按式(10)计算：

$$K = K' - K_c \quad \cdots\cdots(10)$$

式中：

K——过滤件滤烟效率，%；

K'——滤烟效率，%；

K_c——仪器滤烟效率，%。

测试结果应符合 5.2.7 的规定。

7.10 防护时间测试的总方法

7.10.1 样品数量

4 个样品，其中 2 个为未处理样品，2 个为经过机械强度预处理的样品。

7.10.2 仪器设备

7.10.2.1 动态气体吸附装置

7.10.2.1.1 A 法动态气体吸附装置：见图 13。

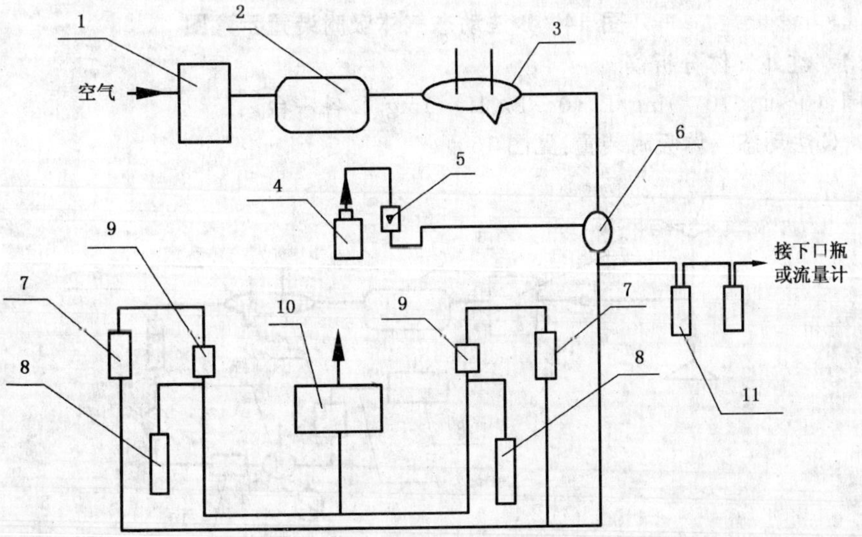

1——净化器；
2——气体调湿装置；
3——温湿度显示装置；
4——测试介质发生装置或蒸发器；
5——流量计；
6——混合器；
7——过滤件；
8——指示瓶；
9——气体流量计；
10——废气吸收罐；
11——吸收瓶。

图 13 A 法动态气体吸附分析装置示意图

7.10.2.1.2　B法动态气体吸附装置：见图14。

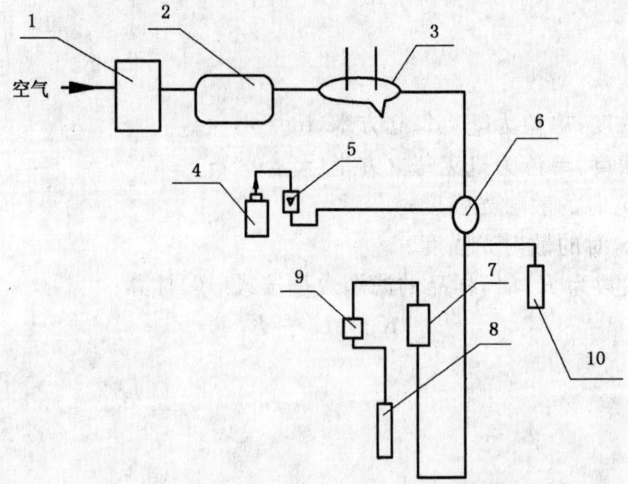

1——空气净化器；
2——气体调湿装置；
3——温湿度显示装置；
4——一氧化碳钢瓶；
5——流量计；
6——混合器；
7——过滤件；
8——红外气体分析仪；
9——流量计；
10——红外气体分析仪。

图14　B法动态气体吸附装置示意图

7.10.2.1.2.1　红外气体分析仪

分析范围：$(0\sim1\times10^{-2})$ mg/L，$(0\sim1\times10^{-4})$ mg/L各一台。

7.10.2.1.3　C法动态气体吸附装置：见图15。

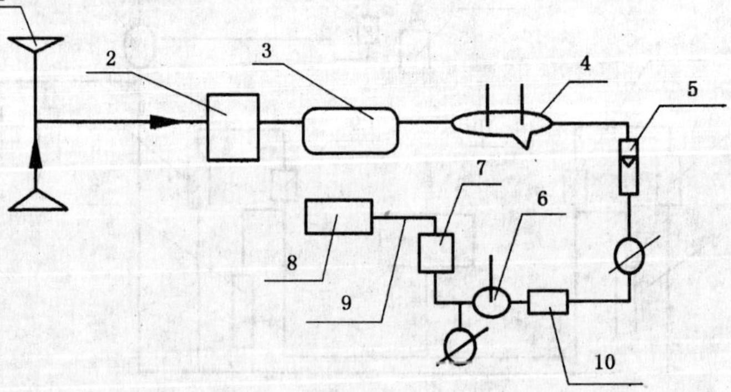

1——固定式螺旋夹；
2——空气净化器；
3——气体调湿装置；
4——温度计；
5——孔板式气体流量计；
6——湿度计；
7——过滤件；
8——汞蒸气吸收器；
9——指示管；
10——恒温蒸发器。

图15　C法动态气体吸附装置图

7.10.2.2　适用范围：

——A 法动态气体吸附装置：适用于对测试介质为氢氰酸、氯化氰、苯、氨、硫化氢、二氧化硫的防护时间测试；

——B 法动态气体吸附装置：适用于对测试介质为一氧化碳的防护时间测试；

——C 法动态气体吸附装置：适用于对测试介质为汞的防护时间测试。

7.10.2.3　蒸发器：蒸发器示意见图 16。

单位为毫米

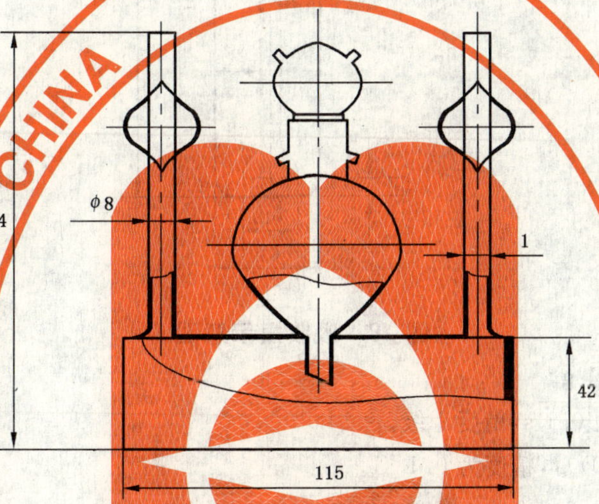

图 16　蒸发器示意图

7.10.2.4　指示瓶：指示瓶示意见图 17。

单位为毫米

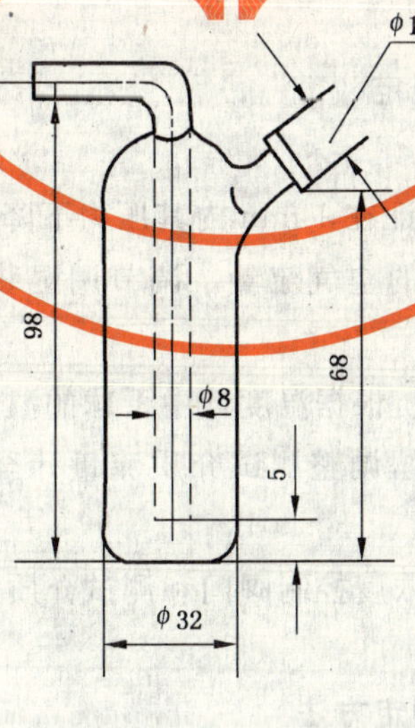

图 17　指示瓶示意图

7.10.2.5 吸收瓶:吸收瓶示意见图18。

单位为毫米

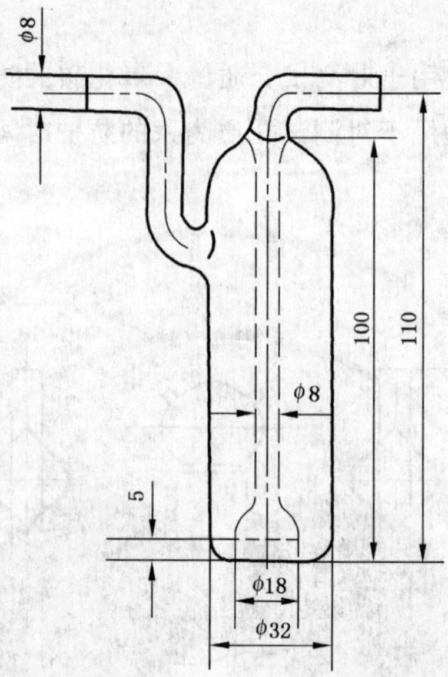

图18 吸收瓶示意图

7.10.2.6 天平:精度0.01 g。

7.10.2.7 计时器:分度值0.1 s,精度1级。

7.10.2.8 温度计:(0~50)℃,精度为0.1 ℃。

7.10.2.9 流量计:(30±0.3)L/min,精度1级。

7.10.3 测试条件

7.10.3.1 测试温度:(17~30)℃。

7.10.3.2 测试空气相对湿度:(50±3)%。

7.10.3.3 通过过滤件的气体流量:(30±0.3)L/min;若过滤件仅用于同时两个或两个以上装配在一个自吸过滤式防毒面罩上,则通过每个过滤件的气体流量在总流量的基础上均分。

7.10.4 测试介质蒸气浓度

测试介质蒸气浓度应符合表5的规定。

7.10.5 测试步骤

7.10.5.1 使仪器内压力为13 kPa,保证在1 min内其压力下降不大于270 Pa。

7.10.5.2 打开压缩空气阀门,调节总的空气流量。调节调湿装置的空气流量,用温度表控制气体的湿度。

7.10.5.3 调节通过过滤件的气体流量,根据温度计中干球的温度控制测试温度。

7.10.5.4 慢慢开启测试介质发生装置,调整测试介质流量计至事先校正过浓度的位置,同时用秒表计时。

7.10.5.5 测试结束后,关闭测试介质浓度控制阀门和测试介质发生装置上的阀门,继续通以干净空气对仪器吹洗20 min。

7.10.6 混合气体中测试介质浓度的测定方法

7.10.6.1 重量法

用天平称量测试前后测试介质的质量(精确至0.01 g),混合气体中测试介质质量浓度按式(11)计算:

$$\rho = \frac{m_1 - m_2}{t \times V} \times 1\,000 \qquad \cdots\cdots(11)$$

式中：

ρ——混合气体中测试介质的质量浓度，单位为毫克每升(mg/L)；

m_1——测试前测试介质的质量，单位为克(g)；

m_2——测试后测试介质的质量，单位为克(g)；

t——测试的总时间，单位为分(min)；

V——总的空气流量，单位为升每分(L/min)。

7.10.6.2 化学吸收法

用两个吸收瓶各装入 25 mL 吸收液，串联接到测试装置上，见图 13。开启阀门混合气体以(50～100)mL 的速度通过吸收瓶，用下口瓶和量筒或流量计测定通气量。每次测试通过吸收瓶的气体体积在(1.5～3.0)L 之间。测试结束时关闭阀门，取下吸收瓶，将吸收液移入三角瓶中，用化学分析法测定出吸收液中测试介质量，并根据下口瓶排出水的体积计算混合气体中测试介质蒸气的浓度。

7.10.6.3 仪器分析法

用相关的仪器设备对通入过滤件的混合气进行分析，通过仪器测定混合气体浓度。

7.10.7 测试介质蒸气透过过滤件的判定

7.10.7.1 指示法

在指示剂瓶中装入 20 mL 指示剂，接入测试装置中，见图 13。以(1.0±0.1)L/min 的速度通过，当微量测试介质透过过滤件时根据指示剂颜色变化来判断试验终点。

7.10.7.2 仪器分析法

可以采用仪器对透过过滤件的测试介质质量浓度进行测试，透过测试介质质量浓度达到表 5 的规定即为终点。

7.10.8 测试结果

在测试浓度下所测得的防护时间，按式(12)换算成标准浓度下的防护时间：

$$t = \frac{t_1 \times \rho_1}{\rho_0} \qquad \cdots\cdots(12)$$

式中：

t——过滤件的防护时间，单位为分(min)；

t_1——测试浓度下的防护时间，单位为分(min)；

ρ_1——测试时混合气体中的测试介质质量浓度，单位为毫克每升(mg/L)；

ρ_0——表 5 规定的标准浓度，单位为毫克每升(mg/L)。

过滤件的防护时间应符合 5.2.8 的规定。

7.11 对氢氰酸蒸气防护时间的测定方法

7.11.1 化学分析方法

7.11.1.1 试剂

a) 氢氰酸：外观为无色透明液体，在有胶体硫和硫酸铁的情况下，允许稍现乳光；含量不低于 97.5%；硫化氢含量不超过 0.2%；安定剂硫酸含量 0.3%～0.5%；

b) 硝酸银标准溶液：$c(AgNO_3)=0.02$ mol/L；

c) 氢氧化钠标准溶液：$c(NaOH)=0.1$ mol/L；

d) 碘化钾：分析纯；

e) 氨水：分析纯；

f) 定量分析指示剂：称取 2 g 碘化钾溶于 40 mL 氨水与 60 mL 水中；

g) 氢氰酸蒸气透过过滤件的指示剂：称取 0.5 g 盐酸联苯胺，溶于 250 mL 热水中，冷却后加入 3%的乙酸铜溶液 10 mL 和 5%乙酸溶液 40 mL 配成的指示剂存放在棕色瓶中，存放时间不超过 15 天，如果在使用时发现指示剂变成蓝黑色，应更换。

7.11.1.2 测试介质的发生和浓度的测定

7.11.1.2.1 氢氰酸蒸气采用舟型瓶发生，舟型瓶放入 0 ℃的冰水浴中。

7.11.1.2.2 混合气体中氢氰酸蒸气浓度的测定

以重量分析为标准，同时用化学吸收分析法作为对照。

进行化学吸收分析时，用 50 mL 氢氧化钠标准溶液[$c(NaOH)=0.1$ mol/L]作为吸收液，吸收后，加入 1 mL 定量指示剂，用硝酸银标准溶液[$c(AgNO_3)=0.02$ mol/L]滴至溶液呈淡混浊为终点。混合气体中氢氰酸蒸气的质量浓度按式(13)计算：

$$\rho_a = \frac{54.05 \times c_1 V_1}{V} \quad \cdots\cdots(13)$$

式中：

ρ_a——混合气体中氢氰酸蒸气的质量浓度，单位为毫克每升(mg/L)；

c_1——硝酸银标准溶液的物质的量浓度，单位为摩尔每升(mol/L)；

V_1——硝酸银标准溶液用量，单位为毫升(mL)；

V——通过吸收瓶的混合气体的体积，单位为升(L)；

54.05——与 1.00 mL 硝酸银标准溶液[$c(AgNO_3)=1.000$ mol/L]相当的以毫克表示的氢氰酸的质量。

7.11.1.3 氢氰酸蒸气透过过滤件的指示法

在指示瓶中注入 20 mL 蒸馏水，滴加 3～4 滴指示剂，当指示剂变为蓝色即为终点。

7.11.2 仪器分析法

7.11.2.1 仪器

气体分析仪：(0～13)mg/L；精度：0.1 mg/L；

(0～15)mL/m^3；精度：1 mL/m^3。

7.11.2.2 测试介质的发生和浓度的测定

7.11.2.2.1 氢氰酸的发生

氢氰酸蒸气采用舟型瓶发生，舟型瓶放入 0 ℃的冰水浴中，也可采用氢氰酸钢瓶进行发生。

7.11.2.2.2 氢氰酸浓度的测定

用气体分析仪对通入过滤件的混合气进行分析，通过仪器测定混合气体进入过滤件的浓度并使其达到表 5 的规定，开始进行测试。

7.11.2.3 氢氰酸蒸气透过过滤件的浓度测定

用气体分析仪对通过过滤件的混合气进行分析，通过仪器测定混合气体通过过滤件的浓度，当其达到表 5 的规定时即为测试终点。

7.12 对氯化氰蒸气防护时间的测定方法

7.12.1 化学分析方法

7.12.1.1 仪器

a) 7.10.2.1 中规定的 A 法动态气体吸附装置；

b) 自动电位滴定仪一套。

7.12.1.2 试剂

a) 氯化氰：外观为无色透明液体(允许略带淡黄色)含量不低于 96%；氢氰酸含量不大于 4%；氯化氢含量不大于 0.01%；无游离氯；安定剂(焦磷酸钠)含量为 0.3%～1.0%；

b) 硝酸银标准溶液：$c(AgNO_3)=0.02$ mol/L；

c) 硫氰酸钾标准溶液：$c(KSCN)=0.02$ mol/L；

d) 氢氧化钠溶液：$w(NaOH)=5\%$；

e) 酚酞溶液：w(酚酞)$=1\%$；

f) 平平加(聚氨乙烯脂肪醇醚)溶液：2%；

g) 硝酸：分析纯；

h) 碳酸氢钠：分析纯；

i) 吡啶(氮苯)：分析纯；

j) 碘标准溶液：$c(1/2\ I_2)=0.05$ mol/L；

$c(1/2\ I_2)=0.01$ mol/L；

k) 三氧化二砷标准溶液：$c(1/4\ As_2O_3)=0.02$ mol/L；

l) 淀粉溶液：1%；

m) 指示剂：

1) 贮备液的配制：在 700 mL 水中，加 40 g 碳酸氢钠，加热溶解，在室温下加入 250 mL 氮苯和 0.05 mol/L 的碘溶液 50 mL，放置 5 d 后作为贮备液。在贮备过程中，应检查保证有过量的游离碘存在。

游离碘存在的检查方法：在试管中加(2～3)mL 贮备液和 1% 的淀粉溶液 2 mL，此时应生成蓝色。

2) 透过指示剂的配制：取 100 mL 贮备液，加 1% 淀粉液 20 mL，用水稀释至(900～950)mL，滴入三氧化二砷标准溶液[$c(1/4\ As_2O_3)=0.02$ mol/L]直到蓝色消失。用碘标准溶液[$c(1/2\ I_2)=0.02$ mol/L]回滴到呈蓝色，然后准确地加入碘标准溶液[$c(1/2I_2)=0.01$ mol/L]5.0 mL。加水至 1 000 mL。此溶液即为使用的指示液，指示剂配制后，放置时间不得超过 8 h。

n) 硫酸铁铵饱和水溶液。

7.12.1.3 测试介质的发生和浓度的测定

7.12.1.3.1 氯化氰

采用装氯化氰的钢瓶发生。

7.12.1.3.2 混合气体中氯化氰蒸气浓度的测定

用 50 mL 氢氧化钠溶液[$w(NaOH)=5\%$]作为吸收液。吸收液中氯化氰浓度分析允许使用自动电位滴定或化学滴定(手滴)两种方法。

a) 自动电位滴定分析

将吸收液及洗涤液汇集在 200 mL 的烧瓶中，加入几滴酚酞。在搅拌下加入浓硝酸至红色褪去，继续加浓硝酸 20 滴，平平加溶液 8 滴，待滴定。

检查自动电位滴定仪使其呈工作状态，用银电极作指示电极，饱和氯化钾的特殊甘汞电极为参比电极(硝酸饱和液作电桥)插入待滴定溶液中，调节零点电位在 700 mV 处，终点电位为 −270 mV(即 430 mV 处)，开动电磁搅拌，先观测初电位(约为 −100 mV)。然后用硝酸银标准溶液[$c(AgNO_3)=0.02$ mol/L]进行滴定，到达终点，滴定自行停止，读取所消耗的硝酸银溶液的体积。

空白滴定：取氢氧化钠溶液[$w(NaOH)=5\%$]50 mL，于 200 mL 烧杯中，加入 30 mL 水和 1 滴酚酞指示剂，在搅拌情况下加浓硝酸使红色褪去，继续加浓硝酸 20 滴，平平加溶液 8 滴，按上述方法滴定，读取消耗的硝酸银溶液体积。

混合气体中氯化氰质量浓度按式(14)计算

$$\rho_a=\frac{61.5\times c_1(V_1-V_0)}{V} \quad \cdots\cdots(14)$$

式中：

ρ_a——混合气体中氯化氰质量浓度，单位为毫克每升(mg/L)；

c_1——硝酸银标准溶液的物质的量浓度，单位为摩尔每升(mol/L)；

V_1——硝酸银标准溶液用量，单位为毫升(mL)；

V_0——空白滴定硝酸银标准溶液用量，单位为毫升(mL)；

V——通过吸收瓶混合气体积，单位为升(L)；

61.5——与 1.00 mL 硝酸银标准溶液[$c(AgNO_3)=1.000$ mol/L]相当的以毫克表示的氯化氰的质量。

b) 化学滴定分析

将吸收液和洗涤液汇集于 300 mL 三角瓶中，向三角瓶中加入几滴酚酞指示液，在搅拌下加浓硝酸至红色褪去为止，加过量浓硝酸 1.0 mL，滴入硝酸银标准溶液[$c(AgNO_3)=0.02$ mol/L]20 mL，加硫酸铁铵指示液(3～5)滴。摇匀后用硫氰化钾标准溶液[$c(KSCN)=0.02$ mol/L]进行滴定，直至溶液呈淡血色为止。

空白滴定：取氢氧化钠溶液[$w(NaOH)=5\%$]50 mL 于三角瓶中，加 100 mL 水，加(2～3)滴酚酞溶液，用浓硝酸中和到红色褪去为止。加浓硝酸 1.0 mL、硝酸银标准溶液[$c(AgNO_3)=0.02$ mol/L] 20 mL、硫酸铁铵指示液(3～5)mL，摇匀后用硫氰化钾标准溶液[$c(KSCN)=0.02$ mol/L]滴定至呈淡血色为止。然后按式(15)计算出硫氰化钾的空白滴定体积：

$$V_0=20-V' \qquad\cdots\cdots(15)$$

式中：

V_0——硫氰化钾的空白滴定体积，单位为毫升(mL)；

V'——空白滴定时硫氰化钾标准溶液用量，单位为毫升(mL)。

混合气体中氯化氰质量浓度按式(16)计算：

$$\rho_a=\frac{61.5\times[c_1V_1-c_2(V_2+V_0)]}{V} \qquad\cdots\cdots(16)$$

式中：

ρ_a——混合气体中氯化氰质量浓度，单位为毫克每升(mg/L)；

c_1——硝酸银标准溶液的物质的量浓度，单位为摩尔每升(mol/L)；

V_1——硝酸银标准溶液用量，单位为毫升(mL)；

c_2——硫氰化钾标准溶液的物质的量浓度，单位为摩尔每升(mol/L)；

V_0——硫氰化钾空白滴定液体积，单位为毫升(mL)；

V_2——硫氰化钾标准溶液用量，单位为毫升(mL)；

V——通过吸收瓶混合气体积，单位为升(L)。

7.12.1.4 氯化氰蒸气透过过滤件的指示方法

在指示剂瓶中放 20 mL 指示液，当指示液蓝色消失，即为终点。

7.12.2 仪器分析法

7.12.2.1 仪器

气体分析仪：(0～10)mg/L；精度：0.1 mg/L；

(0～15)mL/m³；精度：1 mL/m³。

7.12.2.2 测试介质的发生和浓度的测定

7.12.2.2.1 氯化氰的发生

采用装氯化氰的钢瓶发生。

7.12.2.2.2 氯化氰浓度的测定

用气体分析仪对通入过滤件的混合气进行分析，通过仪器测定混合气体进入过滤件的浓度并使其达到表 5 的规定，开始进行测试。

7.12.2.3 氯化氰透过过滤件的浓度测定

用气体分析仪对通过过滤件的混合气进行分析，通过仪器测定混合气体通过过滤件的浓度，当其达到表5的规定时即为测试终点。

7.13 对苯蒸气防护时间的测定方法

7.13.1 化学分析方法

7.13.1.1 试剂

a) 苯:分析纯;

b) 硫酸:分析纯,$w(H_2SO_4)=98\%$;

c) 亚硝酸钠:分析纯,经(105~110)℃干燥;

d) 指示剂:称取2 g干燥的亚硝酸钠溶解于100 mL硫酸中,只限当日使用。

7.13.1.2 测试介质的发生和浓度的测定

7.13.1.2.1 测试介质的发生

测试用蒸发器(舟形瓶)发生苯蒸气,蒸发器放在35 ℃的恒温水浴中。

7.13.1.2.2 混合气中苯测试介质浓度的测定

混合气体中苯蒸气的浓度用7.10.6.1重量法的规定进行测定。

7.13.1.3 苯蒸气透过过滤件的测定方法

在指示瓶中装入20 mL指示剂,指示剂由无色变成黄色即为终点。

7.13.2 仪器分析法

7.13.2.1 仪器

气体分析仪:(0~35)mg/L;精度:0.1 mg/L;

(0~15)mL/m^3;精度:1 mL/m^3。

7.13.2.2 测试介质的发生和浓度的测定

7.13.2.2.1 苯的发生

测试用蒸发器(舟形瓶)发生苯蒸气,蒸发器放在35 ℃的恒温水浴中。

7.13.2.2.2 苯浓度的测定

用气体分析仪对通入过滤件的混合气进行分析,通过仪器测定混合气体进入过滤件的浓度并使其达到表5的规定,开始进行测试。

7.13.2.3 苯蒸气透过过滤件的浓度测定

用气体分析仪对通过过滤件的混合气进行分析,通过仪器测定混合气体通过过滤件的浓度,当其达到表5的规定时即为测试终点。

7.14 对氨气的防护时间的测定方法

7.14.1 化学分析方法

7.14.1.1 试剂

a) 硫酸标准溶液:$c(1/2\ H_2SO_4)=0.02$ mol/L;

b) 氢氧化钠标准溶液:$c(NaOH)=0.02$ mol/L;

c) 酚酞指示剂:w(酚酞)=1%;

d) 甲基橙指示剂。

7.14.1.2 测试介质的发生和浓度的测定

7.14.1.2.1 测试介质发生

采用钢瓶装的液氨供气。

7.14.1.2.2 混合气中氨气测试介质浓度的测定

混合气体中氨气的浓度测定采用化学吸收分析法进行测定。

取50.0 mL硫酸标准溶液[$c(1/2H_2SO_4)=0.02$ mol/L]为吸收液,吸收后,以甲基橙作指示剂,用氢氧化钠标准溶液[$c(NaOH)=0.02$ mol/L]滴定吸收液至黄色即为终点,其计算公式如式(17):

$$\rho_a = \frac{17.03 \times (c_2 V_2 - c_1 V_1)}{V} \quad \cdots\cdots (17)$$

式中：

ρ_a——混合气流中氨的质量浓度，单位为毫克每升(mg/L)；

c_2——硫酸标准溶液物质的量浓度，单位为摩尔每升(mol/L)；

V_2——硫酸标准溶液用量，单位为毫升(mL)；

c_1——氢氧化钠标准溶液物质的量浓度，单位为摩尔每升(mol/L)；

V_1——氢氧化钠标准溶液用量，单位为毫升(mL)；

V——通过吸收瓶的混合气体的体积，单位为升(L)；

17.03——与 1.00 mL 硫酸标准溶液[$c(1/2H_2SO_4)=1.000$ mol/L]相当的以毫克表示的氨的质量。

7.14.1.3 氨气透过过滤件的指示方法

在指示剂瓶中加入 20 mL 水，滴加(2～3)滴酚酞指示剂，指示剂由无色变为粉红色即为终点。

7.14.2 仪器分析法

7.14.2.1 仪器

气体分析仪：(0～10)mg/L；精度：0.1 mg/L；

(0～30)mL/m³；精度：1 mL/m³。

7.14.2.2 测试介质的发生和浓度的测定

7.14.2.2.1 氨气的发生

采用钢瓶装的液氨供气。

7.14.2.2.2 氨气浓度的测定

用气体分析仪对通入过滤件的混合气进行分析，通过仪器测定混合气体进入过滤件的浓度并使其达到表 5 的规定，开始进行测试。

7.14.2.3 氨气透过过滤件的浓度测定

用气体分析仪对通过过滤件的混合气进行分析，通过仪器测定混合气体通过过滤件的浓度，当其达到表 5 的规定时即为测试终点。

7.15 对硫化氢的防护时间的测定方法

7.15.1 化学分析方法

7.15.1.1 试剂

a) 冰乙酸：分析纯；

b) 碘标准溶液：$c(1/2I_2)=0.02$ mol/L；

c) 高锰酸钾标准溶液：$c(1/5KMnO_4)=0.01$ mol/L；

d) 硫代硫酸钠标准溶液：$c(Na_2S_2O_3)=0.02$ mol/L；

e) 硫酸溶液：$c(1/2H_2SO_4)=5$ mol/L；

f) 乙酸锌溶液：称取 2 g 乙酸锌和取 1 mL 冰乙酸，用 100 mL 容量瓶，配成 100 mL 水溶液；

g) 指示剂：取 4 mL 高锰酸钾[$c(1/5KMnO_4)=0.01$ mol/L]标准溶液和 20 mL 硫酸[$c(1/2H_2SO_4)=5$ mol/L]溶液，配成 100 mL 水溶液。

7.15.1.2 测试介质的发生和浓度的测定

7.15.1.2.1 测试介质发生

采用钢瓶装的液硫化氢供气。

7.15.1.2.2 混合气中硫化氢测试介质浓度的测定

混合气体中硫化氢的浓度测定采用化学吸收分析法进行测定。

用 50 mL 乙酸锌溶液作为吸收液，吸收后加入 20.0 mL 碘标准溶液[$c(1/2I_2)=0.02$ mol/L]，用硫代硫酸钠标准溶液[$c(Na_2S_2O_3)=0.02$ mol/L]滴定，当滴定溶液呈浅黄色时加入 5%的淀粉溶液

(3～4)mL，继续滴定至蓝色消失为终点。混合气体中硫化氢的质量浓度按式(18)计算：

$$\rho_a = \frac{17.1 \times (c_2 V_2 - c_1 V_1)}{V} \quad \cdots\cdots (18)$$

式中：

ρ_a——混合气体中硫化氢的质量浓度，单位为毫克每升(mg/L)；

c_2——碘标准溶液之物质的量浓度，单位为摩尔每升(mol/L)；

V_2——碘标准溶液用量，单位为毫升(mL)；

c_1——硫代硫酸钠标准溶液之物质的量浓度，单位为摩尔每升(mol/L)；

V_1——硫代硫酸钠标准溶液用量，单位为毫升(mL)；

V——通过吸收瓶的混合气体的体积，单位为升(L)；

17.1——1.00 mL 碘标准溶液[$c(1/2I_2)=1.000$ mol/L]相当的以毫克表示的硫化氢的质量。

7.15.1.3 硫化氢透过过滤件的指示方法

在瓶中注入 20 mL 指示剂，指示剂由粉红色变为无色即为终点。

7.15.2 仪器分析法

7.15.2.1 仪器

气体分析仪：(0～20)mg/L；精度：0.1 mg/L；

(0～15)mL/m³；精度：1 mL/m³。

7.15.2.2 测试介质的发生和浓度的测定

7.15.2.2.1 硫化氢的发生

采用钢瓶装的液硫化氢供气。

7.15.2.2.2 硫化氢浓度的测定

用气体分析仪对通入过滤件的混合气进行分析，通过仪器测定混合气体进入过滤件的浓度并使其达到表 5 的规定，开始进行测试。

7.15.2.3 硫化氢透过过滤件的浓度测定

用气体分析仪对通过过滤件的混合气进行分析，通过仪器测定混合气体通过过滤件的浓度，当其达到表 5 的规定时即为测试终点。

7.16 对二氧化硫的防护时间的测定

7.16.1 化学分析方法

7.16.1.1 试剂

a) 硫酸：分析纯；

b) 碘标准溶液：$c(1/2I_2)=0.02$ mol/L；

c) 硫代硫酸钠标准溶液：$c(Na_2S_2O_3)=0.02$ mol/L；

d) 高锰酸钾标准溶液：$c(1/5KMnO_4)=0.01$ mol/L；

e) 淀粉溶液：0.5%。

7.16.1.2 测试介质的发生和浓度的测定

7.16.1.2.1 测试介质的发生

采用钢瓶液态二氧化硫，也可采用发生方法制取二氧化硫。

7.16.1.2.2 混合气中二氧化硫测试介质浓度的测定

混合气体中二氧化硫的浓度测定采用化学吸收分析法进行测定。

用 50 mL 碘标准溶液[$c(1/2\ I_2)=0.02$ mol/L]作为吸收液，吸收后用硫代硫酸钠标准溶液[$c(Na_2S_2O_3)=0.02$ mol/L]滴定过量的碘，当滴定到溶液变成淡黄色时加入 0.5% 的淀粉指示剂(4～5)mL，继续滴定至溶液蓝色消失为终点，其质量浓度按式(19)计算：

$$\rho_a = \frac{32.1 \times (c_2 V_2 - c_1 V_1)}{V} \quad \cdots\cdots (19)$$

式中：

ρ_a——混合气体中二氧化硫质量浓度，单位为毫克每升(mg/L)；

c_2——碘标准溶液之物质的量浓度，单位为摩尔每升(mol/L)；

V_2——碘标准溶液之用量，单位为毫升(mL)；

c_1——硫代硫酸钠标准溶液之物质的量浓度，单位为摩尔每升(mol/L)；

V_1——硫代硫酸钠标准溶液之用量，单位为毫升(mL)；

V——通过吸收瓶的混合气体的体积，单位为升(L)；

32.1——与1.00 mL碘标准溶液[$c(1/2I_2)=1.000$ mol/L]相当的以毫克表示的二氧化硫的质量。

7.16.1.3 二氧化硫通过过滤件的指示方法

在指示瓶中加入20 mL水，半滴(约0.03 mL)高锰酸钾标准溶液[$c(1/5KMnO_4)=0.01$ mol/L]，指示液由粉红色变为无色即为终点。

7.16.2 仪器分析法

7.16.2.1 仪器

气体分析仪：(0～30)mg/L；精度：0.1 mg/L；

(0～10)mL/m^3；精度：1 mL/m^3。

7.16.2.2 测试介质的发生和浓度的测定

7.16.2.2.1 二氧化硫的发生

采用钢瓶液态二氧化硫，也可采用发生方法制取二氧化硫。

7.16.2.2.2 二氧化硫浓度的测定

用气体分析仪对通入过滤件的混合气进行分析，通过仪器测定混合气体进入过滤件的浓度并使其达到表5的规定，开始进行测试。

7.16.2.3 二氧化硫透过过滤件的浓度测定

用气体分析仪对通过过滤件的混合气进行分析，通过仪器测定混合气体通过过滤件的浓度，当其达到表5的规定时即为测试终点。

7.17 对一氧化碳防护时间的测定

7.17.1 测试介质的发生

本方法是采用工业一氧化碳气体，也可自行发生。

7.17.2 混合气中一氧化碳测试介质的分析方法

混合气体中一氧化碳的浓度测定采用仪器分析法进行测定。

在B法气体动态吸附装置中(见图14)，开启压缩空气阀门，使空气进入过滤件，用阀门和流量计控制一氧化碳的流量，使干净空气与一氧化碳在同心套管内汇合后进入混合器，开启旁路阀门，使混合气体以0.5 L/min的流速，经流量计进入红外气体分析仪，对混合气体中一氧化碳的浓度进行测定。混合气体经调温调湿装置调整湿度，测量湿度后经流量计进入待测过滤件，其尾气放空，部分尾气以0.5 L/min的流量经缓冲器和流量计进入红外气体分析仪，测定尾气中一氧化碳的浓度。当其浓度达到50 mL/m^3时为终点。

7.18 对汞蒸气防护时间的测定

7.18.1 化学分析方法

7.18.1.1 试剂

a) 汞：分析纯；

b) 碘化钾：分析纯，$w(KI)=10\%$；

c) 硫酸铜：分析纯，$w(CuSO_4)=10\%$；

d) 亚硫酸钠：分析纯，$w(Na_2SO_3)=1\%$；

e) 无水乙醇：分析纯；

f) 硫酸:分析纯;

g) 指示剂:制取同体积碘化钾溶液[$w(KI)=10\%$]和硫酸铜溶液[$w(CuSO_4)=10\%$]混合好,待沉淀完全析出后,将液体倒出,用水洗涤沉淀(2～3)次,再用碘化钾[$w(KI)=10\%$]溶液和亚硫酸钠[$w(Na_2SO_3)=1\%$]溶液各洗涤1次,最后用水再洗涤2次,滤去洗液将沉淀物置于表面皿中风干,向沉淀物中滴入少量无水乙醇制成膏状物,并均匀涂覆在滤纸片(80 mm×10 mm)上,干燥后即为汞指示剂,用棕色磨口瓶保存,存放期15 d。

7.18.1.2 测试介质的发生和浓度的测定

7.18.1.2.1 测试介质的发生

采用液态汞供气。

7.18.1.2.2 混合气体中汞蒸气浓度的测定方法——汞检管法

将碘化亚铜加入硅胶中作检测剂,并制成检气管,在一定条件下使混合气体通入检气管,汞蒸气与检测剂反应形成玫瑰红色层,根据检测管中检测剂变色层的长度与其特制标尺对照来确定汞蒸气的浓度。

7.18.1.3 汞通过过滤件的指示方法

将汞指示剂放入指示管内,当指示剂变为玫瑰红色即为终点。

7.18.2 仪器分析法

7.18.2.1 仪器

气体分析仪:(0～0.02)mg/L;精度:0.001 mg/L;

(0～1)mL/m³;精度:0.01 mL/m³。

7.18.2.2 测试介质的发生和浓度的测定

7.18.2.2.1 汞的发生

采用液态汞供气。

7.18.2.2.2 汞浓度的测定

用气体分析仪对通入过滤件的混合气进行分析,通过仪器测定混合气体进入过滤件的浓度并使其达到表5的规定,开始进行测试。

7.18.2.3 汞透过过滤件的浓度测定

用气体分析仪对通过过滤件的混合气进行分析,通过仪器测定混合气体通过过滤件的浓度,当其达到表5的规定时即为测试终点。

7.19 特殊过滤件的防护时间的测定方法

7.19.1 测试介质的发生

由制造厂商提供发生条件或测试用气。

7.19.2 混合气中测试介质浓度的测定

混合气中测试介质浓度的测定采用仪器法,测定测试介质通过过滤件的浓度,按照5.2.8.4.3的规定计算得出混合气体中测试介质的透过浓度,对测试进行判定。

8 检验规则

8.1 样品

8.1.1 检验样品应符合产品标识的描述,功能有效。

8.1.2 样品数量应根据测试要求确定。

8.2 检验类别

检验类别分为型式检验、出厂检验。

8.3 检验项目

8.3.1 型式检验的检验项目为本标准中规定的全部检验项目。

8.3.2　产品出厂应逐批进行出厂检验，检验批量以一次生产投料为一批次，各项检验样本大小、不合格分类、判定数组见表6中规定的项目。

表6　出厂检验项目

检查项目	批量范围	单项检验样本大小	不合格分类	单项判定数组	
				合格判定数	不合格判定数
面罩呼气阀气密性、面罩吸气阻力、面罩呼气阀阻力	<500	3	A	0	1
	501～5 000	5		0	1
过滤件防护时间、过滤件致密性、过滤件排尘量、过滤件通气阻力	<500	3		0	1
	501～5 000	5		0	1
导气管气密性	<500	3		0	1
	501～5 000	5		0	1
面罩、过滤件、导气管外观	<500	3	B	1	2
	501～5 000	5		1	2

9　标识

9.1　产品标识由产品永久性标识和产品说明构成。

9.2　产品永久性标识

产品应以中文清晰标识以下内容：

a)　本标准号；
b)　过滤件标记或型号；
c)　防护气体种类；
d)　面罩应标注类型、型号及号型；
e)　制造商名称、厂址；
f)　生产日期；
g)　有效期(过滤件)；
h)　商标(若有)；
i)　国家有关法律法规规定应有的标识。

9.3　产品说明

每个自吸式过滤式防毒面具均应在其销售的最小包装内附加产品说明，可以使用印刷品、图册提供给最终使用者，应包括但不限于以下内容：

a)　产品制造商厂名、厂址和联系资料；
b)　适用及不适用条件；
c)　佩戴指导说明；
d)　防护气体种类的详细说明，包括气体举例；
e)　装配、使用、清洁、消毒的说明和建议；
f)　制造商建议的储存条件；
g)　使用的附件和备件的详细说明(如果适用)；
h)　为合格品的声明及资料。

附 录 A
（资料性附录）
过滤件类型与原标准对照表

表 A.1 过滤件类型与原标准对照

本标准过滤件类型	本标准规定的过滤件防护气体类型	GB 2890—1995 规定的滤毒罐(盒)类型	本标准规定的过滤件标色	GB 2890—1995 规定的滤毒罐(盒)标色
A	用于防护有机气体或蒸气	3 号	褐	褐
B	用于防护无机气体或蒸气	1 号	灰	绿
E	用于防护二氧化硫和其他酸性气体或蒸气	7 号	黄	黄
K	用于防护氨及氨的有机衍生物	4 号	绿	灰
CO	用于防护一氧化碳气体	5 号	白	白
Hg	用于防护汞蒸气	6 号	红	黑
H_2S	用于防护硫化氢气体	8 号	蓝	蓝

附 录 B
（资料性附录）
测试头模主要尺寸

本标准测试中使用的测试头模主要尺寸参见表B.1。

表 B.1 测试头模主要尺寸要求

尺寸项目	小号	中号	大号
形态面长/mm	113	122	131
面宽/mm	136	145	154
瞳孔间距/mm	57.0	62.5	68.0

附　录 C
（资料性附录）
测试要求汇总

本附录将标准中的技术要求、样品要求及预处理条件等进行汇总，见表 C.1。

表 C.1　技术要求、样品要求和预处理条件汇总

检测内容		技术要求条款	样品数量	样品预处理条件	检测条件条款
面罩	外观	5.1.1	3	3 个为未处理样	目测
面罩	高低温适应性	5.1.2	3	3 个为预处理样	6.3
面罩	阻燃性	5.1.3	1	未处理样	6.4
面罩	呼气阀	5.1.4	4	2 个为未处理样，2 个为预处理样	6.5
面罩	泄漏率	5.1.5	4	2 个为未处理样，2 个为预处理样	6.6
面罩	死腔	5.1.6	2	1 个为未处理样，1 个为预处理样	6.7
面罩	视野	5.1.7	1	未处理样	6.8
面罩	吸气阻力	5.1.8	3	未处理样	6.9
面罩	呼气阀阻力	5.1.8	3	未处理样	6.10
面罩	观察眼窗	5.1.9	2	1 个为未处理样，1 个为预处理样	6.11
面罩	面罩与过滤件结合强度	5.1.10	2	1 个为未处理样，1 个为预处理样	6.12
面罩	头带强度	5.1.11	2	1 个为未处理样，1 个为预处理样	6.13
面罩导气管		5.1.12	1	未处理样	6.14
过滤件	外 观	5.2.1	8	4 个为未处理样，2 个为经过温度和机械强度预处理样	目测
过滤件	质量	5.2.2	4	未处理样	称量
过滤件	通气阻力	5.2.3	4	2 个为未处理样，2 个为经过温度和机械强度预处理样	7.5
过滤件	排尘量	5.2.4	4	2 个为未处理样，2 个为经过温度和机械强度预处理样	7.6
过滤件	致密性	5.2.5	4	2 个为未处理样，2 个为经过温度和机械强度预处理样	7.7
过滤件	强度	5.2.6	4	2 个为未处理样，2 个为经过温度和机械强度预处理样	7.8
过滤件	滤烟性能	5.2.7	4	2 个为未处理样，2 个为经过温度和机械强度预处理样	7.9
过滤件	防护时间	5.2.8	4	2 个为未处理样，2 个为经过温度预处理样	7.10

参 考 文 献

[1] EN 405:2002 Respiratory protective devices-Valved filtering half masks to protect against gases or gases and particles-Requirements, testing, marking

[2] EN 14387:2004 Respiratory protective devices-Gas filter(s) and combined filter(s)-Requirements, testing, marking

[3] EN 140:1998 Respiratory protective devices-Half masks and quarter masks-Requirements, testing, marking

[4] EN 136:1998 Respiratory protective devices-Full face masks and quarter masks-Requirements, testing, marking

ICS 01.040.29;29.080.10
K 04

中华人民共和国国家标准

GB/T 2900.8—2009/IEC 60050-471:2007
代替 GB/T 2900.8—1995

电工术语 绝缘子

Electrotechnical terminology—Insulators

(IEC 60050-471:2007,International Electrotechnical Vocabulary—
Part 471:Insulators,IDT)

2009-03-13 发布 2009-11-01 实施

中华人民共和国国家质量监督检验检疫总局
中国国家标准化管理委员会 发布

前　言

本部分为 GB/T 2900 的第 8 部分。本部分等同采用 IEC 60050-471:2007《国际电工词汇　第 471 部分:绝缘子》(英文版)。

本部分中术语的条目编号与 IEC 60050-471:2007 保持一致。

本部分代替 GB/T 2900.8—1995《电工术语　绝缘子》。

本部分与 GB/T 2900.8—1995 相比主要变化如下:

——增加了 7 条新术语:插接式套管、穿墙(顶)套管、端部装配件、聚合物绝缘子、绝缘子主体、伞套、统一爬电比距;

——删除了 2 条术语:稳定化绝缘子、紧固器件;

——修改了部分术语和定义。

本部分由全国电工术语标准化技术委员会(SAC/TC 232)提出并归口。

本部分起草单位:西安电瓷研究所、机械科学研究总院中机生产力促进中心、重庆大学、清华大学、上海电瓷厂、国网武汉高压研究院、中国电力科学研究院。

本部分主要起草人:姚君瑞、周义华、杨芙、舒立春、梁曦东、沈嘉禄、杨迎建、范建斌。

本部分所代替标准的历次版本发布情况为:

——GB 2900.8—1983、GB/T 2900.8—1995。

电工术语 绝缘子

1 范围

本部分规定了绝缘子领域使用的通用术语。

本部分所列术语与 IEC 60050 国际电工词汇系列标准(IEV)其他部分现有的术语相协调。

本部分适用于与绝缘子技术相关的技术领域。

2 术语和定义

2.1 通用术语

471-01-01

电弧距离 arcing distance

绝缘子在正常带有运行电压的两个金属部件之间外部空间的最短距离。

471-01-02

复合绝缘子 composite insulator

至少由两种绝缘部件,即芯体和伞套制成,并装有端部装配件的绝缘子。

注:复合绝缘子可以制成诸如把多个单伞套在芯体上(带或不带中间护套),或者把伞套一次或数次直接模压或浇注在芯体上。

471-01-03

芯体(绝缘子的) **core** (of an insulator)

绝缘子中心绝缘部件,提供机械性能。

注:伞套和伞不是芯体的一部分。

471-01-04

爬电距离 creepage distance

在绝缘子正常施加运行电压的导电部件之间沿其表面的最短距离或最短距离之和。

注1:水泥或其他非绝缘的胶合材料表面不能计入爬电距离。

注2:若在绝缘子的绝缘件上施有高阻层,该绝缘件视为有效绝缘表面,其表面距离计入爬电距离。

471-01-05

弯曲负荷偏移 deflection under bending load

在垂直施加于绝缘子轴线的负荷作用下,绝缘子某点上测得的垂直于绝缘子轴线方向的位移。

471-01-06

端部装配件 end fitting

绝缘子的组成元件或构成部件,用于将绝缘子连接至支持结构、导体、设备或另一绝缘子。

注1:如果端部装配件为金属材质,一般使用“金属附件”这一术语。

注2:这一注释仅适用于法语文本。

471-01-07

闪络(绝缘子的) **flashover** (of an insulator)

在绝缘子外部且沿其表面的一种贯穿性放电,使正常情况下承受运行电压的部件之间发生电气连接。

471-01-08

空心绝缘子 hollow insulator

两端穿通的绝缘子,带伞或不带伞,包括端部装配件。

注:空心绝缘子可由一个或多个绝缘元件永久性组装而成。

471-01-09

伞套 housing

复合绝缘子外绝缘件,提供必要的爬电距离并保护芯体免受环境影响。

注:由绝缘材料制成的中间护套可以是伞套的一部分。

471-01-10

绝缘子 insulator

供承受电位差的电器设备或导体电气绝缘和机械固定用的器件。

471-01-11

绝缘子主体 insulator trunk

绝缘子的中间绝缘部分,伞由此伸出。

注:对较小的绝缘子称作杆体。

471-01-12

机械破坏负荷 mechanical failing load

在规定试验条件下,绝缘子试验时达到的最大负荷。

471-01-13

聚合物绝缘子 polymeric insulator

绝缘件至少用一种有机材料制成的绝缘子。

注1:聚合物绝缘子也可称非瓷绝缘子。

注2:连接件可胶接在绝缘件两端。

471-01-14

击穿(绝缘子的) puncture (of an insulator)

穿过绝缘子固体绝缘材料,使其绝缘强度永久丧失的一种破坏性放电。

471-01-15

伞(绝缘子的) shed (of an insulator)

绝缘子主体上突出的绝缘部分,用以增加爬电距离。

注:伞可以带棱,也可不带棱。

471-01-16

统一爬电比距 unified specific creepage distance

绝缘子的爬电距离与绝缘子两端最高运行电压有效值的比值。

注1:此定义与采用设备最高线电压的爬电比距不同(对于交流系统一般为$U_m/\sqrt{3}$)。对于相对地绝缘,此定义所得到的值为IEC 60815:1986定义的爬电比距值的$\sqrt{3}$倍。

注2:U_m的定义见IEV 604-03-01。

注3:一般以mm/kV表示。

471-01-17

釉 glaze

瓷绝缘子绝缘件上的玻璃质表面层。

471-01-18

半导电釉 semiconducting glaze

这种釉的体积电阻率低于一般的瓷材料或釉,其表面电阻率一般在$10^4\ \Omega \sim 10^8\ \Omega$范围内。

471-01-19

保护爬电距离 protected creepage distance

如果光线与绝缘子纵轴成90°(特殊情况下成45°)方向投射到绝缘子上,在绝缘子光照侧处于阴影内的爬电距离部分。

471-01-20

间距 spacing

在绝缘子或绝缘子组合中两相邻重复循环点间的距离。

471-01-21

实心绝缘子 solid-core insulator

主体为实心且仅由一种均质绝缘材料制成的绝缘子。

471-01-22

多元件绝缘子 multi-element insulator

由二个或多个盘形或钟形绝缘元件永久胶合在一起的绝缘子,并与端部装配件胶合。

注:叠锥形绝缘子包括在本定义中。

471-01-23

耐污型绝缘子 antipollution-type insulator

外形设计成适用于污秽地区用的绝缘子。

471-01-24

钢化玻璃 toughened glass

为改善机械特性在其内部造成预应力的玻璃。

471-01-25

退火玻璃 annealed glass

经过处理消除内应力的玻璃。

471-01-26

直线度(绝缘子的) camber (of an insulator)

绝缘子的理论轴线与绝缘子未受负荷时由其横截面中心轨迹形成的曲线间的最大距离。

2.2 套管术语

471-02-01

套管 bushing

供一个或几个导体穿过诸如墙壁或箱体等隔断,起绝缘和支持作用的器件。

注1:固定到隔断上的装置(法兰或紧固器件)也是套管的一部分。导体可以是套管的固定构成部件,也可以穿入套管的中心管。

注2:套管可以有以下型式:

——充液套管;

——液体绝缘套管;

——充气套管;

——气体绝缘套管;

——油浸纸套管;

——胶粘纸套管;

——胶浸纸套管;

——陶瓷、玻璃或类似的无机材料套管;

——浇注或模压树脂绝缘套管;

——组合绝缘套管;

——充胶套管;

——浸气套管。

471-02-02

插接式套管 plug-in type bushing

一端浸入绝缘介质,另一端设计成接插可分离绝缘电缆接头的套管,无此接头套管不起作用。

471-02-03

电容式套管　capacitance graded bushing; condenser bushing

在绝缘内部布置导电或半导电层,以获得所要求的电位梯度的套管。

471-02-04

全浸入式套管　completely immersed bushing

两端均浸入不同于周围空气的绝缘介质(如油或气体)中的套管。

471-02-05

户内套管　indoor bushing

两端均用于大气压力下的周围空气中,但不暴露在户外大气条件下的套管。

471-02-06

户内-浸入式套管　indoor-immersed bushing

一端用于周围空气但不暴露在户外大气条件下,另一端浸入不同于周围空气的绝缘介质(如油或气体)中的套管。

注:本定义包括运行于高于环境空气温度的套管,例如封闭母线管。

471-02-07

户外套管　outdoor bushing

两端均用于大气压力下的周围空气中,并暴露在户外大气条件下的套管。

471-02-08

户外-浸入式套管　outdoor-immersed bushing

一端用于大气压力下的周围空气中,并暴露在户外大气条件下,另一端浸入不同于周围空气的绝缘介质(如油或气体)中的套管。

471-02-09

户外-户内套管　outdoor-indoor bushing

两端均用于大气压力下的周围空气中的套管,其一端暴露在户外大气条件下,另一端则不暴露在户外大气条件下。

471-02-10

穿墙(顶)套管　wall (roof) bushing

用于安装在诸如换流阀厅之类的建筑物墙体或屋顶上的套管。

471-02-11

穿缆式套管　draw lead bushing

未装有固定载流导体的套管,电缆或其他导体可穿入套管并连接到其另一端,以后可将其拆卸以取下套管。

2.3　架空线路绝缘子术语

471-03-01

槽型连接　clevis and tongue coupling

由扁脚、帽槽和圆柱销等构成的连接,具有有限的挠性。

471-03-02

绝缘子串组　insulator set

一串或多串绝缘子串彼此适当地连接起来的组装体,包括运行中要求的全部端部装配件和保护器件。

471-03-03

绝缘子串　insulator string

一个或多个绝缘子串元件串接在一起,作导体的挠性支持用。绝缘子串主要承受拉力。

471-03-04

线路柱式绝缘子　line-post insulator

用一种或几种绝缘材料制成并胶装在一个金属底座上的刚性绝缘子，安装在刚性支持结构上，用于承受弯曲、扭转及压缩负荷。

471-03-05

长棒形绝缘子　long rod insulator

绝缘件杆体近似圆柱形，带伞或不带伞，两端装有外胶装或内胶装固定器件的刚性绝缘子，用于承受拉伸负荷。

471-03-06

针式绝缘子　pin insulator

通过一个插接在绝缘件内的针脚把其刚性地安装在支持结构上的一种刚性绝缘子，其绝缘件由一个或几个永久连接在一起的绝缘元件组成。

471-03-07

盘形悬式绝缘子　cap and pin insulator

由一个盘形或钟形绝缘件及轴向胶装的端部附件组成的绝缘子，其表面带棱或不带棱，端部附件包括外胶装的帽和内胶装的脚。

471-03-08

绝缘子串元件　string insulator unit

一个盘形悬式或长棒形绝缘子，其端部装配件能适应与另一类似绝缘子串元件或连接金具挠性连接。

471-03-09

蝶式绝缘子　shackle insulator

一种单绝缘件绝缘子，用一个穿轴将其固定在结构上。

471-03-10

拉紧绝缘子　strain insulator

安装在拉紧线或拉线等支持结构上的绝缘子，用于支持结构的部分绝缘或防止泄漏电流流过支持结构。

471-03-11

球窝连接　ball and socket coupling

由脚球、帽窝和锁紧销构成的一种挠性连接。

471-03-12

刚性绝缘子　rigid insulator

用来刚性地支持架空线路导线的绝缘子，主要承受弯曲和压缩负荷。

2.4　电站绝缘子术语

471-04-01

支柱绝缘子　post insulator

用作带电部件刚性支持并使其对地或另一带电部件绝缘的绝缘子。

注 1：一个支柱绝缘子可以是若干支柱绝缘子元件的组装体。

注 2：配变电站用的支柱绝缘子也称为电站支柱绝缘子。

471-04-02

支柱绝缘子元件　post insulator unit

支柱绝缘子的构成部件，由一个或多个绝缘件以及完整的端部装配件永久地胶装在一起构成。

471-04-03

户外支柱绝缘子　outdoor post insulator

用于户外大气环境的支柱绝缘子。

471-04-04

户内支柱绝缘子　indoor post insulator

用于非户外大气环境的支柱绝缘子。

471-04-05

针式支柱绝缘子　pedestal post insulator

有二个金属附件的支柱绝缘子,金属帽部分地包住绝缘件,金属脚胶接在绝缘件内孔,帽上一般有螺孔,脚上有带光孔法兰,用螺栓或螺钉固定。

471-04-06

圆柱形支柱绝缘子　cylindrical post insulator

近似圆柱形的一种支柱绝缘子,由一个或多个绝缘件与固定在其两端的金属附件组成。金属附件可以是帽、内胶装件或法兰,带光孔或螺孔,用螺栓或螺钉连接。

索　引

汉语拼音索引

英文对应词索引

T

U

W

ICS 29.120.70;01.040.29
K 04

中华人民共和国国家标准

GB/T 2900.17—2009
代替 GB/T 2900.17—1994

电工术语　量度继电器

Electrotechnical terminology—Measuring relays

2009-03-13 发布　　2009-11-01 实施

中华人民共和国国家质量监督检验检疫总局
中国国家标准化管理委员会　发布

前　言

本部分为 GB/T 2900 的第 17 部分。

本部分参考了 IEC/TC 1/2033/CDV 文件:《国际电工词汇　第 447 章:量度继电器》。

本部分代替 GB/T 2900.17—1994《电工术语　电气继电器》。

本部分与 GB/T 2900.17—1994 相比主要变化如下：

——标准名称改为《电工术语　量度继电器》；

——删除了有关“基础继电器”和“有或无时间继电器”的术语；

——删除了附录 A 和附录 B；

——本部分按“与继电器类型相关的术语、与状态和动作相关的术语、与激励相关的术语、与输出电路相关的术语、与时间相关的术语、与影响量相关的术语、与量度继电器特性相关的术语、与准确度相关的术语”的顺序编排。

本部分由全国电工术语标准化技术委员会(SAC/TC 232)提出。

本部分由全国电工术语标准化技术委员会和全国量度继电器和保护设备标准化技术委员会归口。

本部分起草单位:烟台东方电子信息产业股份有限公司、许昌继电器研究所、机械科学研究总院中机生产力促进中心。

本部分主要起草人:李小滨、李志勇、杨芙、权宪军。

本部分所代替标准的历次版本发布情况为：

——GB/T 2900.17—1983、GB/T 2900.17—1994。

电工术语　量度继电器

1　范围

GB/T 2900 的本部分规定了与量度继电器相关的特定术语。

本部分适用于与量度继电器相关的技术领域。

2　术语和定义

2.1　与继电器类型相关的术语

447-01-01

电气继电器　electrical relay

当控制该器件的输入电路满足一定条件时，在其一个或多个输出电路中产生预定跃变的电气器件(444-01-01 MOD)。

447-01-02

量度继电器　measuring relay

在规定的准确度下，当其特性量达到其动作值时即进行动作的电气继电器。

447-01-03

定时限量度继电器　specified-time measuring relay

拥有一个或多个时限的量度继电器，其时间特性符合有关准确度的要求。

447-01-04

它定时限量度继电器　dependent-time measuring relay

动作时限以规定的方式取决于特性量值的定时限量度继电器。

447-01-05

自定时限量度继电器　independent-time measuring relay

在规定的范围内，其动作时限被认为与特性量值无关的定时限量度继电器。

447-01-06

机电(式)继电器　electromechanical relay

由机械部件的运动产生预定响应的电气继电器。

447-01-07

电磁(式)继电器　electromagnetic relay

由电磁力产生预定响应的机电(式)继电器。

注：电磁继电器可以是电磁式的也可能是感应式的。

447-01-08

静态继电器　static relay

由电子、磁、光或其他无机械运动的元件产生预定响应的电气继电器。

447-01-09

模拟式继电器　analog relay

主要由模拟信号处理获得动作功能的电气继电器。

447-01-10

数位式继电器　digital relay

主要由数字信号处理获得动作功能的静态继电器。

447-01-11

数字式继电器　numerical relay

由算法运算获得动作功能的数位式继电器。

447-01-12

直流极化继电器　polarized DC relay

状态改变取决于输入激励量的直流极性的量度继电器。

447-01-13

交流极化继电器　polarized AC relay

状态改变取决于输入激励量的交流极性的量度继电器。

注：方向过流继电器和导纳继电器就是交流极化继电器。

447-01-14

保护继电器　protection relay

探测电力系统或电力设备的故障或异常情况的量度继电器。

注：保护继电器是保护设备的组成要素。

447-01-15

控制继电器　control relay

其功能是控制设备的电气继电器。

注：控制继电器可以是一种将外部命令转换成控制信号的简单继电器，例如接通断路器的命令；或者是一台可以将一个外部命令转换成若干顺序控制的信号的更为复杂的器件，例如接通或断开断路器和隔离开关以便将一个回路由一段母线切换到另一段母线上。控制继电器也可以监视一个特征量，例如电压、频率等，依靠诸如低频减载继电器等的特定设计功能产生控制信号。

447-01-16

集成保护继电器　integrated protection relay

在单一器件中组合了不止一种保护功能的保护继电器。

447-01-17

集成控制继电器　integrated control relay

在单一器件中组合了不止一种控制功能的控制继电器。

447-01-18

集成保护控制继电器　integrated protection and control relay

在单一器件中组合了保护和控制功能的电气继电器。

447-01-19

自适应继电器　adaptive relay

能够响应外部系统条件的变化而自动改变部分或全部动作特性和/或整定值的量度继电器。

447-01-20

一次继电器　primary relay

不用仪用互感器、分流器或变换器而由主电路的电流或电压直接激励的电气继电器。

447-01-21

二次继电器　secondary relay

由源自仪用互感器或变换器的量(例如电流或电压等)激励的电气继电器。

447-01-22

分流继电器　shunt relay

由源自主电路的分流的电流量激励的电气继电器。

447-01-23

过量继电器　over…relay

通过增加它的特性量值达到整定值时动作的量度继电器。

示例：过电流继电器。

447-01-24

欠量继电器　under…relay

通过减少它的特性量值降到整定值时动作的量度继电器。

示例：欠电压继电器。

447-01-25

欠量和过量继电器　under and over…relay

具有两个整定值，或者通过减少它的特性量值降到一个整定值，或者增加它的特性量值达到另一个整定值时动作的量度继电器。

447-01-26

变化率继电器　rate of change of…relay

由单位时间内给定量引起的特性量的变化而动作的量度继电器。

示例：频率变化率继电器。

447-01-27

电流继电器　current relay

以电流为特性量的量度继电器。

注：相应的动作由447-01-23至447-01-26中之一的术语限定。

447-01-28

电压继电器　voltage relay

以电压为特性量的量度继电器。

注：相应的动作由447-01-23至447-01-26中之一的术语限定。

447-01-29

频率继电器　frequency relay

以频率为特性量的量度继电器。

注：相应的动作由447-01-23至447-01-26中之一的术语限定。

447-01-30

阻抗继电器　impedance relay

以阻抗为特性量的量度继电器。

447-01-31

电抗继电器　reactance relay

以电抗为特性量的量度继电器。

447-01-32

距离继电器　distance relay

依据对本地电气量测量所得的对应电力系统故障的等效距离与保护区段整定值进行比较，以确定动作特性及选择性的量度继电器。

447-01-33

姆欧继电器　mho relay

在电阻—电抗坐标图上，由一个圆周经过坐标原点的圆描绘其特性的距离继电器。

447-01-34

偏移姆欧继电器　offset mho relay

在电阻—电抗坐标图上，由一个圆周不经过坐标原点的圆描绘其特性的距离继电器。

447-01-35

接地故障继电器　earth fault relay

在设计或应用中,主要对电力系统接地故障产生响应的量度继电器。

447-01-36

相故障继电器　phase fault relay

在设计或应用中,主要对多相电力系统故障产生响应的量度继电器。

447-01-37

电热继电器　thermal electrical relay

通过测量出现在被保护设备的电流,使该设备免受电热危害的它定时限量度继电器。

447-01-38

偏置继电器　biased relay

借助于电气偏置量改变其特性的量度继电器。

447-01-39

比率继电器　percentage relay

按照规定施加的输入激励量的百分比关系而改变其特性的偏置继电器。

447-01-40

不平衡继电器　unbalance relay

通过比较两个或多个特性量的大小而动作的量度继电器。

447-01-41

差动继电器　differential relay

对规定的引入和导出电流之间的相位差和/或瞬时值差响应的量度继电器。

447-01-42

方向继电器　directional relay

具有多个输入激励量对一次侧现象(例如电力系统故障)的相对方向响应的量度继电器。

447-01-43

功率继电器　power relay

具有多个输入激励量(例如电流和电压)并且设计成只对功率响应的量度继电器。

447-01-44

相位比较继电器　phase comparison relay

具有多个输入激励量并且对这些激励量的相位角的规定比较关系响应的量度继电器。

447-01-45

调节继电器　regulating relay

用来探测偏离规定条件并通过分离的调节设备使其恢复到所要求条件的量度继电器,例如电压调节继电器。

447-01-46

同步继电器　synchronising relay

当两个分列的交流电源其电压幅值、相角及频率符合给定条件时,激发两个电源间的一个断路器合闸的量度继电器。

447-01-47

中间继电器　auxiliary relay

辅助继电器

协助量度继电器执行其功能或完成其相关功能的有或无继电器。

447-01-48

伏赫比继电器　volt per hertz relay

以电压与频率的比率为特性量的量度继电器，例如用于变压器或发电机保护的过励磁继电器。

2.2　与状态和动作相关的术语

447-02-01

动作状态　operate condition

量度继电器完成要求功能时的规定状态。

447-02-02

复归状态　reset condition

量度继电器完全返回状态或者处于与动作状态相关的规定状态。

447-02-03

初始状态　initial condition

量度继电器在开始改变其输出状态之前所处的规定状态。

447-02-04

动作，动词　operate，verb

向动作状态的改变。

注：术语“动作”包含了“启动”和“切换”两个术语的含义。

447-02-05

复归，动词　reset，verb

向复归状态的改变。

447-02-06

转换，动词　change over，verb

动作或复归。

447-02-07

循环，动词　cycle，verb

动作而后复归，或复归而后动作。

447-02-08

启动，动词　start，verb

脱离初始状态或复归状态。

447-02-09

切换，动词　switch，verb

在给定的输出电路中完成指定的功能。

447-02-10

动作值　operate value

使量度继电器动作的输入激励量(或特性量)的值。

447-02-11

不动作值　non-operate value

使量度继电器不动作的输入激励量(或特性量)的值。

447-02-12

复归值　reset value

使量度继电器复归的输入激励量(或特性量)的值。

447-02-13

不复归值　non-reset value

使量度继电器不复归的输入激励量(或特性量)的值。

447-02-14

启动值　start value

使量度继电器启动的输入激励量(或特性量)的值。

447-02-15

试验值　test value

试验过程中,继电器应符合规定动作的量值。

注:该术语与 447-02-10 至 447-02-14 的术语结合使用。

447-02-16

最终耐久性值　final endurance value

在继电器寿命时间的终止点或在规定的循环次数之后所要求的量值。

注:该术语与 447-02-10 至 447-02-14 的术语结合使用。

447-02-17

返回,动词　disengage, verb

在给定的输出电路中终止已实现的功能。

447-02-18

返回值　disengaging value

在规定的条件下,使继电器返回的输入激励量(或特性量)的值。

2.3　与激励相关的术语

447-03-01

激励量　energizing quantity

在规定的条件下,施加于量度继电器能使它动作的量(例如电流、电压),或代表这个量相关信息的信号。

447-03-02

输入激励量　input energizing quantity

本身构成特性量或有助于构成特性量的一种激励量。

注:该术语为现有的 IEC 60255 系列标准的临时定义。

447-03-03

特性激励量　characteristic energizing quantity

本身构成特性量或有助于构成特性量的一种激励量。

注:该术语作为输入激励量的替代。

447-03-04

辅助激励量　auxiliary energizing quantity

除输入激励量(特性激励量)外的任何激励量。

447-03-05

辅助电源激励量　auxiliary power supply quantity

为量度继电器的辅助电源提供源的激励量。

447-03-06

激励某一继电器,动词　energise a relay, verb

对某一量度继电器施加的使其充分达到所要求功能的一个或多个激励量。

447-03-07

输入电路　input circuit

连接并处理激励量或信号的量度继电器的电路。

447-03-08

输入信号　input signal

除激励量以外进入量度继电器的其他信号，例如二进制数据和通信信号等。

447-03-09

辅助电路　auxiliary circuit

除了与输入激励量（特性激励量）相关的电路之外的其他输入电路。

447-03-10

辅助电源电路　auxiliary power supply circuit

与辅助激励量相连且为继电器提供辅助电源的量度继电器电路。

447-03-11

额定值　rated value

为了规范的目的，为元件、器件、设备或系统在给定的一组工作条件下所设定的量值(151-16-08)。

447-03-12

基准值　reference value

在基准条件下一个影响量的规定值。

447-03-13

连续耐热值　continuous thermal withstand value

在规定的条件下，量度继电器能够连续承受且满足规定温升要求的激励量的最大值（交流为方均根值）。

447-03-14

短时耐热值　short-time thermal withstand value

在规定的条件下，量度继电器在规定的短时间内不致由于过热使其规定的特性发生永久性降低而能够耐受的某一激励量的最大值（交流为方均根值）。

447-03-15

动稳定值　dynamic withstand value

在规定波形及持续时间的条件下，量度继电器不致由于合成电动力作用使其规定的特性发生永久性降低而能够耐受的某一激励量的最大值。

447-03-16

工作范围　operating range

在规定的条件下，量度继电器依据规定的要求能够执行预定功能的范围。

注：对于有准确度要求的，参阅“有效范围”(447-07-08)。

447-03-17

激励电路的额定功率　rated power of an energizing circuit

激励电路的额定功耗　rated burden of an energizing circuit

在规定条件下所确定的，量度继电器的给定激励电路在基准条件下所消耗的功率（交流为伏安）。

447-03-18

激励电路额定阻抗　rated impedance of an energizing circuit

在规定条件下所确定的，量度继电器的给定激励电路在基准条件下的复（数）阻抗值。

2.4 与输出电路相关的术语

447-04-01

输出电路 output circuit

量度继电器的输出信号并产生预定变化的部分。

注：输出可以是模拟信号、二进制数据、触点的断开或闭合、电子电路的有效导通或不导通等。

447-04-02

电子输出电路 electronic output circuit

由诸如晶体管、晶闸管或光耦合器件等电子元器件组成的无触点的输出电路。

447-04-03

输出信号 output signal

由输出电路产生的信号。

447-04-04

继电器输出 relay output

当输入电路满足一定条件时，在输出电路上产生的预定变化。

447-04-05

触点电路 contact circuit

用于量度继电器内的辅助继电器的输出电路。

447-04-06

有效导通输出电路 effectively conducting output circuit

在规定的条件下，电阻低于规定值的电子输出电路。

447-04-07

有效不导通输出电路 effectively non-conducting output circuit

在规定的条件下，电阻高于规定值的电子输出电路。

447-04-08

动合输出电路 output make circuit

一种输出电路，当量度继电器处于动作状态时，该输出电路或由触点闭合，或为有效导通；而当继电器处于复归状态时，该输出电路或由触点断开，或为有效不导通。

447-04-09

动断输出电路 output break circuit

一种输出电路，当量度继电器处于动作状态时，该输出电路或由触点断开，或为有效不导通；而当继电器处于复归状态时，该输出电路或由触点闭合，或为有效导通。

447-04-10

动合触点 make contact

量度继电器处于动作状态时闭合，处于复归状态时断开的一种触点。

447-04-11

动断触点 break contact

量度继电器处于动作状态时断开，处于复归状态时闭合的一种触点。

447-04-12

转换触点 change over contact

包括三个接触件的两个触点电路的组合，其中一个接触件为两个触点电路所共用。当其中一个触点电路断开时，另一个触点电路闭合。

2.5 与时间相关的术语

447-05-01

动合输出电路的闭合时间 closing time of an output-make circuit

在规定的条件下，对处于复归状态的量度继电器，从其特性量发生变化的时刻起至动合输出电路第一次闭合的时刻止的持续时间。

447-05-02

动断输出电路的断开时间 opening time of an output-break circuit

在规定的条件下，对处于复归状态的量度继电器，从其特性量发生变化的时刻起至动断输出电路第一次断开的时刻止的持续时间。

447-05-03

动合输出电路的断开时间 opening time of an output-make circuit

在规定的条件下，对处于动作状态的量度继电器，从其特性量发生变化的时刻起至动合输出电路第一次断开的时刻止的持续时间。

447-05-04

动断输出电路的闭合时间 closing time of an output-break circuit

在规定的条件下，对处于动作状态的量度继电器，从其特性量发生变化的时刻起至动断输出电路第一次闭合的时刻止的持续时间。

447-05-05

动作时间 operate time

在规定的条件下，对处于复归状态的量度继电器，从其特性量发生变化的时刻起至继电器动作时刻止的持续时间。

447-05-06

复归时间 reset time

在规定的条件下，对处于动作状态的量度继电器，从其特性量发生变化的时刻起至继电器复归时刻止的持续时间。

447-05-07

回跳时间 bounce time

对于正在闭合或断开其电路的触点，从触点电路第一次闭合或断开的时刻起至触点电路最终闭合或断开的时刻止的持续时间。

447-05-08

恢复时间 recovery time (for measuring relays)

在规定的条件下，对于某一给定的功能，为使下一次的动作时间在规定值的范围内，继电器从动作状态恢复所需的时间。

447-05-09

临界冲击时间 critical impulse time

对处于复归状态的继电器，在其输入激励量(特性激励量)上施加可以引起继电器动作的给定变化，而不会导致继电器动作(翻转)的最长持续时间。

447-05-10

返回时间 disengaging time

从输入激励量值产生能够引起继电器返回的规定变化的时刻起，至继电器返回的时刻止的持续时间。

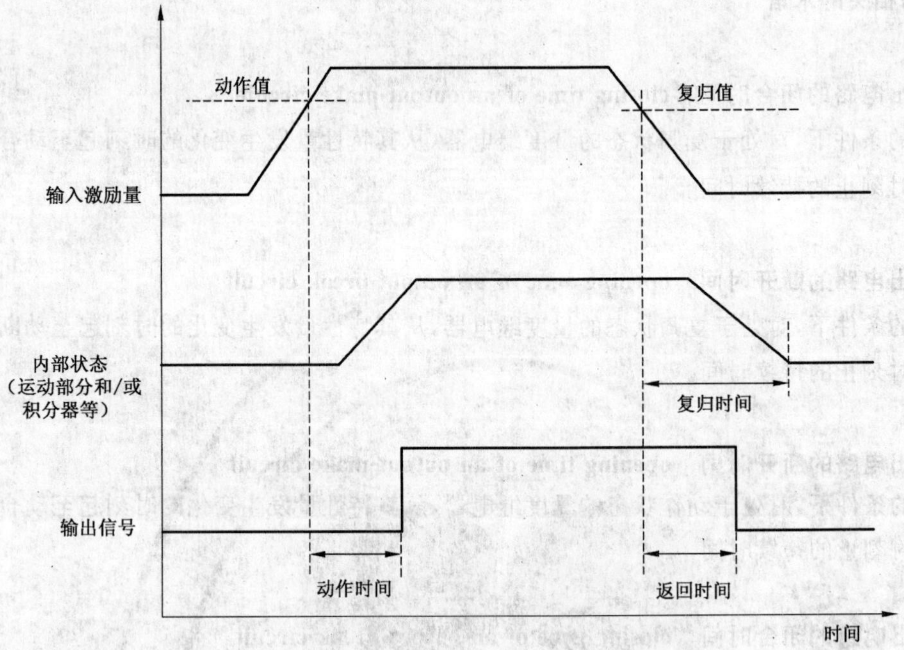

图 1　动作时间、返回时间和复归时间的说明图

2.6　与影响量相关的术语

447-06-01

影响量　influence quantity

对产品的性能不能起本质作用但有影响作用的量。

注：对电气器件，典型的影响量可能是温度、湿度、大气压。

447-06-02

影响量基准值　reference value of an influence quantity

继电器特性以此为基准的影响量的规定值。

447-06-03

影响量基准条件　reference conditions of influence quantity

所有影响量的基准值。

447-06-04

影响量规定范围　specified range of an influence quantity

在规定的条件下，继电器满足规定要求的影响量的数值范围。

447-06-05

影响量极端范围　extreme range of an influence quantity

继电器只承受自身特性可逆变化的影响量的数值范围。

447-06-06

[由影响量引起的]变差　variation (due to an influence quantity)

当某一影响量相继取两个不同的值时，指示仪器仪表对同一被测量值的校准示值的差或实物量具的值的差。

2.7　与量度继电器特性相关的术语

447-07-01

特性量　characteristic quantity

其名称表示继电器的特性，其值有准确度要求的一种电气量或它的一个参数。

示例：

——过电流或欠电流继电器的电流；

——频率继电器的频率，其输入激励量可能是电压；

——功率继电器的功率，其输入激励量是电流和电压。

447-07-02

特性量的整定值　setting value of the characteristic quantity

在规定的条件下，继电器应当动作的特性量的阀值。

447-07-03

特性量的极限值　limiting value of the characteristic quantity

在规定的条件下，既对继电器准确度无负面影响，也不致使其损坏的可施加的特性量的最大值。

447-07-04

特性量的整定范围　setting range of the characteristic quantity

特性量或其每一个整定参数（例如功率继电器的电压或电流）的整定值的范围。

447-07-05

特性量的整定比　setting ratio of the characteristic quantity

特性量的最大整定值与最小整定值之比。

447-07-06

复归系数　resetting ratio

复归值与动作值之比。

447-07-07

复归百分比　resetting percentage

用百分比表示的复归系数。

447-07-08

有效范围　effective range

输入激励量或特性量的工作值满足准确度要求的范围。

447-07-09

特性角　characteristic angle

对于量度继电器，用于表示其特性的两个输入激励量的相量之间的角度。

447-07-10

校正值　correcting quantity

以规定的方式修改继电器特性的量。

示例：对于电热继电器，被保护设备的油温、空气温度。

447-07-11

极化量　polarizing quantity

为确定电力系统的潮流方向、故障位置等提供基准的输入激励量。

447-07-12

返回系数　disengaging ratio

返回值与动作值之比。

2.8　与准确度相关的术语

447-08-01

绝对误差　absolute error

特性量的实测动作值或定时限实测值与其标称值（例如整定值）的差。

447-08-02

常规误差　conventional error

绝对误差与规定的常规值(例如额定电流)的比值。

447-08-03

相对误差　relative error

绝对误差与标明值(例如整定值)的比值。

447-08-04

平均误差　mean error

对于给定的量度继电器,在同样的规定条件下进行规定次数的测量中,各次测得的误差值(绝对误差、相对误差或常规误差)的代数和除以测量次数所得的商。

447-08-05

基准平均误差　reference mean error

在基准条件下确定的平均误差。

447-08-06

极限误差　limiting error

对于给定的量度继电器,在同样的条件下,按给定置信度预期达到的最大误差。

447-08-07

基准极限误差　reference limiting error

在基准条件下确定的极限误差。

447-08-08

一致性　consistency

对于给定的量度继电器,在同样的规定条件下确定的,按给定置信度预期达到的任何两次测量值之间的最大差值。

447-08-09

基准一致性　reference consistency

在基准条件下确定的一致性。

447-08-10

平均误差的变差　variation of the mean error

平均误差和基准平均误差的代数差。变差可以用绝对值、相对值或规定值的百分比表示。

447-08-11

准确度等级　accuracy class

所有预期符合相应的一组准确度要求的量度继电器的等级。

447-08-12

等级指数　class index

用数字或符号表示准确度等级的常规标志。

447-08-13

声明误差　declared error

制造厂声明的某一给定型号的任何量度继电器在基准条件下所达到的误差极限。

索　引

汉语拼音索引

英文对应词索引

A

B

C

D

V

ICS 29.100.01
K 97

GB

中华人民共和国国家标准

GB/T 2900.39—2009
代替 GB/T 2900.39—1994

电工术语　电机、变压器专用设备

**Electrotechnical terminology—
Special equipment for electrical machine and transformer**

2009-03-13 发布　　2009-11-01 实施

中华人民共和国国家质量监督检验检疫总局
中国国家标准化管理委员会　发布

前言

本部分为 GB/T 2900 的第 39 部分。本部分代替 GB/T 2900.39—1994《电工术语　电机、变压器专用设备》。

本部分与 GB/T 2900.39—1994 相比主要变化如下：

——删除原标准中第 2 章引用标准。因为该章中无引用标准。

——增补了 1994 年以来市场上已开发的多种电机及变压器专用设备的术语和定义。

——调整了原标准中的结构。根据术语内容分为电机专用设备术语、变压器专用设备术语和电机、变压器绝缘处理设备术语。

——删除了与电机和变压器专用设备关系不密切的术语，以及与机床加工设备有关的术语，如转子车床、转轴加工机床等产品的术语。

本部分由全国电工术语标准化技术委员会(SAC/TC 232)提出并归口。

本部分起草单位：机械工业北京电工技术经济研究所、西安启源机电装备股份有限公司、山东中际电工机械有限公司、中山凯旋真空技术工程有限公司、芜湖电工机械有限公司。

本部分主要起草人：李晓静、许树森、戚志萍、高峰、张克清、郭磊鹰。

本部分所代替标准的历次版本发布情况为：

——GB/T 2900.39—1984、GB/T 2900.39—1994。

电工术语　电机、变压器专用设备

1　范围

GB/T 2900 的本部分规定了电机和变压器专用设备的术语和定义。

本部分适用于与电机和变压器专用设备相关的技术领域。

2　电机专用设备

2.1　线圈及定、转子制造设备

2.1.1

绕线机　coil winding machine

绕制电机、变压器等线圈的机器。

2.1.2

卧式绕线机　horizontal winding machine

主轴中心线与机器安装平面平行的绕线机器。

2.1.3

立式绕线机　vertical winding machine

主轴中心线与机器安装平面垂直的绕线机器。

2.1.4

扁绕机　strip-on-edge winding machine

将扁导线的窄面沿着线模进行绕制线圈的机器。

2.1.5

串模绕线机　winding machine

将多段线模按规定顺序串联后能进行自动绕排线的机器。

2.1.6

定子嵌线机　stator coil inserting machine

将导线嵌入电机定子铁芯槽内的机器。

2.1.7

定子绕嵌线组合机　combination machine for stator coil winding and inserting

在进行定子线圈绕制的同时，将绕制好的线圈嵌入定子铁芯内部，实现绕线、嵌线有机组合的机器。

2.1.8

转子绕嵌机　rotor coil winding and inserting machine

将导线连续地绕嵌入转子铁芯槽内的机器。

2.1.9

转子旋转式绕嵌机　turn-type rotor coil winding and inserting machine

绕嵌导线时，转子做协调旋转的机器。

2.1.10

转子固定式绕嵌机　fix-type rotor coil winding and inserting machine

绕嵌导线时，转子固定而线架围绕其旋转的机器。

2.1.11

主相线圈压紧机　main-phase coil pressing machine

将嵌入定子铁芯槽内的主相线圈进行扩张、压紧的机器。

2.1.12

定子端部整形机　stator overhang coil forming machine

将嵌线后的定子绕组端部整形到所需形状和尺寸的机器。

2.1.13

端部预整形机　overhang coil forming machine

将嵌完线的定子端部线圈进行预整形的机器。

2.1.14

端部中间整形机　overhang coil intermediate forming machine

将嵌完线的定子端部线圈进行基本定形的机器。

2.1.15

端部最终整形机　overhang coil final forming machine

将绑扎后的定子端部线圈形状最终定形的机器。

2.1.16

槽绝缘成形切断机　slot insulation shaping cutting machine

将槽绝缘材料折边成形并进行切断的机器。

2.1.17

槽绝缘成形插入机　slot insulation shaping and inserting machine

将槽绝缘材料成形切断,并将其插入铁芯槽内的机器。

2.1.18

多槽形槽绝缘成形插入机　multi-slot insulation shaping and inserting machine

能一次性将多槽形定子的槽绝缘材料成形切断,并分别插入相应槽内的机器。

2.1.19

槽楔成形切断机　slot wedge forming and cutting machine

将槽楔材料挤压成形并切断的机器。

2.1.20

槽楔插入机　slot wedge inserting machine

将槽楔插入已嵌线的铁芯槽内的机器。

2.1.21

定子检测刻印插槽组合机　combination machine of stator testing, letter engraving and wedge inserting

对定子铁芯内径、槽口及叠厚的自动检测、刻印生产日期和生产序列号并插入绝缘纸的机器。

2.1.22

线圈涨形机　coil expanding machine

将绕制的菱形线圈拉、扩成框式线圈的机器。

2.1.23

线圈矫形机　coil form rectifying machine

将涨形后的框式线圈矫形、整形的机器。

2.1.24

定子单头绑扎机　single-head stator lacer

将定子的一端线圈进行绑扎的机器。

2.1.25

定子双头绑扎机　double-head stator lacer

将定子两端线圈同时进行绑扎的机器。

2.1.26

双工位定子绑扎机　stator lacer with dual stations

利用两工位转台装置，实现定子装卸与绑扎同步进行的机器。

2.1.27

转子绑扎机　rotor lacer

对电机转子缠绕无纬带或钢丝的机器。

2.1.28

包带机　taping machine

包扎电机线圈或线棒绝缘带的机器。

2.1.29

框式线圈包带机　diamond coil taping machine

用于框式线圈包带的机器。

2.1.30

台式包带机　bench type taping machine

人工握持线圈进行操作的包带机器。

2.1.31

定子线棒包带机　taping machine for stator bar

用于水轮、汽轮发电机定子线棒包带的机器。

2.1.32

电热卷包机　electrically heated wrapping machine

对电机线圈或线棒进行连续电热卷烘绝缘的机器。

2.1.33

静电环(板)包扎机　wrapping machine for static ring

围绕环形层压绝缘板用铜编织带或铜带进行包扎的机器。

2.1.34

框式线圈模压机　diamond coil block press

对包好绝缘的电机框式线圈加热模压，使之固化成形的机器。

2.1.35

定子线棒模压机　block press for stator bar

对包好绝缘的定子线棒加热模压，固化成形的机器。

2.1.36

滴漆机　trickle impregnating machine

向电机绕组滴浸绝缘漆的机器。

2.1.37

定子滴漆机　stator trickle impregnating machine

向电机定子绕组绝缘滴漆的机器。

2.1.38

转子滴漆机　armature trickle impregnating machine

向电机转子绕组绝缘滴漆的机器。

2.2　铁芯制造设备

2.2.1

冲槽机　notching press

由自动分度机构带动固定在定位装置上的定子或转子坯件，并对其依次冲槽的机器。

2.2.2

自动冲槽机 automatic notching press

能自动上、下料的冲槽机器。

2.2.3

内定位冲槽机 spindle-type fixture notching press

用冲片内孔定位进行冲槽的机器。

2.2.4

外定位冲槽机 ring-type fixture notching press

用冲片外圆定位进行冲槽的机器。

2.2.5

扇形片冲槽机 segment notching press

在扇形片上冲槽的机器。

2.2.6

联合冲槽机组 combined notching set

将两台或两台以上的冲槽机联合起来，依次在定、转子坯件上冲槽的机组。

2.2.7

自动冲槽卷绕机 automatic winding and stamping machine

在带料上边冲槽边卷绕行成电机铁芯的机器。

2.2.8

定子铁芯叠压机 stator stacking machine

将定子冲片按台份叠压成定子铁芯的机器。

2.2.9

转子铁芯叠压机 rotor stacking machine

将转子冲片按台份叠压成转子铁芯的机器。

2.2.10

(铁芯片)去毛刺机 (magnetic lamination) burr-grinding machine

去掉铁芯冲片毛刺的机器。

2.2.11

硅钢片连续退火炉 continuous annealing furnace for electrical sheets

消除冲片或铁芯片的机械应力，改善其电磁性能的连续退火设备。

2.3 其他设备

2.3.1

换向器下刻机 commutator undercutting machine

下刻换向器片间绝缘的机器。

2.3.2

换向器焊接机 commutator welding machine

将换向器升高片或换向片与转子绕组相焊接的机器。

2.3.3

转子压力铸铝机 aluminium die-casting machine for rotor

对装有电机转子铁芯的模具型腔内的液态铝施加压力促使其成型的铸造机器。

2.3.4

转子低压铸铝机 low-pressure aluminum die-casting machine for rotor

对装有电机转子铁芯的模具型腔内的液态铝施加较低压力促使其成型的铸造机器。

2.3.5

转子热套机 rotor shrinking machine

将无轴转子通过加热，热装到转轴上的机器。

2.3.6

电机轴承压装机 bearing shrinking machine

将轴承压装到电机转轴上的机器。

2.3.7

电机装配生产线 motor assembling line

完成电机装配各主要功能的生产线。

2.3.8

电机端盖压床 end cover press

将电机端盖压装到定子上的机器。

2.3.9

电机铁芯压床 press for motor core

将电机铁芯压装到机壳内的机器。

2.3.10

硅钢片涂漆机 coating machine for electrical sheet

用于硅钢片或铁芯片涂绝缘漆并烘干的机器。

3 变压器专用设备

3.1 线圈制造设备

3.1.1

绕线机 coil winding machine

绕制电机、变压器等线圈的机器。

3.1.2

卧式绕线机 horizontal winding machine

主轴中心线与机器安装平面平行的绕线机器。

3.1.3

立式绕线机 vertical winding machine

主轴中心线与机器安装平面垂直的绕线机器。

3.1.4

无地坑立式绕线机 over floor vertical winding machine

主轴中心线与机器安装平面垂直、线盘架平台可升降的绕线机器。

3.1.5

环形线圈绕线机 toroidal coil winding machine

围绕环形铁芯的截面绕制线圈的机器。

3.1.6

自动绕线机 automatic coil winding machine

除导线上料和线圈下料外，自动完成线圈绕制过程而无需手工操作的机器。

3.1.7

交织式绕线机 interwearing winding machine

线模(或工件)固定不动，导线围绕线模(或工件)旋转的绕线机器。

3.1.8

箔式线圈绕制机 foil coil winding machine

将铝箔或铜箔绕制成变压器线圈的机器。

3.1.9

线圈压床 coil pressing machine

将绕制成的线圈轴向压制成设计尺寸的机器。

3.2 铁芯制造设备

3.2.1

硅钢片纵剪机 slitter for electrical steel

用装在两平行回转轴上的多组圆盘剪刀进行连续纵向剪切硅钢片的机器。

3.2.2

硅钢片纵剪生产线 slitting line for electrical sheet coils

能一次完成硅钢带开卷、纵剪、收卷等工序的成套设备。

3.2.3

硅钢片横剪生产线 cut-to-length lines for electrical sheet coils

按一定长度及片形剪切硅钢片的成套设备。

3.2.4

非晶合金剪切生产线 amorphous alloy core cutting line

按步进长度和特定堆垛方式剪切非晶带材的设备。

3.2.5

开卷机 decoiler

承载硅钢片并使之展开的设备。

3.2.6

收卷机 recoiler

把纵剪后的带料卷曲成卷的装置。

3.2.7

边料卷曲机 scrap baller

卷收纵剪机剪切下来的边料的机器。

3.2.8

边料切碎机 trimmed-off edge chopper

切碎边料的机器。

3.2.9

开口卷铁芯生产线 open type core winding

自动卷制有开口的环形铁心设备。

3.3 其他设备

3.3.1

绝缘件加工中心 insulating part machining center

通过多轴联动加工变压器绝缘件的设备。

3.3.2

多层热压机 multi-layer hot press

具有多层加热板,可同时压制多块绝缘板材的压力机。

3.3.3

波纹(瓦楞)板成形机 folding machine (for corrugated tank)

将钢板连续折出波纹形的机器。

3.3.4

波纹(瓦楞)油箱焊接机　welding machine (for corrugated tank)

焊接波纹(瓦楞)油箱的机器。

3.3.5

波纹(瓦楞)油箱生产线　production line(for corrugated tank)

将钢板连续折成波纹形,组焊并加工成变压器波纹(瓦楞)油箱的生产线。

3.3.6

铁芯叠装翻转台　core stacking and uprighting device

供变压器铁芯叠装,并使铁芯翻转起立的设备。

4　电机、变压器用绝缘处理设备

4.1

电热干燥箱　electrical drying oven

利用电加热方式对电机、变压器、电器及其部件进行干燥处理的设备。

4.2

蒸汽干燥箱　steam drying oven

利用蒸汽加热方式对电机、变压器、电器及其部件进行干燥处理的设备。

4.3

隔爆型电热干燥箱　flameproof electrical drying oven

具有隔爆性能的电热干燥箱。

4.4

气相干燥设备　vapour phase drying plant

在真空状态下,利用煤油蒸气对变压器、电抗器、互感器器身或线圈进行加热、干燥的设备。

4.5

热风循环真空干燥炉　vacuum drying oven with hot-air circulation

在炉内采用强制热风循环的方式对电机绕组、变压器线圈或部件进行加热,最终采用真空除去微量水分的干燥设备。

4.6

真空-压力浸渍设备　vacuum pressure impregnation plant

在真空状态下,对电机绕组、变压器线圈进行加热、真空处理,浸入绝缘漆、再加压促使绝缘漆(浸渍树脂)浸入其内部的成套设备。

4.7

变压法真空干燥设备　pressure increase drying plant

在真空状态下,有规律地改变真空罐内压力和温度以提高干燥效率的真空干燥设备。

4.8

环氧树脂真空浇注设备　epoxy resin vacuum casting plant

在真空状态下,对电机、电抗器、变压器、互感器等的线圈浇注环氧树脂的成套设备。

4.9

浸渍罐　impregnation tank

对工件进行真空-压力浸渍处理的容器。

4.10

真空罐　autoclave

对变压器器身及线圈进行真空干燥的容器。

4.11

卧式浸渍罐　horizontal impregnation tank

采用水平移动方式装入、取出工件的浸渍罐。

4.12

立式浸渍罐　vertical impregnation tank

采用罐体上方吊装方式装入、取出工件的浸渍罐。

4.13

储漆罐　storage tank

储存绝缘漆的容器。有的带有加温、冷贮或搅拌装置。

4.14

环氧喷涂机　epoxy spray coating machine

对电机及其线圈、铁芯等喷涂环氧粉末的机器。

4.15

线圈恒压干燥装置　isostatic winding pressing plant

在高电压等级的变压器线圈干燥过程中，可对线圈施加恒定压力的装置。

4.16

变压器油处理设备　oil treatment plant

对变压器油进行脱水、脱气，并进行净化处理的设备。

4.17

真空净油机　vacuum oil purification plant

在真空状态下，对变压器油进行脱水、脱气，并进行净化处理的机器。

4.18

变压器用油位计　oil level gauge

显示油浸式变压器类产品中绝缘油油面位置的装置。

4.19

指针式油位计　analog oil level gauge

一种通过在表盘上的指针来显示油浸式变压器类产品中油位的装置。一般通过浮球或伸缩杆来带动指针的转动。

4.20

磁翻板式油位计　magnetic turnover-board oil gauge

一种通过磁性翻板的翻转来显示油浸式变压器类产品中油位的装置。

4.21

管式油位计　tubular oil gauge

一种通过油管中的浮子(或浮标)来显示油浸式变压器产品中油位的装置。

注：管式油位计一般分为侧装式或顶装式两种形式，其中侧装(玻璃)式一般安装在储油柜上，而顶装式则多用于全密封油浸式变压器。

索　引

汉语拼音索引

英文对应词索引

A

B

C

D

E

P

R

S

T

V

W

ICS 01.040.29
K 04

GB

中华人民共和国国家标准

GB/T 2900.84—2009

电工术语　电价

Electrotechnical terminology—Tariffs for electricity

(IEC 60050-691:1973,International Electrotechnical Vocabulary—
Part 691:Tariffs for electricity,MOD)

2009-03-13 发布　　2009-11-01 实施

中华人民共和国国家质量监督检验检疫总局
中国国家标准化管理委员会　发布

前言

本部分为 GB/T 2900 的第 84 部分。本部分修改采用 IEC 60050-691:1973《国际电工词汇　第 691 部分:电价》。

本部分中术语条目编号与 IEC 60050-691:1973 保持一致。

本部分与 IEC 60050-691:1973 相比,存在如下技术差异:

——691-01-01 供电协议的定义采用 IEC 60050-617:2009《国际电工词汇　第 617 部分:电力市场》中 617-04-04 的定义,以使本部分的定义与 IEC 最新标准术语协调一致。

——691-01-02 供电企业的定义采用 IEC 60050-617:2009《国际电工词汇　第 617 部分:电力市场》中 617-02-08 的定义,以使本部分的定义与 IEC 最新标准术语协调一致。

——删除了 691-05-11 分挡电价[表]的注。因 IEC 原文注的含意不清楚,为避免定义理解歧义,故删除。

——删除了 691-06-05 低谷电价的英文术语:off-peak tariff。IEC 60050-691 中给出两个英文术语 off-peak tariff 和 low-load tariff,其中"off-peak tariff"与 691-06-07 非峰电价 off-peak tariff 的英文术语一样。为避免使用时混淆,只选用了其中之一"low-load tariff"。

本部分由全国电工术语标准化技术委员会(SAC/TC 232)提出并归口。

本部分起草单位:机械科学研究总院中机生产力促进中心、中国电力科学研究院、华北电力大学。

本部分主要起草人:白晓民、杨芙、张粒子。

电工术语　电价

1　范围

本部分规定了与电价相关的协议、电量与需量、电价成分、电价成本和电价种类等方面的基本术语。

本部分适用于与电价相关的技术领域。

2　术语和定义

2.1　协议:电价各方

691-01-01

供电协议　supply agreement

供用电协议

供电企业与用户之间达成的给出特定供电条件的协议。

691-01-02

供电企业　(electricity) supplier

电力供应商

按合同向用户供应电力和电量的一方。

691-01-03

配电企业　distribution undertaking

配电商　distributor

通过配电网供应电力的企业。

691-01-04

用户　consumer;customer

从供电企业或配电企业接受电力供应的一方。

691-01-05

终端用户　ultimate consumer

为自身需要而用电的一方。

691-01-06

多协议用户　multi-agreement consumer

拥有一个以上供电协议的用户。

691-01-07

低(高)负荷率用户　low (high) load factor consumer

相对于其需量来说,用电量较小(大)的用户。

691-01-08

高(中、低)电压用户　high (medium,low) voltage consumer

以高(中、低)电压供电的用户。

注:各国对高压、中压和低压有不同的定义。

2.2　电量与需量

691-02-01

电量　(electrical) energy

以千瓦小时为单位的电能供应的量值。

691-02-02

需量 demand

以千瓦或千伏安为单位的电力供应的量值。

691-02-03

安装负荷 installed load

安装在用户场所的所有电气设备的铭牌额定功率的总和。

691-02-04

网供负荷 connected load

用户安装负荷中可由供电企业供电的部分。

691-02-05

约定需量 subscribed demand

如无规定其他特定的电价条件，按协议确定的不允许用户超过的需量。

注：自动切换开关可以用来防止用户超过约定需量的限额。

691-02-06

要求最大需量 maximum demand required

用户要求的需量上限值。

691-02-07

认可最大需量 authorized maximum demand

由用户事先申请，并由供电企业按协议条款认可的，供电容量能够满足的最大需量。

注：自动切换开关可以用来防止用户超过其最大认可需量。

691-02-08

供应需量 demand set up

在规定期间内用户实际使用的需量。

691-02-09

需量积分时间间隔 demand integration period

为确定每小时(半小时、1/4 小时等)的平均需量，而对该时间段功率进行积分的时间间隔(1 小时、半小时、1/4 小时等)。

691-02-10

每小时(半小时、1/4 小时、*n* 分钟)需量 hourly (half an hour, quarter of an hour, *n*-minutes) demand

电价表中规定的，作为需量积分区间的一小时(半小时、1/4 小时、*n* 分钟等)时间段内的平均需量。

691-02-11

年(季、月、周、日)最大需量 annual (quarterly, monthly, weekly, daily) maximum demand

在一年(季、月、周、日)内记录下来的每小时(半小时、1/4 小时或 *n* 分钟)需量的最大值。

691-02-12

计费需量 chargeable demand

用作计费的需量值。

2.3 电价成分

691-03-01

千瓦小时费率 kilowatthour rate

电量费率 energy rate

电量电价

使用每单位电能(千瓦小时)所支付的电费。

691-03-02

最终费率　follow-on rate;final rate

两部制或多部制电价中最终的千瓦小时费率,或分挡式电价中最末一挡的千瓦小时费率。

691-03-03

固定电费　standing charge

在某一规定期间(年、季、月等)内,用户应支付的不随用电量变化的固定金额。这个固定金额或是统一的,或是由特定的参数(房间数、楼层面积等)确定。

691-03-04

需量费率　demand rate

每千瓦(千伏安)价格　price per kilowatt (kilovolt-ampere)

在规定的供电时段内,单位计费需量(千瓦、千伏安)所支付的金额。

691-03-05

需量电费　demand charge;fixed charge

根据供电协议的电价有关条款,按需量列入账单的总金额。

691-03-06

备用电费　standby charge

按照备用电价的规定,不论用户是否使用备用电源,都需为其可用性支付的需量电费。

691-03-07

表计租金　meter rent

在规定期间内,为安装的计量仪表及相关设备所支付的金额。

2.4　各种电价表

691-04-01

电价表　tariff

根据供电特性制定的,在计算用户支付给供电企业的电费时,应考虑的各种因素及采用的方法的价目表。

691-04-02

常规电价[表]　normal tariff

公布的电价表　published tariff

根据用户的平均供电特性而制定的不同类别用户的电价。

691-04-03

高(中、低)电压电价表　high (medium,low) voltage tariff

适用于以高(中、低)电压供电的电价。

注:各国对高压、中压、低压有不同的规定。

2.5　按结构分类的电价

691-05-01

固定付费电价　fixed payment tariff

在规定期间(年、季、月等)内只支付固定金额的电价,与在电价表或供电协议规定的限额内的用电量和供应需量无关。

691-05-02

单费率电价　flat rate tariff

由一种统一的千瓦小时费率组成的电价。

691-05-03

两(三)费率电价　two-rate (three-rate) tariff

由两种(三种)不同的千瓦小时费率组成的电价。

691-05-04

多费率电价　multiple tariff

由几种不同的千瓦小时费率组成的电价。

691-05-05

单一制电价　one-part tariff

供电的价格结构中只包含一种成分的电价。

691-05-06

两部制电价　two-part tariff

供电的价格结构中包含两种成分的电价。

例如：一个与需量(千瓦或千伏安)有关的成分，一个与电量(千瓦小时)有关的成分。

691-05-07

三部制电价　three-part tariff

供电的价格结构中包含三种成分的电价。

例如：一个相当于固定电费的成分(每月价格 p_1)，一个与需量有关的成分(每千瓦每月价格 p_2)，一个与电量有关的成分(每千瓦小时价格 p_3)。

691-05-08

多部制电价　multi-part tariff

供电的价格结构中包含多种成分的电价。

691-05-09

固定电价[表]　standing charge tariff

由定价电费和一种或几种千瓦小时费率组成的电价。

注：定价电费和千瓦小时费率可随着供电量的大小变化。

691-05-10

需量电价[表]　demand tariff

由需量费率和一种或几种千瓦小时费率组成的电价。

691-05-11

分挡电价[表]　block tariff

在规定的供电期间内，按给定的用电量或需量的多少逐级分挡，并按一系列不同的千瓦小时费率计费的电价。

691-05-12

阶梯电价[表]　step tariff

在电价表中规定的期间内，随用电量多少确定千瓦小时费率的电价。

例如：如果月用电不超过 100 kWh，所有千瓦小时的费率为 p_1；如果月用电在 101 kWh～200 kWh，所有千瓦小时的费率为 p_2，如果月用电超出 200 kWh，所有千瓦小时的费率为 p_3。

691-05-13

负荷/分挡电价[表]　load/rate tariff

当用户用电需量超过协议规定的限额，费率相应提高的电价。

例如：当需量限额为 10 kW，千瓦小时费率为 p_1，需量在 10 kW 以上的千瓦小时费率为 p_2；或者当需量限额为10 kW，千瓦小时费率为 p_1，当需量超出 10 kW 时，所有的千瓦小时费率为 p_2；或者约定需量每千瓦的需量费率为 p_1，对超出约定需量的每千瓦按需量费率 p_2。

2.6　日分时电价和年分时电价

691-06-01

日分时电价[表]　time-of-day tariff；multiple tariff

费率按一天中不同时段而不同的电价(例如，峰荷、平负荷和低谷负荷时费率)。

691-06-02

两费率日分时电价[表]　two-rate time-of-day tariff

日/夜电价　day/night tariff

按一天的不同时间规定两种不同千瓦小时费率的日分时电价。

例如：

夜间每千瓦小时费率 为 p_1；

白天则每千瓦小时费率为 p_2。

691-06-03

三费率日分时电价[表]　three-rate time-of-day tariff

适用于按一天的不同时段规定三种不同千瓦小时费率的日分时电价。

例如：

夜间费率为每千瓦小时 p_1；

白天特定时段费率为每千瓦小时 p_2；

白天其他时段费率为每千瓦小时 p_3。

691-06-04

限时电价　restricted hour tariff

只在规定时段内供电的电价。

注：通常由定时开关在规定时间之外断电。

691-06-05

低谷电价　low-load tariff

只在低负荷时段内允许用电的电价。

691-06-06

夜间电价　night tariff

只在夜间时段允许用电的电价。

691-06-07

非峰荷电价　off-peak tariff

只在峰荷时段外允许用电的电价。

691-06-08

峰荷电价　peak-load tariff

只在峰荷时段内供电的电价。

691-06-09

季节性电价[表]　seasonal tariff

适用于年内不同季节的不同费率电价，或限定在一年中特定季节供电的电价。

691-06-10

季节性日分时电价[表]　seasonal time-of-day tariff

适用于年内不同季节和日的时段的不同费率电价。

2.7　按用户类别的电价[表]

691-07-01

低(高)负荷率电价[表]　low (high) load-factor tariff

适用于低(高)负荷率用户的电价。

691-07-02

居民电价[表]　domestic tariff

适用于特定的或专供家庭用户的电价。

691-07-03

商业电价[表] commercial tariff

适用于特定的或专供商业用户及其他类似用户的电价。

691-07-04

工业电价[表] industrial tariff

用于特定的或专供工业用户的电价。

691-07-05

农用电价[表] farm tariff

用于特定的或专供农业场地的电价。

691-07-06

补充供电电价[表] supplementary tariff

在某些情况下,需要用户由自备电站作为电力供应补充时所适用的电价。

691-07-07

备用电价[表] standby tariff

在某些情况下,为应对自备电站用户发生故障或维修其装机,电力供应企业为该用户作供电备用时适用的电价。

2.8 按使用类别的电价[表]

691-08-01

照明电价[表] lighting tariff

适用于主要为照明供电的电价。

691-08-02

动力电价[表] motive power tariff

适用于主要为动力供电的电价。

691-08-03

供热电价[表] heating tariff

适用于房间供热及其他供热用途的电价。

691-08-04

公共设施电价[表] catering (pumping, public lighting etc.) tariff

为抽水、公共照明等特定用途的公共设施供电的电价。

691-08-05

综合电价[表] all-in tariff

适用于不区分用途(例如包括照明、动力、电热、烹调等的设施用电)的供电电价。

2.9 附加电价条件

691-09-01

联网费用分摊 capital contribution to connection costs

为了建设或加强用户装置与供电网络之间的连线而支付给供电企业的金额。

691-09-02

电网费用分摊 capital contribution to network costs

为了保持电网备用容量或加强及扩展配电网以满足用户需要而支付给供电企业的金额。

691-09-03

联网费用 connection charge

在给定期间内,根据网络接入和使用费用,用户所支付给供电企业的固定金额。

691-09-04

价格调整条款　price adjustment clause

电价表中规定的某些费用或全部费用可进行调整的条款。这些费用也可作为其他价格(燃料、劳力等)、某些物价指数或特别是与电力有关的指数的函数。

691-09-05

燃料费用调整条款　fuel cost adjustment clause

根据燃料费用变化的价格调整条款。

691-09-06

功率因数条款　power factor clause

根据功率因数水平或无功消耗的大小而规定的价格调整条款。

691-09-07

修改条款　revision clause

由于经济上或技术上的变化,导致合同在经济方面的重大变化时,允许修改供电条件的条款。

691-09-08

最低付费条款　minimum payment clause

在规定期间内,要求用户付给供电企业至少一定数量电量(不论是否完全使用)的电费或规定的最低金额的条款。

691-09-09

最低需量　minimum demand

协议或电价表中规定的,无论用户是否已经完全使用都必须付款的需量。

2.10　需量相关术语

691-10-01

利用小时数　utilization time

用小时数表示的,在规定期间内(例如,年、月、日等)电力消费量和该期间内出现的最大需量或其他规定需量之比。

注:如果没有对需量及与其相关的时间做出规定,则不应使用本术语。

691-10-02

负荷率　load factor

用数值或百分比表示的,在规定时间(例如,年、月、日等)内,实际用电量与连续使用的最大需量或其他规定需量的用电量的比值。

注1:如果没有对需量及与其相关的时间做出规定,则不宜使用本术语。

注2:指定需量的负荷率也等于在同一时段内利用小时数与该段时间的比值。

691-10-03

同时率　coincidence factor

用数值或百分比表示的,在规定期间内一组电器或一批用户同时发生的最大需量与在同一时段内它们各自的最大需量的总和之比。

注:使用本术语时,需要指定相关的系统等级。

691-10-04

分散率　diversity factor

同时率的倒数。

691-10-05

需量因数　demand factor

用数值或百分比表示的,在规定期间内一台或一组装置的最大需量与该装置的安装负荷之比。

注:使用本术语时,需要指定相关的系统等级。

691-10-06

有效需量 effective demand

在供电系统峰荷时段或给定的潜在峰荷时段，由用户、用户等级或负荷类型构成的需量值。

注：使用本术语时，需要指定相关的系统等级。

691-10-07

有效需量因数 effective demand factor

用数值或百分比表示的，某一用户、一组用户或一组设施的有效需量与其安装负荷之比。

691-10-08

峰荷责任因数 peak responsibility factor

用数值或百分比表示的，同一等级电网上测得的，某种规定类型的一个或一组用户或一组给定类型设施的有效需量与系统峰荷的比值。

注：必须表明峰荷的时间区间。

2.11 成本术语

691-11-01

成本分类 cost classification

成本各组成部分的区分、分类和分组。目的是或按支出的性质，或按其功能（发电、输电、配电等），或按其是固定的还是可变的，把总成本分成各组成部分。

691-11-02

成本分摊 cost allocation

在用户及用户类别间分摊成本，或按照认定发生费用的成本条目分摊成本。分摊时可以包括或不包括那些严格讲不可分配的，即相关联的成本。

691-11-03

峰荷责任法 peak responsibility method

按照各类用户在系统的峰荷期间的实际需量，将与需量有关的成本在他们之间进行分摊的方法。

691-11-04

非同时峰荷责任法 non-coincident peak method

按照各类用户占该类最大需量的比例（不管这些最大需量相互彼此发生的时间或相对系统峰荷发生的时间），将与需量有关的成本在他们之间进行分摊的方法。

691-11-05

边际成本法（确定用户类别成本的） **marginal cost method** (of determining consumer class costs)

按照各类用户在规定期间内（例如，峰荷期间、冬日、夏日、夜间）所消费的电能数值（千瓦或千瓦小时）与对应边际成本的乘积来计算用户类别的成本。

691-11-06

成本公式 cost formula

表示系统中某一规定点或在规定条件下，计算供电成本（或成本中某一限定部分）的公式。

691-11-07

两部制成本计算 two-part costing

将成本分为两个部分，一部分与需量相关，另一个部分与电量相关。

691-11-08

三部制成本计算 three-part costing

将成本分为三个部分，分别与需量、电量及用户相关。

691-11-09

固定成本 fixed cost

总成本中所有与用电量变化无关的部分。

691-11-10

需量相关成本 demand-related cost

固定成本中,在每级系统直接与提供最大需量所引起的费用有关,而与所供用户的数目无关的部分。

691-11-11

用户相关成本 consumer-related cost

固定成本中主要与用户数目有关,而与需量和用电量无关的部分。

691-11-12

电量成本 energy cost

总成本中与供应电量有关的部分。

691-11-13

容量成本 capacity cost

总成本中主要与设备、电厂、输电系统、配电系统等成本有关的部分。

691-11-14

峰荷容量成本 peak capacity cost

专门安装的或主要在系统的峰荷时段运行的电厂容量所产生的容量成本。

691-11-15

其他固定运营成本 other fixed works costs

除容量成本之外,不随发电量变化的电站固定成本,包括某些维修成本和员工成本。

691-11-16

可避免成本 avoidable costs

在给定期间内,如采取适当措施即可避免,但不采取措施则将会发生的成本。

691-11-17

边际成本 marginal cost

在规定期间(例如,峰荷期间、冬日、夏日、夜间等)内,增加(减少)单位供电量(千瓦或千瓦小时)而引起总成本的增加(减少)量。

691-11-18

短期边际成本 short-run marginal cost

不改变电厂容量情况下的边际成本。

691-11-19

长期边际成本 long-run marginal cost

需要调整电厂容量情况下的边际成本。

691-11-20

价格 price

购买一定数量的电能或接受一项服务所支付的金额。

691-11-21

费率 rate

购买单位数量的电量或电力等(如 1 kWh,1 kW,1 kVA)所支付的金额。

691-11-22

每千瓦小时的平均价格 average price per kWh

给定供电账单的总金额除以所供电量的千瓦小时数所得的商。

索　引

汉语拼音索引

英文对应词索引

A

B

C

D

R

S

T

U

W